北京市属高等学校人才强教计划资助项目(No. PHR 20110872)
北京市食品添加剂工程技术研究中心

现代啤酒生产工艺

李秀婷　主编

中国农业大学出版社
·北京·

内容简介

《现代啤酒生产工艺》是一本系统介绍啤酒发展及其现代工艺基础研究的书籍。书中纳入最近十年啤酒工业出现的新技术、新工艺、新设备、新品种以及质量控制和副产物利用方面的最新内容。从原料、生产到包装对现代啤酒工艺技术进行了系统的介绍。

全书共分15章，内容注重理论与实践技术的紧密结合，依据现代啤酒生产流程，将工艺、技术与设备并重，内容翔实，通俗实用。

本书不仅适用于啤酒工业的技术人员与生产人员阅读，也可供从事啤酒研究开发以及有关大专院校师生参考。

图书在版编目(CIP)数据

现代啤酒生产工艺/李秀婷主编. —北京：中国农业大学出版社，2013.6
ISBN 978-7-5655-0752-6

Ⅰ.①现… Ⅱ.①李… Ⅲ.①啤酒-生产工艺 Ⅳ.①TS262.5

中国版本图书馆CIP数据核字(2013)第137707号

书　名 现代啤酒生产工艺
作　者 李秀婷　主编

策划编辑 童　云　　**责任编辑** 田树君
封面设计 郑　川　　**责任校对** 陈　莹　王晓凤
出版发行 中国农业大学出版社
社　址 北京市海淀区圆明园西路2号　　**邮政编码** 100193
电　话 发行部 010-62818525,8625　　读者服务部 010-62732336
编辑部 010-62732617,2618　　出　版　部 010-62733440
网　址 http://www.cau.edu.cn/caup　　**e-mail** cbsszs@cau.edu.cn
经　销 新华书店
印　刷 涿州市星河印刷有限公司
版　次 2013年6月第1版　2013年6月第1次印刷
规　格 787×1 092　16开本　26.5印张　656千字
定　价 68.00元

编写人员

主　　编　李秀婷

参　　编　朱运平　滕　超　熊　科

序

啤酒是世界上继水和茶之后消费量排名第三的饮料,同时也是人类最古老的酒精饮料之一。啤酒作为世界上生产和消费量最大的酒种,于20世纪初传入中国。至今,全世界已经有150多个国家和地区生产啤酒,而啤酒的类型也已发展到数以万计。

啤酒以大麦芽、大米为原料,加入少量酒花,经糖化、低温发酵而成,因其营养丰富被称为“液体面包”,是一种低浓度酒精饮料。另外,由于啤酒乙醇含量较其他酒类更少,故啤酒的饮用不但不易醉人伤人,少量饮用反而有益身体健康。最近几年我国已经成为世界上啤酒产量最大的国家。2012年,行业累计产量已达4 902万kL,约占全球产量的1/4。2012年啤酒产量位居全国前三名省市——山东、河南和广东产量均已超过400万kL。因此我国在提升生产能力的同时,注重生产工艺的完善及现代技术的革新也应该成为本行业的重点予以关注。

经过几千年的发展,世界传统食品尤其是发酵食品正在完成着自身的“进化”,尤其最近几十年来随着科技的飞速发展,包括啤酒制造行业也正在进行着全方位的革新。例如为了更充分挖掘现代生产设备的能力,提高糖化、发酵、储酒甚至啤酒澄清设备的利用率,以最小的成本扩充啤酒产量,高浓酿造稀释技术应运而生。从20年前的16～24°P高浓酿造技术到当代的24～32°P超高浓酿造技术的研用,技术的革新极大地提高了啤酒行业的生产能力,同时也对传统的工艺提出新的改革课题。另外,现代生活的飞速发展和人们观念的日新月异同样给啤酒行业不断提出要求,相应的淡爽型啤酒、低醇啤酒、黑啤酒、冰啤酒、果味鲜啤酒、低热量啤酒等各种啤酒新品种也因此而不断被推出。

基于啤酒行业近几十年的各种变化,长期从事发酵食品相关研究的李秀婷教授组织相关专家、学者进行了本书的编撰。书中不仅有对现代啤酒生产流程的详细介绍,同时还着重对最近几十年啤酒酿造行业出现的一些新的变化和发展趋势进行了汇总,参与编撰人员在创作过程中加入了很多新理论、新观念,体现了最近几十年啤酒行业发展的特点。本书既适合啤酒生产的技术人员、生产人员阅读,也适合有关大专院校师生参考。相信本书对啤酒酿造行业从业人员的生产实践及生产技术水平的提高均能起到积极作用。

孙宝国

2013.5.18

前　言

近几十年来我国啤酒工业发展很快。1993年，我国啤酒产量已经超过德国跃居世界第二，仅次于美国。自2002年以来我国啤酒总产量超过美国跃居世界第一啤酒生产大国。随着社会的进步和人民生活的改善，我国啤酒人均消费量也逐渐接近世界水平，并以每年5%的速度增长。旺盛的市场需求带动了产业的快速发展，我国啤酒工业生产工艺及装备也不断升级，进一步促进了行业的快速发展。

随着啤酒工业的快速发展，生产工艺也不断创新，现代啤酒酿造技术的发展给传统工艺带来了深刻的革新。为满足人们生活品味及需求，新型啤酒产品也层出不穷。在此形势下，为了及时更新和总结啤酒工业的研究成果，满足广大从事相关技术研究人员及实际生产人员的需求，我们编写了这本《现代啤酒生产工艺》。书中系统详细介绍啤酒发展及其现代工艺基础研究，包括原辅料、菌种、生产工艺、副产物利用、安全质量体系和包装等内容。同时详细介绍了现代啤酒生产新的工艺技术，内容已基本涵盖各类新品种啤酒的研究。

本书在编写的过程中，参考了国内外大量的研究资料，加以对比、归纳、筛选和整理，凝结了所有编写人员的心血。啤酒的生产酿造过程是连续的，每个过程都不可分，本书也基本上按照实际生产过程顺序编辑。为了增加本书的实用性，本书在介绍具体的生产工艺时运用了大量的图、表进行说明，同时穿插了最基本的理论和知识。全书共15章节，编写者均为食品发酵领域的研究人员，编写分工：滕超编写第二至第六章；朱运平编写第七至第十二章及第十四章；熊科编写第一、十三、十五章等。李秀婷对全书内容进行了统一编写。

本书适宜作为有关食品专业大专院校的教材，也可以作为啤酒工业的工艺技术材料提供相关专业的研究和技术人员参考。

鉴于作者水平有限，书中难免存在不足和错误之处，恳请广大同行及读者提出宝贵意见和建议。

主编　李秀婷

2013年4月于北京工商大学

前言

目 录

第一章　啤酒概论

第一节　啤酒的定义和分类

一、啤酒的定义

啤酒是人类最古老的酒精饮料，是水和茶之后世界上消耗量排名第三的饮料。啤酒于20世纪初传入中国。

1. 传统说法

啤酒是以麦芽为主要原料，以大米或者其他谷物为辅助原料，经过麦汁的制备，加酒花煮沸，并经过酵母发酵酿制而成的，含有二氧化碳、起泡的、低酒精度(2.5%～7.5%)的各类熟鲜酒类。

现在国际上的啤酒大部分均添加辅助原料。有的国家规定辅助原料的用量总计不超过麦芽用量的50%。在德国则禁止使用辅料，所以典型的德国啤酒，只利用大麦芽、啤酒花、酵母和水酿制而成。小麦啤酒则是以小麦为主要原料酿制而成的。

2. 广义说法

啤酒是以发芽的大麦或小麦，有时添加生大麦或其他谷物，利用酶工程制取物提取液，加入啤酒花进行煮沸，并添加酵母发酵而制成的一种含有二氧化碳、低酒精度的饮料。

二、啤酒的分类

啤酒是世界上生产和消费量最大的酒种，全世界约有150多个国家和地区生产啤酒。啤酒的类型很多，分类的方法也有多种，现在我们介绍几种主要的分类方法。

(一)根据啤酒酵母的性质分类

根据啤酒酵母的性质，人们将啤酒分为下面发酵啤酒和上面发酵啤酒。

下面发酵啤酒：传统的下面发酵啤酒大多利用煮出糖化法制取麦汁，近代酿造工艺多为煮出糖化法和浸出糖化法兼用，并采用下面酵母发酵而成。我国啤酒多属于此类。

上面发酵啤酒：上面发酵啤酒大多采用浸出糖化法制备麦汁，采用上面酵母发酵而成。每一种酵母进行的发酵都产生酒精和一系列发酵副产品，但其在生产过程中的发酵副产物因酵母品种不同而有所区别，因此，这两类啤酒的口味和气味有很大的区别。

(二)根据啤酒色泽分类

啤酒色泽是啤酒质量的一项重要指标，按色度的深浅可将啤酒分为4类。

1. 淡色啤酒

色度为 5～14 EBC(啤酒浊度单位)，是产量最大的啤酒品种，约占 98%，根据地区的嗜好，淡色啤酒又分为淡黄色啤酒、金黄色啤酒和棕黄色啤酒 3 种类型。

(1)淡黄色啤酒：色度为 7 EBC 以下，大多采用色泽极浅，溶解度不甚高的麦芽为原料，糖化时间短，麦汁接触空气少，而且多经过非生物稳定剂的处理，除去酒体内的一部分多酚物质，因此色泽不带红棕色，而带黄绿色，在口味上多属淡爽型，酒花香突出。

(2)金黄色啤酒：色度为 7～10 EBC，采用的麦芽溶解度一般较淡黄色啤酒高些，非生物稳定性的处理也较轻，口味清爽醇和，要求酒花香突出。

(3)棕黄色啤酒：色度为 10～14 EBC，采用的麦芽大多溶解度较高，或者焙焦温度高，通风不良，色泽较深，糖化时间较长，麦汁冷却时间长，接触空气多。其口感较为粗重，色泽黄中略带棕色，严格来说，不应称其为淡色啤酒。

2. 浓色啤酒

色度为 15～40 EBC，色泽呈红棕色或红褐色，特点是麦芽香突出、口味醇厚、酒花苦味较轻。酿制浓色啤酒除采用溶解度较高的深色麦芽外，尚需加入部分特种麦芽。如焦香麦芽、巧克力麦芽等。根据其色度深浅，浓色啤酒又可分为以下 3 种。

棕色啤酒色度为 15～25 EBC。

红棕色啤酒色度为 25～35 EBC。

红褐色啤酒色度为 35～40 EBC。

3. 黑色啤酒

色度大于 40 EBC，色泽深红褐色乃至黑褐色。特点是一般原麦汁浓度较高，麦芽香味突出，口味醇厚，泡沫细腻，苦味则根据产品的类型有较大的差异。

4. 白啤酒

白啤酒是以小麦芽为主要原料生产的啤酒，酒液呈白色，清凉透明，酒花香气突出，泡沫持久。

(三)根据原麦汁浓度分类

根据啤酒原麦汁浓度，啤酒分为：①低浓度啤酒，原麦汁浓度小于 7°P(原麦汁浓度)；②中浓度啤酒，原麦汁浓度 7～11°P；③全啤酒，原麦汁浓度 11～14°P；④强烈啤酒，原麦汁浓度大于 16°P。

也有资料这样分类：①营养啤酒，原麦汁浓度为 2.5～5°P，啤酒酒度为 0.5%～1.8%；②佐餐啤酒，原麦汁浓度为 4～9°P，啤酒酒度为 1.2%～1.5%；③贮藏啤酒，原麦汁浓度为 10～14°P，啤酒酒度为 3.2%～4.2%，这是世界各国畅销的啤酒类型，我国的啤酒其原麦汁浓度大多在 12°P 左右；④高浓度啤酒，原麦汁浓度为 13～22°P，啤酒酒度为 3.5%～5.5%。

(四)根据杀菌处理情况分类

(1)生啤酒。不经巴氏灭菌或瞬时高温灭菌，而采用物理过滤方法除菌，达到一定生物稳定性的啤酒。

(2)鲜啤酒。不经过巴氏灭菌或瞬时高温灭菌，成品中允许含有一定量活酵母菌，达到一定生物稳定性的啤酒。鲜啤酒是地销产品，口感新鲜，但保质期较短。多为桶装啤酒，也有瓶装。

(3)熟啤酒。指经过巴氏杀菌或瞬时高温灭菌的啤酒。多为瓶装或罐装，保质期可达180 d。

(五)根据生产方法分类

(1)干啤酒。干啤酒除符合淡色啤酒的技术要求外，实际发酵度不低于72%，口味干爽。

(2)冰啤酒。除符合淡色啤酒技术要求外，在滤酒前须经冰晶化工艺处理，口味纯净，保质期浊度不大于0.8 EBC。

(3)低热量啤酒。低热量啤酒适用于那些必须或希望摄取低营养物质的消费者。德国低热量啤酒的产量约为10万kL，低于啤酒总产量的1%。低热量啤酒的原麦汁浓度没有限制，但必须按照联邦德国1988年制定的“低热量规定”。其重要要求是：脂肪和酒精的含量不得高于同类的普通食品；可利用的碳水化合物含量不得高于0.75 g/100 L。

(4)淡爽啤酒。淡爽啤酒没有准确的定义。这种啤酒适应了消费者追求健康保健食品的趋势，其特点是相对于其他常见啤酒酒精含量少，热量也较少。在上面发酵、下面发酵以及浅色、深色等各个类型的啤酒中都可以有相应的淡爽型啤酒。大概来说，淡爽型啤酒应达到以下要求：

原麦汁浓度一般在7.4～8.0°P，若未经过专门除醇处理，酒精含量在3.0%～3.4%(体积百分比)。与比尔森啤酒4.8%～5.2%(体积百分比)的酒精含量相比，淡爽型啤酒的酒精含量要低1/3。经过除醇的淡爽啤酒的酒精含量可降至1.5%～2%。其发酵度大多在68%～82%。淡爽啤酒的热量为1 100～1 200 kJ/kg，相当于普通啤酒含量的49%。

(5)无醇啤酒。无醇啤酒是指酒精度小于等于0.5%(体积分数)，原麦汁浓度大于等于3.0 °P的啤酒，又称脱醇啤酒。据了解，英、美等国也将“0.5%”作为无醇门槛。无醇啤酒的生产方法很多，常用的方法可以归纳为3类：膜分离法、热处理法、终止发酵法。

无醇啤酒越来越受到消费者的欢迎。1992年德国无醇啤酒的产量占啤酒总产量的3.6%。其需求量大的主要原因是：更多的人追求健康的生活方式，尽量不摄入酒精；无醇啤酒可随时享用，啤酒饮用者不必改变已经习惯的口味；司机可以饮用无醇啤酒而不用担心不利的影响。

(6)纯生啤酒。纯生啤酒即生啤酒，是不经过巴氏灭菌或瞬时高温灭菌，而采用物理过滤方法除菌，达到一定生物稳定性的啤酒。“纯”字完全是出于商业原因人为地加上去的。由于在生产过程中没有经过巴氏杀菌或瞬时杀菌，避免了加热造成的风味物质和营养成分的破坏，保持了啤酒的新鲜口感和营养成分，而且保质期相对较长，可达180 d，兼顾了鲜啤酒和熟啤酒各自的优点。因此，纯生啤酒比熟啤酒更纯正、更新颖、更富有营养，目前已成为国际市场上最有竞争力、最受欢迎的啤酒品种。自珠江啤酒公司首家推出纯生瓶装啤酒后，到目前为止国内已有20余条纯生啤酒生产线。其中安徽龙津啤酒厂为第一条易拉罐纯生啤酒生产线。

(六)根据包装容器分类

啤酒按包装容器分类有瓶装、听装和桶装之分。一般桶装啤酒均为鲜啤酒，瓶装或听装啤酒为熟啤酒或纯生啤。

第二节　啤酒的营养价值

一、啤酒的基本营养成分

每升啤酒中一般含有 50 g 糖类，它们是原料中的淀粉在麦芽酶作用下水解形成的产物。水解完全部分，如葡萄糖、麦芽糖、麦芽三糖，在发酵中被酵母转变成酒精；水解不太彻底的称为低聚糊精，大多的是支链寡糖，它不会引起人们血糖增加和龋齿病。这些支链寡糖可被肠道中有益于健康的肠道微生物如双歧菌利用，这些微生物的繁殖可以提供人们维生素，并协助清理肠道。每升啤酒约有 3.5 g 蛋白质的水解产物——肽和氨基酸；而且它几乎 100%可以被人消化吸收。啤酒中碳水化合物和蛋白质的比例约在 15：1，最符合人类的营养平衡。

在酒类中，啤酒所含的营养名列前茅。啤酒化学成分比较复杂，也很难得出一个平均值，因为它随原料配比、酒花用量、麦芽汁浓度、糖化条件、酵母菌株、发酵条件以及糖化用水等诸多因素的变化而变化。但其主要成分，以 12°P 的啤酒为例，实际浓度为 4.0%～4.5%。其中，80%为糖类物质、8%～10%为含氮物质、3%～4%为矿物质。此外，还含有 12 种维生素(尤其是维生素 B_1、维生素 B_2 等 B 族维生素含量较多)、有机酸、酒花油、苦味物质和 CO_2 等。含有 17 种氨基酸(其中 8 种必需氨基酸分别为亮氨酸、异亮氨酸、苯丙氨酸、缬氨酸、苏氨酸、赖氨酸、蛋氨酸和色氨酸)。还含有钙、磷、钾、钠、镁等无机盐，各种微量元素以及啤酒中的各种风味物质。12°P 啤酒 1 L 可产生的热量达 1 779 kg，可与 250 g 面包、5～6 个鸡蛋、500 g 马铃薯或 0.75 L 牛奶产生的热量相当，故有“液体面包”之美称，并于 1972 年 7 月在墨西哥召开的第九届“国际营养食品学会”上，被正式推荐为营养食品。

二、啤酒的营养价值

(一)啤酒中的氨基酸

啤酒的氨基酸中，有 12%～20%为人体必需氨基酸，如表 1.1 所示，并且呈一种极易被人体吸收的胶体状态，它们与碳水化合物的比例适中，可能为机体提供大量的热量。

表 1.1　啤酒中氨基酸的含量　μg/L

氨基酸	含量	氨基酸	含量
丙氨酸	103	异亮氨酸	34
甘氨酸	31	蛋氨酸	2
精氨酸	72	苯丙氨酸	77
天冬氨酸	28	脯氨酸	357
半胱氨酸	6	丝氨酸	19
谷氨酸	40	苏氨酸	5
组氨酸	36	色氨酸	20
亮氨酸	55	酪氨酸	76
赖氨酸	16	缬氨酸	73

(二)啤酒中的无机离子

啤酒从原料和优良酿造水中得到矿物质,含有多种无机离子,如表1.2所示。啤酒中钠与钾的比为1∶(4～5),是一种低钠饮料,有助于人体维持细胞内外的渗透压平衡,从而起到利尿作用,同时啤酒对肾结石及尿道结石也有一定的疗效。

钙是人类骨骼、牙齿生长的必需离子,镁是人体代谢系统中酶作用的重要辅基。啤酒中含有的锌离子通常处于络合态,有利于人体的吸收。锌是人体中酶的重要辅基,也有利于人体的骨筋生长。啤酒中 $H_2PO_4^-$ 中的磷,是人们细胞生长的必要离子。这些微量元素在维持人体健康方面起着重要的作用。

表1.2　啤酒中无机离子的含量　mg/L

无机离子	含量	无机离子	含量
钾	330～1 100	钠	40～230
磷	90～400	铁	0.1～0.5
镁	60～200	锌	0.01～1.48
钙	40～140	硒	<0.4～7.2

(三)啤酒中的维生素

啤酒从原料和酵母代谢中得到丰富的水溶性维生素,如表1.3所示。其中维生素 B_2 和维生素 B_5(泛酸)被称为人体的美容素,在饮食中,如果这2种维生素充足时,人的眼睛明亮,脸色嫣红,皮肤鲜嫩而富有弹性;如果缺乏这2种维生素,人的眼睛就会充满血丝、视力下降、迎风流泪,消化不良、口臭,严重时还会引起头痛、失眠,皮肤还会出现小红斑、发痒,逐渐变得粗糙。常喝啤酒就不会发生这种癞皮病。另外,叶酸有助于降低人们血液中的高半胱氨酸含量,血液中高半胱氨酸会诱发人类的心脏病。

表1.3　啤酒中维生素的含量　mg/L

成分	含量	成分	含量
维生素 B_1	0.003～0.08	叶酸	0.04～0.6
维生素 B_2	0.02～0.8	维生素 B_{12}	0.003～0.03
维生素 B_6	0.07～1.7	生物素	0.002～0.015
维生素 C	<30	泛酸	0.04～0.12
维生素 PP	3～8		

(四)啤酒中的抗衰老物质

啤酒中存在多类抗氧化基,从原料麦芽和酒花中得到的多酚或类黄酮,在酿造过程中形成的还原酮和类黑精、酵母分泌的谷胱甘肽等都是协助消除氧自由基积累最好的还原物质。特别是多酚中的酚酸、香草酸和阿魏酸,它们可以保护对人体有益的低密度脂(LDL)避免受氧化,LDL 氧化是导致心血管病的重要原因。谷胱甘肽由于具有巯基(—SH),可消除人类的氧自由基,是人们公认的延缓衰老的有效物质。有些啤酒中由于酿造需要,还增加了维生素 C,含量 10～20 mg/L,维生素 C 也是去除氧自由基的物质。

三、啤酒的保健作用

(一)啤酒具有防治动脉硬化和心脏病的作用

动脉硬化是引起人类死亡的主要疾病之一。影响动脉硬化的一个主要因素是高胆固醇血症。胆汁酸的合成是胆固醇降解的主要通路,胆汁酸受体可通过控制基因表达来减少胆固醇在人肠道内的吸收,调节人体胆汁酸的合成,以及去除人体冠状动脉管壁细胞中过多的脂肪沉积。啤酒中的黄腐酚来自于啤酒花为酒花异戊二烯基黄酮,是酒花中主要的黄酮类物质之一。目前发现它仅存在于酒花中,占酒花干质量的 0.1%～1%。研究表明,酒花黄腐酚是胆汁酸受体(FXR)的一个配合基,它选择性地作用于胆汁酸合成的生物感受器,抑制脂肪酸合成和糖质再生,起到预防、治疗动脉硬化的作用。

有研究证实,啤酒中含有的 α-酸、多酚成分能增加血液中的有益胆固醇——高密度脂蛋白胆固醇(HDL-c)的含量,HDL-c 能防止血管内的硬化斑块发生“沉积”,从而起到预防动脉硬化的作用。

(二)啤酒具有抑制癌症的作用

Trp-P-2 是烹调食品时所产生的焦状物成分杂环胺的代表,此成分会引起基因突变,从而引发肿瘤。啤酒中的多酚类物质有抑制 Trp-P-2 变异原的作用。酒花中的黄酮类化合物黄腐酚(XN)、2,4,6,4-四羟基-3-异戊二烯基查耳酮(TP)、2,4,6,4-四羟基-3-香叶烯基查耳酮(TG)、脱氢黄腐酚(DX)、脱氢黄腐酚水化物(DH)和异黄腐酚(IX)对乳腺癌细胞(MCF-7)、克隆癌细胞(HT-29)和卵巢癌细胞(A-2780)具有显著的抑制作用。

(三)啤酒可促进血液循环

饮用啤酒可以使血液中的血纤维蛋白溶解酶活性上升。血纤维蛋白是血纤维蛋白原在凝血酶原作用下生成的不溶性蛋白质,与血小板一同凝结成血栓,成为脑溢血等疾病的诱因。饮用啤酒可以使血液循环加快,预防血栓的形成。啤酒中所含的槲皮苷及芦丁均有强化毛细血管的作用。

(四)啤酒可改善免疫机能

免疫是机体对从体外入侵的细菌等异物加以排除所做出的一种防御反应。但机体的免疫机能在某些物质的作用下也会产生不利的影响,引起各种症状,导致变异性病。研究表明,啤酒中的成分(咖啡酸)具有防止变异性病的作用。在大白鼠机体上移植肿瘤,研究啤酒对大白鼠免疫机能的影响,结果表明,啤酒有增强淋巴球(白细胞的一种)非特异性抑制肿瘤细胞的能力。

(五)啤酒的抗氧化与抗衰老作用

现代医学研究发现,人体中代谢产物——超氧阴离子和氧自由基的积累,会引起人类的心血管病、癌症和促进人体的衰老。此外,氧自由基还能直接损害DNA,使细胞不受控制地生长。抗氧化物质能与氧或氧自由基等氧化性化合物反应。天然抗氧化物质通过阻止氧自由基的初始反应或干扰其链式反应来防止氧化反应的发生。啤酒中存在多类抗氧化物质,主要有:①从原料麦芽和酒花中得到的多酚和类黄酮;②在酿造过程中形成的还原酮和类黑精、酵母分泌的谷胱甘肽等。这些都是协助消除氧自由基积累的最好还原物质,特别是多酚中的酚酸、香草酸和阿魏酸,它们可以保护人体的低密度脂蛋白胆固醇免遭氧化,而低密度脂蛋白胆固醇氧化是导致心血管病的重要原因。啤酒中阿魏酸虽然比番茄中的含量低10倍,但它的吸收率却比番茄中的阿魏酸高12倍。有研究证实,适量饮用啤酒可明显提高人体的抗氧化能力。

(六)啤酒可促进雌激素的分泌

绝经期是女性生理过程的一个重要阶段,卵巢功能减退、卵泡分泌的各种激素及促性腺激素失调,体内激素下降,引起一系列更年期症状。WHO已将更年期疾病与糖尿病、老年性痴呆症一起列为三大重点攻关的老年性疾病。目前所采用的“雌激素替代疗法”是针对病因的有效疗法。但近年来发现,绝经后妇女长期使用雌激素虽可降低心脏病、骨质疏松症的发生和死亡率,但增加了乳腺癌、子宫癌等发生率的危险性。因此,寻求有效而安全的药物来改善妇女更年期综合症状,减少不良反应,已成为医药界的重要课题。

国外曾做过研究,将72名健康人分为饮用啤酒组和饮用葡萄酒组2组,分别在饮用酒后测定血浆中的雄性激素二氢睾酮及雌性激素雌甾二醇,结果表明,饮啤酒者的雄性激素的合成受到抑制,雌性激素的水平上升。另外,饮用啤酒后催乳激素的分泌得到诱发,催乳激素主要与乳腺发达、乳汁分泌有关,催乳激素还有刺激性腺,促进子宫分泌孕(甾)酮(黄酮体)的功能。这些激素的分泌还能显出女性婀娜多姿的青春美。

(七)啤酒可减轻放射线损害

日本放射线医学综合研究所公布的实验结果显示,啤酒中所含的“褪黑激素”等成分对因放射线而产生的染色体变异具有抑制效果。所以,人们进入放射区域时,可以适量饮用啤酒。

(八)啤酒可预防白内障

细胞中的线粒体可以把葡萄糖变成维持细胞正常活动的能量;但葡萄糖含量过高,会破坏线粒体的工作。一旦线粒体的工作出现故障,眼睛晶体的表面就会形成白内障。研究表明,啤酒能够阻碍葡萄糖水平升高。所以每天适量饮用啤酒,有助于预防白内障的发生。

(九)啤酒可解肾结石

芬兰赫尔辛基健康研究所的研究人员对2.7万名芬兰人的饮食进行研究后得出结论,每天饮用啤酒,可以使患肾结石的风险降低40%。

(十)啤酒可安眠镇静

酒花是酿造啤酒的重要成分。研究表明酒花中所含的蛇麻酮有镇静作用,所以啤酒在西方国家常被作为安眠剂使用。

(十一)啤酒可起到活化胃功能的作用

啤酒中含有多种活化胃功能的成分。首先它含有适量的酒精,可促进食物从胃流向小肠,并且很容易被吸收;啤酒中的碳酸气可刺激胃壁,促进胃液分泌,增进食欲;啤酒中的蛋白质成分,也有刺激胃酸分泌的作用。

国外相关实验证明,啤酒及白葡萄酒增加食欲的效果优于同浓度的酒精。MeArthu 等比较了几种物质对人体胃酸分泌的影响,按胃酸分泌效果的强弱顺序排列为:牛乳＞啤酒＞咖啡＞红茶＞可乐＞饮料。结果表明,饮用啤酒后,血液中促胃酸激素的浓度上升。

综上所述,啤酒具有多种保健作用。啤酒的成分和功能决定了它与人体和人类生活的关系越来越密切。随着对啤酒保健作用的深入了解,今后它将越来越受到消费者的青睐。因此,酿酒技术人员在为消费者提供不同品种、风味啤酒的同时,更有必要让消费者充分了解、认识其功能性和保健性,并引导人们适度饮用它。

第三节　啤酒和酒度

啤酒被列为营养食品,它所具备的 3 个重要条件是:啤酒含有多量和多种氨基酸;啤酒含有较高的热量;易被人体消化和吸收。啤酒作为营养饮料中的一员,含有蛋白质、多种维生素、矿物质和氨基酸等营养成分,对促进血液循环、刺激胃酸、帮助消化、提神都有很好的作用。还可减少过度兴奋和紧张情绪,并能促进肌肉松弛。由于它所含的营养成分大部分能被人体所吸收,对胃肠功能紊乱等疾病的恢复有帮助或积极的治疗作用。

啤酒是一种营养丰富的低酒精度的饮料酒。啤酒具有利尿、促进胃液分泌、缓解紧张及治疗结石的作用。适当饮用啤酒可以提高肝脏解毒作用,对冠心病、高血压、糖尿病和血脉不畅等均有一定效果。啤酒中丰富的二氧化碳和酸度、苦味,具有生津止渴、消暑、帮助消化、解除疲劳、增进食欲的功能。

适当饮酒,可引起兴奋,使皮肤血管扩张,产生温暖感。但若经常过量饮用,会使人腹部发胖,出现俗称的“啤酒肚”;过量饮用啤酒还会使血液中的液体量增多,加大心脏负担。因此,高血压、冠心病患者应忌饮,肥胖病和糖尿病患者可少饮干啤酒。

很多人认为啤酒的酒精含量少,于是就大饮特饮,殊不知这样会增加血液中的酒精浓度,引起“啤酒心”,增加心肾负担,损伤肝细胞,使慢性胃炎、糖尿病等诸多疾病的症状加重。因此,喝啤酒应适可而止,暴饮不但享受不到喝啤酒的乐趣,只会无谓地对身体造成伤害。

一、适量饮用啤酒

啤酒虽好,但也不是任何身体状况的人均可常饮。

患有脂肪肝或肝硬化的人不适常饮。因为酒中的酒精进入人体后，首先通过胃肠道进入血液循环，其中90%要经过肝脏代谢，其他10%通过肾脏、肺脏等代谢。因此，长期或大量饮酒都会影响肝脏功能，损伤肝细胞，严重时可造成肝功能衰退或肝脏萎缩。调查表明，长年大量饮酒人中，患脂肪肝的人有30%～50%；患肝硬变的人为10%～20%。酒精可使脂肪在肝脏中蓄积，从而可诱发脂肪肝形成，主要原因是脂肪氧化受到抑制并促进合成；其次，是脂肪从外周向肝中流入量增加。由于酒精主要在肝脏氧化分解，可直接损害肝细胞。因此，有肝病的人应当戒酒。

另外，空腹情况下不应饮酒。空腹状态下，胃内容物中酒精含量超过0.5%即有危害。所以，饮酒时应同时摄取副食品，使胃内容物中的酒精浓度不超过0.5%，则不但不影响健康，反而促进消化液的分泌，从而增加食欲，这也是美酒配佳肴的道理。

许多实验表明，每日饮酒量为每千克体重1 g酒精，作为预防肝损伤的安全上限；每千克体重7.25 g酒精以上就存在肝损害危险；而超过每千克体重2.5 g酒精肝损害率明显增高。每千克体重1 g酒精，即相当60 kg体重，饮用60%白酒100 g或啤酒3瓶，这一数量大致相当人体每日代谢的酒精量上限。按每人每千克体重饮用1 g酒精计算，中等体重的人应每天控制酒精量在45 g以内，约相当于2瓶啤酒以内，比较合宜。

除此之外，神经系统不健康的人不适于饮高度酒或过量饮酒。因为饮酒后高级神经系统大脑皮层受抑制，轻者低级神经中枢失去控制，表现为饮酒后兴高采烈；口若悬河，其辨别力、注意力、记忆力变得迟钝，做事效率大大降低。重者抑制进一步发展，中枢神经麻痹，往往出现沉睡、昏睡等症状，甚至危及生命。多发性神经类、心肌严重病变、造血功能障碍、胰腺炎、肾炎、溃疡病、糖尿病及体重超常的人也不适饮高度酒或大量饮酒。

啤酒，在酒类里属于“敏感”酒种，适于冷饮。但饮用时不适合加冰块。因为冰块会加速啤酒气泡的消失，将香味冲淡；啤酒过温（在15℃以上）会突出苦涩味而破坏啤酒风味。一般认为饮啤酒最为合适的温度为10℃左右。酒温因人而异，各国也不一样。美国人饮啤酒众多在5～10℃；而比利时人则将酒升高到10℃时才饮用。

在盛夏人们喜欢喝冰镇啤酒，但在繁重体力劳动或剧烈运动后，马上饮冰啤则会发生腹痛或腹泻，尤其是老年人更应注意。这主要是因为酒温与体温相差悬殊，造成代谢紊乱所致。

二、酒度的表示方法

各类饮料酒的酒度，又称酒精强度，通常是指其在20℃时酒精（乙醇）的质量或体积百分含量。啤酒的度数并不表示酒度也就是乙醇的含量，而是表示啤酒生产原料，也就是麦芽汁的浓度，以12°P的啤酒为例，是麦芽汁发酵前浸出物的浓度为12%（质量分数）。麦芽汁中的浸出物是多种成分的混合物，以麦芽糖为主。

啤酒的酒精是由麦芽糖转化而来的，由此可知，酒精度低于12°P。如常见的浅色啤酒，酒精含量为3.3%～3.8%；浓色啤酒酒精含量为4%～5%。

（一）以酒精的体积百分数表示

即100 mL酒中含有的纯酒精的毫升数。目前，世界上绝大多数酒种均采用这种表示法。我国的啤酒国家标准已从2009年10月1日起正式实施。与原国标相比，新标准将酒精度的计量单位改为体积分数(%)表示;例如,啤酒的酒度为12%,即在100 mL 啤酒中含有12 mL纯酒精。

(二)以酒精的质量分数表示

即100 g酒中含有纯酒精的克数。过去在我国的国标中,啤酒的酒度就是采用这种表示方法。

(三)标准酒度(proof spirit)

标准酒精强度的简称,是西方欧美各国用来表示蒸馏酒酒度的一种方法。古代人把蒸馏酒洒在火药上,规定能点燃火药时的蒸馏酒的最低酒度,即为标准酒度100。现在,英美等国对蒸馏酒的酒度表示方法有所不同,分述如下:

1. 美国酒精强度(U. S. Proof)

规定在60°F(约15.5℃)下,不含水的纯酒精的U. S. Proof为200,即纯水的U. S. Proof为0。也就是说,如某酒的酒精体积分数为50%,即为美国蒸馏酒标准酒度100度。U. S. Proof的度数除以2,所得的商即为以酒精体积分数表示的酒度。

2. 英国酒精强度(British Proof)

规定在60°F(15.5℃)下,British Proof 100,即为酒精体积分数57.07%(合质量分数49.44%)。英国的Whisky的酒度就是这样表示的。所以,只要将常数1.75去除英国酒精强度,所得的商就如同我国白酒的酒度。

第四节 啤酒发展简史

一、世界发展简史

啤酒工业的发展与人类的文化和生活有着密切关系,具有悠久的历史。大约起源于古代的巴比伦和亚述地区、幼发拉底河、底格里斯河流域、尼罗河下游和九曲黄河之滨,以后传入欧美及东亚地区,距今至少9 000多年的历史。当初啤酒就是用大麦或小麦为原料,以肉桂为香料,利用原始的自然发酵酿制而成。随着科学技术和生产实践的进步,啤酒的酿造技术日趋完美,尤其是公元9世纪日耳曼人以酒花代替香料用于啤酒酿造,使啤酒质量向前跨越了一大步。

古代的啤酒生产纯属家庭作坊式,它是微生物工业起源之一。著名的科学家路易·巴斯德(Louis Pasteur)和汉逊(Hansen)都长期从事过啤酒生产的实践工作,对啤酒工业做出了极大贡献。尤其路易·巴斯德发明了灭菌技术,为啤酒生产技术工业化奠定了基础。1878年汉逊及耶尔逊确立了酵母的纯粹培养和分离技术后,对控制啤酒生产的质量和保证工业化生产做出了极大贡献。

18世纪后期,因欧洲资产阶级的兴起和受工业革命的影响,科学技术得到了迅速发展,啤酒工业从手工业生产方式跨进了大规模机械化生产的轨道。

二、中国发展简史

(一)啤酒的由来

啤酒作为在世界上广受欢迎的饮品,19 世纪末传入中国,其译名的由来中藏着一个有趣的故事。啤酒,公元前古埃及的历史上已有记载,它是尼罗河畔的孟菲斯城最受人们喜爱的饮料,甚至还专门设立了王家啤酒作坊。在中国,也早有醴酒一说,据说指的正是一种类似今天啤酒的甜淡的酒。究竟是东方还是西方首先发明了啤酒酿造技术,一直存在着争论。

(二)中国的啤酒生产简史

中国古代啤酒,早在周朝《尚书》的"说命篇"就有记载。"若做酒醴,而为曲蘖,"蘖就是指发芽的谷物,就是由蘖糖化后发酵的"古代啤酒"。但东汉朝以后,用曲酿造酒而取代"蘖",因而中国白酒生产确有数千年历史。中国现代啤酒属外来酒种,传入中国仅有百年历史。19 世纪末,啤酒输入中国。1900 年由俄国人乌卢布列夫斯基在哈尔滨建立了中国第一家啤酒厂(哈尔滨啤酒厂的前身)。1901 年俄国人和德国人联合建立了哈盖迈耶尔-柳切尔曼啤酒厂;1903 年捷克人在哈尔滨建立了东巴伐利亚啤酒厂;1903 年德国人和英国人合营在青岛建立了英德啤酒公司(青岛啤酒厂前身);1921 年又在上海建立了斯堪地奈维亚啤酒厂。中国人最早自建的啤酒厂是 1904 年在哈尔滨建立的东北三省啤酒厂,其次是 1914 年建立的五洲啤酒汽水厂(哈尔滨),1915 年建立的北京双合盛啤酒厂,1920 年建立的山东烟台醴泉啤酒厂(烟台啤酒厂前身),1935 年建立的广州五羊啤酒厂(广州啤酒厂前身)。当时中国的啤酒业发展缓慢,分布不广,啤酒产量不过万吨。1949 年后,中国啤酒工业发展较快,并逐步摆脱了原料依赖进口的落后状态。1978 年,中国的啤酒年产量达到 40 万 t。1980 年产量达到 68. 8 万 t。1982 年产量为 117 万 t,到 1985 年,啤酒产量达到了 310.4 万 t。1988 年,啤酒产量又翻了一番,达到 654 万 t。近十年我国啤酒工业生产规模不断扩大,技术装备不断改进,已连续多年成为世界第二大啤酒生产国,仅次于美国,2002 年我国啤酒总产量已赶上美国成为世界第一啤酒生产大国。随着我国人民生活的不断改善,啤酒消费水平逐渐增加,也必将促进我国啤酒工业快速发展。

第五节 当前世界啤酒工业的发展特点

一、市场基本饱和

目前世界啤酒总产量约为 1.38 亿 kL,每年增长 2%左右。各地区变化很不一致,欧洲、北美洲这类发达地区,已处在停滞或负增长边缘;亚洲、南美洲、非洲等发展中国家发展较快。按国家来说,俄罗斯、中国、波兰、越南、墨西哥、韩国增长较多;德国啤酒产量连年下降;日本、英国、西班牙、加拿大基本不变;美国微增长。

二、生产高度集中

除中国和德国外，其他主要啤酒大国的生产高度集中，几家大公司控制了绝大部分市场。除产量集中外，啤酒品牌也相对集中。世界前 10 个啤酒公司合计产量 4 500 万 kL，占世界总产量的 1/3；世界最大的啤酒公司——美国 AB(百威)公司年产量在 1 300 万 kL 以上，占美国啤酒总产量的 55%，最大的一个工厂产量接近 600 万 kL。美国前 10 家啤酒公司的产量占全国总产量的比例虽从 1994 年的 97.4%下降到 91.9%，但总在 90%以上；美国前 10 个品牌的产量占全国总产量的比例逐年上升，1999 年达 68.2%。产量的高度集中体现了啤酒生产的规模化和集团化，使啤酒工业走上了高效自动化生产的现代化之路。

在生产高度集中的同时，小规模的企业仍然很多。美国除拥有最多的微型酒吧外，还有 610 家啤酒厂，产量大多在几千千升；德国可谓是世界上啤酒厂最多的国家，约 1 300 家。这些小厂的产量地方色彩较浓，多为鲜啤酒，只在当地销售。

近年来引起国际啤酒界注意的是，德国啤酒只限 4 种原料不得使用辅料和添加剂的限制，被欧洲法庭推翻。世界最大的啤酒出口厂商海涅根正和德国一家大型啤酒集团商谈合作，这说明德国的封闭式生产工艺也将逐渐改变。

三、品种多样化

目前世界啤酒行业在品种多样化方面有以下几个特点：

(1)原料工艺多样化。除不同浓度、不同色泽的淡色啤酒外，还有不同原料(大麦芽、小麦芽、各种着色麦芽、各种辅料)、不同工艺生产的风味各异的啤酒，如混浊啤酒、高浓度发酵度啤酒、白啤酒、低醇啤酒等。

(2)品种、品牌有专一性。各种啤酒都有一定的风味特点，如白啤酒的发酵度、小麦啤酒的酯香等。一些传统产品的风味特点已被大众公认，企业应根据风味特点定品牌，一种啤酒、一个品牌、一个名称、一个专用商标，不会出现多种品牌啤酒一个味。如美国 AB 公司的 11°P 淡色啤酒叫百威、10°P 啤酒叫百迪，如辅料换用玉米，同是 11°P 啤酒，换另一个商标名称。中国的啤酒多为一个啤酒厂一个注册商标，搞系列化产品，不管 10°P、11°P、冰啤酒、纯生啤酒等都叫一个名，一种商标出现多种口味啤酒。因此，在统计品牌产量时，中国啤酒的品牌含义和国际上是不同的。

(3)低醇啤酒、无醇啤酒、纯生啤酒日益走俏。欧洲流行低醇啤酒、无醇啤酒、高温瞬时灭菌的无菌包装啤酒；美国流行淡味啤酒，美国销量最大的前 6 个品牌当中有 4 个是淡啤酒，AB 公司的百迪啤酒产量已快接近多年居世界第一的百威啤酒；日本流行纯生啤酒，其产量已超过总产量的 85%。

(4)啤酒向饮料化发展。啤酒中混合果汁和汽水再灌装，果汁以柠檬为主。有透明型和混浊型之分，混浊啤酒不一定是酵母混浊，也有果汁相关的胶体混浊，酒精含量 0.5%～3%，甜度较低，酸度较高，总酸可达 2.5 以上，pH 3.5 以下。这种啤酒习惯用易拉罐式塑料瓶包装，最好冷饮，商标上有提示。和中国不同的是，他们往往取一个美丽的啤酒名称，并不是叫某某果汁啤酒。

(5)包装向方便、一次性消费发展。易拉罐、一次性玻璃瓶、小容量玻璃瓶、塑料瓶的包装越来越多,500 mL 以上的回收玻璃瓶包装呈逐渐淘汰趋势。最为明显的是美国,易拉罐啤酒占 55%,非回收瓶占 30%,桶装酒占 11%,回收瓶仅占 4%。

四、进出口量呈现增长趋势

随着世界贸易的扩大,啤酒市场互相渗透,进出口量增加。世界主要啤酒出口国为荷兰、德国、墨西哥、美国、比利时,主要进口国为美国、英国、意大利、德国、法国。进出口量合计以美国为最多。

第六节　中国啤酒工业现状及发展趋势

一、中国啤酒工业现状

近几年我国啤酒工业的现状可以概括为:啤酒产量继续增加,发展模式迥异;企业规模扩大,啤酒集团进一步优化;对低价有认识,扭转措施不力,啤酒价格持续走低,经济效益依旧滑坡;企业发展不平衡,两极分化趋势明显;质量稳定,品种增多,包装形式多样化;采用新技术,装备水平不断增高。虽然已经成为啤酒大国,要做强国尚有艰难历程。

1. 啤酒产量持续增加

中国啤酒行业的年销量在 2002 年超过美国一跃成为世界第一大啤酒生产和消费国,此后连续 10 年中国啤酒全球产销量第一。截至 2011 年,中国啤酒年销量高达 4 899 万 t,在全球遥遥领先。2012 年,中国啤酒产量继续保持增长态势。据中商情报网发布的《2013 年中国啤酒制造行业市场预测及投资策略分析报告》数据显示:2012 年 1—11 月,全国啤酒的产量达 460.08 亿 L,同比增长 3.57%。

从各省市的产量来看,2012 年 1—11 月,山东省啤酒的产量达 62.67 亿 L,同比增长 5.81%,占全国总产量的 13.62%。紧随其后的是河南省、广东省和浙江省,分别占总产量的 10.03%、9.79%和 5.61%。以地区比较,沿海地区继续保持强劲发展的势头,西部增长开始加快,增长量最多的是中南地区;增长率最大的是西北地区;东北地区出现负增长。我国啤酒产品的人均消费量仍较低,低于世界人均消费数量。

2. 啤酒企业规模不断扩大

啤酒工业的集团化、规模化继续加快发展,通过合理选择布点,优化资产组合,建立营销网络,逐步形成全国性的三大集团,规模日益扩大。

2001 年全国啤酒行业的主题仍是产量 5 万 kL 以上的啤酒企业,共 102 家,占企业总数的 26.6%,啤酒产量占全国总产量的 81.2%。其中啤酒产量在 20 万 kL 以上的啤酒企业 23 家,只占企业总数的 6%,但产量占全国的 50.4%;10 万～20 万 kL 企业 26 家,产量占全国的 14.8%;5 万～10 万 kL 的企业 53 家,产量占全国的 16%。

3. 企业体制变革,啤酒集团优化

企业结构方面,国有企业不断减少,已经下降到 20%;股份制和民营企业数量增加,分别上升至27.7%和14.9%。

但是从行业规模和经济效益来分析，国有控股的股份制企业、国有企业及中外合资（包括外方独资）企业仍是行业的主体。

至2001年底，已经逐步形成了以青岛、燕京、华润等全国性啤酒集团以及哈尔滨、金龙泉等地域性集团，其中全国内资控股的啤酒集团28家，外资为主体的啤酒集团11家，这些啤酒集团的产量占全国总产量的65%以上。

4. 企业发展不平衡，两极分化趋势明显

从近几年啤酒行业的发展情况看，两极分化趋势明显，因在生产规模和产量上集中度加大，形成了几个大集团，但也有年产不足100 kL的小厂，在产品的销售价格和企业经济效益上，也显得优势明显。

5. 啤酒行业的综合水平不断提高

啤酒行业除产量增加外，其发展速度及产品质量、装备水平也不断地提高。2001年啤酒工业的资金税收率在饮料酒行业中是最高的，资产总额占饮料酒总额的40%，产量占75%，利润占26%，资金利税率13.5%。

二、中国啤酒工业发展趋势

（一）我国啤酒生产总趋势

1. 我国啤酒的流行趋势

当前我国啤酒的流行趋势是“四多”、“一低”：低度啤酒越来越多，辅料添加量越来越多，添加剂越来越多，啤酒品种越来越多；啤酒苦味度越来越低。

（1）低醇、无醇啤酒的开发。低醇或者无醇啤酒是利用特定工艺令酵母不发酵糖，只产生香气物质，除了酒精，啤酒的各种特性都具有，滋味、口感都很好。我国传统啤酒一般为11～12°P，酒精度在3.5%左右，而低醇或者无醇啤酒酒精含量一般在0.5%～1%，泡沫丰富，口味淡爽，有较好的酒花香味，保持了啤酒的特色，这为汽车司机、妇女、儿童和老年人提供了一种新型的清凉饮品。

（2）辅料添加量的增多。传统啤酒的生产辅料比例在25%左右。20年前增加到30%～33%，后来逐步扩大到35%～40%，现已经高达50%辅料比。辅料比例的提高有利于降低啤酒的生产成本，在保证啤酒质量的前提下提高啤酒企业的市场竞争力。

（3）添加剂的使用增多。没有食品添加剂就没有现在的食品行业，食品添加剂的使用在各行各业越来越多。在啤酒的酿造过程中，从糖化到啤酒过滤全过程添加的酶制剂、稳定剂、澄清剂、水处理剂、抗氧化剂、酵母营养素、啤酒泡沫控制剂等达数十种；在啤酒后期修饰过程中外界添加使用的各种营养修饰或者色泽修饰剂也是越来越多。

（4）啤酒品种越来越多。当今社会，啤酒走向饮料化，引用的人群逐步向妇女儿童扩展。过去传统浓度高、热量高、口味强烈的啤酒已不能满足人们的需要，因此，各种各样不同保健功能型啤酒新品种如雨后春笋般相继涌向市场。如无醇啤酒、纯生啤酒、冰啤酒的生产；各种果味啤酒如猕猴桃啤酒、芒果啤酒、菠萝啤酒等；以及保健啤酒，如保健燕麦茶啤酒、芦荟保健啤酒、螺旋藻啤酒、绿茶啤酒等。

2. 啤酒产品质量稳定性、安全性得到空前关注

自2008年“三聚氰胺”事件以来，中国食品安全问题受到了空前的关注，啤酒行业相关协会及组织也极为重视食品安全问题。各啤酒企业展开全面质量大检查，啤酒产品合格率达到99.8%，同比提高了10.5%。

中国商业联合会副秘书长、中华全国商业信息中心副主任、总经济师曹立生在2011中国首届啤酒高峰论坛上表示，我国啤酒行业的发展潜力和空间非常大，同时，消费者对品牌的消费意识也越来越强，啤酒市场的品牌集中度也快速增长。不过，啤酒行业在发展的过程中需要注意食品安全、价格以及零售业渠道的变化。关于食品安全问题，他表示，尽管啤酒行业还没有出现大的问题，但目前我们国家的食品安全形势是非常严峻的，消费者对食品安全的忧虑也是非常重要，所以这要引起大家的重视。啤酒作为一种食品，一旦出现一点问题，企业可能瞬间陷入非常困难的境地，甚至破产。

3. 各种新技术在啤酒酿造中的应用

随着我国啤酒行业的飞速发展，各企业不断从国外引进先进的啤酒生产新技术，同时不断自主创新改进啤酒生产技术。

(1)喷射液化技术在啤酒生产中的应用。所谓喷射液化技术就是当物料通过喷射器时瞬间获得高温高压，并使物料处于高强度的湍流状态，物料迅速吸热、溶胀，进而发生细胞崩解，实现物质转化。

近年来，在糖化生产过程中，使用喷射液化技术替代传统糊化工艺取得了明显的进步。如明显提高辅料的转化率和转化效果；可调节糊化和液化程度，根据不同物料类型调整发酵糖分；缩短糖化时间，提高设备利用率；蒸汽消耗量减少。

(2)啤酒的高浓度酿造稀释技术。高浓度酿造稀释技术是应啤酒消费人群的需要而产生的，我国关于高浓度酿造稀释技术是在引进国外先进技术的基础上，结合市场需要加以创新。从始端要求将原麦汁浓度提高到16～24°P，经过高浓度麦汁的糖化、煮沸、发酵等过程，到末端加水稀释成8～10°P甚至8°P以下的啤酒再上市。

在今后，高浓度酿造稀释技术发展趋势是：突破超高浓度(24～32°P)酿造技术难关；开发更加精制的稀释脱氧水技术，使溶解氧指标$<5\ \mu g/L$；将稀释度精确控制在1%～120%；除此，清酒、稀释水和二氧化碳浓度的高精度在线检测和高精度定比混合控制等高端技术也是未来高浓酿造稀释技术的提高点。

(3)瞬时杀菌与无菌冷灌装技术。早在21世纪初国外就将瞬时杀菌技术应用于啤酒生产中。近年来，啤酒瞬时杀菌配合无菌冷灌装和高速贴标机形成三位一体的新型无菌罐装生产线。

在啤酒生产过程中应用的瞬时杀菌技术，即清啤酒通过高温瞬间灭菌(72℃，30 s，杀菌强度控制在25～30 PU)后，再经过无菌灌装，形成新型灌装线。其核心技术在于瞬间杀菌。该技术不仅能够瞬间高温杀灭影响啤酒保质期的酵母菌和有害细菌，提高啤酒保质期，同时还能够保证酒体风味，提高啤酒新鲜度，保持啤酒的泡沫稳定性等。瞬时杀菌工艺生产灵活方便、造价低等也成为广泛应用瞬时杀菌技术的先决条件。

“无菌灌装”是将冲瓶—灌装—压盖三位一体的机器置于密闭的无菌间里进行纯净灌装。要求整条生产线必须达到相应的无菌状态。无菌间的卫生等级必须是100级(即100粒子/m^3的污染程度，相当于医院烫伤患者处理间的卫生等级，一般可不再染菌)。进入无菌间的空气

必须经过无菌过滤并且在无菌间里维持正压 0.03 MPa。

该技术在 21 世纪连续举办的 3 次慕尼黑饮料及液体食品技术世界博览会上得到充分展示。瞬时杀菌与无菌冷灌装技术在不添加任何防腐剂或者杀菌剂的前提下达到啤酒要求的保质期。因此，该项技术值得在啤酒生产中进一步推广应用。

(二)啤酒设备的技术进步

在啤酒工艺基本成熟的情况下，啤酒生产设备的影响要比其工艺的影响大。因此，啤酒行业的竞争，最直接的表现是啤酒企业对装备的快速更新和技术提升。总体来说，我国啤酒企业装备的整体水平提高很快，大型啤酒企业的装备水平已经达到了国际同行业的先进水平。

1. 原料处理设备的进步

国内啤酒企业 99%的主要原料处理设备实现了国产化，国产大米粉碎机和麦芽粉碎机，清选、除杂设备和输送设备的机械化和自动化水平提高很快，这些产品适用性广，稳定性好。麦芽和大米的浸渍湿粉碎设备的制造水平已经达到国际先进水平，有些国产麦芽粉碎机在性能上已经处于国际领先水平。如麦芽湿式粉碎机，该设备磨辊齿形独特，相对转数可调，辊间隙自动调解，能够满足不同颗粒度麦芽的工艺粉碎要求，提高收得率；同时提高了单机生产能力和磨辊粉碎寿命，对主要工艺参数也实现了高精度在线自动控制和远程操作。

2. 糖化、糊化设备的进步

我国啤酒企业的糖化和发酵设备已经实现了国产化，目前我国糖化设备的最大生产能力达到 100 m^3/批冷麦汁，最高糖化次数达到 8～12 次/d。糖化锅采用内置蜂窝夹套加热，采用 6 个耕刀臂的均匀线性分布耕刀结构。过滤槽采用 5 mm 铣槽筛板，平整度高，保用期达到 20 年，洗糟残糖在 1.5%之内。新设计的高位主轴密封，彻底解决了密封泄漏和卫生问题。煮沸锅的内加热器的煮沸强度为 8%，采用总蒸发量小于 5%的先进煮沸工艺及热能回收系统，实现节能 40%～60%。新型糖化和糊化设备的低转速、低溶氧、高效搅拌桨叶设计更加先进合理。

3. 麦汁过滤设备的进步

最初，国内外啤酒生产中麦汁过滤的主流设备为过滤槽和压滤机，生产的啤酒仍以过滤槽为主，压滤机占 20%左右。但是更多的糖化工程改造证明，提高啤酒产量取决于麦汁压滤机。而且麦汁压滤机有过滤槽无法相比的技术优势，具有广阔的市场应用前景。目前，国产化的麦汁过滤设备正在逐步取代进口设备，国产化的麦汁压滤机越来越受欢迎。当今流行的糖化麦汁压滤机主要有两种类型：一类是以法国诺顿(Nordon)公司为代表的板框式压滤机；另一类是比利时莫拉(Meura)公司为代表的隔膜式压滤机。

4. 麦汁煮沸设备的进步

(1)内加热器。经过几年的发展，目前大型啤酒厂煮沸锅基本都采用列管式内加热器，但需合理设计其个型和加热器上部的导流罩，新型的导流罩内有 10～15 个导流通道，可将煮沸麦汁分布成两层不同的散射直径落在麦汁液面上，以增加蒸发表面积，提高煮沸强度，节省能源。

(2)二次蒸汽回收系统的增加。近年来，煮沸系统都增加二次蒸汽回收系统，利用回收热能并在蒸汽的辅助下将麦汁加热到 95℃左右进入煮沸锅，有效避免了麦汁升温段加热器表面的结焦现象。此外，麦汁煮沸过程中还采用了辅助外循环加热煮沸及低压脉冲煮沸等新技术。

5. 发酵生产设备的进步

(1)发酵罐设备。我国啤酒的生产的传统发酵方法是利用“发酵槽”,采用“下面发酵”工艺。但是,目前,国内啤酒生产企业多采用露天锥形发酵罐或者锥形发酵罐。从发酵罐的容量及发酵罐的材质及发酵罐的保温性能等都有提高及改善。如发酵罐的容量从 50 m^3、100 m^3、200~700 m^3 不等,而且国外已出现 1 000 m^3 的锥形发酵罐;发酵罐材质也由原来的碳钢改善为不锈钢,发酵罐内表面的粗糙度控制在 0.8 μm 以下。

(2)酵母扩培系统设备的进步。在我国,酵母培养系统、酵母贮存系统所有管件、阀门都是卫生型,罐体表面粗糙度<0.4 μm,酵母添加系统和麦汁充氧系统也借鉴国外先进技术,配备独立的 CIP 清洗系统,酵母贮存系统配备搅拌和充氧装置,提高了装备水平。

(3)啤酒过滤设备的进步。我国多数啤酒厂对于啤酒的过滤采用三段式过滤:硅藻土过滤,PVPP 过滤,精滤。

其中,硅藻土过滤机主要有板框式、烛式、圆盘式;PVPP 过滤机主要采用烛式和圆盘两种;精滤机主要有板框式精滤机和滤筒式精滤机。多层微细过滤机(MMS),能提高啤酒稳定性的(CSS)过滤机及双流过滤机的出现,是对传统过滤机的革新。传统过滤机一般使用寿命短,大量硅藻土使用也会增加环境污染。人们致力于研究各种可再生助剂及新技术来替代硅藻土过滤机。

6. 包装设备的进步

我国啤酒包装线中高端啤酒设备,在 20 世纪 80 年代中期以前基本上靠进口。90 年代后通过引进、消化、吸收,我国的包装设备有了长足的发展。特别是进入 21 世纪后,国产包装机械发展迅速。国产设备在国内占有率快速增长。保守估计,现在国内啤酒生产企业新购啤酒包装设备,国产设备比例已达到 90%左右。

目前国内啤酒除传统的玻璃瓶灌装生产线外,还有易拉罐灌装生产线、桶装酒灌装生产线、瞬时杀菌生产线、纯生啤酒生产线等。近年来又逐渐流行 PET 生产线、热灌装生产线、无菌冷灌装生产线等适应不同领域、不同用途的生产线。还有能适应大、中、小各种不同瓶型,从 330~640 mL,最高可到 2 L 瓶装灌装线。包装线花色品种越来越多,生产厂家也越来越多,生产规模越来越大,产品质量也越来越精。

通过引进、消化、吸收、再创新,国内同步研制成功纸箱包转机、热塑膜包装机和码垛机。加工工艺和技术的提高,使中国的干包装设备发生了跳跃式的发展。目前,中国制造的纸箱包装机和热塑膜包装机已遍地开花,不仅满足了国内需求,还大量出口到海外。

同时一些新型的包装机械也逐步应用到啤酒工业中。如用机器人码垛机代替人工操作,减轻了繁重的体力劳动,表明我国的包装机械已经进入机器人时代;全自动预洗瓶成套设备的出现解决了困扰啤酒行业回收瓶洗净率低的难题;“透明胶贴标机”、“激光喷码机”、回转式 OPP 热熔喷胶贴标机等新型贴标机的出现表明我国的贴标机无论从贴标速度还是贴标范围等,均已迈入世界贴标先进领域;新型旋盖啤酒瓶和新型瓶盖问世,这种带螺旋扣的啤酒瓶和旋盖,不需要开启工具,同时在运输的过程中不易因震荡而爆盖或漏气,既安全又能保证啤酒质量不受运输影响,开启方便、随用随启。旋盖产品的问世填补了国内技术空白;在线空瓶检测器是专门用于啤酒和饮料业包装线上的检测设备,几年前这种设备完全靠进口。现在,国内几家公司借鉴国外成熟经验,结合国内实际情况已经独立自主开发出在线空瓶检测器,检测效果好,运行稳定,而且价格比进口设备便宜。

中国啤酒包装机械设备正处于高速发展中，已经形成了千帆竞发、生机勃勃的繁荣景象，充分展示了行业日新月异的技术进步，推动了我国啤酒行业的进一步发展。

7. 自动化系统的应用

在国际上，啤酒工业的发展趋势是大型化与自动化，工艺上趋向于缩短生产周期，提高整体生产的经济效益。通过自动化技术的应用，减少劳动力，降低啤酒的生产成本，也是提高企业市场竞争力的有效途径。目前，在中国啤酒大型企业都已经建立了综合自动化管理系统，并向中小企业发展。如糖化车间、发酵车间的控制系统、公用工程车间的联控系统、水、空压站、制冷站等公用系统各控制站联网、锅炉车间控制系统、生产信息管理系统、水、电、蒸汽的计量监控系统以及办公自动化系统和视频监控系统。通过自动化综合控制系统的建立，促进企业形成集控制、优化、调度、管理一体的发展模式。

(三)中国啤酒工业正向循环经济，节能降耗的方向发展

1. 啤酒企业节能降耗的开展

“十一五”规划中提出在未来5年内，我国单位GDP能耗降低20%，把节能降耗的“地位”骤然提到了一个新高度。为了适应中国发展低碳经济及各项环保政策，同时降低生产成本，增强企业的市场竞争力，低能耗生产已成为日后啤酒工业的发展趋势。

(1)二次蒸汽潜能的回收利用。啤酒生产中50%～60%的蒸汽热能消耗在糖化车间，其中，麦汁煮沸的热能消耗达40%以上。因此，首先节约和回收麦汁煮沸热量，进而降低生产成本。目前，回收利用麦汁煮沸二次蒸汽潜能的方法主要有5种：a. 热能贮存系统法；b. 二次蒸汽机械压缩系统法；c. 二次蒸汽热力压缩系统法；d. 真空蒸发系统法；e. 麦汁蒸馏系统法。在国内新建厂或者中、大型啤酒企业糖化车间设备改造上，多采用热能贮存系统法，效果明显。

2004年以来，在中国政府号召“创建节约型社会”行业中纳入“循环经济”理念，仅短短几年的时间，啤酒厂热能回收项目已全面铺开。

在二次蒸汽潜能的回收利用中，应用了许多新技术，如：

①低压动态煮沸技术。低压动态煮沸的原理就是通过对煮沸锅反复5～6次增压和减压使之“瞬间闪蒸”，煮沸锅内麦汁翻江倒海地沸腾，达到节能降耗和提高麦汁质量的目的。

低压煮沸主要是以节能为目的，但是对啤酒质量兼顾不足。低压煮沸配备了二次蒸汽回收和热能贮存系统。回收热能中40%用于煮沸前的麦汁升温，其余60%热能制备成热水，供CIP和包装及锅炉用水。

②真空蒸发热能回收系统新技术。真空蒸发设备安装在回旋槽和麦汁薄板冷却器之间，在麦汁疏松管路上引出一条旁通管，连接一套真空蒸发装置。真空蒸发装置就是利用“溶液的沸点随着压力降低而下降”的机理，使真空罐的工作压力由10^5 Pa突降为6×10^4 Pa，致使麦汁沸点降低，麦汁中可挥发性成分瞬间蒸发，二甲基硫等不良杂味物质同时被蒸发除去，所形成的二次蒸汽被冷凝器回收。

(2)冷凝水的回收利用。蒸汽冷凝水是高温软化水，将其回收利用不仅回收冷凝水的热能，同时又节省了大量的过滤补充水及软化水的处理费用。该过程多采用浮球式连杆装置自动泵将糖化车间汇总到冷凝水罐的糊化锅、糖化锅、煮沸锅夹套中蒸汽凝结水，泵入到锅炉水箱或冷凝水箱。

(3)冷却方式的改变。

①啤酒发酵方式的改变。发酵方式出现反复变化,20 世纪 80 年代推广的锥形罐工艺,"一罐式"发酵法、"朝日罐"发酵方式、"前锥后卧"的发酵形式。后来采用"两罐式"发酵工艺,将前、后发酵分开。(前发酵罐一般罐体容积系数大些,为发酵时高泡预留空间;后罐主要以储存后熟为主,相对容积系数小。)当主发酵结束后要进行一次倒罐,酵母在倒罐时充分摄取氧,有利于后发酵,同时将发酵时产生的不良挥发性物质排除掉,有利于提高啤酒质量。但是"两罐式"发酵也存在着不利因素,因此,在我国主流生产方法是"一罐式"。

然而,目前"两罐式"发酵法又被提上日程,许多厂家采用倒罐的方法,即从罐内将酒泵出通过薄板换热器降温后再进行后贮。这样通过快速倒罐降温可达到节能降耗的目的。

②发酵罐冷却方式的改变。过去啤酒发酵罐冷却多采用酒精为载冷剂,如今,新建厂或者一些大中型啤酒厂的发酵大罐、麦汁冷却等薄板冷却器均采用氨直冷式。

③利用风冷却。利用我国北方地区冬季时间长,风量大的特点,以风作为冷媒,节省了大量电能的消耗。

(4)制冷系统的技术进步。

①氨液直接制冷。新型制冷系统采用氨液做冷剂,取代过去的酒精载冷剂,直接供冷给各需要冷点。氨液单位制冷量达 340 W/kg,比酒精单位制冷量高约 57.5 倍,综合利用能耗要比酒精降低 20%。

②蒸发式冷凝器。传统制冷系统中采用立式壳管冷凝器、玻璃钢冷却塔、循环水池和水泵房组合装置,将制冷剂从气态冷却凝结成液态。这种装备有时会由于水膜温度不稳定造成冷凝管内液态氨冷凝温度不稳,换热效果差。而蒸发式冷凝器的外壁,采用喷淋式冷却,并且用高速气流将喷淋水增湿降温并形成湍流状态,大量蒸发成湿蒸汽,传热系数明显提高。

2. 啤酒企业向着清洁生产迈进

对于生产过程,清洁生产即节约原材料和能源、取消使用有毒原材料,在生产过程排放废弃物之前降减废物的数量和毒性。对于产品而言,清洁生产意味着减少和降低产品从原料使用到最终处置的全生命周期的不利影响。对服务来说,要求将环境因素纳入设计和所提供的服务中。为促进啤酒行业实现减排目标,开展清洁生产提供技术支持和导向,我国环境保护部颁布了《清洁生产标准　啤酒制造业》(HJ/T 183—2006)。

在啤酒的生产过程中主要的污染源是大量的"废水、废气、废渣"等物质,同时也会产生噪声污染。各种污染物的产生节点如表 1.4 所示。

表 1.4　啤酒生产过程中污染物的产生节点

类别	污染节点	废弃物
废水	糖化糊化、麦汁煮沸、压滤	洗锅水
	发酵	洗灌水
	麦汁冷却	冷却水
	洗瓶车间	洗瓶水
	巴氏灭菌	灭菌水
	污水站	综合污水

续表 1.4

类别	污染节点	废弃物
废渣	板框压滤	麦糟
	麦汁冷却	酒花糟、冷凝物
	回旋沉淀	热凝固物
	发酵罐	废酵母
	锅炉房	炉渣
	清酒过滤	废硅藻土
废气	锅炉房	烟气(二氧化硫)
	麦汁煮沸	二次蒸汽

啤酒生产企业实现清洁生产可以从以下几个方面采取措施：

①废水的循环利用。国家标准 GB/T 18916.6—2004 规定，2001 年 1 月 1 日后建成投产后，千升酒取水量不大于 9 t，之前建厂千升酒取水量不大于 9.5 t。对于废水的处理可以通过采取有效的措施进行污水回收，糖化废水用于麦芽浸泡，生产冷却水经回收处理后可以二次用于酒车间洗瓶，有效减少新鲜水补充量和污水产生量。近年来，青岛啤酒厂积极推行以"节能、降耗、减污、增效"为目的的清洁化生产，走内涵式发展道路，企业呈现出"高质量、高效率、高效益、低成本"的良好发展态势。2007 年 1—10 月青岛啤酒厂，通过建立污水处理站，减少 COD 排放量等，生产千升啤酒综合耗水完成 7.40 m^3/kL，同比下降 3%。

②酒糟、废酵母、热凝固物等副产物的回收利用。在啤酒生产过程中，每投入 100 kg 原料麦芽，产生湿麦糟 110～130 kg，以干物质计为 25～30 g，麦糟的营养价值很高，可烘干后贮存作为其他饲料。酵母含有丰富的蛋白质，啤酒生产过程中产生的废酵母可用于生产干酵母粉、酵母浸膏、核酸以及提供制备某些生化制剂所需的酶原。热凝固物是在糖化车间回旋沉淀槽沉淀下来的含有蛋白质和糖类的固体物质，可回收加入下批麦汁过滤中，过滤后的热凝固物与酒糟混合作为饲料，可一同出售。

③废硅藻土的回收利用。废硅藻土中含有大量的酵母和有机物，回收后可以作为肥料、饲料添加剂或黏合剂、辅料等。

④次品酒的回收利用。啤酒厂有许多次品酒，将次品酒回收后在麦汁煮沸结束前 20 min 左右将其倒入回旋沉淀槽中，再将热麦汁泵入沉淀槽，30 min 后通过薄板冷却进入发酵罐。现在已出现最新的残酒回收装置，将次品酒过滤杀菌充二氧化碳后再包装，以减少酒损。

⑤废碱性洗涤液的单独处理。洗瓶工序中使用碱性洗涤液，使用一定时间后需要更换。废碱性洗涤液中含有大量的游离 NaOH、洗涤剂、纸浆、染料和无机杂质。当其集中排放时，废水的 pH 在 11 以上，废水的 COD_{cr} 值也随之上升，并持续数小时之久，无疑这对生物处理装置中的微生物将是毁灭性的打击，因此废碱性洗涤液不允许直接排入排污沟中，应考虑单独处置。

⑥严格管理和操作规程，建立环境管理制度的。啤酒生产企业可以通过建立了完善的清洁生产组织保障体系，制订战略规划，不断提升行动目标，加强组织、制度和文化建设来实

现清洁生产。青岛啤酒企业通过在企业文化中突出环境观，从集团以及各子公司的经营过程及员工的行为习惯上都体现公司在环境方面的追求。自2005年，青岛啤酒企业以建设国际化大公司为目标，成立了制造中心，以最负责任的方式、最高的效率和最合适的成本，酿造出消费者喜好的啤酒；组建了采购管理总部实现集中采购、技术研发中心统一技术标准，生产管理总部实施环保、清洁生产、能源、安全、效率、成本、动力运行等专业化的集中式管理。啤酒企业推行清洁生产，可以将啤酒生产活动对生态环境的影响降到最小程度，从根本上解决经济发展与环境保护之间的矛盾，因此，是未来啤酒企业发展的必然要求。同时，面对我国原材料及能源趋向紧张并使价格不断上升，推行清洁生产也是提高啤酒企业经济效益的本质要求。

三、我国啤酒工业健康发展应注意解决的几个问题

我国啤酒工业发展迅速，但由于产大于销导致全国近些年仍处微利和激烈竞争的局面。因此今后几年必须注意解决以下几个问题，才能加快我国啤酒工业健康发展。

(1)增加技术含量和引进国外先进技术，提高装备水平和消化吸收国际先进技术和设备。近些年这方面工作做得比较好，也确实取得了一定的经验。但应进一步强化这方面工作，只有创新，推行技术进步，才能加速啤酒工业快速而健康发展，并赶超世界先进水平。

(2)进一步稳定提高产品质量，赶超世界著名啤酒产品质量水平。重点放在提高啤酒的风味稳定性和非生物稳定性。

(3)不断开发啤酒新品种。我国啤酒品种种类很多，今后应注重在强化保健方面、有机饮品方面大做文章。借助于啤酒这个载体通过消费，提高我国人民健康水平。

(4)重视专业人才培养。人类科学技术的不断进步，促进啤酒工业发展，迎接挑战。企业要做大做强并进入国际市场，提高科学技术水平实现现代化，需要大量水平较高的专业技术人才，因此各级领导特别教育部门应重视进一步解决专业技术人才短缺问题。不但重视解决科技人才培养，还要重视专业技术员工队伍的建设，才更有利于啤酒工业向大型化、集团化转变而发挥作用，以适应啤酒工业的快速而健康发展。

(5)解决优质啤酒原料问题。我国啤酒生产需要的优质原料有一半以上靠进口，特别是酒花制品酶制剂等需求量越来越大，因此原料需求问题，为啤酒生产配套的相关行业也必须适应发展，因此开拓建立发展啤麦基地，重视优选培育优良啤麦种子等栽培技术工作。是我国农业部门值得重视的问题。否则靠进口不但造成大量外汇流失，而且一旦出现天灾人祸，必将影响我国啤酒工业健康发展。

(6)规模的适应性与发展远景相结合。新建的啤酒厂能否有生命力，一方面是看市场，规模大小和适应性有关。没有销售市场，规模再大，产品卖不出去也不行。另一方面要看设备的先进程度和技术水平及产品质量。我们认为今后凡新建厂规模至少年产要达到10万t。而且特别应注重发展远景、二期、三期工程。根据市场需求量采用滚雪球的方法逐步扩大生产能力，才能使这个企业具有生命力，才能在激烈的市场竞争中立于不败之地。一个成功的啤酒新建厂，在设计时必须要在平面布置上既科学又合理。为若干年后的生产发展留有空间和余地。不能只看眼前利益，也不能盲目过快发展。规模大小一定要和市场相结合，才具有适应性。否则会因投资过大及经营不善而亏损倒闭。

参考文献

[1] 周广田,等.啤酒酿造技术[M].济南:山东大学出版社,2003.
[2] 程殿林,王亚楠.啤酒生产技术[M].北京:化学工业出版社,2005.
[3] 逯家富,赵金海.啤酒生产技术[M].北京:科学出版社,2004.
[4] 鲍刘锁.我国啤酒工业发展途径与思路[J].酿酒,2003,30(3):5-6.
[5] 郝秋娟,等.啤酒营养与保健[J].啤酒科技,2007,10:27-32.
[6] 郑海鹰,等.啤酒营养与保健作用的研究进展[J].农产品加工,2009,4:17-20.
[7] 中国啤酒工业发展研究报告委员会.中国啤酒工业研究报告(第四册),2010:101.
[8] 邹东恢,李国全,李琰. 啤酒生产技术与装备新发展的展望[J].农产品加工,2008,7:251-254.
[9] 钱列生,潘建中. 现代啤酒工程原理和糖化工段的设备选择概述[J].啤酒科技,2007,10:16-19.
[10] 卢宗材. 啤酒循环经济生产模式的思考[J].啤酒科技,2010,9:11-12.
[11] 刘昌盛,傅金祥,唐玉兰,等. 啤酒企业环境污染节点识别及分析[J].环境科学与管理,2010,35(5):187-189.
[12] 张弛. 关于啤酒生产企业清洁生产主要途径的探讨[J].赤峰学院学报(自然科学版),2008,24(5):95-97.
[13] 青岛啤酒厂. 持续推行清洁生产,力促节能减排[J].资源与发展·循环经济,2008,1:18-20.
[14] 张爽. 浅谈啤酒行业清洁生产[J].应用科技,2010,8:231.
[15] 青岛啤酒股份有限公司. 实施精细化管理,打造集团化清洁生产模式[J].啤酒科技,2009,10:12-14.
[16] 曲志华. 啤酒生产企业发展循环经济的探讨[J]. 黑龙江科技信息·改革与探讨,2009,23:95.

第二章　啤酒酿造用水

第一节　水的重要性

啤酒中水占90%左右，水对啤酒口味影响甚大。国内外的著名啤酒之所以质量较好，其酿造用水的品质合适、富于特性是重要原因之一。同时，因为水也作为啤酒厂和麦芽厂的洗涤用水、锅炉给水、生活用水等，所以水品质的优劣会对啤酒酿造产生直接的影响。因此对啤酒行业用水(包括酿造用水)进行研究和选择具有十分重要的意义。

通常，啤酒生产用水主要包括加工水及洗涤、冷却水两大部分。其中的加工用水包括投料水、洗糟水、啤酒稀释用水，此部分用水直接参与啤酒酿造，是啤酒的重要原料对啤酒品质会产生直接影响。啤酒酿造水的性质，主要取决于水中溶解盐类的种类及含量、水的生物学纯净度及气味。它们将对啤酒酿造全过程产生很大的影响，如糖化时水解酶的活性和稳定性，酶促反应的速度，麦芽和酒花在不同含盐水中溶解度的差别，盐和单宁-蛋白质的絮凝沉淀，酵母的痕量生长，营养、毒物、发酵风味物质的形成等，所有这些因素均会不同程度影响啤酒的风味和稳定性。

一、水源

啤酒酿造用水的主要来源是地表水(江、河、湖泊、浅井、水库水等)和地下水(深井水、泉水等)。

(一)地表水的特性

地表水主要来自雨、雪的汇合，有如下特性：

(1)水质较软，水中的溶解杂质、生物量和温度受季节变化波动较大。

(2)地表水含有较多的悬浮性杂质和某些胶体物及生物(微生物、微小动植物)。

(3)由于近代工农业的发展，人类的居住密度的增加，地表水容易受到非自然界的污染。

清洁的未受污染的地表水一般可以通过简单的机械过滤，直接用于啤酒生产，但大城市附近的地表水经常需要进行复杂的水处理后才能成为优良的酿造水。

(二)地下水的特性

地下水泛指存在于地下多孔介质中的水，其中多孔介质包括孔隙介质、裂隙介质和岩溶介质等。地下水的水质特点有：

(1)清洁。地下水含有极少的有机物、悬浮物和胶体物质。因为地下水补给区极远，受长距离地层过滤，并且一般补给区在未开发地区，污染较少。

(2)水温稳定。水温一般在7～24℃，不受气温及季节影响。

(3)含生物少。地下水中很少含有微生物，没有致病菌，没有水生植物和微小动物。

(4)溶解无机盐。地下水受地质岩层影响,一般来说含盐量高,硬度大。某些地下水流经矿岩层时,常常会溶解 Fe^{2+}、Cr^{6+}、Mn^{2+}、Zn^{2+}、Al^{3+} 等金属离子。

二、天然水源中溶解的无机盐及其特性

(一)天然水中溶解的主要无机盐离子

天然水中含有多种无机盐离子,其主要无机盐离子详见表 2.1。

表 2.1 天然水中含有的主要无机盐离子

名称	化学符号	名称	化学符号
氢离子	H^+	氢氧根离子	OH^-
钠离子	Na^+	氯离子	Cl^-
钾离子	K^+	重碳酸根离子	HCO_3^-
铵离子	NH_4^+	碳酸根离子	CO_3^{2-}
钙离子	Ca^{2+}	硝酸根离子	NO_3^-
镁离子	Mg^{2+}	亚硝酸根离子	NO_2^-
正铁离子	Fe^{3+}	硫酸根离子	SO_4^{2-}
亚铁离子	Fe^{2+}	硅酸根离子	SiO_3^{2-}
锰离子	Mn^{2+}	酸式磷酸根离子	$H_2PO_4^-$
铝离子	Al^{3+}		

(二)水的硬度

水的硬度主要是水中钙、镁离子和水中存在的碳酸根离子、碳酸氢根离子(重碳酸根离子)、硫酸根离子、氯离子和硝酸根离子所形成盐类的浓度。

(1)硬度分类及性质。水的硬度有暂时硬度(又叫碳酸盐硬度)和永久硬度(又叫非碳酸盐硬度)之分,其性质如表 2.2 所示。

表 2.2 水的暂时硬度和永久硬度

硬度名称	化学成分	性质
碳酸盐硬度(暂时硬度)	主要是:$Ca^{2+}/Mg^{2+}+HCO_3^-$ 其次是:$Ca^{2+}/Mg^{2+}+CO_3^{2-}$	水中溶解的钙或镁的重碳酸盐在加热煮沸时分解成溶解度很小的碳酸盐,硬度可大部分被除去
非碳酸盐硬度(永久硬度)	$Ca^{2+}/Mg^{2+}+Cl^-/NO_3^-/SO_4^{2-}$	此类盐经加热煮沸也不能发生沉淀,硬度没有变化
总硬度		碳酸盐硬度+非碳酸盐硬度
负硬度	$Na^++HCO_3^-/K^++CO_3^{2-}$	不引起沉淀肥皂能力的重碳酸盐和碳酸盐,称为负的碳酸盐硬度

(2)水硬度的表示法和换算。水硬度的法定计量单位是以 mmol/L 表示的,凡非法定计量单位均需按表 2.3 关系进行换算。

表 2.3　水硬度的计量单位

硬度单位	mmol/L	德国度	法国度	英国度
mmol/L	1	2.084	5.005	2.511
1°d	0.356 63	1	1.784 8	1.252 1
1°f	0.199 82	0.560 3	1	0.070 15
1°e	0.284 83	0.798 7	1.428 5	1

目前主要用 EDTA 滴定法测定水中钙、镁的总量,并折合成 CaO 或 $CaCO_3$ 含量来确定水的硬度。

水中存在的氧化镁换算成氧化钙硬度为:

氧化钙相对分子质量∶氧化镁相对分子质量=56∶40=1.4∶1

(三)水的碱度

水的碱度是指水中能够接受$[H^+]$离子与强酸进行中和反应的物质含量。水中产生碱度的物质主要有碳酸盐产生的碳酸盐碱度和碳酸氢盐产生的碳酸氢盐碱度,以及由氢氧化物存在而产生的氢氧化物碱度。所以,碱度是表示水中 CO_3^{2-}、HCO_3^-、OH^- 及其他一些弱酸盐类的总和。这些盐类的水溶液都呈碱性,可以用酸来中和。在天然水中,碱度主要是由 HCO_3^- 的盐类所组成。

形成水中碱度的物质与碳酸氢盐可以共存,硫酸盐和氢氧化物也可以共存。然而,碳酸氢盐与氢氧化物不能同时存在,它们在水中能起如下反应:

$$HCO_3^- + OH^- = CO_3^{2-} + H_2O$$

由此可见,碳酸盐、碳酸氢盐、氢氧化物可以在水中单独存在之外,还有两种碱度的组合,所以水中的碱度通常会有 5 种常见形式存在,即

①碳酸氢盐碱度 HCO_3^-;

②碳酸盐碱度 CO_3^{2-};

③氢氧化物碱度 OH^-;

④碳酸氢盐和碳酸盐碱度 $HCO_3^- + CO_3^{2-}$;

⑤碳酸盐和氢氧化物碱度 $CO_3^{2-} + OH^-$。

水中的碱度是用盐酸中和的方法来测定的。在滴定水的碱度时采用两种指示剂来指示滴定的终点。

用酚酞作指示剂时,滴定的终点 pH 为 8.2~8.4,称为酚酞碱度或 P 碱度。此时,水中的氢氧化物全部被中和,并有一半的碳酸盐转化为碳酸氢盐。

用甲基橙作指示剂时,滴定的终点 pH 为 4.3~4.5,称为甲基橙碱度或 M 碱度。此时,水中的氢氧化物、碳酸盐及碳酸氢盐全部被中和,所测得的是水中各种弱酸盐类的总和,因此又称为总碱度。

水的碱度单位应以 mmol/L 表示,与硬度表示方法相同。

三、水中无机离子对啤酒酿造的影响

(一)水中碳酸盐及重碳酸盐的降酸作用

反应方程式为 $HCO_3^- + H^+ \rightarrow H_2O + CO_2$

大麦子粒中存在磷酸盐，发芽中受到磷酸酯酶的降解，形成游离的 $H_2PO_4^-$，由于 $H_2PO_4^- \leftrightarrow H^+ + HPO_4^{2-}$ ($K_2 = 6.23 \times 10^{-8}$)，它使麦芽醪呈偏酸性(pH 5.2～6.0)。水中重碳酸盐的降酸作用，使麦芽醪 pH 升高(pH 5.6～6.4)，引起一系列的工艺缺点。

(1)糖化醪 pH 升高，不适于羧基肽酶、内切肽酶、β-淀粉酶等的作用(最适范围 pH 5.2～5.6)，酶促反应受到抑制，蛋白质分解困难，麦汁麦芽糖减少，糊精增加，黏度加大，造成过滤减慢，收率下降。

(2)麦汁 pH 升高，麦芽皮壳多酚等有害物质溶解度加大，啤酒色泽和涩味增加。

(3)麦汁煮沸时，pH 不在球蛋白等电点，蛋白质絮凝不好，麦汁混浊，啤酒的稳定性降低。

(4)改变酒花的苦味，使啤酒苦味粗糙。

(二)水中 Ca^{2+}、Mg^{2+} 离子的增酸作用

反应方程式为 $3Ca^{2+}/Mg^{2+} + 2HPO_4^{2-} \leftrightarrow Ca_3(PO_4)_2/Mg_3(PO_4)_2 \downarrow + 2H^+$。

例如，水中存在永久硬度的 $CaSO_4$ 和 $MgSO_4$ 时，在糖化醪中可使碱性 K_2HPO_4 转化成 KH_2PO_4，使酸度升高，pH 降低。

$$3CaSO_4/MgSO_4 + 4K_2HPO_4^{2-} \leftrightarrow Ca_3(PO_4)_2/Mg_3(PO_4)_2 \downarrow + 2KH_2PO_4 + 3K_2SO_4$$

在啤酒糖化时，Ca^{2+} 含量在 40～70 mg/L，能保持淀粉液化酶的耐热性。麦汁含 Ca^{2+} 在 80～100 mg/L 时，可促进麦汁煮沸时形成单宁-蛋白质-钙的复合物，促进热凝固蛋白质的絮凝。啤酒发酵中有 30 mg/L 以上 Ca^{2+} 时，能促进酵母的凝聚性，也能促进形成草酸钙(啤酒石)的沉结。但过多 Ca^{2+}($>$100 mg/L)会阻碍酒花 α-酸的异构，并使酒花苦味变得粗糙。

Mg^{2+} 的影响和钙相似。Mg^{2+} 在麦芽中含量约为 130 mg/L。啤酒酿造用水中含有 10～15 mg/L 的 Mg^{2+} 已足够，不宜超过 80 mg/L。当啤酒中 Mg^{2+} 超过 40 mg/L 时，会使得啤酒干、苦味加重。

Sala(1957 年)曾指出啤酒中 Ca^{2+} 和 Mg^{2+} 的平衡对啤酒风味有重要影响，当 Ca^{2+} ∶ Mg^{2+} = 47 ∶ 24，啤酒有柔和、协调的风味。

(三)Na^+、K^+ 的影响

啤酒中 Na^+、K^+ 主要来自于原料，其次才是酿造水。啤酒中 Na^+ ∶ K^+ 常常在(50～100) ∶ (300～400)。啤酒中 Na^+、K^+ 过高常常使浅色啤酒变得粗糙，不柔和。为了降低啤酒中 Na^+、K^+ 的含量，要求酿造水中 Na^+、K^+ 的含量较低，两者超过 100 mg/L 时就常认为这种水不适宜酿造浅色啤酒。

(四)Fe^{2+}、Mn^{2+} 的影响

铁是水中常见的溶解离子，它主要来自于含铁土壤和岩石的溶解，也可能来自于输水系统。

优质啤酒含 Fe^{2+} 应少于 0.1 mg/L，若啤酒中含 Fe^{2+} >0.5 mg/L，会对啤酒质量造成损害，如使啤酒泡沫不洁白，加速啤酒的氧化混浊。若啤酒中含 Fe^{2+} >1 mg/L，会使啤酒着色，并形成空洞感、铁腥味。洗涤酵母水中含 Fe^{2+} >1 mg/L，会使酵母早衰。

Mn^{2+} 对啤酒的影响与 Fe^{2+} 相似，但它由于经常作为多种酶的辅基存在，因此有时可以促进酶的活性。但当 Mn^{2+} 水平过高（超过 0.5 mg/L）时，则会扰乱发酵，并使啤酒着色。酿造水中 Mn^{2+} 水平应低于 0.2 mg/L。

（五）Pb^{2+}、Sn^{2+}、Cr^{6+}、Zn^{2+} 等离子的影响

重金属离子是发酵的毒物，会使酶失活，并使啤酒混浊。除锌以外的重金属离子在酿造水中均应低于 0.05 mg/L。

Zn^{2+} 是酵母生长必需的无机离子，如果麦汁中含有 0.1～0.5 mg/L 的 Zn^{2+}，酵母能旺盛生长，发酵力强，它还能够增加啤酒泡沫的强度。酿造用水中 Zn^{2+} 可以放宽到<2 mg/L。

（六）NH_4^+ 的影响

清洁的水中几乎不存在 NH_4^+。NH_4^+ 对人体健康和啤酒酿造没有直接危害，酵母能利用 NH_4^+ 中氮。但一般来说凡水中 NH_4^+ 大于 0.5 mg/L 时通常被认为是污染水、不清洁水，不宜作为酿造用水。

（七）SO_4^{2-} 的影响

酿造水中 SO_4^{2-} 经常和 Ca^{2+} 结合，在酿造中能消除 HCO_3^- 引起的碱度。SO_4^{2-} 存在能促进蛋白质絮凝，有利于制造澄清的麦汁。酿造浅色啤酒的水中含 SO_4^{2-} 可以在 50～70 mg/L，过多也会引起啤酒的干苦和不愉快味道，使啤酒的挥发性硫化物的含量增加。

（八）NO_2^-、NO_3^- 的影响

NO_2^- 是国际公认的强烈致癌物质，也是酵母的强烈毒素，它会改变酵母的遗传和发酵性状，甚至抑制发酵。在糖化时会破坏酶蛋白，抑制糖化。它还能给啤酒带来不愉快的气味。酿造水应不含有 NO_2^-。当它的含量大于 0.1 mg/L 时，这种水应禁止作为酿造水。

NO_3^- 有害作用相对较小，而清洁水中也很少会有过量的 NO_3^-。在受到生物废物特别是粪便污染时，水会含有较高的 NO_3^-。饮用水的 NO_3^- 标准为小于 5.0 mg/L，与啤酒酿造用水的要求相近。

（九）F^- 的影响

生活饮用水中含有少量的 F^-（0.6～1.7 mg/L）可以防止蛀牙，但含 F^- 太高的水能引起牙色斑病以及产生不愉快的气味。啤酒酿造水中如果 F^- >10 mg/L 会抑制酵母生长，使发酵不正常，因此通常酿造水中不应有 F^-。

（十）SiO_3^{2-}、SiO_2 的影响

几乎所有的天然水中均含有 SiO_3^{2-}。水中含 Na_2CO_3 时，会促进硅酸的溶解。火山地带的水 SiO_3^{2-} 的含量高达 50～100 mg/L。硅酸在啤酒酿造中会和蛋白质结合，形成胶体混浊，在发酵时也会形成胶团吸附在酵母上，降低发酵度，并使啤酒过滤困难。因此，高含量的硅酸

是酿造水中的有害物质。啤酒行业通常认定 SiO_3^{2-} 的含量不应大于 50 mg/L。

(十一)Cl^- 的影响

Cl^- 对啤酒的澄清和胶体稳定性有重要作用。Cl^- 能赋予啤酒丰满的酒体,爽口、柔和的风味。酿造水中含有 20～60 mg/L 的 Cl^- 是必需的,但不应超过 100 mg/L。麦汁中 Cl^-＞300 mg/L 时,会引起酵母早衰、发酵不完全和啤酒口味粗糙。

天然水不含余氯。自来水中的余氯通常是供水厂在水处理中加氯气或漂白粉消毒带来的,供水厂为了抑制自来水在运至最远用户前微生物的生长繁殖,制定了管网末端余氯大于 0.05 mg/L 标准。水质愈差,余氯也愈高,这常常是城市自来水有强烈氯臭或者氯酚味的原因。

啤酒酿造水中应绝对避免有余氯的存在,因为氯是强烈的氧化剂,会破坏酶的活性抑制酵母正常生长,并会和麦芽中酚类结合形成强烈的氯酚臭。所以,用城市自来水或自供水(用氯消毒的水)做酿造水时必须经过活性炭脱氯。

第二节　活性炭过滤及其工艺设计

啤酒酿造用水,首先应符合生活饮用水标准,其中某些项目还应达到啤酒酿造用水的要求。如果某些项目达不到使用要求,必须要对酿造用水作适当的改良与处理。

一、水处理方法的选择

水处理方法的选择,取决于要除去的物质和所要达到的要求值,其次,还应考虑成本、速率和废水的排出量等因素。

酿造用水的处理方法的选择可参考表 2.4。

表 2.4　酿造用水处理方法

水质的主要特点	处理方法	选择意见
1. 悬浮杂质和胶体物质多,透明度低	(1)凝聚沉淀法或电凝聚	主要用于江河水的处理,絮凝剂不得过量
	(2)砂过滤	水浊度好,清亮透明,悬浮物降至 3～10 mg/L
	(3)活性炭过滤	有机物去除＞90%,次氯酸气味不明显
	(4)精密过滤器	微孔阻挡,悬浮物降至＜3 mg,水质清澈
2. 单纯暂硬或碱度大(＜8°d)	(1)加酸改良法	降低 RA 2～3°d,调剂糖化醪 pH
	(2)加石膏改良法	增加水中钙离子
	(3)煮沸法	降低水中大部分暂时硬度,但热能耗费大
3. 单纯暂硬过高,碱度太大(＞8°d)	(1)加石灰法	经济、费时,处理后 pH 升高
	(2)离子交换法	原水不含无机物或有机的混合物;浊度低于 10 mg/L 以下,$KMnO_4$ 耗氧量＜2 mg/L
	(3)电渗析法	经济,但浪费水,处理后还需离子调整

续表 2.4

水质的主要特点	处理方法	选择意见
4. 总含盐量多(500 mg/L),总硬太高,或某些有害离子超标,总硬＞20°d	(1)离子交换法	
	(2)电渗析法	
	(3)反渗透法	
	(4)多级处理:石灰法—机械过滤—活性炭过滤—电渗析—离子交换—反渗透	根据水质具体选择使用哪种或者哪几种方法的组合
5. 单纯有机物多或与余氯高或耗氧量大	活性炭过滤	处理前水质硬,透明,无太多悬浮杂质及胶体杂质
6. 细菌总数超标	(1)砂滤棒过滤	滤去细菌等
	(2)加氯杀菌	用二氧化氯制备装置和自动配量加入,杀死水中细菌
	(3)紫外线处理	用紫外线照射杀灭微生物
	(4)阳极氧化法	阳极氧化产生原子氧和氯离子,具有杀菌作用
7. 单纯 Fe^{2+} 、Mn^{2+} 超标	(1)活性炭过滤	
	(2)石灰处理	可单独使用,也可结合其他方法使用
	(3)曝气法处理	
	(4)硼砂过滤	

其中活性炭过滤就是一种常用的水处理方式。下面将对其进行具体介绍。

二、活性炭过滤

活性炭过滤是以活性炭作为过滤滤料的水过滤处理工艺,常用于酿造用水的处理当中。

(一)活性炭

活性炭作为一种具有优良理化性质、巨大比表面积和选择性吸附性能的炭质吸附剂,已经被广泛应用于军工、食品、冶金、化工、环境保护、医药、生物化工等相关行业的净化、精制过程,可以去除多种微量有毒、有害的化学物质。

在活性炭表面和内部充满了大量的微孔,其直径从几个埃至几千个埃不等,活性炭正是利用这些微孔结构对酿造用水进行净化除杂的。当杂质接近活性炭微孔时,就易被吸附,同时活性炭还有过滤作用,能有效地去除水中的有机杂质、微细颗粒杂质等。

图 2.1 活性炭

(二)活性炭过滤器

活性炭过滤器是用活性炭作为滤层而制造的过滤设备,广泛应用于水质的预处理。它利用活性炭的表面有大量的羟基官能团,可以对各种性质的物质进行化学吸附,除去水体中异味、有机物、胶体、铁及余氯等,同时降低水的浊度、色度,使水质清澈透明,减少后继系统(反渗透、超滤、离子交换器)的污染。活性炭对有机物的吸附去除率达到90%以上,活性炭的化学还原作用还可以去除次氯酸,出水的次氯酸气味不明显。

活性炭过滤器底部装0.2～0.3 m石英砂,作为支撑,上面装1 m厚的活性炭。原水由顶部流下,运行一段时间后需进行反洗,排污。反洗时清水从过滤器的底部进入,反洗水的流速为8～10 L/(s·m²),反洗15～20 min。然后进行活性炭再生,打开顶部排气阀,由器底通入0.3 MPa蒸汽,连续吹扫15～20 min,再用6%～8%碱水(40℃)从器顶部通入洗涤,碱用量为活性炭低级的1.2～1.5倍。然后用原水自器顶部通入,冲洗至出水符合规定水质要求,即可投入正常运转(图2.2)。

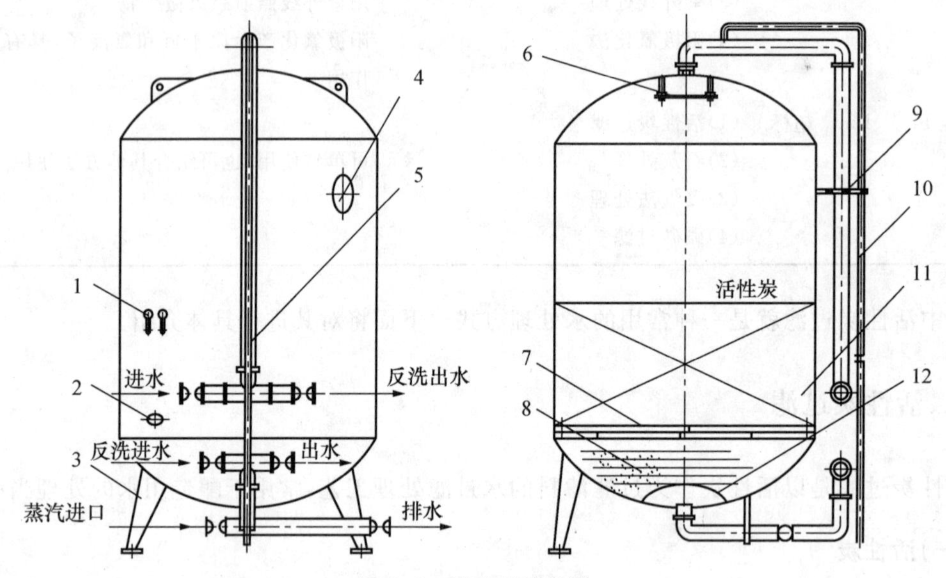

图2.2 活性炭过滤器

1.滤前后压力表 2.卸料孔 3.支撑脚 4.人孔 5.反冲洗排水管 6.进水挡板 7.滤板及压板 8.承托层 9.抱箍 10.放气管 11.活性炭 12.出水挡板

(三)活性炭过滤的原理及工艺

活性炭过滤器处理原理为:待处理水样在活性剂颗粒表面形成一层平衡的表面浓度,再把有机物质杂质吸附到活性炭颗粒内。活性炭在使用初期的吸附效果很高,但时间一长,活性炭的吸附能力会不同程度地减弱,吸附效果也随之下降。如果待处理水样水质混浊,水中有机物含量高,活性炭很快就会丧失过滤功能。所以,活性炭应定期清洗或更换。

活性炭的吸附能力与水温的高低、水质的好坏等有一定关系。水温越高,活性炭的吸附能力就越强;若水温高达30℃以上时,吸附能力达到极限,并有逐渐降低的可能。当水质呈酸性时,活性炭对阴离子物质的吸附能力便相对减弱;当水质呈碱性时,活性炭对阳离子物质的吸附能力减弱。

活性炭颗粒的大小对吸附能力也有影响。一般来说，活性炭颗粒越小，过滤面积就越大。所以，粉末状的活性炭总面积最大，吸附效果最佳，但粉末状的活性炭很容易随水流入水中，难以控制，很少采用。颗粒状的活性炭因颗粒成形不易流动，水中有机物等杂质在活性炭过滤层中也不易阻塞，其吸附能力强，携带更换方便。

活性炭的吸附能力和与水接触的时间呈正比，接触时间越长，过滤后的水质越佳。新的活性炭在第一次使用前应洗涤洁净，否则有墨黑色水流出。活性炭在装入过滤器前，应在底部和顶部加铺 2～3 cm 厚的海绵，作用是阻止藻类等大颗粒杂质渗透进去，活性炭使用 2～3 个月后，如果过滤效果下降就应调换新的活性炭，海绵层也要定期更换。

活性炭的具体处理工艺和使用期因水质而异。活性炭的使用量、活性炭的颗粒大小的要求、处理时间、处理温度等要通过相关研究来确定，以得到最佳的处理效果。

第三节　其他过滤方法

对于酿造用水的过滤处理，除使用活性炭处理以外，通常还有常规的机械过滤、精密过滤、砂滤棒过滤、硼砂过滤等。

一、机械过滤

通过机械过滤器，利用一种或几种过滤介质，在一定的压力下，使原液通过该介质，去除杂质，从而达到过滤的方法。过滤介质一般为石英砂、无烟煤、颗粒多孔陶瓷、锰砂等，用户可根据实际情况选择使用。机械过滤器主要是利用填料来降低水中浊度，截留除去水中悬浮物、有机物、胶质颗粒、微生物、氯臭味及部分重金属离子，使给水得到净化的水处理传统方法之一。

机械过滤广泛用于水处理过程中，主要用于给水处理除浊，反渗透以及离子交换软化除盐系统的前级预处理，也可用于地表水、地下水除泥沙。进水浊度要求小于 20 度，出水浊度可达到 3 度以下。

二、精密过滤

精密过滤是通过精密过滤器（又称作保安过滤器）对原水进行处理的一种过滤方式。一般精密过滤器采用不锈钢材质制造筒体外壳，内部采用 PP 熔喷、线烧、折叠、钛滤芯、活性炭滤芯等管状滤芯作为过滤元件，根据不同的过滤介质及设计工艺选择不同的过滤元件，以达到出水水质的要求。该设备广泛应用于制药、化工、食品、饮料、水处理、酿造、石油、印染、环保等行业，是各类液体过滤、澄清、提纯处理的理想设备。

啤酒酿造用水处理使用的精密过滤器一般是选用两层 30 目不锈钢平纹丝网和中间 100 目/英寸（1 英寸＝25.4 mm）的纯涤纶布网组成，可滤去细微悬浮物和活性炭粉末。精密过滤器具有纳污能力高、耐腐蚀性强、耐温好、流量大、操作方便、使用寿命长、没有纤维脱落等诸多特点。

三、砂滤棒过滤

砂滤棒过滤是使用砂滤棒过滤器（又名砂芯过滤器）对水进行净化处理的方法。砂滤棒过滤器，用 1Cr18Ni9Ti 或 SUS304 钢板制成的密封容器和陶质砂滤棒组合配套而成，过滤器分上下两层，中间置放隔水板一块。隔水板既是固定滤棒的装置，又可起到液体(包括水)过滤前后的分界作用，孔板上为待滤水，其下为砂滤水(图 2.3)。操作时，水由泵打入容器内，在外压作用下，水通过砂滤棒的微小孔隙进入棒筒体内，水中离子则被截留在砂滤棒表面。滤出的水可达到基本无菌。

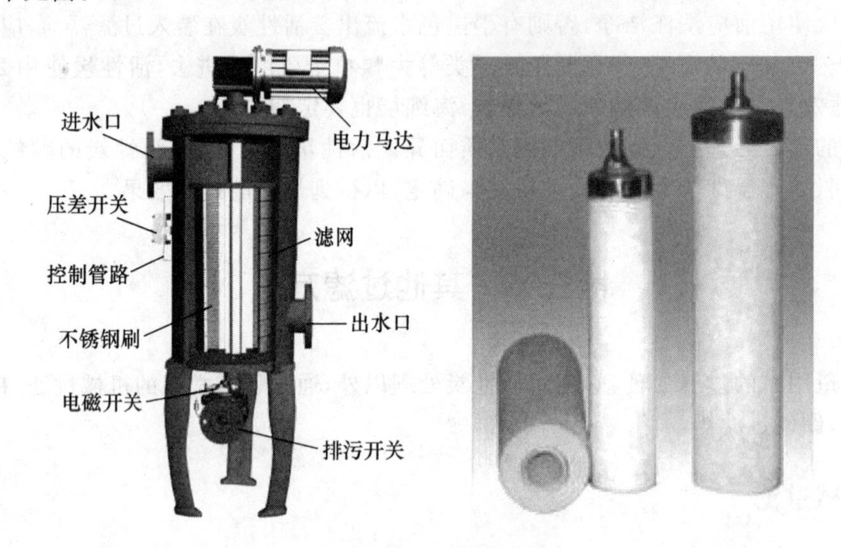

图 2.3 砂滤棒过滤器

砂滤棒(又称砂芯)系选用多孔陶瓷原料经高温烧结而成。棒身具有许多细微孔，是过滤器发挥过滤作用的主体部分，通过砂滤棒的过滤达到提高滤液和水的澄明度。

该过滤器用于自来水或有压力装置的深井水的过滤，能有效地阻菌和除去水中悬浮物质，不需烧煮即可取得符合国家饮用水规定的水质。对节省燃料、人力，费用效果显著。

砂滤棒在使用前需进行灭菌。用 75%酒精注入砂滤棒内，堵住出水口震荡，数分钟后倒出酒精，凡与滤出水接触部分均用酒精擦洗。砂滤棒使用一段时间后，砂芯外壁逐渐挂垢而降低滤水能力。这时必须停机清洗，卸出砂芯，堵住滤芯出水口，浸泡在水中，用水砂纸轻轻擦去砂芯表面被污染层，至砂芯恢复原色，即可安装重新使用。

第四节 啤酒酿造水、稀释水标准

因为啤酒酿造用水、稀释用水直接影响啤酒的整个制造过程以及成品啤酒的质量，所以通常对其会有较高及系统的要求。

一、啤酒酿造用水的要求

酿造用水至少应该达到以下要求：

(1)应无色透明，无异味、异臭。一般有色的水是污染的水，腐殖酸、铁、锰多，不能用来酿造啤酒。如果酿造用水是混浊的，将会影响麦汁的浊度，啤酒品质较差，易产生混浊、沉淀。而有异味、异臭的水用于酿造啤酒则会使啤酒口味变得恶劣。

(2)尽量降低碳酸盐含量。水中碳酸根含量与水的硬度、碱度等密切相关，过多的碳酸根会增加水的硬度及碱度，进一步影响啤酒酿造过程及成品啤酒的质量。

(3)酿造用水 pH 应处于 6.8～7.2，但 pH 在 6.5～7.5 一般尚可使用。酿造用水的 pH 过高或过低均不利于控制糖化醪的最适 pH，易造成糖化困难，啤酒口味不佳等。

(4)不允许存在有毒离子，如砷、汞、镉、铅和氰化物，或以不超过生活饮用水的卫生标准为限。

(5)重金属离子应控制在痕量等级，如铜、铁、锌、锡等。重金属离子是发酵的强抑制剂，会使酶失活，并使啤酒混浊。除锌以外的重金属离子在酿造水中均应低于 0.05 mg/L。

Zn^{2+} 是酵母生长必需的无机离子，如果麦汁中含有 0.1～0.5 mg/L 的 Zn^{2+}，酵母能旺盛生长，发酵力强，它还能够增加啤酒泡沫的强度。酿造用水中 Zn^{2+} 可以放宽到小于 2 mg/L。

(6)硝酸盐、亚硝酸盐最好都不要超过 0.1 mg/L。NO_2^- 是国际公认的强烈致癌物质，也是酵母的强烈毒素，它会改变酵母的遗传和发酵性状，甚至抑制发酵。在糖化时会破坏酶蛋白，抑制糖化。它还会给啤酒带来不愉快的气味。酿造水应不含有 NO_2^-。当它的含量大于 0.1 mg/L 时，这种水应禁止作为酿造水。NO_3^- 有害作用较小，清洁水中很少有多量的 NO_3^-。在受到生物废物特别是粪便污染时，水会含有较高的 NO_3^-。饮用水的 NO_3^- 标准小于 5.0 mg/L，与啤酒酿造用水的要求相近。

(7)游离氯、游离氨的含量也是越低越好。不应超过 0.3 mg/L，当麦汁中 $Cl^- > 300$ mg/L 时，会引起酵母早衰、发酵不完全和啤酒口味粗糙。

啤酒酿造水中应绝对避免有余氯的存在，因为氯是强烈的氧化剂，会破坏酶的活性，抑制酵母生长，并和麦芽中酚类结合形成强烈的氯酚臭。

(8)不得污染各种杂菌，各指标应至少符合饮用水标准。

对酿造用水的一些具体要求见表 2.5。

表 2.5　酿造用水的要求

水质项目	单位	理想要求	最高极限	测试频率	超过极限引起的缺点
混浊度/透明度		透明，无沉淀	透明，无沉淀	每日	影响麦汁浊度，啤酒容易混浊、沉淀
色		无色	无色	每日	有色的水是污染的水，腐殖酸、铁、锰多，不能用来酿造啤酒
味		20℃、50℃无异味，无异臭	20℃有异味，无异臭 50℃无异味，无异臭	每日	污染啤酒，口味恶劣，有异味水不能用来酿造啤酒
残余碱度(RA)	°d	≤3	≤5(淡色啤酒)	每周	影响糖化醪 pH，使啤酒的风味改变。总硬度 5～20°d，对深色啤酒 RA>5°d，黑啤酒 RA>10°d

续表 2.5

水质项目	单位	理想要求	最高极限	测试频率	超过极限引起的缺点
pH		6.8～7.2	6.5～7.8	每日	不利于控制糖化醪的最适 pH,造成糖化困难,啤酒口味不佳
溶解总固体/总溶解盐类	mg/L	150～200	＜500	每月	含盐量过高的水用于酿造啤酒,会使啤酒口味苦涩、粗糙
碳酸盐硬度	mmol/L	＜0.71	＜1.78	每月	使麦芽醪降酸,造成糖化困难等一系列缺点,浓度过高,影响口味
非碳酸铵盐硬度	mmol/L	0.71～1.78	＜2.50	每月	适量存在有利于糖化和口味,麦汁清亮;过量则引起啤酒苦味粗糙
总硬度	mmol/L	0.71～2.50	＜4.28	每月	有的国家和地区也有用高硬度的水酿制特种风味的酒则属例外,酿制深色啤酒时,水的硬度可以改一些,上述极限系指浅色啤酒
硝酸根态氮(以N计)	mg/L	＜0.2	0.5	每月	部分硝酸根能还原为亚硝酸根,有妨碍发酵的危险,饮水中硝酸盐的含量规定是＜50 mg/L
亚硝酸根态氮(以N计)	mg/L	0	0.05	每月	NO_2^- 是致癌物质,并有下列危害:①引起酵母官能性损伤,妨碍酵母发酵,改变啤酒口味 ②引起酵母菌遗传损害,导致酵母菌性状改变,致癌 ③影响糖化过程
氨态氮(以N计)	mg/L	0	0.5	每月	氨的存在,表示水源受污染,超过极限为严重污染的水,含量与水质被污染程度有关
氯化物(以 Cl^- 计)	mg/L	20～60	＜100	每月	含量适量,在糖化时促进淀粉酶作用;提高酵母活性;使啤酒口味柔和圆润;超过极限会引起酵母早衰,并使啤酒带咸味,而且易导致设备的腐蚀
游离氯(以 Cl_2 计)	mg/L	＜0.1	＜0.3		糖化时会破坏酶的作用,严重时会形成氯臭味和氯酚臭
硫酸盐(以 SO_4^{2-} 计)	mg/L	＜200	240	每月	过量会使啤酒涩味重
铁盐(以Fe计)	mg/L	＜0.3	＜0.5	每月	水呈红或褐色,有铁腥味,麦汁色泽重,影响酵母菌生长和发酵,引起啤酒单宁的氧化及啤酒混浊

续表 2.5

水质项目	单位	理想要求	最高极限	测试频率	超过极限引起的缺点
锰盐(以 Mn 计)	mg/L	<0.1	<0.5	每月	微量对酵母菌生长有利;过量会使啤酒缺乏光泽,口味粗糙
其他重金属离子(Pb^{2+}、Sn^{2+}、Cr^{6+}、Zn^{2+})	mg/L		符合生活饮用水标准	每年	微量的铜和锌对啤酒酵母的代谢作用是有益的;微量的锌对降低啤酒中双乙酰、醛类和挥发性酸类是有利的;但总的来讲,重金属离子过量对酵母菌有毒性,会抑制酶活力,并易引起啤酒混浊
饮用水其他有害物				每年	符合国标生活饮用水要求,每年送卫生部门检查,不得超量
硅酸盐(以 SiO_3 计)	mg/L	<20	<50	每年	麦汁不清;发酵时性形成胶团,影响酵母菌发酵和啤酒过滤,引起啤酒胶体混浊;使啤酒口味粗糙
高锰酸钾消耗量/有机物	mg/L	<3	<10	每月	超过 10 mg/L 时,有机物严重污染
细菌总数		无	符合生活饮用水标准		超过极限,将有害人体健康
大肠菌群		无			

二、啤酒稀释用水

啤酒高浓度发酵后稀释酿造技术是当今啤酒酿造行业热门研究课题,是目前国际上的先进技术。当代,北美更高比例的啤酒厂是采用高浓度发酵方法而非传统发酵方法。高浓酿造一般是指 15°P 以上的麦汁,经发酵后再稀释成 10～12°P 的啤酒。高浓度发酵后稀释酿造技术是利用现有设备能力,提高糖化、发酵、储酒甚至啤酒澄清设备的利用率,从而达到迅速有效地扩大啤酒产量的目的。该技术对千变万化的啤酒市场适应性很强,可根据市场变化和消费者需求,随时制备不同浓度、不同档次的啤酒。

高浓发酵后稀释是在高浓度麦汁经发酵后的酒液中,加入一定比例的经除氧、杀菌、冷却,并通入二氧化碳的酿造用水,而制成符合要求浓度的啤酒,这些稀释后的啤酒同样可以被人们所接受。

图 2.4 是高浓度啤酒稀释工艺流程图。

(一)啤酒稀释用水的水质要求

啤酒酿造稀释用水的质量,会最终直接影响啤酒的风味和稳定性,故其许多质量特性应与啤酒相同,如生物性能稳定、无异臭、无异味、含有一定量的 CO_2、与被稀释的啤酒具有相同的 pH 及温度等。因此,稀释用水需经一系列的处理,如砂滤、活性炭处理、无菌处理、排氧、充二氧化碳、调 pH、冷却等步骤,才能符合要求而进入贮罐备用。

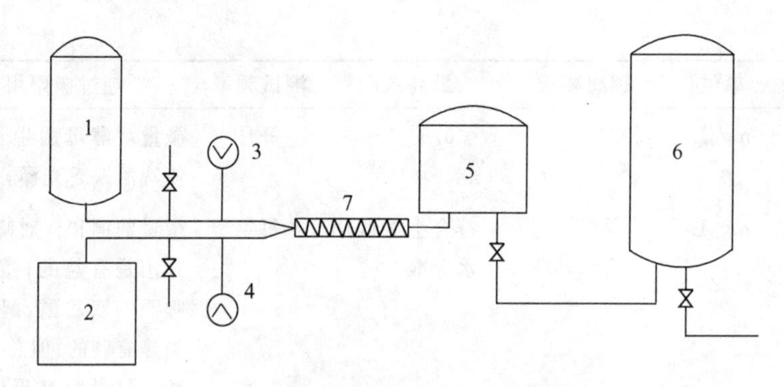

图 2.4 高浓度啤酒稀释工艺流程图

1. 清酒罐 2. 无菌水箱 3、4. 流量表

5. 缓冲罐 6. 混合罐 7. 静力混合器

对啤酒稀释用水要求比前面的酿造用水还要高。其具体要求有:

(1)应符合饮用水标准,无任何微生物污染和化学污染,水的残余碱度≤10,否则在稀释过程中易引起 pH 的变化。

(2)应无有机物、无色、无异臭、无异味,清澈透明,无悬浮物。如果稀释用水无混浊度,则啤酒经稀释后,也不会出现混浊现象。

(3)调整 pH,去氯,除盐。

(4)稀释用水的溶解氧含量要低,可视稀释率而定。当稀释率为 10%~20%时,溶解氧量要求 0.03~0.04 mg/L;当稀释率达到 30%时,溶解氧量要求 0.02 mg/L 左右;当稀释率大于 40%时,溶解氧量要求低于 0.01 mg/L。

(5)充二氧化碳,使稀释水中二氧化碳含量接近于或略高于混合啤酒中的含量,一般为4~5 g/L。应使啤酒稀释后不降低 CO_2 含量。

(6)巴氏杀菌,消灭微生物污染。

(7)预冷至接近零度,再用于兑制啤酒。

(8)根据啤酒成分要求,适当调整稀释水中离子含量(如铁离子含量应低于 0.04 mg/L,锰离子含量应低于 0.01 mg/L,铜离子应低于 0.05 mg/L,钙离子应低于正常浓度啤酒等)。

所以必须对啤酒稀释用水进行相应的处理之后才可以应用于啤酒稀释。

(二)啤酒稀释用水的处理

啤酒稀释用水的处理需采用组合方法进行,组合方法有很多。啤酒稀释用水的处理流程一般为:原水→去盐→调 pH→砂滤→活性炭吸附→捕集过滤器过滤→杀菌→脱氧→冷却→充 CO_2。具体如下:

1. 预处理

(1)去盐。通常采用离子交换等处理方法去除离子,或将原水中的离子选择性地去除,水中仍保留适当的离子。如钙离子含量过多,会易引起啤酒混浊,同时钙盐在处理过程中容易导致设备结垢,应根据需要排除;铜离子易引起啤酒混浊和严重影响啤酒的风味稳定性,稀释水中铜离子含量不得超过 0.05 mg/L;铁、锰等金属离子含量也应尽量降低为好。

(2)调整 pH。将 pH 调整到与被稀释啤酒的 pH 相同。

(3)砂滤。去除水中的有机物和大颗粒悬浮物等杂质。

(4)吸附与脱氯。经活性炭过滤器吸除残氯及其他不良气味成分。

2. 灭菌

饮用水中存在一些生物污染源,必须经灭菌后方可作稀释用水。水的灭菌方法很多,如加热法、臭氧化法、过滤去菌法、紫外线照射法等。灭菌后的水细菌数应符合标准要求。严禁使用自来水、深井水直接稀释啤酒。

稀释用水采用的灭菌方法主要有以下几种:

(1)薄板热交换器加热灭菌。若温度控制为100℃,则不仅能有效地灭菌,还可降低水中碳酸氢盐的含量,以减轻碳酸氢盐对啤酒pH的影响;若用巴氏灭菌法,则加热至75~85℃保持30 s,再进行冷却即可。

(2)紫外线杀菌。将薄层水流经石英汞蒸气弧光灯照射即可。啤酒厂大多采用波长为313~184.9 nm的广谱紫外线照射系统。由高压弧光灯产生不同波长的紫外线,具有较强的杀菌效能。杀菌强度控制在16~20 W/m^2。

(3)无菌过滤。采用孔径为0.02~0.03 μm的超滤膜过滤,可以截留除菌。

(4)臭氧杀菌。臭氧是强氧化剂,它不仅有很强的杀菌作用,而且还能去臭和去味。臭氧发生器是一种独立系统,压缩机将洁净的空气压入臭氧发生器,通过持续高压放电的两个电极之间即可产生臭氧。臭氧与水一同进入臭氧-水混合罐。由于臭氧极不稳定,与水混合后可保持3~5 min的有效浓度(≥0.2 mg/L),然后便降解为普通氧分子,由混合罐上部的出口排出。经灭菌后的水由混合罐底部排出,进入脱氧装置。

但应注意贮存无菌水的水箱定期消毒灭菌,防止无菌水再度污染。

3. 脱氧

脱氧处理也称脱臭。自来水或深井水中含有较高的氧。氧对啤酒质量有严重危害。加深啤酒色泽,啤酒风味变坏,加速啤酒氧化混浊沉淀。经处理后水中的含氧量可降至0.2~0.3 μL/L,如果处理得当含氧量可降至0.1 μL/L左右。同时应防止稀释过程氧的重新溶解。

常用的脱氧方法有以下几种:

(1)加热除氧法。只有将水加热至沸,才能去除水中的溶解氧。但由于水的表面张力等因素的影响,加热至沸后,也并不能立即排除水中的溶解氧,因此,通常需要一定的持续时间。

(2)真空脱氧。在平衡体系中,降低水面上的总气压(抽真空),即可减少氧的分压,使水中的溶解氧向水面溢散,从而降低水中的含氧量。用泵将水打入真空脱氧罐内,通过喷嘴使水在罐内形成雾状,由真空泵抽真空使脱氧罐处于负压状态,氧在水中的平衡量降低,多余的氧和蒸发的水汽由真空泵从罐顶部抽出。

(3)CO_2置换脱氧。根据亨利定律,在平衡体系中,若不改变混合气体的总压力,向水中充CO_2气体,CO_2的分压升高,即CO_2在水中的溶解度增大,而氧的分压相对降低,即氧在水中的溶解度降低而释出。

(4)混合脱氧。为了进一步降低水中的氧含量,可将真空脱氧和CO_2置换法结合使用,先进行真空脱氧,再用CO_2置换脱氧,可降低抽真空的能耗和减少CO_2的用量,并可进一步降低稀释水中的含氧量。

4. 冷却

根据灌装的需要,脱氧后的稀释用水,需用薄板热交换器冷却。

过滤后的清酒温度一般在0～3℃，稀释用水经灭菌、脱氧后必须进行冷却处理达到低温要求(0～3℃)。如果稀释用水温度高于酒液温度，加入啤酒后酒液温度必然上升，造成CO_2溢出。稀释用水一般可冷却至冰点。先与待杀菌的水对流换热冷却后，轻度充入CO_2，以避免稀释用水再次吸氧。再通过冷媒冷却至接近冰点，然后进入以CO_2为背压的贮水罐。

5. 充二氧化碳

为了避免除氧后的稀释水重新吸氧和保证啤酒稀释后含有足够的CO_2，脱氧水要人工充入CO_2。可在脱氧水经热交换器冷却时先轻度充CO_2(防止重新吸氧)，或用CO_2置换脱氧时充CO_2。此时充CO_2的水由水泵送至以CO_2为背压的贮水罐待用，控制CO_2含量接近于或略高于啤酒中的含量，如4～5 g/L，用CO_2保压0.2 MPa。稀释后的啤酒还要再进一步补充CO_2，使其达到啤酒所需要的CO_2含量。

人工充CO_2有严格的工艺要求，也是水处理中较为关键、复杂的工序。

(1)所用CO_2必须经净化处理，除去异味。最理想的是啤酒生产回收的CO_2。

(2)稀释用水中充CO_2一般分两次完成。第一次充入部分CO_2，以阻止水再度吸收氧。碳酸化的水用泵送入酒水混合罐中。混合均匀后取样检测，不足部分再行补充，直至达到标准要求为止。

(3)人工充CO_2时应控制好流量，不可太快。一般从罐底部充入，并使CO_2呈雾状扩散于酒液中。

(4)充完CO_2后的酒液应在低温下(0～2℃)静置6～8 h，以稳定CO_2溶解，使之饱和。

稀释啤酒加水量、充加CO_2量的计算一般按下列公式进行：

(1)加水量的计算。一般按啤酒原麦汁浓度进行换算：

$$X = A \cdot T/B - T$$

式中，X—稀释加水量(t)；

A—高浓度啤酒原麦汁浓度(%)；

B—稀释后啤酒原麦汁浓度(%)；

T—高浓度啤酒重量(t)。

(2)充加CO_2量的计算。

①清酒罐内充CO_2压力计算。

清酒罐充CO_2压力=(克服充气罐作用压力+液面高度压力+清酒罐控制压力)×1.05 (MPa)。

②需充入CO_2量的计算。

所需充CO_2量(kg)=需增加CO_2量(质量分数%)×清酒罐酒液量(t)×1.05。

为便于计算，需增加的CO_2量其重量百分比可折算为kg CO_2/t啤酒。

第五节　啤酒生产中的微生物控制

一、啤酒生产过程中的微生物控制

啤酒自产生以来就与微生物有着密切的关系，由于啤酒酿造的环境条件，如营养丰富的麦芽汁、发酵过程中酵母产生的生长因子以及较长的发酵时间等非常适宜于微生物的生长，所以在啤酒酿造中许多环节都存在微生物污染的可能性，因微生物的污染而造成的啤酒质量问题一直困扰着酿造者。同时啤酒质量的提高、发酵周期的缩短、啤酒的风味、啤酒的生物稳定性等都与微生物有关。

12—13世纪，酒花在啤酒酿造过程中的使用开创了啤酒生产技术的里程碑。由于酒花的抗菌作用，使得啤酒生产过程中微生物的污染问题显著降低，同时一些致病菌，如鼠伤寒沙门氏菌和金黄色葡萄球菌也在啤酒中根本不能生长，因此啤酒长期以来一直被认为是安全性较高的食品。另外，啤酒酿造过程中的一些因素，如较低的pH、一定的酒精含量、高浓度的二氧化碳含量以及低的溶氧量等，也限制了许多微生物的生长，并且啤酒中的营养物质也相对微量并不属于微生物理想的生长环境。

尽管如此，仍然有一些微生物能够在其中生长，特别是那些对啤酒质量有影响作用的有害微生物。这些微生物在啤酒中的生长繁殖，不但严重影响啤酒的质量(如引起啤酒风味的变化等)，严重时还会给啤酒厂家造成直接的经济损失。

(一)污染微生物的来源

啤酒生产中的杂菌主要来自空气、水、接种酵母、回收的旧瓶子、周围环境、原料和设备等，而接种酵母的污染和发酵过程中的无菌程度特别重要。

啤酒生产麦汁和灌装过程中需要通风，如空气不洁，则易造成污染；酵母扩大培养、酵母泥贮藏等开放操作，由于与空气直接接触，容易造成污染。

工厂用水不洁净，用以洗涤发酵罐、贮酒罐、酵母、瓶子等，就可能造成啤酒染菌。特别是洗涤酵母的水应绝对无菌，否则酵母会因染菌而退化，且会蔓延到成品啤酒中，引起败坏。

原料也带入一部分杂菌，但在麦汁制备过程中，经过麦汁煮沸，杂菌已被消灭掉。但是在后发酵、贮酒、罐装等过程中使用的辅料，如抗氧化剂、酶制剂等应严格控制污染情况。

不洁的设备会带来污染，特别是与麦汁、啤酒和酵母接触的暴露部分，如管道的弯头、阀门、连接等处和设备中的排污口，均易染菌，特别是设备、管道、阀门等存在死角的地方应注意彻底清洁灭菌。此外，设备表面尤其是与产品直接接触的表面应平滑，易于清洗，减少积垢，这样才能防止杂菌增殖。

周围环境的卫生状况也影响啤酒污染，特别是一些与啤酒直接接触的关键环节。如灌装过程中，从洗瓶机到灌装机间的无菌控制程度对成品啤酒的微生物污染具有严重的影响。

(二)污染微生物的分类

啤酒酿造中的污染微生物主要是微好氧和兼性厌氧类微生物，有细菌和酵母菌等。先前习惯将啤酒酿造中发现的污染微生物通称为有害微生物，实际上这种说法并非十分准确。啤酒中的污染微生物是否为有害微生物，关键取决于它们对啤酒质量是否造成危害。如果这种污染微生物对啤酒的质量不造成危害，则认为是无害的；反之，则认为是有害的。因此，根据对啤酒质量的危害程度，可将啤酒酿造中的污染微生物分为以下5种类型。

1. 专性啤酒有害微生物

专性啤酒有害微生物(absolute beer spoilage organisms)是指那些能够较快地适应啤酒酿造环境，在生产过程中以及在成品啤酒中生长繁殖，引起啤酒风味改变、造成啤酒混浊或沉淀等，给啤酒质量造成严重损失的微生物。这类微生物包括短乳杆菌(*L. brevis*)、林特奈乳杆菌(*L. lindneri*)、米尔斯短乳杆菌(*Lactobacillus brevisimilis*)、坚硬乳杆菌(*Lactobacillus frigidus*)、棒状乳杆菌(*L. coryneformis*)、干酪乳杆菌(*L. casei*)、有害片球菌(*P. damnosus*)、嗜啤酒梳状菌(*P. cerevisiiphilus*)、福瑞森加梳状菌(*P. frisingensis*)、蜡形巨球形菌(*M. cerevisiae*)、产乳酸月形单胞菌(*S. lacticifex*)和酵母属中的野生酵母如糊精酵母(*Saccharomyces diastaticus*)等。而且，随着微生物分离和鉴定技术的提高，还会发现一些新的专性啤酒有害微生物。

其中产乳酸细菌对啤酒质量的危害程度，与啤酒的 pH 和酒花树脂有着密切的关系。对啤酒质量危害性最大的乳酸菌属于异型乳酸发酵菌，如短乳杆菌(*L. brevis*)、林特奈乳杆菌(*L. lindneri*)等，而兼性异型乳酸发酵菌对啤酒质量危害性最弱。

2. 潜在的啤酒有害微生物

潜在的啤酒有害微生物(potential beer spoilage organisms)是指那些一般不在啤酒中生长，而当啤酒某些指标发生变化时，如 pH 升高、酒花苦味值含量降低、发酵度降低、酒精含量低、含氧量升高等时，能够在啤酒中生长的微生物，这类微生物有植物乳杆菌(*Lactobacillus plantarum*)、乳酸乳球菌(*Lactococcus lactis*)、棉籽糖乳球菌(*Lactococcus raffinolactis*)、肠膜明串珠菌(*Leuconostoc mesenteroides*)、克式微球菌(*Micrococcus kristinae*)、意外片球菌(*Pediococcus inopinatus*)、运动发酵单胞菌(*Zymomonas mobilis*)、棉籽糖发酵单胞菌(*Zymomonas raffinosivorans*)和酵母属中的野生酵母如巴氏酵母(*S. pastorianus*)等。

3. 啤酒酿造过程中的有害微生物

啤酒酿造过程中的有害微生物(indirect beer spoilage organisms)是指那些在啤酒生产过程中污染而引起啤酒风味变化，但它们在成品啤酒中不生长的一类微生物。这类微生物一般是在接种酵母中或在发酵开始时造成污染，引起成品啤酒的质量问题。肠杆菌属、酵母属中的野生酵母和一些好氧酵母等属于该类微生物。肠杆菌属中的变形肥杆菌(*Obesumbacterium proteus*)和水生拉恩氏菌(*Rahnella aquatilis*)是啤酒酿造过程中最重要的间接的啤酒有害微生物。从麦汁中分离出来的丁酸产生菌中的梭菌属也属于这类微生物。

4. 啤酒酿造无害微生物

无害微生物也称为指示微生物(indicator organisms)，是啤酒酿造中的一类无害微生物。这类微生物不引起啤酒的质量问题，但是它们的存在可以作为生产过程中卫生控制不好或者生产过程中发生污染的一个信号。这类微生物也经常同啤酒有害微生物的存在有密切的关系。这类微生物有醋酸菌属(*Acetobacter* spp.)、乙酸钙不动杆菌(*Acinetobacter calcoaceticus*)、氧化葡糖杆菌(*Gluconobacter oxidant*)、克雷伯氏菌属(*Klebsiella* spp.)和好氧野生酵母等。

5. 潜在的污染微生物

潜在的污染微生物(latent organisms)是指那些在啤酒生产过程中偶尔污染的微生物，它们甚至能够在整个酿造过程中存在，并且能够从成品啤酒中分离出来。它们一般来自生产周围环境，如水、空气、土壤等。如果这些微生物经常发生，则表明啤酒生产过程中的卫生控制不好。孢子产生菌、肠杆菌属、微球菌和产膜酵母等属于该类微生物。

(三)有害菌的主要污染途径

在啤酒酿造的各个阶段都有可能污染有害菌，由于酿造过程各个阶段的原料、物料成分及工艺要求各不相同，引起危害的主要微生物也有所不同。有害菌的主要污染途径如表 2.6 所示。总之，在啤酒酿造过程中，凡是与啤酒生产接触的部位都可能是污染微生物的源头。因此，在啤酒酿造中应牢固树立无菌意识，减少或杜绝微生物污染啤酒的途径。

表 2.6　有害菌的主要污染途径

生产阶段	染菌种类	说　明
糖化阶段	嗜热乳酸菌	在 50℃以上，此菌不易生长，因此不易染菌，除非生产发生故障
麦汁冷却阶段	大肠菌群	此类菌在 40℃仍可生长感染少量菌可引发较严重后果，并且不易灭菌，对此应防止不洁的水进入麦汁
发酵阶段	醋酸菌、乳酸菌	在麦汁中也能污染，但生长速度较慢
	变形黄杆菌	主要在酵母接种时污染，此菌能与酵母竞争繁殖，在发酵完毕前停止生长
	巴氏乳酸菌、醋酸菌	接种酵母中常含有此两菌，发酵时此两菌可以生长
储酒阶段	醋酸菌	好气或微好气醋酸菌在下酒时或酒液上部存在空间时繁殖较快，半罐酒常会导致醋酸菌的染菌
	乳酸菌、发酵单胞菌	此两菌在厌气条件下生长，乳酸菌虽对酒花树脂敏感，但易形成习惯性忍受，发酵单胞菌较少发现，但一旦污染，发展较快
酵母接种和回收	野生酵母	接种时污染率很低，但发酵完毕回收酵母时，野生酵母的污染率增加

(四)微生物污染对啤酒质量的影响

啤酒作为纯微生物发酵的产品，保持纯正清爽和产品质量的一致性是最为重要的。但是在啤酒生产过程中，许多环节都有有害菌污染入侵的可能性，啤酒受到有害微生物的污染后，则一定会对啤酒的质量产生不同程度的影响，这些啤酒有害菌会促进啤酒混浊，增加啤酒的浊度、引起啤酒过滤困难，使啤酒变质，其代谢产物还可改变啤酒的香味和风味，如污染严重还会给啤酒厂造成直接的经济损失，严重影响啤酒厂对产品质量稳定性的保持。通过了解污染微生物对啤酒质量的影响，可以帮助我们对污染微生物的类型有一个初步的认识，加强对此方面的应对措施。

表 2.7 是啤酒厂常遇的有害菌的种类及危害。

表 2.7　啤酒厂常遇的有害菌的种类及危害

种类	危　害
野生酵母	能引起啤酒混浊，妨碍酒液澄清，产生可恶的苦味及不愉快的气味；有的能发酵糊精，使酒的发酵度异常高，使啤酒的口感淡薄；有的使啤酒产生特殊甜味，并有苦涩味，烂水果味，产生混浊
乳酸杆菌	产生乳酸，使啤酒产生丝光样混浊，变味、变酸
四联片球菌	啤酒中危害较大的细菌，能使啤酒变酸，混浊，甚至黏稠，变味(产生双乙酰味)

续表 2.7

种类	危害
多变黄杆菌	在酵母发酵不旺盛时，此菌发展较快，能使啤酒产生轻微的胡萝卜味，种酵母中常染此菌，因此菌在 pH 4 以下即不生长，故危害尚不严重，但发酵起发慢时易染此菌，防止的办法就是让麦汁很快起发，发酵旺盛，pH 很快降低
醋酸杆菌	能使啤酒混浊、变味、发黏
醋酸单胞菌	啤酒厂最危险的粘败菌，能使啤酒混浊、变味、发黏
发酵单胞菌	使啤酒产生浓密的一丝丝混浊物，破坏啤酒风味，并产生硫化氢和乙醛等不愉快味道，是啤酒厂中严重的兼性厌氧有害菌，危害甚大，且不易控制。因其生长和发酵条件与酵母相似，一旦污染，很难排除
大肠菌群	此类菌的污染来源为土壤和水，在麦汁中生长很快，产生异味，危害甚大，在啤酒中因 pH 低，不易生长，麦汁冷却到 1.7 以下可抑制其生长，防止的办法是麦汁应及时接种酵母，不要延误时间

（五）酒生产中污染微生物检测

微生物检测是阻止微生物所引起的对中间产品或成品的危害的重要手段，啤酒酿造过程环节中，微生物状况必须通过有规律的检测而被监控，对产品有危害的微生物的出现在早期（最好在微量时）被识别出，以便将已出现的危害控制在最小范围内。

微生物的检验工作要取得好的效果，应制定严格的微生物检验程序，在实际工作中，每天进行详细的检验是不可能的，应定期在重点部位取样检查，发现有污染，即进行详细检查，找出污染源，设法处理，做到有问题及时发现，及时解决。啤酒厂最危险的污染点是发酵罐。发酵罐中的麦汁，相对啤酒来说营养更加丰富，发酵温度也比较适宜，所以污染微生物在发酵罐中的生长非常快。发酵使用的酵母是从别的发酵罐移来的，要对酵母做尽可能彻底的检查。

1. 污染微生物检测方法

针对酿造过程中污染微生物种类，一般采用在好氧、微厌氧条件下测定细菌总数、微好氧菌。

（1）细菌总数的检测。在好氧条件下，对酿造水、洗涤残水、压缩空气、冷却麦汁、种酵母、发酵液、清酒、助滤剂、洗后空瓶、瓶盖、激沫水、生啤酒、成品酒、灌装周围空气等进行好氧细菌数的测定，使用营养琼脂培养基。

（2）微好氧菌的检测。主要对种酵母、冷麦汁、发酵液、清酒、成品酒、二氧化碳等进行微好氧菌检测，培养基采用 UBA 培养基、NBB-A、NBB-B 等在厌氧环境下富集培氧。

2. 取样方法

用于微生物检测的取样必须在无菌条件下进行，正确的取样方法是保证结果准确无误的前提。

利用无菌取样工具：三角瓶、容器、塑料管或橡皮管和勺子等，应用无菌纸包裹，蒸汽灭菌，并且在使用时才能开启。取样设备要灭菌：在取样前对阀门、取样口用酒精和火焰灭菌。无菌操作：样品和那些与样品接触的无菌设备部位在空气中暴露的时间应尽可能缩短，不能与手指、地板、桌面、架子等未经灭菌的物体接触。

(1)密闭容器如罐、管道等。放出一点液体;阀口外用酒精冲洗;火焰灭菌;重新放掉一点液体(冷却);启开取样瓶盖在火焰下取样;取样瓶在瓶口和瓶盖经火焰灭菌后上盖封紧;关闭取样阀;阀口外用酒精擦洗;取样阀必须每次清洗灭菌,走热水或通蒸汽时用手打开,让气或液流通过。

(2)敞口容器(杀菌剂池、水池)。钢勺用水冲洗;用酒精冲洗;火焰灭菌;进池中冷却;勺子装盛样品;勺中液体在火焰下注入无菌取样瓶中。

(3)表面。表面取样包括检查清洗过的池、缸内表面、管道和橡皮管内表面,取下密封圈后的部位,桶装和瓶装灌酒阀的外表面等所有的表面,用无菌棉签取样,棉签有无菌包装的单件出售。取样后将棉签插入装有无菌生理盐水的瓶中折断,将内装物进行膜过滤。

(4)室内空气和压缩空气。最简单的方法就是将琼脂平板培养基打开培养皿盖置于取样处,然后送去培养。压缩空气可直接吹到固体培养基上。两种方法都是纯定性的,因为室内空气中的微生物也有一部分随着从旁边泄漏出去的空气一起卷走了。简单洗气瓶作用不是很大,因许多微生物仍滞留在空气流中而又离开洗气瓶。用3个洗气瓶一个接在另一个后面,又很繁琐。采用滤膜过滤法较简单可靠。即用滤膜支架内装滤膜杀菌,取样时用橡皮管连接取样阀门,可直接用于压缩空气的取样也可借助真空泵用于室内空气的取样。

(5)固体物质。如瓶盖等可置于装有生理盐水的广口瓶中洗涤,然后将洗涤液进行膜过滤,像硅藻土、稳定剂之类的粉状物质可用经火焰灭菌的小勺取样。

(6)清洗干净的啤酒瓶和啤酒桶。将洗过的瓶和桶用相应量并加有1 mL/L吐温-80的生理盐水荡洗,然后将荡洗液作膜过滤。

3. 样品处理

对澄清的和不太混浊的样品用膜过滤处理,使用NBB培养基、UBA培养基等选择性培养基检测啤酒有害菌,使用基础培养基对一般污染状况进行有规律的检查。

(1)麦汁。膜过滤后(滤5～10 mL),膜置于NBB-A厌氧、WA好氧、NA好氧进行培养。

(2)前酵液、含有酵母的混浊液体样品。先让酵母沉降,然后取底部沉淀0.5～1 mL加入NBB-B中。

(3)后酵液、过滤后啤酒、成品灌装啤酒、水样、杀菌剂等。用膜过滤,膜置于WA、NA、NBB-A上。

(4)硅藻土、PVPP等。用火焰灭菌过的小勺接入NBB-B中或接入巴氏杀菌后啤酒中26～28℃放14 d。

(5)室内空气和压缩空气。膜置WA、NA、NBB-A上。

(6)清洗干净的啤酒瓶和啤酒桶。膜置WA、NA、NBB-A上。

4. 微生物鉴定

(1)宏观层面。观察菌落的颜色、形状、菌落表面特征,观察是否有酸的形成(带指示剂的培养基中)。

(2)微观层面。观察细胞外观形态、细胞排列、运动性、孢子的形成。

(3)实验。对细菌来说,有革兰氏染色、KOH拉丝、过氧化氢酶产气实验、氧化酶实验等。对霉菌无需作实验,直接由菌落颜色及镜检下形态来大致判断。

①革兰氏染色实验。经革兰氏染色后镜检时涂片中菌是红色,是革兰阴性菌,也可能是阳性菌脱色过度,镜检时涂片中菌是紫色,是革兰氏阳性菌也可以是阴性菌脱色不够。因此在一定范围内用KOH拉丝实验取代革兰氏染色方法。

②KOH拉丝实验。洁净干燥玻片上滴一滴5%KOH(不能过多),取一环纯种微生物菌落与KOH混匀,搅匀过程中用环挑起,有拉丝的称为KOH拉丝实验的阳性菌(革兰氏染色的阴性菌),无拉丝为阴性菌(革兰阳性菌)。

③过氧化氢酶实验。3%~5%过氧化氢加一滴于菌落上观察,无产气现象为过氧化氢酶阴性菌,有大量气泡产生为过氧化氢酶阳性菌。因兼性需氧、需氧菌体内有过氧化氢酶能将代谢中的过氧化氢分解成氧气和水,厌氧菌体内无过氧化氢酶。

目前,我国在对啤酒有害微生物检测方面还存在以下几方面的缺陷:

①产品的卫生指标有国家标准规定,也有规范的检验方法,但对生产过程的卫生控制和微生物检验,没有明确的规定。

②用一般培养法(好气培养)来检测生产过程的污染微生物,特别是用检验啤酒成品的微生物指标——总细菌数和大肠菌群来进行生产过程中微生物控制,实际上,这两项指标和检验方法基本上无法反映出啤酒生产过程的真正污染。

③仍然采用传统的平板培养方法来检测,该方法检测周期较长,且专一性差,对生产的指导意义不大。因此,有时出现产品已经外观和口味异常了,实验室的微生物检查结果仍然合格。

啤酒酿造过程除麦汁制造接触空气,冷麦汁要通风外,自酵母繁殖消耗氧、发酵产生二氧化碳后,整个发酵、后熟过程都处在二氧化碳饱和的无氧状态,在缺氧和无氧状态下,会污染生长一些厌氧菌,而好氧菌在转入无氧状态后会停止生长或死亡。对啤酒酿造有严重影响的污染菌主要是长时间发酵过程污染的厌氧菌,因此,啤酒生产过程的微生物控制重点应放在厌氧菌的检测和控制上。

二、纯生啤酒的微生物管理

纯生啤酒(英文名称 non pasteurised beer),是指不经巴氏灭菌但同时具有较长生物稳定性的啤酒,它与普通啤酒的区别是风味稳定性好(随着储存期的延长,风味变化不大),口感好,营养丰富。

生产纯生啤酒的关键是防止有害微生物的污染,从生产的各个环节入手进行微生物的管理和控制,以保证啤酒的微生物安全,它包括纯种酿造、无菌过滤、无菌包装、无菌检测及微生物检测和严格卫生管理,而不是单纯凭无菌过滤处理的结果。

(一)酿造

纯种酿造生产纯生啤酒,酿造是基础,在这过程中如何控制各环节的杂菌侵入是首要问题。

1. 水、空气、CO_2、N_2无菌的控制

(1)无菌水。

采用场合:CIP洗涤、管路引酒、过滤机预涂、顶酒等。

制备方法:制备无菌水的方法有过滤法、ClO_2灭菌法、紫外线杀菌法等。以前大部分厂家采用砂滤棒过滤,砂滤棒依赖于表面微孔及棒臂深层过滤,它能除去水中90%的细菌,现在啤酒厂家通常采用高压汞灯紫外线灭菌,它可以杀死水中所有的微生物,真正达到无菌的目的。

(2)无菌空气的制备。压缩空气主要用于麦汁充氧、顶冷麦汁、酵母扩培充氧等,直接与啤酒接触,因此必须严格无菌,为达到无菌一般采用3级过滤:A. 压缩机出口脱水、脱油及粗滤;

B. 生产车间中过滤；C. 使用 0.45 μm 滤膜精过滤。流程如下：

高空采气→压缩机→空气冷凝器→除水→加热至常温→车间 0.6 μm 滤膜过滤→用气点 0.45 μm 滤膜精过滤→进罐。

(3)CO_2、N_2 的无菌处理。应用场合：清酒罐备压、发酵罐备压、制备脱氧水。

CO_2、N_2 也直接和啤酒接触，因此同样必须严格保证其无菌。用气点使用前必须经 0.45 μm 滤膜过滤。

水、风、CO_2、N_2 管道应定期 CIP 清洗，并且管道要用不锈钢材质。

2. 酵母的无污染管理

生产上使用的酵母有两个来源，一是扩培酵母，二是由发酵罐回收的酵母。扩培酵母污染主要是扩培麦汁、容器、管道、无菌空气、空间等。在扩培时应加强这几方面的控制。发酵回收的酵母在大约 6 代前，虽然其特性没有发生大的变化，但一般情况下，酵母使用代数越多，厌氧菌污染越严重，为了减少厌氧菌的污染，生产纯生啤酒时，酵母使用代数一般不宜超过 3 代。若在回收酵母泥中添加溶菌酶 500～100 μg/L(活力 1 000 μg/mg)，乙二胺四乙酸(EDTA)100～150 μg/L，则对破坏细菌细胞壁杀死细菌也很有益处，达到净化酵母的目的，或用食用级 H_3PO_4、无菌水稀释至 5%浓度，添加在酵母泥中，调节 pH 2.2～2.5(每升酵母泥添加 5% H_3PO_4 约 50 mL)，搅拌后放置 3～4 h，弃去上层酸水，用麦汁中和后，作为种酵母立即使用，此法也可杀死大量污染杂菌。

3. 管道细菌控制

(1)管道的布局。管道应紧凑，布局合理，避免走弯路、避免平行流动的旁通、避免在最低点形成残留物、避免使用软管等，同时应利于物料流通及 CIP 清洗。管道清洗应使洗液在管道内的流速形成涡流(雷诺准数 $Re>30\ 000$)，因涡流的液流具有较大的能量，其对管道的擦洗作用，将增强洗液性能。一般洗液流速在 2～2.2 m/s 比较合适，清洗效果较好。材质宜用抛光不锈管，连接处压弧焊接，Ra 应低于 0.7 μm，尽可能达到 0.5 μm。

(2)麦汁管道控制。使用前用 85℃火碱刷洗 20 min，1 次/d，走麦汁之前走 85℃热水 20 min、蒸汽 20 min。使用后用清水冲洗，再用不低于 85℃的热水灭菌 20 min。

(3)放酒、酵母回收、添加管路控制。定期走 85℃火碱 20 min，每次使用前走 85℃热水 30 min，走消毒液 10 min。使用后用清水冲洗，再用不低于 85℃的热水灭菌 20 min。

4. 发酵罐、清酒罐

不论是不锈钢还是碳钢罐，其内表面必须要抛光处理，精度达到 0.4 μm，清酒罐宜采用不锈钢制作，取样管及温度探头在罐内不留死角，设计符合工艺要求，具有完善的原位自动清洗装置，利用泵送循环清洗，完成罐的清洗灭菌工作。清洗方法有两种：

方法一：清水 20 min→2%～3%酸性清洗剂 20 min→清水冲 20 min→0.25%～0.4%双氧水 20 min→保压备用(正压刷罐 0.5 kg)。

方法二：清水 20 min→热水 85℃，20 min→2%的火碱 85℃，30 min→热水 20 min→0.5%的双氧水 20 min(正压刷罐 0.5 kg)。

两种方法定期更换使用，酸性清洗剂去酒石的效果较好，碱液去蛋白质及杂质的效果较好。

5. 滤酒

(1)硅藻土过滤机滤酒前走 85℃的热水 30 min，滤酒时用无菌脱氧水来引酒头，滤完酒后用无菌脱氧水来顶酒尾。

(2)后酵各种添加剂,包括硅藻土、抗氧剂、苦水、硅胶等应符合卫生要求,对不符合卫生要求的,坚决拒绝使用。

(3)添加罐使用前用双氧水稀释液浸泡灭菌。

6. 其他

(1)发酵罐阀门。酵母回收前用75%的酒精棉球灭菌,麦汁进罐后用75%的酒精棉球灭菌。

(2)发酵罐、清酒罐取样阀。刷罐时走CIP,取样前用75%酒精灭菌。

(3)添加乳酸链球菌素。乳酸链球菌素是从乳酸链球菌的发酵产物中提取出的一类多肽类化合物,在食品行业中已被广泛应用,它对大多数G^+细菌起抑制作用,如葡萄球菌、肠球菌、乳杆菌、芽孢杆菌、片球菌等,乳酸链球菌素在啤酒中的添加量一般30×10^{-6},但目前由于乳酸链球菌素的成本较高,使用的厂家还为数不多。

(二)无菌过滤

啤酒虽经酿造、硅藻土初过滤及0.65 μm的膜过滤,但还不能完全除去酵母菌、细菌和啤酒有害菌。为了彻底除去清酒中的所有菌、达到无菌的目的,还须经绝对膜滤芯过滤,深层滤芯使杂质颗粒不仅受阻于滤材表面,且被捕捉于滤材深层,它阻挡杂质的性能远远大于滤膜滤芯,而且滤酒量较大。深层滤芯具有机械过滤和静电双层吸附作用,在选择滤芯时要考虑孔径、流量、流速。一般采用0.45 μm的绝对膜滤芯,小于0.45 μm的滤芯,虽对除菌有利,但啤酒中的某些有效成分如活性蛋白质等也会被部分除去,从而使啤酒的口味变得淡薄。有选用德国汉特曼公司生产的MMS多层次微细系统圆盘深层膜过滤机,根据啤酒中的微粒和微生物的大小逐步地分离过滤,它的过滤核心是由纤维素和硅藻土制成的独特过滤垫,经使用,效果非常好。从无菌过滤出口到灌酒机入口的管道距离越短越好,阀门越少越好,并要易于清洗灭菌。深层膜使用流程如下:

第一,冲洗:用大量无菌水冲洗滤膜,时间20 min,沿滤酒方向;

第二,完整性测试:以确保滤酒的安全性;

第三,过滤前杀菌:热水85℃30 min→105~110℃的蒸汽20 min;

第四,使用:无菌水降温,降温后滤酒,滤酒结束用无菌水顶酒,并用无菌水冲15 min;

第五,再生:用2%~2.5%的NaOH溶液85℃清洗再生,再生结束用无菌水冲洗干净;

第六,保压:为了保护滤膜,防止杂菌进入过滤系统,冲净后的过滤机内应冲入无菌CO_2,系统内保持$(1.0\sim1.2)\times10^5$ Pa的压力。

无菌过滤对清酒的要求:

第一,细菌污染应在控制范围内;

第二,清酒浊度≤0.3 EBC;

第三,黏度:1.6 mPa·s左右;

第四,存放时间:40 h以内。

(三)无菌包装

根据德国Weihenstephan大学Back教授研究成果表明,无巴氏杀菌啤酒引起染菌分别有

30%源于啤酒自身染菌，70%源于包装工序过程中的二次污染，所以无菌包装比无杂菌酿造、无菌过滤还重要，它除了涉及灌酒机和封盖机的无菌外，还包括装酒容器的无菌，从滤酒到装酒管道的无菌，CO_2、滴水引沫水等的无菌。为了使包装设备、容器、管道等达到无菌要求，必须选用有效的杀菌剂。包装用杀菌剂有次氯酸、过氧乙酸、双氧水、二氧化氯等，现在厂家常用的是二氧化氯，它消毒效果好，与水中有机物反应产物在数量、感官及毒性方面都不会对人构成危害，且制备简单、成本低。二氧化氯可通过二氧化氯发生器制得，反应式如下：

$$4HCl+5NaClO_2=4ClO_2+5NaCl+2H_2O$$

二氧化氯发生量可根据需要选用发生器，一般2万瓶/h的包装线可选用产130 g二氧化氯/h的发生器。发生器所产生的浓缩液经旁路根据生产工艺要求稀释，二氧化氯的缺点是不宜长期保存。

发生二次污染的概率有资料介绍，瓶子和瓶盖占20%，灌酒机占20%，滴水引沫占10%，封盖机占25%，进瓶螺杆占10%，环境占5%，传送带5%，其他5%，包装污染的细菌大部分是好氧菌，但也有部分微好氧菌。

(1)包装接酒管路、酒缸管道内部光滑程度符合国家标准要求，使用前走85℃火碱20 min→85℃热水20 min→无菌水15 min。使用后：用清水冲洗→用不低于85℃的热水灭菌20 min。

(2)洗瓶机、瓶子。

①洗瓶机。宜采用双端洗瓶机，将污瓶与净瓶分开，减少脏瓶带来的污染，洗瓶时应选用适宜的洗瓶剂、洗瓶剂浓度、洗瓶时间、洗瓶温度。洗瓶温度保证不低于85℃，及时更换洗瓶碱液，每天清除洗瓶机内的污物，经常检查洗瓶过程中喷头的位置及喷冲压力。瓶子经洗瓶机的碱液浸泡、杀菌，基本可达到无菌状态，最终喷冲水采用0.5 μg/L ClO_2水冲洗，起到彻底除菌的目的，出瓶端每2 min用人工泡沫清洗器进行泡沫清洗。

②瓶子。回收的瓶子较杂，瓶底和瓶壁不同程度地带有细菌、酵母菌以及细菌芽孢等，且泥土、油污较多，光洁度差，建议生产纯生啤酒用新瓶，新瓶利于清洗且贴标后美观大方，洗瓶后瓶内残水要小于3滴。

(3)瓶盖。应使用无菌盖，且使用前须经紫外线或其他形式的杀菌，灭菌时不应出现灭菌盲区。

(4)酒机。为保证纯生啤酒的无菌灌装，要求酒机表面应尽可能光滑易于清洗，不留死角，备有蒸汽杀菌功能、自动CIP清洗功能及全自动灌装机中央泡沫清洗系统。正常生产时，酒阀、激泡头、瓶盖输送带、压盖头、落盖槽、灌装机进瓶星轮、压盖机星轮、出瓶星轮、盛盖箱等关键部位每2 h用泡沫清洗一次，清洗后用ClO_2水灭菌。

(5)无菌输瓶。传送带是纯生啤酒主要的微生物污染源之一，特别是从洗瓶机到罐酒机，为了使传送带保持无菌，链条润滑剂需含有灭菌成分，除此之外，操作工还应定期用高压水枪及毛刷对传送链条里外进行卫生清洗。为了保证从洗瓶机到罐酒机的瓶子不被空气污染，一般设置一个1 000级的无菌通道。无菌通道保持正压，使整个瓶子输送处于无菌状态，无菌通道内外应定期ClO_2水灭菌。

(6)车间环境。微生物是肉眼看不到的生物，在自然界中无处不在，为此生产纯生啤酒时应对墙壁、地面、天花板、空间进行灭菌，灭菌次数根据车间环境而定，环境好8 h/次，环境差2 h/次，可用0.25%的双氧水喷洒，也可在室内安装一定数量的紫外线杀菌灯。温度一般要求20℃,湿度<60%,如灌装间是封闭的,应向室内通无菌风使室内的净压差≥10 Pa,如不是封闭的,应尽量减少空气流动。水沟、下水道应经常清理不留死角。操作人员应穿无菌工作服,操作前双手也应酒精擦洗灭菌。

(四)微生物检测

纯生啤酒微生物检测一要准确、二要迅速,通过微生物检测,可以确定各工序的清洗和杀菌效果,设备、管道是否存在缺陷,成品酒无菌情况等,故生产厂家应给予足够的重视,充实高素质的检测人员,配备先进的设备,制定微生物检测制度。取样点、取样频次、取样数量和检测方法参见表2.8。

表2.8 纯生啤酒生产过程中的微生物检测

过程、取样点	检测项目	控制指标	频次	备注
酿造,用气点无菌风、CO_2、N_2	好氧菌	0个/10 min	1次/3 d	
充氧后冷麦汁	好氧菌	0个/10 mL	1次/锅	
发酵液	好氧菌	≤5个/mL	1次/罐	满罐4 d
	厌氧菌	≤10个/mL	1次/罐	
扩培酵母	好氧菌	≤1个/10^6个酵母	1次/罐	
	厌氧菌	未检处	1次/罐	
酵母	好氧菌	≤10个/10^6个酵母	1次/罐	
	厌氧菌	≤10个/mL	1次/罐	
清酒	好氧菌	≤3个/mL	1次/罐	
	厌氧菌	≤5个/100 mL	1次/罐	
包装:用气点CO_2、N_2	好氧菌	0个/10 min	1次/2 d	
	厌氧菌	0个/min	1次/周	
洗瓶机出瓶喷冲水包括高压击泡水	好氧菌	≤3个/mL	1次/2 d	
	厌氧菌	≤0个/mL	1次/周	
膜过滤后啤酒	好氧菌	≤5个/100 mL	2次/批	
	厌氧菌	≤0个/mL	1次/批	
	酵母	≤未检出/100 mL	1次/批	
瓶盖	好氧菌	≤3个/10个盖	1次/2 d	无菌棉擦10个盖置无菌水中,取1 mL培养
室内空气	好氧菌	≤5个/m^3	1次/3 d	培养基暴露15 min
酒阀、击泡头、压盖头、星轮、链条等	好氧菌	未检出	2次/3 d	
	厌氧菌	未检出	1次/3 d	
纯生成品	好氧菌	≤5个/100 mL	2~3次/批	
	厌氧菌	未检出	1次/批	
	酵母	≤5个/100 mL	1次/批	

(五)人员培训

生产纯生啤酒是一件非常严谨的事情,它除了要做好技术工作,设备改造外,还必须有严格的无菌管理。纯生啤酒微生物的管理过程显得十分重要,如果不重视微生物的管理,就不会生产出真正的纯生啤酒。为此员工要进行无菌培训,特别是酿造、包装车间的员工,使之树立无菌意识,明白污染微生物生存、生长、繁殖条件及污染途径,明白污染微生物对啤酒的危害,及怎样才能杀灭微生物,保证啤酒不受污染。只有当所有员工对卫生管理以及微生物管理的重要性有了高度认识,才能保证纯生啤酒的微生物稳定性不出问题。

第六节　水处理流程档案

水作为最基本的啤酒生产原料,几乎遍及啤酒生产每个环节,水质的好坏将直接影响啤酒的质量,因此酿造高品质的啤酒必须有优质的水源。酿造用水的水质好坏主要取决于水中溶解盐的种类与含量、水的生物学纯净度及气味,这些因素将对啤酒酿造、啤酒风味和稳定性产生很大影响。

尤其是水的生物学纯净度,如果不能保证生产用水无菌,即使其他环节做得很好,最终还是被水二次污染而前功尽弃。一些工厂水源微生物状况不好,所用井水很浅,容易受地表水的影响,尤其在南方雨水季节。因此,在水源包括自来水进入工厂后,就要开始对其进行控制,首先在水处理站就进行处理,控制好;其次,要保证整个供水管路系统无菌,这也是容易忽略的;第三,到了用水点,同样需要有正确的方法和严格的操作,避免前功尽弃。有了这部分作为基础,再对其他与产品生产接触的设备、介质进行有效控制,使整个工厂都处在有效的管理体系当中,啤酒质量才能得到保障。

一般啤酒生产企业为了节约成本和提高产品质量,会采用不同的水处理系统:井水处理系统、高浓稀释水处理系统、纯生洗瓶机用水处理系统。现对以上 3 种水处理系统作简单介绍。

一、井水处理系统

用于普通瓶装酒生产线,可作为洗瓶机用水和杀菌机杀菌用水。

1. 处理目的

井水来源于地下水,其总硬度达到 30 德国度,如果直接用作洗瓶机用水,会产生大量结垢,影响设备运行及寿命。

2. 处理流程

净水→重力式除铁除锰器→三塔式流动床→储水罐→有效氯杀菌(10 mg/L)→经40 μm、5 μm、1.2 μm 过滤芯过滤→灌装车间使用。

3. 设备性能

系统产水量:150 m^3/h。

重力式无阀除铁除锰过滤器:利用滤料中 MnO_2 的催化作用,在滤层中完成氧化和截留;工作过程包括过滤和反冲洗;如需提高浊度的去除能力,需在进水时投加适量的混凝剂。

三塔式流动床水处理设备：包括 3 个塔（交换塔，再生塔，清洗塔）；利用 Na^+ 型阳离子交换树脂置换水中的钙，镁离子；每床用 1 000 kg 树脂填充；如出现树脂“中毒”，要用 5%～8% 盐酸浸泡 8～12 h 使之复苏，如不能复苏则应更换，一般能用几年。

4. 使用指标

pH 1～14；再生液浓度为 8%～10% NaCl；4%～5% HCl。

5. 相关注意事项

因该树脂为钠型树脂，交换掉的离子基本上为 Ca^{2+}、Mg^{2+}，降低了总硬度，而对构成暂硬的 CO_3^{2-}、HCO_3^- 没影响，因此终水测定时会出现负硬度，如要想测定暂时硬度，可以先行去 Na^+、K^+ 等形成的重酸盐，再进行测定。

6. 缺陷

该系统对水中的有害阴离子及部分有毒物质不能有效去除，如多环芳烃 PAHS 等致癌物。

二、高浓稀释水处理系统

处理水用于啤酒稀释和包装激沫排氧。

1. 工艺流程

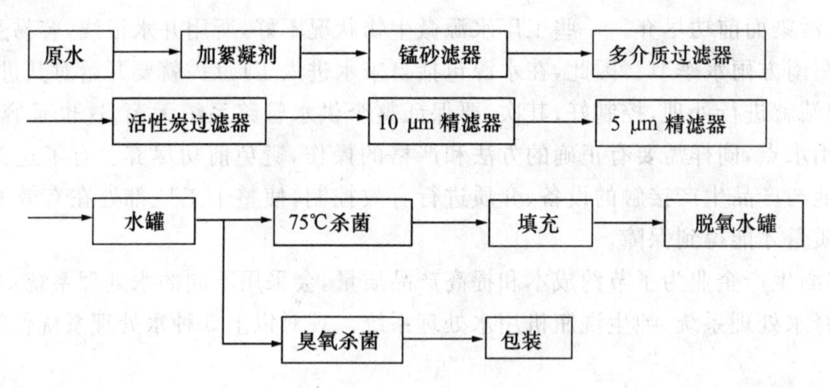

2. 设备性能

产水量：25 t/h。

多介质过滤器：将浊度较高的原水通过一定厚度的多层多孔滤料，以降低水的浊度，主用于去除≥20 μm 颗粒，使水净化。

除铁锰过滤器：利用滤料中的 MnO_2 将二价的铁、锰氧化为三价离子，以氢氧化物的状态从水中析出，再经滤层吸附过滤，从而去除游离的 Fe^{2+}、Mn^{2+}。

活性炭过滤器：利用活性炭的孔隙结构和大的比表面积，吸附、去除难溶解性的有机物和游离氯，降低水中的色、嗅、异味，并能广泛去除有毒有害物质，如杀虫剂、除草剂、汞、铬及脂肪胺类。

精密过滤器：安装有 10 μm 和 5 μm 过滤芯，去除大于 5 μm 的固体悬浮物。

3. 设备不足点

对硬度较高的水不能进行处理，当水源发生变化时，该套高浓稀释水处理系统无补救措施。

三、纯生酒洗瓶机用水处理系统

用于瓶装纯生啤酒洗瓶机的刷瓶和冲洗。

1. 处理目的

降低水的硬度，提高水的无菌程度。

2. 工艺流程

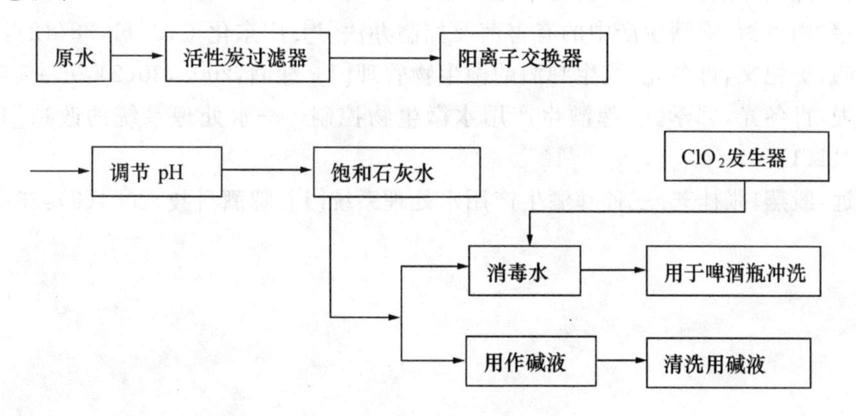

3. 设备性能

可杀菌式活性炭过滤装置(去除氯)：过滤能力可由过滤出口调节；每周反冲一次，流量由入口调节；反冲结束后用 80℃水和 105℃的蒸汽杀菌。

阳离子交换器：树脂为 H^+ 型，水中的阳离子与树脂的 H^+ 交换，降低 Ca^{2+}、Mg^{2+} 等离子含量，同时生成碳酸等无机酸，树脂可用 5%HCl 再生。

碳酸盐硬度调节装置：去除水中的游离态碳酸，降低暂时硬度，把剩余硬度控制在要求范围之内(总硬度 5 德国度，非碳酸盐硬度 4.3 德国度，碳酸盐硬度 0.7 德国度)。

从阳离子交换器流出的水用 pH 电极自动检测 pH，以对出水 pH 进行监控。

4. 饱和石灰水设备

主要用于制备饱和石灰水，用于调节 pH 和硬度。出水一是用于配制 2%～3%的洗瓶碱液；二是用于制备 ClO_2 溶液($4HCl+5NaClO_2 \rightarrow 4ClO_2+5NaCl+2H_2O$)。

该套设备在水硬度在 7～45 德国度时效果较好，特别是暂时硬度高于永久硬度时效果更加明显。

三种水处理系统分别适用于不同情况，都有其优缺点，应根据企业用水的水质采取不同的水处理设施，也可因地制宜作些改造，以满足生产使用需求。

参考文献

[1] 管敦仪. 啤酒工业手册. 2 版(修订版)[M]. 北京：中国轻工业出版社，1999.

[2] 梁世忠. 生物工程设备[M]. 北京：中国轻工业出版社，2009.

[3] 徐斌. 啤酒生产问答[M]. 北京：中国轻工业出版社，1998.

[4] 王文甫.啤酒生产工艺[M].北京:中国轻工业出版社,1997.
[5] 王志坚.高浓度啤酒稀释用水的处理[J].酿酒科技,1992,54:33-34.
[6] 隋丽丽,张倩.啤酒高浓度发酵工艺综述[J].今日科苑,2011,04:60.
[7] 郑其庚.活性炭的应用[M].上海:华东理工大学出版社,2002.
[8] 将剑春.活性炭应用理论与技术[M].北京:化学工业出版社,2010.
[9] 李琳.啤酒厂污染微生物的检测及有害菌的鉴定[J].啤酒科技,2006(5):48-49.
[10] 王树庆.啤酒酿造中的微生物污染[J].酿酒,2008(1):50-53.
[11] 陈泽宇,周青梅.啤酒生产中的有害菌及控制办法[J].广东化工,2011,38(12):68-69.
[12] 李家飙,史纪文,肖冬光.纯生啤酒的微生物管理[J].酿酒,2003,30(2):95-97.
[13] 寻杰夫,肖冬光,郭学武.啤酒生产用水微生物控制——水处理系统的改造[J].酿酒科技,2011(1):61-64.
[14] 田继远,殷燕,张桂芝.三种啤酒生产用水处理系统[J].啤酒科技,2004(8):33-35.

第三章　酿造用大麦

第一节　大麦及啤酒酿造用大麦

自古以来大麦就是酿造啤酒的主要原料。在酿造时先将大麦制成麦芽，再进行糖化和发酵。大麦之所以适于酿造啤酒，主要是由于：①大麦便于发芽，并产生大量的水解酶类；②大麦的化学成分适合酿造啤酒；③大麦种植遍及全球；④大麦是非人类食用主粮。

大麦在我国是个古老的作物。据考证，早在新石器时代中期，古羌族（居住在青海）就已在黄河上游开始栽培，距今已有 5 000 年的历史。大麦具有早熟、耐旱、耐盐、耐低温冷凉、耐瘠薄等特点，因此栽培非常广泛（图 3.1）。

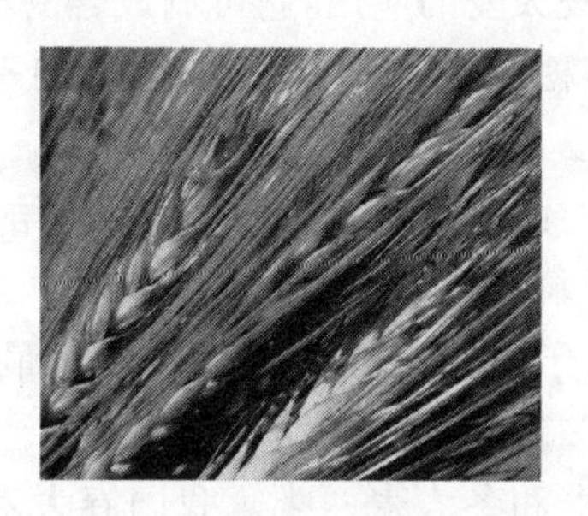

图 3.1　大麦

我国大麦的分布在栽培作物中最广泛，但主要产区相对集中，主要分布在长江流域、黄河流域和青藏高原。啤酒工业的发展和对大麦原料的需求，西北和黑龙江等地啤酒大麦发展较快。

一、大麦的分类

大麦在植物学分类上属禾本科——大麦属。大麦属的分类，过去基本上是按形态学来划分的，其中栽培大麦的分类比较混乱。近年来，由于细胞遗传学的发展，中外学者们对大麦的分类提出了一些合理的意见。我国学者从我国实际情况出发，将普通大麦种，包括所有栽培大麦和近缘野生大麦分为以下 5 个亚种：①野生二棱大麦亚种；②野生六棱大麦亚种；③二棱大麦亚种；④六棱大麦亚种；⑤中间型大麦亚种。其中，具有较高经济价值的为二棱大麦亚种和六棱大麦亚种。

图 3.2　大麦穗断面图

通常，人们直接按大麦子粒在麦穗上断面分配形态将大麦进行分类（图 3.2），可分为六棱大麦、四棱大麦和二棱大麦。图 3.3 是大麦的形态图。

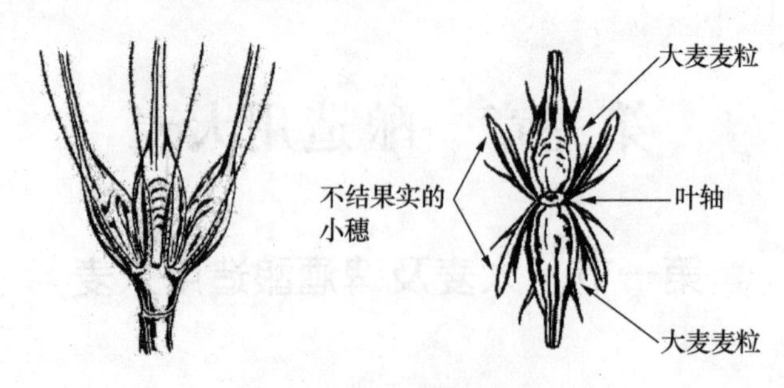

图 3.3　大麦形态图

六棱大麦的麦穗断面呈六边形，即麦穗上有六行麦粒围绕着一根穗轴，穗轴每节片上的三联小穗全部结实。一般中间小穗发育早于侧小穗，因此，中间小穗的子粒较侧小穗的子粒稍大。由于穗轴上的三联小穗着生的稀密不同，分稀（4 cm 内着生 7～14 个）、密（4 cm 内着生 15～19 个）、极密（4 cm 内超过 19 个）3 种类型。六棱大麦蛋白质含量相对较高，淀粉含量相对较低。近年来随着辅料用量增加，已注意六棱大麦的应用，它可制成含酶丰富的麦芽。其中三联小穗着生稀的类型，其麦穗不是太对称，其穗的横截面有 4 个角，人们一般称其为四棱大麦，实际是稀六棱大麦。

二棱大麦是六棱大麦的变种，穗轴每节片上的三联小穗，仅中间小穗结实，侧小穗发育不全或退化，不能结实。所以，麦穗上只有两行子粒，粒子均匀饱满且整齐。二棱大麦的淀粉含量较高，蛋白质含量相对较低，浸出物得率也高于六棱大麦，是酿造啤酒的最好原料。

一般，我国华北地区多种植六棱大麦，南方二棱大麦种植面积较广。

根据大麦的播种时间，可将大麦分为春大麦和冬大麦两类。我国春大麦多在春季惊蛰后清明前播种，生长期短，只有 3～4 个月。春大麦成熟期欠整齐，一般休眠期较长。冬大麦是秋后播种，生长期长达 200 d 左右，成熟较整齐，休眠期较短。

大麦按用途之别可以分为食用、饲料及酿造用大麦。

二、大麦的形态

了解大麦粒的形态，目的在于了解和研究大麦发芽过程的生理及其控制途径。大麦粒可粗略分为胚、胚乳及谷皮三大部分。大麦粒的构造见图 3.4。

（一）胚

胚是大麦最主要的部分。胚由原始胚芽、根胚、盾状体和上皮层组成，占麦粒质量的 2%～5%。它位于麦粒背部下端，是大麦器官的原始体，根茎叶即由此生产发育而成。胚部含有相当多量的蔗糖、棉籽糖和脂肪，它们是麦粒发芽的原始营养。发芽开始时，胚分泌出赤霉酸，并运输至糊粉层，激发糊粉层产生多种水解酶。酶逐渐增

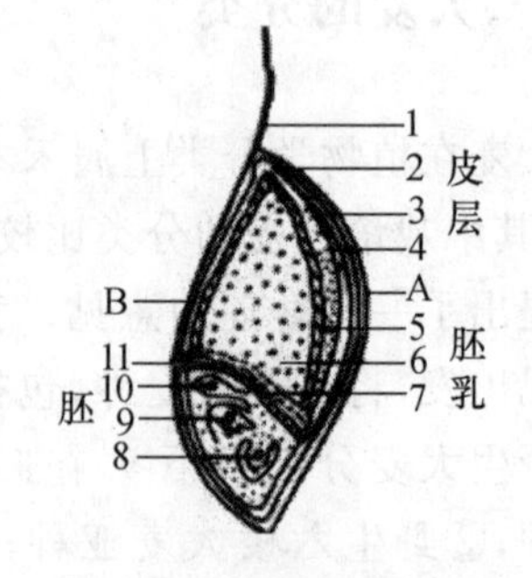

图 3.4　大麦粒的构造图

1. 麦芒　2. 谷皮　3. 果皮和种皮　4. 腹沟　5. 糊粉层　6. 胚乳　7. 细胞层　8. 胚根　9. 胚芽　10. 盾状体　11. 上皮层　A. 腹部　B. 背部

长扩散至胚乳，对胚乳中的半纤维素、糖、蛋白质等进行分解。产生的小分子物质，通过上皮层和盾状体，由脉管输送体系送至胚根和胚芽作为发育营养。胚是麦粒中有生命部位，一旦胚被破坏，大麦即失去发芽力。

(二)胚乳

胚乳是胚的营养库，占麦粒质量的80%～85%。胚乳由贮藏淀粉的细胞层和贮藏脂肪的细胞层构成。贮藏淀粉的细胞层是胚乳的核心。在细胞之间的空间处由蛋白质组成的“骨架”支撑。外部被一层细胞壁包围，称之为糊粉层，其细胞内含有蛋白质和脂肪，但不含淀粉，靠近胚的糊粉层只有一层细胞。胚乳与胚之间还有一层空细胞称为细胞层。在发芽过程中，胚乳成分不断地分解成小分子糖类和氨基酸等，部分供给胚作营养只是适当分解，部分供呼吸消耗，产生 CO_2 和 H_2O 并释放能量，这些成为制麦损失。但胚乳的绝大部分只是适当分解剩余部分存于大麦粒内成为酿造啤酒最主要的成分。

(三)谷皮

谷皮是由腹部的内皮和背部外皮组成，两者都是一层细胞。外皮的延长部分为麦芒。谷皮约占谷粒总质量的7%～13%。谷皮内面是果皮，再里面是种皮。果皮外表面有一层蜡质，它对赤霉酸和氧是不透性的，这与大麦的休眠性质有关。种皮是半透性的薄膜，可以透过水和某些离子，但不能透过较大分子物质，它阻止了糖和氨基酸等的向外扩散。

谷皮成分绝大部分为非水溶性物质，制麦过程基本无变化，其主要作用是保护胚，维持发芽初期谷粒的湿度。谷皮是麦汁过滤时良好的天然滤层，但谷皮中的硅化物、单宁等苦味物质对啤酒有某些不利影响。

胚根鞘附近的珠孔是外部水分渗入的主要部分，对浸麦的吸水过程起主要作用。

三、大麦的化学成分

(一)水分

根据收获季节的气候情况，大麦的水分含量一般为11%～20%，但进厂大麦的水分不宜太高，水分高于12%的大麦在贮藏中易发霉、腐烂，不仅贮藏损失大，而且会严重影响大麦的发芽力和大麦质量。新收获的大麦含水常高达20%，必须经过曝晒，或人工干燥，使水分降至12%左右，方能进仓贮藏。

(二)淀粉

淀粉是最重要的碳水化合物，是大麦的主要贮藏物，无色、无味、具有吸湿性，存在于胚乳细胞壁内。淀粉粒中大约有97%的化学纯淀粉，0.5%～1.5%的含氮化合物，0.2%～0.7%的无机盐，0.6%的高级脂肪酸。大麦淀粉含量占总干物质质量的58%～65%。大麦淀粉含量愈多，大麦的可浸出物也愈多，制备麦汁时收得率也愈高。

大麦淀粉颗粒分为大颗粒淀粉(直径20～40 μm)和小颗粒淀粉(直径2～10 μm)两种。二棱大麦的小颗粒淀粉数量约占全部淀粉颗粒的90%，其质量却只占淀粉的10%左右。小颗粒淀粉的含量与大麦的蛋白质含量成正比。其外部被很密的蛋白质所包围,不易受酶的作用,如果在制麦时分解不完全,糖化时更难以分解。这种未分解的小颗粒淀粉与蛋白质、半纤维素和麦胶物质聚合在一起,使麦汁黏度增大,是造成麦汁过滤困难的一项重要因素。小颗粒淀粉含有较多的支链淀粉,因此产生较多的非发酵性糊精。

大麦淀粉在化学结构上分为直链淀粉和支链淀粉。直链淀粉占17%～24%,支链淀粉占76%～83%。

直链淀粉由60～2 000个葡萄糖基形成α-1,4键连接螺旋形不分枝长链。相对分子质量为10 000～500 000。它易溶于温水,形成黏度不大的溶液。直链淀粉遇碘液时,碘从螺旋中间通过,与直链淀粉之间形成吸附化合物而显蓝色,其呈色反应与葡萄糖残基的聚合度有关。

支链淀粉包围着直链淀粉,除具有α-1,4键结构外,还有6.7%的α-1,6键分枝结构。每个支链平均约含20个葡萄糖基。在主链上每两个支链间隔8～9个葡萄糖基,支链的数目为50～70个,相对分子质量为100万～600万,需加热方能溶于水中,形成黏度较大的溶液。支链淀粉遇碘时,碘不能通过α-1,6键结合的分支点,其末端只有20余个葡萄糖基在外部与碘结合,故呈红色到紫红色反应。

直链淀粉在β-淀粉酶的作用下,几乎全部转化为麦芽糖。β-淀粉酶作用于支链淀粉时,除生成麦芽糖和葡萄糖外,尚生成大量糊精及异麦芽糖。糊精是淀粉水解不完全的产物,其结构与淀粉相似,只是相对分子质量较小而已。直链淀粉分子结构较松,支链淀粉则较紧,故前者易溶解。

(三)纤维素

纤维素占大麦干物质质量的3.5%～7.0%,主要存在于谷皮中,微量存在于胚、果皮和种皮中,是细胞壁的支撑物质。其结构为β-1,4糖苷键连接的葡萄糖长链。

纤维素无味、无臭、不溶于水,对酶的作用具有相当强的抗力,它不参与麦粒中的代谢作用。

(四)半纤维素和麦胶物质

半纤维素和麦胶物质是胚乳细胞壁的重要组成部分,大约占大麦质量的10%～11%,半纤维素还存在于谷皮中,二者具有类似的化学成分。半纤维素不溶于水而溶于稀碱溶液,是重要的细胞骨架物质。谷皮中的半纤维素主要含有戊聚糖和少量β-葡聚糖及糖醛。胚乳中的半纤维素主要含β-葡聚糖及少量戊聚糖。麦胶物质在成分组成上与胚乳半纤维素无甚差别,只是相对分子质量较半纤维素低,是多糖混合物,主要包括以葡萄糖为单位构成的β-葡聚糖、以阿拉伯糖和木糖构成的戊聚糖及微量的半乳糖、甘露糖和糖醛酸,能溶于热水,在40～80℃范围内,温度越高,溶解度越大。麦胶物质以β-葡聚糖的性状最为重要。发芽过程中细胞壁的不溶性β-葡聚糖开始分解,变成可溶性物质。麦胶物质的水溶液黏度很高,溶解良好的麦芽,此种物质大部分已分解,但溶解不好的麦芽,此种物质分解不完全,将会造成麦汁甚至成品啤酒过滤的困难。传统制麦工艺宁可用低温发芽法也不主张轻易升温以缩短制麦周期,其原因之一就在于防止β-葡聚糖分解不良而造成过滤困难,降低麦汁的收率。β-葡聚糖也是啤酒非生物混浊的成分之一。

发芽过程中只有当半纤维素酶将细胞壁分解之后,其他水解酶才可以进入细胞内分解淀粉等大分子物质。

（五）蛋白质

大麦中的蛋白质含量及类型直接影响大麦的发芽力、酵母营养、啤酒风味、啤酒的泡持性、非生物稳定性及适口性等。因此选择含蛋白质适中的大麦品种对啤酒酿造具有十分重要的意义。

大麦中蛋白质含量一般在8%～14%，个别可以达到18%左右。制造啤酒麦芽的大麦蛋白质含量需适中，一般在9%～12%之间为好。蛋白质含量太高时有如下缺点：相应淀粉含量会降低，最后影响到原料的收得率，更重要的是会形成玻璃质的硬麦；发芽过于迅速，温度不易控制，制成的麦芽会因溶解不足而使浸出物得率降低，也会引起啤酒的混浊；蛋白质含量高，易导致啤酒中杂醇油含量高。蛋白质过少，会使制成的麦汁对酵母营养缺乏，引起发酵缓慢，造成啤酒泡持性差，口味淡薄等。在大麦中往往蛋白质含量过高，所以在制造麦芽时通常应选择低蛋白质含量的大麦品种。近年来，由于辅料比例增加，利用蛋白质质量分数在11.5%～13.5%的大麦制成高糖化力的麦芽也受到重视。

大麦中的蛋白质按在不同的溶液中溶解性及其沉淀度主要分为4类，分别为清蛋白、球蛋白、醇溶蛋白和谷蛋白。

1. 清蛋白

清蛋白溶于水和稀的中性盐溶液及酸碱溶液中，因此，麦汁中含有清蛋白。加热时，从52℃开始，清蛋白从这些溶液中凝固析出，即随着煮沸的进行而加速凝固。清蛋白相对分子质量约为70 000，占大麦蛋白质的3%～4%，等电点为4.6～5.8，对啤酒泡持性起重要作用。

2. 球蛋白

球蛋白是种子的贮藏蛋白，占大麦蛋白总量的31%，不溶于纯水，溶于稀酸和稀碱。溶解的球蛋白在90℃以上全部凝固，若要完全凝固还需要足够的酸度，其等电点的pH为5～6。球蛋白可分为α、β、γ、δ 4组，相对分子质量依次递增。其中，α-球蛋白和β-球蛋白分布在糊粉层里；γ-球蛋白分布在胚里，当发芽时它会发生最大的变化。

β-球蛋白的等电点为pH 4.9，在麦汁制备过程中不能完全析出沉淀，发酵过程中酒的pH下降时，它就会析出而引起啤酒混浊。β-球蛋白在发芽时，其相对分子质量由100 000减少到30 000，其裂解程度较小。β-球蛋白在麦汁煮沸时，碎裂至约原始大小的1/3左右，同时与麦汁中的单宁，尤其与酒花单宁以2∶1或3∶1的比例相互作用，形成不溶解的纤细聚集物。β-球蛋白含硫量为1.8%～2.0%，并以—SH基活化状态存在，具有氧化趋势。在空气氧化的情况下，β-球蛋白的氢硫基氧化成二硫化合物，形成具有—S—S—键的更难溶解的硫化物，啤酒变混浊。因此β-球蛋白是引起啤酒混浊的根源，是对啤酒稳定性有害的主要成分之一。

3. 醇溶蛋白

醇溶蛋白不溶于纯水及盐溶液，也不溶于无水乙醇，而只溶于体积分数为50%～90%的乙醇溶液或酸碱溶液，经加热不凝固。按谷氨酸含量之不同将醇溶蛋白区分为α、β、γ、δ、ε五组，其中δ和ε两组是造成啤酒冷混浊和氧化混浊的主要成分。醇溶蛋白主要存在于糊粉层，它的等电点的pH为6.5。醇溶蛋白约占大麦蛋白总量的38%，是麦糟蛋白质的主要成分。

4. 谷蛋白

谷蛋白不溶于中性盐溶液和纯水，溶于稀碱。谷蛋白和醇溶蛋白是构成麦糟蛋白质的主要成分。谷蛋白也由4个组分构成，约占大麦总蛋白量的29%。

另外，除蛋白质种类外，大麦中蛋白质含量与啤酒酿造质量关系也相当密切。

(1)蛋白质含量高的大麦，淀粉含量相对较低，浸出率也低。蛋白质含量高1%，影响麦芽浸出率约0.6%。

(2)蛋白质比较难溶解。蛋白质含量高的大麦，所制麦芽的溶解度也比较差，用以制造的啤酒也较易混浊。

(3)蛋白质含量高的大麦，因其分解产物易形成更多的深色物质，如类黑素等，故适于做深色啤酒，不易做浅色啤酒。

(4)制造低浓度啤酒，宜采用蛋白质含量高一些的大麦，以增加泡沫性能和酒体。

(5)大麦的蛋白质含量高，麦胶物质的含量也一定高。如果要达到和蛋白质含量低的大麦一样的麦芽溶解度，则其制麦条件，如浸麦、发芽和干燥都要加强，从而制麦损失率要增高。蛋白质含量每增加1%，制麦损失提高0.3%左右。另外，如通风、冷却等生产费用，都会要相应增加。

(6)采用蛋白质含量高的大麦，所制啤酒口味较粗重，其风味稳定性也较差。

(7)大麦的蛋白质含量也不是越低越好，不宜过低(9%以下)，否则会影响啤酒的泡沫和适口性、一级酵母菌的营养等。

(8)蛋白质含量高的大麦品种，酶活也较高，有利于使用较多的辅料。

(六)脂肪

大麦所含的类脂物质(乙醚浸出物)占大麦干物质的2%～3%。其中95%以上属于甘油三酸酯。发芽时，10%～12%的脂肪由于呼吸和氧化作用而消耗。此外，大麦还含有微量脑磷脂和卵磷脂，它们使细胞壁具有渗透性，有重大的生理作用。大麦中只含微量的游离脂肪酸，糖化时，大部分残存于麦糟中，少量存于麦汁中。

类脂物质绝大部分存在于糊粉层和胚中，含量虽低，但对啤酒的风味稳定性和泡持性均能产生很不利的影响。

(七)磷酸盐

大麦的磷酸盐含量主要取决于大麦品种，也与磷肥的使用量有关，正常含量为每100 g大麦干物质中含260～350 mg磷。大麦所含磷酸盐的半数为植酸钙镁，约占大麦干物质的0.9%。此有机磷酸盐在发芽过程中水解，形成第一磷酸盐和大量缓冲物质，糖化时，进入麦汁中，对调节麦汁pH起很大作用。

(八)无机盐

大麦中的无机盐含量为其干物质的2.5%～3.5%，大部分存在于谷皮、胚和糊粉层中，80%来自于有机化合物。这些无机盐对发芽、糖化和发酵有很多影响。其主要成分是钾、磷、硅，其次是钠、钙、镁、铁、硫、氯等。

一些对生物生理活动有影响的微量元素，如锌、锰、铜在大麦中也有发现。

(九)维生素

大麦富含维生素，集中分布在胚和糊粉层等活性组织中，常常以结合状态存在。

大麦中含有维生素B复合体，是酵母菌极为重要的生长素。其中每100 g干物质维生素B_1含量为0.12～0.74 mg，维生素B_2含量为0.1～0.37 mg，维生素B_6含量为0.3～0.4 mg；烟酸含量为8～15 mg。此外，还含有维生素C、维生素H、泛酸、叶酸、α-氨基苯酸等多种维生素。

（十）酚类物质

大麦含有许多简单酚类和多酚类物质，占大麦干重的0.1%～0.3%。大麦酚类物质含量与品种有关，也受生长条件的影响，一般蛋白质含量愈低的大麦，其多酚物质的含量愈高。

大麦酚类物质含量虽少，却对啤酒的色泽、泡沫、风味和非生物稳定性影响很大。其中简单的酚酸类，如对羟基安息香酸、香草酸、咖啡酸和香豆素等大都存在于谷皮中，对发芽有一定的抑制作用，在浸麦时被浸出，有利于发芽和啤酒的风味。

在浸麦过程中加石灰、碱或者甲醛能使酚类物质浸出一部分，有利于大麦发芽，可提高啤酒的稳定性。

酿造啤酒时，对啤酒质量危害最大的是具有黄烷基的多酚类物质，如原花色素及儿茶酚等。这些物质经聚合和氧化，具有单宁的性质，易和蛋白质通过共价键起交联作用而沉淀析出。减少啤酒中的花色苷含量，可以大大改进啤酒的色泽、风味和非生物稳定性。如果这一反应发生于麦汁制备、麦汁煮沸或发酵工程中，则可将某些凝固性蛋白沉淀而除去，有利于提高啤酒稳定性。

此外，多酚单体在氧、金属离子、H^+存在下可聚合氧化成二聚体或三聚体乃至大分子物质。聚合多酚更易与蛋白质结合产生沉淀，人们希望此种反应发生于成品啤酒之前，而不出现于成品啤酒之中。

四、鉴别大麦质量的方法

（一）感官检验

大麦的感官检查内容如表3.1所示。

表3.1　大麦的感官检查内容

项目	检验内容
外观和色泽	收获良好的大麦，应具有光泽，呈纯淡黄色；不成熟的大麦呈微绿色；收割前后遇雨受潮，大麦色泽发暗，胚部呈深褐色；受霉菌侵蚀的大麦粒则呈灰色或微蓝色。色泽过浅的大麦，多数是玻璃质硬粒或熏硫所致，不宜酿造啤酒
气味	良好的大麦具有新鲜的稻草香味，稍升温，发出一股麦香味；受潮发霉的大麦有霉臭味，其发芽能力已经遭受损失
夹杂物	良好的大麦应不含其他谷粒、草籽、碎石、破伤粒、石粒（已经发过芽的子粒）及带病虫害的麦粒

续表 3.1

项目	检验内容
品种纯净度和麦粒整齐度	良好的大麦应具有品种纯净度，不夹杂不同品种、不同产地和不同年份的大麦；单一品种的大麦，也要求麦粒均匀整齐，以求发芽均匀一致
谷皮特征	谷皮的粗细可从谷皮的纹道去鉴别。优良的大麦，皮薄，具有细密的纹道；皮厚的大麦，纹道粗糙，间隔不同 大麦谷皮含量为7%～13%，薄皮大麦为7%～9%，厚皮大麦在11%以上。六棱大麦和冬大麦的谷皮含量一般较二棱大麦或春大麦高，酿制浅色啤酒应采用薄皮大麦
麦粒形态	粒形肥短的麦粒一般较麦粒瘦者谷皮含量低，浸出物高，蛋白质含量低，发芽较快，容易溶解。因此，粒型肥短的麦粒较适合制作麦芽

(二)机械及物理检验

大麦的机械及物理检验内容如表 3.2 所示。

表 3.2 大麦的机械及物理检验内容

项目	检验内容
公石质量	公石质量与麦粒数量和麦粒的绝对质量有关。麦芒除不净，公石质量会降低；若大麦虽经过精选，千粒重也高，但公石质量低，系水分太大所致。公石质量大的麦粒，其浸出物含量较高 大麦的公石质量一般为 65～75 kg，优良的酿造大麦的公石质量为 68～72 kg，六棱大麦的公石质量较二棱大麦低，公石质量在 65 kg 者不宜采用
千粒质量	千粒质量表示 1 000 粒麦粒的绝对质量，是判断大麦品质的常用方法之一。千粒质量与麦粒大小和浸出物含量成正比。千粒质量虽水分增加而增加，不同的大麦进行比较，应以干物质进行计算。千粒质量高，则浸出物高；千粒质量低，则浸出物低 我国二棱大麦的千粒质量在 36～48 g，四棱、六棱大麦在 28～40 g。加拿大二棱大麦的千粒质量在 40～44 g，澳大利亚二棱大麦的千粒质量在 40～45 g 风干大麦的千粒质量，通常为 35～48 g，绝干大麦的千粒质量为 30～42 g。千粒质量37～40 g的风干大麦为轻级，40～45 g 为中级，45 g 以上为重级。以大麦和麦芽的千粒质量做比较，可以粗略估算出制麦损耗
百升质量	百升质量是表示 100 L 大麦的质量。百升质量大的大麦子粒比较饱满，浸出物含量也高。可根据百升质量确定大麦贮藏时仓库容积 二棱大麦的百升质量，最轻在 63 kg 以上；轻的在 63～65 kg 以上；中等的在 65～68 kg 以上；重的在 68～72 kg 以上。我国产的二棱大麦的百升质量在 68～71 kg，四棱和六棱大麦在 60 kg 以上
性状大小和均匀度	麦粒的大小一般以腹径表示，大麦的大小和均匀度对大麦的质量有很大影响，并直接影响麦芽的整个制造过程 通常用伏氏(Vogel)分选筛测定麦粒的大小和均匀度。此筛有筛孔，孔距分别为

续表 3.2

项目	检验内容
性状大小和均匀度	2.8 mm、2.5 mm、2.2 mm 的 3 层筛子组成。2.5 mm 以上的麦粒占 85%以上者是好的，属于一级大麦，其浸出物含量和麦芽制成率相对较高，蛋白质含量相对较低；2.5 mm 以下，2.2 mm 以上者为二级大麦，其浸出物和麦芽制成率均较一级大麦低，而蛋白质含量则相对较高；2.2 mm 以下的大麦为瘪大麦，只能做饲料用
胚乳性质	用切谷机将麦粒从纵面或横面切开，可以看出胚乳断面呈玻璃质、半玻璃质或粉状 3 种状态 粉质粒麦粒的胚乳状态(断面)呈软质白色；玻璃质粒断面呈透明有光泽；部分透明、部分白色粉质的称半玻璃质粒 玻璃质有暂时性和永久性之分，暂时性玻璃质往往是淀粉颗粒堆集过密所致，在大麦浸渍 24 h，并缓慢干燥后，即消失，变成粉状，并不影响大麦品质；永久性玻璃质形成于细胞结构中，此类大麦一般蛋白质含量较高，发芽时较难溶解，制成的麦芽，其麦汁收得率低，麦汁过滤困难。优良的大麦，粉状粒应在 80%以上 啤酒酿造要求大麦粉状粒应在 80%以上，且越多越好
发芽力和发芽率	发芽力(germinating energy)系指麦粒在指定时间内(3～5 d)能够发芽的百分数；发芽率(germinating capacity)系指大麦的潜在生物活力，克服了休眠期后所能达到的发芽百分率。可采用过氧化氢法、二硝基苯法或者氯化四唑法等化学方法测定 发芽力和发芽率之间的差数，系由大麦休眠期所决定的。一般已经过了休眠期的麦粒，此二者值应非常接近 国内习惯采用的检验方法是： ①3 d 内发芽的麦粒百分数为发芽力，此值应达 90%以上 ②5 d 内发芽的麦粒百分数为发芽率，此值应达 90%以上 这种检验方法适用于已达成熟阶段的麦粒，对尚未克服休眠期的麦粒来说，不能反映其潜在生物活力，宜用化学方法补充测定
水敏感性	水敏感性系指一种大麦吸收较多水分后，抑制发芽的现象。水敏感性与休眠期均与大麦品种和成熟期的气候条件有关 水敏感性的检验方法可分别将 100 颗麦粒盛于 4 mL 和 8 mL 水的平面皿内，120 h 后，检验两者的发芽的数量。如果相差 10%以下，为极轻微水敏感性；10%～25%者为轻微水敏感性；26%～45%者为水敏感性；45%以上者严重水敏感性 对水敏感性的大麦，浸麦时应采取相应的浸麦方法进行处理
吸水能力	大麦的吸水能力与品质和生长条件有关。在特定的浸麦条件下(14±0.1)℃浸麦 72 h 后，其水分含量在 50%以上者为优；47.5%～50%者为良好；45%～47.5%者为满意；45%以下为不佳。吸水能力越高的大麦，所制成的麦芽，粉状粒和酶活力越高

(三)化学检验

大麦的化学检验内容如表 3.3 所示。

表 3.3　大麦的化学检验内容

项目	检验内容
水分	水分测定是计算大麦干物质的基础，在采购或贮藏大麦时，均需测定水分。原料大麦水分不能高于 13%，否则不能贮存，易发生霉变，呼吸损失大。除已知的干燥方法外，应尽量采用快速测定分析方法，虽结果不很准确，但有实用意义
蛋白质含量	酿造大麦的蛋白质含量，一般要求在 9%～12%（以干物质计）。蛋白质含量高的大麦不易管理，易形成玻璃质，存在溶解困难、浸出率低、制麦损失高和制成的啤酒容易混浊等问题。一般制造浅色啤酒的大麦，蛋白质含量应在 11%以下，而制造深色啤酒可以稍高一些（11.5%～12.0%） 蛋白质的测定系采用凯氏定氮法，求出其含氮量，乘以 6.25 即得
大麦浸出物	测定大麦浸出物是间接衡量淀粉含量的方法，大麦的浸出物按干物质计，一般为 72%～80%，大麦淀粉含量与浸出物的差率一般约为 14.7%，从浸出物含量，可粗略换算出淀粉含量

五、酿造大麦的质量标准

我国轻工业部于 1978 年制定出部颁标准，至 1986 年 12 月经国家啤酒大麦专家组审定，正式制定和通过了啤酒大麦国家标准，编号为 QB-1414-87，主要内容见表 3.4。

表 3.4　我国啤酒大麦质量标准

感官指标(均相同)	淡黄色，具光泽，无病斑粒，无霉味和其他异味，大小均匀					
理化指标	二棱			多棱		
	优级	一级	二级	优级	一级	二级
水分/%≤	13	13	13	13	13	13
千粒重(无水物)/g≥	42	40	36	40	35	30
发芽势/%≥	95	90	85	96	92	85
发芽率/%≥	97	95	90	97	95	90
大麦浸出物含量(无水)/%	80	76	74	76	72	70
蛋白质含量(无水)/%	12	12.5	13.5	12.5	13.5	14
选粒试验(2.5 mm 以上)/%	85	80	76	75	70	65
夹杂物含量/%	0.5	1.5	2	0.5	1.5	2.0
破损粒含量/%	0.5	1	2	0.5	1.0	2.0

啤酒大麦品质指标有很多，较重要的有蛋白质含量和酶的总活性——糖化力。其中啤酒大麦蛋白质含量指标水平在国际上已有公认，为 10.5%～13.5%。衡量啤酒大麦酿酒品质的一个重要指标为麦芽淀粉的降解程度，在酿酒的过程中淀粉水解为可发酵的糖，这一过程需要 α-淀粉酶、β-淀粉酶及限制性糊精酶等酶的协同作用。麦芽淀粉的降解程度就是以这些酶的

总活性——糖化力来表示，有研究表明，淀粉酶与糖化力高度正相关，因此大麦淀粉酶活力可以作为啤酒大麦品质的一个重要测定指标。有研究表明，淀粉酶不是在发芽过程中形成，而是在种子发育过程中就已积累，并以贮藏蛋白的形式贮存于种子胚乳内，与蛋白质含量正相关，约为种子蛋白质的1%～2%。虽然蛋白质与淀粉酶呈正相关，但对啤酒大麦而言，过高的蛋白质会导致啤酒口味粗重，风味稳定性变差，且易混浊，严重影响啤酒品质。同时也有研究表明，大麦淀粉酶活性在品种和地区间存在很大变异，因此，在啤酒大麦的选育过程中，筛选蛋白质含量适宜且具有较高淀粉酶活性的大麦品种是啤酒大麦育种的一个重要方向。

六、大麦的收获与贮藏

(一)大麦的收获

生产中啤酒大麦不仅要求有较高的子粒整齐度、发芽率及良好的制麦芽品质，同时要求较低的蛋白质含量和较高的淀粉含量。其品质的关键指标是浸出率和α-氨基酸含量，制约因素是千粒重和蛋白质含量。而不同收获期对大麦的产量和主要品质性状会产生比较显著的影响。另外，不同品种的大麦其生育期不同。研究表明，随收获期的延迟，容重、千粒重、单株粒重、主穗粒重、单株干重及收获指数呈先增大后减小趋势，均存在合适的收获时间，使产量达到最高。

大麦适时收获是高产丰收的重要环节。该作物的成熟特性及试验研究表明，大麦在蜡熟期收获产量最高，此时子粒干物质积累最大，完熟期略有变化，完熟以后，麦粒因呼吸消耗及可溶性物质的流失，干物质含量则有所下降。

一般来说，大麦以蜡熟中、后期收获最好，产量最高。收获过早，灌浆不足，千粒重及出粉率降低，产量、品质受影响；收获过迟，不仅自身粒重减轻，同时断穗、落粒等机械损失增加。同时在南方高温、多雨潮湿条件下，麦粒还易霉烂变质，甚至产生穗发芽，对产量和品质的影响就更大。为此，必须把握大麦的最佳收获时期进行田间长相的正确评定，其标准是麦穗变黄，叶片枯黄，茎秆金黄，麦节带绿，麦粒腹沟淡黄，子粒内部呈蜡质状，用指甲可掐开，也可挤压成饼，但不发黏，也无乳浆或水分渗出。

啤酒用二棱大麦，一般品种穗轴坚硬，不易折断，宜在完熟期收，此时子粒蛋白质含量较低，即可提高酿酒质量；兼收麦茎供编织用的大麦，宜提前6～7 d收获，以保持麦秆的韧性和光泽等。

(二)大麦的贮藏与后熟

新收获的大麦水分高，有休眠期，发芽率低，需经一段后熟期才能使用，一般需要6～8周，才能达到应有的发芽率。作为一个现代化的工厂，必须有足够量的原料储备，以保证工厂的生产连续性。从以上两点考虑，大麦的贮藏室是麦芽厂不可缺少的一环。

一般认为新收大麦种皮的透水性和透气性较差，经过后熟，由于受外界温度、水分、氧气的影响，改变了种皮性能，因而提高了大麦的发芽率。

以下方法可以促进大麦后熟，提高发芽：

(1)贮藏于1～5℃条件下，能促进大麦生理变化，缩短后熟期，提早发芽。

(2)用80～170℃热空气处理大麦30～40 s,能改善种皮的透气性,促进发芽。

(3)用高锰酸钾、甲醛、草酸或赤霉酸等浸麦可打破种子的休眠期。

因大麦是活的植物组织,在一定的水分和温度下,有呼吸作用。水分越大,温度越高,呼吸作用越强烈,相应的物质损耗也就越多,产生的热量也就越多。水分较温度的影响还要更为显著一些。因此,应严格控制贮藏时的水分和温度,否则不但呼吸消耗急剧上升,微生物也会快速繁殖,发芽力就会受到严重破坏。

大麦水分在12%以下适合贮藏的大麦,可不必考虑通风设施和翻仓;大麦水分在13%以上,呼吸作用逐步强烈;在14%～15%水分下贮藏大麦,就需要有通风设施,以排出呼吸作用生产的热量和二氧化碳,以避免麦粒窒息。

一般贮藏的大麦水分要求控制在13%以下,贮藏温度最好是限制在15℃以下,大麦基本可以保藏一年,而发芽力基本不受影响。

大麦的干燥方法一般采用人工干燥和机械干燥。在国内,人工干燥大多是将新收获的水分较高的大麦利用日光暴晒的方法使水分降低到12%～13%,以便于贮藏。机械干燥多是进场后的大麦,在发现水分含量未达到贮藏要求时,采用干燥炉或干燥机,利用热空气对大麦进行干燥;干燥时需要强烈通风,以排出水分。机械干燥要求低温干燥,以避免大麦发芽率和破坏酶活力。其干燥温度要求如下:最适宜干燥温度为35～40℃;最高干燥温度不超过50℃;干燥温度与大麦水分的关系是,水分越大采用的干燥温度越低。

(三)大麦的贮藏方式

大麦的贮藏方法有袋装堆藏、散装堆藏和立仓堆藏。

麻袋堆藏是中小厂常用的方法,一般是在混凝土地面上,放置垫板,将装大麦的麻袋包以品字形堆放其上,堆放高度以10～12层为宜,不宜过高。室内空气要流通,定时在不同高度部位检查麦温,必要时应倒垛以利通风。这种方法每平方米可存放2 000～2 400 kg。

散装堆藏是直接将大麦堆放在混凝土地面上,高度一般是1.0～1.5 m。开始麦层薄一些,室内通风要好,要定时在不同部位检查温度。必要时要进行翻拌,以利于降温和散发水分。这种方法每平方米面积可贮藏大麦700～1 000 kg。比较其他方法,此法占地面积大,损耗大,不易管理,不宜采用。

立仓堆藏是现在新型通风制麦厂常用的大麦贮藏方式。立仓的优点是:占地面积小,便于机械化操作和温度管理,便于防虫防霉,清洁、倒仓也方便。但也有其缺点:因立仓保藏一般是密闭的,所以无法让贮藏时麦粒新陈代谢产生的水蒸气逸散出去,使麦粒呼吸不断加强,容易引起大麦发热、发霉,以致坏死。因此进行立仓贮藏的大麦必须做到:①大麦已经后熟,新收割的大麦不能马上进仓;②大麦水分不应超过12%;③大麦必须除尘、除夹杂物;④经过干燥的大麦,在进仓前,必须降温。且完善的立仓应设有其他各种辅助装置:a. 清选除尘设备;b. 干燥设备;c. 输送设备;d. 通风设备;e. 喷药设备;f. 麦温测定装置等。

保存原料大麦应注意的问题:

(1)进仓库保存的大麦应先测定水分含量,大麦的安全保存水分含量为12%以下,当大麦水分高于15%时就不易保存,极易发热、发霉。所以,当大麦水分含量较高时,应在日光下摊晒或进行低温干燥(低于50℃),使水分降至12%以下,因为在此水分下,大麦的呼吸作用十分微弱。

(2)对分批进厂的大麦应分批测定水分,按水分的高低分别保管,不同水分含量的大麦堆(仓),还应制定出不同的保管要求。另外,不同的大麦品种,不同产地的大麦,最好也能分别堆放存放,同时做好各种记录。

(3)大麦进仓保存前应先进行清麦除杂,检查霉菌污染情况。清麦除杂可以去除麦秕、麦灰等杂质和可能带入的害虫。检查霉菌污染的情况可以采取相应的控制霉菌生长的措施。

(4)各种不同的储藏方式都有合适的保存要求,例如,袋装堆垛,要离地搁空、隔缝、不贴壁(室内)、不超高每垛堆高10～12袋为宜;散装仓储要垫底(麦秸或芦席)架空、留洞(加空心透气物)、推翻与通风;立式仓储要通风、翻仓、定期灭虫杀菌和温度自动记录等。

(5)刚收获的大麦,麦温高的大麦,严重污染霉菌的或者在粮食仓库淋过雨、保管不善的大麦,一经检测出来,就不应进仓保存。

第二节　制麦

由原料大麦制成麦芽,习惯上称为制麦,它是啤酒生产的开始。麦芽制备工艺决定了麦芽的品质和质量,从而决定了啤酒的类型。麦芽质量将直接影响酿造工艺和成品啤酒的质量。

制麦的目的在于使大麦发芽,产生多种水解酶类,以便通过后续糖化,使大分子淀粉和蛋白质得以分解溶出。而绿麦芽经过烘干将产生必要的色、香和风味成分。制麦过程大体可以分为大麦的预处理、浸麦、发芽、干燥、除根等过程。

一、大麦预处理

新收获的大麦有休眠期,发芽率低,只有经过一段时间的后熟期才能达到应有的发芽力,一般后熟期需要6～8周,而后经化验室测定大麦的发芽势、发芽率,判断已恢复发芽能力,才能投料到清选分级工段。

大麦的预处理主要是对大麦进行清选和分级。

(一)大麦的清选

原料大麦一般含有各种有害杂质,如杂谷、秸秆、尘土、砂石、麦芒、木屑、铁屑、麻绳及破粒大麦、半粒大麦等,均会妨碍大麦发芽,有害于制麦工艺,直接影响麦芽的质量和啤酒的风味,并直接影响制麦设备的安全运转,如尘土会造成严重的环境污染和微生物污染;砂石、铁屑、木屑等会引起机械故障,机器磨损;谷芒、杂草、破伤粒等会产生霉变,有害于制麦工艺,直接影响麦芽的质量和啤酒的风味。因此在投料前须经处理。利用粗选机除去各种杂物和铁,再经大麦精选机除去半粒麦和与大麦横截面大小相等的杂谷。由于原料大麦的麦粒大小不均,吸水速度不一,会影响大麦浸渍度和发芽的速度均匀性,造成麦芽溶解度的不同。所以,对精选后的大麦还要进行分级。

清选操作时根据大麦与夹杂物的形态、密度等机械性能的差异进行分离的过程,主要有以下几种方式:

(1)筛析。除去粗大和细碎夹杂物。

(2)震析。震散泥块,提高筛选效果。

(3)风析。除灰尘和轻微杂质。

(4)磁吸。除去铁质等磁性物质。

(5)滚打。除去麦芒和泥块。

(6)洞埋。利用筛选机中的孔洞,分出圆粒或半粒杂谷。

大麦清洗及分级设备见图3.5。

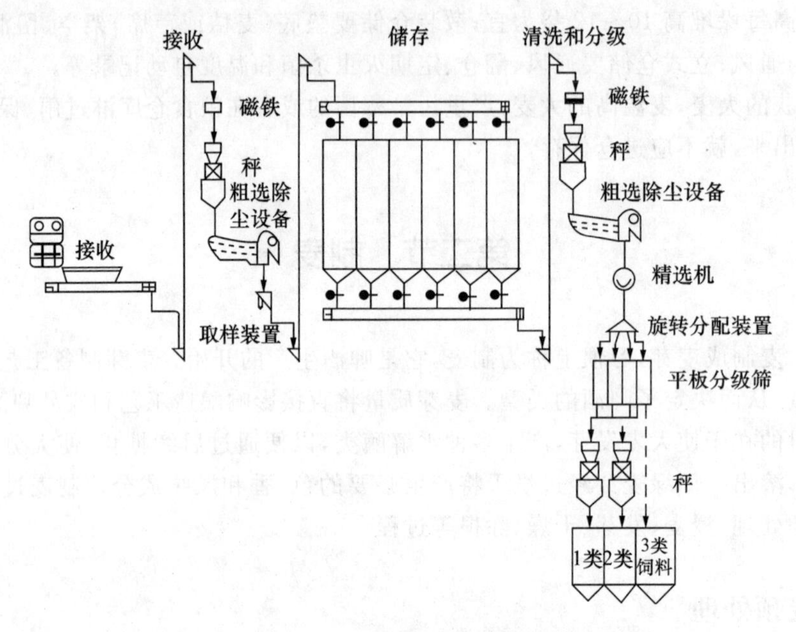

图3.5　大麦清选及分级设备

也可将大麦的清选分为两个阶段:粗选和精选。

(1)粗选。

①粗选的目的:除去糠灰、各种杂质和铁屑。

②粗选的方法:有风析和振动筛析两种方法。

风析主要是除尘及其他轻微尘质,风机在振动筛上面的抽风室将大麦中的轻微尘质吹入旋风分离器中进行收集。

振动筛析主要是为了提高筛选效果,除去夹杂物。振动筛共设3层,第一层筛子(6.5 mm×20 mm),主要筛除沙石、麻绳、秸秆等大夹杂物。第二层筛子(3.5 mm×20 mm),筛除中等杂质。进入第三层筛子(2.0 mm×20 mm),筛除小于2 mm的小粒麦和小杂质。

③大麦粗选设备:包括去杂、集尘、除铁、除芒等机械。

除杂集尘常用振动平筛或圆筒筛配离心鼓风机、旋风分离器进行。除铁用磁力除铁器,麦流经永久磁铁器或电磁除铁器除去铁质。脱芒用除芒机,麦流经除芒机中转动的翼板或刀板,将麦芒打去,吸入旋风分离器而被去除。

④分离的原理:粗选机是通过圆眼筛或长眼筛除杂,圆眼筛是根据横截面的最大尺寸,即种子的宽度;长眼筛是根据横截面的最小尺寸,即种子的厚度进行分离。

(2)精选。

①精选的目的:是除掉与麦粒腹径大小相同的杂质。包括荞麦、野豌豆、草籽、半粒麦等。

②分离的原理：是利用种子不同长度进行的，使用的设备为精选机（又称杂谷分离机）。

③精选机的主要结构（图 3.6）：它由转筒、蝶形槽和螺旋输送机组成。转筒直径为 400～700 mm，转筒长度为 1～3 m，其大小取决于精选机的能力，转筒转速为 20～50 r/min，精选机的处理能力为 2.5～5 t/h，最大可达 15 t/h。转筒钢板上冲压成直径为 6.25～6.5 mm 的窝孔，分离小麦时，取 8.5 mm。

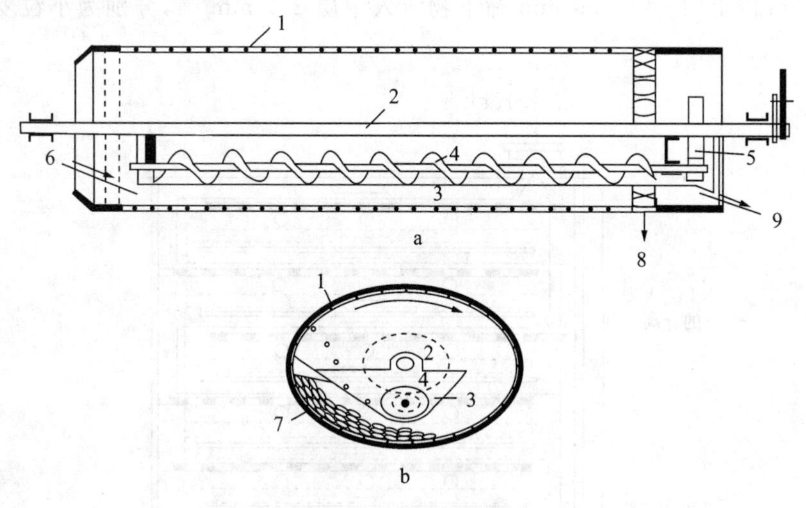

图 3.6　大麦精选机

a. 正剖面；b. 侧剖面

1. 精选机外壳；2. 主轴；3. 杂粒收集槽；4. 绞龙；5. 螺杆传动装置；6. 大麦入口；7. 麦流层；8. 大麦出口；9. 破损麦粒出口

④操作：粗选后的麦流进入精选机转筒，转筒转动时，长形麦粒、大粒麦不能嵌入窝孔，升至较小角度即落下，回到原麦流中，嵌入窝孔的半粒麦、杂谷等被带到一定高度才落入收集槽道内，由螺旋输送机送出机外被分离。合格大麦与半粒麦、杂谷之间的分离界限，可通过窝眼大小和收集槽的高度来调节。过高易使杂粒混入麦流，导致质量下降；过低又会将部分短小的大麦带入收集槽，造成损失。此外，还要根据大麦中夹杂物的多少，调节进料流量，以保证精选效果。

（二）大麦的分级

分级是将麦粒按腹径大小之不同分成 3 个等级。分级的目的是：①为浸渍均匀，发芽整齐创造条件；②颗粒整齐的麦芽，粉碎后能获得粗细均匀的麦芽粉；③分级时拣出瘪粒，从而提高了麦芽的浸出率。因为麦粒大小之分实质上反映了麦粒的成熟度的差异，其化学组成、蛋白质含量都有一定的差异。其吸收水分的速度和发芽速度都不相同，从而影响到麦芽质量。

分级使用的设备是分级筛，常和精选机结合在一起，形式可分为圆筒式和平板式。

①圆筒分级筛：旋转的圆筒筛上分布不同孔径的筛面，一般设置为 2.2 mm×25 mm 和 2.5 mm×25 mm 两组筛。麦流先经 2.2 mm 筛面，筛下小于 2.2 mm 的粒麦，再经 2.5 mm 筛面，筛下 2.2 mm 以上的麦粒，未筛出的麦流从机端流出，即是 2.5 mm 以上的麦粒。从而将大麦分成 2.5 mm 以上、2.2 mm 以上和 2.2 mm 以下 3 个等级。为了防止与筛孔宽度相同腹径的麦粒被筛孔卡住，滚筒内安装有一个活动的滚筒刷，用以清理筛孔。

②平板分级筛(图 3.7):重叠排列的平板筛用偏心轴转动(偏心轴距 45 mm,转速 120～130 r/min),筛面振动,大麦均匀分布于筛面。平板分级筛由 3 层筛板组成,每层筛板均设有筛框、弹性橡皮球和收集板。筛选后的大麦,经两侧横沟流入下层筛板,再分选。上层为 4 块 2.5 mm×25 mm 筛板,中层为两块 2.2 mm×25 mm 筛板,下层为两块 2.8 mm×25 mm 筛板。麦流先经上层 2.5 mm 筛,2.5 mm 筛上物流入下层 2.8 mm 筛,分别为 2.8 mm 以上的麦粒和 2.5 mm 以上的麦粒,2.5 mm 筛下物流入中层 2.2 mm 筛,分别为小粒麦和 2.2 mm 以上的麦粒。

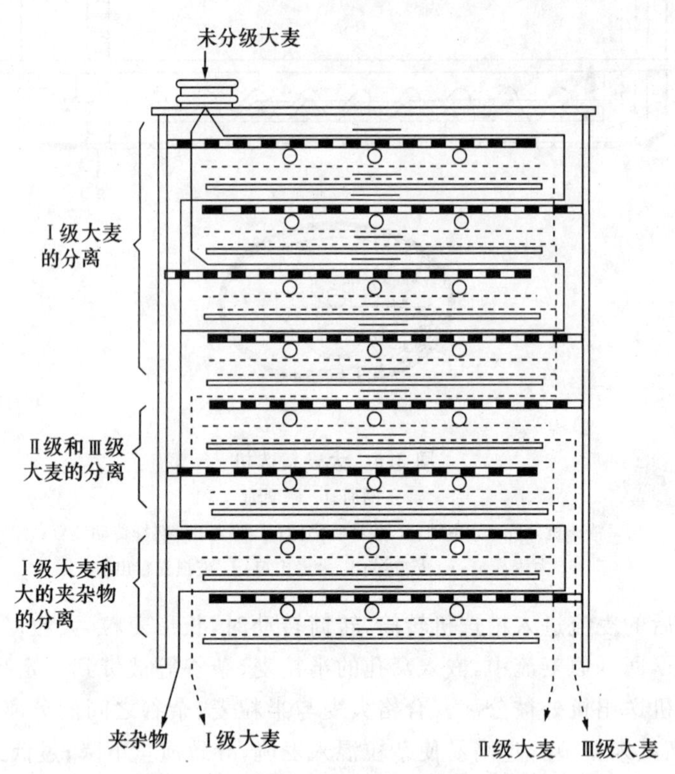

图 3.7　大麦平板分级筛工作示意图

在一般情况下,用不同规格的筛子将大麦分成 3 级,标准见表 3.5。

表 3.5　大麦分级标准

分级标准	筛孔规格	颗粒厚度/mm	用途
Ⅰ级大麦	25 mm×2.5 mm	2.5 以上	制麦用
Ⅱ级大麦	25 mm×2.2 mm	2.2 以上	制麦用
Ⅲ级大麦	—	2.2 以下	饲料用

筛选分级的大麦应分级存放,以便浸渍投料。

各种大麦颗粒大小不同,精选后其整齐度不同。某一腹径或厚度麦粒所占百分比称为整齐度。我国曾因大麦原料不足,品种不良,以大麦腹径(厚度)2.2 mm 以上者所占质量分数为整齐度。而国际通用标准是 2.5 mm 以上腹径麦粒所占质量分数为整齐度。高的整齐度有利于浸渍均匀和发芽整齐。

(三)精选大麦的质量控制

1. 大麦精选率和整齐度

大麦精选率是指原大麦中选出的可用于制麦的精选大麦重量与原大麦重量的百分比。对二棱大麦,指麦粒腹径在 2.2 mm 以上的精选大麦。对多棱大麦,指麦粒腹径在 2.0 mm 以上的精选大麦。精选率一般在 90%以上,差的大麦为 85%。

大麦整齐度是指分级大麦中同一规格范围的麦粒所占的质量分数。国内指麦粒腹径在 2.2 mm 以上者、国际系指麦粒腹径在 2.5 mm 以上者所占的百分率。整齐度高的大麦浸渍,发芽均匀,粗细粉差小。

2. 工艺要求

①分级大麦中夹杂物低于 0.5%。

②分级大麦的整齐度在 93%以上。

③杂质中不应含有整粒合格大麦。

④同地区、同品种、同等级号的大麦贮存在一起,作浸麦投料用。

3. 控制方法

①每种大麦在精选之前,先要进行原料分析,掌握质量状况,提出各工序的质量要求,指导制麦生产。

②大麦必须按地区、品种不同,分别进行精选分级,不得混合。

③经常检查分级大麦整齐度,调节进料闸门大小。

④经常检查分级筛板,保持圆滑畅通。筛板凹凸不平时,堵塞筛孔,会降低分级效果。

⑤当杂谷分离机(精选机)窝孔因摩擦变得圆滑时,应减慢进料速度,不然会影响分离效果。

⑥原料大麦是多棱大麦时,可用 2.0 mm 筛板代替 2.2 mm 筛板,2.0 mm 以下的麦粒作饲料大麦。对二棱大麦,2.2 mm 以下的麦粒称为小粒麦,可用作饲料。

4. 大麦清选和分级设备的管理和维护

①每班结束时要清扫干净,定期出灰。

②各机发现异常声音时应停机检查,待排除异常后方能开机。

③定期擦洗所有驱动设备上的轴承和润滑装置,每班要加油。

④应保持各筛板的平整和畅通,定期更换筛板,定期清理筛板和毛刷或弹性球兰。筛板不准有凸肚和堵塞。

⑤认真检查各连接部件螺栓是否松动,定期更换易损零。

二、浸麦的方法及控制

(一)浸麦目的

经过清选和分级的大麦,用水浸,达到适当的含水量(又称浸麦度),大麦即可发芽,浸麦的目的可概括如下:

使麦粒吸收充足的水分,达到发芽的要求。麦粒含水 25%~35%,即可均匀发芽,对酿造用麦芽，要求胚乳充分溶解，含水必须达到43%～48%。国内广泛使用的浸麦度为45%～46%。

在水浸的同时，可对大麦进行充分洗涤、除尘、灭菌。

在浸渍时加入添加剂，如石灰乳、Na_2CO_3、NaOH、KOH、甲醛等，可加速酚类、谷皮酸等有害物质浸出，并有明显的促进发芽和缩短制麦周期之效，能适当提高浸出物。

(二)浸渍理论

在正常的浸麦温度下(12～15℃)，水的吸收可以分为3个阶段。

1. 第一阶段

浸麦6～10 h，吸水迅速，水分总量的60%在此时被吸收，麦粒水分从12%～14%升到30%～35%。此阶段内胚部吸水快，胚乳吸水慢；胚中的淀粉酶、核糖核酸酶、磷酸酯酶的活力上升，其活力上升与吸水量平行。但在6 h后，若继续浸渍而不换水，或不使麦粒与空气接触，则酶的活力又会下降。

2. 第二阶段

从10～20 h，麦粒吸水很慢，几乎停止，此时胚及盾状体只吸收极少量的水分。

3. 第三阶段

指浸麦20 h以后，当供氧充足时，吸水量与浸渍时间成直线上升，水分由35%增加到43%～48%。此时，整个谷粒各部分吸水缓慢而均匀。

(三)浸麦方法

浸麦的方法有多种多样，常用的主要有：湿浸法、间歇浸麦法(断水浸麦法)、长断水浸麦法、喷雾浸麦法、温水浸麦法、重浸渍浸麦法、多次浸麦法等。

1. 湿浸法

20世纪50年代以前，对克服大麦的休眠期和水敏感性尚无对策，所以，浸麦方法也很原始，只是将大麦单纯用水浸泡，不通风供氧，只是定时换水。此法吸水较慢，发芽率不高。由于不通风排CO_2，不能克服休眠期和水敏感性的影响，制麦周期长，麦芽质量低。此法已经被间歇浸麦法所取代。

2. 间歇浸麦法

用浸水、断水交替法，进行空气休止，通风排CO_2。大麦每浸渍一段时间即断水，使麦粒与空气接触，浸水与断水期间均进行通风供氧。浸水时用压缩空气通风，断水时，宜用吸风方式供氧。间歇浸麦法的浸水、断水时间应结合室温、水温、大麦特性等条件进行调节确定，经常采用的参数是浸水2 h断水6 h或者是浸水4 h断水4 h。在可能的条件下，应尽量延长断水时间。对水敏感性大麦来讲，适当延长第一次断水时间尤为重要。

间歇浸麦法能促进水敏感性大麦的发芽速度，缩短发芽的时间，发芽率也得到提高。实际在断水期间，麦粒表面水分仍继续向麦粒内渗入。更重要的是，断水后的通风加强了麦粒与氧的接触，加速了发芽进程。

3. 长断水浸麦法

此法来源于间歇浸麦法，只是断水时间很长，而浸水时间相对较短，浸水时间只是为了冲洗掉麦层中产生的热量和二氧化碳，并提供麦粒吸收的必要水分。

长断水浸麦法的麦层通风应均匀，最好采用带中心管的锥底浸麦槽，否则浸麦不均匀，发芽也很不整齐。因此，应有良好的吸风供氧设备和严格执行的操作流程。采用长断水浸麦法，麦粒接触空气充分，萌发快，可以显著缩短浸麦和发芽时间。

4. 喷雾浸麦法

喷雾浸麦法是一种简单而经济的利用水雾供给麦粒氧气和水分的方法。此法可大量节约浸麦用水，它的用水量只有一般浸麦法的1/4，同时相应地减少了污水处理负担。

此法由于水雾不断地流洗麦粒，一方面保持了麦粒表面的必要水分，同时也带走了麦层中产生的热量和CO_2，还可以使更多的空气与麦粒接触，提前萌发，明显地缩短了浸麦和发芽的时间。如果在喷水过程中，继续通风供氧，效果则更好。所以此法比间歇浸麦法和长断水浸麦法更为有效，其特点是耗水量少，供养充足，发芽速度快。

5. 温水浸麦法

一般的浸麦水温不超过20℃，但为了缩短浸麦时间，使麦粒提前萌发，并有利于谷皮成分的浸出和休眠大麦的萌发，常采用温水浸麦(水温不超过30℃，以不损伤胚部为原则)在浸麦过程中被浸渍的大麦要求彻底翻拌均匀，使温度分布均匀，通风充足。

6. 重浸渍浸麦法

重浸渍浸麦法的特点是浸麦分两个阶段进行，当第一阶段浸麦水分大于38%左右时，即停止浸麦，开始发芽。发芽2 d左右，等麦粒内酶已经开始形成时，在较高的水温下再一次浸麦，进行杀胚，同时使水分增长到正常发芽所需的水分，以后便按正常发芽操作进行。此法总的浸麦时间短，胚被抑制后并不影响各项酶的继续增长和胚乳的溶解。由于根芽生长很短，因此制麦损失大大降低。此法因早期接触空气多，提前萌发，所以更有利于水敏感性大麦的发芽。

重浸渍浸麦法的特点是浸麦与发芽同时进行。为了操作上的方便，最好采用“浸麦-发芽”两用设备进行。

7. 多次浸麦法

多次浸麦法的原理与采用的设备同重浸渍浸麦法，只是杀胚分二次进行。

各种浸麦方法的比较见表3.6。

表3.6 各种浸麦方法的比较

浸麦方法	情况
湿浸法	操作简单，耗水量大； 浸麦时间长，浸麦度低； 发芽缓慢而均匀，发芽时间长； 酶活力低，增长慢； 胚乳溶解度一般； 不适用于水敏感性大麦
间歇浸麦法(断水浸麦法)	操作简单易控制； 浸麦时间较湿浸法短； 发芽均匀而有力； 酶活力较湿浸法高，且增长较快； 胚乳溶解良好

续表 3.6

浸麦方法	情况
长断水浸麦法	麦粒接触空气充足，通风条件要求高，不易控制，不易均匀； 浸麦时间显著缩短，浸麦度高； 升温急，萌发快，发芽时间缩短，发芽率和制成率高； 酶的活力高，增长快； 胚乳溶解良好，但不易均匀； 适用于水敏感性大麦
喷雾浸麦法	麦粒接触空气较充足，通风条件要求高，升温较长断水浸麦法缓和； 浸麦时间显著缩短，浸麦度高； 升温较快，萌发也较快，发芽时间短，发芽率和制成率高； 酶的活力高，增长快； 胚乳溶解良好； 耗水量低
温水浸麦法	大麦清洗较干净，吸水快，浸麦时间短； 萌发较快； 水温易冷却，不易控制； 操作繁琐，发芽不易均匀
重浸渍浸麦法和多次浸麦法	浸麦时间和发芽时间显著缩短，麦芽制成率高； 麦芽单宁含量低，高分子蛋白质和麦胶物质含量较高，麦芽溶解较差

（四）浸麦的控制

影响浸麦的因素有：大麦的休眠和水敏感性；大麦的吸水速度；通风与吸氧、浸麦用水及添加剂以及浸麦度的控制等。所以。浸麦的控制也主要是从几个方面来进行分析。

1. 大麦的休眠和水敏感性

新收大麦和许多植物种子一样，具有特殊的休眠机制，这是适应大自然的生理功能，但却对制麦带来了一系列的麻烦。一般的，新收大麦需要经过 6～8 周贮藏，充分完成休眠之后才能投产制麦。

大麦的休眠机制复杂，休眠期的长短与大麦品种有关，与种植和收获季节有关。例如，在温暖、干燥、阳光充足的季节收获的大麦比低温、潮湿季节收获的大麦休眠期长。春大麦比冬大麦休眠期长。与库存方法及测定休眠期的方法都直接相关。

一般的，随着贮藏时间的延长，发芽率逐渐上升。低温（7～15℃）贮藏对消除休眠期比高温有利。

水敏感度是关系到大麦质量的另一个生理特征（图 3.8）。大麦吸收水分到某一程度，发芽受到抑制的现象，称为水敏感度，水敏感度也和大麦成熟期的季节有关。

浸麦过程出现的水敏感性和休眠现象，其直接原因之一是在大麦表面形成了水膜，它阻碍了氧进入内部。水敏感性和休眠现象都是发芽的技术性阻碍，克服的办法很简单，即采用间歇式浸麦法，如配合使用喷雾效果更好。

图 3.9 是大麦的休眠和水敏感性试验曲线。

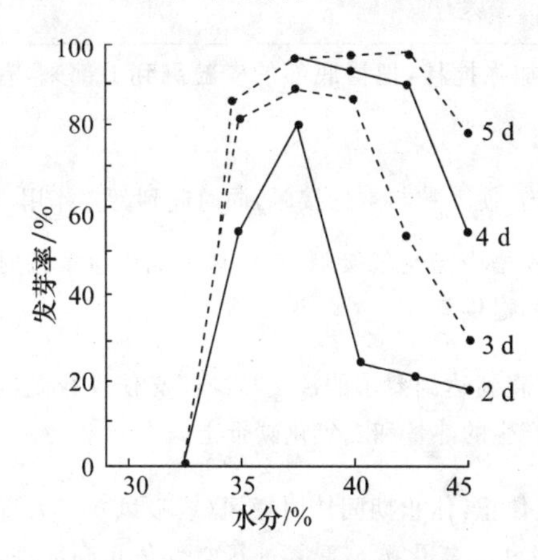

图 3.8　大麦的水敏感性曲线

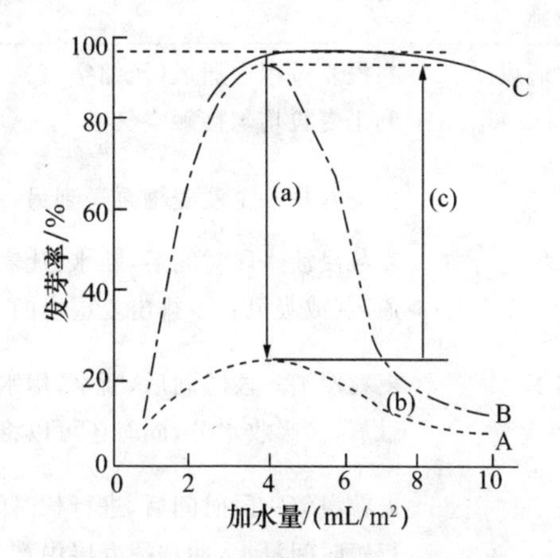

图 3.9　大麦的休眠和水敏感性试验曲线

A. 新收大麦　B. 经后熟克服休眠但具水敏感性大麦　C. 充分后熟大麦

(a)休眠麦粒　(b)水敏感性麦粒

(c)具水敏感性，部分成熟麦粒

2. 大麦的吸水速度

大麦的吸水速度与麦粒大小直接相关。大麦颗粒大小不一，吸水速度也不一致，颗粒大的开始吸水快，24 h 后，水分的增长率与小颗粒者相似，经长时间浸渍后，小颗粒较大颗粒的浸麦度高。因此，选麦的整齐度很重要，否则浸麦不均匀，发芽也会不整齐。

大麦的成分对其吸水速度也有影响。同类大麦的含氮量越低，淀粉含量越高的，麦粒吸水速度越快。麦粒的胚乳状态也影响吸水速度，粉质大麦的吸水速度要比玻璃质大麦的快。同时，胚部吸水比胚乳吸水快且含水量高，因为，水分首先从胚的尾端珠孔进入麦粒。一般认为，吸水快的大麦比吸水慢的大麦细胞溶解性好，制成的麦芽蛋白酶活力高。

同时麦粒吸水速度还与温度有关，温度高则吸水快，要达到同样的浸麦度，水温越高，所需浸麦时间越短。但绝不能因此而提高浸麦温度，因为浸麦温度取决于麦芽质量，不能轻易更改。一般的，大麦浸麦度在 35%以前吸水速度最快，当水分达到 45%之后，浸麦度变化较小。正常浸水温度一般为 14～18℃。

3. 通风与吸氧

大麦吸水后呼吸强度增加，需大量供氧，而水中溶解的氧远不能满足正常呼吸的需要。一般正常浸麦条件下，水中氧只够 1 h 所需，若过时不供氧，将导致分子间呼吸，产生 CO_2、乙醇、醛、酸和酯类，最后将导致胚的生命被破坏，故浸麦过程必须定时通风供氧，或从浸麦槽底吸出 CO_2，以维持其正常生理功能。

正常的通风供氧，可以增强麦粒的呼吸和代谢作用，使麦粒提前发芽。萌发后的麦粒，吸水更快，可以在短时间内达到要求的浸麦度，同时可促进大麦的发芽进程，使大麦溶解良好，缩短发芽时间，提高成品率。特别是发芽力弱、发芽迟缓的大麦、有休眠期的大麦和水敏感性大麦，通风尤为重要。

一般浸麦供氧的措施有以下几种，如表 3.7 所示。

表 3.7 浸麦供氧的措施

措施	内容
浸水通风	在浸麦过程中通风(压缩空气)。通风时加强搅拌,把槽底部的麦粒翻到上部来,有利于麦粒均匀接触空气
泵送	把麦粒从一个浸麦槽泵送到另一个浸麦槽,使麦粒与空气接触,同时起到翻拌作用
空气休止	麦粒浸渍一段时间后,断水,让麦粒在浸麦槽中与空气接触,空气休止期中也要按时通风(或吸风),以排出麦层中的二氧化碳,提供氧气
喷淋	麦粒浸渍一段时间后,断水,用水雾喷淋,直到达到要求的浸麦度。喷雾使麦粒既接触氧,又吸收水分,同时还可以将麦层中产生的热量和二氧化碳带走
冲洗	麦粒浸渍一段时间后,进行长时间的空气休止,休止期间按时通风(或吸风),然后进行短时间浸水,冲洗掉麦层中产生的热量和二氧化碳。重复进行空气休止和冲洗,直到达到要求的浸麦度

供氧适当与供氧不足对浸麦影响十分明显,可通过供氧效果的比较看出。表 3.8 是供氧不足与供氧充足时的效果比较。

表 3.8 供氧不足与供氧充足时的效果比较

供氧情况	效果
供氧不足	麦粒胚部呈窒息状态; 发芽缓慢,不旺盛,麦芽溶解不良; 麦层有酸味和水果味; 发芽呈早期发热现象
供氧充足	麦粒胚部新鲜健康; 发芽快、均匀、旺盛、麦芽溶解好; 有利于麦粒吸水,缩短浸麦时间; 麦粒提前发芽,缩短发芽时间,提高麦芽制成率; 麦芽的淀粉酶、蛋白分解酶和 β-葡聚糖酶等酶的活力均比较高

4. *浸麦用水及添加剂*

根据浸麦工艺的不同,浸麦耗水量为大麦的 3～9 倍(质量),不合理的用水,提高成本,增加排污负荷,影响浸麦效果。浸麦水要求必须符合饮用水标准。

同时,为了有效地浸出麦皮中的有害成分,杀死附着在麦粒上的微生物,以达到清洗和灭菌的目的,常在浸麦用水中添加一些化学药剂。例如,在洗麦后的第一次浸麦水中添加 0.1%(对大麦)的石灰,有利于杀菌并浸出麦皮中的多酚物质,降低麦芽和成品色度,而添加 0.1% 的 NaOH 效果更佳。添加 0.1%～0.5%的甲醛(对大麦),则有杀菌、浸出花色苷、提高啤酒非生物稳定性、抑制根芽生长、降低制麦损失的功效。

表 3.9 是浸麦水中常用的添加剂及其作用。

表 3.9 浸麦水中常用的添加剂及其作用

名称	使用浓度	作　用	备　注
石灰	1.3 kg/m^3 水	先制成饱和石灰水，然后加入浸麦水中：①起一定的杀菌作用；②能浸出麦皮中多酚物质、苦味物质等有害物质，有利于发芽力的提高和改善啤酒的色泽、风味和非生物稳定性	暂时硬度过高的水，加石灰乳后产生碳酸盐沉淀，附于麦粒上，应加强洗涤
NaOH Na_2CO_3 $Na_2CO_3 \cdot 10H_2O$	0.35 kg/m^3 水 0.9 kg/m^3 水 1.6 kg/m^3 水	添加左列碱类，能将麦皮中多酚物质、苦味物质、蛋白质、酸性物质多量浸出，改善啤酒的色泽、风味，提高其非生物稳定性。使用方便，可循环使用	加入浸麦水中后，用姜黄试纸测定，至呈现碱性反应为止
过氧化氢	1.5 kg/m^3 水或 0.1%H_2O_2 和 0.1%的乳酸合用	①有强烈的氧化灭菌作用；②能使大麦提前萌发，有利于休眠期和水敏感性的大麦；③能促进麦芽的溶解和蛋白质分解	价格昂贵，若采用的浓度高，经济上不合理
甲醛	1～1.5 kg/t 大麦	①可杀灭麦皮上的微生物，有良好的防腐作用；②可降低麦汁中的花色苷含量，提高啤酒非生物稳定性；③抑制根芽生长，降低制麦损失	

5. 浸麦度的控制

大麦经浸渍后的含水率，称为浸麦度。

浸麦度要求有一定的波动范围，它与大麦品种、气候条件、生产方式以及所制的麦芽类型有关。一般控制在 43%～48%。

浸麦度的控制一般是依据以下几点来进行的：

(1)大麦的选择。硬质难溶解的大麦，含蛋白质高或酶活力低、发芽缓慢的大麦，其浸麦度应高于易溶解、蛋白质含量低和酶活力高的大麦。

(2)制麦方法。通风式发芽法较底板式发芽法的浸麦度适当高一些。

(3)麦芽种类。浅色麦芽要求水中浅，麦粒溶解适可而止，浸麦度一般控制在 43%～46%；深色大麦要求水中深，麦粒要求溶解彻底，浸麦度一般控制在 45%～48%。

(4)麦粒大小。同种大麦，麦粒厚度不同时，小粒较大粒的浸麦度应低一些。

大麦的最适浸麦度，应在生产前，通过小型试验确定。

浸麦度的测定多用勃氏测定器测定，即在测定器内装入 100 g 大麦样品，放入浸麦槽内，与生产大麦一同浸渍。浸渍完毕，取出大麦，拭去表面水分，称其质量，用下式计算：

浸麦度(%)=[(浸麦后质量－原大麦质量)+原大麦水分]/浸麦后质量×100%

周期掌握浸麦度是决定麦芽质量的先决条件，过高或过低均不利。归纳其影响如表 3.10 所示。

6. 浸麦过程大麦含氮物质的变化

制麦过程最广泛、最深刻的变化是蛋白质的水解，对成品麦芽质量有着极重要的意义，其中浸麦过程中大麦含氮物质的变化分析如下。

表 3.10 浸麦度对麦芽质量的影响

浸渍过度	浸渍不足
1. 发芽力削弱，甚至引起胚的破坏，发芽率低； 2. 麦粒呼吸旺盛，麦层温度高，叶芽和根芽过度生长，物质大量消耗； 3. 酶活力低，浸出物减少，制麦损失高	1. 发芽力弱，易生成硬质麦芽，粉状粒少； 2. 根芽、叶芽生长不足，制成率虽高，但质量低； 3. 酶活力低，蛋白质分解不完全

随着大麦不断吸入水分，子粒内部的游离水得以增加，从胚部进入盾状体，上皮层细胞开始分泌生物激素——赤霉酸。赤霉酸刺激糊粉层细胞，使大麦中原有的酶原得到活化并逐步形成新的酶源——水解酶。蛋白水解酶随之产生，并对蛋白质进行水解。

大麦发芽过程必须具备：游离水、氧、温度。这是大麦发芽三要素。大麦发芽所需水分主要在浸渍过程获得。浸麦水温高，吸水速度快。一般传统浸麦方法水温 12～16℃，近代工艺倾向于提高浸水温度。

大麦浸渍后，蛋白酶系统得到活化，逐步对大麦蛋白质进行分解。浸麦度对蛋白质的分解影响见表 3.11。

表 3.11 浸麦度对蛋白质的分解影响

麦芽中含氮组分/(mg/100 g 干麦芽)	发芽前浸麦度/%		
	41	43	45
总氮	88.5/100%	105.8/100%	115.0/100%
$MgSO_4$ 沉淀氮	22.0/25.1	21.7/20.5	17.8/15.4
热凝固氮	7.7/8.8	6.4/5.7	4.5/3.9
含氮组分相对分子质量区分	—	—	—
>2 600	30.2/31.4	25.7/24.3	44.0/24.7
>4 000	21.4/24.5	13.2/12.5	10.8/9.3
>12 000	8.4/9.1	4.5/4.3	4.0/3.3
>30 000	6.3/7.2	3.5/3.3	3.1/2.7
>60 000	5.1/5.8	3.0/1.8	2.5/2.2

从表 3.11 不难看出，提高浸麦度能促进蛋白质分解。

浸麦时添加添加剂也会对含氮物质产生影响。如浸麦水中加入双氧水不仅可以有效浸出麦皮中的多酚等酸性物质，还可以克服麦粒萌芽障碍；添加 GA_3 可以加速麦粒萌发和酶类形成，加速胚乳溶解；添加酶制剂，对加强麦粒渗透和蛋白质分解，也可收到一定效果(表 3.12)。

三、发芽

浸麦后的大麦达到适当的浸麦度，工艺上即可进入发芽阶段(图 3.10)。发芽是一种生理生化变化过程，发芽的目的是使麦粒产生大量的各种酶，并使麦粒中一部分非活化酶得到活化和增长。随着酶系统的形成，麦粒的部分淀粉、蛋白质和半纤维素等高分子物质得到分解，使麦粒达到一定的溶解度，以满足糖化时的需要。

表 3.12 浸麦时添加酶制剂对蛋白质分解的影响

添加剂名称	N 指标			
	总氮(基)	可溶性氮/%	氨基氮/(mg/L)	库尔巴哈值/%
对照(蒸馏水)	2.18	0.421	11.9	18.1
水＋从黑曲霉来的酶制剂 1	2.24	0.425	11.2	18.0
水＋从黑曲霉来的酶制剂 2	2.12	0.489	13.2	22.8
水＋纤维素酶 1	2.19	0.494	15.1	22.6
水＋纤维素酶 2	2.11	0.393	12.2	18.6
水＋蛋白水解酶	2.26	0.554	10.8	24.4

实际上从生理现象来说，发芽过程是从浸麦开始的。发芽过程中，必须准确控制水分、温度、麦层中氧气和 CO_2 的含量，适当调剂麦粒的溶解和生长过程，使麦粒既达到理想的溶解度，又不过分消耗其内的内容物质。

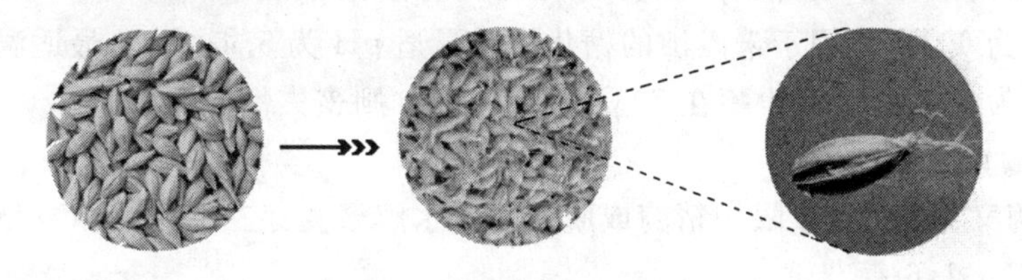

图 3.10 大麦的发芽示意图

(一)大麦和麦芽中的酶类

大麦中含有数百种酶类，经过发芽的大麦所含酶量和种类还大量增加，每年还有新的酶种被发现和报道。其中水解酶的形成是大麦转变成麦芽的关键所在，现将在酿造啤酒过程中最重要的几种水解酶分述如下。

1. α-淀粉酶

原大麦中不含或含有很少的 α-淀粉酶，经发芽后，由于赤霉酸的作用，在糊粉层内形成大量的 α-淀粉酶。其活力与大麦品种和发芽条件有关。在水溶液中 α-淀粉酶能使淀粉分子迅速液化，产生较小分子的糊精，故它有称为液化酶或糊精化酶。因为它作用于分子内 α-1,4-键，故又称内切淀粉酶。

α-淀粉酶作用于直链淀粉的最终产物是麦芽糖、葡萄糖和少量麦芽三糖。

α-淀粉酶作用于支链淀粉时，因 α-淀粉酶不能切开支链淀粉分支点处的 α-1,6-糖苷键，也不能切开 α-1,6-糖苷键附近的 α-1,4-糖苷键，水解产物中除了葡萄糖和麦芽糖外，还有残留 α-1,6-糖苷键的极限糊精。

α-淀粉酶较耐热而不耐酸。α-淀粉酶对纯淀粉溶液最适 pH 为 5.6～5.8，最适温度为 60～65℃，失活温度为 70℃；作用于未煮沸的糖化醪其最适 pH 为 5.6～5.8，最适温度上升至 70～75℃，失活温度为 80℃。α-淀粉酶在 pH 3.6 以下将发生钝化。

Ca^{2+}、Zn^{2+}、Cl^{-} 等离子对 α-淀粉酶具有激活作用；硫酸铁、硫酸铬、硝酸铬、硫酸锌和硫酸铜则对 α-淀粉酶有抑制作用。

2. β-淀粉酶

原麦中存在相当数量的 β-淀粉酶，它呈游离态和结合态两种形式。游离的 β-淀粉酶，存在于糊粉层中，其活力在 60～200 wk(wk 指 100 g 无水麦芽糖化力)之间，与大麦和蛋白质的含量有关。结合状态的 β-淀粉酶存在于胚乳中，用木瓜蛋白酶或含有巯基的还原剂处理，可以使其活化。

β-淀粉酶是一种含有巯基的外切酶，亦称糖化酶或葡聚糖/麦芽糖水解酶，在原麦制备成绿麦芽时，其活性会成倍上升。β-淀粉酶作用于淀粉分子非还原性末端，依次水解一分子的麦芽糖，作用速度较为缓慢。如果没有 α-淀粉酶的协同作用，快速产生大量糊精，从而提供多量的非还原性末端，则 β-淀粉酶就难以实现快速糖化的作用。β-淀粉酶也只能作用于 α-1,4-糖苷键，遇到 α-1,6-糖苷键就停止水解。

β-淀粉酶作用于直链淀粉产生 β-麦芽糖，作用于支链淀粉，除产生麦芽糖外，还产生 β-极限糊精。该酶作用于底物时，同时发生沃尔登转位反应，使产物由 α-型变为 β-型麦芽糖，因此称为 β-淀粉酶。

β-淀粉酶较耐酸而不耐热。β-淀粉酶对纯淀粉溶液最适 pH 为 4.6，最适温度为 40～45℃，失活温度为 60℃；作用于未煮沸的糖化醪其最适 pH 为 5.4～5.6，最适温度上升至 60～65℃，失活温度为 70℃。β-淀粉酶在 70℃保温 15 min 则丧失性。

3. 支链淀粉酶

支链淀粉酶又称 R-酶、极限糊精酶或脱支酶。水解聚麦芽三糖和来自支链淀粉及糖原的极限糊精的内部 α-1,6-糖苷键。

支链淀粉酶是降低麦芽汁中支链糊精的酶，虽然不像 α-和 β-淀粉酶受到重视，但也是淀粉酶中不可缺少的组成部分。

大麦中的 R-酶活力很低，发芽后酶活力会显著增长。此酶只能分解 α-1,6-糖苷键，作用后产生少量麦芽糖和麦芽三糖。该酶最适 pH 为 5.3，最适温度 40℃，但加热至 70℃仍不失活，具有一定的温度耐受性。

4. 蛋白分解酶

蛋白分解酶是分解蛋白质肽键一类酶的总称，可分为内肽酶和端肽酶(表 3.13)。内肽酶能切断蛋白质分子内部肽键，分解产物为小分子的多肽。端肽酶又分为羧肽酶和氨肽酶两种。此外还有一种二肽酶，它分解二肽为氨基酸。羧肽酶是从游离羧基端切断肽键，而氨肽酶则从游离氨基端切断肽键。蛋白酶是关系到麦芽溶解和啤酒质量的重要酶类。

5. 半纤维素酶类

半纤维素是胚乳细胞壁的主要组成成分，而细胞壁在制麦过程的分解是大麦胚乳分解的主要内容，所以，半纤维素酶虽然不如糖化酶和蛋白酶受到重视，但它发生在麦芽溶解的初期，因此同样具有十分重要的意义。因半纤维素和大麦胶组成细胞壁，二者化学成分相近，半纤维素酶包括分解细胞壁成分相关的酶类：内-β-葡聚糖酶，外-β-葡聚糖酶、纤维二糖酶、内-β-木聚糖酶、外-β-木聚糖酶、木二糖酶、阿拉伯糖苷酶等。

在这些半纤维素酶中最引人注目的是 β-葡聚糖酶。因为 β-葡聚糖在麦汁过滤、成品酒过滤乃至酒的稳定性等方面可能引起干扰。为了克服此困难，必须通过 β-葡聚糖酶彻底分解 β-

葡聚糖。因此，对β-葡聚糖酶的形成、种类、作用机制、测定方法及该酶的微生物酶制剂的生产和应用，已进行了大量的研究工作。

表3.13 大麦及麦芽中的蛋白质分解酶

酶的名称	最适作用条件	酶的形成与作用
内肽酶	(1)对纯蛋白质溶液： 最适 pH:4.7;最适温度：40℃;失活温度:70℃ (2)对糖化醪液： 最适 pH:5.0～5.2 最适温度:50～60℃;失活温度:80℃	大麦中存在此酶，60%为水溶性，40%为盐溶性，在发芽过程中酶活力增长5～6倍。此酶分解高分子蛋白质为多肽类，在长时间作用下，也可生产低分子肽类和氨基酸
羧肽酶	最适 pH:5.2 最适温度:50～60℃ 70℃以上很快失活	大麦中存在此酶，发芽后，酶活力增长很快。该酶对肽键具有特异性，作用于蛋白质、多肽类和肽类的末端羧基，切下个别氨基酸
氨肽酶	最适 pH:7.2 最适温度:40～45℃ 50℃以上很快失活	大麦中存在此酶，发芽后酶活力增长1.5～2.5倍。此酶对肽键具有特异性，作用于蛋白质、多肽类和肽类的N末端逐个切下氨基酸
二肽酶	最适 pH:7.8～8.2 最适温度:40～50℃ 50℃以上很快失活	大麦中此酶活力很高，发芽后酶活力增长2～3倍。此酶分解二肽类为两分子氨基酸，对肽键具有特异性，反应时需要2价金属离子存在

在原麦制成麦芽后，β-葡聚糖酶活力会数十倍的增长，酶活力的增长也说明了细胞壁的分解。此外，大麦和麦芽中还存在其他的水解酶类和氧化还原酶类，如酸性磷酸酯酶、麦芽糖酶、过氧化氢酶、过氧化物酶等，对酿造啤酒起到不可或缺的作用。

(二)发芽过程中物质变化

1. *物理及表观变化*

浸麦后麦粒吸水膨胀，体积约增加1/4。浸麦后期，绝大部分麦粒露出根芽白点，至发芽终止，根芽长度为麦粒长的1.5～2倍。与此同时，叶芽在谷皮下穿过种皮，向尖端伸长，当叶芽长度为麦粒长度的3/4和与麦粒等长者占麦粒总数的75%时，可以认为发芽已完成。

发芽开始时，淀粉质胚乳从紧靠盾状体的一端开始轻度崩解，细胞层开始溶解，逐渐向胚乳扩展，直至靠近麦粒尖端。细胞壁溶解主要依靠半纤维素酶来完成。细胞壁的溶解使得淀粉酶和蛋白酶等水解酶类得以进入细胞壁内，对大分子物质进行初步分解。麦粒由坚硬富于弹性变得松软，用手指捻麦粒感觉疏松，出现湿润白浆状。同时干燥麦芽疏脆，密度下降。这些变化均为水解酶导致的麦芽溶解作用。溶解不良的麦芽，麦粒尖端保持原大麦粒特征，烘干后尖端质硬，浸出物低。还有，胚乳溶解各部分一般是不对称的，主要是由于酶的形成系从糊粉层逐渐向外扩展。

此外，大麦的千粒重也将会有9%～10%的下降，损失包括呼吸损失、根芽及浸麦过程无机物的流失和谷皮破损等。

2. 糖类变化

最主要的变化是淀粉的相对分子质量有所下降，末端葡糖基数相应增加。经过制麦过程可溶性糖大部分会积累，这是由于淀粉、半纤维素及其他多糖被酶水解的综合结果。但是葡二果糖和棉籽糖都会逐渐下降，因为它们是作为发芽开始的营养源逐渐被消耗。

3. 蛋白质变化

蛋白质分解是制麦过程的重要内容，部分蛋白质分解为肽和氨基酸，分解产物分泌至胚，用于合成新的根芽和叶茎，因此，蛋白质有分解也有合成，但分解是主要的。大麦含氮物质50%左右被分解为氨基酸，糖化麦汁中70%左右的游离氨基酸来源于麦芽。醇溶蛋白和谷蛋白在数量上有明显增加，其余(总氮、清蛋白氮、球蛋白氮、非蛋白氮等)各项基本不变或者略上升或者下降后升。

4. 半纤维素和麦胶物质变化

半纤维素和麦胶物质的变化实质是β-葡聚糖和戊聚糖的降解，亦即是细胞壁的分解。它所涉及的酶属于半纤维素酶。β-葡聚糖和戊聚糖的降解程度反映出细胞壁的溶解好坏，从而影响到胚乳的溶解。

β-葡聚糖易溶于水，成黏性溶液，且相对分子质量越小，黏度越小。麦芽发芽后，随着胚乳的不断溶解，其浸出物溶液的黏度也不断降低。溶解良好的麦芽，其β-葡聚糖降解较完全，手指捻呈粉状散开，溶解不好的手捏呈橡皮弹性状。发芽过程中戊聚糖的总量几乎不变，但是胚乳中的戊聚糖会受酶的分解成戊糖，输送至胚部合成新物质。

5. 胚乳(麦芽)的溶解

发芽开始后，由糊粉层分泌出的蛋白酶首先分解细胞壁间的蛋白质，使细胞壁隔离；细胞壁与半纤维素酶得以接触而被分解，接着蛋白酶进入细胞内分解蛋白质，随之淀粉酶与淀粉接触使淀粉分解。这一系列的酶解过程使得整个胚乳细胞由坚韧变疏松，此过程即麦芽的溶解过程，它是发芽过程的综合结果。

麦芽的溶解是从胚乳附近开始的，沿上皮层逐渐向麦粒尖端发展，靠基部一端比麦粒尖端溶解较早，较完全，酶活性相对较高。

6. 酸度的变化

发芽过程中酸度的变化主要表现在酸度提高，主要是由于以下原因引起的：磷酸酶使磷酸从有机物中释出；糖类的缺氧呼吸产生少量的有机酸；氨基酸的碱性氨基被利用，生成相应的酮酸；麦粒中的硫化物转化成少量的硫酸。

虽然酸度明显增长，但麦汁溶液的pH变化不大，这主要是由于磷酸盐的缓冲作用。

7. 其他物质变化

由于无机盐向浸麦水和麦根中转移稍有下降。多酚物质实质上没有增减，但由于向浸麦水中扩散而稍有降低。某些维生素在发芽时有所增加，但在烘干过程中因受热而被破坏。脂肪在制麦期间有所损失，部分用于呼吸，部分裂解为甘油和高级脂肪酸等。

(三)发芽的设备和方法

传统的老式发芽都是在水泥地板上进行的。室内只需要适当隔热、保潮及避光等条件。因为是在地板上操作，故而得名为地板式发芽，虽然生产方式较原始，劳动条件较差，但只要认真执行工艺条件，同样可以生产出优质麦芽。不论是哪种现代化发芽设备，其基本工艺原理和参数都是在地板式发芽基础上发展起来的。

和地板式发芽相对应的是箱式发芽和通风式发芽，其特点是采用机械通风供氧、调节温、湿度，它克服了作坊式生产繁重的体力劳动，生产规模也日益扩大。最早出现的通风式发芽设备是萨拉丁发芽箱，随后于20世纪60年代出现了万德荷夫式半连续化制麦体系，或称为麦堆移动式制麦体系，与之类似的有劳斯曼发芽箱。为了节省基建投资，于70年代应用了灵活性制麦系统，国内称之为发芽干燥两用箱，还有所谓单一箱系统，即浸麦、发芽、烘干全在一个箱体内完成。此外还有罐式、塔式制麦设备。完美的发芽设备，不单是机械化、自动化水平高及生产能力大，而且还应当造价较低，便于安装和维修。

(四)影响发芽的主要技术条件

影响发芽的因素有很多，就影响发芽的工艺条件来讲，包括温度、水分、时间、通风等。确定工艺条件的标准时必须保证麦芽质量、制麦损失小，浸出物高、能量消耗低、排污少、生产周期短等。主要分析如下：

1. 发芽温度

通常将浸麦和发芽温度合称为制麦温度。发芽温度有低温、高温、高、低温结合等几种方法。高低温都是相对而言，高低温的选择应根据大麦品种和麦芽类型来确定。

(1)低温发芽。低温发芽，根芽和叶芽生长缓慢，呼吸作用较微弱，升温幅度小，麦粒生长均匀，消耗少，得率高，酶的最终活力也比较高。

低温发芽时麦粒的生长情况和细胞溶解情况是一致的；根芽和叶芽的生物合成相对减少，细胞中的可溶性氮相对增高，从而提高了麦芽的蛋白质溶解度。

低温发芽的温度以控制在12～16℃比较合适，也不能过低，否则过分延长发芽时间，在经济上也是不合理的。

浅色麦芽宜采用低温发芽，要求麦粒的生长与溶解只进行一定程度为止。

(2)高温发芽。高温发芽，根芽和叶芽生长迅速，呼吸旺盛，升温幅度大，麦粒生长不易均匀，消耗大，得率低，酶活力形成迅速，而后期不及低温者高。

高温发芽时麦粒的生长情况和细胞溶解情况不一致，在同样的生长情况下，麦芽溶解不如低温者；根芽和叶芽的生物合成增高，细胞中的可溶性氮相对降低，蛋白质溶解度较低。

一般发芽温度超过18℃就算是高温发芽。制造深色麦芽宜采用高温发芽，以保证深色麦芽的色泽和溶解度。

(3)低、高温结合发芽。对于蛋白质含量高、具有永久性玻璃质状和难溶的大麦，低温发芽不易溶解，就应采取先低温后高温发芽法。开始3～4 d采用12～16℃温度，后几天采用18～20℃，甚至是22℃温度，以保证麦粒溶解完全。

采用难溶的大麦制造浅色麦芽，最需采取此项措施。

2. 发芽水分(浸麦度)

麦堆的水分对麦粒的溶解具有重大影响，它由大麦的浸麦度和整个发芽期间吸入的水分所决定。大麦含水30%后即可萌发，但要促进麦粒溶解，发芽水分应该控制在43%～48%。制造深色麦芽，浸麦度宜提高到45%～48%，而制造浅色麦芽的浸麦度一般控制在43%～46%。原因是高浸麦度能提高淀粉和蛋白质的溶解度，有利于形成色素。

为了加速发芽或加强溶解，有时水分要求高达48%～50%。但过高的发芽水分生产上是比较难控制的，且过高的水分会增加制麦损失。

对水敏感性的大麦品种，开始水分最好控制低一些，如38%～40%；待其萌发后，再继续浸渍到适当水分。这样的大麦，采用长断水浸渍法或重浸麦浸渍法最适合，可以获得较高的发芽率和均匀的溶解程度。

发芽时的空气湿度影响也很大。湿度过大，叶芽生长很快，影响产量；若湿度不够，根芽容易萎缩，此时呼吸损失及根芽损失虽有减少，但酶的作用停滞，麦芽溶解不良。

3. 通风量(表层CO_2)

发芽过程中，适度调节麦层空气中氧和二氧化碳的浓度，可以控制麦粒的呼吸作用、麦根的生长和制麦损失。

发芽前期，及时通风供氧、排CO_2，有利于各种酶的形成。表层CO_2过高，会抑制酶的形成，导致酶活力降低，严重者会进行无氧呼吸，产生毒性物质使麦芽窒息。但并不是通风量越大越好，实际上，在发芽后期应适当减少通风量，后期维持表层4%～8%的CO_2含量，一方面可以抑制麦粒过分生长，胚芽过度发育，同时有利于麦粒溶解，减少制麦损失。

表层通风情况对麦芽质量和产量影响都很大。过度通风，麦芽浸出物虽能增高，但制麦损失量更高。发芽过程中，空气组分由发芽系统和通风方式来决定。

4. 发芽时间

发芽时间长短取决于其他条件的配合，若发芽温度低，水分少，表层含氧量少，则麦粒的生长和溶解便会变慢，则必须适当延长发芽时间。另外，发芽时间也和所制麦芽的类型有关。难溶的大麦，发芽时间长；制造深色麦芽的发芽时间较浅色麦芽长。发芽时间的长短还直接影响发芽设备和浸麦槽的周转率及设备台数。

根据传统的生产方法，浅色麦芽的发芽时间一般控制在6 d左右，深色麦芽为8 d左右。当然，随着近年来人们对发芽机理认识的不断深入，压缩发芽时间也是可以实现的，必须采取综合措施，如添加GA3、选育优良大麦品种、在发芽箱喷水等有利于缩短发芽周期。

(五)加速发芽的措施

传统的生产方法，发芽时间一般需要6～8 d。随着近年来人们对发芽机理的认识的不断深入，采取了一些措施以缩短发芽时间，如添加GA3、对大麦进行擦皮处理、采用重浸渍浸麦法、使用激活发芽法以及“挤压”制麦法等。

1. 赤霉酸GA3和溴酸盐的应用

赤霉酸(图3.11)是一种植物生长促进剂，发芽大麦的胚部本身就分泌赤霉酸，有诱导水解酶形成的作用，能促进胚的生长和代谢。为了补充麦芽本身分泌赤霉酸的不足，在制麦过程中外加GA3于浸渍大麦中，可加速胚乳溶解，缩短制麦周期，改进大麦某些性能。外加GA3可将传统发芽周期从6～7 d缩短至4 d左右，制麦损失也将减少1%～4%，调高浸出物2%左右，提高糖化力和可溶性氮。GA3对玻璃质高的大麦或者具有休眠期和水敏感性的大麦效果更显著。GA3可以在最后一次浸麦水中添加，用量为每千克大麦0.05～0.2 mg。也可以于浸麦完毕出槽至发芽箱之际喷洒于麦粒表面，这样可以提高GA3的利用率，用量可适当减少些，但必须喷洒均匀。GA3溶液的配制方法为先将GA3溶于乙醇，然后用浸麦水稀

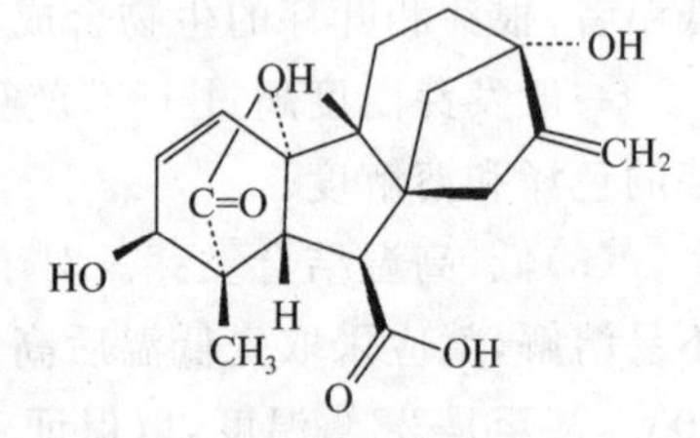

图3.11 赤霉酸结构式

释，但应注意随配随用，以防失效。

为了进一步降低浸麦损失，配合GA3再添加溴酸钾于浸麦后的大麦，对降低制麦损失有明显效果。但是应当看到溴酸钾的用量较大，大于0.1%以上，应当考虑成本问题。

2. 大麦擦皮处理

此项处理方法应和赤霉酸处理结合起来应用。

大麦除珠孔外，其整个麦粒是由果皮和种皮所包围的。果皮和种皮外加赤霉酸是不可渗透的，因此麦粒只有在根芽露白点后，赤霉酸才能从胚部进入麦粒内部，其他部位因为受到谷皮和种皮的阻止，赤霉酸不能进入麦粒。

采用擦皮处理就是通过机械处理，将0.5%～1%的谷皮去除，同时相应部位果皮的蜡质层也被破坏，赤霉酸可透过谷皮擦破处，从麦粒各个部位进入糊粉层，由此诱导而产生更多的水解酶，从而加速了胚乳的溶解。

经擦皮处理后，浸麦时间30 h后水分即可达到41%以上，结合赤霉酸发芽时间缩短1/3左右，同时制麦损失也减少了2%～3%，麦芽浸出率、酶活力、总可溶性氮也均相应提高。

3. 重浸麦浸渍法

重浸渍浸麦法的特点是浸麦分两个阶段进行，当第一阶段浸麦水分38%左右时，即停止浸麦，开始发芽。发芽2 d左右，待麦粒内酶已经开始形成时，即在较高的水温下再一次浸麦，进行杀胚，同时使水分增长到正常发芽所需的水分，以后便按正常发芽操作进行。此法总的浸麦时间短，胚被抑制后并不影响各项酶的继续增长和胚乳的溶解，使得制麦时间缩短1/3左右，若再结合赤霉酸处理，则制麦时间又将进一步缩短。同时由于制麦时间短，根芽生长很短，故制麦损失也降低4%左右。

4. 激活发芽法

在浸麦过程中，浸麦水分到30%以上，麦粒即可开始萌发。此后，麦粒接触空气越充分，发芽的生理活性越旺盛。由于浸麦与发芽的不可分性和为了缩短发芽时间，并达到良好的溶解度，浸麦达到一定萌发程度后，即可下麦至发芽床，在发芽床进行通风和补水。在这种条件下，麦粒提前接触大量空气，会更大程度地被激活，使发芽更快，发芽时间进一步缩短。

5.“挤压”制麦法

麦粒经过浸渍，水分仅达40%左右时进行发芽，麦芽的溶解一般是比较差的。如果在此水分的情况下，麦粒经辊式粉碎机轻微挤压后，发芽情况可达到改善，在不添加任何添加剂的情况下，就可改善麦芽的溶解情况，如果再辅以赤霉酸处理，情况将得到进一步的改善。

麦粒“挤压”与麦粒“擦皮”不同，擦皮是谷皮的损伤，而挤压则主要是果皮和种皮的破裂，使氧更易进入麦粒内部，与胚接触，从而加强麦粒的代谢，而谷皮则很少损伤。

采用此法，发芽时间可以缩短，麦粒的呼吸作用和麦根的生长减少，从而降低了制麦损失。同时，采用此法可以改善休眠大麦的休眠情况。

若此法结合赤霉酸处理，则效果会更好。此法还可以减少浸麦次数，节约用水和减少废水排放量。

（六）发芽依据

发芽优劣的判断应从两方面考虑：

①物质的转化：由大麦转变为麦芽是通过一系列的物质转化而完成的，主要表现在根芽和

叶芽的生长及胚乳的溶解。因此,通过根芽、叶芽的生长情况和胚乳的溶解情况,可以判断整个发芽过程的好坏。

②物质的消耗:评价发芽过程,还要求在合理的物质转化条件下尽量减少物质的消耗,发芽过程中的物质消耗主要表现在麦粒的呼吸作用。其呼吸产物有水和 CO_2,同时产生热量。水汽凝结在麦粒表面,形成"发汗"现象,热量则使麦层升温。通过判断这些现象,可以考虑控制麦层的措施,以降低损耗。

1. 根芽和叶芽

根芽和叶芽都是发芽后形成的新组织,在发芽过程中,检查根芽和叶芽的伸长度,是发芽管理的一个重要准则。

(1)根芽。根芽的长短由所制麦芽的种类来决定。浅色麦芽的根芽比较短,一般为麦粒长度的 1~1.5 倍;深色麦芽的根芽比较长,一般为麦芽的 2~2.5 倍。

根芽的生长强壮、发育均匀是发芽旺盛和麦粒溶解均匀的象征。提高发芽温度、水分和在发芽旺盛期间减少翻拌并使麦芽结块,都能促进麦芽的生长。翻麦次数增加、温度低、水分小或者麦层中二氧化碳浓度高时,根芽生长受到抑制,相对比较短。

根芽生长过长会带来更多的物质消耗,因此,应根据麦芽类型,适当控制其生长。

(2)叶芽。叶芽生长在麦粒的背部,果皮和种皮的内部,在制成的干麦芽中仍可识别。

叶芽长短随麦芽种类不同而异。一般地说,叶芽长度不足时,麦芽溶解度低,粉状粒少;如果叶芽过长,麦芽溶解过度,则麦芽浸出率降低。

人们把叶芽长度分为几类(相当于麦粒长度的 0、1/4、1/2、3/4、1、>1 或者是 0、1/4、2/3、3/4、1、>1),并以此衡量麦芽的溶解度。对浅色麦芽来说,叶芽平均长度相当麦粒长度的 0.7 左右,3/4 者应占 75%左右;对深色麦芽来说,叶芽平均长度相当麦粒长度的 0.8 左右,3/4~1 者应占 75%以上。

虽然叶芽长度与麦粒溶解存在一定的关系,可以通过叶芽长度说明麦粒溶解情况,但并不是绝对的,因为还有很多其他因素影响叶芽的伸长度。

2. 麦芽的溶解度

判断麦芽溶解度应从细胞溶解和蛋白质分解两方面考虑,才可能有较确切的估计。

(1)影响麦芽溶解速度的因素。对同种大麦来说,影响麦芽溶解速度的因素有:

Ⅰ. 吸水快者溶解快,吸水慢者溶解慢;

Ⅱ. 小粒大麦溶解快,大粒大麦溶解慢;

Ⅲ. 粉状粒者溶解快,玻璃质者溶解慢;

Ⅳ. 含蛋白质少者溶解快,含蛋白质多者溶解慢;

Ⅴ. 浸麦度高者溶解快,低者溶解慢;

Ⅵ. 发芽温度高者溶解快,但蛋白质分解不如低温者快;

Ⅶ. 浸麦和发芽期间供氧充分者溶解快,供氧不足者溶解慢。

(2)对麦芽溶解度的要求。麦芽的溶解度有溶解适中,溶解不足和溶解过度之分。不同类型的麦芽有不同的要求,在同样溶解度条件下,对浅色麦芽认为是溶解适中,对深色麦芽则可能是溶解不足。同样,对深色麦芽认为溶解适中,对浅色麦芽就是溶解过度。因此,所谓溶解适当是相对而言的,只能根据麦芽品种来判断。

(3)麦芽溶解不当的影响。表 3.14 是麦芽溶解不当的影响和引起的原因。

表 3.14 麦芽溶解不当的影响和引起的原因

溶解情况	影 响	引起的原因
溶解过度	根芽、叶芽长，损耗大，浸出率低，易引起发酵不正常，制成的啤酒色泽深、口味淡薄、泡沫差	浸麦度过高，发芽温度过高，发芽时间过长，翻拌次数过少，发芽时过多的喷水
溶解不足	根芽、叶芽伸长不足，玻璃质粒多，浸出率低，糖化慢，麦基含氨基酸低，易引起发酵不正常，制成的啤酒非生物稳定性差	浸麦度过涤，发芽温度过低，发芽时间太短，翻麦次数过多，通风的湿度不够

(4)对麦芽溶解度的判断标准。

Ⅰ. 感官判断：

A. 将绿麦芽的表皮剥开，以拇指和食指将胚乳搓开，如粉状散开，且感觉细腻者即为溶解良好的象征；虽碾开但感觉粗重者为一般溶解；不能碾开而成胶团状者为溶解不良。

B. 将干麦芽切断，其断面为粉状者为溶解良好；呈玻璃质状者为溶解不良；呈半玻璃质状介于两者之间。

C. 用口咬干麦芽，疏松易碎者溶解良好；坚硬不易咬断者为溶解不良。

Ⅱ. 理化方法测定：

表 3.15 是常用的麦芽溶解度理化测定方法。

表 3.15 常用的麦芽溶解度理化测定方法

方法		说 明
物理方法	A. 沉浮试验	利用麦芽不同溶解度、不同相对密度来判断
	B. 千粒质量	利用大麦和麦芽千粒质量之差来判断
	C. 勃氏硬度计测定	利用测出麦芽的硬度值来判断
	D. 脆度器试验	利用测定麦芽的脆度情况来判断
化学方法	E. 粗细粉浸出率差	利用粗粉和细粉的浸出物差来判断细胞溶解情况
	F. 麦汁黏度	利用协定法麦汁的黏度判断细胞溶解情况
	G. 蛋白质溶解度	利用麦汁的可溶解性氮和总氮之比的百分率判断蛋白质分解情况
	H. 45℃哈同值	利用 45℃糖化麦汁的浸出率判断麦芽细胞溶解情况

(5)促进麦芽溶解的方法。当麦芽溶解不良，或处理一些难溶解的大麦时，可采取促进麦芽溶解的措施：

Ⅰ. 提高浸麦度以促进绿麦芽的溶解。对浸麦度不足的大麦，可在发芽初期(第 1～2 d)喷雾加湿，麦层适当堆厚一些，水温应与麦温相等，一般每 100 kg 大麦平均喷水 0.5～1 L，喷水后立刻进行翻拌。对于难溶解的大麦，提高浸麦度尤其重要。

Ⅱ. 实施先低温后高温的发芽方法。发芽最初 3～4 d 采用低温发芽，以促进蛋白酶的形成和蛋白质的溶解。后期升温至 22～25℃，以促进胚乳细胞壁的溶解。发芽时间可以适当延长一些。

Ⅲ. 底板式发芽可减少翻拌次数，使麦粒根芽缠连，以促进溶解。缠连方法根据具体情况掌握，一般缠连时间在第2～4天，必要时刻进行第二次缠连，缠连时间一般为20 h左右。缠连后的麦层，翻拌时应注意深耕细翻，防止结块。

Ⅳ. 发芽后期，麦层加厚，实现堆积凋萎，此时麦粒溶解。

3. 麦层的管理

发芽时的呼吸作用导致麦层温度升高，呼吸产生的水汽凝结在麦粒表面，形成“发汗”现象，同时产生热量。这些热量部分被用作麦芽生长所需的能量而消耗，部分被释出提高了麦层温度。

当升温时，出现“发汗”现象是一种正常现象，需要根据具体情况去处理。对于发芽温度过低，浸麦度不足的麦层，可以减少翻拌次数，使发芽产生的凝结水重新被麦粒吸收，并提高至合理的发芽温度；反之，则麦层必须及时翻拌降温，逸散多余的凝结水和热量，否则，麦粒在高温、高水分的情况下，必将导致呼吸作用更旺盛而增加物质消耗。

四、绿麦芽干燥及除根

发芽完毕的绿麦芽不能贮藏也不能糖化，必须经过干燥使水分降低至5%以下，最后除根入仓存放数周，方能进入糖化。此时，麦芽的香味和色泽，取决于麦芽的干燥温度，啤酒的组成取决于酶的作用，而酶的作用又受麦芽干燥的影响。所以绿麦芽的干燥与除根是制麦过程中的重要环节。发芽达到标准后应立即进行烘干。不同的麦芽可以制出不同的啤酒，因此不同的麦芽是随干燥麦芽的处理方法不同而异的。

绿麦芽干燥的目的有以下几点：

(1)停止绿麦芽的生长和酶的分解作用；

(2)除去多余的水分，防止麦芽腐败变质，便于贮藏；

(3)使麦根干燥，便于脱落除去；

(4)除去绿麦芽的生腥气味，形成麦芽的色、香、味。

(一)干燥过程物质的变化

(1)水分下降。绿麦芽含水量41%～46%，干燥前期要求大风量排潮，温度50～60℃，麦温40～50℃。经过10～12 h排除游离水分，使麦芽水分降低至10%左右。此阶段又常称为凋萎，即使麦根萎缩，失去生命力而脱落，随后逐渐升温。制浅色麦芽最后麦温为82～85℃，制深色麦芽升温至95～105℃。高温阶段维持2～3 h溶焦，水分可降至5%以下。前期排潮主要排除游离水分，速度较快。当水分降低至10%以下后，余下的主要为结合水，不易排出。

必须注意，排潮阶段不能升温过急，否则易产生玻璃质粒。水分在10%左右时麦温不得超过50℃。

(2)酶的变化。酶对温度的抵抗力与麦芽含水量直接相关，故干燥前期必须用低温，尽快排潮，后期逐渐升温。浅色麦芽焙焦温度较低，时间短，所以，浅色麦芽酶活性高于深色麦芽。

(3)糖类的变化。干燥前期在高水分和40℃低温的条件下，各种淀粉水解酶继续催化淀粉水解，糊精和低分子糖有所增加。当水分降低至15%以下温度继续上升时，淀粉水解趋于停止。由于氨基酸和低分子糖形成类黑素，将消耗一部分发酵性糖。干燥过程中β-葡聚糖和戊聚糖将继续被酶分解为低分子物质，这有利于降低麦汁黏度，改进过滤性能。

(4)蛋白质的变化。麦芽干燥分为凋萎、干燥、焙焦3阶段。绿麦芽进入凋萎阶段时，水分在40%～45%。在水分不低于20%，进风温度不高于45℃时，蛋白质水解仍在继续，可溶性氮增加。当绿麦芽水分降至15%，温度升至70℃时，根芽、叶芽停止生长。但仍有个别耐热蛋白酶会继续分解蛋白质。随着温度升高，水分降低，酶将钝化并停止作用。麦芽干燥至焙焦的高温阶段，麦芽中可凝固氮、硫酸镁沉淀氮发生显著变化。热凝固氮随焙焦温度升高而增加，高分子含氮物质减少。

干燥阶段麦芽含氮物质变化情况见表3.16。

表3.16　干燥阶段含氮物质的变化情况　　mg/100 g无水浸出物

	绿麦芽	凋萎麦芽	干燥麦芽
浅色麦芽			
可溶性氮	510	511	505
凝固性氮	144	141	134
永久可溶性氮	366	370	371
甲醛氮	87	83	77
深色麦芽			
可溶性氮	506	518	396
凝固性氮	108	140	68
永久可溶性氮	398	376	328
甲醛氮	73	75	50

(5)类黑素的形成。类黑素是麦芽的重要风味物质，对麦芽的色、香、味起决定性作用。它是一种棕色物质，具有胶体特性，部分是不溶性物质，部分是不发酵的可溶性物质，有利于啤酒的起泡性和泡持性。它是一类还原性物质，在啤酒中带负电荷，能保持啤酒的胶体性质，有利于啤酒的非生物稳定性。

类黑素是还原糖与氨基酸或简单含氮物在较高温下互相作用形成的氨基糖，是麦芽的重要风味物质，对麦芽的色香味起决定作用。

(6)二甲基硫的形成。二甲基硫是20世纪70年代以来引起重视的啤酒风味物质，它是影响啤酒风味的不良成分，其前驱物质是S-甲基蛋氨酸，在发芽时产生。此种含硫氨基酸受热分解即形成二甲基硫。

(7)N-亚硝化二甲胺的形成。N-亚硝化二甲胺是公认的致癌物质，在麦芽制备过程有微量形成，因为它很稳定，以至残留于啤酒中。

(8)浸出物的变化。麦芽经过干燥，浸出物稍有损失，干燥温度越高，浸出物越低。主要原因是干燥温度越高，凝固性氮析出越多；类黑素生成量多，其中一部分是不溶性物质；酶破坏越多，可溶性物质因而减少。

(二)麦芽干燥设备

麦芽干燥多采用间接式加热，但也有用直火加热的。热源可用煤、石油、煤气等。我国基本都用间接加热方式，用烧煤的烟道气加热空气进入麦层，也可以用锅炉蒸汽加热空气进入麦层。用逐步升温方式，使麦芽干燥至预定的水分。国内常见的干燥炉有双层或三层水平式干燥炉、单层高效干燥炉、发芽干燥两用箱等。

(三)麦芽干燥工艺条件的控制

1. 控制麦芽干燥速度的因素

(1)流经麦层的空气量。在同等条件下,流经麦层的空气量越大,干燥越快;空气量越小,干燥越慢。合理的空气流量既能使麦粒中的水分蒸发,又能使排出空气的相对湿度保持在90%~95%。

(2)麦层厚度。在同等条件下,麦层越厚,干燥越慢;麦层越薄,干燥越快。合理的麦层厚度是在保证干燥均匀和有足够的风量的条件下,保持的最大厚度。

(3)麦芽中需排除的水分。麦芽中需排除的水分越多,干燥的时间越长;反之,越短。

(4)进、排风的温度和湿度。进风的温度越高,相对湿度越低,干燥越快;进风的温度越低,相对湿度越高,干燥越慢。排风的温度越低,相对湿度越高,说明干燥效果好;反之,说明效果不好,热处理不合理。

(5)麦芽的吸湿状况。麦芽的吸湿性越强,干燥越慢;反之则快。

(6)麦粒温度。干燥末期,特别是麦粒只含结合水时,麦温高,则麦粒的蒸汽压高,有利于水分的排除,干燥快;反之则慢。

(7)制造麦芽类型。制造浅色麦芽,要求通风量大、温度低、干燥快。不管采用哪种形式的干燥炉,都应在12 h内使水分降低至10%~12%以下,否则溶解过度,麦芽色泽深,损耗大。制造深色麦芽,要求风量小,温度高、干燥慢。

2. 麦芽干燥过程中温度、水分和通风量的控制

麦芽干燥期间,水分的排除可分3个阶段:

(1)自由干燥期。当麦芽水分从43%~46%降至23%左右这一阶段,排出的水分是表面水分,无阻力,空气温度可以控制低一些(50~60℃),并适当调节空气流量,是排出空气的相对湿度稳定在90%~95%。

(2)中间干燥期。当麦芽水分降低至23%左右后,麦粒内部的水分扩散至表面的速度,开始限制水分的蒸发速度,水分排除速度下降,排放空气的相对湿度也降低。此时应降低空气流量和适当提高干燥温度,直到麦芽水分降低至12%以下。

(3)结合水干燥期。当麦芽水分降低至12%左右后,麦芽中的水分全部为结合水。此时要增加蒸汽压,以加速干燥,空气温度应进一步提高,空气流量进一步降低。

当麦芽水分降低至5%~8%时,麦芽开始焙焦阶段,空气温度提高,麦温上升至80~85℃(浅色麦芽)或95~105℃(深色麦芽),此时75%左右的排放空气可以考虑回收利用。

(四)干燥麦芽除根

麦芽干燥至水分3%~5%,停止加热,出炉。

由干燥炉卸出的热麦芽不能直接贮藏或用于酿酒,它必须经过除根及贮藏前的冷却处理,然后入库贮藏。

除根的目的有:①根芽吸湿性强贮藏时容易吸收水分而腐烂;②根芽有不良苦味,如带入啤酒,将破坏啤酒的口味;③根芽易使啤酒改变色泽。

一般利用除根机除根,除根机类似辊筒式谷筛,麦根从筛眼漏出,麦芽从一端进,从另一端流出。

出箱的干麦芽经冷却3～4 h变得很干，很脆，易于脱落，就立即除根。麦芽除根机的筛筒转速20 r/min，内装打板转子以同一方向转动，打板有一定斜度以推进物料。麦芽除根机打板转子搅动麦粒，使麦粒与麦粒摩擦，麦粒和筛筒撞击摩擦，使干、脆的麦根脱落，穿过筛筒落于螺旋槽内排出。麦芽出口处吸风除去轻杂质，并使其冷却至室温，最好20℃左右。

麦根呈淡褐色、松软，占精选大麦重量的3.7%左右，麦根中碎麦粒和整粒麦芽含量不得超过0.5%。

五、包装、储存及运输

除根后的麦芽，按传统至少贮藏1个月，长者半年，未经贮藏的大麦不宜用于酿酒，其原因是：

(1)在干燥操作不当时产生的玻璃质麦芽，在贮藏期间，麦芽的玻璃质粒将得到一定程度的改进；

(2)蛋白酶活性有所提高，增进含氮物质的溶解；

(3)经过贮藏，麦芽适当回潮，改变了表皮的易碎性，有利于麦芽的干式粉碎，可减少谷皮的破碎率；

(4)增加麦芽的酸度，有利于糖化；

(5)淀粉酶的活力提高，提高了麦芽的糖化力。

由此引起的结果是：

(1)麦芽的可溶性浸出物有所提高；

(2)啤酒的胶体稳定性得到改进。

麦芽的后熟期不能强求一致，一般最短1个月，最长为半年，视麦芽情况及贮藏条件而异。

麦芽的包装一般有袋装堆藏或者散装仓储。袋装堆积贮藏的麦芽，一般高不过3 m，与空气接触面积大，容易吸收水分，贮藏期宜短。

钢筋混凝土立仓贮藏的麦芽层，高达20 m以上，与空气接触少，表面积小，距表面50 cm的麦芽已不易吸水，故贮藏期宜长。

贮藏时的要求：①尽量缩小麦芽与空气的接触面；②入仓麦芽的温度要低(20℃以下)而干燥；③干麦芽贮藏时间至少1个月后方能用于酿造；④贮藏中的麦芽，其水分不宜超过5%；⑤应按时检查麦芽的温度和水分；⑥麦芽应按地区、品种、批次分别保管。

绿麦芽和干麦芽的输送可分为气力输送和机械输送。气力输送应用广泛，其工作原理是以强烈的空气流沿管道流动，将物料输送至所需的位置。气流输送又主要分为吸引式和压送式。机械输送常用的输送设备是水平输送的带式输送机、螺旋输送机和垂直输送的斗式升运机。

一般来说，对于短距离输送机械输送相对有利；而对长距离输送，虽然气力输送消耗功率大，但统筹考虑设备费用采用气力输送更有利。

六、技术及质量标准

麦芽是啤酒生产的主要原料，麦芽质量的好坏直接关系到啤酒质量的高低，人们企图通过测定麦芽的某些性能，可以预示或指导后续工艺及控制啤酒质量，从而对麦芽质量作出正确评定。迄今为止，还不可能单纯凭借几个测定项目对麦芽作出全面的判断，只能进行综合检测。

(一)感官检查

感官检查是以人们的手、眼睛、鼻子和嘴，即通过摸、看、嗅和尝对麦芽的外观进行检查。质量好的麦芽在感官检查时应符合以下条件：

(1)色泽和外观：麦芽色泽应具有淡黄色而有光泽，与大麦相似。且颗粒饱满，无杂质。而发霉的麦芽呈现绿色、黑色或斑红色。含铁质的水也能影响麦芽色泽，使其发暗。

(2)香气：麦芽有其特殊的香味，不应有霉味、潮湿味、酸味、焦苦味和烟熏味等；麦芽香味与麦芽类型有关，浅色麦芽香味轻一些，深色麦芽香味浓一些；长期储存或者保管不善的麦芽，会逐渐失去其固有的香味。

(3)口味：麦芽感官质量有缺陷时，将影响啤酒的色度、香味和口感，使用受霉菌污染的麦芽，可能会导致"喷酒"现象。

(4)夹杂物：麦芽应除根干净，不含杂草、谷粒、尘埃、枯芽、半粒、霉粒、损伤残缺粒等。

(二)物理检验

1. 切断实验

取麦芽样品200粒，检验胚乳状况，玻璃质粒越少越好，玻璃质粒越多者越差。计算玻璃质的方法是：全玻璃质粒定位1粒，半玻璃质粒定为1/2粒，尖端玻璃质粒定为1/4粒，具体指标如下。

玻璃质粒占	0～2.5%	优
	2.5%～5.0%	良好
	5.0%～7.5%	满意
	7.5%以上	不佳

2. 叶芽长度

叶芽长度越均匀越好。浅色麦芽叶芽长度为麦粒长度的3/4者占75%左右，平均长度为麦粒长度的0.75左右，不发芽粒少于5%，可认为优良。

深色麦芽的叶芽平均长度应为麦粒长度的0.8以上，露头芽少于5%，不发芽粒少于5%，可认为良好。

3. 千粒质量

麦芽溶解越完全，千粒质量越低。通过打磨和麦芽无水千粒质量的比较，可以衡量其溶解程度。

4. 公石质量

从打磨和麦芽的公石质量之差可以看出，麦芽的溶解和干燥情况越好，差数越大，反之则小。

5. 麦芽的相对密度

麦芽的相对密度是由麦芽的松软度所决定，相对密度越小者，说明麦芽溶解和干燥情况越好，反之则差。其指标一般规定如下：

<1.10	优	1.13～1.18	满意

1.1～1.13　良好　>1.18　不佳

6. 分选试验

麦粒颗粒大小不一定是大麦分选不良所致，由此将产生麦芽溶解不均的现象。通过对麦芽的分选试验，可以衡量麦芽的溶解情况。

7. 沉浮试验

麦芽溶解度越好，相对密度越小，不易沉降。通过麦粒的沉浮数字，评价其溶解程度。其指标一般规定如下：

沉降粒<10%　优　25%～50%　满意

10%～25%　良　>50%　不佳

8. 脆度试验

通过脆度计测麦芽的脆度，用以表示麦芽溶解度，其指标规定如下：

81%～100%　优秀　65%～70%　满意

71%～80%　良好　<65%　不佳

(三)化学检验

1. 一般检验(标准协定法糖化试验)

(1)水分。水分的含量反映了麦芽干燥过程的工作质量。样品于105～107℃直接干燥，所失质量的百分数即为水分。严格来讲，新鲜焙焦的麦芽，浅色麦芽应低于3.5%～5.0%，深色麦芽应低于2.0%～3.0%。贮藏初期的麦芽水分不大于5%。贮藏中期增长不应超过0.5%～1.0%。使用时水分应不超过6%。

(2)浸出率。用协定糖化法制得麦芽汁，用比重瓶法测其比重，再根据比重查表求得麦芽汁的浸出物含量，再计算成麦芽的浸出物含量。麦芽细粉浸出率(风干麦芽)在72%～79%，无水浸出率在79%～84%。浸出率受大麦生长条件和品种的影响。溶解好的麦芽浸出率都高，含蛋白质高的麦芽浸出率则偏低。

(3)糖化时间。在制备协定法麦汁的同时，可以测定糖化时间，糖化时间是根据一滴糖化醪与碘液反应，碘化淀粉的蓝色消失来测得。在糖化操作时，我们应注意温度及搅拌速度。

优良的麦芽协定糖化时间：淡色麦芽的糖化时间在10～15 min，深色麦芽为20～30 min。麦芽的糖化力和α-淀粉酶活力越高的，糖化时间越短。

(4)麦汁滤速和透明度。麦汁过滤时，还可观察过滤速度，麦汁外观等。溶解良好的麦芽应具备协定法糖化麦汁的过滤速度快，麦汁清亮，无邪杂味；溶解不良的麦芽，其麦汁过滤慢，麦汁不清。麦汁的过滤速度和透明度还受大麦品种、生长条件、发芽方法、干燥温度和麦芽存放时间等因素有关。不能单纯一次作为衡量麦芽质量的标准。不过，协定法麦汁过滤时间一般应低于1 h。

(5)色度及煮沸色度。这两项指标的目的是考察麦芽对啤酒的影响及是否采用了低温焙焦。将麦汁注入比色皿中，通过EBC比色计(或SD色度仪)，与标准色盘进行比较，确定麦汁的色度，即为麦芽的色度。

正常浅色麦芽色度为2.5～4.5 EBC单位，深色麦芽为9.5～15.0 EBC单位。

(6)香味和口味。协定法糖化麦汁的香味和口味应纯正，无酸涩味、焦味、霉味、铁腥味等不良杂味。

2. 细胞溶解度的检验

(1)粗细粉浸出率差。测定麦芽的细粉和粗粉的浸出物含量,计算两者之差,这是一项衡量麦芽溶解度较好的方法。

粉碎机需要采用一定的型号,如 Miag 型或 EBC 型。

细粉中含 90%的粉,粗粉中 EBC 粉碎机粉碎者含 32%的粉;Miag 者含 25%的粉。浸出率细粉者测 4 次,粗粉者测 6 次,求平均值,准确度可达 0.1%。两者指标不同,如下所示:

	Miag 型	EBC 型	评价
无水浸出率/%	<2.0	<1.5	优
	2.0%~2.9%	1.6%~2.2%	良好
	3.0%~3.9%	2.3%~2.7%	满意
	4.0%~4.9%	2.8%~3.2%	不佳
	>4.9%	>3.2%	很差

除粉碎机之外,粗细粉可能存在粗粉的浸出物倒置,即粗粉的浸出物反而比细粉高,这种情况一般发生在麦芽溶解很好或过溶的情况下。如果出现可认为合格,是否过溶可由库尔巴哈值去考察判定。

(2)协定法麦汁黏度。协定法麦汁黏度可以部分地说明胚乳细胞半纤维素和麦胶物质的降解情况,从而对麦芽溶解度作出评价。黏度越低说明细胞壁中的高黏度的β-葡聚糖分解程度越高,协定法麦汁黏度均以调整值浓度为 8.6%时的计算黏度为准,通常经验值如下:

$<1.53\times10^{-3}$ Pa·s	优
$(1.53\sim1.61)\times10^{-3}$ Pa·s	良
$(1.62\sim1.67)\times10^{-3}$ Pa·s	一般
$>1.67\times10^{-3}$ Pa·s	不佳

3. 蛋白质溶解度的检验

(1)蛋白溶解度(库尔巴哈值)。库尔巴哈提出的测定协定法麦汁的可溶性氮和总氮之百分比可以表示出蛋白溶解度,是用来判断蛋白质溶解状况的指标。采用凯氏定氮法测得麦芽的总氮和可溶性氮含量,根据两者比值的百分数,求得麦芽的库尔巴哈值,其数值越高,蛋白质溶解得越好,经验值为:

>41%	优
38%~41%	良好
35%~38%	一般
<35%	差

注意,蛋白质溶解度只是一个比值,它必须与麦芽的总氮含量结合起来考虑才有比较重要的意义。

(2)隆丁区分。隆丁区分是将麦汁中的可溶性氮根据其相对分子质量区分为 3 组:A 组包括高分子含氮物质(25%左右),其相对分子质量为 60 000 以上;B 组包括分子含氮物质(15%左右),其相对分子质量为 12 000~60 000;C 组包括低分子含氮物质(60%左右),其相对分子质量为 12 000 以下。通过 3 组值的比例,可估算蛋白质分解的情况。

啤酒麦芽的理化指标详见表 3.17。

(3)麦芽的α-氨基氮和甲醛氮。通过测定麦汁中此类低分子含氮物质的含量,衡量其蛋白质分解情况。

麦芽的 α-氨基氮是指可在发酵中被酵母吸收的那部分低分子氮。茚三酮与麦芽汁中的 α-氨基氮反应，得到还原茚三酮再与氨和未还原的茚三酮反应，生成蓝紫色的络合物，其颜色深浅与 α-氨基氮含量成正比。在波长 570 nm 下测定吸光度，计算麦芽的 α-氨基氮含量。

甲醛氮是通过甲醛滴定法来检查麦芽中可溶性蛋白质的分解情况。甲醛氮含量低，说明蛋白质的溶解较差；甲醛氮含量高，说明蛋白质的溶解良好。

以协定法麦汁为例，规定指标如下：

甲醛氮（甲醛滴定法）	α-氨基氮（EBC 茚三酮法）	评分
＞220 mg/100 g 麦芽干物质	＞150 mg/100 g 麦芽干物质	优
200～220	135～150	良好
180～200	120～135	满意
＜180	＜120	不佳

表 3.17 啤酒麦芽的理化指标

级别项目		优等品			一等品			合格品		
		A	B	C	A	B	C	A	B	C
夹杂物含量/%			0.5			0.8			1.0	
出炉水分/%			5.0			5.0			5.0	
糖化时间/min（淡色）			<10			<15			<20	
色度/EBC	淡色 着色 黑色	90～130 >130	2.53～0.5		90～130 >130	2.5～4.5		9.0～130 >130	2.5～5.0	
煮沸色度/EBC（淡色）			<8.0				<10.0			<10.0
浸出物含量/%（以干重计）	淡色	>79.0			>76.0			>73.0		
	着色	>60.0			>60.0			>60.0		
	黑色	>55.0			>55.0			>55.0		
粗细粉差/%（淡色）			<2.0				<3.0			<4.0
黏度/Pa·s×10^3（淡色）				<1.60			<1.65			<1.70
α-氨基酸含量（淡色）			>150		>140			>110		
库尔巴哈值/%	淡色	39～44				38～47			36～47	
	着色	25～46				25～47			25～47	
	黑色	20～46				20～47			20～47	
糖化力/WK（淡色）		>250			>220			>200		

注：级别一栏内优等品、一等品、合格品指标体系中 A 表示限制指标，B 表示一般指标，C 表示参考指标。

4. 淀粉分解的检验

(1)糖∶非糖比值。利用麦汁中糖∶非糖比值来衡量麦芽的淀粉分解情况是早期啤酒工业常用的方法,现已被最终发酵度所取代。糖∶非糖这一数据有时在生产现场仍作为一种控制生产的方法使用,其具体指标规定如下:

浅色麦芽:糖∶非糖=1∶(0.4～0.5)

深色麦芽:糖∶非糖=1∶(0.5～0.7)

(2)最终发酵度。以麦汁的最终发酵度来表示麦芽糖化后,其发酵浸出物与非发酵浸出物的关系。最终发酵度与大麦品种、生长条件和时间、制麦方法以及使用的酵母品种有关。一般来说,麦芽溶解越好,其最终发酵度越高。正常的麦芽,其协定法麦汁的外观最终发酵度应达80%以上。

(3)α-淀粉酶活力和糖化力的测定。通过α-淀粉酶活力的测定,也可以估计麦芽的淀粉酶活力。在啤酒生产中具有实用价值的是测麦芽的α-淀粉酶活力和麦芽糖化力。

α-淀粉酶活力测定,采用美国 ASBC 方法。酶活力定义为:在适量的β-淀粉酶存在下,20℃每小时液化 1 g 可溶性淀粉为一个单位,以 DU 20℃表示。一般浅色麦芽,每 100 g 绝干麦芽α-淀粉酶活力为 40～60 DU 20℃。

麦芽糖化力,是表示麦芽中α-淀粉酶和β-淀粉酶联合式淀粉水解成还原糖的能力。糖化力的表示方法有两种:一种是 WK 即维柯单位,另一种是 L 即林德奈单位。我国均采用 WK 单位。1 WK 是表示 100 g 绝干麦芽在 20℃和 pH 4.3 条件下,每 30 min 分解可溶性淀粉产生 1 g 麦芽糖。

一般的,正常情况下,浅色麦芽的α-淀粉酶活力为 40～70 DU 20℃,糖化力为 200～300 WK;深色麦芽糖化力常只有 80～120 WK。

通过麦芽淀粉酶活性检测,可以判断麦芽的淀粉分解能力。

5. 其他检验

(1)哈同值(又名 4 次糖化法)。麦芽在 20℃、45℃、65℃、80℃下分别糖化 1 h,求出 4 种麦汁的浸出率与协定法麦汁浸出率之比的百分率的平均值,以此值减 58 所得差数即为哈同值。通过哈同值可以评级麦芽的酶活力和溶解情况。其具体指标如下:

0～3.5	溶解不足	5.5～6.5	溶解良好
4～4.5	溶解一般	6.5～10	高酶活力
5	溶解满意		

(2)pH。溶解良好和干燥度高的麦芽,其协定法麦汁的 pH 较低;溶解不足和干燥温度低的麦芽,其 pH 较高。凡 pH 低者,其麦芽浸出率高。

浅色麦芽协定法麦汁的 pH 一般为 5.9;深色麦芽因为形成更多的黑色素,其协定法麦汁的 pH 有所降低,一般为 5.65～5.75。

七、制麦过程中的指标控制

(一)出炉水分

麦芽水分低于 8.5%时,属于结合水分,因此国标要求出炉水分低于 5.0%(国外要求在

3.5%左右),其目的是控制麦芽经后期贮存其水分不得超过8.0%。没有足够的温度不能把麦芽内部水分赶至表面蒸发,表3.18是干燥炉焙焦2 h,焙焦温度和麦芽水分的关系。

表3.18 焙焦温度和麦芽水分的关系

焙焦麦芽品温/℃	麦芽水分/%	干燥空气最低温度/℃	焙焦麦芽品温/℃	麦芽水分/%	干燥空气最低温度/℃
70	8～8.5	75～78	80	4.5～5.0	85～88
75	6～6.5	80	83	4.0～4.5	90
78	5.5	83～85	85	3.5～4.0	92～95

麦芽出炉水分低有利于提高啤酒的非生物稳定性。焙焦温度愈高,麦芽出炉水分愈低,麦芽总多酚含量和花色苷含量增加,即还原物质增多,有利于啤酒的非生物稳定性。同时,麦芽焙焦温度高,出炉水分低,总多酚物质与花色苷的比值(聚合指数)愈低,麦汁还原能力愈高,着色力愈高,麦汁煮沸时蛋白质沉淀效果愈好,啤酒的非生物稳定性愈高。

出炉水分过高则会对麦芽质量、后续麦芽汁的制备、发酵以及成品啤酒的质量等带来不利的影响,如糖化时麦汁过滤清亮度差;麦汁煮沸时,蛋白质结块小,麦汁折光性差等。这主要是由于麦芽焙焦温度低,混浊麦汁中的浊性颗粒含有大量的脂肪酸,既是泡沫的消泡物质,又是老化物质的前身。这些颗粒在旋涡沉淀槽也难沉淀下来,随麦汁冷却后进入发酵罐,易与酵母凝聚沉淀,使发酵性能变差,酵母衰老,酒液出现明显的苦涩味,口味不协调,发酵液澄清差,过滤困难,酒液浊度高,缩短了啤酒保质期,同时二氧化碳溶解差,影响啤酒的泡持性。

麦芽出炉水分偏高一般是由于麦芽干燥时焙焦温度不够,时间较短而引起的,这种麦芽在啤酒生产过程中,往往使用效果并不理想。

(二)麦芽色度

麦芽色度对啤酒酿造影响很大,麦芽色度取决于:

(1)大麦皮壳厚,颗粒小,相对含有的皮壳数量就多,麦芽的色度容易深些;另外大麦中多酚物质含量高时,如在以后的浸麦工艺未及时控制,也会造成麦芽色度加深。

(2)现代麦芽生产一般采用断水时间较长的浸渍法,减少换水次数,会造成洗麦及碱性浸渍的程度不够,或不够均匀,使皮壳中的色素物质浸出不符合要求。

(3)各种造成麦粒过度溶解的因素,如浸麦度太高,发芽温度偏高,凋萎时间偏长等,过溶解的麦芽中低分子糖类与含氮物质量多,焙焦时易形成大量色素物质。

(4)干燥前期脱水速度过慢,使麦粒进入焙焦时水分含量超过规定要求,在较高的水分含量下,焙焦温度高于80℃易发生类黑素反应并进而形成色素物质。

要减少原料大麦带来的色素,应有效控制制麦工艺和采用一些添加剂,抑制有害微生物及浸出谷皮酸、腐殖质和单宁物质,从而降低麦芽色度。

(三)溶解度

麦芽的溶解度好坏对糖化效果、浸出率、麦汁过滤速度及麦汁组成等都有很大的关系,同时麦芽的溶解度又是决定糖化方法、原料配比、工艺条件等的重要依据。影响麦芽溶解度的因素很多，包括原料质量、工艺方法、设备性能及操作等。要生产出溶解良好的麦芽，必须控制好各个生产过程，特别注意对原料与干麦芽质量的检查，不同原料采用不同的生产工艺方法。

(1)选用的原料大麦要皮薄粒大饱满、色浅，有新鲜麦秆香味，发芽力整齐。因大麦的发芽力反映大麦起始发芽的能力。

(2)精选分级设备要精良，并控制进料速度，尽量使分级大麦的均匀度达 90%以上，避免多量颗粒大小不一的麦粒混合浸麦，造成浸麦度和出芽的参差不齐。

(3)浸麦时水温调节、通风强度、排除 CO_2 及翻拌要满足浸麦需要，以使大麦能获得足够的水分与氧，提高大麦的露点率(不得低于 70%)。最终浸麦度要适宜，偏低的浸麦度易造成溶解不良，但过高的浸麦度可能会造成麦粒溶解过度和色度偏深。

(4)发芽过程是麦粒进行溶解作用的最重要阶段。首先根据不同品种不同质量的原料采用相应的工艺方法；其次要有合理的发芽周期，除非使用一定的促进溶解的措施，否则不能任意缩短发芽周期。如发芽温度为 15～18℃，发芽时间不少于 6 d；再次要把通风与翻拌控制好，通风宜做到少量多次或连续通风，风温和麦温差控制 2～4℃，翻拌要有规律，即发芽开始少—旺盛发芽多—后期凋萎少的要求进行，翻拌时要打松，对缠绕结团的发芽簇要及时掰开；最后要保证凋萎时间和凋萎的条件，促进酶的低温分解作用。

(5)在干燥阶段要控制好凋萎和脱水两个关键过程，它是很重要的酶作用过程，可继续进行溶解作用。前期脱水速度要求在 10～12 h 内，尽可能使麦芽含水量降到 10%。

(四)糖化时间和糖化力

(1)大多数大麦很少含有 α-淀粉酶，它主要在发芽时由于大麦产生赤霉酸，刺激胚乳糊粉层细胞分泌出 α-淀粉酶。而 α-淀粉酶普遍以酶原形成存在于大麦的糊粉层中，它可以受巯基(—SH)还原或蛋白酶作用激活。因此，酶活性低的大麦，所制得的麦芽酶活力也低，造成糖化时间长，发酵降糖慢，发酵度低等不良后果。

(2)浸麦水温控制 16℃左右，加速通风搅拌，可加速麦粒的吸水速度，增强麦粒的呼吸和代谢作用，促进子粒的萌发，提高大麦的露点率，α-淀粉酶的形成绝对数量就多，糖化时间短。提高大麦的浸麦度，制成的麦芽酶活性高，糖化力增加，浸麦度宜控制在 44%～46%，不宜控制过高，否则会造成麦芽溶解过度。

(3)发芽时通风要充足，以满足发芽时麦粒的呼吸和代谢作用的需要，一般大麦在发芽第 3 天时 α-淀粉酶才大量形成，主要为赤霉酸经胚部分泌后作用的后果。随着发芽期的延伸，其酶量继续增高，发芽 5～7 d 时形成速度达最高值。而 α-淀粉酶在浸麦和发芽初期 1～2 d 内其活力通常会略微减少，而发芽 2～3 d 时由于其酶原受到蛋白酶的解体而活化，使呈酶原状态的 α-淀粉酶得以活化，其活性增长最快。因此，略长时间的发芽周期，使酶的形成数量达到最高点，从而增加糖化力。

(4)发芽室相对湿度达 95%以上，温度控制在 15～16℃，送往麦层的空气相对湿度尽量高，保持麦层的水分，使麦粒内部物质(包括生物激素、酶等)的传递扩散迅速，增加了酶的适应性生长速度，从而增加各种酶的数量。

(5)延长干燥前期(风温 55℃以下)的时间，酶活力仍有增加，因干燥前期麦温不超过 30℃，麦粒内部可以继续进行溶解，α-淀粉酶和 β-淀粉酶量继续增加。同时要加快前期脱水速度，尽可能使麦芽含水量降到10%以下，否则在较高水分含量下进行高温焙焦，酶的耐热性能会降低，麦芽酶类大量失活。

（五）浸出率

浸出率是啤酒厂对麦芽质量要求的一个重要指标，关系到啤酒厂出酒率的高低。它反映大麦制麦过程中麦芽溶解程度和形成酶的数量，同时也反映了大麦在制成干麦芽后，麦粒干物质的损失大小。浸出率虽然不能直接反映溶解度的好坏，但溶解度差的麦芽浸出率总是偏低，这是因为溶解度差的麦芽在制造过程中生成的可溶性物质数量相对要少一些，加上溶解度差的麦芽酶活性偏低，因此麦芽已形成的可溶性物质和在糖化过程中可以生成的可溶性物质总量就少，浸出率偏低。过度溶解的麦芽酶活性高，可溶性物质的含量也高，但过度溶解的麦芽在制麦过程中浸出物损失偏高。因此过度溶解的麦芽浸出率也偏低。

（1）选用的大麦要皮薄，千粒重高，发芽率高，大麦的蛋白质含量适中（因蛋白质含量越高，相应的淀粉含量就降低，在糖化制麦过程中麦芽中的蛋白质只有1/2～1/3参与麦汁成分，尚有部分损失于麦糟中）。

（2）大麦要经过精选分级后才能浸渍，否则大麦大小颗粒混杂，夹杂物多。由于颗粒大的吸水慢，小粒吸水快，造成浸麦时吸水不均匀，发芽不整齐，内容物损失不一，浸出率偏低。

（3）浸麦度控制43%～46%，但应根据大麦的品种品质、发芽方式、制麦季节等因素来进行调节控制。如果浸渍不足，造成发芽不足，根芽和叶芽生长发育缓慢，所制得麦芽溶解度差，酶活力不足，浸出率低；如果浸渍过度，大麦吸取大量水分，呼吸作用旺盛，麦层温度较高，根芽和叶芽过度生长，麦芽过度溶解，物质大量损耗，浸出物含量偏低。

（4）发芽是麦粒进行溶解最重要的阶段，也是调节浸出率大小的关键部分。发芽温度可采用14～16℃、17～18℃、13～15℃的低温发芽工艺，即下麦时应少通风，少搅拌，通风温度也不宜太高，使麦层温度逐步升高，麦层温度控制14～16℃，搅拌次数1次/12～24 h。下麦3～5 d后，发芽处于旺盛阶段，麦层温度上升很快，通风和搅拌次数都要相应增加，通风温度控制12～14℃，每8 h搅拌1次，使发芽温度控制在17～18℃。下麦5 d后，应使麦层温度逐步下降，最终降到13～15℃。因此需抑制发芽麦粒的过分生长，逐步进入凋萎阶段，使根芽枯萎和进行酶的低温分解。

（5）烘干时抓好凋萎和脱水两个过程，麦芽在凋萎期间脱水速度和脱水效果好，麦层温度在50℃使水分降到10%，使内容物继续增长。在焙焦时可减少酶的损失，相应地改善了溶解度，提高了浸出物含量。另外，干燥后未经贮存的麦芽，酶活性尚未恢复，浸出率会稍低一些，但经一定时间贮存后，浸出率会有所提高。

（六）氮指标

麦芽中的氮指标是评价麦芽的重要技术参数。麦芽氮指标主要表示值有蛋白质溶解度（库尔巴哈值）、α-AN、甲醛氮、粗细粉差、隆丁区分。麦芽中α-氨基氮、甲醛氮指标反映了积存在麦芽中氨基酸及低肽量。不仅反映了麦芽中蛋白质分解程度，也说明了麦芽中蛋白酶活性。

在制麦过程为了获取理想氮指标，应做好以下几项工作。

（1）首先选好原料大麦，使其蛋白质含量适中，在10%～12%。

（2）提高大麦浸麦度有利于α-AN、库尔巴哈值提高。浸麦度掌握原则：以蛋白质含量

10.5%,浸麦度42%为基础,蛋白质每增加1%,浸麦度相应提高2%,才能获得相同的蛋白质溶解度。

(3)低温发芽有利于蛋白酶生成与作用,发芽后期减少通风量,提高麦层中CO_2浓度,有利于α-AN的积累。

(4)麦芽干燥阶段升温速度非常重要,绿麦水分低于12%以下开始升温,保证焙焦温度和时间,即能获得蛋白质溶解适中的成品麦芽。

α-AN是酵母同化所需主要氮源,往往作为酵母发酵、双乙酰还原的一个重要参数。麦芽的α-AN含量不仅是检查麦芽质量的一个重要指标,而且对糖化发酵有重要指导意义。

(1)蛋白质含量要适中,过高,其蛋白质溶解度降低,但α-AN绝对量不会降低。

(2)合适的浸麦度及保持麦层水分和发芽室的相对湿度是保证酶的游离和作用的条件。提高大麦的浸麦度可增加麦芽的α-AN含量。

(3)低温发芽有利于蛋白质的溶解和有利于α-AN的积累,因此发芽时应采用低温发芽工艺。发芽温度过高会使麦粒生长过于旺盛,虽有一定量的蛋白质分解,但由于蛋白质分解的低分子氮又重新合成蛋白质用于根芽和叶芽,根芽和叶芽生长越长,消耗的α-AN量越多。因此,除了在发芽的第3~4天可用稍高温度(16~18℃)加速溶解外,其他时间宜采用低温(13~15℃)发芽,以抑制根芽和叶芽的生长。

(4)发芽期间麦层不应通风过度,特别是后期凋萎阶段,保持麦层中一定的CO_2浓度,可抑制麦芽好气呼吸作用,防止根芽和叶芽的疯长。良好的发芽室通风系统应在发芽床上侧设置回风道,使部分或全部热空气回入空调箱再送至发芽室,一方面可保持发芽的湿、温度;另一方面可提高送入麦层空气中的CO_2浓度。

(5)应加强对凋萎过程的控制,延长50℃前期干燥时间,此时麦芽中羧基肽酶热稳定性好,由α-AN合成蛋白质的途径被抑制,可积累较多的α-AN,再者由于麦芽蛋白酶作用形成的可溶性氮,当麦芽水分超过15%时在细胞内渗透受高温(50℃以上)影响变性凝固,使麦芽易形成玻璃粒。同时在凋萎过程中控制麦芽呼吸作用,使根芽早期枯萎,叶芽生长缓慢,但酶的形成、游离与作用却能继续进行。

八、麦芽质量指标异常的处理技术

麦芽是啤酒生产的主要原料。在麦芽的制取过程中,经常会出现一些质量指标异常的现象,使麦芽质量等级降低。究其原因,有啤酒大麦内在遗传因素的原因,也有其制麦工艺不能适应啤酒大麦生理生化变化要求的影响。啤酒大麦遗传因素是相对稳定的,各个不同的品种都有其独特的品性,在制麦过程中不可能改变遗传性状,因此要使不同品种的啤酒大麦生产出适应酿造需要的优质麦芽,调整制麦工艺,改变麦芽溶解和积累的比例,是相当重要的工作措施。

(一)制麦过程中常见的异常指标

在制麦过程中,常见麦芽质量指标异常的表现形式有:

1. 糖化时间过长

麦芽其他指标都较好,但麦芽粉碎后的糖化时间过长,一般在18~25 min,个别在35 min

甚至更长，结果影响糖化麦汁质量。

2. 糖化力过低

有些啤酒大麦品种在制麦时，经常出现麦芽库值偏高而糖化力又十分低的问题，严重时麦芽的糖化力仅有 150 WK 左右。

3. 麦芽氨基氮偏低

麦芽氨基氮含量水平在 150 mg/100 g 麦芽以下，甚至低到 120 mg/100 g，使得麦汁液中的酵母繁殖发酵不能正常进行，啤酒泡沫生成受影响。

4. 麦芽浸出率过低

啤酒麦芽的其他检测指标正常，麦芽的千粒重也不低，但麦芽的浸出率很难提高，严重影响糖化得率，降低单位产量。

5. 粗细粉差太大

麦芽的粗细粉差与麦芽的溶解度不协调，良好的溶解度下却出现粗细粉差太大的质量指标异常情况。

(二)解决啤酒大麦麦芽指标异常的技术措施

除啤酒大麦本身受遗传因子控制的指标难以改变外，一般都可以通过制麦工艺措施的调整得以解决。

1. 缩短糖化时间，使糖化时间与糖化力相统一

使用国产啤酒大麦制麦，浸麦度在 44%～46%，13～17℃变温发芽时，有时会出现糖化时间异常情况，如表 3.19 所示。

表 3.19　未调发芽温度的啤酒麦芽质量指标分析值

项目	水分/%	色度/EBC	糖化时间/min	糖化力/WK	无水浸出率/%	库值/%	α-AN(mg/100 g)	粗细粉差/%
指标	4.6	3.2	20	321	78.3	40.25	152	1.13

糖化时间反映了麦芽淀粉酶的活性，在高糖化力的情况下出现糖化时间长，主要是啤酒麦芽 α-淀粉酶积累量不足。麦芽 α-淀粉酶是一种高温酶，其活化积累要求温度相对较高，根据这一情况，将 13～17℃发芽工艺调整变为发芽前期为 13～17℃，发芽后期为 14～19℃的先低温后高温工艺，其制得的麦芽质量情况如表 3.20 所示。在其他指标不受影响的情况下，糖化时间明显缩短，最长为 13 min，最短 7 min，麦芽质量提高。

表 3.20　调整发芽温度的啤酒麦芽质量指标分析

项目	水分/%	色度/EBC	糖化时间/min	糖化力/WK	无水浸出率/%	库值/%	α-AN(mg/100 g)	粗细粉差/%
指标	4.45	3.05	11	328	78.65	40.85	154	1.10

2. 采用技术措施解决糖化力过低

在制麦过程中出现糖化力过低的问题，经常表现在一些蛋白含量低于 10% 啤酒大麦品种。这些品种的啤酒大麦制得的麦芽糖化力过低，在加工澳麦芽经常碰到这类问题。按照常

规思路生产的麦芽不能解决糖化力低的问题，采用“三低一短”的工艺，即低浸麦度、低温发芽、低温干燥、缩短生产周期时间，可取得较好的效果。

(1)方案一。通过调整浸麦工艺时间和总浸麦时间，达到既要激活麦芽的酶系统，使其正常溶解，又要控制浸麦度在较低的范围内。通常浸麦度控制在40%～42%可达到理想的效果。

(2)方案二。发芽期间控制大麦麦芽品温在12～16℃，以不高于16.5℃为好。这样有利于蛋白溶解和低温酶的积累与作用，提高麦芽的糖化力。同时，保证绿麦芽在排潮和干燥期间控制较长时间的低温过程，以完成麦芽的后期溶解，提高麦芽糖化力。

(3)方案三。啤酒大麦发芽时间要相对较短，从浸麦开始绿麦芽进入干燥前的时间较常规发芽缩短48 h左右。工艺和相应麦芽的质量指标比较见表3.21和表3.22。

表3.21 常规发芽时间工艺和缩短发芽时间的新工艺比较

工艺方法	浸麦时间/h	浸麦度/%	发芽时间/d	发芽温度/℃	排潮时间/h	排潮温度/℃
常规工艺	72	43～45	132～144	13～17	11	50
新工艺	44～48	40～42	120	12～16	13	45

表3.22 常规工艺和新工艺麦芽糖化力指标比较

项目	水分/%	色度/EBC	糖化时间/min	糖化力/WK	无水浸出率/%	库值/%	α-AN(mg/100 g)	粗细粉差/%
常规工艺	4.45	3.2	10	213	79.2	47	152	0.9
新工艺	4.37	3.0	10	321	79.6	43.6	164	0.7

3. *麦芽氨基氮偏低*

啤酒麦芽氨基氮偏低是制麦过程经常可见的问题，既出现在啤酒大麦蛋白含量高的品种当中，也出现在蛋白含量低的品种中，可见其原因不是简单的某一因素造成的。麦芽氨基氮含量依赖于啤酒大麦蛋白的溶解和溶解产物的有效积累，不论是蛋白含量高的品种还是蛋白含量低的品种，都遵循这一原则。

高蛋白啤酒大麦氨基氮偏低时，其要害是大麦蛋白溶解不良，原因是高蛋白啤酒大麦蛋白结构紧密，大部分组织结构蛋白与β-葡聚糖相结合形成细胞壁，溶解性降低。所形成的结构紧密的玻璃质粒，又影响了大麦的吸水及酶的向内输送，结果必然是蛋白溶解不足。

要使高蛋白啤酒大麦制得的麦芽氨基氮含量提高，工艺要点应把握好：一是浸麦的通风要强，保证氧的充足供应，促使啤酒大麦及早萌发；二是尽可能多地提高浸麦度，使之达到45%～48%；三是控制好发芽温度，在13～18℃为宜；四是尽可能地延长发芽时间，发芽时间达到6～6.5 d为宜，并在发芽后期使用回风；五是烘干时的排潮时间要长，风力要大，从表3.23中可以看到其结果。

表3.23 高蛋白大麦提高氨基氮含量的对比

项目	浸麦时间/h	浸麦度/%	发芽时间/d	发芽温度/℃	排潮时间/h	色度/EBC	无水浸出率/%	α-AN/(mg/100 g)	糖化力/WK	粗细粉差/%
原工艺	72	42～44	5.5～6.0	13～17	11	3.2	78.6	143	368	1.2
改进工艺	72	45～48	6.0～6.5	13～18	13	3.5	79.1	168	388	0.8

低蛋白大麦氨基氮偏低时，主要原因是蛋白分解不彻底，低蛋白啤酒大麦酶含量比高蛋白啤酒大麦要低得多，而可供分解蛋白质总量又少，一旦工艺控制不当，其麦芽氨基氮含量低就成必然。

要使低蛋白大麦生产的麦芽氨基氮含量提高，工艺操作要把握好：一是浸麦时间要短，浸麦度控制要低；二是发芽温度要低，以 12～16℃为好，以加强分解产物的积累；三是发芽时间要短，5 d 左右即可；四是排潮温度要低，排潮结束的温度要比平常工艺低 5℃左右，结果见表 3.24。

表 3.24 低蛋白大麦提高氨基氮的比较

项目	浸麦时间/h	浸麦度/%	发芽时间/d	发芽温度/℃	排潮时间/h	色度/EBC	无水浸出率/%	库值/%	α-AN/(mg/100 g)	糖化力/WK	粗细粉差/%
原工艺	60	43～45	5.5～6.0	13～17	5	3.2	79.2	48	128	268	0.9
改进工艺	48	40～42	5.0	12～16	45	3.0	79.8	43	164	306	1.0

4. *麦芽库值过高*

麦芽库值过高的原因很简单，就是发芽溶解过度，但是在实际和生产过程中，采取一些低库值的措施，常常会引发其他指标的显著波动，甚至出现麦芽不合格的问题。例如，将麦芽库值从 48%～49%降低至 40%～42%时，麦芽无水浸出率由 79%降低到 77%，麦芽氨基氮从 167/100 降低到 148/100 麦芽。说明要控制麦芽库值与其他指标相一致，其措施必须与大麦特性相统一。为使其他指标不受影响，最好的措施是：以高蛋白大麦实行高浸麦度，低温长时间发芽的工艺，促进大麦蛋白的溶解和低分子氮的积累；对低蛋白大麦要在正常浸麦度的条件下，在喷雾的高湿度下低温短时间发芽。表 3.25 结果说明，经调整后的工艺是可以达到既降低麦芽库值，又保证麦芽其他指标控制在合理的水平上。

表 3.25 调整工艺后的麦芽库值指标

大麦类型	项目	浸麦时间/h	浸麦度/%	发芽/时间/d	发芽温度/℃	糖化时间/min	色度/EBC	无水浸出率/%	库值/%	氨基氮/(mg/100 g)	糖化力/wk
高蛋白	原工艺	72	44	6	13～18	12	3.5	78.6	47	152	382
	新工艺	72	46	6.5	12～16	10	3.8	78.7	43	186	421
低蛋白	原工艺	60	43	6	13～17	10	3.2	79.1	49	162	325
	新工艺	52	41.5	5	12～16	10	3.0	79.2	42	165	308

5. *麦芽浸出过低*

浸出率是最重要的麦芽质量指标，浸出率低，其他指标再好也很难提高麦芽级别，并影响出酒率和最终生产的经济效益。麦芽浸出率低，一般情况下是受大麦蛋白含量和制麦溶解性差两个因素制约的。选择中低蛋白含量的大麦生产麦芽，从制麦和经济的角度看这也是一条重要的因素。高蛋白大麦生产麦芽，要提高麦芽浸出率，重点是提高啤酒大麦的蛋白溶解度。例如，西北某品种大麦，蛋白平均含量在 13.62%，常规制度的麦芽浸出率在 76.0%～77.6%。采取长时间的变温发芽工艺，麦芽浸出率在 79%左右。表 3.26 中数据说明此工艺在提高高蛋白大麦麦芽的浸出率的同时,其他指标也显著提高。

表 3.26 提高麦芽浸出率的生产结果比较

项目	浸麦时间/h	浸麦度/%	发芽时间/d	发芽温度/℃	排潮时间/h	色度/EBC	无水浸出率/%	库值/%	α-AN/(mg/100 g)	糖化力/WK	粗细粉差/%
原工艺	72	43~46	6.0	13~17	15	3.0	76.5	37	146	354	1.5
改进工艺	72	47~49	6.0	12~18	10	3.2	79.1	42	162	421	0.8

6. 粗细粉差太大

一般情况下,麦芽的粗细粉差在1.0%以上,就显示出了溶解不良的征兆。解决粗细粉差大的措施是提高麦芽的溶解度,麦芽溶解良好,就是麦粒细胞壁溶解好,麦芽酶就容易进入分解高分子物质,粗细粉的浸出率差就低。

(三)制麦工艺的标准化建议及注意事项

根据啤酒大麦生理特性的要求,制定合理的制麦工艺,解决好制麦过程中的异常指标问题,使麦芽的质量指标统一在协调一致的合理水平上,所制的麦芽就会是优质的,在糖化使用中会有良好的糖化效果,浸出率高,成本低,生产的啤酒口味稳定,非生物稳定性好。

同时,需特别注重以下几点:

(1)优质原料是生产优质麦芽的基础,也是保证啤酒质量的基础。在原料选择和采购时,一定要选择优质的酿造大麦,不要把饲料大麦当酿造大麦来采购。

(2)要正确认识啤酒大麦特性,有些啤酒大麦品种存在着明显的质量缺陷,而这些缺陷在实验室作大麦常规分析中是判断不了的,只有在批量生产后的麦芽检测中才能发现,这样按国标检测的优质大麦往往生产出的是有缺陷的麦芽。对于这类大麦最好不要采购使用。

(3)要根据大麦的生理特性和生产季节合理调整制麦工艺,使之与大麦的生理特性相统一,减少异常指标的出现,从而可以生产出优质麦芽。

九、麦芽缺陷对啤酒酿造的影响

麦芽的质量缺陷可降低麦汁质量,削弱啤酒的抗氧化能力,从而降低啤酒质量;麦芽的质量缺陷还会降低麦汁的收率,使糖化过滤时间的延长,导致生产效率下降和生产成本的增高。麦芽质量缺陷的成因是多方面的,对产品质量的影响也是多方面的。

(一)质量缺陷对酿造过程的影响

1. 粉碎效果

传统的干法粉碎对麦芽回潮要求较高,如果水分低于5%,则麦皮破碎太严重,影响过滤并使多酚过量浸出。但在目前以湿法或增湿粉碎为主的情况下,水分过高会使胚乳粉碎度减小,如超过7%,则粉碎物呈饼状,这样会造成糖化不完全,影响过滤,也影响麦汁收率。

脆度低、整粒多的麦芽其粉碎物硬渣较多,对糖化造成不利影响。

2. 糖化时间

糖化力偏低的麦芽会导致糖化时间过长,有的麦芽从表现上看糖化力并不低,但淀粉酶活力偏低，不能使淀粉快速液化也能造成糖化时间延长。还有的麦芽虽然酶活力正常但脆度低，粗细粉比例不协调，在粉碎度不够的情况下仍会导致糖化时间延长，如果这些情况兼而有之则可能造成碘反应呈粉红色，迟迟达不到终点。目前由于降低成本的需要，辅料的加量越来越大，辅料液化不好就会在糖化过程中争夺α-淀粉酶活力，此时如麦芽的α-淀粉酶不过量，就会降低醪液的液化能力，因此酶活力不够的话极易引起糖化终点滞后。

3. 过滤速度

由于麦芽品种或工艺原因造成的脆度低或黏度高的麦芽，其β-葡聚糖的含量一定较高，在醪液中存在的无规则的β-葡聚糖会由于各种作用力，特别是剪切力的作用（由于搅拌、泵送、紊流等原因），使卷曲的长链扩展开来并彼此连接在一起，通过氢键结合成β-葡聚糖螺旋体。此螺旋体具有形成凝胶的趋势，导致过滤困难。

溶解不均匀的麦芽麦汁黏度也许不算很高，但其中溶解不足的部分含有的大分子网状交联的β-葡聚糖，可因糖化中提供适宜的条件，即60～65℃温度下通过β-葡聚糖溶解酶得以释放，即使在65～70℃时仍可产生β-葡聚糖的蛋白质结合物，此时的β-葡聚糖不能再分解，因为内β-葡聚糖酶在52～56℃就已失活，这就给过滤带来了严重问题。

某些品种破碎严重也会影响过滤，例如，水分过低的麦芽干法粉碎时破碎严重，也会影响过滤。由于糖化时间长的原因引起的淀粉溶解不充分，且糖化终止温度过高，如超过80℃，使α-淀粉酶全部失活会形成大量麦糟淤泥而影响过滤。

4. 麦汁组成

不同品种的麦芽由于内容物含量不同会影响麦汁组成，同一品种由于工艺原因导致的酶系统构成差异也会影响麦汁组成。糖化力低或α-淀粉酶低的麦芽其非糖比例高，一些库值或哈同值低于45℃的麦芽其可溶性氮含量偏低等。焙焦温度低的麦芽其pH较高，这也会提高醪液的pH，从而偏离淀粉酶、蛋白酶、β-葡聚糖酶、磷酸酯酶的最佳作用范围，进而影响麦汁组成。一般对麦汁组成往往从蛋白质类和糖类的组成角度考虑，其实有机磷酸盐的溶解程度、锌离子的游离程度和麦皮中的单宁、花色苷等游离程度对麦汁的质量也非常重要。前两者为酵母所必需，有机磷酸盐有助于中和硬度、降低pH，增大麦汁的缓冲能力；后者的高分子部分容易促成沉淀，不利于啤酒口味。提高pH对促进前两者抑制后者是不利的。

5. 麦汁浊度

麦汁组成中不应忽视混浊物质的存在，浊度高的麦芽在正常工艺下糖化麦汁浊度也高，根据一般经验，混浊的麦汁不但影响过滤，更因游离脂肪酸含量高而影响啤酒的稳定性。高黏度的麦汁为使其能够过滤，往往采取增加耕糟的方式，会大大增加麦汁的浊度。

6. 麦汁收率

浸出率低的麦芽麦汁收率偏低，如果粗细粉差高会进一步降低麦汁收率，蛋白质约有50%形成麦糟。因此，蛋白质高会减少麦汁收率。内部溶解不均匀的麦芽，其小颗粒淀粉被蛋白质所包埋，难以溶出造成浸出物损失。另外，麦芽α-淀粉酶如果偏低，则会使糖化不完全，自然导致麦汁收率偏低。脆度低、玻璃质粒高的麦芽，糖化中浸出不充分，会降低麦汁收率。黏度高的麦芽过滤残糖高，麦汁收率明显降低。

7. 煮沸效果

煮沸效果主要指蛋白质凝聚的程度，含氮量高或焙焦温度低的麦芽，煮沸后残留可溶性高分子氮成为啤酒隐患。特别是后者，在煮沸的过程中析出的蛋白质为细碎颗粒，难以结絮，冷麦汁中可凝固性氮含量高。

8. 酵母活性

当麦汁组成不合理时，特别是α-AN含量偏低以及生长素、嘌呤、有机磷酸盐、锌离子游离过低可导致酵母营养或生长因子不足，影响细胞增殖及生理代谢机能，导致降糖速度慢、双乙酰还原速度慢，致使酵母早期沉降等不良后果。

麦芽通风不良造成的无氧呼吸积累大量有害代谢中间产物醇、醛、酸等也会对酵母形成毒害，引起酵母早期沉降。浊度高的麦芽其糖化麦汁冷凝固物去除不良，大量细微的冷凝固物质颗粒吸附酵母细胞表面，不仅会使酵母的物质交换界面变小，而且会使酵母过早凝聚沉降，减少了发酵罐中酵母细胞数，导致降糖缓慢。

9. 发酵液澄清

麦汁黏度和可凝固性氮都影响发酵液的澄清。麦汁黏度高的麦芽制成的糖化麦汁，随着浸出物的浓缩，黏度会更高，如从1.55～1.60 cp可上升至1.72～1.95 cp，减少了混浊颗粒相互碰撞形成大颗粒的机会，使发酵液中悬浮物的沉降变缓。可凝固氮高的发酵液澄清需要更长的时间。

10. 清酒过滤

发酵液中的悬浮物给后续的清酒过滤带来困难，增大耗土量，降低生产效率。如果发酵液中β-葡聚糖残留高，即使酵母细胞数不高，过滤压差也会上升较快。麦汁组成不合理、混浊或pH改变会导致酵母悬浮，发酵液也难以过滤。

11. 成品灌装

收获时，淋雨污染镰刀菌的大麦或发芽过程中霉变的麦芽可产生的一种活性多肽，使灌装过程中产生喷涌，影响灌装并造成酒损。溶解度过低或均一性差以及可凝固氮高的麦芽，其酒液中存留相对分子质量在60 000以上的敏感蛋白质含量高是造成杀菌混浊的主要原因。脆度低或整粒高的麦芽由于糖化不完全使麦汁碘值升高也可能造成杀菌时淀粉混浊。

（二）质量缺陷对啤酒质量的影响

1. 色泽

麦芽色度对啤酒色泽的影响较为直观，一般情况下，呈正比关系。焙焦温度较低的麦芽在储存过程中煮沸，色度升幅较大，造成糖化冷麦汁色泽较深，进而使啤酒色泽加深。

2. 气味

焙焦温度低于83℃，2 h后，麦芽的香气不明显，所酿造的啤酒无麦芽香，缺少啤酒的典型风味。过度溶解的麦芽所制的麦汁，经酵母代谢机制转换为高级醇，而氨基氮不足又使酵母经糖类合成代谢形成高级醇给啤酒带来溶剂味。陈旧或有霉变的麦芽给啤酒带来霉味。麦汁组成不合理缺乏氮源或生长因子导致酵母自溶使啤酒带有酵母味。

3. 口感

麦芽中α-淀粉酶含量也会影响麦汁中的非糖比例，进而影响啤酒的发酵度。α-淀粉酶含量低，啤酒发酵度低，口感腻厚，不清爽。麦汁的pH通过改变淀粉酶的作用环境而影响发酵度，值高的发酵度低。蛋白质过度降解影响口味的丰满性，也会使啤酒酸味过重。溶解不足、α-AN过高或过低的麦芽可能使双乙酰还原困难，给啤酒带来馊饭味。低温焙焦麦芽其DMS-P超过5 mg/L，给啤酒带来煮菜样的水味。醪液pH较高，会使麦皮的单宁和花色苷过度溶解而给啤酒带来苦涩味。通风不足或储存期过长的麦芽所积累的代谢产物影响啤酒口味的纯正性。

4. 泡沫稳定性

蛋白质溶解过度的麦芽中分子氮偏低，对泡沫稳定性影响明显。游离的脂肪酸过多会起到消泡作用，麦汁 α-AN 含量过高或过低使酵母经降解或糖类合成途径产生高级醇，也起消泡作用。由于麦汁组成原因引起酵母早衰，释放的蛋白酶会分解起泡蛋白，从而影响泡沫稳定性。

5. 非生物稳定性

啤酒非生物稳定性不好，表现为内容物析出沉淀，其析出物有蛋白质多酚复合物、糊精、β-葡聚糖糊精的复合物、草酸钙等，基本都与麦芽质量有关。皮厚、多酚含量高的某些国产大麦如浸麦措施不到位，则麦芽含有的大分子多酚会影响啤酒的非生物稳定性。麦芽溶解不好则易产生蛋白质沉淀。α-淀粉酶活性低或整粒多都是产生淀粉混浊的原因。细胞溶解不良，β-葡聚糖含量高，在剪切力的作用下可能产生 β-葡聚糖糊精的复合物进而析出。

6. 口味稳定

造成啤酒贮存期口味变化的原因在于氧和氧化剂。尽管在工艺中采取减少麦汁和啤酒氧化的措施，还是不能根除啤酒老化味的发生。问题产生的根源在于麦芽。麦芽在焙焦过程中产生的中间产物还原酮和羟甲基呋喃醛等杂环化合物具有很强的抗氧化作用，低温焙焦的麦芽还原性物质形成量少，使易氧化的不饱和脂肪酸类缺少竞争性保护，在氧自由基的作用下转化成反式烯醛类，产生老化味。

参考文献

[1] 徐廷文. 中国栽培大麦的分类及变种鉴定[J]. 中国农业科学，1982，6.

[2] 杨轲，孟亚雄. 收获期对啤酒大麦品质及主要经济性状的影响[J]. 甘肃农业科技，2012，9：10-12

[3] 董双全，杨利艳，周元成. 不同啤酒大麦品(系)种淀粉酶活性与蛋白质含量分析[J]. 农业学报，2012，2(09)：56-58.

[4] 管敦仪. 啤酒工业手册. 2 版(修订版)[M]. 北京：中国轻工业出版社，1999.

[5] 梁世忠. 生物工程设备[M]. 北京：中国轻工业出版社，2009.

[6] 徐斌. 啤酒生产问答[M]. 北京：中国轻工业出版社，1998.

[7] 王文甫. 啤酒生产工艺[M]. 北京：中国轻工业出版社，1997.

[8] 李广义，刘艳华. 制麦过程蛋白质分解的探讨[J]. 民营科技，2008(1)：35.

[9] 王志坚. 制麦过程影响蛋白质分解因素的探讨[J]. 啤酒科技，2003(3)：24-25.

[10] 徐真. 麦芽和啤酒中赤霉酸的研究[D]. 无锡：江南大学，2012.

[11] 曹程节，纪华. 麦芽质量指标的探讨[J]. 酿酒科技，1998(6)：39-40.

[12] 赵爱民. 麦芽出炉水分高对啤酒生产和质量的影响[J]. 2007(8)：35-36

[13] 彭军. 探讨啤酒大麦麦芽质量指标异常的处理技术[J]. 中外食品，2006(7)：56-59.

[14] 林建英，高建民. 啤酒麦芽分析注意的几个问题[J]. 山东食品发酵，2003(1)：49.

[15] 吕晓岩. 麦芽缺陷对啤酒酿造的影响[J]. 酿酒科技，2010(7)：56-58.

第四章　酒花及酒花制品

酒花，又称啤酒花，使啤酒具有独特的苦味和香气并有防腐和澄清麦芽汁的能力。啤酒花的种植可追溯到公元前200年左右的古巴比伦，但直到公元1079年，才有将它应用到啤酒发酵中的文字记载。到12世纪，人们开始逐渐认识到将啤酒花添加到含酒精饮料中，不仅可以提供给啤酒饮料以芳香气味，而且可以延长其储藏时间。至13世纪，啤酒花像其他一些草本植物（如迷迭香、西洋蓍草、胡荽和沼泽长春花等）一样，开始作为草药来使用。尽管在近千年的时间内，对啤酒花品种的改良和筛选工作从未间断，但应该说，直到20世纪初的1904年，随着英国威尔大学启动了"关于啤酒花品种的研究项目"起，才被认为是真正对啤酒花品种的鉴定和新品种的培育所展开的系统科学的研究工作。同年，α-酸中葎草酮首次以结晶的固体形式被分离出来。在此后的60年里，随着对啤酒花化学方面研究工作的不断深入，人们对啤酒花化学性质的认识和啤酒花苦味酸异构化途径的了解得到进一步的加深，这些都对啤酒花品种的培育、种植以及啤酒的酿造带来了诸多益处。

在最近的40年里，啤酒花制品的生产无论从品种上还是从质量上都有了快速的发展，这给啤酒的酿造提供了比使用整枚啤酒花更加经济、更加具有可操作性的手段。通过调整啤酒中啤酒花（或啤酒花制品）的添加量、添加工艺以及添加种类，可以更加有效地控制啤酒的香味、苦味、泡沫、抗光性等品质，改善和稳定啤酒的风味，这为酿造出更加优质的啤酒创造了条件。

酒花一般可以分为香型酒花和苦型酒花：

(1)香型酒花。一般α-酸含量较低，α-酸与β-酸的比值小于1，酒花香味突出。但酒花油含量一般较低，说明酒花香味与酒花油成分有关，与酒花油含量无关。

(2)苦型酒花。一般α-酸含量较高，α-酸与β-酸的比值大于1，一般酒花油含量高于香型酒花，主要是香叶烯含量高。α-酸含量在6%～9%为一般苦型酒花，大于10%为高甲酸苦型酒花。

酒花按世界市场上供应的可以分为4类：

A类：优质香型酒花，有捷 Saaz、卡斯卡特 Cascade、威廉麦特 Willamette、Citra，英国 Golding、德国的 Tettnanger 等。

B类：香型酒花，有德国的 Hallertauer、Hersbrucker 等。

C类：没有明显特征的酒花。

D类：苦型酒花，Northern Brewer 等。

第一节　植物性状及栽培分布

一、酒花的植物性状

酒花，又称忽布（hop），《本草纲目》上称为蛇麻花，是一种多年生草本蔓性植物，古人取为药材。属荨麻科葎草属，为多年生蔓性草本植物，其根深入土壤1～3 m，可生存20～30年之久，其地上茎每年更替一次，茎长可达10 m，平均3～5 m，摘花后逐渐枯萎。酒花单叶、对生，叶片呈3～5个掌状分裂，叶片边缘呈锯齿状。酒花雌雄异株，雄花球果较小，为白色，无酿造价值，酿造工业所用的均为雌花。雌花为绿色或黄绿色，呈松果状，长3～6 cm，由30～50个花片被覆花轴上，花轴上有8～10个曲节，曲节上有4个分枝轴，每个分枝轴上生一片前叶，前叶下面有两片托叶状的苞叶，前叶与苞叶间的基部有许多分泌树脂和酒花油的腺体，叫蛇麻腺，俗称“花粉”(实际上并不是真正的花粉，而是花腺体)。蛇麻腺由多个细胞所组成，呈杯状，当酒花发育成熟时，蛇麻腺所分泌的黏稠性胶状物逐渐积累在蛇麻腺杯状体内侧，直至形成高高隆起的外形，呈金黄色。人们由花腺体分布面积和密度、粉状大小作为感官评定酒花质量的重要指标。正由于蛇麻腺分泌物的存在，成为啤酒酿造中所需的重要成分。

二、酒花的栽培分布

啤酒花喜冷凉气候，耐寒不耐热，夏温不宜高。所以酒花栽培适宜在近寒带的温带地区。酒花根部在−50℃可越冬，气温大于3℃时根芽就开始活动。生长发育适宜温度为14～23℃，生育期内(4—8月份)适宜平均温度为19～20℃，夏温(7月份)适宜平均气温为22～24℃。生酒花是长日照植物，喜光，全年日照时数需1 700～2 600 h。酒花生长不择土壤，但以土层深厚、疏松、肥沃、通气性良好的壤土为宜，中性或微碱性土壤均可。虽然其他地区也能栽培酒花，但因不符合上述条件，产量低，无法获得优质、高产的酒花。

目前，世界主要酒花生产国分别是德国、美国、英国、捷克和中国，其产量约占世界酒花产量的80%以上，其中德国、美国两个国家就占总产量的50%以上。在品质方面，德国和捷克以其香型酒花最负盛名，英国则以其传统的酒花味好而著称于世，而美国则以其新品种多而闻名于世。

中国人工栽培酒花的历史已有90多年，1921年啤酒花首次被引入中国，在黑龙江开始栽培，后来山东青岛也进行了啤酒花栽培。自1958年第一次全国酒花会议召开后，全国开始大量栽培酒花。目前，在新疆、甘肃、内蒙古、黑龙江、辽宁等地都建立了较大的酒花原料基地，另外在宁夏、陕西、东北、华北及山东也有少量栽培。

近年来，我国新疆产的酒花异军突起，成为世界优良酒花之一。新疆地处亚洲内陆，周围有群山环绕，中部又有天山山脉横贯，把全疆分成南北两大块。由于地形条件复杂，使新疆在典型的大陆性气候环境中各地又形成了多种局部小气候，加之土地肥沃、雪水灌溉、病虫害较少等有利条件，非常适宜酒花生长。自1960年开始大面积栽培酒花以来，已经发展成为我国酒花生产和出口的重要基地。新疆每年的酒花产量占全国总产量的70%，中国出口的酒花更是全部来自新疆。酒花如图4.1所示。

图4.1　酒花

第二节 酒花化学成分及其作用

啤酒花用于啤酒酿造，在增加啤酒苦味的同时可改善啤酒的风味和提高啤酒的泡沫稳定性。随着化学分离和鉴定技术的不断完善，使得可以通过调整使用啤酒花的不同种类和数量来改进啤酒质量。啤酒花中主要化合物对啤酒质量可产生重要的影响。其中，在酒花的化学成分中，对啤酒酿造具有特殊意义的有3类物质，即酒花树脂、酒花油和多酚物质，这3类物质在干燥酒花中的含量分别为14%～18%、0.3%～2.0%和2%～7%。树脂类化合物，主要是α-酸和β-酸类，可赋予啤酒独特的苦味特征；精油类成分使啤酒具有明显的香味特征；而啤酒花中的多酚可对啤酒的风味及其风味稳定性产生重要的影响。其他成分如糖类(1.5%～2.5%)、果胶(1.5%～2.5%)、氨基酸(约0.1%)、粗蛋白质(13%～16%)、脂肪和蜡质(2%～4%)、无机盐(7%～9%)以及纤维素和木质素(35%～40%)等对酿造意义不大。

一、酒花树脂及其作用

酒花树脂是酒花蛇麻腺的分泌物之一，成分非常复杂，至今还不能全部定性。其成分目前是按照欧洲啤酒酿造协会(European Brewery Convention，EBC)酒花委员会的意见，根据在不同有机溶剂中的溶解度来划分。α-酸和β-酸是酒花树脂中已定性的两类树脂成分，两者均为多种结构类似的同类异构物的混合物。α-酸的分子结构中虽不含羧基，但因具有烯醇基而呈弱酸性，β-酸同样呈弱酸性。

(一)α-酸

α-酸，又名葎草酮。酒花中α-酸的含量因品种而异，干燥酒花中α-酸含量为3%～12%。α-酸含量的高低是衡量酒花质量的重要标准，国际上常以每公顷地收获多少千克α-酸来反映产率。

α-酸呈菱形结晶，浅黄色，熔点为65～66.5℃，在0℃很稳定，在紫外线下呈柠檬黄色的荧光。它易溶于乙醚、石油醚、乙烷、甲醇等有机溶剂。它在冷水中的溶解度很小，也仅微溶于沸水，故在麦汁中的溶解度也不大，且随pH的降低而减少，如pH 6.0的热麦汁可溶解500 mg/L，而pH 5.2时仅溶解85 mg/L，但在低pH时溶解得更均匀，苦味柔和，反之，在高pH下成盐溶解，苦味粗糙。

α-酸在加热、稀碱或光照条件下易发生异构化反应生成异-α-酸，异-α-酸也具有强烈的苦味，虽然没有α-酸苦，但溶解度比α-酸大得多。啤酒中的苦味和防腐力主要来自异-α-酸，这也正是为何要将酒花添加于煮沸的麦汁中的原因。在煮沸麦汁1.0～1.5 h有40%～60%的α-酸转化为异-α-酸，同时有20%～30%转化成苦味不正常的衍生物，但它对啤酒起泡性有很大好处。如在有氧下煮沸，α-酸易氧化聚合，形成γ′和γ树脂，是啤酒后苦味的来源之一。

实际上，α-酸是多种结构类似物的混合物，主要是由5种同系物组成，其差异表现在侧链R上，见图4.2。

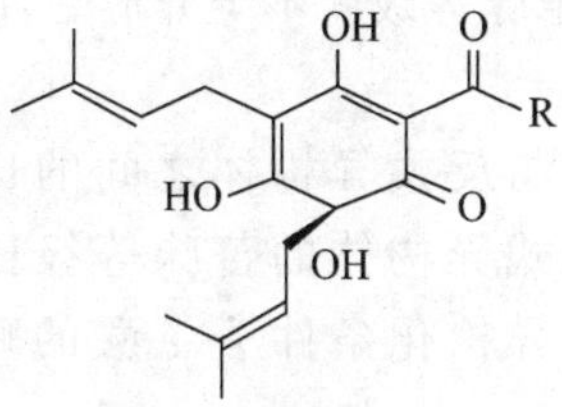

α-酸

葎草酮：R = $CH_2CH(CH_3)_2$ （异丁基）
合葎草酮：R = $CH(CH_3)_2$ （异丙基）
加葎草酮：R = $CH_2(CH_3)CH_2CH_3$ （甲基丁基）
后葎草酮：R = CH_2CH_3 （乙基）
前葎草酮：R = $CH_2CH_2CH(CH_3)_2$ （异戊基）

图 4.2　α-酸的结构式及 R 取代基团

葎草酮是可结晶的 $pK=5.5$，加葎草酮的 $pK=4.7$，合葎草酮的 $pK=5.7$，这 3 种成分占啤酒花中 α-酸总含量的 95%以上。但这些成分溶解度比较差，苦味也不明显。而当它们在酿造过程中发生异构化以后，就可能生成 6 种异构体，也就是说，它们都存在顺式和反式两种结构，并且彼此的苦味和溶解度也不同。表 4.1 给出了 α-酸的 6 种异构体占啤酒中总 α-酸的比例和苦味等级。

表 4.1　α-酸的 6 种异构体在啤酒中占总 α-酸的比例及其苦味等级

化合物名称	占总 α-酸的比例/%	苦味值范围(1 最强)
反式异合葎草酮	7	4
顺式异合葎草酮	30	2
反式异葎草酮	10	2
顺式异葎草酮	40	1
反式异加葎草酮	3	
顺式异加葎草酮	10	

从表 4.1 可知，如果以顺式异葎草酮作为标准苦味，具有最苦的苦味度，顺式异合葎草酮和反式异葎草酮的苦味相当，反式异合葎草酮的苦味最弱，另外，顺式异构体的苦味度大于反式异构体的苦味度。

为了获得柔和与适口的苦味，选择不同品种的啤酒花是很重要的，其中关键是葎草酮与合葎草酮的含量及比例。不同的啤酒花品种的总 α-酸的含量可能相同，但其中的葎草酮、合葎草酮和加葎草酮的含量及比例却不完全相同。表 4.2 为几个啤酒花品种中的 α-酸含量和其中葎草酮、合葎草酮、加葎草酮的比例。

表 4.2　不同品种的啤酒花中葎草酮、合葎草酮和加葎草酮含量及比例

啤酒花种类	总 α-酸含量	合葎草酮所占比例	葎草酮所占比例	加葎草酮所占比例
Galena	12.0～14.0	36	51	13
Nugget	12.0～14.0	22	64	14
Wye Target	9.5～12.5	34	51	15

从表 4.2 中的数据可知，Nugget 酒花品种的葎草酮含量最高，Galena 的合葎草酮含量及比例高于 Wye Target 酒花品种，这就意味着使用常规的麦汁煮沸工艺方法所获得的苦味度，Nugget 优于 Galena，Galena 则优于 Wye Target 品种。加葎草酮由于在总 α-酸中的含量及比

例最低，其含量一般占总 酸量的10%～15%，并且对其产生的苦味等级尚不十分清楚，因此通常不作为重点考虑的内容。

啤酒花的α-酸在异构化条件下不相同时，所产生的顺式与反式异构体之间的比值也是不同的。比值越高，顺式异构体的数量也就越多。由于顺式异构体的苦味等级比反式要高一些，所以产物的苦味相对就强烈一些。表4.3为不同异构化条件下α-酸的顺式与反式异构体的比值。

表4.3　不同异构化条件下α-酸的顺式和反式异构体的比例

异构化方式	麦汁煮沸	碱水溶液	加氧化镁	光照
α-酸的顺、反式异构体的比例	2.1	1.2	4.0	0

从表4.3中的数据可知，在麦汁煮沸或加氧化镁的条件下，顺式异构体有比较高的比例，但在碱性环境下，反式异构体的比例明显增加，不仅会使苦味度降低，而且口感也比较粗糙。这表明，麦汁煮沸时pH的高低对啤酒的苦味度和柔和感产生一定的影响。

不同的啤酒花品种具有不同的苦味度，即使同一个品种的啤酒花，如果使用不同的异构化方式也会得到不同的苦味度。例如，添加使用氧化镁异构化的Nugge啤酒花浸膏的啤酒，比添加使用常规煮沸工艺异构化的Galena啤酒花浸膏的啤酒要苦得多。这充分表明，有相同α-酸含量的不同品种的啤酒花浸膏，获得苦味度却不尽相同。同样，有相同酸含量的同一种啤酒花浸膏品种，在不同的使用条件下的苦味度也不一定相同。这是因为不同的啤酒花品种，葎草酮、合葎草酮和加葎草酮的含量及比例是不同的。相对来说，葎草酮的含量及比例越高，苦味度越大。而不同的啤酒花异构化方式，葎草酮、合葎草酮和加葎草酮3种组成异构化以后，顺式与反式异构体的比例值也是不一致的。pH、金属离子、煮沸强度和煮沸时间等很多因素都会影响到异构化的结果，因而也就会获得不同的苦味度。

因此，在啤酒酿造过程中，为了形成并保持比较均一的苦味度，应当尽量使用品种相同的啤酒花，避免混合使用不同品种的啤酒花(包括混合使用啤酒花颗粒和不同啤酒花品种制备的啤酒花浸膏)；应选择葎草酮含量及比例高的啤酒花品种和贮藏指数比较低的新鲜啤酒花，并控制好它的贮存条件。另外，应严格控制其生产工艺，尽可能保持基本一致的啤酒花异构化方式，在酿造后期通过使用异构化啤酒花浸膏或其他啤酒花制品，进行啤酒的苦味度的修饰和调整。

在常规的啤酒花添加方式中，啤酒中虽能形成异-α-酸，并获得相应的苦味，但也存在一些问题，如啤酒花利用率低(通常只有40%左右)、煮沸时间长(如要达到100%的异构化，约需要60 min)等。特别是由于异-α-酸的光稳定性差，在常规的煮沸条件下，它所包含的6种异构体的组成比例往往差异很大，并且这6种异构体之间又存在着互变异构作用，当啤酒包装在无色或绿色玻璃瓶中时，就很容易受光照的影响发生裂解变异，变异产物与硫化氢反应生成硫醇，这就是所谓的“日光臭”现象。

随着对啤酒花化学性质研究的进一步深入，近代啤酒工业越来越倾向于使用苦味度稳定、溶解度好、光化学稳定性的“啤酒花制品”，这些产品包括啤酒花浸膏、异构化啤酒花浸膏、还原型异构化啤酒花浸膏等，特别是还原型异构化啤酒花浸膏已得到了广泛使用。目前比较常见的还原型异构化啤酒花浸膏有二氢异-α-酸(DHIAA)、四氢异-α-酸(THIAA)和六氢异-α-酸(HHIAA)等。这些产品中二氢异-α-酸的溶解度最好，但其苦味只有异-α-酸的0.7倍，具有苦味平和、稳定的特点，但其光稳定性稍差。四氢异-α-酸的溶解度略差，但苦味是异α-酸的1.6倍。它不但有强烈的苦味，而且略有涩味。由于其苦味持久，有时会引起后苦味，它的光稳定性极好，还有助于啤酒泡沫的稳定。六氢异α-酸与上述的两种啤酒花浸膏相比，它的溶解度最差、光稳定性最好，它也有助于泡沫稳定，其苦味比较柔和、稳定，缺点是价格相对较贵。

（二）β-酸

β-酸，又称蛇麻酮，熔点为90.5～92.0℃。β-酸是多种结构类似物的混合物，按其侧链的不同，β-酸有6个同系物：β-酸、辅β-酸、加β-酸、后β-酸、前β-酸、合β-酸，其中前3者构成了酒花中β-酸的主要部分。一般来说，干燥酒花中β-酸的含量比α-酸含量低，苦味、防腐力及在水中的溶解度也均不及α-酸大，且更易氧化形成β-软树脂。β-软树脂具有细致而强烈的苦味，此部分苦味可以补偿α-酸氧化所损失的苦味。

近年来，国际上已倾向于以α-酸含量来衡量酒花的酿造价值，并根据α-酸含量确定酒花添加量和平衡酒花的产量。所谓酒花利用率，就是指提高α-酸的利用效果。

二、酒花油及其作用

酒花油是酒花蛇麻腺的另一分泌物，经蒸馏后成黄绿色油状物。酒花油一直被认为是啤酒酒花香味的主要来源（啤酒的酒花香味是由酒花油和苦味物质的挥发组分降解后共同形成的），由于它易挥发，故是啤酒开瓶闻香的主要成分。酒花油的化学组成很复杂，其主要成分是单萜烯和倍半萜烯及少量醇、酯、酮等化合物。据现代测定，已检出的有400余种，它们的共同特点是易挥发，在水中的溶解度极小（仅1/20 000），溶于乙醚等有机溶剂，易氧化，氧化后产生极难闻的脂肪臭味。不同的啤酒花品种，这些成分的数量和组成比例均有差异，因此它赋予啤酒的风味特性也不同。

啤酒花油中的成分可以分为3组，即碳氢化合物、含氧化合物和含硫化合物。其中，碳氢化合物的含量最高，占含油量的50%～80%；而含氧化合物是啤酒花油中最重要的组成部分，包括萜烯醇、环氧化物、酮和酯等，这些组分占含油量的20%～50%；另外，在啤酒花中还含有少量糖苷类成分和含硫化合物，这些成分溶解度好但挥发性较差，它能赋予啤酒明显的以“混合啤酒花香气”为特征的酒花香味。

一般来说，酒花油中的碳氢化合物香气极不愉快，对酒花香味是起副作用的，如酒花油的主要成分香叶烯；含氧化合物的香气往往清淡而纯正，如香叶醇具有玫瑰花香气，沉香醇具有醇香木香气，它们是啤酒中幽雅香气的主要成分。香型好的酒花，由于其中香味不正的成分含量较低，故其酒花油含量往往也较低。因此，酒花香味的好坏主要决定于酒花油的化学成分而不在于其含量的高低。

三、多酚物质及其作用

多酚物质占酒花总量的4%～8%，是非结晶混合物，按相对分子质量的大小可以区分为单宁化合物（相对分子质量500～3 000）和非单宁化合物两大类。在啤酒酿造中，多酚物质的作用主要是澄清麦汁，即在麦汁煮沸时和蛋白质形成热凝固物以及在麦汁冷却时形成冷凝固物。多酚物质对啤酒质量也有不利的一面，如在后酵和贮酒直至装瓶以后，会缓慢地和蛋白质结合形成气雾蚀及永久混浊物，会减低啤酒的泡持性，会增加啤酒的色泽和苦涩味等。

啤酒花多酚对啤酒产品质量有着显著的影响，但对其产生的利弊却应正确认识。近代啤酒工业对多酚的研究结果表明，啤酒酿造过程中多酚的影响是利大于弊。所以，保留适量的多酚比除去多酚显得有利，啤酒中比较合适的总多酚的数值在110～130 mg/L。许多研究表明，啤酒风味的恶化很大程度上是由于存在于啤酒中多酚的数量与构成有关。但是在糖化和麦汁煮沸期间，多酚的保护作用却是非常重要的，这种作用甚至可以用来预测啤酒的风味稳定性。

啤酒花的多酚物质可以分成4大类，即酚酸类化合物、黄酮醇类化合物、儿茶酸类化合物和原花色素类化合物。其中，含量最多的是儿茶酸类化合物，包括少量表儿茶酸、没食子儿茶酸、表没食子儿茶酸等，原花色素类化合物主要是2个或2个以上的黄烷三醇缩合而成的前花色素，还有一些白花色素、花青素和翠雀素等。从啤酒花多酚和麦芽多酚独立的对比试验证明，啤酒花多酚不仅具有类似麦芽多酚的各种多酚性质和作用，而且其性质要比麦芽多酚更活泼一些，所起的作用也更重要一些。这些作用包括还原能力、与蛋白质的结合能力和螯合金属离子的能力。

表4.4是酒花的化学成分、香气、香味和功能。

表4.4　酒花的化学成分、香气、香味和功能

化学成分	香气(鼻闻)	香味(口感)	功能
酒花树脂：总树脂α-酸(葎草酮、合葎草酮、加葎草酮)β-酸(蛇麻酮、合蛇麻酮、加蛇麻酮)	苦	苦味。在低pH时苦味柔和，在加热、稀碱或光照下易发生异构化，形成异α-酸，是啤酒苦味的主要物质，同时溶解度增大；β-酸苦味低于α-酸	具有防腐力；防腐力低于α-酸；
酒花多酚：总多酚 黄腐酚	—	涩味	对酒体有支撑作用，对人体有保健作用
酒花精油：总酒花精油 醇类(香叶醇、里那醇、芳樟醇等) 酯类(4-癸酸甲酯、异丁酸异丁酯等) 酮类(葎草二烯酮、甲基酮等) 烯类(香叶烯、β-石竹烯、β-法呢烯、α-葎草烯、芹子烯等)	酒花香气	酒花香味	赋予啤酒特有的香气、香味

第三节　酒花对啤酒酿造的作用

酒花在啤酒酿造中的传统使用方法是在麦汁煮沸时以全酒花(酒花球果的干燥压缩品)添加，每个国家甚至每个厂又往往有不尽相同的具体添加方法。由于目前对酒花在麦汁煮沸过程中的变化远未彻底掌握，各厂多根据酒花的香味和苦味，凭经验添加。将酒花添加于煮沸的麦汁中可促使酒花中的α-酸发生异构化生成异-α-酸，啤酒的苦味主要来自异-α-酸。因此酒花的利用效果是指对酒花中α-酸的利用效果，常用酒花利用率来表示，它是指所形成的异-α-酸的量与所使用的酒花中α-酸的量的比值。

酒花的添加量根据所制啤酒的类型、酒花本身的质量（主要指α-酸含量的高低）和消费者的爱好而不同，且有较大的变动范围，通常用每100 L麦汁或啤酒所需添加的酒花克数来表示，一般在120～500 g/100 L的范围内。国内也常以每吨啤酒所加酒花的千克数或以酒花与啤酒的重量百分数来表示。目前国际上多以α-酸为计算基础来表示酒花添加量，其目的是保证使用不同的酒花时仍可达到基本相似的酒花苦味度。

添加酒花不仅能赋予啤酒爽口的苦味，还能赋予啤酒清新的酒花香气，并具有一定的防腐和澄清麦汁的作用。

1. 赋予啤酒爽口的苦味

啤酒的爽口苦味来自酒花软树脂，主要成分是α-酸经异构化后形成的异-α-酸，β-酸的氧化物也是苦味甚爽的成分。酒花树脂在麦汁煮沸过程中的变化很复杂，只有掌握了独特的工艺，才能使啤酒具有理想的苦味。

2. 赋予啤酒特有的香味

啤酒酿造时，将酒花添加进煮沸的热麦汁中，此时酒花所含酒花油中的一些香气不良的挥发性成分绝大部分随水蒸气而逸出，存留的酒花油成分以及酒花树脂在经过复杂变化后的产物，均能赋予啤酒独特的香味。

3. 增加啤酒的防腐能力

酒花软树脂对某些菌类（如格兰氏阳性菌和格兰姆阴性菌）具有杀灭和抑制作用，故可增加啤酒的防腐能力。

4. 提高啤酒的非生物稳定性

在麦汁煮沸过程中，麦汁中的某些蛋白质能够和酒花中溶出的多酚物质缩合形成一些复杂的复合物而沉淀出来。这种缩合作用贯穿在整个酿造过程中，在热麦汁中会有热凝固物析出，在冷麦汁中会有冷凝固物析出，在发酵和贮酒过程中，冷混浊物和永久性混浊物还会继续形成和析出。在每一步工序中，设法使这些缩合物析出并清除，便可达到提高啤酒非生物稳定性的目的。

第四节　啤酒花制品

传统的酒花制品为全酒花。为了提高啤酒的品质、开发新品啤酒、提高酒花苦味和香味物质的利用效果、解决酒花的运输和贮藏等问题，各种各样的酒花制品愈来愈受到啤酒酿造企业的青睐。

一、全酒花

在麦汁煮沸过程中，若以全酒花的形式添加酒花，全酒花是酒花球果的干燥压缩品，其中的α-酸大约仅有50%发生异构化并溶于麦汁中。在麦汁冷却、发酵和贮藏过程中，由于温度和pH的变化，以及与其他物质的作用，α-酸还会有很大一部分损失，故α-酸的最终利用率一般只有30%左右，是比较低的。全酒花还存在运输、贮藏和使用不方便等问题。目前仅有少数啤酒企业仍部分使用全酒花。

二、酒花粉

啤酒厂在使用酒花前将全酒花用锤式粉碎机粉碎成颗粒在1 mm以下的酒花粉，添加方法与全酒花相同。其优点有：①酒花粉由于在麦汁煮沸时较易均匀分散，故酒花利用率可提高约10%；②由于在旋涡沉淀槽中酒花粉糟和热凝固蛋白质能形成紧密的沉淀被分离掉，故可省去酒花分离槽设备；③使用也较为方便。

不过，酒花粉是一种粗加工方法，采用酒花粉也存在不容忽视的缺点，如①对储藏的酒花粉的要求较高，水分高时，将不利于粉碎；②在酒花粉碎过程中，锤式粉碎机锤片打击点处的局部温度高达500℃，极易引起酒花树脂的氧化和酒花油的损失；③酒花粉在使用前，在常温下往往保存数小时至数天，由于其表面积较大，因而加剧了酒花有效成分的氧化、酒花粉易损失等；④贮存时间太长的酒花，一些有害物质的溶解加剧，影响啤酒的风味等。目前同样也仅有少数啤酒企业部分使用酒花粉。

典型的酒花粉加工方法为：应在酒花场，酒花在55℃热空气下，干燥至水分5%～6%，进行粉碎干燥，粉碎后立即包装于气密性容器中，并充入惰性气体，包装分每袋3 kg、5 kg、10 kg几种。

三、颗粒酒花

为了克服酒花粉的不足，将粉碎至一定规格的粉状酒花压制成直径为2～8 mm，长约15 mm的短棒，以增加其密度，减少其体积，同时也降低了其比表面积，并在充惰性气体的条件下包装贮藏，酒花更不易氧化，这种酒花制品称为颗粒酒花（图4.3）。

图4.3　颗粒酒花

颗粒酒花能有效防止酒花有效成分的氧化和损失，可以在常温（<20℃）下运输和贮藏。颗粒酒花较全酒花均匀一致，添加于煮沸的麦汁中极易分散，酒花利用率可提高10%～25%；与使用酒花粉一样不需酒花分离槽设备，用旋涡沉淀槽即可分离酒花残渣，麦汁损失也少；其贮藏和运输体积较全酒花减少达80%以上；使用方便，用水调浆或气力输送可以实现自动添加。目前颗粒酒花是世界上使用最广泛的酒花制品，也是国内啤酒企业应用最多的酒花制品。

我国在1982年研制成功了酒花颗粒的生产工艺:新鲜酒花球,干燥至水分5%～6%→α-酸调整→粉碎机粉碎成2～3 mm粉粒→回潮至水分10%～12%→喷液氮→压制颗粒→包装物抽真空、充氮、封口。

我国颗粒酒花分为二级,一级标准内容见表4.5。

表4.5 颗粒酒花一级标准

指标	要求	指标	要求
色泽	浅黄绿色	香气	富有浓郁的啤酒花香气,无异杂气味
匀整度	颗粒均匀,散碎粒＜4.0%	硬度	≥60 N/cm²
崩解时间	≤10 s	水分	10%～12%
α-酸含量		7.0%(干态计)	

四、酒花浸膏

酒花浸膏是用有机溶剂或者CO_2将酒花中的有效成分萃取出来而制成的浓缩了5～10倍有效成分的树脂浸膏。世界酒花产量的25%～30%被加工成酒花浸膏,最大的生产和使用国家是德国和美国。酒花浸膏由于常缺乏酒花中的某些成分(如单宁物质等),故一般不单独使用。使用时常部分取代全酒花,或与其他酒花制品(如颗粒酒花、单宁抽提物等)配合使用,仍在麦汁煮沸时添加。

酒花浸膏具有如下优点:①体积小,只是全酒花的7%左右,运输和保管费用较低;②性能较稳定,密封在容器中可在20℃环境下长期保存不变质;③能进一步提高酒花利用率,且能较准确地控制酒花使用量,达到啤酒要求的苦味值;④没有酒花残渣,故麦汁损失少;⑤使用方便,且对改善啤酒的泡沫稳定性、挂杯性、苦味的柔和性及抗冷性能均能起到一定的作用。

酒花浸膏的类型和加工方法有很多,制备酒花浸膏的方法起初是用己烷、二氯甲烷等有机溶剂萃取法,产品质量差,而且存在化学溶剂残留;随着超临界(液态)CO_2萃取法的出现和应用,目前有机溶剂萃取法已近乎淘汰。目前国内使用CO_2酒花浸膏的啤酒企业已为数不少,所用酒花浸膏均从国外进口,价格昂贵。

超临界CO_2萃取啤酒花浸膏的工艺流程见图4.4。

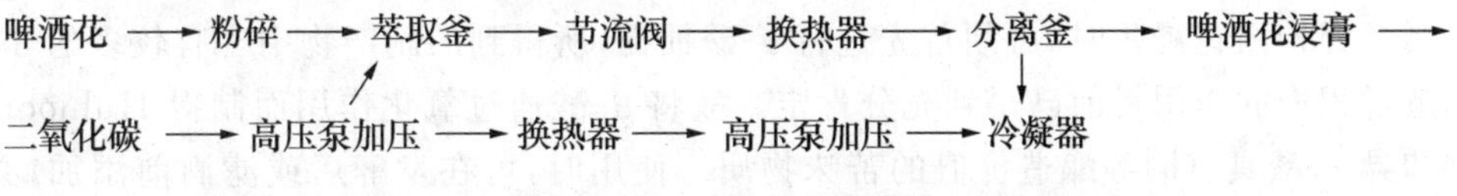

啤酒花 → 粉碎 → 萃取釜 → 节流阀 → 换热器 → 分离釜 → 啤酒花浸膏 →

二氧化碳 → 高压泵加压 → 换热器 → 高压泵加压 → 冷凝器

图4.4 超临界CO_2萃取酒花浸膏的工艺流程

啤酒花经适当粉碎装入萃取器中,净化的二氧化碳气体由压缩机加压至一定的高压后通入到萃取器,在适当的温度下进行萃取,然后经减压阀减压后进入分离器进行分离,啤酒花浸膏留在分离器中,后由放油阀放出收集,二氧化碳气体进入储罐与来自钢瓶的二氧化碳混合,可以循环利用。用超临界CO_2流体萃取方法从啤酒花中提取啤酒花浸膏具有过程简单、操作方便、萃取率高、品种可调、产品质量好等优点,具有很大的开发价值。

五、异构酒花浸膏

异-α-酸具有强烈的苦味，它在水中的溶解度较α-酸高，是啤酒苦味的主要来源。若α-酸先经异构化处理，再应用于啤酒酿造，可以避免α-酸在麦汁煮沸和发酵过程中造成的损失，从而大大提高酒花利用率(可达90%以上)。目前全世界约有6%的酒花被加工成异构酒花浸膏，其主要成分是异-α-酸的钠盐、钾盐或镁盐。异构酒花浸膏一般仍和全酒花或其他酒花制品配合使用，即在麦汁煮沸时添加部分其他酒花制品，在发酵或滤酒前添加异构酒花浸膏用以调节啤酒的苦味。如全部取代其他酒花制品，易出现酵母变性、发酵异常和啤酒风味改变等现象。

六、酒花油制品

酒花中的酒花油组分，在麦汁煮沸时大部分会随水蒸气而逸出，在发酵时还有一部分会随CO_2而逸出，因此啤酒往往酒花香味不足，于是出现了分批添加酒花法和干加酒花法(dryhopping，即在贮酒阶段添加一部分香型酒花)，但使用效果和酒花利用率均较低。为使啤酒尽可能多地具有酒花香味，可以将酒花中的酒花油预先提取出来，再与水混合后配成一定浓度的乳浊液，在麦汁煮沸结束前或在贮酒和滤酒时添加于啤酒中，且对啤酒的苦味、泡沫稳定性及非生物稳定性均无不良影响。

酒花油的常规制备方法有常压水蒸气蒸馏法和减压(高真空)水蒸气蒸馏法，前者因在蒸馏过程中酒花油组分易发生氧化分解而变味，故已逐渐被淘汰。随着超临界(液态)CO_2萃取技术的发展和应用，又出现了一种新型的酒花油制品，称为β-酸酒花油。β-酸酒花油通常约含有70%的β-酸和20%的酒花油(以及一些未定性软树脂)，仅含少量或不含α-酸，一般是采用液态CO_2从酒花中萃取制得，或在生产异构酒花浸膏时α-酸被抽提后的副产物。β-酸在麦汁煮沸过程中的转化产物，其苦味为α-酸的35%～50%，而且苦味比α-酸、异-α-酸更细腻、柔和(这与近代对啤酒苦味的要求相吻合)。β-酸酒花油通常在麦汁煮沸结束前5～10 min添加，用以取代分批添加酒花法中最后一次添加的香型酒花，能够有效改善啤酒风味，提高啤酒的风味稳定性，为啤酒提供新鲜纯正的酒花香气。

七、其他酒花制品

在制备异构酒花浸膏时，必须首先进行α-酸抽提，所得到的副产物中含有较多的β-酸，β-酸在酿造过程中的作用目前已得到充分肯定。故将β-酸通过氧化作用而制得Hulupones，便可得到和异-α-酸具有同等酿造价值的苦味物质。使用时，可在发酵后或滤酒前添加，必须与其他酒花制品(如异构酒花浸膏)配合使用，方可达到与使用全酒花相似的苦味类型。

酒花浸膏发生异构化后，异-α-酸分子侧链上的两个—C ═C—不稳定双键被4个氢原子还原生成四氢异-α-酸，从而制得四氢异构酒花浸膏，四氢异构酒花浸膏可在啤酒成熟后滤酒前加入。由于四氢异-α-酸较稳定，不会被日光催化断裂生成所谓的“日光臭”物质，因此与酒花浸膏配合使用可生产出抗日光臭的新型啤酒，并可将这种啤酒灌装于无色玻璃瓶中。采用该法还可增加啤酒泡沫、提高啤酒稳定性、赋予啤酒没有后苦的清爽苦味。

为弥补酒花浸膏中不含多酚的缺陷，啤酒工艺上通常是采用水煮的方法提取酒花中的多酚。杨小兰等研究表明，传统水煮法提取的酒花多酚量仅为13.63 mg/g干酒花，而采用其研究确定的最佳提取工艺(70%丙酮、料液比1∶25、45℃回流提取1 h)，则酒花多酚的提取量可达47.29 mg/g干酒花，是传统水提法的3.5倍。同时，研究还表明酒花多酚提取物具有较强的自由基清除力和抗氧化活性，是一种天然的抗氧化成分。它有望成为延缓人体衰老、预防多种疾病的保健物质。MDA可激发引起细胞多方面的损伤，是脂质过氧化程度的可靠指标。酒花多酚对MDA生成的抑制作用可能对于保护细胞免受过氧化损伤，维持细胞正常生理功能具有积极作用。李莉等以六氢β-酸为原料通过大量的实验对啤酒花口香糖配方进行优化研制出一种新型的口香糖，该口香糖的研制有望为啤酒花的应用与发展开辟一条新路扩大啤酒花的应用范围。该研究通过对该保健型口香糖的配方进行正交试验 结果表明添加胶基45%，山梨糖醇40%，六氢β-酸0.45%，生产出来的啤酒花口香糖口感好，香味，硬度适中，咀嚼性好。

目前在国内外酒花除了用于啤酒酿造外，在食品领域的应用还是比较少，韩珍琼等进行了啤酒花保健饮料的研制，既为功能性保健食品增加了新品种，又为我国西部优势资源的应用拓展一个新的领域。以啤酒花为原料，经水浸提，以酒花浸提液16.7%，维生素C 0.15%，低聚异麦芽糖2%，低聚果糖1.6%，木糖醇1.0%，苹果酸0.05%，柠檬酸0.96%，阿斯巴甜0.065%调配成口感凉爽、酸甜适口、带轻微苦味的啤酒花保健饮料。该饮料对糖尿病并发症有抑制作用，还有增加肠道双歧菌，改善肠道微环境的功效。

参考文献

[1] 管敦仪.啤酒工业手册.2版(修订版)[M].北京:中国轻工业出版社,1999.
[2] 梁世忠.生物工程设备[M].北京:中国轻工业出版社,2009.
[3] 徐斌.啤酒生产问答[M].北京:中国轻工业出版社,1998.
[4] 王文甫.啤酒生产工艺[M].北京:中国轻工业出版社,1997.
[5] 朱恩俊.酒花及酒花制品在啤酒工业中的应用[J].啤酒科技,2006,07.
[6] 刘玉梅,汤坚,刘奎钫.啤酒花的化学研究及其和啤酒酿造的关系[J].酿酒科技,2006(2):71-75.
[7] 李玉杰.啤酒花及制品感官品评方法浅析[J].啤酒科技,2012,4:44-47.
[8] 周娟,邹翔,季宇彬.啤酒花的有效成分及活性研究[J].哈尔滨商业大学学报(自然科学版),2005,21(4):414-418.
[9] 李疆,周红.超临界萃取技术及其在啤酒花浸膏生产上的应用[J].酿酒,2008,35(3):53-55.
[10] 雷静.啤酒花浸膏的提取、浓缩及储藏性研究[D].新疆:新疆大学,2010.
[11] 杨小兰,田艳花,师成滨,等.啤酒花多酚的提取工艺及抗氧化活性的研究[J].食品科学,2006,27(10):297-301.
[12] 李莉,易醒,肖小年,等.啤酒花口香糖的研制[J].江西食品工业,2010(1):43-45.
[13] 韩珍琼,李小波.啤酒花保健饮料的生产工艺研究[J].食品工业科技,2005,26(3):131-135.

第五章　啤酒酵母的构造、选育及保藏

第一节　酿酒酵母类别

酿酒酵母(*Saccharomyces cerevisiae*),又称面包酵母或者出芽酵母。酿酒酵母是与人类关系最广泛的一种酵母,用于制作面包和馒头等食品及酿酒。酿酒酵母的细胞为球形或者卵形,直径 5～10 μm。其繁殖的方法为出芽生殖。酿酒酵母与同为真核生物的动物和植物细胞具有很多相同的结构,又容易培养,酵母被用作研究真核生物的模式生物,也是目前被人们了解最多的生物之一。酿酒酵母是第一个完成基因组测序的真核生物,测序工作于 1996 年完成。同时,酿酒酵母是发酵中最常用的生物种类。

一、所属分类

生物分类学是研究生物分类的方法和原理的生物学分支。分类就是遵循分类学原理和方法,对生物的各种类群进行命名和等级划分。瑞典生物学家林奈将生物命名,而后的生物学家用域、界(Kingdom)、门(Phylum)、纲(Class)、目(Order)、科(Family)、属(Genus)、种(Species)加以分类。由怀塔克所提出的五界,即原核生物界、原生生物界、菌物界、植物界以及动物界最被人们接受。从最上层的"界"开始到"种",愈往下层则被归属的生物之间特征愈相近。

酿酒酵母在生物分类学上的分类如下:

域:真核域(Eukarya)

界:真菌界(Fungi)

门:子囊菌门(Ascomycota)

纲:半子囊菌纲(Hemiascomycetes)

目:酵母目(Saccharomycetales)

科:酵母科(Saccharomycetaceae)

属:酵母属(*Saccharomyces*)

种:酿酒酵母(*S. cerevisiae*)

根据劳德(Lodder)的分类,酵母有 39 属,350 种。工业生产上应用的酵母菌都属于 *Saccharomyces* 属,在自然界分布广泛,有很多菌种,其中以啤酒酵母最为重要。啤酒酵母称为 *S. cerevisiae*,种类较多,不同品种的菌株,在形态及生理上都有明显区别。

二、上面酵母和下面酵母

上面酵母又称顶面酵母,啤酒厂使用的上面酵母是纯粹培养酵母。下面酵母又称底面酵母或贮藏酵母,啤酒厂使用的下面酵母也是纯培养酵母。下面酵母是在不断变化的外界因素影响下，由上面酵母演变而来的。上面酵母和下面酵母的形态和生理区别如表 5.1 所示。

表 5.1　上面酵母和下面酵母的形态及生理特征

区别内容	上面酵母	下面酵母
细胞形态	多呈圆形，多数细胞集结在一起	多呈卵圆形，细胞较分散
发酵时生理现象	发酵结束，大量细胞悬浮在液面	发酵结束，大部分酵母凝集而沉淀器底
芽细胞分支	生长培养时，生出有规则的芽细胞分支，易形成芽簇	芽细胞分支不规则，且易分离，不易形成芽簇
对棉籽糖发酵	能将棉籽糖分解为蜜二糖和果糖，只发酵 1/3 果糖部分	全能发酵棉籽糖
对蜜二糖发酵	缺乏蜜二糖酶，不能发酵蜜二糖	含有蜜二糖酶，能发酵蜜二糖
37℃培养	能生长	不能生长
孢子形成	培养时相对较易形成孢子	很难形成孢子，只有用特殊的培养方法才有可能
产生 H_2S 或甲基硫醇	较低	较高
呼吸活性	高(存在较多的琥珀酸脱氢酶)	低
对甘油醛发酵	不能	能
利用酒精生长	能	不能

除上述不同外，两类酵母还有下列区别：

(1)在同等浓度麦芽糖和半乳糖的基质中，上面酵母对麦芽糖发酵甚快，而对半乳糖很少作用；而下面酵母与此相反，在发酵麦芽糖前先发酵半乳糖。

(2)两类酵母细胞对葡萄糖、麦芽糖和半乳糖的渗透能力也有区别。两类菌株均需在前期培养基有半乳糖存在时，才能渗透半乳糖。若前期培养系在半乳糖培养基中培养，则下面酵母渗透葡萄糖和半乳糖的速率约为上面酵母的 2 倍；上面酵母对麦芽糖的渗透能力约为下面酵母的 20 倍。

(3)在麦汁中，上面酵母只能产生少量 SO_2，在同样条件下，下面酵母则能产生较多的 SO_2；只有在蔗糖存在而无泛酸的存在下，上面酵母才能产生较多的 SO_2；而下面酵母则不管存在任何糖类或是否存在泛酸盐，均能产生较多的 SO_2。

三、凝聚酵母和粉状酵母

(一)凝聚酵母

啤酒酵母的凝聚性是酵母的生理特征之一，凝聚的强弱，受基因控制极不一致。凝聚性强的酵母，从酒液中分离早，沉淀快，酒液中的细胞密度低，发酵慢，发酵度低。凝聚性弱的酵母，与酒液分离晚，酒液中细胞密度高、沉淀慢、发酵快、发酵度高、回收酵母量少、滤酒困难。介于强弱之间的凝聚性则有较大的范围，酿造者应根据自己生产啤酒的类型进行选择。

每一菌种均有其一定的凝聚特点，在其他条件不变的情况下，凝聚性的改变往往是菌种变异的象征。

(二)粉状酵母

粉状酵母又称絮状酵母。酵母长时间地悬浮在发酵液中而不易沉淀，发酵结束时也只有极少量松散的酵母沉淀者称为粉状酵母。上面酵母和下面酵母中均有粉状酵母。粉状酵母发酵快，发酵度高，但回收困难，需用离心机回收酵母。

凝集酵母和粉状酵母的区别见表5.2。

表5.2　凝集酵母和粉状酵母的区别

区别内容	凝集酵母	粉状酵母
发酵时情况	酵母易于凝集沉淀(下面酵母)或凝集后浮于液面上(上面酵母)	不易凝集
发酵终点	很快凝集，沉淀致密，或于液面形成致密的厚层	长时间地悬浮在发酵液中，很难沉淀
发酵液澄清情况	较快	不易
发酵度	较低	较高

四、啤酒工厂常用的传统酵母菌种

纯粹培养的啤酒酵母菌株很多，近年来，通过杂交和诱变，新的优良菌种不断出现。有的用传统的名称，有的则用研究机构或菌种保藏单位的名称。现举几种传统使用的下面和上面酵母，见表5.3及表5.4。

表5.3　传统的下面啤酒酵母的几种主要菌种

酵母品种	性　状
佛罗倍尔酵母(*S. forhberg*)	发酵度高，沉淀慢而不凝集
萨士酵母(*S. saaz*)	发酵度低，凝集性强，沉淀快
卡尔斯倍酵母(*S. carlabergensis*)	两种类型：卡尔斯倍1号(*S. carlabergensis*)，发酵度高，沉淀慢；卡尔斯倍2号，又称摩拿酵母(*S. monacensis*)或卡尔斯倍酵母变种(*S. carlabergensis* var. *monacensis*)，发酵度低，沉淀快
U酵母(Rasse U I. F. G.)，又名多特蒙德酵母	由柏林发酵学院分离出来，细胞卵形，大小不整齐，发酵度很高，为德国多特蒙德啤酒厂的典型酵母，国内许多厂采用此种酵母，其发酵力和凝集性都很好
E酵母(Rasse E I. F. G.)	由柏林发酵学院分离出来，细胞圆形，较大，发酵度高，沉淀较慢，不易澄清，往往与其他酵母合用，或用于后发酵，以获得高发酵度
776号酵母(Rasse 776 I. F. G.)	细胞椭圆形，互相胶着，比U酵母略大，发酵能力强，适用于添加非发芽谷类原料的啤酒，国内许多大厂使用的酵母与此相似

续表 5.3

酵母品种	性　状
荷兰酵母（Rasse 547 I. F. G.）	由荷兰阿姆斯特丹啤酒厂分离出来，形态同 U 酵母，大小较整齐，发酵力中等，为欧洲一般啤酒厂所采用
1103 号酵母（Rasse 1103 I. F. G.）	由柏林发酵学院分离出来，细胞卵形，较大，凝集性好，澄清快，香味好，适宜低浓度麦汁的浓色啤酒发酵

表 5.4　传统的上面酵母的几种主要菌种

酵母品种	性　状
啤酒酵母（*S. cerevisiae* Hansen）	又称爱丁堡酵母，细胞呈圆形或卵圆形，大小为 6 μm×(6～10)μm，常呈短链，发酵度高，沉淀慢，在石膏培养基上 25℃即可形成孢子，1～4 个孢子，呈球形，有光泽。麦汁琼脂培养基上呈淡灰褐色、黏质、湿润有光泽的菌落，表面光滑，边缘呈锯齿状，能发酵葡萄糖、半乳糖、蔗糖、麦芽糖和 1/3 棉籽糖，不能同化硝酸盐，以乙醇为养分，仅有微弱发育和发酵现象
萨士型啤酒酵母（*S. cerevisiae* Hansen Rasse *saaz*）	是从上面发酵啤酒中分离出来的。细胞呈圆形至卵圆形，大小为(3～6)μm×(4～8)μm，细胞不连接，发酵度高，沉淀慢。在石膏培养基上不形成孢子，在麦汁斜面培养基上，菌落呈淡灰色，质软，有光泽，有皱纹，边缘锯齿状。能发酵葡萄糖、麦芽糖、蔗糖及 1/3 棉籽糖，半乳糖仅能微弱发酵，不能同化硝酸盐，以乙醇为养分，仅微弱发酵
佛罗倍尔型啤酒酵母（*S. cerevisiae* Hansen Rasse *frohberg*）	细胞卵圆形，大小为(3～5)μm×(5～7)μm，单独生长或两个连接，在石膏培养基上不形成孢子，菌落呈淡灰褐色，质软，湿润，有光泽，表面光滑，边缘锯齿状。对葡萄糖、麦芽糖、半乳糖、蔗糖完全发酵，发酵 1/3 棉籽糖，不能同化硝酸盐，以乙醇为养分，仅微弱发酵

第二节　构造及作用原理

一、啤酒酵母的形态

啤酒酵母呈圆形或卵圆形，细胞大小一般为(3～7)μm×(5～10)μm。培养酵母的细胞平均直径为 4～5 μm，不能运动。啤酒酵母细胞的形态往往受环境影响而有变化，但在环境好转后，仍可恢复原来的形状。啤酒酵母在麦芽汁固体培养基上，菌落呈乳白色，不透明，但有光泽，菌落表面光滑、湿润、边缘整齐，随着培养时间的延长，菌落光泽逐渐变暗。菌落一般较厚，易被接种针挑起。

啤酒酵母在液体培养基中，会在液体表面产生泡沫。常因菌种悬浮在培养基中而呈混浊状。发酵后期，有的酵母悬浮在液面，形成一厚层，如上面发酵啤酒酵母；有的沉积于器底，如下面发酵啤酒酵母。

二、啤酒酵母细胞的结构

成熟啤酒酵母细胞的质量约 40 g/10^{12} 个细胞干物质。在显微镜下观察啤酒酵母的结构如图 5.1 所示，主要具有细胞壁、细胞膜、细胞质、细胞核、液泡、颗粒、线粒体等。

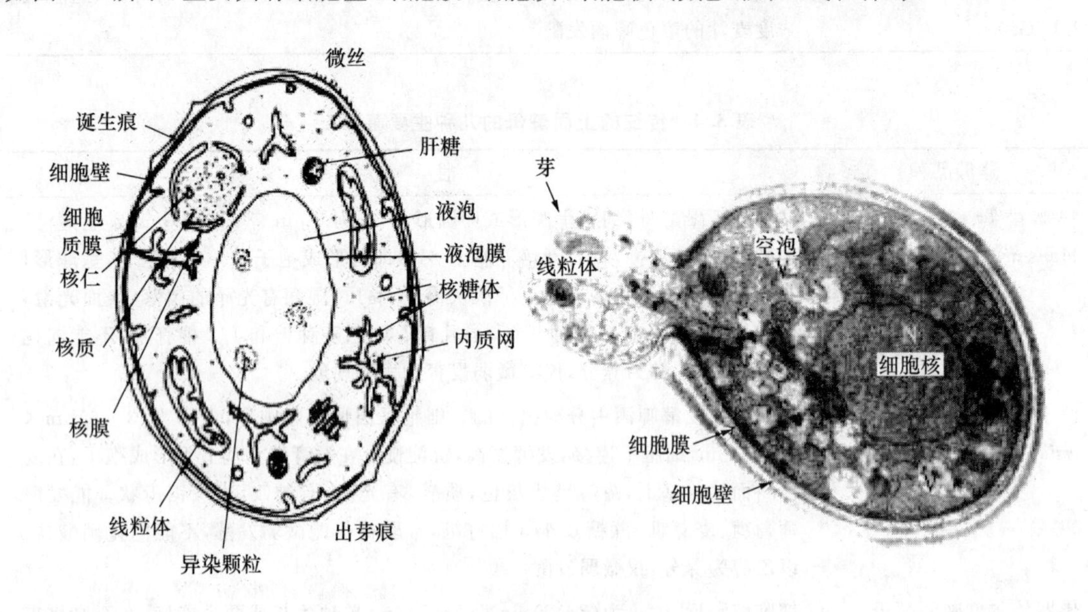

图 5.1　啤酒酵母细胞结构图

(一)细胞壁

细胞外围覆以细胞壁，约占细胞质量的 30%，壁厚 100～200 nm。幼年细胞的细胞壁不明显，酵母衰老时细胞壁变厚。常利用细胞壁的厚薄，来鉴定酵母的性质。细胞壁的组成包括约 40%β-葡聚糖、40%甘露聚糖、8%蛋白质、7%类脂、3%无机物、2%已糖胺(hexosamine)和壳多糖(chitin)。β-葡聚糖与蛋白质紧密结合，是细胞壁的主要构成物质，位于细胞壁内部；甘露聚糖也与蛋白质结合，位于细胞壁外部，与细胞的凝聚性有关。细胞壁的表面，由于羰基和磷酸盐的存在，在啤酒的 pH 下带有负电荷。

(二)细胞膜(细胞质膜)

紧贴细胞壁的内面，有一层活性细胞质膜，厚约 150 nm，具有半透性。其主要构成物质包括类脂、磷脂、蛋白质、甾醇等。其功能主要用来摄取周围环境的养分及发酵必需的物质，如糖、无机盐、低分子氮化物等都能通过细胞膜进入细胞内，并将一些代谢产物如乙醇、二氧化碳、酸、酯等排出细胞外；但对高分子蛋白质不具渗透作用，死酵母的细胞膜染料可以透入。啤酒酵母凝集性的形成也与细胞膜的组成有关。

(三)细胞核

细胞核由核膜、核质、核仁等组成。细胞核直径为 0.5～1.5 μm，经染色后可以观察到。

细胞核外部覆以双层核膜，核内有月牙状的核仁，双倍体细胞内具有显微镜下不易看到的有基因作用的 17 对染色体。

细胞核内含脱氧核糖核酸，是酵母遗传变异的主要物质基础，在酵母繁殖和遗传上起着非常重要的作用。

(四)细胞质

细胞内充满着细胞质，为蛋白质类物质，对维持细胞的生命活动很重要。当细胞发育时，细胞质的变化很大。幼细胞的细胞质浓缩而均匀，衰老的细胞，细胞质中呈现许多颗粒和空泡。

(五)液泡

快速生长的细胞内，可含有几个液泡，成熟的细胞一般只有一个液泡。在单层的液泡膜内有密集的聚磷酸盐颗粒(俗称异染粒)及水溶液。幼细胞的液泡不太明显，在细胞衰老或营养缺乏时，液泡逐渐变大。

(六)颗粒

细胞中的颗粒是酵母的贮藏物质和细胞的代谢产物，包括异染颗粒、肝糖和脂肪粒等。异染颗粒中含有较多的核酸或核酸化合物，主要为核糖核酸。幼细胞生活力强，不易积累，含异染颗粒较少，老细胞中积累较多。肝糖是酵母的贮藏物质，在旺盛繁殖的幼细胞中很明显。一般酵母培养 48 h，肝糖含量达到高峰。用碘化钾液可染成棕色。脂肪粒分散于细胞中，大小不等。当酵母形成子囊孢子时，细胞中含脂肪粒最多，可作为子囊孢子的养料。脂肪粒用苏丹液可染成红色。

(七)线粒体

线粒体的直径约为 0.2 μm，一般是看不到的，形状随培养条件而改变。在好气条件下，特别是葡萄糖含量很低时，线粒体均匀分布在细胞之内；在厌气条件下，线粒体黏附成厚束，分布在细胞外围。线粒体含有细胞色素和呼吸酶，负责糖类的氧化代谢，分解为二氧化碳和水，同时在产生、积累和分配细胞的能量方面起重大作用。

第三节　酵母选育

一、单细胞菌株的获得

(一)啤酒酵母的选育

不同菌株的啤酒酵母，其性质区别很大，啤酒厂应该根据本身的生产特点，选择理想的菌株，以适应生产上的需要。

优良的啤酒酵母应具备以下特点：①能有效地从麦汁中摄取代谢所需要的营养物质；②其

代谢产物能赋予啤酒良好的风味;③发酵完毕后,能顺利地从发酵液中分离。啤酒酵母的发酵性能,不只受环境条件如麦汁成分、发酵温度、发酵容器、通风量等的影响,也受其遗传特性的控制。改变细胞中脱氧核糖核酸的组成,可以改变某些受遗传因子控制的酵母性能,如凝集性、发酵速度和代谢产物等。因此,如果能科学地控制啤酒酵母的遗传特性,并使其变得符合要求,就能使啤酒酿造技术变得更为合理,便于控制。

在啤酒工业中,酵母遗传学主要应用于鉴定和控制酵母菌株的特性。要选育优良啤酒酵母菌株,除从生产或保藏的大量已有的菌株中筛选理想的菌株外,还可以通过杂交、诱变等,使脱氧核糖核酸变异的育种手段,以及基因工程的实施,寻找性能改良的新菌株。

1. 菌种筛选

新建厂或工厂的生产方式改变,往往需要筛选新菌种。筛选菌株可将回收酵母泥作为筛选底物,也可从已有的菌株中筛选较理想的菌种。

首先通过观察和测定酵母菌的发酵能力、收获量和凝集性、酵母活性、风味物质分析及感官鉴定等,使用三角瓶低温发酵,对大量的菌株进行特性试验,这样能快速筛选到特性较好的菌株。但是三角瓶试验与实际生产相差较大,得到的菌株不一定能应用到实际生产中。试管发酵器(EBC 管)是检测酵母菌株酿造特性的理想设备。三角瓶筛选得到一些特性较好的菌种再通过试管发酵器进行筛选,经 EBC 管发酵试验,酵母性能稳定后方可认为是优良菌株。得到优良菌株后先进行扩大规模的发酵试验,比较满意时,再进行生产规模试验。选择的根据是按工厂生产方式和产品质量的要求进行的,一般包括以下内容:

①特定发酵温度下的繁殖能力、发酵速度和发酵度。

繁殖能力:要求酵母具有短的平均世代时间,高的低分子氮同化能力和甾醇合成能力,使细胞倍增时间缩短,细胞密度增长快,以缩短接种后的停滞期,很快进入对数生长期。

发酵速度:除与酵母细胞密度密切相关外,酵母本身应具有良好的合成麦芽糖渗透酶和麦芽三糖渗透酶的能力,使麦芽糖和麦芽三糖得以进入酵母细胞,进行分解和发酵。

发酵度与最终发酵度:要能达到较高的发酵度,从现代啤酒风格趋向淡爽型的情况看,发酵度一般要求接近麦汁的最终发酵度。

②酵母的凝聚性和沉降速率:要求酵母凝聚性适中,既能达到较高的发酵度,又沉淀坚实,容易分离。

③双乙酰前体物质的峰值:要求酵母具有较低的 α-乙酰羟基酸合成酶的活力和较高的 α-乙酸乳酸还原异构酶的活力,以降低双乙酰前体物质的峰值。

④酵母抗变异的稳定性:要求酵母在连续发酵 10 代以上,其发酵模式、双乙酸含量、酒的风格基本无变化。

⑤产品的风味物质分析和品尝鉴定:分析内容重点包括双乙酰、有关高级醇、有关酯类及硫化物等。

2. 杂交育种

杂交育种是依靠酵母的生活史,并利用其具有不同遗传特性和相反交配型的细胞能产生新的双倍体这一特点去进行的。杂交后的新菌株应具有稳定的遗传特性,否则就没有实用价值。

通过杂交,要求获取全面良好的新菌株是不容易的,但是要求获取满足生产需要的某些特有性能的菌株还是可能的,例如,凝聚力适中的新菌株,风味优美的新菌株或发酵度比较高的菌株等。

3. 诱变育种

对啤酒酵母采用各种剂量、种类的化学诱变剂，如M-甲基-N-亚硝基硝基胍(M-methyl-N-nitroso nitroguanidine，NTG)，乙基甲烷磺酸酯(ethyl methane sulfonic acid ester，EMS)，亚硝酸，或采用物理方法如紫外光照射，均可以获得遗传特性发生改变的变异菌株。一般来说，这种诱变常常是破坏性的，使变异株缺乏某些亲株所特有的酶，从而有可能获得去除某些不良性质的新菌株，例如产硫化氢、双乙酰和酯类少的新菌株。

(1)物理诱变育种。传统的物理诱变方法主要是紫外诱变和射线等。当前，物理学和其他一些学科技术在生物学研究中广泛渗透，为微生物遗传育种工作开辟了一条新路。这些技术有离子束注入技术、激光诱变育种、高压静电技术、微波诱变和航天技术等。

(2)化学诱变育种。化学诱变育种是用特定的化学物质对微生物进行处理，以诱发遗传物质的突变，从而引起变异，然后根据育种目标，对这些变异进行鉴定、培育和选择，最终培育成新品种。常用化学诱变剂主要有烷化剂、核酸碱基类似物、亚硝酸、叠氮化钠、秋水仙素等。

(3)诱变方法实例一。

①培养基。诱变经常使用3种基本培养基。

A. 酵母完全培养基(ZYCM)：3 g/100 mL蛋白胨(Difco)，0.5 g/100 mL酵母浸膏(Difco)，0.5 g/100 mL酪蛋白分解物，4.0 g/100 mL葡萄糖，0.4 g/100 mL硫酸锌。

B. 酵母最低培养基(ZYMM)：0.67 g/100 mL酵母氮(Difco)，4 g/100 mL葡萄糖，0.4 g/100 mL硫酸锌。

以上两种培养基均调节pH为5.8。

C. 酒花麦汁培养基：相对密度1.04的加酒花麦汁，其中添加0.4 g/mL硫酸锌。

上述培养基均在68.95 kPa压力下加压灭菌10 min，如需添加氨基酸，在灭菌前加入。如需添加双乙酰，要在冷却的(49℃)培养基倾于平板前迅速加入。

②菌种。酵母菌种保存于40℃全培养基的斜面上，处理前，移植于28℃完全培养基中培养24 h。

③诱变剂处理。上述培养24 h的酵母液，悬浮在等压食盐水下，使其浓度为2×10^6细胞/mL。对照菌株用同样方法制备，但不经诱变处理。

A. NTG诱变处理：将NTG制成1 mg/mL的贮备液，并以25 μg/mL的最终浓度加入酵母悬浮液中。悬浮液在30℃下搅拌培养70 min。用10 mL食盐水洗涤4次，停止其诱变作用。

B. EMS诱变处理：细胞悬浮液用2%(体积分数)的EMS在30℃下搅拌处理70 min，用10 mL 2%硫代硫酸钠洗1次，10 mL食盐水洗3次，停止其诱变作用。

C. 亚硝酸诱变处理：将培养好的菌体悬浮于9 mL 0.1 mol/L醋酸钠缓冲液(pH 4.5)中，使其浓度为10^6细胞/mL，往此悬浮液中加入1 mL 0.2 mol/L亚硝酸钠，于20℃震荡培养10 min。浮液在10 mL食盐水中洗涤4次，并再次悬浮于10 mL食盐水中。

D. 紫外线照射：浓度为10^6细胞/mL的酵母悬浮液20 mL，置于9 cm平面皿中，用高能紫外光源(Anderman G8，TS UFA)照射10 s。紫外光与平面皿的距离为12 cm，诱变处理时，用磁力搅拌，使细胞保持悬浮。

(4)诱变方法实例二。

①抗双乙酰变异菌株的选育。从高浓度双乙酰含量(250 μg/mL)的培养基中,筛选分离抗双乙酰的啤酒酵母变异菌株。这样的菌株有可能增加对双乙酰的还原速率,降低啤酒中双乙酰的含量。

将含 250 μg/mL 双乙酸的完全培养基(约 10 mL)注入一个与水平面成 30°角度的平面皿中,制成双乙酰梯度平板,待此培养基固化后,马上注入一层约 10 mL 的完全培养基在其上,并将平面皿放置水平。所形成的楔形双乙酰培养基造成了双乙酰的梯度浓度,随着培养基横截面的不同双乙酰浓度由 50 μg/mL 增加到 250 μg/mL。

变异菌株悬浮细胞在每个梯度平板上的分布浓度约为 10^5 细胞/平板,在 18℃培养 3～5 d,生长在合适生长区前沿的单菌落,再次移植作进一步试验用。

②降低 H_2S 合成能力变异株的选育。将已经变异处理的培养物,以 40～50 细胞/平板的浓度接种于含 0.05%醋酸铅的完全培养基上,在 30 ℃培养 4 d。凡产生 H_2S 的菌落,由于形成硫化铅而变黑,白色或淡棕色菌落则作为不产生 H_2S 或少产生 H_2S 者而被选用,并再次培养于含醋酸铅的完全培养基中进行纯化,备做进一步试验。

③凝集性变异菌株的选育。将经过诱变处理的酵母悬浮液 10 mL,接种于加酒花麦汁(相对密度 1.040)中,在实验室的连续发酵罐中,用间歇培养方式,进行连续通风培养。2 d 以后,开始往罐中添加麦汁。开始稀释率为 0.05/h。6 d 以后增至 0.1/h,10 d 以后增至 0.15/h,再经过 2～4 周连续操作后,从罐中取出发酵液进行分离,分离所得的酵母用海尔姆(Helm)法进行凝集性试验,从中选出凝集力强的菌株。

4. 基因工程的实施

基因工程在酵母方面的研究始于 1978 年,直至 1985 年才在啤酒酵母的研究中运用。近 30 年来,此项技术进展很快,人们普遍认为,由于酵母基因重组技术的开展,根据生产需要,可以改变酵母的某些特性,这将有利于改变啤酒工业的面貌。

通过基因重组培育酵母菌种的研究试验阶段已有下列几方面:

(1)高发酵度的酵母菌种(英国)。高发酵度的酵母菌种用来做高发酵度的干啤酒和淡爽型啤酒,比借助于加酶制剂的方法好。从细菌或霉菌中提制的酶,往往不是单一的酶,混有其他成分,有时会带来副作用或使生产不稳定。

将许旺氏酵母菌(*S. chwaniomyces*)中编码糖化酶的基因转化到啤酒酵母中,可以提高啤酒的发酵度,重点是提高分解麦芽三糖的能力,此酶在啤酒杀菌时可以钝化。

(2)具有 β-葡聚糖酶的酵母菌种(芬兰)。啤酒中的 β-葡聚糖含量,常引起滤酒困难,且易导致沉淀问题。要克服这一困难,一般做法,常在糖化或发酵时添加从霉菌或细菌提制的 β-葡聚糖酶。这些酶制剂也不是单一性的酶,常含有一些非需要的酶。采用基因重组技术,将木霉编码 β-葡聚糖酶的基因或枯草芽孢杆菌 β-葡聚糖酶的基因转移到啤酒酵母中去,使啤酒中的高分子 β-葡聚糖得以分解,啤酒黏度降低,这将加快啤酒过滤速度,而对啤酒其他质量方面没有影响。

(3)改善酵母凝聚性的菌种(日本)。现在一般公认酵母的凝聚性是由酵母的凝聚性基因所控制。已知的至少有 12 种染色体基因控制凝聚性,其中以 FLO_1 基因的作用是主要的。如果将含此基因的多复制质粒转移到非凝聚性酵母中去,将改善其凝聚性,而对原有酵母的其他参数没有影响。改善酵母的凝集性不但对现有的啤酒发酵方法有利,对将来的连续发酵也是重要的。

(4)产生胞外蛋白酶的菌种(英国)。将野生酵母中编码胞外蛋白酶的基因克隆到啤酒酵母中去,发酵时,蛋白酶分泌到细胞外,分解形成混浊的高分子蛋白质,这对啤酒非生物稳定性是有利的,节约了蛋白酶制剂的应用。根据试验结果,证实无其他副作用。

(5)具有α-乙酰乳酸脱羧酶的啤酒酵母菌株(日本、芬兰)。啤酒酵母本身是不含α-乙酰羟基酸脱羧酶的,将肠气杆菌编码α-乙酰羟基酸脱羧酶的基因克隆或整合到啤酒酵母中去,可以大大减少双乙酰的形成,且对发酵的其他参数没有变化。

(6)具有编码α-乙酰羧基酸还原异构酶多复制基因的啤酒酵母(比利时)。将载有编码α-乙酰羧基酸还原异构酶多复制基因的质粒转移到啤酒酵母中去,可以强化α-乙酰乳酸合成缬氨酸的合成代谢流,减少α-乙酰乳酸在酵母细胞中的积累,也就减少了双乙酰的形成。

除上述菌种外,还将开发耐高酒精度、耐高渗透压的菌株,抗污染的菌株,耐高温的菌株,改善泡沫的菌株等。

二、啤酒酵母的分离培养

啤酒酵母的分离培养就是利用特殊的分离技术,将优良强壮的单细胞酵母菌从原菌中分离出来,加以扩大培养,供生产使用。分离培养的方法很多,工厂常用的是平板分离法或划线分离法。这两种方法比较简单,但不一定能获得单一纯种。如果需要,还可以以平板分离法获得的菌落出发,进一步采用单细胞分离法,选出若干菌株,进行选择。现将分离培养方法简述于后。

(一)待分离的原菌

(1)从实验室保存的原菌种中分离,原菌种必须先经过几次培养活化后再行分离;

(2)从生产中的酵母泥或主发酵液中分离。

(二)分离培养方法

1. 平板分离培养法(又称稀释分离法)

这种方法简单易行,适合于工厂现场使用。

先将盛有麦汁的琼脂试管培养基放在热水中融化,冷却至 42~45℃。再将准备分离培养的酵母原菌用白金针移植到已融化的培养基内。如分离培养发酵液的酵母,则先使之静置,倾出上部清液,留少量发酵液,混合均匀后接种。如分离培养酵母泥,需加少量无菌水或麦汁,稀释后再接种。

将分离培养的酵母移植于融化的培养基内后,充分振荡,使混合均匀,用白金针从该试管挑少许移植到第 2 支试管中,随即将第 1 支试管中的培养基倾注在已灭菌的培养皿中,均匀分布在培养皿底面,使之凝固。用同样方法再从第 2 支试管移植到第 3 支,而后第 4 支试管内,分别将取样后的培养基倾注在培养皿内,如图 5.2 所示。然后,将培养皿置 25~27℃保温箱中培养 2~3 d,每天检查菌落生长情况,剔除形态上有改变的菌落,选择菌落形态正常、细胞大小均匀的菌落进行培养,必要时应进行 2~3 次重复分离。

2. 划线分离培养法

此法和平板分离法的根据是相似的,各有优点。划线法简单,速度较快;平板法在平板上

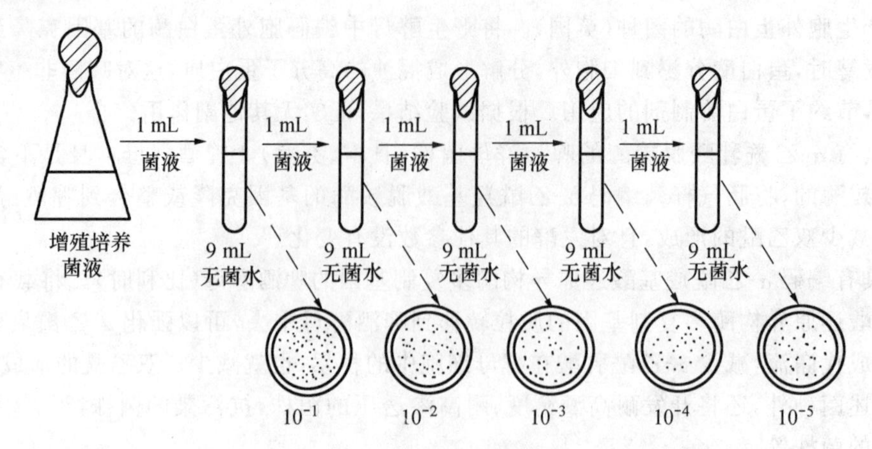

图 5.2　平板分离培养法

分离的菌落单一均匀，纯种的获得率高。

用接种针挑取适当稀释的菌液，直接在已灭菌的平面皿培养基上划线(图 5.3)，在第 3 或第 4 划线区可能得到单一菌落。然后将所需要的菌落移植到斜面培养基土，以待进一步检查。这个方法一般用于分离纯化生产上已有的菌种。

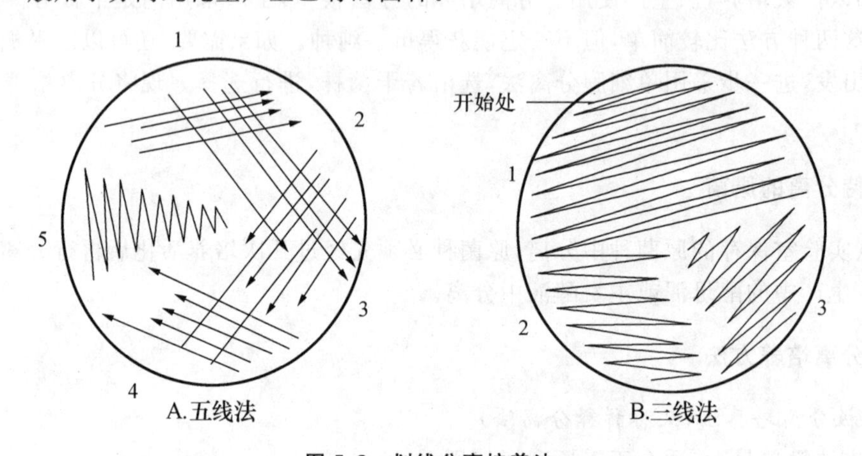

图 5.3　划线分离培养法

1、2、3、4、5 分别表示第 1、2、3、4、5 次划线的区域

3. 汉生氏单细胞分离培养法(又称湿室培养法)

用载玻片、玻璃环和刻有方格子的盖玻片组成湿室。将需要分离培养的酵母，用白金针移植到麦汁试管中，振荡，使酵母细胞均匀分布在培养基中，取一滴带酵母的培养液，用显微镜检查酵母细胞数，如细胞数不过 20 个，即取 1 滴滴在盖玻片的内面，均匀地涂在刻有方格的范围里。而后在玻璃环周围涂上明胶或凡士林，粘于载玻片上，环内加 1 滴无菌水，使环内空气湿润，将盖玻片盖在玻璃环上，周围用凡士林将玻璃环与盖玻片严密粘牢，如图 5.4 所示。

将做好的检片，放在显微镜下，检查每个小方格内的细胞数，将小方格内有单一细胞的位置记在与盖玻片画有同样格子的纸上。

检片必须同样做 3 个以上，放在 25℃保温箱中培养 2 d 以上，每天定时镜检细胞生长情况。待单一细胞已发育生成菌落时，比较各个单一菌落的大小、形状是否整齐，选择优良者，用白金针移植到已灭菌的麦汁试管内，使之增殖。每个菌落要接种 3～4 个试管。移植的菌落一

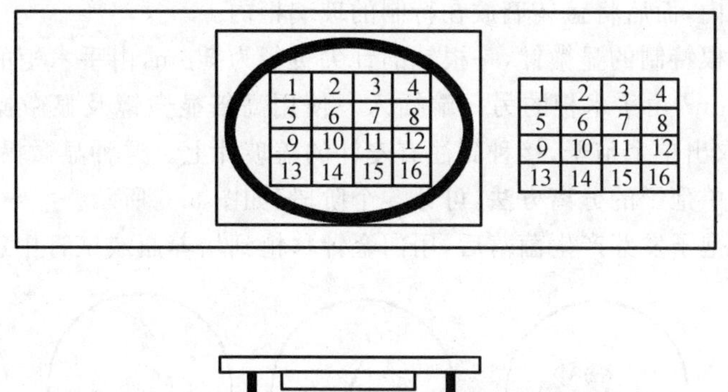

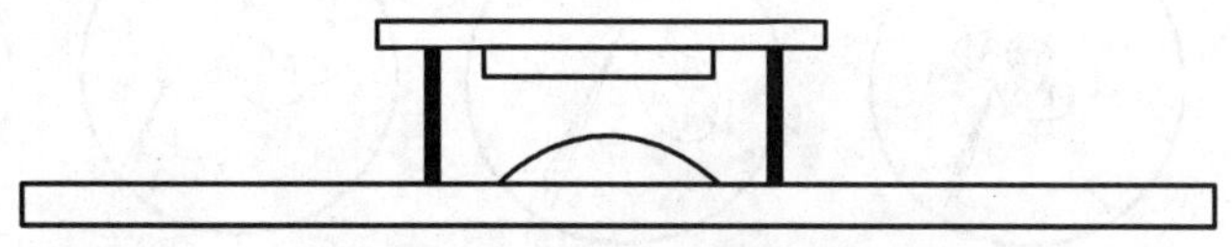

图 5.4　汉生氏湿室培养装置

般不少于10个。而后在25℃保温箱中保温培养，并进行生理特性鉴定，选择最优者加以扩大培养，供生产使用。

4. 林德奈氏单细胞分离培养法(小滴培养法)

此法是由汉生氏单细胞分离培养法演变而来的。将准备分离培养的酵母或发酵液，移植到已灭菌的麦汁培养基中，经多次稀释至每1滴麦汁仅含1个细胞为止。

在无菌室中用白金针取稀释液滴在盖玻片上，或凹形载玻片孔内，可滴3～5排，每排3～5个小点，点要均匀，距离要一致。

将盖玻片翻过来，使有小滴的一面面向凹形载玻片的孔穴，穴内加1滴无菌水，盖玻片和载玻片间用凡士林密封。在显微镜下检查每个小滴，将只有1个细胞的小滴位置记下，如图5.5所示。将检片置25～27℃培养箱内，培养2～3 d，每天检查酵母细胞生长情况。

小滴培养每次应做3个以上的检片，经过培养后，加以选择。挑选发育正常的菌落，用灭菌的三角形滤纸，把菌落吸出，移植到已灭菌的麦汁中。扩大培养，经生理特性鉴定后供生产使用。

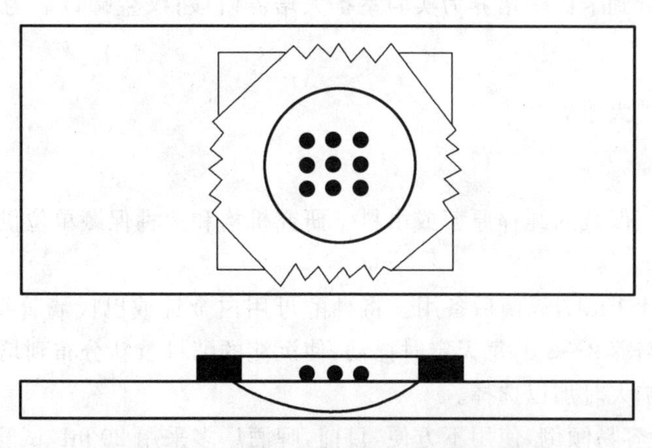

图 5.5　林德奈氏单细胞分离培养装置

5. 单孢子分离法

先将需要形成孢子的酵母放在石膏块上，在保温箱中至少培养30 h，在无菌室内接种到有盖玻璃的麦汁小滴内，而后将盖玻璃放在特制的玻璃柜内。

分离时采用两根特制的显微针，一根针的针尖直径为 7 μm，由手术柜的一端插入，另一根针的针尖直径 2.5 μm，由手术柜的另一端插入。使用高倍显微镜及显微操纵器，利用显微针切割一个子囊壁，取出单个孢子，接种到注有麦汁的盖玻片上。这种显微操纵器可以缩小手的移动距离几千倍。单孢子的分离方法，可分 5 个阶段，如图 5.6 所示。

待分离出来的孢子发芽产生菌落后，用白金针移植到培养瓶或试管中进行扩大培养。

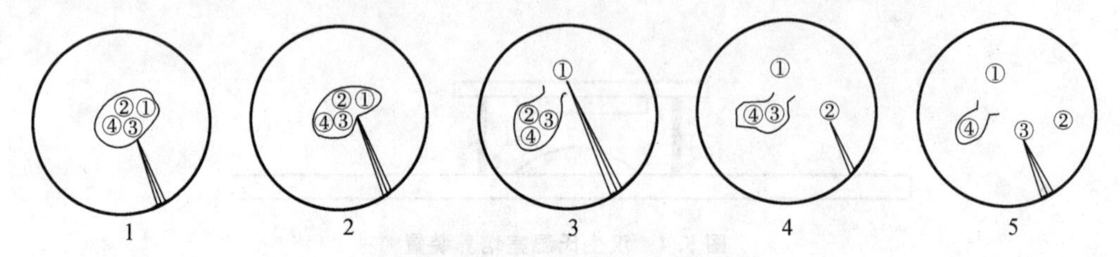

图 5.6 酵母菌单孢子显微解剖分离图

1. 细胞中原样未动的 4 个孢子 2. 用显微针点破细胞壁
3. 用显微针取出孢子① 4. 用显微针取出孢子②
5. 用显微针取出孢子③

三、啤酒酵母的扩大培养

啤酒酵母纯正与否，对啤酒发酵和啤酒质量的影响很大。啤酒工厂生产使用的酵母由保存的纯种酵母，经过扩大培养，达到一定数量后，供生产现场使用。每个啤酒厂都应保存适合本厂使用的纯种酵母，以保证生产的啤酒具有稳定的风格和特性。

啤酒酵母扩大培养的顺序如下：

斜面试管(原菌种)→富氏瓶或试管培养→巴氏瓶或三角瓶培养→卡氏罐培养→汉生罐培养→酵母扩大培养罐→酵母繁殖罐→发酵罐。

以上从斜面试管到卡氏罐培养为实验室扩大培养阶段；汉生罐以后为生产现场扩大培养阶段。

(一)实验室的扩大培养

1. 斜面试管

一般是啤酒工厂保藏的纯粹原菌或由科学研究机构和菌种保藏单位供给。

2. 富氏瓶培养

富氏瓶内盛麦汁 1 mL，灭菌后备用。将种酵母用白金针或巴氏滴管接种于富氏瓶内，在 25～27℃保温箱中培养 2～3 d，每天定时摇动，使沉淀的酵母重新分布到培养基中同一种酵母每次培养 2～4 瓶，扩大时加以选择。

富氏瓶小而高，容易倾倒，使用不方便，目前，啤酒厂多采用 20 mL 试管代替。

3. 巴氏瓶培养

取 500～1 000 mL 的巴氏瓶，加入 250～500 mL 麦汁，加热煮沸，使瓶内蒸汽从侧管喷出 30 min 后，吸去弯曲管内的凝结水，塞上棉花塞，冷却备用。

在无菌室内，将试管中的酵母液由侧管接种入巴氏瓶中，在25℃保温箱中培养2 d，每天检查培养情况。为了使啤酒酵母能逐渐适应低温的环境，可将培养温度适当调节到20℃左右，但培养时间要略长一些。在实际使用过程中巴氏瓶也可用大三角瓶或平底烧瓶代替。

4. 卡氏培养罐

卡氏培养罐容量一般为10～20 L，放入约半量的麦汁，加热煮沸灭菌，冷却备用。在加热灭菌时，先拔去侧管的棉塞，使蒸汽从侧管和弯曲管喷出30 min，停止加热，然后塞上棉塞，吸去弯曲管内的凝结水，麦汁中增添1 L无菌水，以补充蒸发的水分。

卡氏罐一般接入1～2个巴氏瓶的酵母液，摇动混合均匀后，置于15～20℃下保温3～5 d，即可进行扩大培养，或可供约100 L麦汁发酵用。

5. 实验室扩大培养的技术要求

(1)一切培养用具必须彻底刷洗干净。塞好棉塞，干热灭菌，灭菌温度170℃左右。

(2)培养用的培养基，应使用现场加酒花的麦汁，加热煮沸并加蛋白澄清，利用蒸汽间歇灭菌后，在25℃保温箱中贮存2～3 d，证明无污染后，方可使用。

(3)每次扩大稀释倍数20倍左右。

(4)每次移植接种后，要镜检酵母细胞的发育情况。

(5)随着每阶段的扩大培养，培养温度逐步降低，以适应现场发酵情况。

(6)每个扩大培养阶段，均应做平行培养：试管4～5只，巴氏瓶2～8个，卡氏罐2个，选择优者进行扩大培养。

(二)生产现场的扩大培养

卡氏罐培养后，酵母进入现场扩大培养。酵母扩大繁殖的方法可根据工厂具体条件进行。啤酒厂一般都有汉生(Hansen)罐培养设备，可连续使用1株酵母，反复多次扩大培养而不需换种，直至酵母出现衰退和染菌等异常情况。传统法上面发酵，一次扩大培养的酵母，可使用7～8代，甚至10代以上。采用大罐发酵，酵母受压较重，一般只能使用5～6代，深层大罐有时只能使用3～4代，即需另扩大培养酵母。换种和扩大培养的频率完全根据使用酵母的具体情况而定。生产旺季和产量大的工厂一般扩大培养和换种的次数比较频繁。

1. 汉生罐的扩大培养

汉生培养罐系统是由1个麦汁杀菌罐和1～2个酵母培养罐组成(图5.7)。上述罐可用紫铜板内镀锡或不锈钢板制作，有效容积一般为200～300 L。各罐均具有夹套，可用以杀菌(杀菌罐可另设蛇管杀菌)，冷却和保温。罐内装有手摇搅拌器或以通风搅拌，罐侧有1根液位管，管上连接棉花或其他空气过滤器，用以过滤压缩空气罐上部有一排气管，排气管下端置酒精水中密封，防止空气污染，罐的中部有酵母接种口和温度计。

近代化的酵母培养设备也都是在汉生罐的基础上加以改进的，在操作的自动控制方面日臻完善，如图5.8所示。

汉生罐培养系统的操作如下：

(1)由冷却室来的冷麦汁200～300 L加入麦汁杀菌罐内，在杀菌罐的蛇管内通入蒸汽，在0.08～0.10 MPa汽压下，保温灭菌60 min。杀菌后在夹套和蛇管中通入冰水冷却，并以无菌空气保压。待麦汁冷却至10～12℃时，先从麦汁杀菌罐出口排出部分沉淀物质，再用无菌空气将麦汁压入汉生罐内。

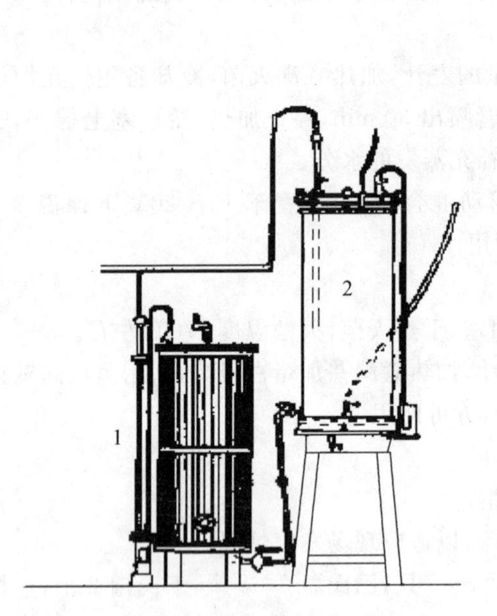

图 5.7　汉生-库勒氏酵母培养设备

1. 汉生培养罐

2. 麦汁杀菌罐

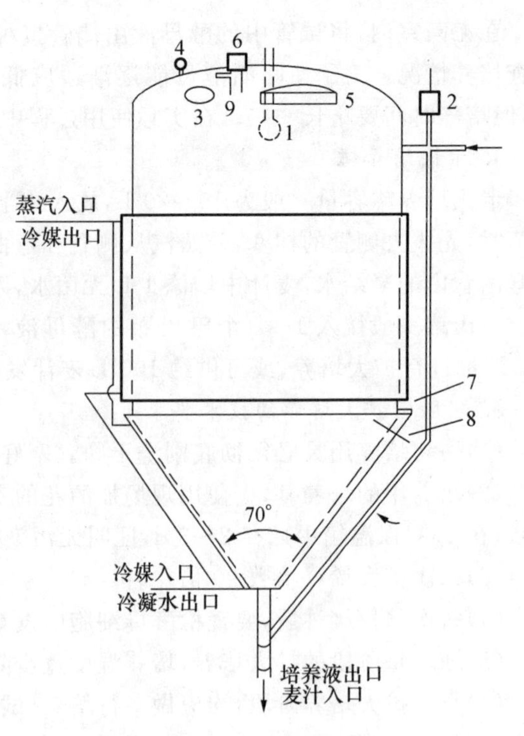

图 5.8　新型酵母培养罐

1. 喷淋洗球　2. 二级空气过滤器　3. 视镜　4. 压力计

5. 入孔　6. 压力/真空呼吸阀　7. 取样口

8. 温度传感器　9. 可关闭的排气阀

(2)麦汁杀菌时，汉生罐即进行空罐灭菌，通入蒸汽，打开排气阀，接种管阀处不断排出蒸汽，空罐灭菌 1 h 后，通入无菌空气保压，并在夹套内通冷却水冷却备用。

(3)卡氏罐排料口和汉生罐接种管用酒精严密灭菌后，将卡氏罐与汉生罐连接，用无菌压缩空气将卡氏罐内酵母液压入汉生罐，通无菌空气 5～10 min。然后加入已灭菌冷却的麦汁，再通无菌空气 10 min，保持品温 10～13℃，室温维持 13℃，培养 36～48 h，在此期间每隔数小时通风 10 min。当汉生罐的培养液进入旺盛发酵期(即酵母的对数生长期)时，酵母的出芽率最高，死亡率最低，然后边搅拌，边将 85%左右的酵母培养液移植到已灭菌的一级酵母扩大培养罐，最后逐级扩大至一定数量，供现场发酵使用。

(4)从汉生罐压出大部分酵母液后，仍保留 15%左右的酵母培养液于罐内，再加入灭菌冷却的麦汁，待起发后，冷却，准备下次扩大培养用。保存种酵母的室温一般控制在 2～3℃，罐内保持正压(0.02～0.03 MPa)，防止空气进入污染。

汉生罐留种酵母下次再扩大时，最好按上述培养过程先培养一次后再移植，使酵母恢复活性。汉生罐内保存的种酵母，应每月换一次麦汁，并检查保存的酵母是否正常，有否污染和变异。正常情况下此种酵母可连续使用半年左右。至于如何以更精确的方法判断酵母菌种活性，何时应予以更换，尚待研究。

2. 扩大培养的原则和问题

(1)酵母扩大培养的关键在于使用优良的单细胞出发菌。此出发菌应先经生理特性和生产性能鉴定，然后投入应用，并保证在扩大培养过程中无污染、无变异。每一步扩大后的残留液都应进行无污染和无变异的检查。

(2)培养前期，为了提高酵母增殖速率，缩短培养时间，实验室扩大培养阶段，采用酵母最适繁殖温度25℃。而后每扩大一次，温度均相应有所降低，使酵母逐步适应低温发酵的要求。但每次降温幅度不能太大，以防酵母活性受到抑制。随着培养温度的降低，培养时间视稀释倍数而相应延长。

(3)为了缩短酵母生长停滞期和缩短培养时间。每阶段扩大培养的酵母，最好在酵母对数生长期的移植，具体地说，就是在酵母增殖率开始回降以前移植。此时的酵母出芽率最高，死亡率最低，移植后，迅速增殖。

(4)酵母增殖是依靠糖的生物氧化，即呼吸作用而获取能量的。因此，在酵母扩大培养时，通风供氧是绝对必要的，从三角瓶到卡氏罐培养阶段，一般是依靠定时摇动容器(或使用振荡器)，使酵母液与空气接触，容器上部空间的空气也使酵母与氧有接触的机会。移植到生产现场扩大培养后，即需注意通风供氧口每次追加麦汁后均需适量通风，使发酵麦汁具有8～10 mg/L的含氧量。

(5)培养酵母，应使用营养丰富的优质培养基。实验室培养阶段应选择：α-氨基氮含量高的优级麦芽，不加辅料，自制培养基。制取的麦汁在煮沸时加入1～2个预先打成泡沫的蛋清，煮沸45 min，用滤纸过滤，分装培养容器中，在0.1 MPa压力下，蒸汽灭菌30 min，连续灭菌3次，冷却备用。生产现场的扩大培养则采用生产麦汁，麦汁的α-氨基氮应保持在200 mg/L以上。

(6)关于合理的扩大倍数问题，尚无准确参数。一般为5～10倍。

(7)关于通风方式问题。连续通风或者间歇通风如果操作合理均可获得理想的酵母收获量。

(8)关于扩大培养麦汁的无菌问题。生产现场扩大培养一般都采用生产现场的冷麦汁。此冷麦汁经过管道容易染菌，特别是在远距离输送情况下更易染菌。因此，应采取措施，防止染菌。措施一是在培养室或附近设置1台小薄板热交换器，由回旋沉淀槽放出的热麦汁(95℃左右)；直接经此小薄板冷却器冷却后使用。措施二是采用瞬间灭菌的办法，将生产现场的冷麦汁，经过薄板热交换器。先经103℃的短时间杀菌，再经冷却后使用。

最能决定啤酒品质的因素是啤酒酵母，最能影响酿酒工艺的因素仍是啤酒酵母。啤酒工厂从单细胞分离得到一个酵母细胞，经鉴定确认为是本厂生产用的优良菌株，然后经过若干次扩大培养，最后制备成10^{13}～10^{14}个/mL细胞供发酵用。酵母的扩大培养关键在于：第一，选择优良的单细胞作为出发菌株；第二，在整个扩大培养中保证酵母品种强壮，无污染。传统酿造啤酒，比较粗放的酵母扩培也在最后一、二级比较粗放(开口培养)。近代发酵规模越来越大，对接种酵母要求越来越严。各工厂扩大培养方式和顺序大致相同，而扩培结果得到酵母种纯度、强壮情况、污染情况差异很大，其原因在于是否有一个科学的扩培技术。

(1)出发菌株的选择。作为扩培出发菌株，无论是生产现场(主酵或酵母泥)分离得到的菌株。一般均需进行单细胞分离，并通过一系列生理特性和生产性能，包括酿酒口味鉴评后确认是工厂生产需要的优良菌株，才能允许投入扩大培养。此单细胞分离和菌株鉴定，必须在有丰富微生物理论和实践经验的中、高级技师或工程师指导下进行，否则可能弄巧成拙。

(2)扩培过程中的无菌操作。扩培过程无菌操作技术是扩培成败的关键。它包括培养器皿、设备的无菌；培养基的无菌；移种操作的无菌；培养过程中通风调节温度的无菌。在汉生罐以后，从麦汁进罐至移种结束，必须保证汉生罐处于正压操作，是杜绝吸入有菌空气的先决条件。

(3)优良的培养基。实验室培养用麦汁等培养基一般应由生产单位实验室制备，一般制备方式为使用粒大皮薄的一级麦芽(如 300 g)，经过粗粉碎(过 20 目筛)，加 40℃热水(2 000 mL)，于 35℃保温 30 min，再升温至 68～70℃，保温至糖化完全。全过程在水浴中，并在不停地搅拌下进行。糖化结束后，即进行布袋过滤。澄清麦汁用 H_3PO_4 调整 pH 为 5.2，置于电炉加热煮沸。在煮沸时，边搅拌边加入 1～2 个预先打成泡沫的鸡蛋清，煮沸 45 min，而后调整浓度为 8～10°P，pH 5.2，用滤纸过滤，分装入培养皿中，于蒸汽灭菌釜中，在 0.08 MPa 下灭菌 30 min 备用。

从卡氏罐至各级扩大培养，由于培养基用量太大，一般由生产车间制备，但此麦汁也应该用专供培养酵母用，剩余麦汁可供啤酒生产用。要求：配料，一级麦芽为 75%～85%，辅料用量为 15%～25%(不宜太大)，酒花为 0.1%～0.13%。α-氨基氮为 200～240 mg/L，总氮为 800～1 000 mg/L，麦芽糖 9.0%以上，麦汁要澄清透明。

(4)恰当地扩大比例。在逐级培养过程中，正确选择扩大比，会影响到起始细胞浓度、扩培时间、酵母菌龄和抵抗杂菌污染的能力。扩大比遵循的原则如下：在汉生罐以前各级，由于采用较高的培养温度(25～27℃)，酵母倍增时间短，无菌操作条件好，采用 1∶(10～20)；反之，汉生罐以后，采用低温培养(不大于 13℃)，倍增时间长，杂菌污染机会多，扩大比适宜小，一般 1∶(4～5)。

(5)恰当移种时间。酵母在一次培养箱中培养，将经历迟缓期、对数期、生长期、饱和期、对数死亡期等各阶段。在对数生长期移种，可获得出芽最多，死亡率最低，最强壮的种细胞。迟缓期最短，增殖最旺盛。

(6)严格控制培养条件。

①温度。卡尔酵母最适生长温度为 31.6～34℃，实际生产中扩大培养过程，还需考虑到减少酵母的死亡率，减少染菌的可能及让酵母逐步适应发酵温度，因此，酵母扩培应采用逐级降低温度培养法。

②通风。虽然啤酒酵母可以在好气或厌气条件下繁殖，但效果不同。酵母菌有氧呼吸可以获得较多合成细胞用能量，而无氧发酵，不但获得的能量少，而且会积累较多抑制繁殖的酒精。在有氧呼吸中每克糖的消耗可以得到 0.5 g 酵母干物质，而无氧发酵只能得到0.027 8 g。酵母有氧呼吸按 TCA 代谢，同时可以和乙醛酸代谢相连，可以合成新的氨基酸，供酵母细胞生长需要，如无氧发酵，当培养基缺乏某一氨基酸，由于氨基酸转化困难，细胞合成就受到阻遏。因此，在培养细胞为目的的扩培过程中，应把氧作为主要营养物质而且是限制性营养物质，扩培过程必须有适当的通风培养。通风不足时影响酵母增殖，促进细胞衰老的主要因素。但同时要考虑培养酵母的目的是为了后续的厌氧发酵，如果一味追求细胞数，过度通风，也会造成酵母细胞呼吸酶活性太强。

第四节　保藏与回收

在啤酒工厂，酵母的保藏和酵母的分离培养具有同等重要的意义。如酵母保藏不当，不但会使酵母污染、衰老,而且会使酵母退化、变异、死亡,直接影响生产。保藏酵母的基本要求就是避免酵母出现上述问题,从而使酵母长期保持良好的发酵性能。

酵母应在低温、缺氧和缺水的条件下保藏,以降低其新陈代谢作用,防止不必要的生长和变异的危险。

啤酒工厂酵母的保藏分两方面:即纯种原菌的保藏和生产用酵母的保藏。

一、纯种原菌的保藏法

(一)固体斜面保藏

将要保藏的酵母接种在麦汁琼脂培养基或 MYPG 琼脂培养基(3 g 麦芽浸出物、3 g 酵母浸出物、5 g 蛋白胨、10 g 葡萄糖糖和 20 g 琼脂溶于 1 L 水中)斜面上,25℃保温培养 2~3 d,待酵母繁殖成菌落,经检查无杂菌污染后,即放入 4℃环境保存。每年移植 3~4 次,过频的移植,易增加变异机会。在移植之前,宜先在无菌麦汁中进行一次活化。

此法的缺点是菌种在营养丰富的培养基上容易衰退,而且保存时间短,主要是斜面培养基的水分蒸发后,会因干结而使酵母坏死。为了不使培养基的水分蒸发,可将试管口用灭菌的橡皮塞塞紧,或采用带螺旋盖的 Mecaxtney 瓶。但作为长期保存仍不适宜。

(二)液体石蜡斜面保藏

酵母菌种在生长成熟的斜面试管中,加入已灭菌、不含水分的液体石蜡。防止培养基水分蒸发,并隔绝与空气的接触,然后置 2~4℃下保存。

(三)液体试管保藏

将要保藏的酵母菌种接入 10%蔗糖溶液中,在 25℃保温培养 24 h 后,置于 4℃冰箱中或后发酵室低温保藏,每年移植 2~3 次,酵母在此条件下,可以存活,但因无氮源,不生长,其变异率也很低。

此法简便易行,如保藏得当,菌种在保藏期内尚不致失去固有的性能。在保藏期内应严格执行定期移植,移植时,先经一次麦汁培养,然后再按上述方法,返回蔗糖溶液保藏。

采用上述几种方法,每年均需进行一次酵母特性的检查。

(四)真空冷冻干燥保藏

这是一种目前认为较理想的菌种保藏方法,特别适用于大量菌种的保藏。经过冷冻干燥的菌种,已失去了代谢作用所必需的水分、氧气和适宜的温度,其变异率低于斜面保藏,保藏期长,也避免了定期移植的问题。但真空冷冻干燥法也不无缺点,其主要缺点是死亡率高、易导致呼吸缺陷型变异株的产生及改变对营养物质的需求。在制备冷冻干燥菌种时,酵母容易死亡,存活率低;但真正发生在保存期中的死亡率并不高。因此,应加强此项保藏方法的操作和选择适合不同菌株的保护培养基(protective medium)。经冷冻干燥的酵母菌,因死亡率高,在使用前,需先经多次活化。

(五)液氮保藏法

液氮冷冻保藏是将酵母细胞冷却，在−196℃保藏，酵母的存活率远高于真空冷冻干燥法，可达80%以上，变异率则极低。此法对每一菌株的冷却速率和保护培养基的选择，也应区别对待。目前，此法在酵母应用方面尚不普遍。

啤酒厂保藏酵母大都采用前3种方法，因其简单易行。但对保藏的原菌应每年进行一次重新筛选，以保证保藏酵母是单一品种，无变异细胞存在。此重新筛选的菌株，应具有原菌种所有的发酵性能。其筛选方法基本同前述的菌种筛选方法，归纳如下：

①对原保藏菌种进行平板分离，从中选出30～50个菌落。

②对挑选出的菌株进行150 mL发酵试验，依据发酵力、酵母收获量、凝集性对其筛选出12株优势菌株。

③对上步挑选出的优势菌株进行500 mL发酵试验，依据发酵力、收获量、凝集性、酵母活性和风味物质分析进行筛选，共重复5次，从中筛选出4株。

④对上述4株进行1 L发酵试验，筛选依据除了上述以外，还可根据增加新的内容，如酵母耐压能力、酵母稳定性和双乙酰的峰值和还原速度等，筛选出一株。

⑤原菌保藏。

凡保藏大量菌种和长期保藏的单位，则以采用真空冷冻干燥法和液氮保藏法为宜。

二、生产现场酵母保藏法

(一)汉生罐保藏法

大型啤酒厂一般都采用此法。纯种酵母扩大培养至汉生罐后，即分割大部分(85%左右)进行扩大培养，投入生产使用，汉生罐中剩余的酵母，再添加灭菌的麦汁，控制培养温度10～12℃，通风保温培养，达高泡期后，进行冷却，在2～40℃下保温培养，作为保存酵母用。此保藏的酵母应定期检查，并每月更换新麦汁。

每次扩大培养汉生罐保藏的酵母，应先做镜检和做一般的酵母生理特性检查，以确定是否适于扩大培养，或需重新培养新菌种。也有人提出，下面酵母在培养罐接种前，先冷却至0℃，可有效地缩短培养罐中的生长停滞期。每次进行扩大，最好按上述培养步骤先培养一次，再进行扩大移植。

汉生罐保藏法实用易行，优点如下：

(1)节约时间，减少了实验室阶段复杂的分离培养工作；菌种保藏方便；可随时进行扩大培养，为生产提供发酵力旺盛的酵母。

(2)将酵母长期驯养在现场麦汁中，对保持发酵质量和口味一致性有重大意义。

(3)保存得当，无杂菌污染，酵母性能保持不变，可连续使用，不必更换新菌种。当发现保藏酵母有衰退和变异现象，或污染杂菌时，则应弃置不用，另换新菌种。

(二)压榨酵母保藏法

将酵母泥洗涤。压榨去水，破碎成小块，置于浅盘，于低温保藏。压榨时必须保持低温

(2～4℃)和无菌。压榨酵母使用时,应先调成泥状。此法易污染,一般不采用。

(三)酵母泥的保藏

(1)传统方法将洗净过筛的酵母泥浸泡在0.5～2℃无菌水中,每天换水2～3次,最多保存2～3 d,此法简单易行,一般现场短期内使用的酵母采用此法保存。现代化的啤酒厂多增设酵母泥回收罐,罐内备有搅拌器和夹套冷却设施,回收酵母后冷却(4℃),不洗涤,1～2 d内使用。

(2)停产期间,如需延长酵母保存时间,可将酵母泥置10%的无菌蔗糖溶液内,2～4℃低温保藏。

(3)在贮酒罐内,直接用第一麦汁于2～3℃贮藏大量泥状酵母,保藏期可达2周以上。

(4)发酵液保藏法从酵母繁殖达高峰的发酵液中,取出10%,速冷至2～4℃,进行保藏,用于接种下批发酵。在保藏期中,严格控制温度,按时通风供氧,保藏时间可达2周。

第六章 主要辅料

英国食品标准协会将啤酒酿造辅料定义为“除发芽大麦外任何能产生麦汁糖的碳水化合物来源”，该定义的原料范围相当广，常见的谷物如大米、玉米、小麦、高粱，以及谷物淀粉（通常为玉米淀粉）或者淀粉糖浆，都可以作为部分麦芽的替代物。除德国、挪威、希腊外，世界上绝大多数啤酒生产国允许使用辅助原料，这是因为麦芽具有足够的酶，来分解额外的淀粉类物质。由于世界不同的地区谷物种植种类不同，用作啤酒辅料的谷物品种也有较大差异，种植规模大的谷物往往被优先用作啤酒辅料，如美洲地区的大米和玉米；亚洲各国的大米；非洲地区的高粱等。我国主要使用大米作为辅料酿造啤酒，主要是由于大米出糖率高且酿制的啤酒酒质稳定。

相对麦芽而言，谷物的价格要低很多，2012 年 2 月市场上大麦芽的价格每吨在 4 000 元上下，而碎大米每吨在 3 200 元左右，故用谷物作为辅料，可以降低生产成本；在麦芽价格和质量波动的时期，通过合理调整麦芽与辅料的比例，可将麦汁和啤酒的质量保持在恒定的水平；而使用糖浆作为辅料，可提高设备利用率，调节麦汁中糖与非糖的比例，降低啤酒色度，提高啤酒的发酵度；使用含糖、蛋白质高的辅料（如小麦），有利于改进啤酒的泡沫性能。

国内外有很多对啤酒辅料的研究。在啤酒酿造中使用大米作辅料，可以改善啤酒的色泽和风味，泡沫洁白、细腻，泡持性好，提高啤酒的非生物稳定性；将玉米淀粉应用于啤酒生产，啤酒色度有所下降，啤酒爽口性好；以小麦粉代替麦芽，可以大幅度地降低生产成本；而以糖浆作为啤酒生产中的辅料，不但可以使啤酒生产成本降低，易于控制麦汁浓度，并且能减少啤酒厂的三废排放；以黑小麦为辅料酿造啤酒，成品啤酒具有泡持性好，酯香突出的优点。在国外，则有人使用未发芽的高粱、全麦、未发芽的黑小麦，甚至用香蕉汁作辅料，且使啤酒质有了一定程度的提高。

上述研究表明，啤酒辅料的范围越来越广，通过辅料的使用，能起到控制成本，改善啤酒品质的作用啤酒酿造中，在麦芽的酶活力和可同化氮含量比较高的情况下，可根据地区的资源和价格，采用部分未发芽谷类、糖类或糖浆作为麦芽的辅助原料。并且，在有利于啤酒质量和产量以及不影响酿造的情况下，应尽量多地采用辅助原料，以降低麦汁制备的成本。

使用麦芽辅助原料的作用有以下几点：

（1）以廉价而富含淀粉质的谷类作为麦芽辅助原料，可以提高麦汁收得率，制取廉价麦汁，降低成本，并节约粮食。

（2）在麦芽质量波动的情况下，通过合理调整麦芽与辅料的比例，可使麦汁和啤酒的质量保持一致。

（3）使用糖类或糖浆为辅助原料，可以节省糖化设备容量，调节麦汁中糖与非糖的比例，以调整啤酒的发酵度。

（4）使用辅助原料，可以降低麦汁中蛋白质含量和易氧化的多酚物质含量，从而降低啤酒色度，改善啤酒风味和啤酒的非生物稳定性。

(5)使用部分含糖蛋白高的谷料原料(如小麦),有利于改善啤酒泡沫性能。

使用辅助原料以在糖化或麦汁分离过程中不致发生困难,或在可同化氮较少的情况下仍能达到满意的发酵条件为原则。谷类辅助原料的使用量一般控制在10%~50%之间,常用的比例为20%~30%,可根据所制啤酒类型和麦芽的可同化氮含量而适当增减。糖类辅助原料一般用量为10%左右;产糖丰富而价格低廉的地区则适当多些;糖浆用量可根据原料种类而不同,以大麦为原料制造的糖浆,其成分接近麦汁,有的国家用量高达50%。

我国生产的啤酒,一般都使用谷类辅助原料,大多厂用大米,个别厂用玉米,其最低用量为10%~15%,最高为40%~50%,多数为20%~30%。在使用酶制剂的情况下(外加酶法糖化),辅助原料用量可高达70%~80%。只有极个别厂使用部分蔗糖为辅助原料。

国际上使用辅助原料的情况也极不一样。如美国的麦芽酶活力高,使用谷类辅助原料也多,最高可达50%左右,多用玉米和大米,少数用高粱。在德国,除制造出口啤酒外,其内销啤酒一概不许使用辅助原料。在美国,由于其糖化方法采用浸出糖化法,多采用已经糊化预加工的大米片或玉米片为辅助原料。在澳大利亚,由于其蔗糖资源丰富,有的厂蔗糖用量高达20%以上。

糖浆的使用可以极大地提高啤酒产量、质量和经济效益。糖浆的组成包含了高麦芽糖浆、低聚糖浆、大麦糖浆、玉米糖浆等。其基本组成糖分有果糖、葡萄糖、麦芽糖、麦芽三糖、寡糖,以及氨基酸、肽类、多酚、维生素、色素物质等。从成分上分析,啤酒专用糖浆也包含了类似麦汁糖谱中的各种糖类,因其是直接添加于麦汁煮沸锅中,中间的操作过程较麻烦,所以最好是有专用的糖浆添加系统。

使用适当小麦做辅料制成的啤酒,泡沫好,口感也不错。但酿造高辅料啤酒时,因为其含有半纤维素和高黏度的β-葡聚糖,所以制成的麦汁黏度高,容易造成麦汁和啤酒过滤困难。另外,麦皮中的多酚易影响啤酒色度。同时,小麦麦粒比麦芽坚硬,韧性大,单独用辊式粉碎机粉碎较困难。

大米、碎米及玉米淀粉等辅料的使用,使糊化醪浓度增加。因为醪液是高浓液化,所以醪液黏度较高,往往糊化不彻底,淀粉利用不完全。并醪时,由于糖化醪本身的量相对要少,必然导致后期要补进大量的冷却水,以维持并醪后的混合液在糖化酶作用的温度范围。同时,负面的影响间接增加了醪液的料水比,降低了各种酶制剂的浓度,致使pH也受到一定的影响。

由此可见,谷物作啤酒辅料时,由于醪液黏度高,淀粉利用率下降,麦汁过滤困难,目前低温挤压加酶处理是解决这一问题的有效手段。

第一节　大米

大米是被普遍使用的一种麦芽辅助原料,适合酿造高质量的啤酒,越来越被广泛利用。

一、大米的品种和特点

我国是世界上最大的大米生产国和输出国,大米资源丰富,而且淀粉含量高(75%~82%),无水浸出率高达90%~93%,含脂肪低,无多酚物质,并含有较多的泡持蛋白,用它作辅料酿造啤酒，啤酒色泽浅，口味纯净，泡沫洁白、细腻，泡持性好，是一种优良的啤酒辅料。我国啤酒酿造中习惯使用大米作为辅料。

我国大米品种繁多，总的来说可分为两种：籼米和粳米。籼米和粳米分别由籼稻谷和粳稻谷脱壳而成。籼米通常中长粒型(粒长 5.8～7.3 mm)，南方米大多为籼米。粳米通常短圆粒型(粒长 4.6～5.5 mm)，北方米通常都是。长江流域籼稻粳稻都有栽培。

籼稻和粳稻是亚洲栽培稻种的两个亚种。目前在全世界，除非洲少数地方外，种植的稻都为亚洲栽培稻。籼稻适宜生长于高温、强光和多湿的热带、亚热带地区，耐寒性弱。籼稻的叶片较宽，叶色淡绿，分蘖力较强，谷粒细长，稍扁平，成熟时易落粒；出米率低，黏性小，胀性大。在我国主要分布于南方地区。粳稻耐寒性较强，适宜在温带和热带高地生长。粳稻的叶片较窄，色浓绿，分蘖力较弱，谷粒短圆，稍宽厚，成熟时不易落粒；出米率高，黏性较强，胀性小。在我国主要分布在云南等的高地、太湖地区，以及华北、西北、东北等温带地区和台湾省。

除普通的籼米、粳米外，还有一种糯米，米色乳白，米粒以短圆粒型为主，也有长粒型糯米由糯稻谷脱壳而成。糯稻的主要特点是其米黏性强，淀粉几乎都为支链淀粉。糯稻有籼糯和粳糯之分。

香米是指自身含有香味物质，其香味强度超过人对香味的识别阈，在蒸煮或生熟品尝过程中，能够逸出或散发令人敏感香味的稻米。香米在国际市场上很受欢迎，售价也比一般优质米要高出一倍左右，其代表品种是 Basmati，出产于巴基斯坦和印度交界的地区。

杂交米是杂交稻稻谷脱壳的米。杂交稻分为籼型杂交稻和粳型杂交稻。籼型杂交稻碾制的米为杂交籼米，粳型杂交稻碾制的米叫杂交粳米。杂交米与常规米外观上较难区分，食味各有偏好。杂交稻指两个遗传性不同的水稻品种间通过异花授粉杂交产生的种子基因型杂合的一类水稻，在生长过程中具有强的杂种优势，产量较常规稻要高，但后代不能留种。我国目前的杂交稻主要为杂交籼稻占 95%左右，杂交粳稻仅占 5%左右。籼米和粳米按其稻谷生产季节的不同，有早籼米、早粳米和晚籼米、晚粳米之分，分别是早季和晚季稻生产的米。食味以晚米为好。而江苏大米、东北大米等，是稻米产地米的称谓。但也有些加工厂用异地稻谷加工大米，其米本质上还是稻谷生产地的米。

二、大米在啤酒酿造中的应用

稻谷的外部是稻壳，脱壳后所得米粒即为糙米，和其他谷物一样，糙米的组织由果皮、种皮、糊粉层、胚乳及胚所组成。其中胚乳占米粒的最大部分，为 91%～92%。果皮、种皮中主要成分为纤维素及戊聚糖。糊粉层几乎不含淀粉，主要是一些蛋白颗粒、脂肪粒、酶、维生素及无机磷酸盐等成分。它们的细胞壁厚，不易消化，又降低了米饭的黏性而影响食味，一般在碾白时将这部分除去。胚乳的主要机能是积累和贮藏淀粉，另外还贮藏一种直径为 1～3 μm 的蛋白颗粒。胚乳贮藏的物质 90%以上是淀粉。淀粉体呈狭长形，其长径为 30～40 μm，短径为 10～20 μm，在淀粉体内形成的小淀粉粒是粒径为 2～7 μm，平均 4 μm 的有棱角的多面体。在淀粉粒的间隙中填充着蛋白质类的“框质”。糙米碾白时，在大多数情况下，米粒的果皮、种皮和糊粉层等部分都被剥离而成为米糠，因此，这 3 个部分总称为“米糠层”。碾米时，除糠层被碾去外，大部分的胚也被碾下来，加工高精度的白米时，胚几乎全部脱落，加工精度低时，糠层和胚都不会完全被碾去，因此，根据米粒留皮的程度和留胚的多少可以判断大米的精度。

稻米的主要成分有淀粉、水、蛋白质、脂肪等,各种成分的含量因稻谷的品种、生长条件和成熟程度的不同而有所差异。水分是稻谷维持正常生命活动的重要成分。它不仅与贮藏条件有关,还与食物特性有关。成熟稻谷收割时的含水量在20%左右。为保证成品大米的质量,国家规定稻谷的含水量应控制在13.5%~15.5%范围内。米粒中存在两种不同性质的水分,与淀粉、蛋白质等成分组成氢键相结合的束缚水和能自由活动的自由水。束缚水不能为附着米粒的微生物孢子发芽或繁殖所利用。自由水附着米粒,容易为微生物的繁殖所利用。米粒中的蛋白质分为3部分:作为贮藏物质的蛋白体、细胞膜等胚乳组织的构造活性成分和不完全属于这二者的中间物质,其中蛋白体占了绝大部分,而蛋白体的成分是蛋白质为58.9%,碳水化合物为19.0%,脂肪为23.1%。脂肪是大米中的另一重要组成成分,主要集中在胚和糊粉层中,随着大米精白度不同而不同。大米中的脂肪酸主要由亚油酸、油酸和棕榈酸组成,其他还有硬脂酸、亚麻酸。因为大米中脂肪的主要成分是不饱和脂肪酸,氧化较快,尤其是当米粒经碾制受热后,部分脂肪暴露在外面,更会加速不饱和脂肪酸的氧化作用,因此成品白米不易保存,容易产生陈米臭,用它作辅料将影响啤酒的风味。此外,稻米还含少量维生素、矿物质、粗纤维等。

美国AB啤酒公司曾研究大米品种(分为长粒、中粒、短粒)对啤酒酿造的影响,结果发现大米品种对浸出率、醪液黏度、麦汁过滤速度和麦汁的可发酵性等方面有明显的影响:首先,大米品种直接影响糊化醪的黏度,长粒大米糊化醪的黏度高于短粒大米的。其次,大米的浸出率与大米颗粒的大小直接相关,短粒和中粒大米的浸出率比长粒的高。另外,大米品种的影响也涉及过滤阶段,长粒大米在过滤槽中的流速明显比短粒和中粒的要高。

大米品种对啤酒酿造的许多方面都有影响,但在实际操作中不可能全部考虑。啤酒厂使用的大米几乎是多个品种混杂在一起,因此有必要寻找一种大米的特性能应用于任何大米混合物。一定比例混合的大米和水在升温过程中突然膨胀,黏度迅速增加时的特性温度叫胶凝点。胶凝点很大程度上影响大米糊化醪黏性:胶凝点越高,糊化醪越稠,胶凝点对总浸出物产量、麦汁发酵能力以及麦汁过滤的流速有影响。美国AB啤酒公司研究发现:随着胶凝点增加,糊化醪的总浸出物减少;胶凝点高的大米过滤速度更高;麦汁的发酵能力也受胶凝点的影响,胶凝点在71℃左右时发酵度最高,胶凝点过高或过低的大米品种,其发酵度都会降低。一般短粒和中粒大米的胶凝点比长粒的要低。以往在辅料大米的使用方面,尚未遇到任何实质性的问题。近年来,质量尤其是风味质量成为当前酿酒界最关心的问题且大米是导致啤酒产生老化风味的重要因素之一。不同的大米酿造啤酒产生不同的风味,如何选择大米、提高产品风味质量、延长啤酒的保质期,也是目前酿造师和风味化学家们一直在努力的方向。如对啤酒老化而言,羰基化合物是影响风味的最主要的化合物。羰基化合物的生成主要有以下几条途径:①高级醇通过黑色素来氧化,及高级醇自动氧化。②氨基酸的strecker降解。③酒花物质的降解。④不饱和脂肪酸的自动氧化及光氧化等。

(一)使用大米的特点和要求

使用大米的特点是价格较麦芽低廉,而淀粉含量远高于麦芽;蛋白质、多酚物质和脂肪含量则较麦芽为低。添加大米的啤酒,色泽浅,口味清爽,泡沫细腻,酒花香味突出,非生物稳定性较好,特别适宜制造下面发酵的淡色啤酒。

大米种类很多,有粳米、籼米、糯米等。啤酒工业使用的大米,要求比较严格,必须是精碾大米，一般都采用大米加工后的碎米，比较经济，且不影响质量。大米的淀粉颗粒比较小，具有多面体形状，其糊化温度较其他谷类高。大米的糊化温度与品种有关，另外也因地区而有差异，气温较低地区者，糊化温度为65～77℃，气候炎热地区可高达80～85℃。大米的蛋白质含量为5%～8%，在麦芽蛋白酶的分解下，仅有少量分解为麦汁的可同化氮。大米的形状分短、中、长各种类型，啤酒厂以采用短型者为宜，因短型品种其浸出物高，而醪液黏度则较低。

大米一般应经预加工：将大米碾碎成颗粒状，浸湿后在蒸汽加热的料辊上压成薄片，并使之糊化。这样的加工制品，其特点是在制备麦汁时，可以不经糊化直接与麦芽混合下料，适用于浸出糖化法。

(二)大米的化学成分

大米的化学成分见表6.1。

表6.1　大米的化学成分　　%

大米名称	成分	极限值	正常数值	大米名称	成分	极限值	正常数值
碎米	水分	8～15	11～13	大米片	水分	8～13	8～10
	淀粉	—	82～85		淀粉	75～85	79～81
	浸出物	75～95	92～95		浸出物	75～97	90～95
	蛋白质	5～8	6～7.5		蛋白质	6～9	6～8
	脂肪	0.3～1.5	0.3～0.4		脂肪	0.3～2	0.3～0.5
	粗纤维	—	0.3～0.5		粗纤维	0.5～2.5	0.5～1
	灰分	—	0.4～1.5		灰分	—	0.5～1

近年来，中国的啤酒工业逐渐转向高质量啤酒的制作。由于来自世界各地的多种国际名牌啤酒的竞争，啤酒的质量尤其是与大米有关的啤酒质量已成为中国啤酒工业所面临的一个重要问题。结合我国自身情况因大米质量影响到啤酒质量的问题与以下两个因素有关。

1. 成本的压力

中国啤酒工业界对于哪些品种的大米比较适合于作为啤酒酿造的辅料缺乏理解，过分注重成本因素而忽视其他。在美国和日本，用于啤酒酿造辅料的大米米粒的长度通常为中等和较短的大米品种。这是由于长度中等和较短的大米品种的糊化温度较低，所制的大米糊的黏度也较低的缘故。中国的啤酒厂在大米的使用上很少关注到大米品种的区别。在中国，用于啤酒酿造的大米大多为米粒偏长的籼稻，或籼稻和粳稻的杂交种类。这是由于这些大米的产量高，从而销售价格低的原因。这种啤酒酿造辅料大米的选择方式仍然流行于中国的啤酒生产行业。

2. 市场对品质的要求

因技术水平和认识的落伍，中国啤酒界对于大米对啤酒风味影响的重要性认识上要落后于西方发达国家；随着世界各国啤酒酿造技术、啤酒产品、饮酒文化、消费理念等的迁移与融合，对大米品质的严格要求，如大米品种、新鲜程度等，在啤酒界逐渐形成统一的认识。

第二节 玉米

一、玉米作为辅料的可行性

玉米是世界范围内重要的食用谷物和饲料。通常生产啤酒是采用大米做麦芽辅料。随着人民生活水平的提高，大米的需求量日趋紧张，而价格也有不同程度的上涨。虽然近些年来大米价格有所下调，但都不是一等大米，大部分是二等以下或碎米，其浸出率大都低于90%。因此，收得率降低并不能够有效地降低啤酒的生产成本。

2011年，我国玉米种植面积4.8亿亩（1 hm^2＝15亩），产量达1.9亿t，居世界第二位。采用玉米代替大米做辅料，有广阔的前景。在这种情况下，采用玉米辅料作啤酒，在盛产玉米的地区可以就地取材，充分发挥当地资源的优势。用玉米代替大米酿制啤酒，不仅可以彻底改造原料结构，促进啤酒发展，而且可以满足广大人民群众生活水平的提高对大米的需求。同时也利用了本地玉米资源，免于运输，节省了大量的运力和运费。

玉米中含有丰富的钙，有降低血压的作用；玉米脂肪里还含有5%以上的亚油酸、谷固醇、卵磷脂和维生素E等高级营养素，具有降低血清胆固醇，防止高血压、冠心病、细胞衰老和脑功能衰老的功效；玉米中含有丰富的纤维素，可以防止动脉硬化；玉米中含有大量的镁离子能抑制癌细胞的生长；玉米中的谷氨酸具有健脑、增强记忆的作用；玉米的发酵机制有降血糖作用，对糖尿病具有一定的疗效。玉米的这些保健作用在啤酒中也一定会发生作用，增加了啤酒的营养价值。

所以，玉米作辅料生产啤酒不仅可以提高啤酒的质量，而且还可以降低成本，有着很大的经济效益与社会效益，是较理想的辅料。

玉米作辅料生产啤酒的优势包括：①经济性，采用玉米可大量节约生产成本；②玉米含纤维素较多，利于麦汁过滤；③玉米蛋白质含量高于大米，但不含球蛋白，有利于啤酒非生物稳定性，并对啤酒泡沫的形成有益；④玉米含维生素等营养物质量高于大米，生产出的啤酒营养价值较高；⑤酿造工艺与传统工艺相近，易于推广。

二、脱胚玉米酿造啤酒的优点

玉米脂肪是影响啤酒质量的重要因素，酿制啤酒用玉米必须脱胚。因为玉米胚芽的脂肪含量高，如果不去胚，脂肪在储存中易氧化和败坏，直接影响啤酒的泡沫、口味和风味稳定性，影响啤酒的质量。脱胚后玉米的脂肪含量应不超过1%。在脱胚过程中同时也应去掉玉米外皮，从而降低玉米的苦味物质。

三、玉米淀粉

在啤酒酿造中，麦汁制备的主要任务就是将原料中的淀粉转变为适当比例的糖和糊精。只是所用辅料品种及数量不同，麦汁中可发酵性糖和氨基酸的比例不同，所以，所有富含淀粉的物质都可以作为辅料来酿造啤酒，所以玉米淀粉做辅料被越来越多的啤酒企业广泛使用。玉米淀粉无水浸出率高可达100%，从而可大大提高麦汁产量，降低啤酒生产成本。玉米淀粉中矿物质含量、无水蛋白质含量较低，与大米相比相差较大，从而使啤酒含有较少的矿物质和含氮物质，使啤酒有较高的发酵度和较低的蛋白质含量，生产的啤酒口味略淡，所以玉米淀粉作辅料时必须加小麦麦芽以补充氮源，同时添加酵母食物。玉米淀粉主要是由直链淀粉和支链淀粉所组成，由于玉米品种的不同，支链和直链之间的比例也不同，在一般的淀粉中直链淀粉约占23%～27%，支链淀粉约占73%～77%，个别像黏玉米支链淀粉几乎是100%。直链淀粉易溶于水，更易被酶水解，其水溶液是不够稳定的，并有较强的凝聚性。受α-淀粉酶作用，初始产物为短链糊精，液化不当易于产生老化淀粉。受β-淀粉酶作用，最终产物为麦芽糖和少量葡萄糖。支链淀粉，受α-淀粉酶作用时，初始产物大部分为分支的α-界限糊精和短链糊精，同时产生少量的麦芽糖和葡萄糖，以及α-1,6-键寡糖，黏度迅速下降，但还原糖增加较慢，受β-淀粉酶作用只能水解约60%，余则为高分子糊精，因此黏度不易下降，但能生成较多的麦芽糖，不生葡萄糖，还原糖含量上升很快。从淀粉的通性看淀粉粒越大，越易于糊化，越容易被酶水解。玉米淀粉颗粒直径基本是小于大麦，略大于大米。玉米与麦芽相比，麦芽中的淀粉在发芽的焙焦过程中大部分淀粉已被水解和糊化。玉米是不发芽物料，所含淀粉是“原生淀粉”，就其淀粉的工艺性看是有着明显区别的。但玉米的淀粉含量几乎与大米相等，而略高于大麦，作为啤酒生产原料比较理想。

玉米淀粉中淀粉含量远高于玉米，而蛋白质和脂肪含量又远低于玉米。说明在加工过程中去除部分蛋白质和脂肪将有利于玉米淀粉用作啤酒生产用辅料，因此采用玉米淀粉要优于直接使用玉米为辅料。

玉米贮放时间越长，胚乳含油越多。新玉米含油0.4%左右，一年后基本达到1%以上。从玉米含油的分布看，油的含量除集中于胚芽外其次是糊粉层，玉米加工之后，如糊粉层除得不净，附于胚乳上极易氧化，使玉米带有一种陈玉米味，如麦汁中有油的存在，在发酵过程中油被水解，给啤酒带有一种不愉快的脂肪老化味，所以在酿造啤酒上要求尽量采用新玉米和新加工的玉米，以保证原料的质量。

使用玉米淀粉必须注意投料速度和温度，并且注意过程中的搅拌转速。由于糟层薄导致过滤初始阶段麦汁过滤不清，应保证过滤的匀速，防止糟层抽紧。与淀粉直接接触人员应加强防护用品的佩戴。使用玉米淀粉应控制好麦汁的α-氨基酸态氮水平，防止发酵的异常。使用玉米淀粉pH降低较快，应注意过程中pH的控制。使用大米和玉米淀粉主要理化指标差别不大，仅仅是淀粉酒的发酵度偏高。玉米淀粉的浸出率高，其酿造的啤酒耗粮较大米酒低很多。使用玉米淀粉可以提高啤酒的非生物稳定性，降低企业的生产成本，生产技术也很成熟，其口感跟大米酿制的啤酒差别不大，是一种理想的辅料。

四、使用玉米的特点和要求

玉米廉价，并能赋予啤酒以醇厚的味感。在盛产玉米的地区，可以用作麦芽的辅助原料，但为保证产品的质量与风味应注重对主要问题的控制。

使用玉米必须去胚，因胚部的脂肪含量高，不去胚，脂肪在贮存中氧化和败坏，将直接影响啤酒的泡沫、口味和风味稳定性。脱胚玉米的脂肪含量应不超过1%。在脱胚过程中，同时也除掉了玉米外皮，从而减轻了玉米的苦味物质。啤酒厂也有使用玉米淀粉者，其无水浸出率显著变高，而蛋白质含量接近于零。使用玉米淀粉，必须先考虑麦芽同化氮的含量。如果麦芽的可同化氮含量偏低，制出的啤酒口味会过于淡薄。玉米淀粉调浆时容易结块是其缺点。

经粉碎的玉米颗粒，其贮藏水分应不超过 13%，否则极易引起氧化，损害质量。

玉米的糊化温度为 62～75℃，高温地区的玉米糊化温度处于上限。

使用玉米为辅助原料，麦汁黏度并不增加，但麦汁过滤时间一般稍长。

脱胚玉米也可先经预加工：将玉米粗粉粒浸水后，在蒸汽加热的料辊上糊化，并压成薄片，可与麦芽混合下料，适用于浸出糖化法。

玉米的蛋白质在糖化过程中极少分解，因此以其为麦芽的辅助原料，很少向麦汁中提供含氮物质，必须事先考虑麦芽的可同化氮含量，否则易引起酵母营养不足。玉米的化学成分见表 6.2。

表 6.2　玉米的化学成分　　%

成分	极限值	正常数值	成分	极限值	正常数值
水分	9～16	12～13	脂肪	1.5～6.0	1.5～3.0
浸出物	81～90	87～89	脱胚后脂肪	—	0.05～1
淀粉	68～76	69～72	粗纤维	—	1.5
蛋白质	8～11	10左右	灰分	—	1.7
脱胚后蛋白质	—	7.5～8			

玉米各组分的化学成分见表 6.3。

表 6.3　玉米各组分的化学成分　　%

组分	全粒	皮	芽	胚乳
占全粒比例	100	6	10	84
粗蛋白质	12.6	66	21.7	12.4
脂肪	4.3	1.6	29.6	1.3
碳水化合物	79.4	74.1	34.7	85
粗纤维	2.0	16.4	2.9	0.6
无机物	1.7	1.3	11.1	0.7

脱胚后的玉米，其脂肪和蛋白质含量显著降低。脱胚玉米与不脱胚玉米的成分比较如表 6.4 所示。

表 6.4　脱胚玉米与不脱胚玉米的成分比较　　%

成分	黄玉米		白玉米	
	未脱胚	已脱胚	未脱胚	已脱胚
水分	11.8～13.5	11.2～13.0	11.5	11.3
淀粉	68.1～72.5	69.3～73.0	68.7	74.6

续表 6.4

成分	黄玉米		白玉米	
	未脱胚	已脱胚	未脱胚	已脱胚
浸出物	80.7～85.3	85.0～87.0	81.35	82.8
蛋白质	10.5～11.0	8.7～10.0	11.20	9.6
脂肪	5.8～6.3	0.5～1.5	3.70	0.9
粗纤维	2.5～3.0	1.2～2.0	32.20	2
矿物质	1.5～2.2	0.8～1.5	1.70	1.6

脱胚玉米与脱胚玉米片的成分比较见表 6.5。

表 6.5　脱胚玉米与脱胚玉米片的成分比较　%

成分	玉米	玉米片	成分	玉米	玉米片
水分	8.0	8.0	脂肪	1.0	1.0
淀粉	82.7	80.0	粗纤维	0.5	2.7
蛋白质	7.5	8.0	灰分	0.3	0.3

玉米粉粒系指较粗的粉粒(0.2～1.4 mm)，玉米淀粉则指由玉米精加工制作的淀粉。两者的成分比较如表 6.6 所示。

表 6.6　玉米粉粒与玉米淀粉的成分比较

项目	玉米粉粒	玉米淀粉	项目	玉米粉粒	玉米淀粉
水分/%	13.3	12.0	无水脂肪含量/%	1.0	0.05
风干浸出物含量/%	76.9	88.9	无水矿物质含量/%	0.7	0.08
无水浸出物含量/%	88.7	101.0	pH	5.8	5.2
无水蛋白质含量/%	9.3	0.04	糊化温度/℃	60～75	62～70

第三节　小麦

小麦是世界上播种面积最广的谷物，我国是世界小麦的主要生产国。小麦用于啤酒酿造有两种形式：一是以未发芽的小麦作为辅料使用，如比利时的兰比克啤酒(Lambic beer)；二是小麦发芽后制成小麦芽用作主要原料或辅料，如德国的小麦啤酒。小麦作为辅料使用较少，出现这一现象的原因，一方面与小麦的特性有关，小麦蛋白质含量高，容易造成啤酒的非生物混浊；另一方面人们习惯上使用大米作为辅料，以小麦为辅料的研究较少，因此在非主产大米的地区，啤酒厂忽视自己周围大量的小麦资源而不远千里求购大米。

一、小麦的分类

(1)根据生长季节可以分为:春小麦和冬小麦。冬小麦主要集中于南方,包括河南、河北、山东。冬小麦皮层厚,蛋白质含量低,淀粉含量高。

(2)根据颜色可以分为:红皮小麦和白皮小麦。红皮小麦为红褐色至深红色,白皮小麦为白色至黄色。

(3)根据质地可以分为:硬质小麦和软质小麦。凡粉状率达50%以上的为软质小麦,凡角质率达50%以上的为硬质小麦。软麦皮色浅,粒形饱满,含淀粉多,含蛋白质少,适宜于做糕饼和酿酒,而硬质小麦宜做面包。

相同的品种,生长地域纬度越高,小麦蛋白质含量也越高。啤酒酿造用小麦,其蛋白质含量要低,不影响啤酒的酿造过程和质量。根据此原则,应选择南方生产的软质、白皮、冬小麦来作为啤酒酿造的辅料。

二、小麦的特点及对啤酒酿造的影响

(一)小麦的特点

(1)小麦的蛋白质含量高。较高的蛋白含量,有助于啤酒的泡沫持久,但同时会导致麦汁不清亮,啤酒容易混浊。

(2)小麦无皮壳。

优点是:①小麦的无水浸出率高,比麦芽高5%;②由于没有皮壳,花色苷含量低,一般只有麦芽的30%～50%,对延长保存期较为有利;③小麦虽无皮壳,但有种皮,不容易氧化,作为辅料比大米更易于保存。

缺点是:由于缺少皮壳作为过滤介质,糖化醪的过滤性能较差。

(3)小麦富含α-淀粉酶和β-淀粉酶。优点是可协助糖化,减少酶制剂用量。

(4)小麦淀粉糊化温度较低,为52～64℃。优点是可不经糊化而直接加入糖化锅。

(5)小麦的β-葡聚糖含量比大米高。缺点是:糖化醪黏度高,影响过滤。

(6)与大米相比,小麦的各类蛋白质比例恰当,可同化氮多。

优点是:麦汁中的总氮和α-氨基氮均较高,发酵较快,啤酒口味不会过于淡薄。

大米、大麦的价格高于小麦,目前传统大米啤酒辅料的成本高于大麦、小麦,而三者化学成分接近。申德超等研究了小麦啤酒辅料挤压蒸煮系统参数对麦汁主要考察指标的影响规律。研究结果表明,挤压蒸煮小麦可以作啤酒辅料,麦汁浸出物收得率为74.38%,高于传统不挤压小麦辅料。且挤压蒸煮小麦啤酒辅料对应的麦汁浸出物收得率,高于传统大米辅料和挤压蒸煮大米辅料的麦汁浸出物收得率。

用小麦作为部分辅助原料制造的啤酒,有以下特点:①糖蛋白含量高,泡沫好。②麦汁中含有较多的可溶性氮,发酵较快。③小麦和玉米、大米不同,富含α-淀粉酶和β-淀粉酶,有利于采用快速糖化法。

黑小麦(triticale)是小麦(triticum)和黑麦(secale)属间异源六倍体杂交品种,结合了小麦与黑麦许多有益特性,具有抗逆性强、适应性广、营养价值高等特点。黑小麦含有很高的营养成分,与普通小麦相比,氨基酸总含量要高30.2%,人体必需氨基酸含量要高出16.0%。对人体有益微量元素含量也较高。由于黑小麦含有较高的淀粉酶和蛋白酶,因此可以为麦汁提供较多的氮和酶活,并且黑小麦价格便宜,可以降低酿酒成本。

刘杰璞等研究发现以黑小麦为辅料制得的麦汁可溶性氮含量高、多酚含量明显下降,并且其成品啤酒泡持性好,酯香突出,黑小麦为啤酒辅料具有良好的应用前景。

(二)使用小麦的特点和要求

(1)小麦的可溶性高分子蛋白质含量高,泡沫好,但因其不易被进一步分解,也容易造成非生物稳定性的问题。

(2)花色苷含量低,有利于啤酒非生物稳定性,风味也较好,但麦汁色泽则较使用大米和玉米为辅料者略深。

(3)麦汁中含有较多的可溶性氮(与大米和玉米为辅料者比较),发酵较快,啤酒的最终pH较低。

(4)小麦和大米、玉米不同,富含α-淀粉酶和β-淀粉酶,有利于采用快速糖化法。

用小麦为辅助原料,宜采用含蛋白质低的白小麦品种。

近年来,有人借助红外线辐射,对小麦进行焙焦处理,使其在糖化时易于分解,并带有一定的焦香味,其使用量可适当提高至15%。

(三)小麦的化学成分

小麦的化学成分见表6.7。

表6.7 小麦的化学成分 %

成分	含量	成分	含量
水分	11.6～14.8	脂肪	1.5～2.3
淀粉	57.2～62.4	粗纤维	2.2～2.5
蛋白质	11.5～13.8	灰分	1.8～2.3

第四节 淀粉

自2005年开始,许多啤酒厂大量使用淀粉作为啤酒生产的辅料。使用淀粉的优点在于淀粉纯度高、杂质少,黏度低,无残渣,可以生产高浓度啤酒、高发酵度啤酒,麦芽汁过滤容易,啤酒风味和非生物稳定性能满足实际要求。

使用淀粉代替大米辅料来酿造啤酒,在理化指数及口感上均差别不大,使用玉米淀粉可以提高啤酒的非生物稳定性,降低企业的生产成本,生产技术也很成熟,其口感跟大米酿制的啤酒差别不大,是一种理想的辅料。

目前，生产上使用最多的是玉米淀粉。玉米淀粉对于酿造师来说是一种最纯的淀粉原料，它没有得到广泛使用的原因主要是其价格比玉米粉或酿造大米昂贵，不过近几年来玉米淀粉的价格已接近大米的价格，为酿造师提供了良好的选择余地。玉米淀粉的蛋白质、脂肪、多酚含量很低，使用玉米淀粉作为辅料能延长啤酒的保质期、提高啤酒的风味稳定性、降低啤酒的色度。玉米淀粉可全部转化为可溶性物质，所以不会引起过滤问题。玉米淀粉应用的市场前景在很大程度上取决于其相对价格，玉米淀粉的酿造性能优于大米，基本不含蛋白质、脂肪、纤维等(表 6.8)，对于啤酒的质量有利，而且，玉米淀粉的无水浸出率比大米高 10%以上。

表 6.8　玉米淀粉的成分

水分/%	粗蛋白/%	粗脂肪/%	粗灰分/%	SO_2/%	淀粉/%	pH
12～14	0.25～0.35	0.05	0.06	0.003 以下	86.5 以上	4.3～4.8

(一)玉米淀粉对啤酒质量的影响

(1)非生物稳定性。当麦芽提供的含氮物质过量时，如生产小麦啤酒，过多的高分子含氮物质会导致成品啤酒产生混浊的倾向。在此情况下，使用玉米淀粉作为原料，将稀释最终麦汁含氮物质的水平，因为玉米淀粉几乎不含蛋白质，几乎不给麦汁带来含氮组分。使用玉米淀粉不仅可以降低麦汁的总氮水平，而且可以降低高分子氮水平，可以提高啤酒的非生物稳定性。

(2)风味。啤酒中残存的含氮化合物对啤酒风味影响极大。啤酒的含氮量大于 45 mg/L 就显得浓醇，在 300～400 mg/L 之间就显得爽口，若小于 300 mg/L 则会显得寡淡如水。啤酒的浓醇性主要依赖于啤酒中的含氮化合物的量。因此，使用玉米淀粉生产的啤酒，尤其是贮藏型啤酒，其口感更为淡爽，但使用量过多会造成啤酒过于淡薄。当麦汁的氨基酸的水平超过酵母的需求时，会增加细菌污染的机会，使啤酒产生异味；而氨基酸水平的不足，影响酵母的正常代谢，产生较多的高级醇、双乙酰等代谢副产物，从而影响啤酒的风味。因此使用玉米淀粉必须保证麦汁合理的氨基酸水平，以满足酵母的生长和发酵要求。

(3)风味稳定性。使用玉米淀粉生产的啤酒，风味稳定性更好，是因为玉米淀粉的脂肪含量低。脂肪水解所产生的油酸和亚油酸，是生成醛类等羰基化合物的主要来源之一，而羰基化合物是啤酒老化味的主要成分，由脂肪酸产生的长链不饱和醛是老化味的典型代表物质。通过测定不同辅料酿造的啤酒的抗氧化值(RSV)发现，在相同的生产工艺条件下，使用玉米淀粉、糖浆等辅料可以有效地提高啤酒的 RSV 值，使用玉米淀粉作辅料与使用大米作辅料相比，RSV 值高出一倍以上。对相同的生产工艺生产的啤酒，RSV 值越高，表示啤酒的风味稳定性也越好，因此，使用玉米淀粉可以提高啤酒的风味稳定性。

(4)色度。多酚物质是啤酒色度的主要来源之一，玉米淀粉不含多酚物质，使用玉米淀粉作辅料可以降低啤酒的色度。

(5)泡沫。玉米淀粉不含有利于啤酒产生泡沫的糖蛋白，使用量过多，会降低啤酒的泡沫性能；但它又几乎不含脂肪物质，与其他辅料相比，不含破坏泡沫的成分，这是对啤酒泡沫有利的一面。

(二)玉米淀粉使用中应注意的问题

玉米淀粉由于其纯净的品质及相对的价格优势,已成为目前我国啤酒生产中替代大米的首选原料。由于玉米淀粉与传统使用的大米淀粉存在性质差异,如不了解这些差别的本质原因,就会影响到玉米淀粉的正常使用。孙黎琼等经过研究提出:①玉米淀粉应控制好质量,尤其是外观质量和气味,必须无异杂味,不影响啤酒的口感及风味。②由于玉米淀粉组分与大米有差别,蛋白质含量几乎是零,须通过调整原辅料配方,如添加部分小麦芽以提高氮的含量,提高啤酒的泡持性,并通过调整工艺提高麦汁得率。③以玉米淀粉为辅料不仅啤酒的成本降低,而且啤酒的发酵度、色度、生物稳定性都较原工艺有一定的提高,有利于生产淡爽型啤酒。

当淀粉酸度偏高时,淀粉醪液的 pH 相应偏低,如果超出一定极限,将使淀粉酶失活。应注意糊化下料水 pH 的监控。用酸度偏高的淀粉,相应成熟发酵液的总酸也偏高;发酵过程 pH 相应偏低,但啤酒最终 pH 差别不明显。此外,淀粉的 SO_2 含量偏高时,啤酒的 SO_2 含量也相应偏高,在品尝中也能发现有所差异。所以在用淀粉作为啤酒辅料时,应注意以上指标,尽量使用达到食用玉米淀粉“优级”的淀粉,这样对保证啤酒口味纯净性,抗氧化性有很大的作用。

(三)糖化过程控制应注意的问题

1. 控制合理的料水比

玉米淀粉颗粒细度高达 99.5%,吸水后迅速膨胀,下料后在升温的过程中会产生远比大米粉黏稠的醪液。在 60～68℃左右醪液的黏度急剧升高,使酶的作用难以充分发挥,因此控制好料水比至关重要。要保证淀粉酶充分作用,达到良好的糊化效果,料水比最好控制在1∶(5.0～5.5)。

2. 选择合适的酶制剂

玉米淀粉较大米糊化温度低 10～15℃,生产中极易结块沉淀形成粉团,所以选用的复合型玉米淀粉酶,既能保证低温时的糊化,又能保证高温时的液化。

3. 保证糊化下料时的快速搅拌

目前使用的糊化下料系统适用于大米,玉米淀粉颗粒过细,下料过程中粉尘大、易粘锅。糊化锅下料时必须开启快速搅拌,保证料水充分接触,混合均匀防止下料结块或沉积而造成糊化、液化困难。

4. 麦汁过滤时控制匀速过滤

玉米淀粉是由多面形和圆形淀粉粒所组成,其直径为 8～35 μm,细度在 99%以上,易穿透麦糟滤层,麦汁过滤时清亮度难以把握。开始过滤时原麦汁颜色发灰,15～20 min 后麦汁逐渐清亮。要获得清亮的麦汁,在原麦汁刚开始过滤时要打回流 5～10 min,使沉降到过滤筛板下的细质醪液回流到糟层上重新过滤,以免出现初始原麦汁混浊。在过滤过程中必须控制过滤速度,保持匀速过滤,平衡罐液位控制在 1.3 m,以免糟层抽紧造成过滤困难。在洗糟耕糟时耕刀转速控制在 0.5 r/min,尽量减少糟层中细质醪液的下沉,影响麦汁清亮度。

5. 控制糖化醪蛋白质休止温度和时间

玉米淀粉中蛋白质含量和大米相比较可以忽略不计。要获得组分合理的定型麦汁,使酵母在繁殖过程中有足够的氨基氮，在糖化下料时，可采用低温37℃下料，下料结束10 min后升温到45℃开始保温，使麦芽浆和水、酶制剂充分结合作用，并严格控制蛋白质的休止温度，保证休止时间，使麦汁中氮源比例适当。

6. 完善的下料系统

完善的下料系统不仅能够避免粉尘污染，而且省事省工。

第五节　糖类

麦汁中添加糖类，大都在产糖比较丰富的地区应用。糖类因缺乏含氮物质，为了保证酵母营养，其使用量应根据麦芽含可溶性氮及氨基氮的具体情况而定，一般使用量为原料的10%左右。

糖类可以在麦汁煮沸近结束时，直接添加在麦汁煮沸锅中，添加的种类主要有蔗糖、葡萄糖、转化糖和糖浆。

一、蔗糖

蔗糖有白砂糖和赤砂糖之分，白砂糖纯度可高达99.97%，添加后，不增加麦汁色度，而赤砂糖会不同程度地增加麦汁色度。酿造者多使用白砂糖，使用时直接加入麦汁煮沸锅中，白砂糖可全部被酵母发酵，以提高啤酒的发酵度。

白砂糖的质量标准如表6.9所示。

表6.9　白砂糖的质量标准

项目	优级	一级	二级
外观	糖的晶粒均匀，松散干燥，不含带色糖粒或糖块	糖的晶粒应均匀，松散干燥，不含带色糖粒或糖块	糖的晶粒应均匀，松散
味感	糖的晶粒或水溶液，味甜，不带杂臭味	糖的晶粒或水溶液，味甜，不带杂臭味	糖的晶粒或水溶液，味甜
水溶液	溶于洁净的水中，成为清晰的水溶液	溶于洁净的水中，成为清晰地水溶液	—
蔗糖含量/%	＞99.75	＞99.65	＞90.45
还原糖含量/%	＜0.08	＜0.15	＜0.17
水分/%	＜0.06	＜0.07	＜0.12
色值/%	＜1.0	＜2.0	＜3.5
其他不溶于水的杂质含量/(mg/kg 产品)	＜40	＜60	＜120

二、葡萄糖

用葡萄糖作为麦芽辅助原料，优点是可以降低麦汁中蛋白质含量和提高发酵度，缺点是啤酒口味比较淡薄。

葡萄糖使用时可直接加入麦汁煮沸锅内，或在下酒时添加。

葡萄糖的质量标准如表 6.10 所示。

表 6.10 葡萄糖的质量标准

项目	质量标准	项目	质量标准
外观	无色或白色结晶性粉状或颗粒状	葡萄糖含量/%	>95
		酸度/(0.1 mol/L NaOH 的毫升数/5 g 葡萄糖溶于 50 mL 水中)	<1
气味	固形物或水溶液，微甜，无其他异味	比旋度	+52.5°～53.0°
水溶液水分/%	溶于水后，溶液清亮透明或微浊<2		

三、转化糖

转化糖是用 50%～60%蔗糖溶液，加稀硫酸，在 82～93℃温度下转化而成，转化反应通过旋光度控制终点。此转化糖液经中和、过滤并真空浓缩至含 83%左右的固形物。

转化糖的等级主要根据色泽划分，如表 6.11 所示。

转化糖可全部被酵母发酵。可在麦汁煮沸锅中添加或下酒时添加。

表 6.11 转化糖的等级标准

等级	转化糖含量/%	蔗糖含量/%	色度/EBC	适于制造啤酒类型
1	77	<3.5	30	淡色啤酒
2	77	<3.5	70	浓色啤酒
3	77	<3.5	130	浓色啤酒
4	77	<3.5	500	黑色啤酒

四、糖浆

随着现代酶工程技术的发展和淀粉糖生产工艺的突飞猛进，淀粉糖浆类产品在啤酒酿造中的使用越来越多。美国一些大型的玉米深加工企业均生产啤酒用淀粉糖浆辅料；欧洲则通常用玉米或者小麦，生产淀粉质糖浆作啤酒辅料；日本在近十年内用玉米淀粉糖浆作辅料替代大麦生产啤酒的比重逐渐上升，2000年达到18%，且糖浆的使用受到了政府的鼓励。在国内，由于多方面的原因，淀粉糖浆在啤酒行业中应用较少，近几年，随着淀粉糖浆价格的下降和大麦的供不应求、价格上涨，在啤酒酿造中逐步得到了应用。

淀粉糖浆的生产以玉米、大米、小麦和大麦等谷物原料为主，淀粉质的原料经酶法液化、糖化加工而成的，基本组成是这些原料内容物组成分的分解产物，包括糖类、含氮化合物、多酚、矿物盐、维生素以及在生产过程中可能形成的色素物质等，但不含脂肪和纤维素等成分，是以糖类物质为主要成分的一种食品原料。采用不同的原料和生产工艺，可以制成不同类型的糖浆。糖浆可部分取代辅料或者麦汁，若要完全取代麦汁，则对其成分的组成要求更高，不仅其糖类的基本组成与麦汁类似，而且含氮物质的组成也必须与麦汁相似，同时有一定数量的矿物质和维生素。

（一）啤酒酿造用糖浆的分类、组成及其特点

目前啤酒酿造用糖浆还没有统一的分类和质量标准。一般根据糖浆中组成分的情况，大体上可以分为高麦芽糖浆、麦芽浓缩汁、大麦糖浆、玉米糁酵母全营养型糖浆或者复合糖浆、低聚麦芽糖浆、低聚异麦芽糖浆等几种。糖浆的原料决定了糖浆的主要组成，其组成分决定了它的用途。

麦芽糖浆、低聚淀粉糖浆等都是由玉米、小麦、大米等淀粉为原料生产的，麦芽糖浆以麦芽糖为主，可以高达50%以上，其余的分别为葡萄糖、麦芽三糖、低聚糖等，含有少量的α-氨基氮，适合于和全麦芽麦汁搭配使用，代替辅料。麦芽糖浆具有较高的麦芽糖，可以提高啤酒的发酵度，特别适应于制造淡爽型啤酒，如干啤或超干啤。低聚淀粉糖浆（低聚麦芽糖浆、低聚异麦芽糖浆）具有与普通麦汁不同的糖组分，以麦芽三糖至麦芽七糖为主要成分，或含有特殊的功能性因子，如异麦芽糖或异麦芽多糖，专门用来酿造特色啤酒，例如酿造低醇啤酒或功能性啤酒，要求糖浆中具有较少的可发酵性糖，混合发酵后啤酒中的酒精含量降低，在啤酒生产中只能作为辅料使用。低聚糖浆还可以用于啤酒后修饰，可以改善啤酒的口感和风味，具有较好的适口性。

大麦糖浆、麦芽浓缩汁、玉米糁酵母全营养型糖浆或复合糖浆，一般以大麦为主要原料，以淀粉、大米、小麦或玉米（有时还用一部分麦芽）作为辅助原料，通过添加各种酶制剂使大麦分解，再浓缩精制而成的糖浆，与麦汁制造过程（不含麦汁煮沸）相似。因此，大麦糖浆组成上与麦汁基本一致。使用时可以代替部分麦芽和全部辅料，代替啤酒工厂的前期糖化过程，直接添加到煮沸锅内并加啤酒花煮沸，再经冷却，得到最终麦汁，特别适合于高浓酿造和发泡酒的制造。

（二）淀粉糖浆在啤酒酿造中的优势

（1）糖浆可以直接添加于煮沸锅中，工艺简单，使用方便，节能降耗，降低劳动强度。

（2）在不添加糖化设备的情况下，可提高糖化工序能力，可实现高浓酿造，提高糖化、发酵的生产能力，提高设备的利用率，提高酒的产量，特别是在生产旺季可以缓解供应紧张的问题。

（3）生产的啤酒色泽浅、口味清爽，抗氧化强。

（4）代替部分麦芽，减少麦芽的用量从而降低成本，原料来源广。

(三)大麦糖浆

糖浆的种类很多,不同的原料可制出不同的糖浆。制造啤酒以使用大麦糖浆最佳,其成分与麦芽麦汁比较接近。

关于大麦糖浆的制造方法 ABM-Krφyer 法如图 6.1 所示。

1. 生产流程

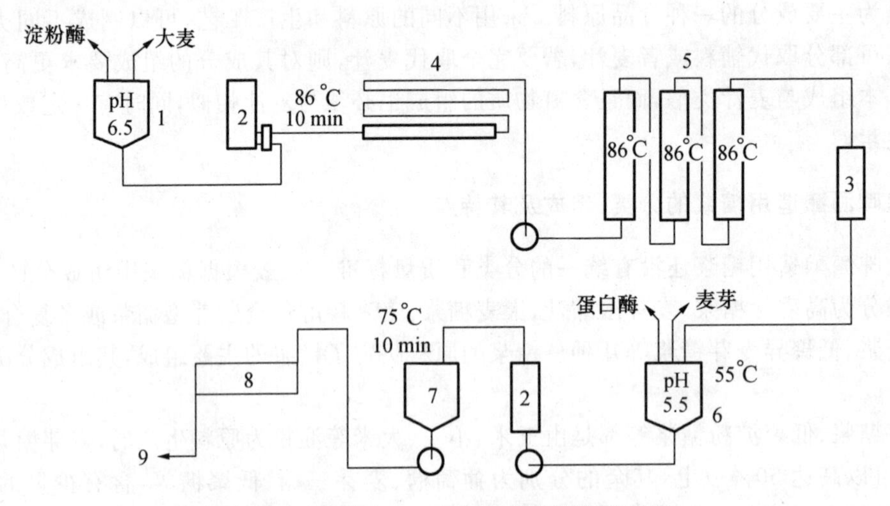

图 6.1 ABM-Krφyer 法制备大麦糖浆流程图

1. 调浆阀 2. 加热器 3. 冷却器 4. 管式反应器 5. 反应罐
6. 糖化罐 7. 完成罐 8. 压滤机 9. 真空浓缩

2. 工艺过程

(1)采用细菌 α-淀粉酶为液化剂,与经去皮和粉碎后的大麦同置调浆罐内混合,其最适 pH 为 6.5,一般不需调节 pH,料液比为 1∶4。

(2)调制的浆液经加热器加热,并在管式反应器中保温 86℃,维持 10 min 后,泵入反应罐内。

(3)反应罐维持温度 86℃,直至液化完全(约 4 h)。

(4)将液化醪液冷却,调 pH 为 5.5～5.8,添加细菌蛋白酶和 5%～10%麦芽,保温 55～62℃,糖化 4 h。

(5)升温至 75℃,保温 10 min,使剩余淀粉全部液化和糖化。

(6)利用压滤机将醪液过滤,滤得澄清的糖液。

(7)糖液浓缩至固形物为 77%的糖浆。

3. 糖浆成分(表 6.12)

4. 糖浆的质量和添加比例

制备糖浆,大麦先经去皮,制得的糖浆色泽浅,风味柔和,但缺乏麦芽香味。糖浆的含氮量较麦芽麦汁低 15%以上,发酵度也远较麦芽麦汁为低。其添加量一般为 20%～30%,最高者达 50%。

表 6.12 大麦糖浆的成分 %

成分	含量	成分	含量
总固形物	76～78	灰分	1.2～1.5(以干物质计)
DE 值	43～45	pH	5.5
α-氨基酸(TNBS 法)	0.1～0.12(以干物质计)	碳水化合物比例	DP1：5～6
总氮(凯氏法)	0.62～0.66(以干物质计)		DP2：49～53
α-氨基酸：总氮	16～18		DP3＋4：13～16
最终发酵度	76～78		高聚合度糖类:24～29

第六节 化工原料

随着啤酒工业生产技术的不断变革,在啤酒工业中会添加一些有助于改善生产工艺或是提高啤酒性质的化工原料。啤酒的加工生产不同于一般食品,技术要求比较高,在添加这些化工原料的时候,不但要符合食品卫生的要求,还要有充足的技术基础和科学理论依据。目前,啤酒工业中经常用到的化工原料包括:硅藻土、酶制剂、稳定剂、澄清剂、食品添加剂等。

一、硅藻土

硅藻土过滤是目前啤酒厂使用最为广泛的一种过滤方法。硅藻土是海洋单细胞藻类植物遗骸,中国硅藻土矿产资源量位居世界前列。硅藻土的主要成分为非晶质氧化硅。目前,啤酒的一级过滤多数采用的助滤剂为硅藻土或硅藻土与石英砂的混合颗粒。采用硅藻土过滤可得到清亮的啤酒,浊度低于 0.6EBC,微生物含量极低。

硅藻土过滤法的优点为:不断更新滤床;过滤速度快,产量大;表面积大,吸附能力强,能过滤 0.1～1.0 μm 以下的微粒;降低酒损 1.4%左右,改善生产操作条件。但有研究显示硅藻土中含有 Fe^{2+},当呈酸性的啤酒经硅藻土过滤时,Fe^{2+} 会不可避免地溶入啤酒中。会催化啤酒中的氧气迅速成为过氧化氢,引起啤酒中某些物质发生氧化还原反应而造成啤酒品质的恶化,所以他建议应在啤酒的生产中使用加入除铁处理剂的硅藻土作为助滤剂。

除此之外,硅藻土的广泛使用也存在不少其他问题:①在操作硅藻土过滤机进行过滤时劳动强度大,硅藻土粉尘对操作工人健康不利;②硅藻土作为一种矿产资源会出现资源短缺问题,大量使用必然会导致成本增加;③硅藻土不能回收利用,废弃的硅藻土已经造成了严重的环境污染。

由于硅藻土的使用有多方面的限制,需要研究无硅藻土过滤系统或研究硅藻土回收再利用方法:

(1)硅藻土是一种非再生的矿物,大量使用硅藻土与啤酒厂的绿色工程相违背。

(2)优质硅藻土的矿藏量是有限的,酿造者只能依赖于价格必定上涨的产品。

(3)硅藻土是硅质颗粒,吸入体内是有害的。

(4)使用过的硅藻土已成为大量的固体废弃物，在有些国家，堆积成山的硅藻土的处理费是非常高的(例如在德国每吨废弃物的处理费用高达500马克)。

二、酶制剂

啤酒的生产与酶有着密不可分的联系，传统的啤酒糖化是利用大麦发芽所产生的内源性酶实现物质转化。随着生物技术的发展，利用微生物生产具有工业化利用价值的各类酶制剂，其生产规模日益扩大，酶制剂品种也更加丰富。目前，具有多酶系、多用途的复合酶制剂越来越受到关注和重视。在传统啤酒酿造中，由原料制成啤酒的一个关键因素——酶，来自于大麦芽。在使用高比例辅料酿造啤酒时，显然需要添加一些辅助酶制剂。实际上，从辅料液化、糖化到发酵等整个啤酒生产过程都涉及酶制剂。

目前，在啤酒生产过程中常用的酶制剂有淀粉酶、蛋白酶、α-乙酰乳酸脱羧酶、β-葡聚糖酶以及复合酶制剂等。

(一)淀粉酶

淀粉酶包括α-淀粉酶、β-淀粉酶、支链淀粉酶、淀粉葡萄糖苷酶，啤酒生产中主要应用α-淀粉酶和β-淀粉酶。淀粉水解酶的主要作用是催化淀粉的水解，将大分子淀粉分解为小分子的糊精、低聚糖和葡萄糖。前者残存在啤酒中起着丰富酒体，提高醇厚口感的作用；后者可被酵母所利用生成酒精，CO_2及一系列代谢副产物。

(二)蛋白酶

蛋白酶是分解蛋白质肽键一类酶的总称，可分为内肽酶和端肽酶两类。内肽酶能切断蛋白质分子内部肽键，分解产物为小分子的多肽，端肽酶又分为羧肽酶和氨肽酶两种，此外还有一种二肽酶，它分解二肽为氨基酸。羧肽酶是从游离羧基端切断肽键，而氨肽酶则从游离氨基端切断肽键。通常说的蛋白酶多是指内肽酶，而羧肽酶、氨肽酶和二肽酶总称为肽酶或端肽酶。

(三)α-乙酰乳酸脱羧酶

α-乙酰乳酸脱羧酶(α-ALDC)可催化α-乙酰乳酸分解为2,3-丁二醇。双乙酰含量是影响啤酒风味的重要因素，对啤酒质量具有决定性的影响，是品评啤酒成熟与否的主要依据。它的形成途径为：糖类→丙酮酸→α-乙酰乳酸→双乙酰。α-乙酰乳酸脱羧酶可调节双乙酰前体物质走支路代谢途径从而控制双乙酰的含量。

(四)β-葡聚糖酶

β-葡聚糖酶是催化降解β-葡聚糖的一类酶。麦芽中形成的β-葡聚糖酶最适温度为40～45℃，如达到60℃时不到2 min酶活力就会损失50%，影响β-葡聚糖的降解。因此通常需要向糖化醪中添加β-葡聚糖酶(特别是耐温的酶)，以弥补低质麦芽的缺陷，降低糖化醪的黏度，常用的β-葡聚糖酶主要包括：内β-葡聚糖酶、外β-葡聚糖酶及其复合酶试剂(如β-葡聚糖酶混合酶、耐温β-葡聚糖酶复合酶等)。其性质见表6.13。

表 6.13 啤酒生产中使用的 β-葡聚糖酶及其性质

产品类型	酶种类	最适温度/℃	最适 pH	添加地点	主要作用
β-葡聚糖酶	内、外-β-葡聚糖酶	55～60	6.0～7.0	全部在糖化锅投料	降低麦汁糖度，改善麦汁过滤性能和收得率
β-葡聚糖酶混合酶	内肽酶；β-葡聚糖酶；α-淀粉酶	44～55	6.0～7.0	全部在糖化锅投料	降低麦汁黏度，提高中低分子氮含量，提高收得率
耐温 β-葡聚糖酶复合酶	β-葡聚糖酶，戊聚糖酶	5.5～70	5.0～7.0	全部在糖化锅投料	分解 β-葡聚糖、戊聚糖，降低麦汁黏度，改善麦汁过滤性能

(五)其他酶

应用于啤酒工业的还有一些其他种类的酶，如超氧化物歧化酶(SOD)、葡萄糖氧化酶、磷酸酯酶等。SOD 能对生物体内由各种途径产生的超氧自由基起到歧化作用，从而解除自由基的毒性。葡萄糖氧化酶可催化氧与葡萄糖生成葡萄糖酸内酯而消耗溶解氧，因而常被用作抗氧化剂，以防止啤酒氧化变质。磷酸酯酶可以催化酸和醇生成酯，提高啤酒中呈香呈味物质的含量。

(六)复合酶

单一酶制剂在啤酒生产上应用时，总会有一定的局限性，而将单一酶制剂制成复合酶制剂则可弥补各个酶的缺点，得到较好的效果。如 α-淀粉酶耐温不耐酸，而 β-淀粉酶不耐温，两者结合起来使用则可起到互补协同作用。

三、稳定剂、澄清剂

啤酒是胶体溶液，其稳定性是相对的、有条件的，随着环境条件的变化，啤酒稳定性也会随之发生变化。啤酒的稳定性有其内在的诱变因素和变化机理，如由杂菌引起的啤酒混浊，即生物稳定性，由老化淀粉、草酸盐、多酚-蛋白质引起的非生物稳定性。用于啤酒稳定剂的有甲醛、硅胶、PVPP、单宁、酶制剂等。

(一)甲醛

甲醛曾引来无数的争论，现在已基本淡出啤酒酿造工艺。但它是使用时间最长的一种稳定剂。在糖化过程中添加，其目的是抑制大麦芽中多酚(主要是花色苷)的溶出，可以降低敏感多酚在啤酒中的含量。显著降低麦汁色度，可有效防治啤酒的多酚-蛋白质沉淀。

(二)吸附剂

用硅胶及硅酸盐、皂土和活性炭等吸附剂，通过吸附作用除去啤酒中的多酚类物质，减少或者除去形成蛋白质-多酚类物质复合物的前体，不但能提高啤酒的澄清度，还能提供啤酒的稳定性，延长啤酒的货架寿命，改善啤酒的风味。

皂土是利用自身的重量下沉时带下蛋白质絮状物，皂土本身并没有与蛋白质结合的功能，它对蛋白质吸附能力较差，并且皂土沉降所形成的沉降物轻软酥松，液体流动时，即能造成沉降物浮动。硅胶具有较强的吸附蛋白质-多酚复合物能力，可减少与多元酚化合作用，降低混浊物的形成，但不足之处是采用硅胶及硅酸钠来促使蛋白质沉降的使用量要求很大，结果造成大量的沉降物导致分离时麦汁损失率增加，而且硅胶及硅酸钠缺乏蛋白质结合选择性，会影响啤酒的泡沫持久性。

（三）PVPP

聚乙烯吡咯烷酮，缩写为 PVPP。PVPP 与啤酒中蛋白质的分子结构相似，极易与多酚结合，生成较大的分子析出来。PVPP 与多酚的结合是有选择性的，主要与敏感多酚起反应，由于敏感多酚含量的降低，从而起到提高啤酒稳定性的目的。

PVPP 分为两类：一次型和再生型。一次型的 PVPP 直接加入硅藻土混合罐里随硅藻土一起使用，使用浓度为 100～300 mg/L，使用后直接随硅藻土排出，不回收；而再生型的 PVPP 在硅藻土过滤机后面用专门的过滤机添加使用，使用后要用 1%的 NaOH 溶液在 85℃再生，之后用 85℃热水冲洗至 pH 为中性，再继续重复使用；每次再生会有 3%左右 PVPP 的损失。PVPP 是唯一一种从多酚的角度去解决多酚-蛋白质沉淀的方法，并且效果非常好，若和硅胶配合使用效果可以说是完美的。

（四）单宁

单宁的名称还有丹宁、多酚、鞣酸等，水溶性一般，味觉极涩；用于解决啤酒稳定性的五倍子单宁颜色为淡黄色至浅棕色，我国是单宁原料的大国。

由于单宁中的 OH 基团具有较强的极性，它极易与同样具有极性基团的高分子蛋白质结合，形成较大分子析出；这个反应过程速度极快。在反应初期，单宁与啤酒中蛋白质反应也是有选择性的，优先与敏感大分子蛋白起反应。

（五）酶制剂

目前用来解决啤酒多酚-蛋白质沉淀的酶制剂是蛋白酶，由于其来源不一样，作用底物会有很大的区别，使用比较成熟的蛋白酶有酶清、木瓜蛋白酶和来自黑曲霉的脯氨酸内切蛋白酶。将蛋白酶加入后发酵完了或过滤后的啤酒中可将大分子蛋白质分解，因而没有大的蛋白质分子来与多元酚形成混浊复合物，但蛋白酶在分解高分子蛋白质的同时，也能分解与泡沫有关的含氮物质，破坏啤酒的泡沫持久性，在啤酒澄清度很差时，贮酒沉淀的蛋白质被外在蛋白酶轻度分解而造成不稳定的溶解，导致啤酒的稳定性更差，再加上蛋白酶本身也是高分子蛋白质，添加量控制不当，反之容易使啤酒混浊。啤酒消毒时不破坏，会影响成品啤酒泡沫。因此，在使用时要慎重考虑使用量。

（六）壳聚糖

壳聚糖是天然的阳离子型絮凝剂，对蛋白质、果胶有很强的凝集能力。甲壳素是许多低等动物、特别是节肢动物外壳的主要成分，动物甲壳中的甲壳素是和不溶于水的无机盐及蛋白质结合形式存在。用稀酸稀碱处理，除去无机盐及蛋白质即得甲壳素，甲壳素脱去乙酰基制成壳聚糖。由于甲壳素是自然界最丰富的有机化合物之一，近二十年来，对甲壳素和壳聚糖的研究十分广泛。

四、食品添加剂

（一）添加标准

根据《食品添加剂使用卫生标准》（GB 2760—2007）要求，适合啤酒生产企业使用的主要有以下食品添加剂：

1. 啤酒生产允许使用的食品添加剂

抗氧化剂：二氧化硫、焦亚硫酸钾、焦亚硫酸钠、亚硫酸钠、亚硫酸氢钠、低亚硫酸钠、抗坏血酸、异抗坏血酸及其钠盐。酸度调节剂：乳酸、柠檬酸。着色剂：焦糖色。甜味剂：天门冬酰苯丙氨酸甲酯（又名阿斯巴甜）。

2. 啤酒生产允许使用的加工助剂

氮气、二氧化碳、食用单宁、硅胶、磷酸、氯化钙、硫酸锌、硅藻土、珍珠岩。

3. 啤酒生产允许使用的酶制剂

半纤维素酶、蛋白酶、α-淀粉酶、β-淀粉酶、木瓜蛋白酶、木聚糖酶、β-葡聚糖酶、纤维素酶、乙酰乳酸脱羧酶等。

4. 啤酒生产允许使用的食品用香精必须是标准中允许使用的食品用香料配制的

啤酒生产中使用的主要添加剂及其功能见表 6.14。

表 6.14　啤酒生产中使用的主要添加剂

名称	功能	使用方法	化学物质	残留	危害	代替方法
水处理剂与 pH 调节剂	添加适当的矿物离子可以产生要求的 pH，并保持成品酒风味平衡。还可以保证在糖化和发酵过程中有足够的钙离子	在酿造用水或麦芽粉中直接添加	硫酸钙、氯化钙、硫酸镁等；硫酸、磷酸和乳酸	以矿物质的形式残留于啤酒中	通常很低	所有的酿造者都不得不调节酿造用水以满足加工要求
抗氧化剂-风味稳定剂	澄清的功能：在包装中去除氧，提高风味和胶体稳定性	在装瓶前直接添加到清酒中	抗坏血酸和亚硫酸钠等	对存在于包装后的啤酒中的残留物，许多国家规定了 SO_2 的最大容许残留	可忽略。未稀释 SO_2 具有一定危害健康的风险	限制货架期；改进操作方法；促进天然抗氧化

续表 6.14

名称	功能	使用方法	化学物质	残留	危害	代替方法
酵母营养素	为了提高酵母的活力。有时候需要在发酵罐(和酵母繁殖罐)中添加适量的矿物质和维生素作为酵母的氮源	通常添加到冷麦汁或煮沸锅中沸腾的麦汁中,以帮助灭菌	通常使用锌盐(如 $ZnSO_4$),有时候也用维生素和铵盐	可忽略	可忽略	使用高比例的辅料和敏感的酵母菌株时,可以用添加酵母浸膏替换
啤酒泡沫控制剂	对于多种啤酒来说,啤酒泡沫是一个重要的质量指标	在发酵前或期间需要添加消泡剂用来控制泡沫过多的产生。泡沫稳定剂要在过滤前后立即加入,用来去除啤酒中影响泡沫形成的成分,提高泡沫的稳定性	消泡剂——甘油和山梨聚糖的化合物;泡沫稳定剂——乙二醇海藻酸酯-海藻提取物	这类化合物可能存在于成品啤酒中,但是使用量很小	可忽略	全麦芽酿造,溶解不良的麦芽;更好地控制酿造工艺

(二)添加剂应用

在实际生产中,几乎每一步都能用到食品添加剂。主要用到食品添加剂的工艺步骤有:

1. 麦芽萌发

在麦芽萌发过程中一些大麦的品种发芽比较慢,有些又发芽特别快,所以我们就要在大麦的发芽过程中添加一些添加剂使麦芽按照我们需要的速度发芽。一般来说我们一般用赤霉素(GA 赤霉素的添加量一般为 0.1～0.25 mg/kg)。

2. 在麦芽糖化时

添加 α-淀粉酶,促进未发芽的谷物的液化,如大米醪的糊化和液化;添加 β-淀粉酶改善麦汁的成分;添加 β-葡聚糖酶,当麦芽溶解不良时可以使过滤速度加快。

3. 发酵过程中

在发酵过程中添加 α-乙酰乳酸脱羧酶,降低双乙酰形成。与冷麦汁一起加入发酵罐中,添加于发酵开始时。通过将 α-乙酰乳酸转化为丁二酮,从而避免双乙酰的产生,显著降低双乙酰的形成量,改善啤酒口味,使口感更纯正,稳定啤酒质量;缩短发酵周期,特别适合啤酒旺季生产需要;可缩短(达 50%)储酒时间,提高生产效率。

4. 啤酒澄清时

在啤酒的发酵和贮藏期间,酒液中的各种悬浮物逐渐沉淀下来。使酒液变得澄清。常见的啤酒澄清剂有硅藻土、聚乙烯吡咯烷酮、硅胶、单宁等。

5. 口味稳定剂

啤酒中有时还要添加口味稳定剂，有维生素C(异维生素C)，亚硫酸氢钠等。维生素C是一种氧化剂，可以使自己氧化从而使啤酒不被氧化，还可以补充部分人群的维生素。我国优质啤酒的使用量为20～30 mg/L。异维生素C的使用量为30 mg/L。亚硫酸氢钠有抗氧化、掩盖老化口味、抑菌等作用。

6. 啤酒后期修饰

(1)色泽修饰剂。色素的透光性好，pH符合啤酒的酸度，价格低而普遍采用。如市场上的红啤酒、黑啤酒等大都是用色素调制而成。

(2)营养功能修饰剂。为了提高啤酒的营养价值或某些方面的功能而添加的修饰剂，这类修饰剂大多是瓜果浓缩汁或植物提取液。

(3)稳定修饰剂。如啤酒泡沫稳定剂等。

参考文献

[1] 戴军，袁惠新. 啤酒过滤的现状与发展[J]食品与机械，1994，4:9-11.

[2] 王家林，韩华. 酶制剂在啤酒酿造中的应用[J] 酿酒科技 2009. 114:76-79.

[3] 袁航，尤瑜敏，耿作献，等. 酶制剂在啤酒工业生产中的应用[J]. 郑州轻工业学院学报(自然科学版)，2000，15(1)：18-23.

[4] 赵大庆. 啤酒澄清剂开发与应用研究[D]. 南京农业大学，2008.

[5] 杨梅枝. 啤酒稳定剂的发展与进步[J]酿酒科技，2009，3：31-32.

[6] GB 2760—2011《食品添加剂使用卫生标准》[D].

[7] 陈之贵. 啤酒工业用加工助剂和添加剂综述[J]. 中国食品添加剂，2003，6：55-57.

[8] 周林生. 不同品种大米在啤酒酿造中的应用研究[D]. 无锡：江南大学，2008.

[9] 傅小燕，顾国贤. 大米辅料对啤酒酿造的影响[J]. 工业微生物，1999，29(3)：29-32.

[10] 冯文红，周生民，史建国. 辅料添加对啤酒质量影响的分析[J]. 中国酿造，2011(11)：155-157.

[11] 鲍新华，陈云彪. 浅谈大米在啤酒酿造中的使用[J]. 啤酒科技，2002(4)：27-28.

[12] 石海英，徐伟，陈彦，等. 玉米淀粉在啤酒生产中的应用探讨[J]. 食品科技，2000(6)：44-47.

[13] 尤新. 玉米糖浆在啤酒中的应用[J]. 粮油食品科技，2002，10(3)：43-44.

[14] 杨杰璞，王德良，张五九. 以黑小麦为辅料酿造啤酒的初步研究[J]. 酿酒，2006，33(3)：97-99.

[15] 张赟彬，何国庆. 马铃薯用作啤酒辅料的糊化工艺研究[J]. 食品科技，2003(10)：20-22.

[16] C I Owuama，N Okafor. Use of unmalted sorghum as a brewing adjunct[J]. World Journal of Microbiology and Biotechnology，1990，6(3)：318-312.

[17] Maria Daria Fumi ，Roberta Galli，Milena Lambri，et al. Effect of full-scale brewing process on polyphenols in Italian all-malt and maizeadjunct lager beers [J]. Journal of Food Composition and Analysis，2011 (24)：568-573.

[18] Glatthar J, Heinisch J, Senn T. A Study on the Suitability of Unmalted Triticale as a Brewing Adjunct[J]. Journal of the American Society of Brewing Chemists, 2002, 60: 181-187.

[19] Agu R C. A Comparison of Maize, Sorghum and Barley as Brewing Adjuncts[J]. Journal of the Institute of Brewing, 2002, 108: 19-22.

[20] Giovani B M Carvalho, Daniel P Silva, Camila V Bento, et al. Banana as Adjunct in Beer Production: Applicabilityand Performance of Fermentative Parameters[J]. Appl Biochem Biotechnol, 2009 (155): 356-365.

[21] 陈善峰.低温挤压加酶大米作啤酒辅料的试验研究[D].河北农业大学,2012.

[22] 管敦仪.啤酒工业手册(修订版).北京:中国轻工业出版社,1998.

[23] Hashimoto N, Oxidation of higher alcohols by melanoidins in beer[J]. J Inst Brew, 1972, 78: 43-51.

[24] Palamand S R, Marld K S. Factors affecting 5-hydroxymethyl furfural formation and stale flavor formation in beer [J]. J Am SoeBrew Chem, 1971: 211.

[25] Blocklnans C, Masscheiein R. The assessment and prediction of beer flavor stability[J]. BEC Congr, 1981: 347.

[26] Hashimoto N. RePort Research Laboratory. Kirin Brewery Co. Ltd. 18: 1.

[27] Kuroiwa Y, Hashimoto N. Atomic absorption spectrophotometers Procedures in the brewing laboratory [J]. Proe Am Soe Brew Chem, 1961, 19: 28-32.

[28] White F H, Wainwright T. Production of volatile[J]. J Inst Brew, 1976, 82: 46-48.

[29] Markl K S, Palamand S R. Beer stability-a key to success in brewing[J]. Teeh Quart MBAA, 1973, 10: 184-186.

[30] Visser M K, Lindsa R C. Energy savings through useo flow-pressure Steamre-compression in a brew kettle within terior cooker[J]. Teeh Quart MBAA, 1971, 8: 123-126.

[31] Dominguez X A, Canales A M. Fermentation temperature and enzyme Pattern of yeast [J]. Brewer's Digest, 1974, 7: 40-42.

[32] Moir M. The desideratum for flavor control[J]. J Inst Brew, 1992, 98: 215-220.

[33] Jamieson A M. Formation of Acetohydroxy acids during up take of amino acids by yeasts[J]. Proe Amsoe Brew Chem, 1970, 28: 192-196.

[34] James T. Cereal Adjuncts. Special topic conference in Brewing, 1981.

[35] 段凤伟.11度玉米啤酒的研制[J].啤酒科技,2008,126(6):47.

[36] 于风兰.玉米作辅料生产优质啤酒可行性的探讨[J].辽宁食品与发酵,1:8-11.

[37] I V VANHEEFDEN 等.用玉米粉或高粱作辅料酿制的非洲啤酒的营养成分[J].啤酒科技,2000,3:51-55.

[38] 陈冰.低温挤压膨化脱胚玉米辅料酿造啤酒的试验研究[D].山东理工大学,2012.

[39] 潘志春,高比例辅料啤酒酿造技术的研究[D].江南大学,2009.

[40] 曾国光,郑伟,何峰.玉米淀粉辅料的糖化工艺控制[J].啤酒科技,2006(12):26-27.

[41] 牟刚,李强.啤酒生产中淀粉辅料的使用[J].中国酿造,2009,9:113-114.

[42] 顾国贤.酿造酒工艺学[M].北京:中国轻工业出版社,2001.

[43] 刘慧,张秀玲,李铁晶.国内外小黑麦酿造啤酒的工艺研究进展[J].食品科学,2002(23):158-1601.

[44] 刘慧,张文利.利用小黑麦生产啤酒的发酵工艺[J].中国酿造,2000(3):28-301.

[45] 刘树兴,王旭,屈耀峰.黑小麦营养评价及其加工[J].粮食与油脂,2002(10):33-341.

[46] Glat terar J,Heinisch J, Senn T. A Study on the Suitability of Unmalt edTriticale as a Brewing Adjunct [J] . Journal American Society of Brewing Chemists,2002, 60(4):181-187.

[47] 王海明.论小麦辅料啤酒的酿造[J].啤酒科技,2000,2:20-23.

[48] 申德超,刘尼亚,王国庆.挤压蒸煮小麦作啤酒辅料的糖化试验[J].农业机械学报,2008,39(3):71-74.

[49] 夏芝爽.小麦做辅料啤酒的研制[J].酿酒,1998,126(3):47.

[50] 刘杰璞,王德良,张五九.以黑小麦为辅料酿造啤酒的初步研究[J].酿酒,2006,33(3):97-99.

[51] 霍爱明.玉米淀粉作为啤酒生产辅料的试验研究[J].啤酒科技,2008,5:26-27.

[52] 王海明.玉米淀粉在啤酒酿造中的使用[J].食品与发酵工业,2001,4:76-79.

[53] 顾国贤.酿造酒工艺学.2版.北京:中国轻工出版社,1996.

[54] 王海明. 中国啤酒,1999,2:3- 7.

[55] 孙黎琼,蔡超雄.玉米淀粉在啤酒酿造中的使用及控制[J].啤酒科技,2009,7:52-53.

[56] 徐春凤.淀粉质量对啤酒生产和质量的影响[J].啤酒科技,2006,11:47.

[57] 王亚梅.以玉米淀粉代替大米为辅料在糖化过程控制的探讨[J].啤酒科技,2006,1:49-50.

[58] 涂俊铭,等.啤酒专用糖浆的开发研究[J]. 酿酒,2001,23(6):92-94.

[59] 王成红. 糖浆高浓酿造技术的研究与应用[A]. 啤酒酿造生产与应用研讨会会刊[C],2002:4-7.

[60] 山东天绿原生物工程有限公司研发部[A]. 啤酒酿造生产与应用研讨会会刊[C]. 2002:74-76.

[61] 鲍元兴,韩亮. 低聚糖在啤酒生产上的应用[J]. 华糖商情,2002(28):38.

[62] 李延海,单守水. 啤酒复合糖浆[A]. 啤酒酿造生产与应用研讨会会刊[C],2002:32-33.

[63] 黄生权,等. 酵母全营养型啤酒专用玉米糖浆的初步研究[J]. 食品与发酵工业,2002,28(12):24-26.

[64] 熊丽苹,黄立新,周彦斌.国内啤酒专用淀粉糖浆的开发和应用[J].广州食品工业科技,2004,20(4):151-154.

第七章 麦汁制备

麦汁制备是啤酒生产过程中的重要环节。为保证啤酒发酵的顺利进行，需要通过糖化工序将麦芽中的非水溶性组分转化为水溶性物质，即将其转变成能被酵母利用的可发酵性糖，所以，麦汁制备是啤酒发酵的重要前提和基础。麦汁制备主要包括以下过程：原料粉碎、糊化、糖化、麦汁过滤、煮沸、麦汁后处理、麦汁通风、麦汁冷却、通氧等，其中麦汁制备工艺及设备流程图如图 7.1 和图 7.2 所示。

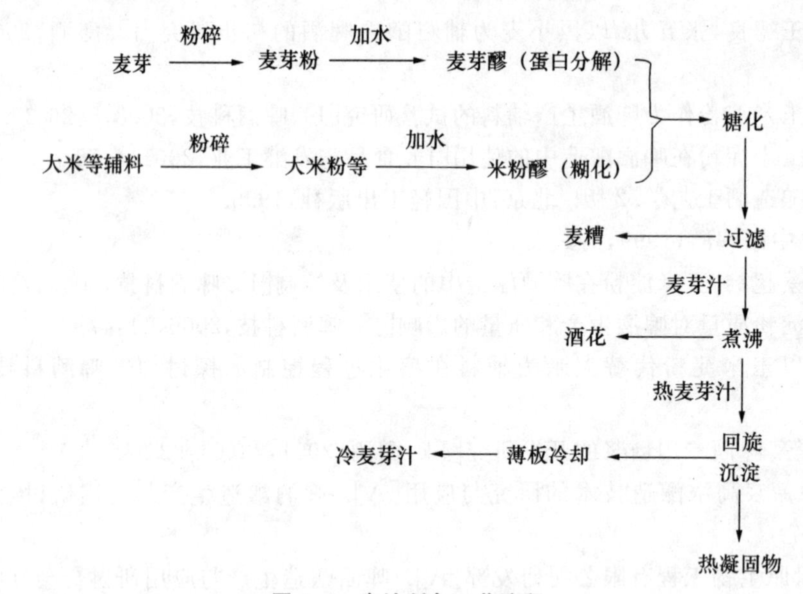

图 7.1 麦汁制备工艺流程

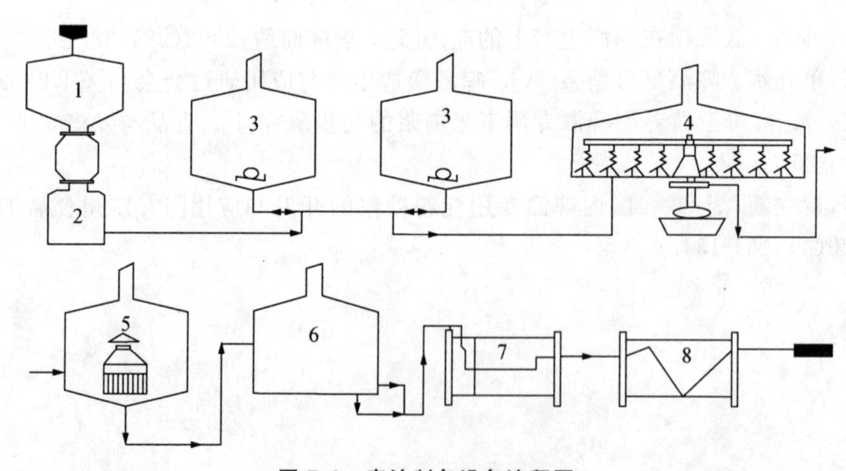

图 7.2 麦汁制备设备流程图

1. 麦芽贮仓 2. 粉碎机 3. 糖化锅、糊化锅 4. 过滤槽 5. 麦汁煮沸锅
6. 回旋沉淀槽 7. 薄板冷却器 8. 过滤机

第一节　原料粉碎

麦芽和其他一些原料粉碎，是制备麦芽汁的第一道关键工序，生产工艺过程复杂，质量要求高。其粉碎的程度对后续糖化工艺、麦芽汁组成比例以及原料利用率都很重要。麦芽与谷物等辅料的粉碎是为了增加原辅料与水的接触面积，使麦芽可溶性物质浸出，有利于酶的作用，同时促使难溶物质溶解。

一、麦芽的粉碎

（一）麦芽的预处理

在麦芽进入粉碎设备之前，要对原料进行预处理。主要是除去麦芽中的杂质，如麦粒中混有的小石子、塑料等。若这些杂质不除去，随麦芽进入粉碎设备中，会破坏粉碎辊上的拉丝，甚至产生火花，导致粉尘爆炸。因此，在粉碎之前要对麦芽进行除杂。

（二）麦芽粉碎的方法

麦芽粉碎的方法主要分为麦芽干法粉碎、湿法粉碎、回潮粉碎和连续浸渍增湿粉碎 4 种方法。

1. *麦芽干法粉碎*

麦芽的干法粉碎是传统的粉碎方法，要求麦芽水分在 6%～8%为宜，采用麦芽干法粉碎设备进行粉碎。

2. *麦芽湿法粉碎*

湿粉碎就是将麦芽用 20～50℃的温水浸泡 15～20 min，使其吸水膨胀，当水分含量达到 28%～30%时用粉碎机进行粉碎。

在湿法粉碎中麦芽体积由于吸水膨胀 35%～40%，在增加水分的条件下，用对辊粉碎机将其粉碎，一边粉碎一边加水调浆，泵入糖化锅。此种方法的粉碎物麦皮完整，胚芽被磨成浆状细粉，既有利于加速麦汁过滤，又可增加麦芽浸出率。湿粉碎具有其自身的优缺点如表 7.1 所示。

（三）麦芽增湿粉碎

1. *麦芽增湿粉碎及其作用*

麦芽增湿粉碎又称回潮粉碎，即将麦芽在粉碎之前用水或者蒸汽进行增湿处理，使麦皮水分提高，增加其柔韧性，粉碎时达到麦皮破而不碎的目的。回潮麦芽的粉碎物，单麦皮体积增加 70%～100%，其全部粉碎物的体积较正常干粉碎物的体积增加 20%～35%，有利于采用过滤槽过滤麦汁，过滤时间可缩短 20%左右。

回潮后的麦芽，麦皮具有韧性，其粉碎物谷皮完整，细粒增加，麦粉减少，有利于麦汁过滤和提高麦汁的收得率。糖化时从谷皮溶出的单宁物质和花色苷较少,麦汁色泽浅,适于制造单色啤酒。

麦芽湿粉碎的优、缺点如表 7.1 所示。

表 7.1 湿粉碎的优、缺点

优　点	缺　点
1. 谷皮破而不碎,滤层较疏松,采用过滤槽可缩短麦汁过滤时间约 20%	1. 粉碎时间要求短,粉碎能力要求高,比较大的投料量,常需 2～3 台湿粉碎机同时运转,电力负荷高
2. 糖化浸出物收得率较干粉碎增加约 0.7%	2. 对麦芽纯净度要求较高
3. 对溶解不良的麦芽可提高浸出物收得率	3. 易感染
4. 允许较高的投料量,糟层高达 60 cm 而不致影响过滤时间和收得率	4. 每批投料,全部同时浸渍,则先、后粉碎的麦粒其浸水时间不一,前者可能浸水不足,而后者有浸水过度的可能
5. 如浸渍水弃置不用,酒的风味柔和,胜于干粉碎	

2. 麦芽增湿的方法

(1)蒸汽处理。

Ⅰ. 在 2～3 m 长的加热螺旋输送器内(安装于麦芽秤和粉碎机之间),麦芽用 0.05 MPa 的蒸汽处理 30～40 s,使麦芽整粒水分增加 0.5%,麦皮水分增加 1.2%。

Ⅱ. 增湿时,麦芽温度应控制在 40℃以下,过高的温度将破坏敏感的酶活力,特别是内 β-葡萄糖氧化酶之类。

Ⅲ. 回潮引入的蒸汽必须是饱和蒸汽,避免麦芽收缩。

(2)水雾处理。

Ⅰ. 在增湿螺旋输送机或其他增湿装置内,引入细的水雾,使麦芽整粒水分增加 1.0%～1.5%,麦皮水分增加 2%～3%。增湿时间 90～120 s。加水的水量应通过可调活塞式定量泵或流量计精确控制。

Ⅱ. 喷雾装置根据喷雾时间决定。喷入的水雾应与麦芽充分混合。

Ⅲ. 麦芽粉碎机的筛分装置生产能力应适当加大,使增加的麦皮容量能顺利流出。

此两种麦芽回潮的方法在投资费用上是相近的,但是蒸汽处理麦芽增湿润湿的速度比较快,而且均匀,不会有水淋到粉碎机中,高压蒸汽具有杀菌的作用;与此同时蒸汽处理的麦芽,在达到一定的增湿度下,麦粉(胚乳部分)并不增加水分。

此种方法是 20 世纪 60 年代推出的粉碎方法,因其控制方法及操作比较困难,逐渐被新型的连续调湿粉碎机所取代。

(四)连续浸渍增湿粉碎

此种方法是将湿法粉碎和增湿粉碎有机地结合起来,经过称量的干麦芽先进入麦芽暂存仓,然后在加料辊的作用下连续进入浸渍室,用温水浸渍 60 s,使麦芽水分达到 23%～25%,麦皮变得富有弹性,随即进入粉碎机,边喷水边粉碎,粉碎后落入调浆槽,加水调浆后泵入糖化锅。

二、麦芽粉碎设备

(一)麦芽干法粉碎设备

啤酒酿造中麦芽的干法粉碎设备主要是辊式粉碎机,按照辊子数目不同可将辊式粉碎机分为对辊粉碎机、四辊粉碎机、五辊粉碎机和六辊粉碎机。粉碎设备对麦芽粉碎质量影响很大,尤其在麦芽质量较差时,影响更大,其中五辊式和六辊式粉碎机较为常用。

辊式粉碎机的工作原理:辊式粉碎机中的工作构件是两个直径相同的圆柱形光面辊筒以相反的方向旋转,产生挤压力和剪切力将物料粉碎。

麦芽的粉碎度反映了麦芽或者辅助原料的粉碎程度,通常以谷皮、粗粒、细粒和细粉的各部分所占料粉的质量百分比来表示。各种辊式粉碎机对麦芽的粉碎度及适用情况如下:

1. 对辊粉碎机

这是最简单的辊式粉碎机,只适用于溶解良好的麦芽,可以达到的麦芽粉碎度如表7.2所示。

表7.2 对辊粉碎机的粉碎度

分级	筛号 (协定法标准筛)	占总质量的百分比/%	
		优良麦芽	一般麦芽
谷皮	1	20	40～50
粗粒	2	30	20～25
细粒	5	20	10～15
细粉	—	30	15～20

2. 四辊粉碎机

四辊粉碎机有两对辊组成:第一对辊担任预磨工作,粉碎物比较粗,其中谷皮约30%,粒50%,粉20%,转速210～230 r/min;第二对辊担任复磨工作,转速280 r/min。有时两对辊之间加一圆柱筛,分离出谷皮、细粒和细粉,只有粗粒经过第二对辊。最后可达到的粉碎度如表7.3所示。

表7.3 四辊粉碎机的粉碎度

分级	筛号 (协定法标准筛)	占总质量的百分比/%	
		优良麦芽	一般麦芽
谷皮	1	20	25
粗粒	2	15	20
细粒	5	35	30
细粉	—	30	25

3. 五辊粉碎机

五辊粉碎机的性能很高,各种麦芽都可调节使用。这种粉碎机的前三个辊式平面辊,组成两对对辊，后一对辊为拉丝辊，辊筒下方都有振动筛装置，可将粗粒筛出重新粉碎。其三对辊的间隙分别为 1.3～1.5 mm、0.7～0.9 mm、0.3～0.35 mm。其可达到的粉碎度如表 7.4 所示。

表 7.4　五辊粉碎机的粉碎度

分级	筛号 （协定法标准筛）	占总质量的百分比/%	
		优良麦芽	一般麦芽
谷皮	1	15	20
粗粒	2	25	25
细粒	5	30	25
细粉	—	30	30

五辊粉碎机工作原理如图 7.3 所示。

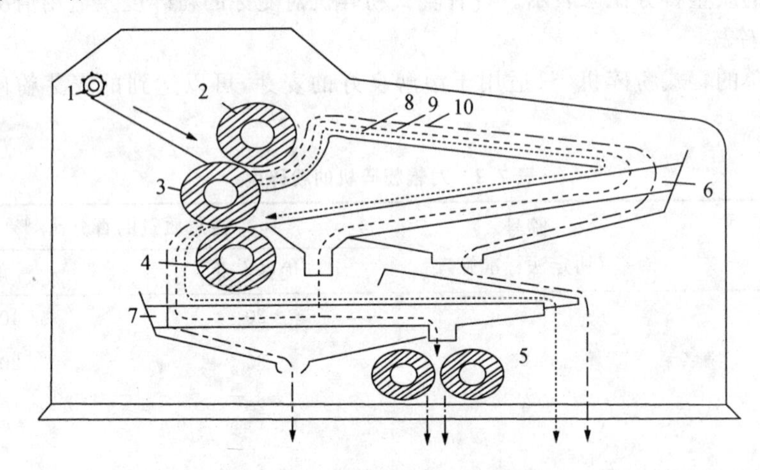

图 7.3　五辊粉碎机工作原理图

1. 分配辊　2. 预磨辊　3. 预磨和麦皮辊　4. 麦皮辊　5. 粗粒辊　6. 上振动筛辊
7. 下振动筛辊　8. 带有粗粒的麦皮　9. 粗粒　10. 细粉

4. 六辊粉碎机

其粉碎效率与五辊粉碎机相同，适用于各种麦芽，并能使麦芽的粉碎度符合各种酿造方法的要求。这种粉碎机每对辊之间都有两层筛子，将已粉碎的麦芽过筛，细粒及粉末不再粉碎，较大的谷皮再经第二对辊粉碎，粗粒则经第三对辊粉碎。六辊粉碎机每对辊的间隙与五辊不同，前两对辊为平面辊，第三对辊为拉丝辊。其可达到的粉碎度如表 7.5 所示。

表 7.5　六辊粉碎机的粉碎度

分级	筛号 （协定法标准筛）	占总质量的百分比/%	
		优良麦芽	一般麦芽
谷皮	1	15	20
粗粒	2	25	25
细粒	5	30	25
细粉	—	30	30

辊式粉碎机具有结构简单、维修容易、调节方便和产品过粉碎情况少等优点；但是辊式粉碎机粉碎比较小，生产能力小，辊子磨损不均匀。

六辊粉碎机工作原理如图 7.4 所示。

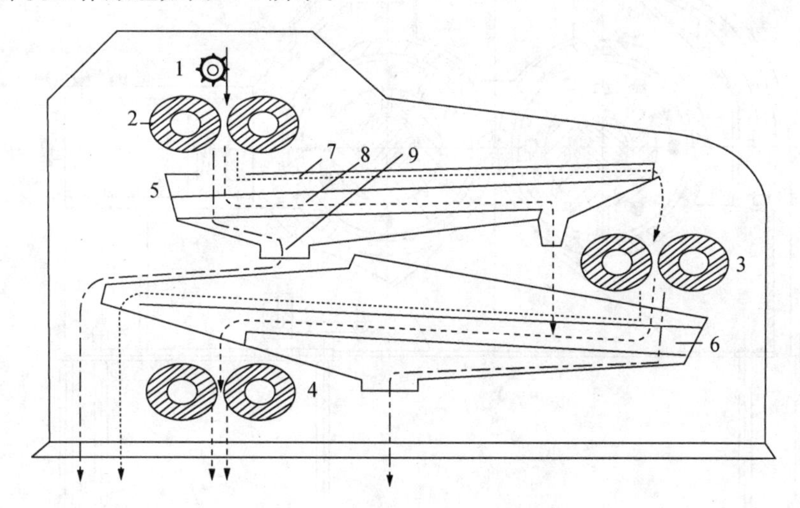

图 7.4　六辊粉碎机工作原理图

1. 分配辊　2. 预磨辊　3. 麦皮辊　4. 粗粒辊　5. 上振动筛辊
6. 下振动筛辊　7. 带有粗粒的麦皮　8. 粗粒　9. 细粉

(二)麦芽湿法粉碎设备

麦芽湿法粉碎设备为对辊粉碎机。湿法粉碎后，要尽快进行糖化，防止杂菌的污染。湿法粉碎，可缩短过滤时间，促进部分酶的活化，有利于淀粉和蛋白质的分解；但是湿粉碎要求时间要短，动力消耗大，而且糖化收得率低于干法粉碎，滚轴磨损快，使用寿命短，麦汁容易污染杂菌。

对辊粉碎机如图 7.5 所示。

(三)麦芽增湿粉碎设备

在粉碎时干燥的麦皮很容易破碎，为了保护麦皮，可采用增湿粉碎法，该方法采用的设备多是五辊式粉碎机和六辊式粉碎机。这种设备的助滤性能好，可加速麦汁过滤，但是动力消耗大，控制方法及操作比较困难。

(四)麦芽连续浸渍增湿粉碎设备

程序控制浸渍调湿粉碎设备，该设备由麦芽槽、喷雾调湿筒、浸渍下料导管、粉碎辊、下料水管和浸渍水管组成。

采用此设备进行麦芽粉碎时，具有以下优点：可使麦芽具有较高的粉碎度，糖化收得率好，浸渍度恒定，过滤时间短，麦汁清亮，而且该设备容易维修。

但是麦芽连续浸渍湿粉碎机还存在一定的缺点：①不能根据不同的原料选择麦芽浸泡时间，使粉碎效果受到限制；②不能充填惰性气体，整个粉碎过程不能在杜绝空气状态下进行；③没有调节浸麦水 pH 的装置。目前，麦芽粉碎机正向大功率多辊式和湿式精细锤式粉碎机

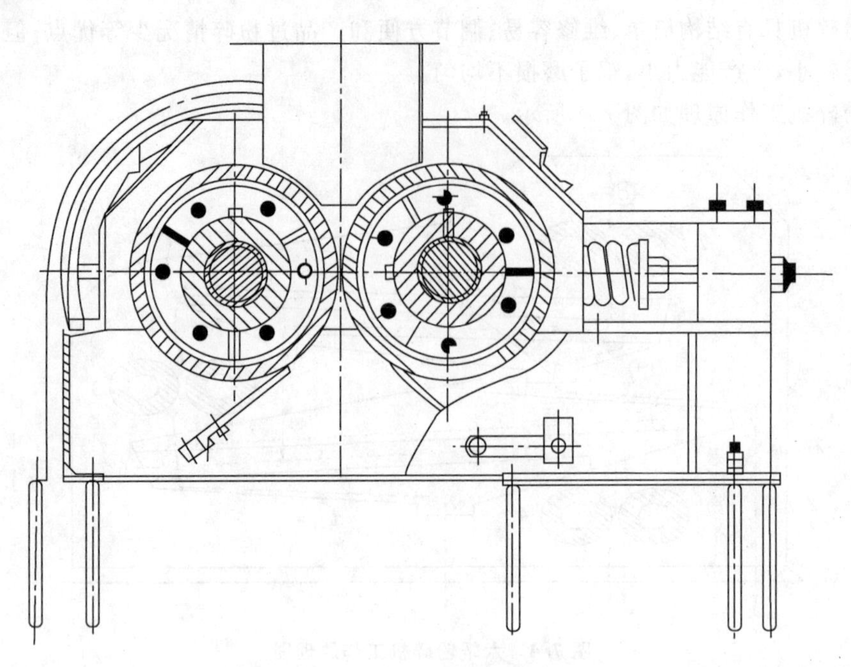

图 7.5　对辊粉碎机

发展，这些湿法粉碎设备较先进，改善了之前粉碎设备的缺陷。如比利时的“湿式精细锤式粉碎机”其主要特点是：原料粉碎前增湿，使麦皮充分吸水而胚乳部分仍保持较脆，这样，使麦皮在粉碎过程中不至于磨细，而胚乳部分则磨得很细。同时，由于增湿减少了灰尘，防止了污染；经过精细锤式粉碎机粉碎，原料磨得很细，除提高糖化浸出率外，更易形成紧密的过滤层，过滤的麦汁清亮透明，脂肪酸的含量不比过滤槽法高；另外粉碎过程中可以通惰性气体，使物料在隔氧条件下粉碎，减少氧化。还有一些设备能够在粉碎过程中加酸调节 pH，以抑制脂肪氧化酶的活性，减少胚芽内脂肪物质浸出，提高麦汁内在的还原能力。

另外，在啤酒原料粉碎过程中采用冲击式粉碎机对麦芽进行粉碎比用辊式磨更有利于麦芽中淀粉的糖化；对辊式磨而言，减少辊轮间隙、提高辊速或增加辊轮差速均利于淀粉的水解，可显著缩短糖化时间。冲击式粉碎机是超微粉碎设备中的一种，这种粉碎机利用围绕水平轴或垂直轴高速旋转的转子对物料进行强烈冲击、碰撞和剪切。其特点是结构简单、粉碎能力大、运转稳定性好、动力消耗低，适合于中等硬度物料粉碎。

三、麦芽粉碎后的组成分析和体积变化

由于麦芽各部位的溶解情况不同，因此麦芽粉碎物的组分在外观上和物质结构上都不相同。分析麦芽粉碎物的组成，主要是参考两个数据：一个是麦芽粉碎物的各组分所占的百分比；另一个是胚乳粉碎物所具有的体积（每 100 g 粉碎物所具有的体积），一般麦芽粉碎得越好，麦壳所占的体积越大。

（一）麦芽粉碎物的组成及其浸出率

（1）麦芽粉碎物的组成见表 7.6。

表 7.6 麦芽粉碎物的组成

组成	情况
谷皮	谷皮主要由纤维素、半纤维素、木质素、无机盐、色素物质等组成。纤维素不溶于水，糖化时，酶对它不起什么作用。谷皮有弹性，是构成麦汁过滤的自然过滤层。溶解不良的麦芽，粉碎后的谷皮部分，常常附有少量未溶解好的胚乳
粗粒、细粒、细粉、粉末	这些组分是麦芽的胚乳部分，可根据麦芽的溶解程度，粉碎成含一定比例的组分。溶解度不良的麦芽含粗粒比较多，溶解良好的麦芽含细粒、细粉和粉末比较多，各种组分的溶解度、含酶量和浸出率均有差异

(2)麦芽粉碎物各级组分的比例及其浸出率见表 7.7。

表 7.7 麦芽粉碎物的组分及其浸出率

组分	占全部数量的百分比/%	浸出率/%	占总浸出率的百分比/%
谷皮	15	4.35	6.11
粗粒	20	8.02	11.26
细粒	30	23.10	32.44
细粉(包括粉末)	35	35.74	50.19
合计	100	71.21	100.00

(3)麦芽粉碎度与浸出率的关系。麦芽粉碎度愈粗，浸出率愈低，如果将粗粒复磨成细粒和细粉，可以提高浸出率 0.5%～0.7%。因此，对麦芽粉碎度的要求应该是谷皮破而不碎；胚乳部分则较细为好，对溶解不良的麦芽更应粉碎细一些，便于酶的作用。但细粉比例过大，也会影响麦汁过滤。

麦芽粉碎效果好时多要求麦皮破而不碎，这是因为采用过滤槽进行麦汁过滤，是以麦皮作为过滤介质，粉碎时若麦皮皮壳过碎，会造成麦糟层的渗透性变差，使过滤困难，延长过滤时间。此外，麦皮中含有苦味、色素、单宁等物质，粉碎过细会使啤酒色泽加深，口味变差，同时也会影响麦芽汁收得率；但若粉碎过粗，则会影响滤出麦芽汁的清亮度，影响麦芽有效成分的利用，降低麦芽汁浸出率(如果采用压滤机，则适宜细粉碎，因压滤机是以聚丙烯滤布为过滤介质)。

(二)麦芽粉碎后的体积变化

麦芽粉碎后的体积变化，取决于麦芽的粉碎度，粉碎越细，体积越小。不同的麦芽粉碎度产生的麦糟体积也不一样，粉碎越粗，麦糟体积越大，反之则小。每 100 g 麦芽所占体积约为 180 cm^3，其各级粉碎物的体积以及形成麦糟的体积如表 7.8 所示。

表 7.8 麦芽各级粉碎物及其形成麦糟的体积

分级	细粉含量/%	粉碎后的体积/cm^3	麦糟体积/cm^3
粗粒	20～25	280	200
细粒	50～60	210	150
细粉	85～90	200	100

四、影响麦芽粉碎的技术条件

在酿酒过程中,要求的麦芽粉碎情况应根据麦芽的性质,糖化方法以及麦芽汁过滤设备等的具体情况来进行调节。

(一)麦芽质量

与粉碎相关的麦芽性质主要体现在两方面:一方面,麦芽的溶解状态,溶解良好的麦芽,胚乳组织疏松、胚乳物质已经得到良好的和恰当的分解,玻璃质粒少,容易粉碎,麦壳可以保持得比较完整,也容易与胚乳分离,其粉碎度对麦芽浸出率的影响不显著。溶解不良的麦芽,胚乳较硬,粉碎困难,坚硬的颗粒更要粉碎得细些,弥补其难以溶解的缺陷;另一方面,麦芽的水分含量,其对麦芽粉碎的影响在于,含水量高的麦芽,柔韧性强,有利于保持麦壳的完整,但是胚乳部分较难粉碎,粉碎物颗粒较粗。当麦芽的含水量较低时,麦芽虽然可以达到较高的粉碎细度,但是麦壳也容易粉碎,控制不好会造成麦汁过滤困难。麦芽粉碎时的水分含量一般控制在5%~6%。

(二)粉碎设备

麦芽的破碎可增加麦芽的比表面积,有利于提高麦芽中所含生物酶的作用,加快糖化过程的物质溶解,缩短糖化时间,提高收得率,使糖化过程的自动操作处于最佳状态。粉碎辊数量、粉碎辊转数及两辊之间的转数差、辊的表面、拉丝辊的拉丝形式、筛子的数量及布置、筛子张力等都影响粉碎物的组成。其中关键控制点或控制参数为辊间距,粉碎过细会增加麦皮中有害物质的溶出,影响啤酒质量,增加麦汁过滤困难;粉碎过粗会影响麦芽有效成分的利用,降低了麦汁浸出率。对于湿粉碎而言,麦芽粉碎过程,同时也是部分糖化醪中蛋白休止的过程。

(三)糖化方法

不同的糖化方法要求的麦芽粉碎度也不同,一般浸出糖化法或快速糖化时,粉碎得应该细一些;如果糖化的时间较长,温度变化较缓慢的,因为酶的作用较充分,则对粉碎度的要求就比较低。

(四)麦芽汁过滤设备

采用过滤设备不同,要求的麦芽粉碎度也不同。利用过滤槽进行过滤时,因为是以麦糟作滤层,麦皮为过滤介质的,因此粉碎时要求麦皮尽可能的完整,达到麦皮的破而不碎。但是当采用压滤机过滤时,则麦芽适宜细粉碎,因压滤机是以聚丙烯滤布为过滤介质,粉碎时则不需要对麦皮进行特殊的保护。

第二节　辅助原料的粉碎

在啤酒酿造中采用的辅料主要是大米、玉米等。这些辅助原料的粉碎多采用干法粉碎。

一、辅助原料的粉碎度

(一)大米的粉碎度

大米的粉碎,多采用对辊粉碎机,粉碎要求细些好,其分级情况如表7.9所示。

表7.9 大米的粉碎度

分级	筛孔数/(个/cm^2)	占总质量的百分比/%
粗粒	256	60
细粒	1 156	15
细粉	2 500	25

(二)脱胚玉米的粉碎度

脱胚玉米的粉碎,多采用万能粉碎机,其分级情况如表7.10所示。

表7.10 脱胚玉米的粉碎度

分级	筛孔数/(个/cm^2)	占总质量的百分比/%	分级	筛孔数/(个/cm^2)	占总质量的百分比/%
皮壳	49	20	细粒	1 156	25
粗粒	256	40	细粉	2 500	15

(三)大麦的粉碎度

用作辅助原料的大麦,有去皮大麦和带皮大麦两种,多采用辊式粉碎机,其粉碎度如表7.11所示。

表7.11 大麦的粉碎度

分级	筛孔数/(个/cm^2)	占总质量的百分比/%	
		带皮大麦	去皮大麦
谷皮	49	35	15
粗粒	256	25	20
细粒	1 156	15	30
细粉	2 500	25	35

二、大米和玉米粉碎的技术条件

在表7.12中列举了一些大米和玉米作为啤酒酿造的辅助原料时的相关技术条件,在原料粉碎阶段控制好相关技术条件，是酿造高品质啤酒的前提。

表 7.12　大米与玉米粉碎的相关技术条件

项目	技术条件	
	大米	玉米
水分	水分愈低愈好，超过 15%，要调小辊轴距离	水分愈低愈好
粉碎度	粉碎愈细愈好，但是耗电较大，不得含有整粒大米	不能超出规定标准
粉碎物存放时间	不得超过 24 h，防止发热结块	不得超过 24 h，防止发热结块
粉碎物的质量体积比/(kg/hL)	80～90	70～90
胚芽和皮壳	—	粉碎前去胚和皮壳

三、原料粉碎过程中应用的自动化技术

传统的作坊式啤酒生产存在技术含量低、自控水平差等问题。随着市场化进程的不断推进和市场竞争的日趋激烈，消费者对啤酒品质稳定性的要求不断提高，生产过程自动化控制系统应运而生。自动化技术在啤酒生产过程中的应用具有以下多方面的优势：①自动控制能够提高生产过程的可控度和生产率，从而有效降低投入产出比。②自动控制程序有固定的算法和参数，可保证生产过程的高度一致性和产品品质的稳定性。③自动控制系统能够保存大量的生产数据，可为企业相关部门的成本核算、工艺改良、故障分析等提供可靠依据，起到辅助生产管理的作用。④合理的安全体系，结合工厂日常管理的经验，可对生产设备、控制点数、操作人员进行合理划分，并给予不同的操作权限与等级，进而从制度上保证生产。

可编程控制器(programmable logic controller，PLC)是一种数字运算操作的电子系统，专为在工业环境下应用而设计。它采用可编程序的存储器，用来存贮执行逻辑运算、顺序控制、定时、计数、算术运算等操作的指令，并通过数字和模拟的形式输入或输出，从而控制各种类型的机械或生产过程。

林红喜等应用西门子公司 SIMATICS7-300PLC 构成控制站系统对啤酒生产原料粉碎工艺进行控制。其控制方案选择三级总线的上、下位机结构形式的控制系统。在整个操作过程中实现了原料进仓控制、下料配比控制、调水控制、粉碎机粉碎动作控制等。实验表明该控制系统在实际应用中易于编程、操作和维护；生产实践证明，应用这一控制系统后，不仅稳定地提高了该厂啤酒的品味，同时又提高了企业的经济效益，取得了良好的应用效果。

第三节 糖化、糊化

一、糖化

(一)糖化的含义

所谓糖化就是利用麦芽所含有的各种水解酶,在适宜的温度、pH、时间等条件下,将麦芽和辅助原料中的淀粉、蛋白质、半纤维素及中间分解产物等不溶性高分子物质,逐步分解为可溶性的低分子物质的分解过程。

从麦芽和辅助原料中溶解出来的物质称为浸出物。此浸出物主要由发酵性的糖类和非发酵性的糊精、蛋白质、麦胶物质和矿物质组成,其中发酵性糖类为麦芽糖、麦芽三糖、葡萄糖。由该浸出物制备的浸出物溶液即为麦汁。麦汁中的浸出物含量与原料中干物质的质量比,称为无水浸出率。

(二)糖化的目的

糖化的目的就是利用各种酶的作用将原料中的可溶性物质萃取出来,从而得到尽可能多的溶解物,制成符合要求的麦芽汁,获得最佳的麦汁组分、较高的麦芽汁收得率,在减少能耗的前提下提高原料的利用率。

(三)糖化过程中参与的酶类

糖化过程中参与的酶主要来源于麦芽,有时也会外加酶制剂。这些酶以水解酶为主,有淀粉酶(α-淀粉酶、β-淀粉酶、麦芽糖酶、蔗糖酶、界限糊精酶、R-酶),蛋白酶(内肽酶、羧基肽酶、氨基肽酶、二肽酶),β-葡聚糖酶(内β-1,4-葡聚糖酶、内β-1,3-葡聚糖酶、β-葡聚糖溶解酶)和磷酸酶等。

(1)淀粉酶。淀粉酶是水解淀粉和糖原的酶类总称。它是重要的水解酶,可以将淀粉质水解为糊精、寡糖和单糖等产物。不同淀粉酶对淀粉的水解作用方式、条件和产物都不相同。

①α-淀粉酶。它可以将淀粉分子链内的α-1,4-葡萄糖苷键任意水解,其作用产物为含有6～7个单位的寡糖,使溶液的黏度迅速降低。将直链淀粉水解成麦芽糖、葡萄糖和小分子糊精;将支链淀粉水解成界限糊精、麦芽糖、葡萄糖和异麦芽糖。

②β-淀粉酶。从淀粉分子的非还原性末端的第二个α-1,4-葡萄糖苷键开始水解,但不能水解α-1,6-葡萄糖苷键,而能越过此键继续水解,生成较多的麦芽糖和少量的糊精。

③界限糊精酶。它是一种能够分解界限糊精中的α-1,6-葡萄糖苷键,产生小分子的葡萄糖、麦芽糖、麦芽三糖和直链寡糖的酶。

④R-酶。又称为异淀粉酶,能作用于支链淀粉分支点上的α-1,6-葡萄糖苷键,将侧链切下成为短链糊精、麦芽糖和麦芽三糖。该酶能够协助α-淀粉酶和β-淀粉酶,促进糖的生成,提高

发酵度。

⑤蔗糖酶。蔗糖酶主要分解麦芽中的蔗糖，产生葡萄糖和果糖。

(2)蛋白酶。在啤酒酿造中，玉米、大米、高粱等副原料的添加，会相对地使原料中的蛋白质含量偏低，而原来麦芽中的蛋白质的溶解率为30%～40%，为提高蛋白的水解率及利用率，蛋白酶显得尤为重要。蛋白酶可有效分解蛋白质和肽类物质，产物为胨、多肽、低肽和氨基酸。各种蛋白酶的作用方式、作用基质及分解产物如表7.13所示。

表7.13 麦芽蛋白酶的作用方式与分解产物

酶的名称	最适作用条件	性质	作用方式	作用基质	分解产物
内肽酶	pH：5.0～5.2 温度：50～60℃ 酶失活温度：80℃	内酶	由内部对蛋白质、多肽或聚多肽的肽键进行水解	蛋白质、多肽、聚多肽	多肽、小分子肽、氨基酸
羧肽酶	pH：5.2 温度：50～60℃ 酶失活温度：70℃	外酶	从蛋白质、多肽或聚多肽的羧基端的肽键进行水解	蛋白质、多肽、聚多肽	氨基酸
氨肽酶	pH：7.2 温度：40～45℃ 酶失活温度：50℃以上	外酶	从蛋白质、多肽或聚多肽的氨基端的肽键进行水解	蛋白质、多肽、聚多肽	氨基酸
二肽酶	pH：7.8～8.2 温度：40～50℃ 酶失活温度：50℃以上		作用于二肽两端含有游离氨基和羧基的肽键	二肽类	氨基酸

麦汁中的α-氨基酸态氮含量是检验麦汁质量的一个重要指标，而且对发酵有着重要的指导意义。在糖化过程中适量添加外源蛋白酶，同时辅助添加适量的多酚类物质，协调麦汁中蛋白-多酚的平衡，有利于增加麦汁中α-氨基酸态氮含量、降低麦汁的浊度，改善麦汁质量，提高麦汁的稳定性。

(3)β-葡聚糖酶。它是水解含有β-1,4葡萄糖苷键和β-1,3葡萄糖苷键的β-葡聚糖的一类酶总称。糖化过程中使用的主要是内切型β-葡聚糖酶和外切型β-葡聚糖酶。β-葡聚糖酶可以降解黏度很高的β-葡聚糖，降低醪液的黏度，在此过程中也可以辅助添加木聚糖酶，提高麦芽汁和啤酒的过滤性能。在糖化阶段，麦芽中的β-葡聚糖分解酶为大麦内-β-葡聚糖酶，其作用最适条件、作用方式、作用基质和分解产物如表7.14所示。

表7.14 大麦内-β-葡聚糖酶

酶的名称	性质	最适作用条件	作用方式	作用基质	分解产物
大麦β-葡聚糖酶	内酶	pH:4.5～4.8 温度:40～45℃ 酶失活温度:55℃	对β-葡聚糖中三聚合的$G_4G_3G_4$位置有亲和力，并在1,4键部位切断	大麦β-葡聚糖、昆布聚糖	葡萄糖、短链β-葡聚糖

(4)其他酶类。在糖化过程中除以上常用酶类外，也涉及其他一些酶制剂的使用，各种酶

制剂的作用及作用机制如表 7.15 所示。

表 7.15　糖化及糊化过程中使用的辅助添加剂

外加添加剂类别	作用及作用机制
	酶制剂
木聚糖酶	分解木聚糖或戊聚糖，降低麦汁黏度，解决由于木聚糖或戊聚糖等碳水化合物引起的混浊，该酶可与 β-葡聚糖酶协同作用，改善麦汁的过滤性能
葡糖淀粉酶	水解 α-1,4-葡萄糖苷键和 α-1,6-葡萄糖苷键获得葡萄糖，利于提高发酵度
普鲁兰酶	水解 α-1,6-葡萄糖苷键，提高麦汁收得率
啤酒复合酶	以 β-葡聚糖酶为主，含有戊聚糖酶、中性蛋白酶、纤维素酶和淀粉分解酶等多种酶，降低麦汁黏度，加强蛋白分解，增加 α-氨基氮含量，增加糖化收率和生产效率，提高麦汁和啤酒过滤效率和质量，提高啤酒非生物稳定性
	水处理剂
乳酸	调节 pH
氯化钙	调节麦汁 pH，提高 α-淀粉酶的活力；沉淀酸根离子、促进负电荷的蛋白质絮凝

在麦汁的糖化与糊化过程中使用各种酶制剂及其他添加剂对于提高辅料比例，降低生产成本，改善啤酒风味；提高发酵度，提高麦汁中的 α-氨基酸含量，弥补麦芽质量差的缺陷；改善麦汁质量、加快啤酒过滤速度、提高麦汁收得率；外加酶可以快速将 α-乙酰乳酸脱羧为羟丁酮，可避免产生双乙酰，增加啤酒的稳定性。

(四)糖化过程中的主要物质变化

糖化过程中的主要物质变化有淀粉的分解、蛋白质的分解、β-葡聚糖的分解、脂的分解以及多酚类物质的变化。

1. 淀粉的分解

麦芽中可溶性物质所占比例很小，占麦芽干物质的 18%～19%，绝大部分物质为不溶性和难溶性物质，其中淀粉的含量占干物质的 58%～60%，以淀粉颗粒的形式存在于胚乳中，辅助原料大米的淀粉含量占干物质的 80%～85%，玉米淀粉含量为干物质的 69%～72%。淀粉的分解产物为麦芽糖、糊精和其他中间产物，其是否能完全分解直接影响啤酒的生产成本和产品的质量。

淀粉的分解分为 3 个连续的不可逆过程：糊化、液化和糖化。

(1)糊化。由细胞壁包围的以颗粒状存在于麦芽和辅料中的淀粉，不溶于水，亦不受淀粉酶的作用。淀粉颗粒经过加热，会迅速吸水膨胀，当升到一定温度后，细胞壁破裂，淀粉分子溶出，形成黏性糊状物，此过程即为“糊化”。达到此过程的温度为“糊化温度”。糊化的本质就是淀粉中有序态(晶体)和无序态(非晶体)的淀粉分子间的氢键断裂，淀粉分子分散在水中形成亲水性胶体溶液。不同来源的淀粉因为其颗粒大小、细胞壁强度、螺旋状长链及连接的氢键数不同，因此具有不同的糊化温度。例如，麦芽和大麦淀粉在有酶存在的条件下，可在 60℃糊化；小麦淀粉的糊化温度为 57～70℃；大米淀粉可在 80～85℃进行糊化；玉米淀粉的糊化温度在 68～78℃。

(2)液化。液化即是应用α-淀粉酶将长链淀粉(直链淀粉和支链淀粉)分解为短链,形成低分子的糊精,降低糊化醪液的黏度,形成稀的醪液。在液化过程中温度较高,一般要使用耐高温α-淀粉酶,而且酶的添加量要适中,若酶的添加量过高不但不会降低醪液的黏度,反而会使啤酒产生苦涩味。液化本质上就是一个降低糊化后的淀粉液黏度的过程,而且糊化和液化两个过程几乎同时进行。

(3)糖化。谷类淀粉经糊化、液化后,被淀粉酶进一步水解成糖类和糊精的过程。

在糖化过程中影响淀粉分解的因素主要有:

(1)麦芽粉碎度。当麦芽粉碎效果为麦皮粉碎完整时,有利于麦汁过滤;而胚乳淀粉部分粉碎较细时,则可以增加淀粉和淀粉酶的接触,加速淀粉的水解。

(2)麦芽糖化温度。麦汁制备的糖化温度一般控制在60~70℃范围。糖化温度对淀粉水解的效果主要体现在不同温度下,淀粉酶的活力是不同的,因此应根据淀粉酶的最适作用温度来调节控制糖化温度。α-淀粉酶的最佳作用温度为72~75℃,在此阶段长时间糖化,可形成较多的糊精,最终制成的啤酒发酵度低、含糊精丰富;β-淀粉酶的最佳作用温度为62~65℃,在此阶段长时间糖化,可形成大量的麦芽糖,最终制成的啤酒发酵度较高。

(3)糖化醪pH的影响。糖化醪的pH会影响淀粉酶的活力,α-淀粉酶的最适作用pH在5.6~5.8,β-淀粉酶的最适作用pH在5.4~5.5,因此,α-淀粉酶和β-淀粉酶对糖化醪的协同作用pH,以波动在5.5~5.8为宜,当pH低于5.4时,可能会降低糖化效率。

(4)糖化醪浓度的影响。醪液浓度是指原料质量与糖化用水体积之比,简称料水比。当醪液浓度过高时,醪液黏度大,影响酶对基质的渗透,而且由于反应产物浓度的增加,对酶促反应有抑制作用,会降低淀粉的水解速度和可发酵糖的积累。但是较高浓度的糖化醪对酶有保护作用,防止酶因温度高而失活;浓度低的糖化醪虽然有利于酶发挥作用,但酶容易失活。

2. 蛋白质的分解

糖化时,蛋白质的分解称为蛋白质休止,分解的温度称为休止温度,分解的时间称为休止时间。蛋白质在各种蛋白酶的作用下依次分解为高分子氮、中分子氮和低分子氮,最终分解为氨基酸。蛋白质的分解主要在制麦过程中,在糖化过程中主要起修饰作用,制麦过程中与糖化过程中蛋白质分解之比为1∶(0.6~1.0),而淀粉分解之比为1∶(10~14)。

在整个啤酒制造过程中蛋白质的分解作用非常重要,在糖化时要对蛋白质的分解作用进行合理控制,因为麦汁中高、中、低分子蛋白质分解产物不仅是酵母的营养物质,而且其组成影响啤酒的风味、泡沫和非生物稳定性。低分子氮尤其是游离氨基酸是酵母的营养物质,麦芽中的氨基氮是酵母氮源的主要来源,生产中通常不另外添加氮源。若低分子氮含量少,会对酵母生长繁殖不利,导致发酵不正常;若低分子氮含量过高,说明蛋白质分解过度,对啤酒泡沫不利。因此,要将蛋白质的分解控制在一定范围之内。

(1)蛋白质分解的常用控制方法。

①隆丁区分法。此方法将麦芽汁中的可溶性含氮物质,用单宁和磷钼酸铵进行沉淀,可区分为A高分子含氮物质、B中分子含氮物质和C低分子含氮物质3个部分。一般将麦汁中高分子、中分子和低分子3部分蛋白质的比例控制在1∶1∶3比较适宜。若组分A过高,啤酒的非生物稳定性不强;B组分过低,啤酒的泡沫性能不良;C组分过高,啤酒的口味淡薄。

②库尔巴哈值。即蛋白质的分解强度,是指在相同的麦汁浓度下,生产麦汁的含氮量与实

验室标准协定法麦汁含氮量之比的百分数。

$$蛋白分解强度=(生产麦汁含氮量/标准协定法麦汁含氮量)\times 100\%$$

此值多波动在85%～120%。

分级标准:当此值>110%,蛋白质分解强度过高;100%～110%之间,蛋白质分解适中;当此值<100%时,蛋白质分解不足。

③甲醛氮与可溶性氮之比。测定麦汁中的甲醛氮和可溶性氮,求出甲醛氮与可溶性氮之比的百分数。

分级标准:此值在35%～40%为蛋白质分解适中,过高为蛋白质分解过度,低于此范围就是蛋白质分解不足。

④α-氨基态氮的含量。麦汁中α-氨基酸的含量,不仅关系到酵母的营养问题,也关系到啤酒中一些酵母代谢产物的变化:如α-氨基氮含量过低,啤酒中双乙酰的含量就会增高;如α-氨基氮含量过高或过低,则会增加酒中高级醇的含量。

分级标准:在浓度为12%的全麦汁中,α-氨基态氮的含量应保持在200 mg/L左右;对于添加辅料的麦汁,α-氨基态氮的含量往往低于全麦芽麦汁中的含量,但应保持在170～180 mg/L之间,低于150 mg/L时,则需要强化糖化时蛋白质的分解过程。

(2)影响蛋白质分解的因素。在糖化过程中,蛋白质的分解受麦芽的溶解度和含酶量、蛋白质分解的温度、时间、pH以及醪液浓度的影响。

①麦芽的溶解度。蛋白溶解度好的麦芽,大分子蛋白质已分解60%～70%,其中α-氨基态氮的含量已经接近酵母正常生长繁殖的数量级,糖化阶段仅分解30%～40%,糖化过程只是调整各蛋白组分的比例。

②糖化醪pH。糖化过程中影响蛋白质分解的酶类主要是内肽酶和羧肽酶,在此过程中产生的游离氨基氮,80%由羧肽酶分解蛋白质产生。但是完全依靠羧肽酶而内肽酶不发挥作用,麦汁中游离氨基态氮的含量也很难大幅度提高。因此,糖化过程中要控制pH在5.0～5.2,即内肽酶和羧肽酶的最适作用pH范围。

③糖化醪浓度的影响。在糖化过程中由于酸性物质溶解的增加、pH的降低以及酶浓度的提高,酶与底物的接触更加充分,有利于蛋白质的分解;同时浓度较高的糖化醪对蛋白质分解酶有胶体保护作用,保持酶的活力。

④低温下料。低温下料一般指温度低于35℃,这样有利于保护内肽酶和羧肽酶的活力,促进蛋白质的分解;而且低温下料能够产生较多的游离氨基氮,对后期发酵中的酵母代谢物质转化具有重要意义。如果在50℃或65℃下料,这两种酶的活力会明显下降,尤其是对于溶解不良的麦芽,这两种酶的活力更低,热稳定性差,则更应该采用低温下料的方法。

⑤温度的影响。蛋白质分解受温度的影响也较大,其最适分解温度在40～60℃。当温度低于40℃,蛋白分解较弱;温度高于60℃,酶活力会下降,也使蛋白质的分解作用减弱。一般休止温度多控制在45～55℃范围,因此温度范围适合羧肽酶的作用,有利于氨基态氮的积累;若控制温度在50～60℃范围,则适合内肽酶的作用,可溶性高、中分子氮含量增多。

3. β-葡聚糖的分解

β-葡聚糖主要来源于麦芽,大麦中β-葡聚糖是组成大麦麦胶物质及半纤维素的主要成分,约占70%左右，是构成胚乳细胞壁的重要组成物质，只有少量存在于在谷皮中。其水溶液的黏度较高，在糖化过程中就是利用β-葡聚糖酶的作用将这些β-葡聚糖降解为相对分子质量小和黏度低的物质。

其实80%的β-葡聚糖在制麦过程中已被分解，糖化过程只是将其余未被降解的高分子β-葡聚糖进行降解。在糖化开始时，麦芽中已经游离的β-葡聚糖及其分解产物溶于醪液中，使醪液的黏度上升；随着糖化温度的上升，在35～50℃时，高分子的β-葡聚糖通过内切型β-1,4-葡萄糖酶和大麦中内-β-葡聚糖酶的作用，逐步被分解为β-葡聚糖糊精和低分子物质，醪液黏度下降；当温度继续升高时，由于酶活力的损失和酶失活，β-葡聚糖的分解缓慢，到70℃以上，由β-葡聚糖酶溶解出的β-葡聚糖将保持不变。

β-葡聚糖的存在对酿造啤酒的影响主要表现在：

①适量的β-葡聚糖可以使啤酒风味醇厚和泡沫稳定；

②糖化过程中存在大量的β-葡聚糖则会使麦汁的黏度升高，造成麦汁和制成的啤酒过滤困难，降低生产效率，而且对于高浓度啤酒还会引起β-葡聚糖的沉淀问题，啤酒易发生混浊；

③在发酵过程中，β-葡聚糖可能与蛋白质、多酚物质结合形成沉淀，造成酵母早期沉积，影响发酵和双乙酰还原。

因此，在生产过程中要选择β-葡聚糖含量适当的大麦原料，以及溶解度良好的麦芽，控制好操作条件，以便于分解β-葡聚糖。

4. 脂的分解

大麦中的脂在发芽过程中已被脂肪酶分解，生成相应的油脂和高分子游离脂肪酸，82%～85%的脂肪酸是由棕榈酸和亚油酸组成。麦芽脂肪酶的最适温度为35～40℃，在糖化温度50℃时酶活力仍较稳定，在糖化升温过程中，酶活力会逐渐降低，到65℃糖化休止后，酶活力保留原有活性的25%左右，当温度升高到70℃时，酶失活。

糖化时脂类的变化分为两个阶段。第一阶段，脂类在30～35℃和65～70℃温度范围内通过脂酶的作用，生成甘油酯和脂肪酸，糖化醪中脂肪酸含量增加；第二阶段，脂肪酸在脂氧化酶的作用下氧化，使得糖化醪中的亚油酸和亚麻酸含量低于麦芽。

当过滤的麦汁混浊和热、冷凝固物分离不良时，会有较多的脂类进入发酵罐。一方面，这些过多的脂肪酸，尤其是链脂肪酸，会影响啤酒的泡沫性能；另一方面，麦汁中较多的不饱和脂肪酸，有利于酵母细胞膜的合成和酵母的增殖以及酯的形成。而那些影响啤酒泡沫性能的中分子脂肪酸多由酵母在发酵和贮酒阶段产生，因此在贮酒时要注意及时排出酵母。

5. 多酚类物质的变化

大麦中的酚类物质主要存在于麦皮、糊粉层、胚乳和贮藏蛋白质中，占大麦干物质的0.3%～0.4%。随着糖化时间的延长和温度升高，这些多酚类物质将从麦皮和胚乳中游离出来，而且麦芽溶解得越好，多酚物质游离得越多。糖化过程中多酚物质的变化通过游离、沉淀、氧化和聚合多种形式实现的。多酚物质的变化对啤酒品质的影响主要体现在：一是在高温(50℃以上)条件下，多酚物质与高分子蛋白质络合，形成单宁-蛋白质复合物，影响啤酒的非生物稳定性；二是多酚物质极易氧化，会使麦汁色度增加，使啤酒苦味粗糙并产生后苦。因此，在糖化过程中可以采用降低酿造用水的残留碱度(特别是制造淡色啤酒)、对醪液进行适当调酸、减少麦汁制备过程中与氧的接触等方法来抑制多酚物质的过量浸出和氧化。

二、糖化的设备

糖化过程中所需要的主要设备是糖化锅和糊化锅。其中糖化锅是用于麦芽粉碎物投料、部分醪液及混合醪液糖化的设备；糊化锅是用于辅料投料及其糊化和部分浓醪的蒸煮设备。

(一)糖化、糊化设备的选择

①均采用悬挂式搅拌减速机，电机可采用无级变速或双速控制；

②锅内搅拌叶采用低速无压力式搅拌叶；

③三段加热夹套，其中筒体二段，底部一段；

④新型糊化锅和糖化锅设计倾向于降低锅体的高径比，有利于底部加热面积的提高；

⑤锅体内表面凹凸设计，在保证清洗的前提下提高传热效率。

(二)糖化的方法

麦芽传统的糖化方法主要分为浸出糖化法和煮出糖化法两大类。此外，还有双醪糖化法，即使用辅助原料时，将辅助原料配成醪液，与麦芽醪一起糖化。根据双醪混合后是否分出部分浓醪进行蒸煮又分为双醪煮出糖化法和双醪浸出糖化法。

1. 浸出糖化法

浸出糖化法是将全部醪液从一定的温度开始，缓慢分阶段升温到糖化终了温度，此种方法是完全利用酶的作用进行糖化。

浸出糖化法又可分为恒温浸出糖化法、升温浸出糖化法、降温浸出糖化法。恒温糖化法是指将糖化醪液温度保持在 65℃左右，维持 1.5～2.0 h，然后经过糖化锅加热，或醪液中兑入 95℃热水，升温至 76～78℃，即送入过滤槽。升温浸出糖化法是指利用低温水浸渍麦芽 1 h 左右，直接升温至蛋白质分解温度，保持 30 min，然后缓慢升温至 65～70℃，使之糖化，随后继续升温到 76～78℃，送入过滤槽。降温浸出糖化法是先在 70℃糖化完全，再降温进行蛋白质分解，但是在高温过程中，蛋白酶已被破坏，因此，此种方法效果不理想，已经很少被采用。

2. 煮出糖化法

煮出糖化法是将糖化醪液的一部分分批地加热到沸点，然后与其余未煮沸的醪液混合，使全部醪液温度分阶段地升高到不同酶分解所要求的温度，最后达到糖化终了温度。根据部分醪液煮沸的次数，可分为一次、二次和三次煮出糖化法，以及快速煮出法。目前，国内的啤酒酿造大部分采用二次煮出糖化法，也有采用一次煮出糖化法，很少有采用三次煮出糖化法。

(1)三次煮出糖化法。该法是指三次取出部分糖化醪并进行蒸煮。三次煮出糖化法具有以下特点：一是在整个蒸煮过程中，小幅度地上升温度，有利于充分发挥各种酶的作用。二是下料温度(35～37℃)较低，部分醪液经过三次煮沸，对于酶活力低和溶解不良的麦芽来说，更有利于淀粉和其他物质的溶解，浸出物收得率高。同时 β-葡聚糖和麦皮所含的多酚物质及其他杂质溶解较多使得麦汁色度相对较深，因此，此法更适合酿造深色啤酒。但是该糖化法耗时较长、能耗较大。其糖化过程示意图解如图 7.6 所示。

(2)二次煮出糖化法。二次煮出糖化法适合处理各种性质的麦芽和制造各种类型的啤酒，也是目前国内外在啤酒酿造中应用较多的糖化方法。其糖化过程示意图解如图 7.7 所示。

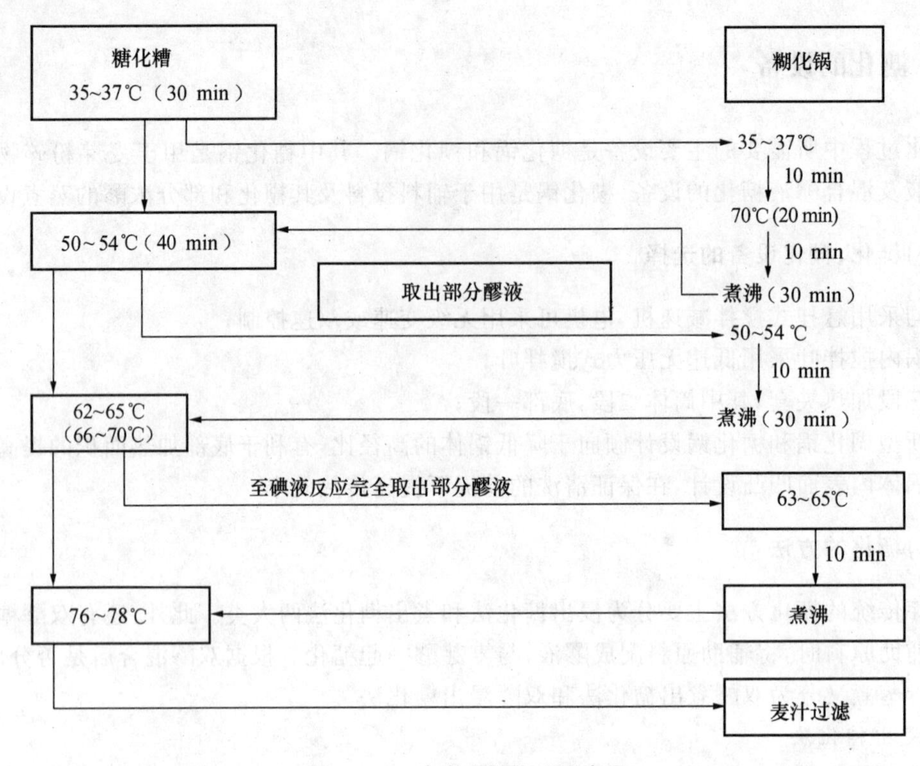

图 7.6　三次煮出糖化法示意图

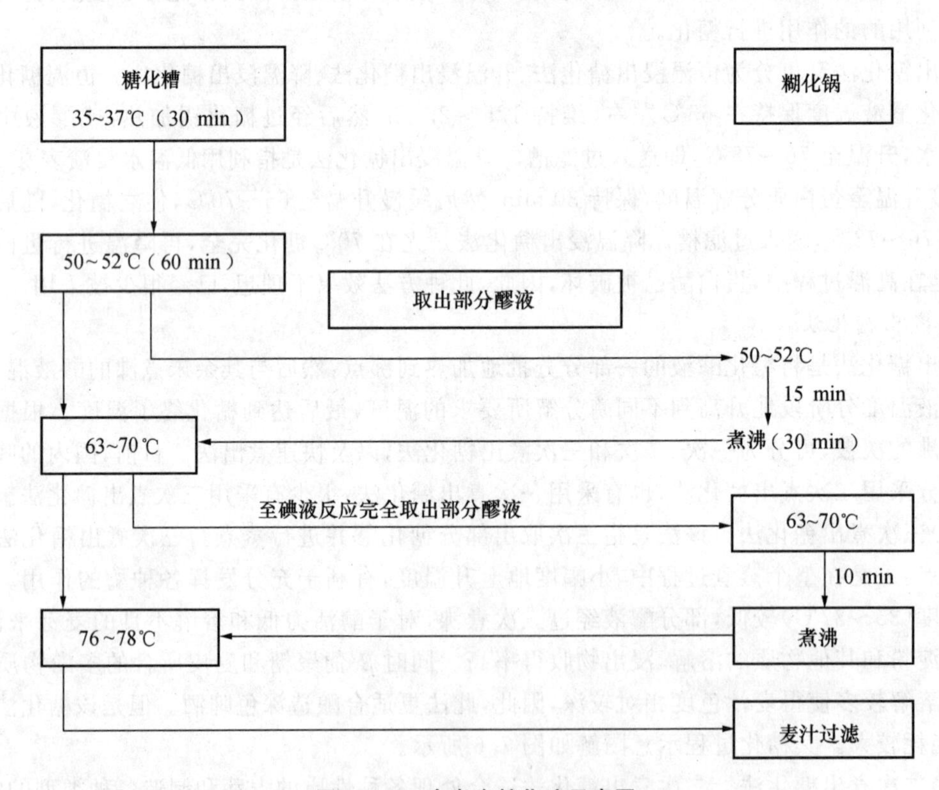

图 7.7　二次煮出糖化法示意图

(3)一次煮出糖化法。一次煮出糖化法只一次分出部分浓醪进行蒸煮。对于溶解不良的麦芽可以采用较低的投料温度(30～35℃),然后加热至 50～55℃进行蛋白质休止;对于麦芽溶解良好的则可以直接在 50～55℃蛋白质分解温度投料,升温至 65～68℃,进行糖化。其糖化过程示意图解如图 7.8 所示。

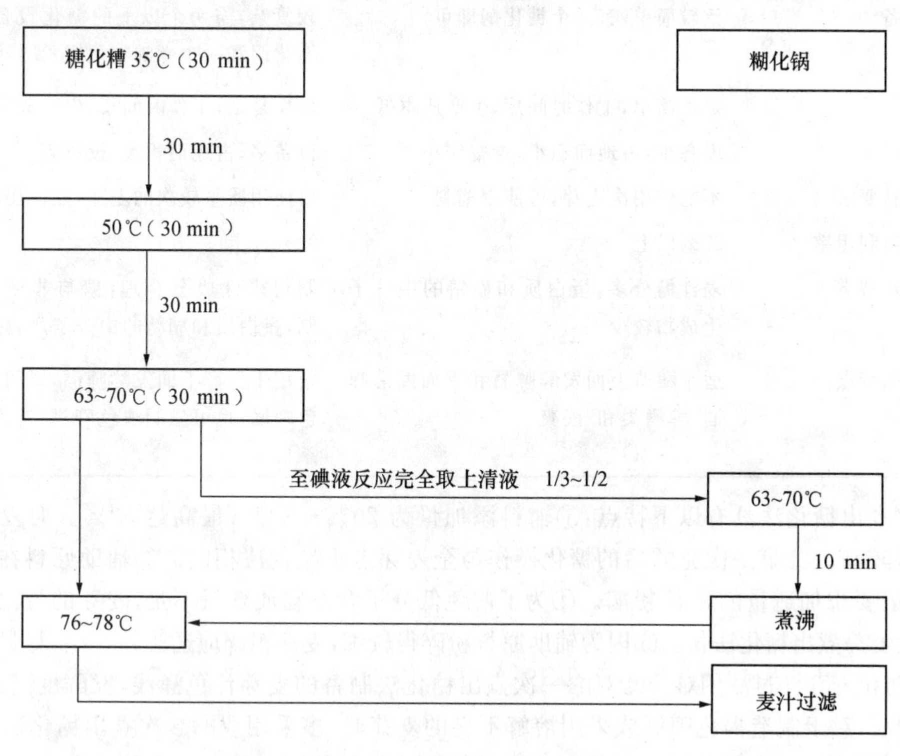

图 7.8 一次煮出糖化法示意图

3. 煮出糖化法糖化醪煮沸量的计算

在煮出糖化法中取出的部分醪液称为煮醪,其余保留在糖化锅中的部分称为剩余糖化醪,煮醪与剩余糖化醪混合称为兑醪。煮出糖化法要求移取部分糖化醪进行煮沸,然后兑入其余醪液中,使其达到所要求的温度。取出煮醪量与混合后醪液的温度有如下关系:

$$V = (T_2 - T_1) \times V_1/(T_3 - T_1)$$

式中,V—需要移取的煮醪量(hL);

V_1—兑醪后糖化醪总容量(hL);

T_1—剩余糖化醪的温度(℃);

T_2—混合糖化醪的温度(℃);

T_3—煮沸醪液温度(℃),一般情况下取值近似 100℃。

4. 浸出糖化法和煮出糖化法的工艺比较

浸出糖化法和煮出糖化法的工艺比较见表 7.16。

5. 双醪糖化法

双醪是指未发芽谷物粉碎后配成的醪液和麦芽粉碎物配成的醪液。根据混合醪液是否煮出分为双醪煮出糖化法和双醪浸出糖化法。其中双醪煮出糖化法又分为双醪一次煮出糖化法和双醪二次煮出糖化法。

表 7.16　浸出糖化法和煮出糖化法工艺比较

项目	浸出糖化法	煮出糖化法
设备	比较简单,有一个糖化锅即可	较复杂,需两个以上的糖化设备(一个糖化锅和一个煮沸糊化锅)
操作	操作简单,工作时间短,生产成本低	操作复杂,工作时间长,生产成本高
投资	设备少,占地面积小,投资较小	设备多,占地面积大,投资高
原料要求	不能使用次麦芽,可使用辅料	可使用质量较次的麦芽,能使用辅料
原料利用率	95%以上	98%以上
麦汁特点	麦汁糖分多,蛋白质和糊精的中分子生成物较少	制得麦汁成分合理,糖与非糖容易控制,蛋白质和糊精的中分子产物多
啤酒特点	适于酿造上面发酵啤酒和下面发酵啤酒,啤酒柔和、淡爽	常用于生产下面发酵啤酒,既可酿制淡色啤酒,也可酿制浓色啤酒,啤酒醇厚、杀口

双醪煮出糖化法具有以下特点:①辅料添加量为 20%～30%,最高达 50%。对麦芽的酶活性要求较高。②第一次兑醪后的糖化操作与全麦芽煮出糖化法相同。③辅助原料在进行糊化时,一般要添加适量的 α-淀粉酶。④为了避免低分子含氮物质含量不足,麦芽的蛋白分解时间应较全麦芽煮出糖化法长。⑤因为辅助原料粉碎得较细,麦芽粉碎应适当粗一些,尽量保持麦皮完整,防止麦芽汁过滤困难。⑥双醪一次煮出糖化法制备的麦芽汁色泽浅,发酵度高,适合制造淡色啤酒;对于制造褐色啤酒或采用溶解不良的麦芽时,多采用双醪二次煮出糖化法。

(1)双醪一次煮出糖化法。双醪一次煮出糖化法的示例图解如图 7.9 所示。

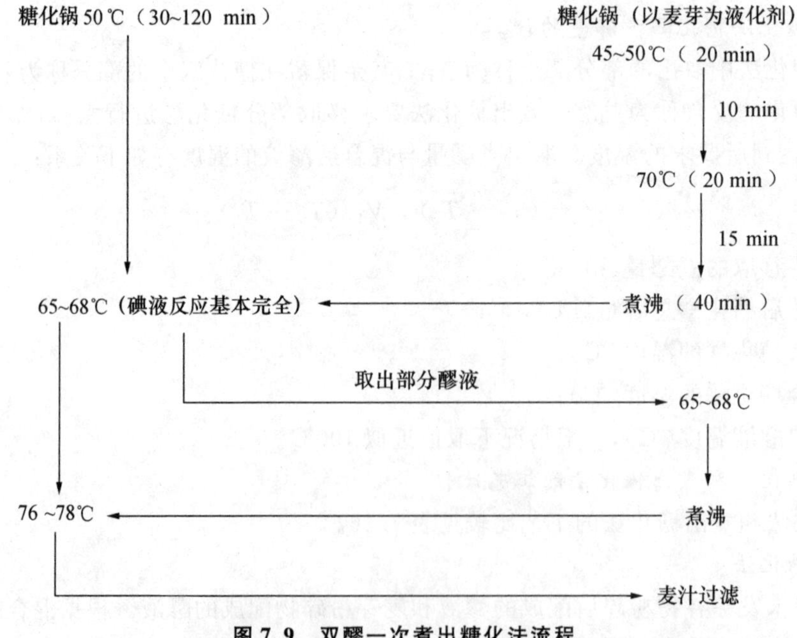

图 7.9　双醪一次煮出糖化法流程

(2)双醪二次煮出糖化法。双醪二次煮出糖化法即将糊化后的大米等辅料醪液与麦芽醪混合后，两次取出部分混合醪液进行煮沸的糖化方法。其糖化过程示意图解如图 7.10 所示。

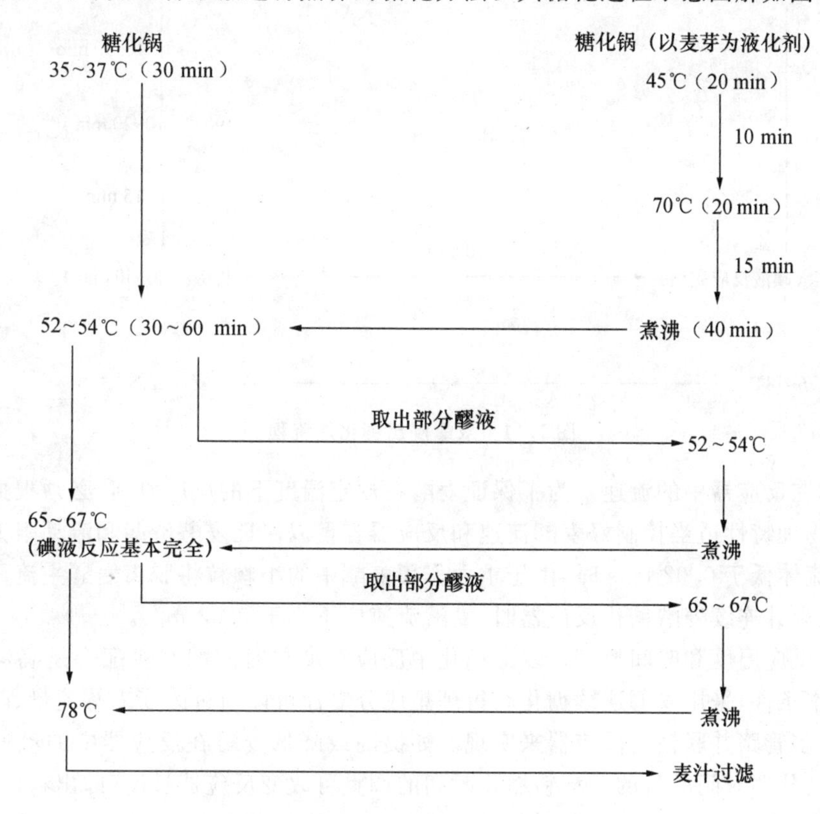

图 7.10　双醪二次煮出糖化法流程

6. 双醪浸出糖化法

双醪浸出糖化法是将麦芽和辅料分别投放在糖化锅和糊化锅中，辅料占总用量 40%左右，糊化锅中添加 10%左右的麦芽兼作糖化剂。在糖化锅和糊化锅内分别处理后，将双醪合并于糖化锅，然后按浸出法升温至糖化终了温度。双醪浸出糖化法一般添加 20%～30%的辅料，最多可达 40%～50%，均采用耐高温 α-淀粉酶协助糊化、液化。同时，采用该法糖化时，由于没有兑醪后的煮沸，麦芽中多酚物质、麦胶物质等溶出相对较少，所制麦汁色泽较浅、黏度低、口味柔和、发酵度高，更适合制造浅色淡爽型啤酒和干啤酒。而且该方法操作简单、糖化周期短，3 h 内即可完成。其糖化过程示意图解如图 7.11 所示。

7. 麦醪的连续糖化

与传统糖化方法相比，麦醪连续糖化具有不可比拟的优点：①连续糖化和麦汁连续煮沸、连续发酵相配合使啤酒生产从间歇分批式变为连续化生产；②使啤酒整个过程实现自动化控制成为可能；③糖化的全过程在封闭的管道中进行，完全避免了空气与麦醪的接触；④整个糖化过程在同一反应条件下完成，成品麦汁质量均一；⑤最大限度地避免了热量损失，与现在分批糖化方法相比热利用率可提高 50%以上；⑥大大改善了糖化工段的操作环境，降低了操作工人的劳动强度，提高了生产效率；⑦降低了糖化工段的设备投资和建筑物投资。

但是在麦醪连续糖化过程中要控制好以下几个方面：

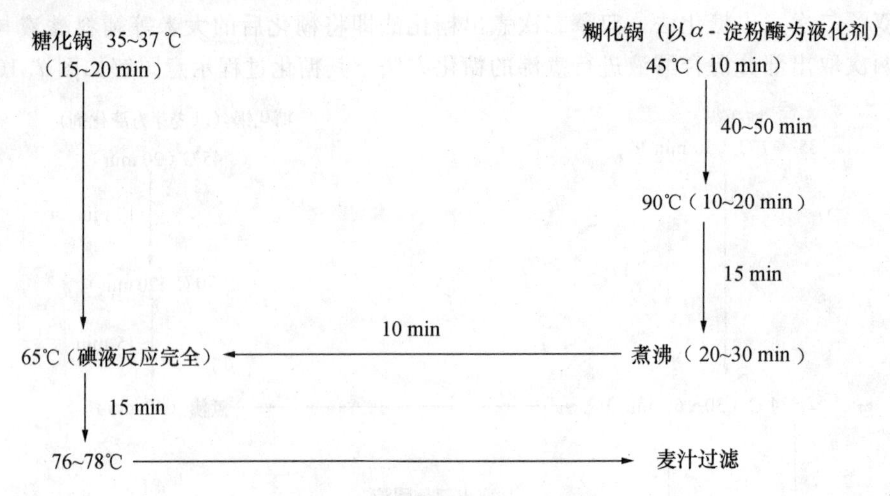

图 7.11 双醪浸出糖化法流程

(1)麦醪在反应器中的流速。为了保证麦醪在规定温度下的反应时间,必须根据麦醪在各反应阶段的物理特性适当控制好麦醪流速和反应器容量以保证麦醪滑漏和流动阻力控制在最适范围。当流体低于 0.02 m/s 时,由于重力作用麦醪中的小颗粒将脱离麦醪主流而沉积于管壁。因此,在设计连续麦醪糖化反应器时,麦醪流速应不小于 0.02 m/s。

(2)糖化反应温度和时间控制。麦醪糖化中反应温度与时间的有机配合是确保麦汁组成和收率的基本条件,采用麦醪连续糖化获得理想成分麦汁可以通过改变麦醪流量、改变反应器加热点位置、多管路并联糖化反应器来实现。如提高或降低麦醪在反应器中的流速可达到增加或缩短蛋白分解时间的目的。淀粉糖化时间的调整可改变反应器长度(即出料口位置变化)来完成。

三、麦芽糖化过程的技术条件控制

(一)糖化温度

糖化工艺中温度是控制的首要条件。糖化温度的变化直接关系到各种酶,特别 α-淀粉酶、β-淀粉酶的活性。不同温度下会有不同的酶效应。如表 7.17 所示。

表 7.17 糖化温度与酶效应

糖化温度/℃	酶效应
62	大量麦芽糖生成
63～65	最高麦芽糖生成
68～70	糊精生成量相对增加,麦芽生成量相对减少
70	大量短链糊精生成,β-淀粉酶内肽酶失活
80～85	β-淀粉酶失活
85～100	全部酶失活

在糖化过程中对温度要实行阶段控制:

浸渍阶段:温度控制在 35～40℃,此温度有利于酶的浸出和酸的形成以及 β-葡聚糖的分解。

蛋白质分解阶段:温度控制在 45～55℃,该阶段不同温度会影响可溶性氮的生成量。

糖化阶段:此时的温度通称为糖

化温度，控制在62～70℃间。当温度在62～65℃下，生成的可发酵性糖比较多，非糖的比例相对较低，适于制造高发酵度啤酒；当温度在65～70℃时，麦芽的浸出率相对增加，可发酵性糖相对减少，非糖比例增加，适于制造低发酵度啤酒；若将温度控制在65℃，可以得到最高的可发酵浸出物收得率。

糊精化阶段：此阶段温度控制在75～78℃。

（二）糖化时间

糖化时间，广义上指从投料起，至麦汁过滤前的时间段；狭义上指醪液温度达到62～70℃后，至糖化完全即碘反应完全的这段时间。糖化时间的长短不仅与所选择的糖化方法有关，还与麦芽的质量密切相关。不同的糖化方法时间不同，三次糖化法的糖化时间一般在4～6 h，二次糖化法的糖化时间在3～4 h，一次糖化法的糖化时间在2.5～3.5 h，浸出糖化法的糖化时间在3 h左右。对于麦芽质量良好的，糖化时间基本为麦芽质量低劣、酶活力不高的麦芽糖化时间一半。

（三）pH

pH是影响酶反应的一项重要指标。糖化过程中，随着糖化温度的变化，糖化醪的pH也是变化的。为了保证酶的正常作用，有时会通过处理酿造用水、将部分糖化醪进行生物酸化、添加1%～5%乳酸的方法来调节糖化醪的pH。控制糖化醪的pH在各种分解酶的最适作用pH范围，对啤酒酿造很重要。

（四）糖化用水和洗糟用水

糖化用水是指直接用于糊化锅和糖化锅的水，是原料组分得以溶解，并进行一系列化学—生物转化所需要的水量。糖化用水量多以原料和水之比即料液比来表示，如每100 kg原料用水的升数或千克数。对于不使用谷物等辅助原料生产啤酒的糖化用水一般以糖化锅用水为基准，生产淡色啤酒，料液比在1∶(4～5)，浓色啤酒的料液比在1∶(3～4)。当添加谷物等辅助原料时，糖化用水则以糖化锅的料液比和糊化锅料液比分别计算，而且此类啤酒酿造的麦芽糖化过程中，糖化锅的料液比应比较高，一般控制在1∶3.5，糊化锅的料液比则较低，一般控制在1∶5。

使用糖化用水时应注意以下问题：①使用溶解不良、糖化力弱和谷皮粗厚的麦芽，糖化醪应适当稀一些，有助于酶的作用；②当制造淡色啤酒时，使用的糖化水若含碳酸盐较高，糖化醪液应稀一些，以减少洗糟用水；③麦芽粉碎物较细，糖化醪液应稀一些，有利于麦汁过滤和减少洗糟用水。

洗糟用水是指第一麦汁滤出后，将麦糟中残留的糖液洗出来所使用的水。洗出的浸出物称为第二麦汁。洗糟用水量约为煮沸前麦汁量与头道麦汁量之差，其对麦汁收得率有较大的影响。

四、糖化车间的控制系统

糖化工艺过程是啤酒生产十分重要的环节。当糖化工艺确定后，能否在生产中严格按工艺操作，将直接影响糖化后麦汁的品质，实现糖化工艺全过程的自动化控制、管理，可确保啤酒质量和口味的一致性。

在3锅（糊化锅、糖化锅、煮沸锅）2槽（过滤槽、旋涡沉淀槽）体系结构的糖化车间中，其生产的主流程如图7.12所示。

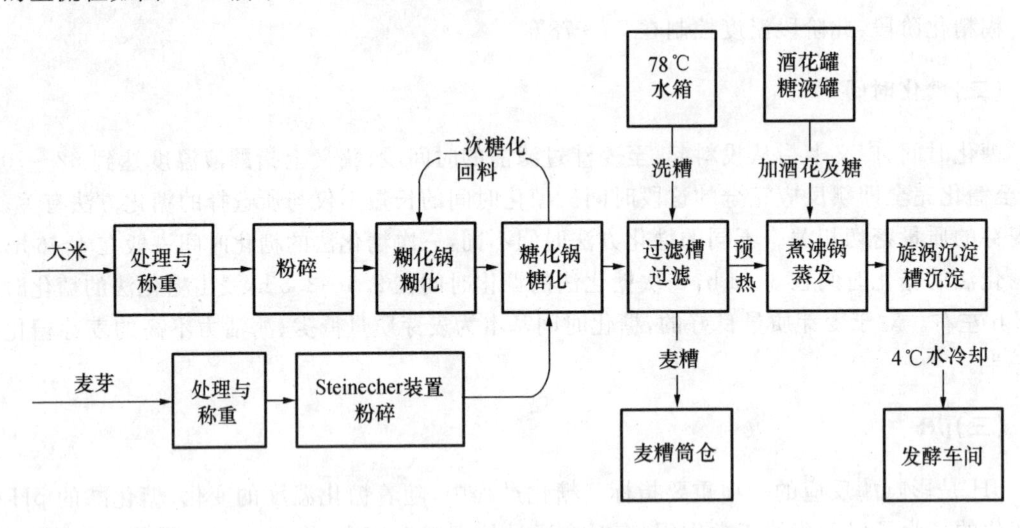

图7.12 糖化车间生产主流程

通过对设备配置及设备在生产车间的分布和生产工艺的分析，糖化工艺过程控制采用集散系统更为有利。

(一)集散系统(DCS)在糖化过程中的应用

采用多台控制装置，配合上位机实现啤酒糖化工艺过程控制的整体方案，即集散系统。

在糖化过程中，应用的控制系统主要有DCS系统，该上位机系统主要对糖化车间的3锅2槽及其外围与洗涤系统等实行控制。外围包括：①供水系统（20℃水箱、78℃水箱、80℃水箱、96℃水箱、4℃水箱）。②大米处理、称重、粉碎设备。③麦芽处理、称重、粉碎设备。④CIP洗涤罐（预清洗罐、碱液清洗罐、后清洗罐）与洗涤系统等实行控制，采用两级监控方案。

采用集散系统控制糖化过程具有以下优势：①集散系统有很大的灵活性，对于生产中故障和设备常规维护不影响其他设备工作，控制器在配置上灵活。可全自动控制，也可半自动控制，可联网控制，又可以单独控制。②集散系统另一个优势是布线简单，每个控制模块都安装在生产设备附近，操作方便。提高可靠性，降低安装成本。

在糖化车间应用DCS控制系统，采用不同的控制模块所达到的效果是不同的。糊化/糖化锅内醪液温度变化一般采用阶梯式升高的过程，目的是使不同酶在其最佳的活力温度下进行分解。由于酶最适合温度范围只有2～3℃，因此温度控制的精度要求很高。为了保证糊化/糖化的升温速率，简单的PID控制模型是达不到工艺要求。因此，俞建明研究了基于SUPCON JX300X的自定义控制策略功能，采用针对温度变量的逆模型正反馈控制策略，提高了系统的跟随效果，并最终将温度偏差控制在±0.5℃以内。

(二)PLC 在糖化过程中的应用

在糖化过程中主要是通过控制温度、pH 等,使各种酶类充分发挥作用,保证最大收益率和最少损失。阜新市啤酒厂采用的 PLC 控制系统由上位机、下位机、模拟控制屏、采集单元及输出控制单元构成。上位机采用工业控制计算机;下位机采用欧姆龙 C200HG 可编程控制器;PLC 安装在模拟控制屏后,与上位机距离不超过 5 m,采用 RS232C 口与上机位进行串行通信。自动运行时,PLC 根据设定的工艺曲线,自动完成进料、糊化、糖化、过滤、煮沸、沉淀、冷却等各个环节的操作。不仅产品品质有所保证,同时节省了人力资源,提高了工作效率。

第四节　麦汁过滤

一、麦汁过滤的目的

糖化结束后,麦芽和辅料中高分子物质的分解已经完成,应迅速将糖化醪液中已溶解的可溶性物质和不溶性物质分离,以得到澄清麦汁。麦汁过滤过程大致分为两个阶段:第一麦汁过滤和洗槽麦汁过滤。第一麦汁过滤是指以麦糟层和过滤介质(筛板和滤布)组成的过滤层,利用过滤方法提取麦汁,所得到的麦汁称为第一麦汁或者过滤麦汁;洗槽麦汁过滤时是利用热水洗出残留在麦槽中的麦汁,所得到的麦汁称为第二麦汁或者洗涤麦汁。此两阶段均为机械物理过程,酶的作用很微弱。

二、麦汁过滤的基本要求

(1)迅速、彻底地分离糖化醪液中的可溶性浸出物;

(2)尽量减少影响啤酒风味的麦皮多酚、色素、苦味物质以及麦芽中的高分子蛋白质、脂肪、脂肪酸和 β-葡聚糖等物质进入麦汁,从而保证麦汁良好的口味和较高的澄清度。

三、麦汁过滤的方法及设备

传统的麦汁过滤方法大致可分为 3 种:过滤槽法、快速渗出槽法和压滤机法。其中压滤机又分为传统压滤机、袋式压滤机、膜压式麦汁压滤机。快速渗出槽法由于过滤的麦汁浊度难以控制,现在已经很少采用。袋式压滤机由于结构较为复杂,在国内也很少采用。传统压滤机法由于滤得麦汁混浊、洗槽水不均匀、滤布难以清洗、维修费用高、操作繁琐、劳动强度大而遭淘汰。过滤槽法是当今世界上较为普遍采用的一种麦汁过滤方法,我国目前大多数啤酒企业也都在使用过滤槽过滤麦汁。

(一)过滤槽法

目前,大多数啤酒厂均采用过滤槽静压法进行麦汁过滤,它以过滤筛板和麦槽构成过滤介质,利用糖化醪液高度产生的静压力作为推动力进行麦汁过滤。

利用过滤槽过滤麦汁是通过筛分效应、滤层效应和深层过滤效应三方面的作用而进行的。其过滤速度受滤层阻力、滤层渗透性、滤层厚度、麦汁黏度和滤层面积等诸多因素影响。对于一特定过滤面积的滤层来说，麦汁过滤速度可用下式表示：

$$麦汁过滤速度=(K\times压差\times滤层渗透性)/(滤层厚度\times麦汁黏度)$$

式中，K 为常数。

1. 过滤槽设备

过滤槽的结构如图 7.13 所示，包括过滤槽体、糖化醪液输送系统、过滤筛板、耕糟装置、洗糟水喷洒装置、麦汁收集系统和排糟装置等。

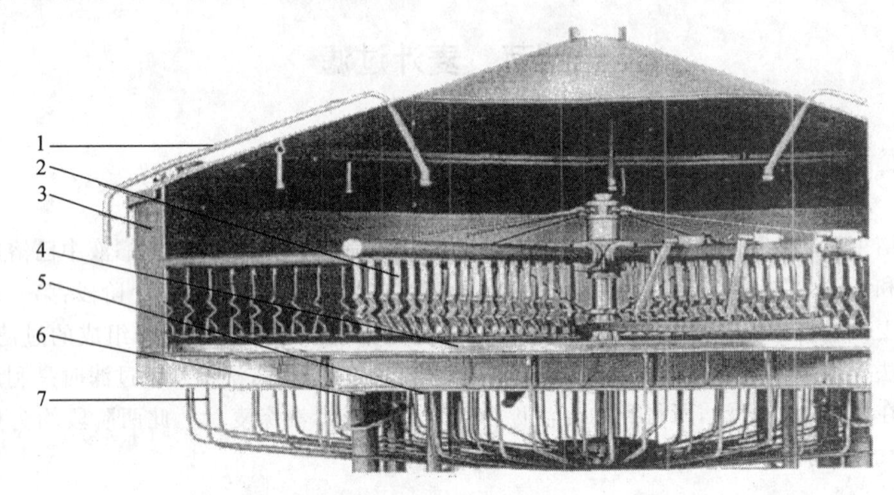

图 7.13　过滤槽

1. 洗糟水喷淋装置　2. 耕糟装置　3. 过滤槽体　4. 过滤筛板
5. 糖化醪液进口　6. 排糟口　7. 麦汁收集装置

2. 麦汁过滤槽法过滤麦汁的基本过程

将过滤槽清洗干净，首先将滤板铺好压紧，随后按以下操作进行过滤：

(1)将糖化好的糖化醪泵入铺好过滤板的过滤槽中，并由槽底部引入少量 78℃热水，以刚没过滤板为度，以便排除过滤板和槽底之间的气体。

(2)糖化醪泵入过滤槽后，利用翻糟机翻拌均匀，然后静置 20～30 min，使麦糟下沉，形成过滤层，如果糖化情况良好，此时麦糟上面的麦汁漆黑清亮。

(3)过滤开始，顺序打开一个或两个麦汁排出阀，然后迅速关闭，将过滤板和槽底之间的泥状沉淀物排出。重复进行此操作，然后将全部排出阀小开。开始流出的麦汁不清，用泵泵回过滤槽，待清亮麦汁流出后，送入麦汁暂贮罐或麦汁煮沸锅，此时的过滤麦汁即为第一麦汁。

(4)过滤刚开始，麦汁排出阀小开，控制流速，以防止吸力过大，使糟层抽缩压紧，造成过滤困难。麦汁排出阀应根据麦汁的流速逐渐开大，以保持从麦糟层中渗出的麦汁和排出阀流出的麦汁达到平衡。

(5)过滤一段时间后，麦糟层逐渐压紧，麦汁流速逐渐变小，此时应以翻糟机缓慢翻拌。翻糟时，先从下部翻起，逐渐将翻糟机上升，使麦糟层再度疏松，麦汁流出畅通。

(6)待第一麦汁流至露出麦糟时,在麦糟上喷洒78～80℃热水,开始洗糟,将糟层中残留糖液洗出。此洗涤麦汁即为第二麦汁。

(7)喷洒热水,可根据洗涤效果,分2～3次进行,最后的残糖浓度达到1.0%～1.5%为宜。

(8)麦糟洗涤后,打开槽底部的排糟口,利用翻糟机将麦糟排出。

(9)排出的麦糟,先置麦糟贮仓内,然后以脉冲式高压气流输送至户外。

3. 过滤槽法过滤的工艺控制要点

(1)糖化醪温度76～78℃,良好的过滤必须保证在过滤时醪液温度保持不变。麦糟降温将导致麦糟收缩,增加过滤阻力,过滤中应盖好锅门和汽筒。

(2)过滤或洗涤麦汁要保证清亮透明。清亮透明的麦汁中含有C6～C16脂肪酸约为4 mg/L,而混浊麦汁中的脂肪酸含量将超过清亮麦汁的10倍以上。这不但会给啤酒的泡沫、风味带来不良的影响,而且容易造成异常发酵现象。

(3)过滤和洗糟时间:应尽量缩短过滤和洗糟时间,以减少有害物质的浸出和空气的氧化时间,以利于啤酒的色泽和风味。

(4)洗糟水温:一般为76～78℃,最高不超过80℃。温度低,残糖不容易洗干净,也容易染菌。温度高,会使α-淀粉酶很快失活,这对提高原料利用率不利;还会使没有糊化的淀粉颗粒进一步吸水膨胀,使黏度提高,影响过滤;也会增加麦汁的氧化作用,增加色度。

(5)洗糟水pH:应和糖化醪保持一致,以免pH升高有害物质浸出增多,另外pH升高也影响煮沸时间蛋白质的凝聚析出。

(6)洗糟残糖浓度:一般控制在1%～1.5%。残糖过低则影响酒的质量;残糖过高则影响产量。

(7)混合麦汁浓度:一般控制在低于最终麦汁浓度1%～1.5%。如11°P啤酒一般控制在9.4～9.6°P,确保合理的煮沸强度和蒸发强度。

(二)麦汁压滤机法过滤及压滤机

根据麦汁压滤机结构的不同,一般可将压滤机分为板框式麦汁压滤机、袋式高压麦汁压滤机和膜式麦汁压滤机。国外从20世纪五六十年代开始研制使用麦汁压滤机,但由于受当时条件所限,滤板大多使用铸铁制成,滤布采用普通棉布,这种麦汁压滤机由于滤出麦汁浊度高、滤布难以清洗、劳动强度大等缺点而遭到淘汰。此后,国际上兴起采用聚丙烯原料生产滤板和滤布。这种材料具有保温性能好、重量轻、能够达到食品生产要求、滤布可每周清洗、劳动强度小等特点,而且随着新型麦汁压滤机功能的不断改进,对相对较薄的糟层可以提高效率,对较厚的糟层可以获得清澈的麦汁这两个看似矛盾的优点集中起来,克服了早期压滤机的许多弊端,能够满足当今啤酒生产在麦汁收得率、生产效率和自动化等各方面的要求。

1. 板框式麦汁压滤机法

(1)传统板框式麦汁压滤机。

①该设备主要由以下构件组成:底座和支架、板框围成的滤框室、沟纹板或栅板、滤布、顶板。如图7.14所示。

②板框式麦汁压滤机过滤原理。滤板和滤框交替排列,滤板两侧罩以滤布。当用两端顶板将过滤部件压紧后,相邻的两块滤板和位于其中间的滤框就构成一个滤室。当糖化醪泵入

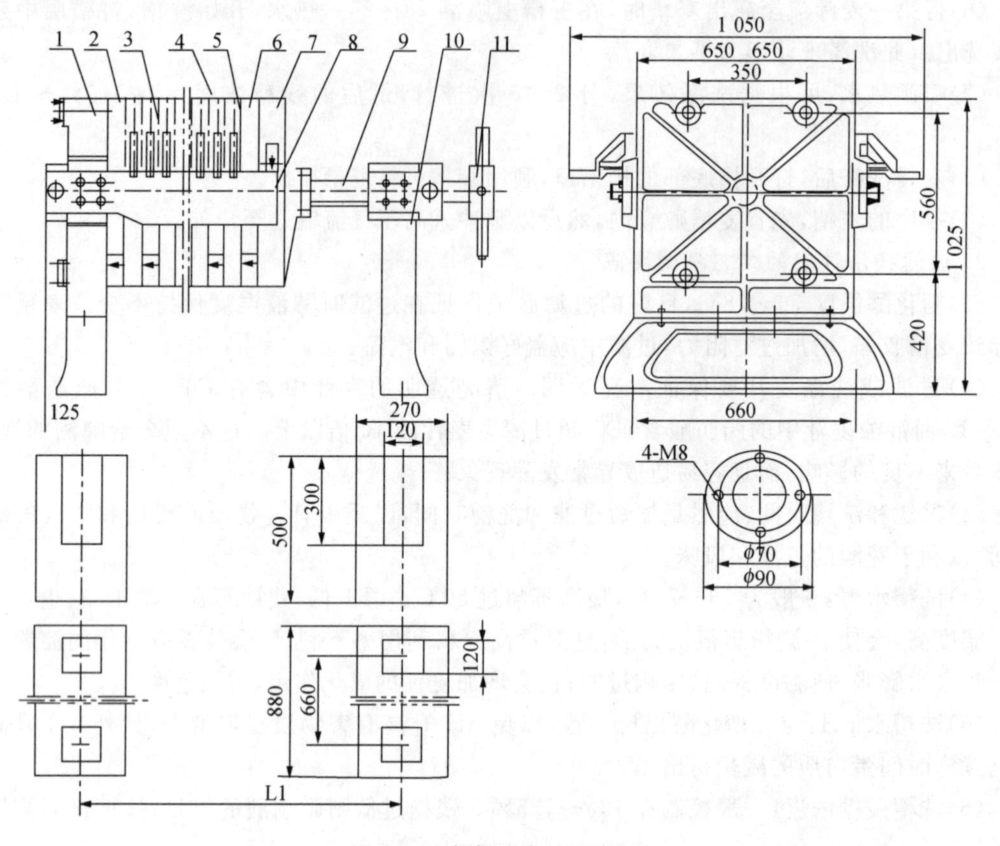

图 7.14　板框式麦汁压滤机

1. 止推板　2. 头板　3. 滤板　4. 滤布　5. 滤框　6. 尾板　7. 压紧板

8. 横梁　9. 螺杆　10. 前支架　11. 手轮

滤室后，麦汁穿过滤框两侧的滤布，沿着相邻滤板的沟槽流至出口。

③板框式麦汁压滤机操作过程。

a. 首先将压滤机组装好，泵入 80℃热水，排出空气，静置约 30 min，至压滤机变热。

b. 排出热水，泵入固液相混合均匀的糖化醪液。

c. 压滤机的麦汁排出阀在开始装料时就全部打开，使头号麦汁的排出与醪液的泵入同时进行，在未形成滤层前，麦汁比较混浊，可回流至糖化锅。30 min 左右，头号麦汁可以全部排出。

d. 在整个压滤过程中，过滤压力一般不应有明显的升高，如发现压力升高很大，说明麦槽层压紧，渗透性差，过滤困难。

e. 头号麦汁排尽后，立即开始洗槽，洗槽水以麦汁过滤相反的方向穿过滤布，经过板框中的麦槽层，将残留麦汁洗出。

f. 洗槽过程中的压力应控制在 0.1 MPa 以内，否则麦槽层容易受压形成渠道，洗涤麦汁将走短路而造成损失。

g. 最后的洗槽残水，可利用蒸汽或压缩空气将其顶出。洗槽完毕，即通入冷水冷却，然后卸机，排出麦槽。

h. 清洗滤布，备用。

(2)新型麦汁压滤机。新型全自动麦汁压滤机因它具有生产效率高、滤得麦汁质量好、适应不同辅料、全自动操作、节能环保等优点得到越来越多的应用。

新型全自动麦汁压滤机具有以下几个方面的优势:

①提高生产效率。麦汁过滤速度快,可进行高浓酿造,明显提高啤酒厂的生产能力,自动化程度高。

②产品质量高。主要表现在麦汁质量高,进料、过滤、洗糟过程中,糖化醪液与麦汁均处于密闭环境,降低了麦汁过滤过程中的氧化作用。麦汁含脂肪酸少,浊度低。啤酒口味好。

③生产成本低。原料和辅料均使用锤式粉碎机进行精细粉碎,细粉碎可以增加原料在糖化反应中的比表面积,从而提高糖化收率;采用麦汁压滤机,大米、玉米、淀粉等辅料甚至糖浆的增加对过滤的速度和时间均无明显的影响,克服了过滤槽的弊端。设备中设有可移动过滤隔板,因此投料量灵活。

④生产环境好。

a. 有较干的麦糟。由于麦糟经过压滤,干物质含量可以达到27%左右,酒糟中含水量减为70%左右,运输方便,有利于保持厂区路面清洁,同时干燥麦糟可直接粉碎作为饲料添加剂或生产SCP,可降低麦糟烘干所用热量,节约能源。

b. 低耗环保。聚丙烯材料具有良好的保温性能,散热较过滤槽大大降低,降低能耗的同时改善了车间环境。

c. 全自动操作。设备占地面积小,易于进行维护保养,CIP每周一次即可。减少能耗的同时改善了车间环境,实现全部自动化操作,劳动强度低。

2. 袋式压滤机法

这种压滤机为20世纪80年代初推出的新型麦汁压滤机。其结构与传统的麦汁压滤机基本相同,只是将滤框用滤袋取代,用以装糖化醪液。基本工作原理:将糖化醪液泵入聚酯或聚丙烯滤袋中,通过滤板缓慢地压榨滤袋,将第一麦汁滤出,麦糟在滤袋内形成滤层。然后用少量洗糟水将滤袋麦糟中残留的麦汁压出。最后通过高压(1.5 MPa)压榨,可得较高的麦汁浸出率,而且压榨后的麦糟含水量低,干物质可高达45%。采用此种方法过滤获得的麦汁较清亮,过滤时间短。

3. 膜式压滤机法和厢式压滤机法

膜式压滤机和厢式压滤机是20世纪90年代兴起的采用聚丙烯滤板、低压过滤的新型麦汁压滤机,具有高效率,高收得率及全自动化的特点。

压滤机采用对角轮流洗糟,洗糟充分,时间短,且洗糟水温低(72℃)。另外,压滤机洗糟时,洗糟水是密闭进行,未与空气接触,而过滤槽的洗糟水是喷洒的。压滤机的这种洗糟系统为采用脱氧水洗糟创造了有利条件。

膜式压滤机与厢式压滤机都具有高效率、高收得率和全自动化的特点,二者不同之处在于膜式压滤机的过滤板是由膜板和框板组成,在头道麦汁过滤完毕及洗糟结束后,向膜板内通入压缩空气压缩糟饼,其作用是形成洗糟框室,挤出残液,提高收得率,降低麦糟水分。而厢式麦汁压滤机不带膜板,全部由厢式过滤板组成,在洗糟前后都不需通入压缩空气。当然在操作上,如进出料与洗糟的方式也稍有差别。

过滤槽法和压滤机法两种过滤方法的比较如表7.18和表7.19所示。

表 7.18　过滤槽与新型麦汁压滤机的操作时间　min

操作步骤	过滤槽	新型麦汁压滤机	操作步骤	过滤槽	新型麦汁压滤机
灌入热水	6	—	洗槽	65	65
泵入糖化醪液	10	5	排槽	20	15
回流循环	10	—	筛板清洗	5	—
头道麦汁收集	60	30	总用时	175	115

表 7.19　过滤槽与压滤机滤得的麦汁质量比较

质量指标	过滤槽	新型麦汁压滤机	质量指标	过滤槽	新型麦汁压滤机
沉淀物/(mL/L)	<1.0	<0.2	多酚/(mg/L)	180	195
浊度/EBC	<10	<2	吸氧	++	+
脂肪/(mg/L)	18	17			

(三)麦汁过滤方法

几种麦汁过滤方法的比较如表 7.20 所示。

表 7.20　5 种麦汁过滤方法的比较

比较内容	过滤槽法	传统压滤机法	快速渗出槽法	袋式压滤机法	膜式压滤机法
麦芽粉碎度	对麦芽粉碎度要求严格，影响麦汁收得率；粉碎过细，过滤困难	麦芽粉碎可以适当细一些，但必须充分估计，使麦槽的容量与压滤机滤框的容量相适应	对麦芽粉碎比较严格，但较过滤槽法灵活	要求原料粉碎细一些，否则粗粒易沉淀，不易形成过滤层	原料粉碎度的灵活性大
过滤速度	过滤和洗涤时间较压滤机法长，排糟时间较短	过滤和洗涤时间较短，但排糟时间较过滤槽法长	过滤、洗涤、排糟时间均较短	过滤及洗糟速度快，时间短	过滤和排糟时间极短，优于其他方法，洗糟时间与压滤机法相当
劳动强度	操作简单，劳动强度低	装拆设备、排糟、清洗滤板等，操作繁琐，劳动强度大，但新型压滤机则全部操作实现自动控制，其耗用人力和劳动强度均较低	操作简单，劳动强度低	全部操作实现自动化，劳动强度低	全部操作实现自动控制，其耗用人力及劳动强度均较其他方法低
投资费用	设备简单，占地面积小，投资较少	设备复杂，投资较多	设备简单，占地面积小，投资较少	设备复杂，投资与压滤机法相当	设备复杂，投资费用较高

续表 7.20

比较内容	过滤槽法	传统压滤机法	快速渗出槽法	袋式压滤机法	膜式压滤机法
维持费用	较低	较高	最低	较低	较低
第一麦汁浓度	以不超过 18%为宜，否则黏度过高，不易过滤	第一麦汁浓度可以控制在 22%以内	可控制的第一麦汁浓度较压滤机低，较过滤槽高	第一麦汁浓度以控制 18%左右比较合适	第一麦汁浓度可达 25%
辅助原料使用量	辅助原料使用量应较其他方法少	辅助原料用量可以多一些	辅助原料用量可较过滤槽法多一些	辅助原料用量可较过滤槽法多一些	辅助原料用量灵活性大
日糖化批次	7～8	10～12	11～13	12 批以上	12 批以上
原料利用率/%	98.0～98.5	99.0～99.3	97.5～98	可达 100	可达 40
废糟水分含量/%	80 左右	65～70	80～90	60 以下	65 以下

（四）影响麦汁浊度的因素

麦汁的质量直接关系啤酒的口味和非生物稳定性，麦汁澄清度对麦汁的过滤、啤酒的发酵和过滤等都有重要的影响。在制麦及麦汁制备过程中，有许多因素会引起麦汁混浊，如制麦过程的浸渍不均匀，浸麦吸氧不好，绿麦水分不足或过高，发芽前期断根等。糖化过程中糊精含量过高，蛋白质分解不好或过滤操作不当等，都会引起麦汁的浊度异常，进而引起麦汁的过滤速度变缓与发酵的不稳定。不同配比的麦芽与辅料也会影响麦汁的混浊度，高浓酿造以及高辅料酿造在一定程度上制约了麦汁的澄清度。

从麦芽的使用比例、辅料的应用与粉碎情况来说，正常的麦汁浊度能控制在 0.5EBC 以下，如果麦芽质量等级较差，蛋白质含量较高，多酚氧化酶和过氧化氢酶残留过多等，或者使用部分小麦芽等都会在一定程度上影响麦汁的浊度。原料粉碎过细或过粗等也会影响麦汁的混浊度。另外在糖化过程中，如果糖化锅温度不均匀，或者糖化温度过高等，不仅影响酶的作用，同时也使麦汁的低分子糊精含量偏高，引起麦汁的混浊。此外，麦汁过滤与操作对麦汁浊度也有影响，麦汁过滤过程中，如果没有把握好洗糟水的温度和过滤糟层的保持，过滤麦汁的浊度会有较大的变化。其他如麦汁煮沸质量与添加酒花质量、澄清剂应用对麦汁浊度也会产生影响。

第五节　麦汁煮沸与酒花添加

一、麦汁煮沸

麦汁过滤后，要进行麦汁煮沸，并在煮沸过程中添加酒花。麦汁煮沸是一项复杂的物理和化学变化过程,各种因素及操作条件都会影响麦汁的质量。煮沸后的麦汁称为定性麦汁。

(一)麦汁煮沸的目的和作用

麦汁煮沸主要是为了稳定麦汁成分,但是还有其他作用,如:

1. 浓缩

在麦汁过滤结束后,会造成混合麦汁的水分偏大,需要把多余的水分蒸发出去,使最终的麦汁浓度达到预定的目标。

2. 分离可凝固蛋白

通过麦汁的煮沸可以把麦汁中的可凝固蛋白分离出来,使后期的啤酒发酵、灌装、消费时不要有蛋白质析出,提高啤酒的非生物稳定性。

3. 钝化酶

破坏麦芽的酶活力,主要是使淀粉酶失活,稳定麦芽中可发酵性糖和糊精的比例,保持麦汁组分和发酵的一致性。

4. 固定香型

通过煮沸可以把酒花的有效成分充分溶解到麦汁中,起到固定香型的作用。

5. 麦汁灭菌

麦汁进行煮沸会起到杀菌的作用,使麦汁在发酵之前就处于一个无菌的状态,让发酵过程是一个纯种发酵的过程,有利于啤酒的口味纯正。

(二)麦汁煮沸过程中的变化

1. 酸度的增加

由于在麦汁煮沸过程中,添加酒花和酸性类黑素的形成以及水中钙、镁离子的增酸作用,使麦汁 pH 降低。

2. 麦汁色度上升

在煮沸过程中麦汁色度逐渐加深,同时生成了一些成分复杂的还原性物质,如还原酮等,增加麦汁的抗氧化能力。

3. 不良挥发性成分的蒸出

在煮沸过程中,麦汁中一些原有的和新形成的挥发性不良味被蒸出,如酒花中风味不良的碳氢化合物成分香叶烯。

(三)麦汁煮沸的技术条件

1. 麦汁煮沸时间

麦汁煮沸时间对啤酒的性质影响很大,确定麦汁煮沸时间的依据包括啤酒的品种、麦汁的浓度、煮沸方法。

2. 煮沸强度

煮沸强度为麦汁煮沸时,每小时蒸发的水分相当于混合麦汁的百分数。在常压麦汁煮沸时,煮沸强度高意味着麦汁煮沸时对流强烈,在加热面上形成大量细小的蒸汽泡,这些细小的蒸汽泡吸附变性蛋白质,聚合成为大的絮状物,有利于絮状物与麦汁分离。

3. pH

麦汁煮沸时的 pH 在 5.2～5.6 范围内较理想。

二、酒花的添加

酒花，又称啤酒花。使啤酒具有独特的苦味和香气并有防腐和澄清麦芽汁的能力。酒花始用于德国，1079 年，德国人首先在酿制啤酒时添加了酒花，从而使啤酒具有了清爽的苦味和芬芳的香味。从此以后，酒花被誉为“啤酒的灵魂”，成为啤酒酿造不可缺少的原料之一。酒花使用的主要目的是利用其苦味、香味、防腐力和澄清麦汁的能力。酒花的化学成分中，对啤酒酿造具有特殊意义的 3 类物质，即酒花树脂、酒花油和多酚物质，它们在干燥酒花中的含量分别为 14%～18%、0.3%～2.0%和 2%～7%。

（一）酒花的化学成分及添加的目的

1. 酒花的化学成分及作用

(1)酒花树脂。主要是指 α-酸（葎草酮）和 β-酸（蛇麻酮）。新鲜酒花约含有 5～11%的 α-酸，它具有苦味和防腐能力，并可降低表面张力，增加啤酒的泡沫稳定性，啤酒中的苦味物质约有 85%来自 α-酸，所以 α-酸的多少是衡量酒花质量的重要标准。新鲜酒花约含 11%的 β-酸，苦味不如 α-酸强（为其 1/9），很难溶于水，防腐能力较 α-酸弱（为其 1/3），易氧化。啤酒中的苦味物质，β-酸约占 15%。其苦味较细腻爽口，具有降低表面张力并改善啤酒泡沫稳定性的作用。

(2)酒花油。酒花油为黄绿色至棕色液体，易挥发，溶于乙醚、醋及浓乙醇，在水中溶解度只有 50 μL/L，易氧化而产生不良的气味。酒花含有 0.5%～2.0%的酒花油。酒花油是蛇麻腺的另一分泌物，存在花粉内。其味芳香，成分复杂，主要成分是萜烯类化合物。萜烯及其含氧衍生物是酒花香味的主要成分。

(3)多酚物质（单宁、花色苷）。酒花含 2%～5%的多酚物质，它是非结晶混合物。多酚物质在啤酒酿造中的作用有：①在麦汁煮沸过程中浸出的单宁（高聚合度）具有沉淀蛋白质的作用，有利于啤酒澄清，但它的氧化使啤酒颜色加深、口味苦涩；而花色苷（约有 20%来自酒花，80%来自大麦）与之相反，易造成啤酒混浊。②多酚物质经过氧化和聚合作用，其色泽逐渐加深，从而也加重了麦汁的色泽，不利于浅色啤酒的酿造。③啤酒中含有多量多酚物质，口味会变得苦而粗糙；降低麦汁的 pH，麦汁中多酚物质含量少一些，麦汁色泽也就浅一些，口味也会柔和一些；但过多地排除多酚物质，啤酒口味虽然柔和，却又变得淡薄无味。

2. 麦芽煮沸时，添加酒花的目的

(1)赋予啤酒特有的香味。酒花中的酒花油和酒花树脂在煮沸过程中经过复杂的变化，不良成分已被蒸发掉，可使啤酒具有清爽的芳香气。

(2)酒花可赋予啤酒爽快的苦味。异-α-酸具有强烈的苦味，它在水中的溶解度较 α-酸高，是啤酒苦味的主要来源。若 α-酸先经异构化处理，再应用于啤酒酿造，可以避免 α-酸在麦汁煮沸和发酵过程中造成的损失，从而大大提高酒花利用率（可达 90% 以上）。

(3)形成啤酒优良的泡沫。啤酒泡沫是酒花中的异葎草酮和来自麦芽的起泡蛋白的复合体。优良的酒花和麦芽，能酿造出洁白、细腻、丰富且挂杯持久的啤酒泡沫来。

(4)增加啤酒的防腐能力。由于酒花具有天然的防腐力,故啤酒无需添加有毒的防腐剂。

(5)有利于麦汁的澄清。在麦汁煮沸过程中,由于酒花添加,可将麦汁中的蛋白络合析出,从而起到澄清麦汁的作用,酿造出清纯的啤酒来。

(二)酒花制品

传统的啤酒酿造中,一般采用全酒花。但是为了提高啤酒的品质、开发新品啤酒、提高酒花苦味和香味物质的利用效果、解决酒花的运输和贮藏等问题,出现了各种各样的酒花制品。

1. 全酒花

全酒花的添加是在麦汁煮沸过程中加入。其中的 α-酸大约仅有 50%发生异构化并溶于麦汁中,在后期麦汁冷却、发酵和贮藏过程中,α-酸还会有部分损失,其最终的利用率在 30%左右。全酒花在运输、贮藏和使用方面都不方便,而且使用全酒花时,在煮沸锅后需要安置酒花分离器,分离出酒花糟,这样还会造成麦汁损失。因此,目前仅有少数啤酒企业使用全酒花。

2. 酒花粉

将全酒花用锤式粉碎机粉碎成颗粒在 1 mm 以下的酒花粉,添加方法与全酒花相同。酒花粉由于在麦汁煮沸时较易均匀分散,故酒花利用率可提高约 10%,而且由于在旋涡沉淀槽中酒花粉糟和热凝固蛋白质能形成紧密的沉淀被分离掉,故可省去酒花分离槽设备。但是采用酒花粉也存在缺点,如在酒花粉碎过程中,锤式粉碎机锤片打击点处的局部温度高达500℃,极易引起酒花树脂的氧化和酒花油的损失;酒花粉在使用前,在常温下往往保存数小时至数天,由于其表面积较大,因而加剧了酒花有效成分的氧化、酒花粉易损失等。酒花粉的工业使用较少。

3. 颗粒酒花

颗粒酒花即将粉碎至一定规格的粉状酒花压制成直径为 2~8 mm,长约 15 mm 的短棒,以增加其密度,同时降低其比表面积,在充惰性气体的条件下包装贮藏的酒花制品。颗粒酒花使用方便,而且能有效防止酒花有效成分的氧化和损失。颗粒酒花较全酒花均匀一致,添加于煮沸的麦汁中极易分散,酒花利用率可提高 10%~25%。目前,颗粒酒花是国内外啤酒企业应用最多的酒花制品。

4. 酒花浸膏

酒花浸膏是将酒花中的有效成分萃取出来而制成的浓缩了 5~10 倍有效成分的树脂浸膏。酒花浸膏中由于缺乏单宁等物质,一般使用时常与其他酒花制品配合使用。酒花浸膏具有体积小、性能较稳定、能进一步提高酒花利用率,且能较准确地控制酒花使用量,达到啤酒要求的苦味值;没有酒花残渣,故麦汁损失少;使用方便,且对改善啤酒的泡沫稳定性、挂杯性、苦味的柔和性及抗冷性能均具有一定的作用等优点。因此备受啤酒酿造企业的青睐。

(三)酒花的添加量

酒花添加量按照所制啤酒的类型、酒花本身的质量和消费者的爱好不同,添加量不同。其添加量的计算方法有两种:第一种,按照每 100 L 麦汁或啤酒添加酒花的质量计;另一种,按照每 100 L 麦汁添加酒花中 α-酸的质量计。一些典型的啤酒的添加量如表 7.21 和表 7.22 所示。

表 7.21 不同类型啤酒的酒花添加量

啤酒类型	100 L 麦汁的酒花添加量/g	100 L 啤酒的酒花添加量/g
淡色啤酒(11%～14%)	170～340	190～380
浓色啤酒(11%～14%)	120～180	130～200
比尔森淡色啤酒(12%)	300～500	350～550
慕尼黑浓色啤酒(14%)	160～200	180～220
国产淡色啤酒(11%～12%)	160～240	180～260

表 7.22 不同类型啤酒的 α-酸添加量

啤酒类型	原麦汁浓度/g	α-酸添加量/(g/100 L)
淡色贮藏啤酒	11.5	6～8
出口啤酒	12.5	8～12
比尔森型啤酒	12.0	12～16

酒花的添加量对后期成品啤酒的风味稳定性具有重要的影响，李勇强通过实验研究酒花颗粒添加量和添加时间对啤酒贮藏中羰基化合物的影响表明，使用较低量的酒花会增强啤酒贮藏过程中羰基化合物的形成。另外，酒花的添加量也会影响麦汁苦味物质的变化。

(四)酒花的添加方式

酒花的添加方式与啤酒类型、工艺操作有关。一般分为“一次添加法”、“二次添加法”和“三次添加法”。

1. 二次添加法

通常第一次将 70%～80%酒花在煮沸开始后 10～15 min 加入，煮沸结束前 10～30 min 添加剩下 20%～30%的酒花。随着煮沸时间的缩短，二次添加酒花改为：在煮沸开始后 10 min添加 80%～90%酒花(苦型酒花)，在煮沸结束前 10 min 将剩下的 10%～20%最好加工香型酒花。

2. 三次添加法

在麦汁煮沸时间为 90 min 的情况下广泛应用。第一次添加酒花在麦汁煮沸开始后 5～10 min，添加总量大约 50%的酒花；第二次在麦汁煮沸后 30 min，添加约总量 30%的酒花；第三次在麦汁煮沸结束前 5～10 min 添加香型酒花，甚至可在回旋沉淀槽中添加香型酒花，添加量为总量的 20%。张晓蕾研究了酒花添加的不同工艺，将酒花两次添加改为一次添加，对比成品酒苦味及口感发现，在保持酒体质量、口感不变的情况下提高酒花利用率，降低生产成本。国外研究表明，酒花中的萜烯类和萜烯醇类化合物对啤酒的香气有显著影响。香叶烯、葎草烯、石竹烯、法尼烯是酒花油的重要组成成分，但由于烯类物质疏水性强，在麦汁煮沸的过程中会因蒸发而大量损失，仅微量残留于成品啤酒中；与萜烯类物质相比，亲水性较强的萜烯醇类化合物则较容易保留在冷麦汁及啤酒中。一些研究者认为，里那醇是对啤酒酒花香气有突出贡献“标志的化合物”。陶鑫凉等研究酒花的添加工艺对啤酒中萜烯醇类化合物的影响，结果表明在煮沸终止回旋前最后一次添加酒花较煮终前 10 min 添加酒花，因溶出的萜烯醇类化合物挥发少，能使更多的萜烯醇类化合物保留在冷麦汁中。

(五)酒花添加对啤酒风味的影响

酒花添加对啤酒游离自由基反应的影响被认为是导致啤酒产生老化风味产物的主要原因。羰基化合物是在自由基链中通过活性氧与一些物质(如脂肪酸、氨基酸、高级醇和糖类)反应而生成的。由于多酚和酚类化合物的抗氧化性，大家认为它们在啤酒风味稳定性方面起着重要的作用。酒花中，主要的抗氧化剂是多酚和酚类物质，α-酸也有微弱的抗氧化性。麦芽和酒花的多酚物质影响抗氧化性，因此，这些多酚物质可能影响啤酒的感官稳定性。王鹏等研究表明，从 CO_2 萃取后的废酒花中获得的多酚提取物，可以在啤酒生产中评价它们的抗氧化力和潜在的风味特征。由 LC-MS 和 LC-UV 的分析数据可知获得的多酚提取物具有较高的选择性，且含有所有的多酚物质。采用固相萃取技术，提取的总多酚物质可以进一步被分级为原花青素、黄酮苷和异戊烯基黄酮。除原花青素外，所有多酚溶液都有很强的风味活性且对口感有利。在啤酒酿造过程中添加这些多酚提取物可以明显延长啤酒的风味稳定性。

第六节　麦汁冷却、凝固物分离与充氧技术

麦汁煮沸定型后，应尽快将麦汁冷却至发酵温度，在冷却的过程中除去酒花和分离凝固物，同时要进行麦汁通风，为酵母繁殖提供足够的氧。凝固物的产生是麦汁在煮沸过程中，由于蛋白质变性凝固和多酚物质不断氧化聚合形成的，可根据析出的温度将凝固物分为热凝固物和冷凝固物。

一、热凝固物的分离

(一)热凝固物

热凝固物是在比较高的温度下凝固析出的物质，主要是在麦汁煮沸过程中高分子氮凝聚而成的不溶性缩合物，在麦汁冷却开始到 60℃以前都会有热凝固物析出。热凝固物在逐渐析出的过程中还会吸附部分酒花树脂及其他有机物。

(二)影响热凝固物含量的因素

使热凝固物析出多的因素：当麦芽含氮量高，尤其是高分子氮含量高，热凝固物多；麦芽溶解越充分，蛋白质溶解越多，热凝固物析出越多；麦汁越浓，热凝固物越多。

使热凝固物析出减少的因素：当麦芽焙焦温度高、糖化投料温度低、煮醪量多，因为已有部分蛋白质凝固，麦汁过滤时被分离出去，所以麦汁煮沸时热凝固物减少。

此外，麦汁煮沸时间、煮沸强度、麦汁 pH、麦汁澄清剂和酒花的添加量以及酒花中多酚含量等，都影响热凝固物的析出量。

(三)热凝固对发酵的影响

热凝固物若带入发酵醪中,一方面可能会黏附在酵母细胞表面,影响酵母的正常发酵;另一方面热凝固物对啤酒色度、泡沫性质、苦味和口味稳定性都有不良影响,因此,在麦汁冷却的同时要先将热凝固物分离。能否有效地分离这部分物质,对改善发酵条件,提高啤酒的非生物稳定性具有重要意义。

(四)热凝固物分离设备

热凝固物分离设备有冷却盘、沉淀槽、回旋沉淀槽、麦汁离心机、凝固物压滤机和硅藻土过滤机等。现代啤酒酿造企业多采用回旋沉淀槽法分离热凝固物。

1. 回旋沉淀槽的工作原理

回旋沉淀槽的工作原理是热麦汁以较高速度从切线方向泵入槽内,不断回旋运动,由于回旋效应,使热凝固物颗粒沿着重力和向心力所组成的合力的方向而成较坚固的丘状体沉积于中央底部,从而使固、液分离。

2. 回旋沉淀槽的设备结构

回旋沉淀槽多采用不锈钢板制作,是一直立圆柱槽,底部有平底、锥底和杯形,麦汁以切线方向水平进入槽内,由下部麦汁排出管排出,并设有排气筒、液位计、排糟管、人孔、温度计和自动洗涤装置。

回旋沉淀槽的安装位置最好在麦汁煮沸锅之下或与麦汁煮沸锅安装在同一楼层,以免回旋沉淀槽的位置过高,麦汁泵送时阻力大、摩擦大,使已凝固的块状沉淀被击碎而影响沉淀效果。

3. 回旋沉淀槽的技术条件

在使用回旋沉淀槽时,麦汁液面高度与槽直径的比值应在1∶(2~3);槽底部向出口倾斜1%~2%,便于凝固物中麦汁缓慢流出;麦汁进口速度保持在10~15 m/s;进料时间控制在12~20 min;在回旋槽内停留30 min左右,就能达到所要求的澄清度。麦汁在槽内旋转速度在10 r/min。

4. 回旋沉淀槽的优点

该设备结构简单,热凝固物除去快而彻底,麦汁在槽内停留时间短,色度浅,麦汁温度高,不易受污染。

5. 分离热凝固物发生的问题及原因

(1)麦汁液面过高,直径过小。是由回旋沉淀槽自身的结构比例不合适所致。

(2)凝固物沉淀不坚实。是由泵送速度不足,达不到要求的进槽切线速度以及麦汁的旋转速度不够所致。

(3)旋转时间过长。泵送速度过高所致。

(4)热凝固物沉淀不良。泵送时混入空气,形成涡流,使已形成的热凝固物破碎;麦汁黏度过高,热凝固物沉降缓慢,受规定静止时间限制;麦汁入槽不呈切线方向,形成涡流;输送弯管过多,管路过长或管路截面的变化而导致热凝固物再度被分散,静止时间过短。这些原因均会影响沉淀效果,造成热凝固物沉淀不良。

(5)负荷过重。麦汁中含有较多的凝固物(由于较高的麦芽蛋白质含量和较多的麦汁过滤混浊物等)所致。

(6)麦汁色度加深、口感粗糙。往往是由设备不平衡,麦汁冷却速度过慢,延长了麦汁在回旋沉淀槽的滞留时间,使麦汁在回旋沉淀槽中受较高温度的作用,易形成羟甲糠醛和类黑精,导致麦汁色度加深、口感粗糙。二甲基硫的前体物质在麦汁受热阶段,也不断发生分解,形成较多的二甲基硫,由于在槽内,而不宜挥发掉。

二、冷凝固物的分离

(一)冷凝固物

冷凝固物又称细凝固物,也是蛋白质和多酚物质为主的复合物。其性质与啤酒产生的冷混浊物基本相同,加热可以溶解。当麦汁冷却温度降至70～60℃时开始析出,直至冷却到麦汁定型温度这一过程。冷凝固物的析出量会随着麦汁温度的降低增加。

(二)影响冷凝固物含量的因素

冷凝固物的析出与原料、糖化工艺、麦汁过滤和煮沸以及冷却方法等有关。使冷凝固物析出量减少的原因:当麦芽蛋白质含量低或蛋白溶解度差时;使用谷类辅助原料的麦汁时;粉碎物料中的粗粉组分大于细粉组分时;采用稀醪糖化的麦汁时;低浓度麦汁比高浓度麦汁;糖化起始温度较高时;酒花添加量少、麦汁煮沸时间短时析出的冷凝固物少。增加冷凝固物析出量的原因:当麦汁液位低时以及麦汁温度低时,冷凝固物析出量会增加。

(三)冷凝固物对发酵的影响

若冷凝固物进入发酵,则有可能这些冷凝固物黏附酵母细胞,造成发酵困难,增加啤酒过滤负荷,使啤酒口味粗糙,啤酒泡沫性质及口味稳定性差。

(四)冷凝固物分离方法

冷凝固物的分离有酵母繁殖槽沉降法、冷沉降法、冷麦汁离心分离法、冷麦汁硅藻土过滤机过滤法、浮选法。

1. 酵母繁殖槽沉降法

酵母繁殖槽沉降法是指冷却麦汁添加酵母后,滞留20 h左右,当麦汁表面出现白沫时,用泵将上层麦汁送入发酵池,沉淀槽底的冷凝固物和死酵母以及残留的热凝固物即被分离。此法可分离出冷凝固物近30%,传统发酵多采用此方法分离冷凝固物。

2. 冷沉降法

此种方法是将未加酵母的冷麦汁,直接泵入无菌贮槽中,经12～16 h沉降后,对于不添加硅藻土的冷麦汁,其中冷凝固物可分离50%左右;若在其中添加20 g/100 L的硅藻土,则冷凝固物的去除量可达60%～65%。该方法由于麦汁的静置时间较长,染菌机会增加,因此,若采用此方法,需要增加杀菌过程。

3. 冷麦汁离心分离法

该法采用的离心机为盘式离心机，分离麦汁能力可到100 L/h，在热凝固物去除良好的情况下，此法可去除50%以上的冷凝固物。该方法具有封闭性好，不易染菌、体积小，自动化程度高，操作简单等优点，但是设备投资大，消耗能量大，麦汁损失大，维修费用高。

4. 冷麦汁硅藻土过滤机过滤法

采用烛式或水平叶片式硅藻土过滤机，可分离75%～85%的冷凝固物。硅藻土的耗用量在60～80 g/100 L。但是全部采用硅藻土过滤冷却麦汁，由于冷凝固物的β-球蛋白以及δ-醇溶蛋白、ε-醇溶蛋白及其分解的多肽，与麦汁中的多酚物质以氢键相连后，变成了不溶性物质，会影响啤酒的口感，但过滤后的酒，一般不够醇厚而且泡沫欠佳。

5. 浮选法

浮选法的原理是将冷麦汁中析出的疏水性冷凝固物和麦汁充氧同时进行的，随着气泡上升至液面，将冷凝固物分离。具体操作为利用文丘里管将无菌空气(30～70 L/100 L)通入去除热凝固物并冷却的麦汁中，用一充氧混合泵使此麦汁形成乳浊液状，泵入浮选罐内。罐内压0.05～0.09 MPa，待麦汁泵完，缓慢减压，麦汁静置6～16 h，约60%的冷凝固物便会浮于麦汁表面，形成一层厚的覆盖物；然后将麦汁泵入另一个发酵罐，即实现了冷凝固物的分离。

采用浮选法可同时加入或者不加酵母。若加入酵母，一般酵母添加量为$(15\sim18)\times10^6$个/mL，酵母在充气过程中，与空气充分接触，更有利于酵母的繁殖和物质转化。

此法除去冷凝固物量适中(50%～70%)，且麦汁损失少(其损失率为0.2%～0.4%)。浮选法的分离效果与空气量、气泡的大小、浮选罐液层高度以及静止时间有关。从所制得啤酒口味来看，浮选法是目前去除麦汁中冷凝固物的最好方法。

三、麦汁冷却

(一)麦汁冷却的目的和要求

麦汁经过煮沸定型后，必须立即冷却，主要目的：一是降低麦汁温度，使之适合酵母的发酵；二是使麦汁吸收一定量的氧气，以利于酵母的生长增殖；三是析出和分离麦汁中的冷、热凝固物，改善发酵条件，提高啤酒质量。

麦汁在冷却的过程中应该尽量缩短冷却时间，使麦汁温度保持一致，避免微生物及杂质的污染，防止混浊沉淀进入麦汁，保证麦汁足够的溶解氧。

(二)麦汁冷却设备和冷却方法

热麦汁经过热凝固物分离后，温度有所下降，但还需要进一步冷却至发酵温度，才能接种酵母。麦汁冷却的方法有开放式表面喷淋冷却和密闭式薄板冷却或列管冷却两种。

(三)麦汁冷却设备

目前，麦汁冷却常采用的设备为板式换热器。以密闭式薄板冷却器为例作介绍。

1. 薄板冷却器的工作原理

薄板冷却器采用不锈钢材料制成,由许多两面带沟纹的沟纹薄板组成,每两块板为一组,板的四周用橡胶圈密封,防止渗漏。麦汁和冷媒从薄板冷却器的两端泵入,在薄板两侧作逆向流动,进行热交换。

密闭式薄板冷却器如图 7.15 所示。

2. 薄板冷却器的冷却方式

麦汁冷却方式主要分为两段冷却方式和一段冷却方式。以前多数采用两段法冷却,但是近年我国啤酒厂家绝大多数采用一段冷却法,因为一段冷却方式相对来说节能和控制方便。

图 7.15　密闭式薄板冷却器

两段冷却方式即第一段用 20℃左右的水将麦汁温度从 95℃降至 36℃,水温则升至 55℃可用于糖化投料用水等;第二段用 20%冷稀乙醇(或盐水)作为冷媒将 36℃的麦汁冷却到 8℃,冷媒则从－2℃升温至 2℃左右。

一段冷却即采用氨直冷方式将酿造用水冷却至 3～4℃,然后与热麦汁在板式换热器内进行一次热交换,在麦汁冷却至发酵温度的同时,冰水则被加热到 75～80℃左右,可将该水作为洗糟水使用。

一段冷却采用冷却当地酿造用水,而两段冷却方式第二段采用的是冷媒与热麦汁进行热交换,两种方式相比,一段冷却方式具有以下优点:无需使用酒精等冷媒介质;糖化室的热能利用率提高;两段冷却过程中使用水和载冷剂,温度变化大,而一段冷却方式在冷却过程中只使用冰水作为载冷剂,冷热介质的参数不变,操作稳定,容易控制。此外,一段冷却方式较两段冷却减少能耗,降低啤酒生产成本。

郑瑞昌等将两段法麦汁冷却工艺改造为一段冷却法,在其他工艺条件不变的条件下,仍用 2 台 20 m^2 的薄板换热器,每批麦汁冷却时间为 2 h,麦汁侧每程 10 个流道,冰水侧每程5 个流道,麦汁出口温度为 8℃,冰水进出口温度分别为 3.5℃和 78℃,进入热水箱用于糖化投料及过滤槽洗糟。改造后啤酒成本每吨降低 12.5 元。

四、麦汁充氧技术

(一)麦汁充氧目的

麦汁中充氧,其目的之一是提供酵母生长和繁殖所需要的氧气。酵母繁殖需要合成新的形成细胞膜的不饱和脂肪酸和甾醇,而这些物质酵母需要在有氧的条件下进行生物合成;另一目的就是浮选法中强烈的通风有利于冷凝固物的分离。麦汁充氧设备结构如图 7.16 所示。

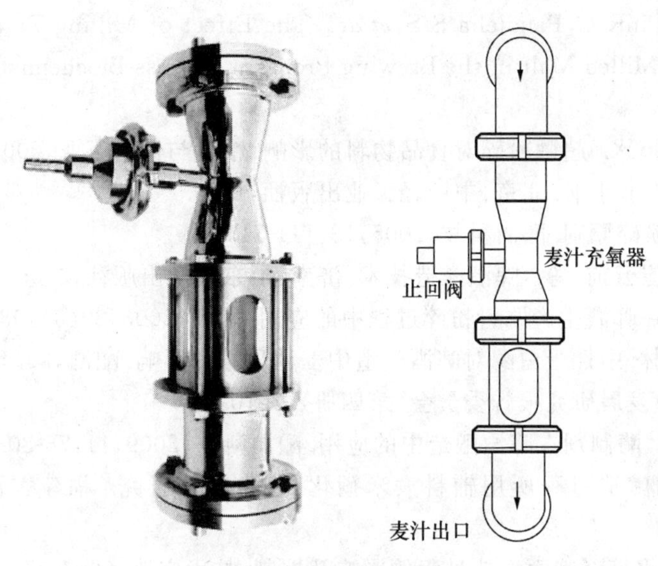

图 7.16 麦汁充氧设备

(二)麦汁通风供氧的方法

(1)在浮选法分离冷凝固物的时候,通过充气混合泵的加压,文丘里管的变速,可使麦汁与被分散极细密的空气泡充分接触,增加空气溶解度。

(2)陶瓷烛棒或烧结金属烛棒。利用陶瓷烛棒或烧结金属烛棒取代文丘里管,使空气在麦汁中细密地均匀分布,提高空气的溶解度,实现麦汁充氧。这是一种简单、有效的溶解方法。

(3)使用通风设备。通风设备一般安装在薄板冷却器冷麦汁的出口,压缩空气减压后,经空气流量计,然后通过空气过滤器除菌后进入麦汁管路,再经文丘里管,使麦汁与空气充分混合,进入发酵罐。

啤酒生产过程中,冷却麦汁需适量充氧,以供酵母进行有氧繁殖发酵外,但是过多的氧摄入会破坏啤酒正常的酒花香气,产生涩味、粗糙的苦味以及氧化味,还会使啤酒产生氧化混浊,甚至诱发喷涌现象。所以在麦汁冷却过程中,要控制合理的充氧量。余晓红等对麦汁冷却过程中充氧量进行研究,结果表明在麦汁冷却过程中,充氧量控制在 8～10 mg/L 的范围内进行主酵,菌株进行快速发酵,不但缩短了发酵周期,而且酵母增殖快,降糖快,有利于获得淡爽风格的啤酒,啤酒稳定性也好。适合于酿造目前国际流行的淡爽型啤酒,在最短的时间内达到要求的发酵度和代谢产物。

参 考 文 献

[1] 周广田,聂聪,崔云前,等. 啤酒酿造技术. 济南:山东大学出版社,2005.
[2] 逯家富,赵金海. 啤酒生产技术. 北京:科学出版社,2004.
[3] 范尧青,廖辉旭. 改进糖化设备提高啤酒风味稳定性. 啤酒科技,2004,7:7-13.

[4] Mousia Z, BalkinR C, Pandiella S S, *et al*. The Effect of Milling Parameters on Starch Hydrolysis of Milled Malt in the Brewing Process. Process Biochemistry, 2004, 39: 2213-2219.
[5] 黄建蓉,李琳,李冰. 超微粉碎对食品物料的影响. 粮食与饲料工业,2007,7:25-28.
[6] 管敦仪. 啤酒工业手册. 北京:中国轻工业出版社,1989.
[7] 高晓杰. 麦芽粉碎原则. 酿酒科技,2005,12:111-115.
[8] 周广田,聂聪,崔云前,等. 啤酒酿造技术. 济南:山东大学出版社,2005.
[9] 林红喜. PLC 在啤酒生产原料粉碎过程中的应用. 酿酒,2003,30(6):98-100.
[10] 田红荀,王家林. 中性蛋白酶对啤酒酿造中麦汁质量的影响. 酿酒,2011,2:74-76.
[11] 中国啤酒工业发展研究报告委员会(第四册),2010:91.
[12] 王家林,韩华. 酶制剂在啤酒酿造中的应用. 酿酒科技,2009,11:76-80.
[13] 吴秀媛. 啤酒酿造过程所用辅料大米糊化、液化工艺研究. 福建雪津啤酒有限公司,2006,04.
[14] 叶海生. β-葡聚糖对啤酒酿造过程的影响及控制. 技术交流,2007,12:47-48.
[15] 钱列生,潘建中. 现代啤酒工厂原料和糖化工段的设备选择. 现代食品科技,2007,23(8):54-57.
[16] 胡叔平. 美国高效率的糖化生产工艺-双醪浸出糖化法. 上海食品科技,1985,4:11-13.
[17] 韩振宁. 连续糖化在啤酒生产中的应用. 山东轻工业学院学报,1992,6(3):34-40.
[18] 王志坚. 糖化工艺对啤酒发酵度的影响. 酿酒科技,2004,2:71-75.
[19] 王念春. 集散控制系统在啤酒厂糖化车间的应用. 工业仪表与自动化装置,2000,2:21-26.
[20] 王雁平,刘羽. 集散系统实现啤酒糖化工艺过程控制. 长春工业大学学报(自然科学版),2005,26(2):130-134.
[21] 李国功. 麦汁过滤装备技术与进展. 啤酒科技,2001,2:12-14.
[22] 刘海洋. 新型麦汁压滤机的研究:[硕士论文]. 杭州:浙江大学,2006.
[23] 魏莹,邴云霞,王军. 啤酒糖化过滤槽改造带来的效益. 酿酒,2000,2:95.
[24] 索福才,张宜涛,惠明. 麦汁压滤机在啤酒生产中的应用. 酿酒科技,2009,9:87-88.
[25] 叶海生. 影响麦汁浊度的因素探讨. 啤酒科技,2008,11:32-33.
[26] 程辉军. 浅谈麦汁煮沸基本概念. 啤酒科技,2008,3:44-45.
[27] 朱恩俊. 酒花及酒花制品在啤酒工业中的应用. 中国食物与营养,2006,8:25-28.
[28] 刘辉. 论酒花在啤酒中的作用. 啤酒科技,1999,1:39-44.
[29] 李勇强. 酒花添加对啤酒贮藏过程中羰基化合物形成的影响. 啤酒科技,2011,11:60-67.
[30] 陶乃瑞. 调整酒花添加量控制苦味质稳定. 啤酒科技,2009,2:41-42.
[31] 程辉军. 浅谈麦汁煮沸基本概念. 啤酒科技,2008,3:44-45.
[32] 张晓蕾. 调整酒花添加方式提高酒花利用率. 啤酒科技,2009,12:59.
[33] 陶鑫凉,闫鹏,郝俊光. 啤酒酿造过程中萜烯醇类化合物变化规律. 食品与发酵工业,2012,38(3):1-6.
[34] 李勇强. 酒花添加对啤酒贮藏过程中羰基化合物形成的影响. 啤酒科技,2011,11:60-67.

[35] 王鹏，赵海峰，陆健．酒花多酚-潜在的啤酒风味和风味稳定性物质．啤酒科技，2007，5：48-54.

[36] 程殿林．啤酒生产技术．北京：化学工业出版社，2005.

[37] 郑瑞昌，顾林，黄阿根，等．万吨啤酒厂麦汁冷却工段改造设计．扬州大学学报（自然科学版），2000，3（4）：76-79.

[38] 余晓红，陈洪兴，汪志君，等．冷麦汁中充氧量对啤酒酵母代谢副产物的影响．酿酒科技，2006，11：71-72.

[39] 俞建明．基于 SUPCON JX300X 的自动控制系统在啤酒糖化生产过程的应用．计算机时代，2009，9：43-45.

[40] 白文，杜大川，李玉松，等．PLC 技术在啤酒工业中的应用．农业科技与装备，2010，7：40-42.

第八章　啤酒发酵

冷麦汁接种啤酒酵母后，发酵即开始进行。啤酒发酵是在啤酒酵母体内所含的一系列酶类的作用下，以麦汁所含的可发酵性营养物质为底物而进行的一系列生物化学反应。通过新陈代谢最终得到一定量的酵母菌体和乙醇、二氧化碳以及少量的代谢副产物如高级醇、酯类、酮类、醛类、酸类和含硫化合物等发酵副产物。

第一节　酵母扩培

酵母的保存、扩培、使用与管理是啤酒工艺管理、工艺卫生管理的重要内容。酵母质量与啤酒口味、香味、感官指标和理化指标息息相关。没有高质量、高性能的酵母，即使其他条件都具备，也不可能生产出高质量的啤酒。

一、优质的酵母

优质的酵母应有优良的工艺性能，主要表现为起发速度快，发酵速度快；双乙酰峰值低，还原迅速；发酵度高；酵母使用代数高；凝聚性强，沉积的酵母成浓泥状；较低硫化物合成能力；具有良好口味、香味。

二、酵母功能特性对啤酒质量的影响

(一)不同酵母菌种对啤酒质量的影响

不同酵母菌由于其基因差异而具有不同性能，发酵结果大不相同。主要表现在啤酒最终发酵度，起发和发酵速度，副产物等诸多方面。发酵度是酵母重要特性之一，反映了酵母对糖发酵能力。一般分为 3 类：真正发酵度 45%～56%为低发酵度酵母；真正发酵度 58%～63%为中发酵度酵母；真正发酵度 65%以上为高发酵度酵母，不同酵母菌种有不同特性。通常情况下酵母能发酵单糖、双糖；有些则能发酵三糖、四糖甚至异麦芽糖，那么发酵度会明显提高。酵母最终发酵度将对啤酒质量产生直接影响。关系到啤酒口味、酒体、理化指标，也会影响到啤酒稳定性。生产中根据啤酒不同发酵度选择不同的酵母菌种。

(二)同一菌种不同工艺条件对啤酒质量的影响

同一酵母菌种不同状态(不同工艺条件)下其功能性也有很大差别。如麦汁组成、含氧量、使用代数、贮存条件都会对酵母产生累积效应，从而使其发酵度、凝聚力、增殖速度、回收量、酵

母形态发生变化。从而对啤酒质量构成影响。

酵母代谢产物是啤酒风味物质主要来源。在酵母增殖期、主要发酵期生成。而对同一种酵母而言，啤酒风味质量及理论指标更多依赖自身形态。而生产使用形态良好的酵母，提供酵母生长的良好工艺环境，这是搞好生产的先决条件。

啤酒酵母纯正与否，对啤酒发酵和啤酒质量有很大影响。生产中使用的酵母由保存的纯种酵母，在适当的条件下，经扩大培养，达到一定数量和质量后，供生产现场使用。每个啤酒厂都应保存适合本厂使用的纯种酵母，以保证生产的稳定性和产品的风格质量。

1. 酵母的扩大培养

啤酒酵母扩大培养是指从斜面种子到生产所用的种子的培养过程，这一过程又分为实验室扩大培养阶段和生产现场扩大培养阶段。扩培出来的酵母还要多次使用，每周转使用一次为一代，因此每次扩培以及转代使用的酵母必须保证性能良好、强壮和无杂菌。

2. 酵母实验室扩大培养

酵母的实验室扩大培养是将实验室保存的纯种酵母活化、逐步增殖，达到下阶段车间扩培需要的数量，供生产使用的酵母培养过程。

(1)实验室扩培过程。

斜面试管(原菌种)⟶富氏瓶或试管培养⟶巴氏瓶或三角瓶培养⟶卡氏罐培养。

(2)实验室扩培的技术要点。

①无菌室、缓冲间、超净无菌工作台进行消毒处理，并对其进行2%～4%的高锰酸钾熏蒸。清洗试管、三角瓶等，经过严格灭菌，确定无菌后才投入使用。

②选好糖化头号麦汁制培养基：扩培使用的麦汁应澄清透明而且要与实际生产中添加酒花的麦汁浓度相一致，以便让酵母更好地适应生产需要。

③扩培过程中的温度是保证酵母菌种正常繁殖的关键，实验室采取每阶段降温2～3℃来让酵母逐步适应车间的大生产环境。

④扩培期间，卡氏罐转入车间前必须测糖度，并结合镜检，糖度控制在50%～60%T(T原始麦汁浓度)。出芽率30%～40%，细胞密度$(1.05\pm0.25)\times10^8$个/mL，死亡率低于1%。达标后方能转入实验室扩培。每次转移前、转移后必须检测卫生指标，包括检测细胞数、野生酵母、细菌、厌氧菌、大肠菌、酵母呼吸缺陷、存活率以及变异率。糖度控制在50%～60%T。细胞浓度8.0×10^8个/mL以上、死亡率低于1%、出芽率20%左右、呼吸缺陷低于1%、变异率<5%等，当每个指标达标后方能转接。

⑤保证转接过程适当的温度和适量的扩大比例。实验室阶段的比例一般为1∶(10～20)，温度适当、扩大比例合理，才能保证酵母倍增时间合适，减少污染机会。

3. 酵母生产车间扩大培养

经过卡氏罐培养后，酵母进入生产车间的扩大培养。啤酒厂一般采用汉生罐培养设备。生产现场酵母扩培流程：汉生罐⟶一级扩培罐⟶二级扩培罐⟶发酵罐。

汉生罐培养：

①扩培前准备。包括酵母培养间地面杀菌；酵母培养取麦汁管路、二级扩培液入发酵罐管路、糖化热麦汁管路杀菌；汉生罐刷洗及空罐杀菌；汉生罐空罐蒸汽杀菌(0.1 MPa，120℃下空

罐杀菌 5～10 min，无菌风吹干。一级扩培罐刷洗及杀菌，汉生罐、一扩罐备压无菌风，保持罐压 0.05 MPa）；采用无菌风管路杀菌；然后清洗二级扩培罐。

②汉生罐培养操作。

首先，汉生罐麦汁培养基灭菌。在汉生罐加入糖化热麦汁，加热至 100℃杀菌 10～15 min 后，冷却至设定温度 14℃备用。保持罐压 0.05 MPa。

其次，汉生罐接种。接种前，卡氏罐备压阀连接口、卡氏罐备压口、汉生罐取样阀的下口、卡氏罐压培养液阀的出口分别用酒精杀菌，用已杀菌的软管分别连接卡氏罐备压阀连接口与卡氏罐备压口，用已杀菌的软管夹子分别连接汉生罐取样阀的下口和卡氏罐压培养液的出口。首先往卡氏罐备压 30 s，然后往汉生罐压酵母扩培液。压液期间，注意用手轻轻摇动卡氏罐。培养液压入汉生罐时间约 10 min，最后用洗瓶从汉生罐取样阀上口灌满 75%酒精，用酒精棉球堵住上口，汉生罐接种结束。卡氏罐到汉生罐扩大比例控制在 1∶20。

最后，在 14℃条件下培养酵母，培养期间每小时通风 5 min，汉生罐充氧前将无菌风流量调节阀设定刻度 20～30。当汉生罐酵母进入对数繁殖期时，进行倒罐，进行一级扩大培养。在此过程中，仍要保留 15%左右的酵母培养液在汉生罐中，加入灭菌冷却麦汁，准备下次扩大培养。汉生罐内保存的酵母菌种，应每月更换一次麦汁，并检查保存的酵母是否正常，是否有变异和衰退现象。汉生罐使用及活化次数总共不超过 8 次。

（三）酵母扩大培养应注意的问题

1. 充氧量的控制

扩培的主要目的是获得一定数量的零代酵母，这个阶段需要充足的氧气以满足酵母的迅速增殖，但这并不意味着提供的氧气越多越好，如果氧气过分充足，酵母的有氧呼吸就会太激烈，这样容易使酵母早衰，使用代数减少，发酵力减弱。

2. 温度的控制

（1）扩培温度的控制范围。对于自动化程度较好的扩培设备，只要输入扩培的温度参数就可以很好的控制温度，如需人工调节冷媒来控制扩培温度，控温误差应在 1℃以内。

（2）扩培温度的平稳性。必须控制好扩培温度的平稳，避免大起大落，应避免停电、停冷情况的发生。

3. 营养条件

培养基-麦芽汁必须保证足够的营养，缺乏营养素，对酵母生长繁殖不利，退化菌株会生长旺盛，不利于正常菌株的生长增殖。因此要保证提供麦汁组分合理，其中要 α-氨基氮含量在 180 mg/L 以上，若低于 160 mg/L 酵母生长就会受限。

4. 注意酵母的传代次数

为防止菌种退化，在扩培过程中应尽量减少酵母移接传代的次数，这对保证酵母良好性能也是有利的。

5. 压力的控制

在酵母转接时，大部分啤酒企业是利用无菌压缩空气风顶来进行的，转接时应尽量让种液流量平稳，避免液体的湍流；不要使酵母受到剧烈压差变化，以防引起酵母细胞壁暴裂，增加酵母的死亡率。

6. 适时回收酵母

酵母回收过早会造成回收的酵母稠度低，增加酒损，甚至不能继续使用；回收晚会使已沉降的酵母长时间在发酵液的底部承受较高压力，造成酵母自溶，死亡率增加。

7. 做好微生物控制工作

在扩培过程中，一方面要保证工作人员的个人卫生和扩培室的环境卫生，以及扩培设备的CIP操作规范；另一方面严格控制充氧用气的无菌、取样点的杀菌情况；同时查看扩培管线、节门等是否有渗漏情况。在对酵母进行扩培时，要选择合适的扩培工艺。不同的扩培工艺对酵母性能也有一定的影响。何东康在研究酵母扩培工艺对酵母性能的影响时发现，若在实验室扩培阶段对麦汁采用温和的灭菌方式，可以避免过多焦糖和类黑色素等有害物质生成，在麦汁中添加酵母营养盐等都可提高扩培过程中酵母数量。

第二节　啤酒发酵机理

啤酒发酵过程是指啤酒酵母在一定条件下，利用麦汁中的可发酵性物质而进行的正常生命活动，而啤酒就是啤酒酵母在生命活动之中所产生的产物。啤酒的生产是依靠纯种啤酒酵母利用麦芽汁中的糖、氨基酸等可发酵性物质通过一系列的生化反应，产生乙醇、二氧化碳及其他代谢副产物，从而获得啤酒的独特风味。啤酒发酵过程中主要涉及糖类和含氮物质的转化以及啤酒风味物质的形成等相关理论。

一、糖类的发酵

啤酒麦汁的浸出物中，糖类约占90%，主要包括葡萄糖、果糖和麦芽糖等，这些都是酵母生长代谢所必需的营养物质。麦汁作为酵母培养基，其中包含的可发酵糖等营养物质的优劣直接影响酵母的生长代谢及发酵作用，从而影响啤酒的最终质量。啤酒酵母对各种可发酵性糖的发酵顺序为：葡萄糖>果糖>蔗糖>麦芽糖>麦芽三糖。寡糖、戊糖、异麦芽糖等不能被酵母利用称为非发酵性糖。

葡萄糖、果糖可以直接透过酵母细胞壁，并受到磷酸化酶作用而被磷酸化。蔗糖则需在酵母细胞壁通过转化酶（蔗糖酶）的作用分解为葡萄糖和果糖才能进入细胞内。麦芽糖和麦芽三糖要通过麦芽糖渗透酶和麦芽三糖渗透酶的作用输送到酵母体内，再被麦芽糖酶和麦芽三糖酶分解成葡萄糖。当麦汁中葡萄糖质量分数在0.2%～0.5%以上时，葡萄糖就会抑制酵母分泌麦芽糖渗透酶，从而抑制麦芽糖的发酵，当葡萄糖质量分数降到0.2%以下时抑制才被解除，麦芽糖才开始发酵。此外，麦芽三糖渗透酶也受到麦芽糖的阻遏作用，麦芽糖质量分数在1%以上时，麦芽三糖也不能发酵。不同菌种分泌麦芽三糖渗透酶的能力不同，在同样麦芽汁和发酵条件下发酵度也不相同。

麦汁中的各种可发酵性糖的代谢，无论是在有氧还是厌氧条件下，都要先经过糖酵解（EMP）途径，生成丙酮酸，然后再进入无氧酶解或者有氧三羧酸循环（TCA循环）。

其中 EMP 途径：

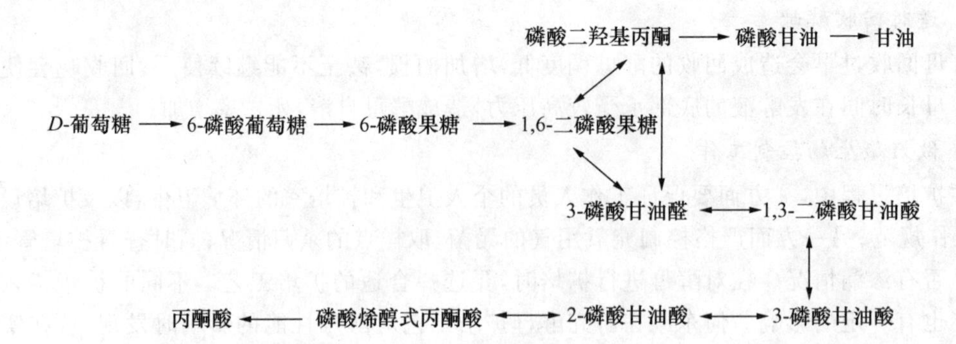

经过 EMP 途径生成的丙酮酸，在有氧和无氧情况下分为以下方式进行后续反应：

(1)在无氧条件下，丙酮酸脱酸生成乙醛和二氧化碳，乙醛在乙醇脱氢酶的作用下还原成乙醇：

$$丙酮酸 \xrightarrow[CO_2]{} 乙醛 \xrightarrow{NDAH_2 \quad 2NAD} 乙醇$$

(2)在有氧条件下，丙酮酸的分解分为两个阶段：丙酮酸首先经过氧化脱羧生成乙酰辅酶A，乙酰辅酶 A 随后进入 TCA 循环被彻底氧化成二氧化碳和水，释放大量能量。三羧酸循环在酵母代谢过程虽然只起一个从属作用，却是酵母增殖的必要前提。

丙酮酸和乙醛是发酵过程中的最重要中间产物，丙酮酸在细胞的全部代谢中起决定性作用，从作为酒精发酵中间产物的这种丙酮酸开始，还可以导入形成乳酸的很短的支路中去，在麦汁中缺少必要的缬氨酸而必须由酵母自身合成时，还会发生由丙酮酸开始形成的对口味有害的双乙酰。

二、含氮物质的同化与转化

麦汁中含有氨基酸、肽类、蛋白质、嘌呤、嘧啶等多种含氮物质。麦汁经发酵后，其中 50%的麦汁氮保留下来转移到啤酒中，另外的 50%麦汁氮被酵母同化。氨基酸是蛋白质最简单的结构，在啤酒酿造过程中与糖类的发酵一样占有重要的地位，氨基酸是酵母细胞蛋白质和酶合成的关键性物质，因此对酵母的代谢具有重要意义。

氨基酸可被酵母细胞从麦芽汁中直接吸取，也有一部分氨基酸由酵母自身合成。氨基酸的合成与分解物质会影响啤酒的质量。

氨基酸被酵母吸收后并非原封不动地被同化，而是由酵母转变为相应的羟基酸，当合成酵母蛋白质需要氨基酸时，则羟基酸首先被转化为 α-酮酸，再经转氨作用而得到相应的氨基酸。酵母所需要的氨基酸，也可以经过 TCA 循环的中间产物转化而来，如 α-酮戊二酸转变为谷氨酸，丙酮酸胺化为丙酮氨酸等。但是赖氨酸、组氨酸、精氨酸和亮氨酸不能由碳水化合物代谢获得，只能来源于麦汁的相应氨基酸。如果麦汁中缺少这类氨基酸则会改变酵母的蛋白质代谢，因而损害啤酒的质量。

三、发酵副产物的形成与分解

麦汁经过酵母发酵除了产生乙醇和二氧化碳这两种主要代谢产物外，还有许多副产物，如高级醇、酯类、酮类、醛类、酸类和含硫化合物等，虽然这些物质含量低，但是对啤酒特殊风味的形成具有重要作用。啤酒酵母对各种可发酵性糖类的发酵，均是通过 EMP 途径代谢生成丙酮酸后，进行有氧 TCA 循环或无氧酵解。在正常情况下，有 1.5%～2.5%的糖类转化成发酵副产物。

(一)高级醇类

高级醇是指含 3 个以上碳原子醇类的总称，是酵母代谢的必然产物，是啤酒中主要的风味物质之一，适量的高级醇能赋予啤酒丰满的口味，使酒体更为协调。

高级醇的生成：

(1)氨基酸的降解。高级醇在发酵过程的产生，主要是通过酵母在发酵时将一些氨基酸的氨基转移到 α-酮戊二酸上，形成谷氨酸和 α-酮酸，后者经脱羧、还原，形成比氨基酸少一个碳的高级醇。

其过程可表示为：

$$R—CH(NH_2)COOH + R'—COCOOH \xrightarrow[-R'—CH(NH_2)COOH]{\text{转氨酶}} R—COCOOH$$

$$\xrightarrow[-CO_2]{\text{酮酸脱羧酶}} R—CHO \xrightarrow[-NAD]{NADH_2\ \text{脱氢酶}} R—CH_2OH(\text{高级醇})$$

所以，在麦汁中的蛋白质分解过度，溶出过度的氨基酸，有利于高级醇的生产。

(2)碳水化合物合成代谢途径。由糖类物质合成氨基酸的最后阶段，形成了 α-酮酸，经脱羧成醛，醛还原为醇。

$$\text{糖代谢生物合成氨基酸} \longrightarrow R—COCOOH \xrightarrow[-CO_2]{\text{酮酸脱羟酶}} RCHO$$

$$R—COCOOH \xrightarrow{+NH_3} R\text{-}CH(NH_2)COOH(\text{氨基酸})$$

$$\xrightarrow[+2H]{\text{乙醇脱氢酶}} R—CH_2OH(\text{高级醇})$$

当麦汁中蛋白质分解不足时，会加速糖类合成高级醇。

(二)影响高级醇生成的因素

适量的高级醇虽然能赋予啤酒丰满的口味，使酒体协调，但是高级醇具有毒性，含量过高时是酒体杂味的来源，同时危害人体健康，主要表现在对大脑的麻醉和对细胞膜的溶解两方面。摄入过量的高级醇后常会引起头痛及肝病。因此，在啤酒酿造过程中要控制高级醇在一个合适的范围。

(1)麦汁中 α-氨基氮的含量直接影响到高级醇的产生。研究发现当麦汁中 α-氨基氮总量为 180～200 mg/L 时，高级醇的生成量最小。

(2)在发酵过程中，降低啤酒酵母发酵温度、保持一定的充氧量、加大酵母接种量，可以降低酵母的增殖率，可减少高级醇等挥发性风味物质的形成。

(3)向啤酒发酵液中补充氮源。研究表明，当啤酒发酵液中氮源消耗殆尽时，补充氮源会使异戊醇含量下降30%左右。

(二)酯类

酯类多数是具有芳香气味的挥发性化合物，是啤酒发酵过程中所形成的代谢产物，是啤酒香味的主要组成成分。含有适量的酯类才能使啤酒香味丰满协调。若过高的酯类含量，会使啤酒有不愉快的味道或异香味。

(1)啤酒中酯类物质的形成机理。啤酒中的酯类物质生产主要发生在主发酵阶段，其来源有以下几个方面：

①酵母的生物合成：由酰基～辅酶A(RCO～SCOA)与醇作用形成。

$$RCO\sim SCoA + R{-}OH \longrightarrow RCOOR + CoA{-}SH$$

例如，乙酸乙酯的形成反应式为：

$$CH_3CO\sim SCoA + C_2H_5OH \longrightarrow CH_3COOC_2H_5 + CoA{-}SH$$

此反应不可能一步完成，因为RCO～SCoA的形成可通过以下几种方式：

a. 麦汁中脂肪酸的活化

$$RCOOH + CoA{-}SH \xrightarrow[ATP \quad AMP+PPi]{} RCO\sim SCoA + H_2O$$

b. α-酮酸的氧化作用

$$RCOCOOH + CoA{-}SH \xrightarrow[NAD \quad NADH_2]{} RCO\sim SCoA + C_2O$$

c. 脂肪酸合成的中间代谢产物使酯酰辅酶A的碳链增长

$$RCO\sim SCoA + HOOCCH_2CO \xrightarrow[2NADH_2 \quad 2NAD]{} RCH_2CHCO\sim SCoA$$

②脂肪酸与醇的直接酯化反应。

$$RCH_2OH + R{-}COOH \longrightarrow RCH_2COOR + H_2O$$

羧酸与醇类的单纯酯化反应速度十分缓慢，常温及啤酒的pH很不利于酯化反应，常需几年才能达到酯化反应的平衡。因此，在啤酒发酵过程中酯的生成主要依赖酵母细胞的生物合成，它比同温度下酯化反应速度快1 000倍，脂肪酸与醇的直接酯化反应所生成的酯是极少的。

(2)酯类物质对啤酒风味的影响。影响啤酒中酯含量的因素主要有以下几种：

①酵母菌种。不同菌种其酯酶活性差异很大。一般情况下，生长和发酵能力强的活性啤酒酵母能产生较多的酯；上面啤酒酵母比下面啤酒酵母产酯量大。汉逊酵母、球拟酵母、毕赤氏酵母等均能形成较多的乙酸乙酯，尤以异常汉逊酵母为甚。因此，酵母菌种是发酵时决定酯类形成的重要因素。酵母菌在酒精发酵的同时产生一系列副产物，其种类和相对数量将明显地影响啤酒的感官质量。

②发酵温度。下面酵母在8～13℃发酵中，乙酸酯和总酯变化不大，但是乙酸异戊酯随温度升高而增加，酯香味会增强。

③发酵方法。连续发酵或固定化酵母发酵,使酯含量增高。

④麦汁的组成。麦汁中的营养成分决定着酵母的生长,因此也影响着酵母的代谢过程,从而影响酯类的合成。研究表明,麦汁浓度越高,酯类的含量越高,不同程度地影响啤酒的风味(表 8.1)。

表 8.1 麦汁浓度与酯生成量的关系 mg/L

项目	麦汁浓度/°P			
	6.0	10.5	13	16
乙酸乙酯	4.8	14.4	19.0	27
乙酸异戊酯	0.32	0.49	1.2	1.85

⑤悬浮物对啤酒中酯类物质形成的影响。麦汁中存在凝固物会影响酯的产生。凝固物的组成是变化的,但常含有锌和脂,二者均能刺激酵母生长。凝固物刺激酵母生长是因为这些营养物质的存在,加速酵母的生长,因此可获得的乙酰 CoA 减少而导致酯合成的减少。

⑥通风量。麦汁通风过多,会大大促进乙酸异戊酯的生成,发酵中通风、搅拌、转罐均会增加酯含量。

⑦贮酒条件。在贮酒过程中,酯化反应能使啤酒中酯含量有所增加。啤酒在低温条件下贮存,酯反应缓慢,当酒龄半年以上时,才能分析出酯含量有明显升高。

(三)酸类物质

啤酒中存在的挥发性、低挥发性及不挥发性有机酸超过 100 种,大部分来自酵母的代谢产物,酵母在进行厌氧发酵时形成的有机酸包括酮酸、羟酸、二羧酸、三羧酸、脂肪酸等。由于有机酸本身所具有的酸味和特殊气味、口味,使得有机酸对啤酒风味影响的重要性仅次于酯类。

啤酒中各种有机酸的含量和比例与酵母的发酵性能有着最为密切的联系,而酵母的活力则是酵母的发酵性能优良与否的一个评估指标。研究发现,乙酸和琥珀酸等中链脂肪酸的含量在酵母活力较高的主酵阶段有较大幅度的增加,当细胞进入稳定期后,中链脂肪酸的含量达到一个最高值;在后酵过程中,各中链脂肪酸的含量基本维持不变稍有上升。

Laura Bardi 等认为中链脂肪酸产生的原因是:细胞内十六酰-CoA 和十八酰-CoA 只能在 Δ^9-脱氢酶(Δ^9-去饱和酶)的催化下,并且在氧的参与下生成 9-十六碳烯酰-CoA 和顺式-9-十八碳烯酰-CoA,在厌氧发酵条件下,长链饱和脂肪酸含量的增加抑制了乙酰辅酶 A 羧化酶(ACC)的活力,所以由脂肪酸合成酶(FAS)催化的脂肪酸碳链的延长途径就被阻断了,而在这种情况下,脂肪酸合成复合酶就会释放出中碳链酰-CoA,进而在厌氧条件下就会积累中链脂肪酸,影响细胞的活力,致使细胞衰老自溶。而且中链脂肪酸已酸、辛酸和癸酸(C6、C8、C10),在发酵过程中的分泌量占啤酒总脂肪酸含量的 90%,在啤酒中的浓度是麦汁中的 10~20 倍;中链脂肪酸会给啤酒带来不愉快的“酵母”味,而且中链脂肪酸的风味阈值较低,在 5 mg/L 左右,其含量的增加将直接影响到啤酒的风味。

(四)联二酮类

联二酮(VDK)是双乙酰和2,3-戊二酮的总称,两者均为羧基化合物,影响啤酒的风味。双乙酰(diacetyl)被认为是衡量啤酒成熟与否的决定性指标,双乙酰的味阈值很低(在啤酒中为0.1～0.15 mg/L),当含量超过阈值时,会使啤酒口味不纯正、含有甜味、奶油味甚至出现馊饭味,严重影响啤酒质量。而2,3-戊二酮的阈值约为双乙酰的10倍(在啤酒中为1 mg/L),因此双乙酰是影响啤酒口味的关键。

1. 双乙酰形成机理

最初认为,双乙酰是由啤酒中污染的乳酸菌产生的。20世纪60年代后才发现,啤酒生产过程中的双乙酰主要来自于酵母的生物合成途径,酵母也是双乙酰降解的主要因素。双乙酰是酵母在进行缬氨酸的合成代谢过程中产生的中间产物α-乙酰乳酸积累并分泌到酵母细胞外,通过氧化脱羧反应而产生。在啤酒正常生产发酵过程中,酵母细胞在体内利用可发酵性糖经α-乙酰乳酸合成缬氨酸进行生长繁殖,有部分α-乙酰乳酸被排出细胞外,这一部分α-乙酰乳酸经非酶氧化作用生成双乙酰,之后双乙酰又被酵母吸收到细胞体内,通过双酰还原酶和乙醇脱氢酶还原为乙偶姻,进而被还原为2,3-丁二醇,排出酵母细胞体外。

2. 发酵过程中双乙酰含量的检测

检测啤酒中的双乙酰含量,传统一般采用蒸馏分光光度法,该方法检测的实际是连二酮的含量,另外,还可以用气相色谱法来检测啤酒中的连二酮,该方法可分别检测出双乙酰和戊二酮的含量。

3. 啤酒发酵中双乙酰含量的控制措施

控制双乙酰的含量需从加快双乙酰的还原和减少α-乙酰乳酸的积累两方面综合控制。降低啤酒中双乙酰的措施有:

(1)选用优良酵母。不同的酵母菌株合成α-乙酰乳酸的缩合酶活性差异很大,形成的双乙酰峰值差别大,而且双乙酰还原速度也不同。可通过啤酒酵母在不同的双乙酰含量梯度的培养基内培养,筛选到能够在高浓度双乙酰含量存在下,能正常进行代谢活动的抗双乙酰的变异菌株,这些抗双乙酰的变异菌株的双乙酰还原能力较强。在发酵中还可增大酵母使用量。

(2)优化满罐条件。优化满罐条件主要是从以下几个方面来考虑:适当加大酵母的接种量,控制增殖浓度,从而达到控制双乙酰的生成。一般满罐酵母数控制在$(12\sim18)\times10^{6}$个/mL;控制麦汁通风量,降低双乙酰含量。若麦汁中有充足的溶解氧,可提高酵母浓度,有利于α-乙酰乳酸氧化成双乙酰而被酵母还原,也有利于提高酵母还原双乙酰的能力。但是通风充氧过分,酵母的繁殖速度和增殖量过快,造成酵母缺乏养分使其代谢能力下降,双乙酰难以还原。因此,麦汁中的溶解氧含量应在8～10 mg/L麦汁;控制满罐温度,如果满罐温度高,特别是前几锅麦汁温度高,会造成酵母过早地旺盛繁殖,麦汁中缬氨酸含量较长时间处于低水平状态,从而引起双乙酰峰值高。实践证明,满罐温度控制在7.5～8.0℃,发酵温度控制在10℃,有利于双乙酰的还原。

(3)合理控制α-氨基氮含量。α-乙酰乳酸是酵母代谢中缬氨酸合成的中间产物,提高麦汁中氨基氮的含量也就相应地提高了缬氨酸的含量,从而反馈抑制了α-乙酰乳酸的合成和积累,相应地降低了双乙酰的生成量。麦芽汁中α-氨基酸控制在180～220 mg/L,提高发酵温度可

以加快 α-乙酰乳酸向双乙酰的转化，加速双乙酰的还原。

(4)控制发酵工艺条件。α-乙酰乳酸的非酶分解和双乙酰的酶还原作用都与温度有关，温度越高，反应越快。因此提高发酵温度对于要排除已经形成了的 α-乙酰乳酸来说是很有效的措施，如采取 8.5～10℃主发酵 5～7 d，12～13℃后发酵 6～10 d。但温度过高会加速正面风味物质的氧化损失，还会增加高级醇的生成，目前已较少采用。当发现双乙酰还原不好，并且酵母数在酒中的数量也急剧减少，此时即使经过较长的后期贮酒，也难以使双乙酰达标。此时可将酒汁倒出 15%～25%，然后再外加 15%～25%的发酵最旺盛的发酵液(高泡酒)。利用酵母数高、新鲜旺盛的重新发酵可将双乙酰还原达标。

(5)适量使用添加剂。α-乙酰乳酸脱羧酶(EC4.1.1.5)可将双乙酰的前体 α-乙酰乳酸快速催化分解为乙偶姻，不经过双乙酰的生成步骤，不仅可以使啤酒很快成熟，而且由于大大降低啤酒中残存的 α-乙酰乳酸，可解决成品酒中的双乙酰反弹问题。除此，在后酵贮酒期间发酵液中直接添加抗氧化剂，可以消耗发酵液中的溶解氧，降低 α-乙酰乳酸的胞外非酶氧化作用，从而减少双乙酰的产生。常用的抗氧化剂有维生素 C、异维生素 C，还可以少量添加偏重亚硫酸钾或亚硫酸氢钠等淡爽型成熟啤酒，双乙酰含量以控制在 0.1 mg/L 以下为宜；高档成熟啤酒最好控制在 0.05 mg/L 以下。

(五)硫化物

硫是酵母生长和代谢过程中不可缺少的微量成分，硫化物对啤酒的口味有双重作用，其微量存在时，是构成啤酒口味某些特点的必备条件。

啤酒中挥发性硫化物主要有硫化氢、二甲基硫、甲基和乙基硫醇、二氧化硫等。其中硫化氢、二甲基硫对啤酒风味的影响最大。表 8.2 为麦汁中部分硫化氢和阈值以及应该控制的合理范围。

表 8.2　麦汁中部分硫化物的阈值及合理范围　　μg/L

物质	阈值	合理范围
硫化氢	22	10～15
二甲基硫	30	30
二乙基硫	35	1
乙基硫醇	5	1

啤酒中的挥发性硫化氢大都是在发酵过程中形成的。啤酒中的硫化氢应控制在 0～10 μg/L 的范围内；研究表明啤酒中不同二甲基硫的含量是各种类型啤酒的特点，但是啤酒中二甲基硫浓度超过 100 μg/L 时，啤酒就会出现硫黄臭味。

啤酒中二甲基硫的来源主要在于原料中二甲基硫的前体物质以及这些物质在制麦芽与酿造中的去向。White 和 Parsons 研究表明二甲基硫的前体物质是易于受热分解，在大麦发芽时形成的硫甲基蛋氨酸(SMM)，当受热时后者分解释放二甲基硫，是麦汁中游离二甲基硫的来源。除此，在发酵过程中也能形成二甲基硫，代谢所产生的二甲基硫含量与麦芽的焙焦有关；其他二甲基硫来源可能是，在受到细菌污染的麦汁中发现二甲基硫；Anderson 和 Howard 研究发现酒花中也含有少量二甲基硫，但是这些二甲基硫在麦汁煮沸中可能挥发，而且不足以对成品啤酒的风味造成影响。

(六)醛类

乙醛是啤酒发酵过程中产生的主要醛类,乙醛是酵母代谢的中间产物。当啤酒中乙醛浓度在10 mg/L以上时,则有不成熟的口感、腐败性气味;当乙醛浓度超过25 mg/L,则有强烈的刺激性辛辣感。成熟啤酒的乙醛正常含量一般<10 mg/L。

第三节　传统发酵法(主发酵与后发酵)

传统的发酵过程一般分为两个阶段:主发酵和后发酵(贮酒)。

一、主发酵

主发酵的前期是酵母的繁殖阶段,酵母吸收麦汁中的营养物质,利用可发酵性糖进行呼吸作用,释放出能量进行生长繁殖。

(一)主发酵工艺

根据发酵过程中泡沫的形成和消退情况,主发酵的阶段主要分为起泡期、高泡期和落泡期3个阶段。

1. 起泡期

酵母进入主发酵池4～5 h后,在麦汁表面逐渐出现洁白而致密的泡沫,由四周渐渐向中间扩散,如花菜状,发酵液中有二氧化碳小气泡上涌,并将一些析出物带至液面。此时发酵液温度每天上升0.5～1℃,每天降糖0.3～0.5°P,此过程可以维持1～2 d。

2. 高泡期

发酵后2～3 d,泡沫增高,形成隆起,高达25～30 cm,并因发酵液内酒花树脂和蛋白质-单宁复合物开始析出而逐渐变为棕黄色,此时为发酵旺盛期,需要人工逐渐冷却降温,同时注意防止酵母过早沉淀,影响发酵。高泡期一般维持2～3 d,每天降糖1.5°P左右。

3. 落泡期

发酵5 d以后,发酵力逐渐减弱,二氧化碳气泡减少,泡沫回缩,酒内析出物增加,泡沫变为棕褐色。此时应控制液温每天下降0.5℃左右,每天降糖0.5～0.8°P,落泡期维持2 d左右。

(二)主发酵过程的技术要点

1. 温度的控制

控制不同的发酵温度有各自的优缺点,采用低温发酵,酵母在发酵过程中生成的副产物较少,使啤酒的口味较好,泡沫状况良好,但发酵时间长;采用高温发酵,酵母的发酵速度较快,发酵时间短,设备的利用率高,但生成副产物较多,啤酒口味较差。

2. 浓度的控制

麦汁浓度的变化受发酵温度和发酵时间的影响。发酵旺盛,降糖速度快,则可适当降低发酵温度和缩短最高温度的保持时间；反之，则应适当提高发酵温度或延长最高温度的保持时间。

3. 发酵时间的控制

发酵时间主要取决于发酵温度的变化，发酵温度高，则发酵时间短；发酵温度低，则发酵时间长。

二、后发酵

（一）后发酵过程

后发酵又称为啤酒的后熟或贮酒。将经过主发酵并除去大量沉淀酵母的嫩啤酒平缓地送至一定容量的贮酒罐中，在低温下长时间贮酒。

后发酵的目的是对主发酵后的残糖继续发酵，达到要求的发酵度，排除氧气，增加酒中二氧化碳的溶解量，促进发酵液成熟，改善口味，促使啤酒自然澄清，使其具有良好的稳定性。另外，在发酵后期还可以利用二氧化碳的洗涤作用，排出啤酒中的乙醛、硫化物、双乙酰等物质。

（二）后发酵过程中的技术要点

1. 下酒的工艺要求

一般下酒时，将发酵液从贮酒罐的下部送入，这样不易起泡，容易控制桶内的空隙。在此过程中要尽量较少与氧气的接触，防止酒被氧化。

2. 压力控制

下酒满罐后，已经缓慢升高罐压，控制罐压在 0.05～0.08 MPa，罐压过高则容易使酒液窜泡；罐压过低，二氧化碳含量减少，使酒味平淡。

3. 温度控制

后发酵多采用室温控制酒温，先高后低的温度控制，温度开始控制在 3℃，促进双乙酰的还原；之后逐渐降温到 －1～1℃，促进二氧化碳的饱和和酒液的澄清。

4. 时间控制

后发酵的时间根据啤酒的种类、原麦汁浓度和贮酒温度而不同。淡色啤酒的贮酒时间比深色啤酒长，原麦汁浓度高的啤酒贮酒期长，低温贮酒的时间较高温贮酒时间长。

第四节　工艺技术

传统的啤酒发酵方法主要分为主发酵和后发酵。其过程均是在较低的温度下保持很长的时间。通常在 6～8℃下主发酵 2 周，逐渐降温至 4～0℃贮存几十天，总耗时为几个月。

一、主发酵工艺控制条件

在发酵过程中，主发酵的工艺控制条件如表 8.3 所示。

表 8.3 主发酵工艺技术条件

项　目	技术条件	项　目	技术条件
发酵室温度 t/℃	5～8	发酵最高温度 t/℃	8～10
冷却麦汁温度 t/℃	6～7	高泡时间/d	2～4
发酵槽有效容量/% (占总容量的百分比)	80～85	主发酵时间/d	7～12
		下酒时温度/℃	4～5.5
酵母添加量(泥状酵母)/%	0.5～0.8	浓度/°Bx	4.2～4.5
前发酵时间/h	16～24		

与传统工艺相比较，目前，大部分啤酒厂发酵所用的方法不同之处是明显提高发酵温度和缩短发酵时间。一般麦汁冷却的温度控制在 10℃，最高发酵温度为 12～14℃，在此条件下，主发酵需要进行 5～7 d，后随温度降低，酵母沉淀，啤酒输送至后发酵罐，酵母收集起来。在后发酵中，发酵温度从 4℃逐渐降至 0℃，发酵周期近 1 个月。

现在许多啤酒厂使用立式锥形罐进行发酵，依使用发酵罐的数目可分为 3 种类型：

(一)三罐法

在三罐法中，主发酵在 9～13℃发酵 7～10 d 后降温至 5～7℃，转移发酵液至另一发酵罐保存 10～15 d，再将发酵液转移至另一罐，转移过程降温至－1℃保存 1～3 d。总工艺时间 18～28 d。

(二)两罐法

主发酵与后发酵在同一罐内进行，约 18 d 后，发酵液转移并过冷至－1℃到另一发酵罐。总工艺时间比三罐法稍短。

(三)一罐法

在一罐法中，发酵液主发酵，后发酵，过冷均在同一罐内进行。只是最后的过冷是采用在罐下部喷射二氧化碳使啤酒均匀迅速冷却到－1℃。

二、影响发酵度及风味的因素

(一)酵母菌种及其添加方式

1. 酵母菌种的选择

酵母的选用是形成啤酒口味和香味的关键，酵母选择时应注意选择发酵力及双乙酰还原能力强的酵母菌种，适宜较高的发酵温度，凝聚性好。黄达明等采用 Y1110、安琪、模式 3 种不同的啤酒酵母，在同种工艺条件下测定发酵过程中 α-氨基氮(α-AN)、pH、双乙酰、高级醇等指标，并比较 3 种不同啤酒的风味物质含量。结果表明：Y1110 增殖最快，α-AN 和 pH 下降最快，双乙酰还原较快，后酵结束双乙酰含量最低，啤酒样品含醇量较高，适于醇厚型啤酒酿造；

安琪酵母增殖最慢，α-AN和pH下降最慢，啤酒样品含酯量较高，适于淡爽型啤酒酿造；模式酵母酯类与醇类含量都很高，不适于实际生产。

2. 酵母菌种的添加量

适当加大酵母添加量，可以减少酵母增殖，从而减少缬氨酸的消耗，双乙酰的生成量得到抑制，通常满罐细胞数12×10^6个/mL。

3. 酵母添加方式的影响

啤酒厂的锥形罐发酵一般都是多批麦汁连续追加满一发酵罐，而酵母接种方式有分批添加和一次添加两种。分批添加即每批充氧麦汁中都添加一定量的酵母，然后送入浮选罐，使酵母在这里度过生长停滞期；一次添加，即所有接种酵母集中添加至其中的一批充氧麦汁中，不经过浮选罐，直接送入发酵罐。

酵母添加方式的不同，使发酵罐满罐时的酵母状态不同。一次添加时，发酵罐中的所有酵母基本上都处于同步发酵，而分批添加时由于酵母加入的时间间隔，前几批麦汁中添加的酵母边发酵边接受新的麦汁、氧和酵母，因此发酵罐满罐时酵母处于不同的生长繁殖阶段，这一差异性使二者在发酵过程中表现出各自的优势与不足。

酵母一次添加的优越性体现在：

(1)有利于满罐酵母数的稳定控制，更容易寻找添加量与满罐酵母数的变化规律，便于控制。

(2)发酵速度快，啤酒成熟期缩短。

(3)与分批添加相比，酵母一次添加时啤酒发酵更为完全，发酵度明显提高。

(4)酵母一次添加，可以提高生产效率，降低劳动强度。由于不使用浮选罐，节省了浮选时间，同时减少了浮选罐和添加管路的清洗，降低了成本。

酵母一次添加也有不足之处：

(1)酵母一次添加时，冷却麦汁在充氧后直接送入发酵罐，一部分冷凝固物在排渣时去除，而所有的泡盖物质与一部分的冷凝固物将伴随整个发酵过程一直与发酵液有所接触，导致啤酒苦味、涩味加强。而且泡盖物质在发酵罐罐体上方附着一个发酵周期后，较难清理。

(2)一次添加时酵母同步发酵，酵母数峰值明显升高，主发酵旺盛，CO_2产生速率快，要求排空或CO_2回收具有更大的能力，否则会使主酵期压力升高，不利于啤酒中挥发性硫化物、乙醛等缺陷风味物质的排除。

(3)旺盛的发酵易产生发酵罐溢料，引起相关管路污染，给发酵操作带来了一系列问题。而酵母分批添加则克服了这些缺点。

目前，根据实际生产的要求，多采用一次性酵母添加方式进行发酵。而且研究表明在糖化发酵工艺不改变的情况下，控制麦汁通氧量，满足麦汁溶解氧要求，实行酵母一次性添加能获得稳定的啤酒发酵度。发酵度(RDF)是指原麦汁浸出物中转化为酒精和二氧化碳的浸出物的百分含量；麦汁极限发酵度(简称麦汁发酵度)是指麦汁糖化过程产生的可发酵性糖的最大可发酵程度；冷贮酒实际发酵度(简称冷贮酒发酵度)是指冷贮酒的实际真正发酵度，反映了糖化过程产生的可发酵性糖在发酵过程中实际发酵的利用程度。啤酒酵母性能和特性差异明显影响啤酒发酵度，不同酵母菌株不同代数的差异：0代(即第1次扩培使用的酵母)发酵度较高，2代、3代和4代酵母间发酵度差异不明显，因此在0～4代间可以保持发酵度稳定性；利用不同酵母代数生产出的啤酒有发酵度差异性的特点，实际生产中应重视对酵母菌种的选育和保藏,建立菌种档案,进行管理和使用情况跟踪,鉴别菌种的正确性和是否被污染,保持旺盛的发酵能力,获得稳定的啤酒发酵度,从而保证口味一致性。

(二)麦汁培养基的组成

麦汁组成成分对发酵速度、发酵度、酵母回收量和酒的品质都有影响,起主要作用的是:

(1)碳水化合物。麦汁成分由原料和糖化方法决定。

(2)可同化氮包括氨基酸、嘌呤、嘧啶等。氨基酸的含量和图谱决定酵母的生长速率,发酵速度和酵母回收量,同时也影响酵母代谢所产生的风味物质如双乙酰和高级醇等。

(三)糖化工艺对啤酒发酵度的影响

1. 原料质量对发酵度的影响

制备高质量的麦汁必须有优质原料,特别是麦芽。选用的麦芽溶解度良好,那么制得麦汁发酵度相应也高。

2. 原料粉碎对发酵度的影响

原料粉碎,特别是麦芽粉碎是否适宜,不仅关系到原料糖化室浸出物收得率,而且影响到制得麦汁组成成分,特别是麦汁中可发酵糖的含量,影响到麦汁色泽与口味。麦芽粉碎过细,虽然有利于糖化,获得较高可发酵糖,较高最终发酵度,但难以形成理想过滤层,麦汁过滤困难,过滤时间长,原料利用率低。但原料粉碎过粗,过滤层形成较理想,但糖化难以完全,麦汁收得率同样不理想。麦汁中可发酵糖含量少,麦汁最终发酵度会受到影响。原料粉碎度一般控制在表 8.4 所示范围较为合适。

3. 料水比对发酵度的影响

料水比决定糖化醪浓度,从而影响到酶对底物作用,对发酵度将产生明显的影响。一般取浓醪糖化[1∶(3.5～4.1)],稀醪糊化[1∶(5～5.5)]。料水比太低,醪液黏度大,麦糟残糖高,同时会促使酶反应的动态平衡偏向底物。料水比太高(1∶7、温度 85℃时,发酵度只有 6%),也不可取。糖化总料水比取 1∶4.25(糖化醪料水比 1∶4,糊化醪料水比 1∶5)可获得理想糖化效果。

表 8.4 原料的适宜粉碎度

原料	粉碎设备	五辊磨/%
大麦芽	<20 目	45～60
	20～40 目	20～25
	40～60 目	7～15
	>60 目	7～15

4. pH 对发酵度的影响

各种酶都有自身最佳 pH 使用范围。糖化过程 pH 调整是否适当,会影响到酶活性从而影响到酶对底物作用。糖化过程关键酶是 α-淀粉酶、β-淀粉酶。不同 pH 下反应生成物也不同,α-淀粉酶主要生成糊精,而 β-淀粉酶主要生成麦芽糖。从而麦汁成分会有差异,显然会影响到啤酒发酵度。

(四)通风供氧对发酵度的影响

啤酒发酵的第一步是使麦汁中含有一定的氧供酵母繁殖,为下一步的发酵阶段做准备,尽管发酵是一个厌氧过程,但酵母在初始繁殖阶段必须有足够的氧供给,在有氧条件下酵母利用麦汁中的氨基氮为主要氮源和以可发酵糖类为主要碳源,获得能量而生长,麦汁溶氧水平首先影响到发酵前期酵母的增殖，溶氧充分则酵母增殖快。甾醇和不饱和脂肪酸是酵母细胞膜的关键成分，发酵后期的酵母，其甾醇和不饱和脂肪酸含量很低，酵母需要在氧的参与下，重新合成这些物质，恢复其繁殖能力和活性。

(五)发酵温度对啤酒发酵度的影响

温度对发酵过程的影响非常重要，传统的敞口发酵分为低温发酵和高温发酵两种。低温发酵指起发温度4～5℃，最高温度7～8℃。这种发酵过程持续的时间特别长，而高温度发酵的速度则较快，其起发温度在7～8℃，最高温度在10～11℃。低温发酵有利于降低脂类、高级醇等，使啤酒质量提高；高温发酵有利于发酵速度的提高，提高设备利用率，因而发酵过程对温度控制范围要求严格。

(六)发酵糖度和压力的控制

在麦汁发酵中，利用所产生的二氧化碳形成较高的发酵压力能抑制在高温下发酵所产生的不利副产物。加压发酵能减少酯类、高级醇类的形成数量，但是也会增加死细胞的自溶以及较高的发酵装置费用。

(七)酵母的回收使用

在采用锥形罐进行发酵后，沉积在锥底的酵母泥受压0.19～0.24 MPa，因此，应该在加压下排放酵母泥。若在常压下从锥底排放酵母泥，一方面会造成细胞壁破裂，增加酵母死亡率；另一方面由于骤然降压，二氧化碳争相溢出，会产生涌泡，致使洁白的酵母泥变成褐色。

在分批发酵过程中，酵母泥是回收后经过一定处理，再接入到下一批发酵罐中。虽然每次回收的酵母泥都是上一批发酵中活力较高的酵母，但是随着使用代数的增加，酵母泥中衰老和死亡酵母占的比重会增加，酵母总体生理状态会有所下降。董霞等跟踪测定了3L-EBC发酵管中0代至5代酵母主酵后发酵液中有机酸、脂肪酸含量，并同时测定回收酵母泥的活力，研究使用不同代数的酵母泥发酵对啤酒有机酸、脂肪酸组成、含量产生的影响(表8.5)。

表8.5 3L-EBC管不同代数酵母主酵后部分有机酸、脂肪酸的含量 mg/L

酵母代数	酸化力值(pH)	乙酸	己酸	辛酸	癸酸	丙酮酸	苹果酸	乳酸	琥珀酸
0	1.91	60.23	2.67	4.83	2.35	96.38	152.34	110.29	146.16
1	2.01	66.31	2.76	4.82	2.32	101.21	152.67	132.52	125.92
2	1.78	63.95	2.70	4.89	2.41	92.08	145.71	135.33	147.73
3	1.71	68.42	2.74	5.01	2.46	86.26	156.56	145.02	150.36
4	1.63	72.11	2.78	5.14	2.53	89.27	160.60	151.86	162.29
5	1.61	78.03	2.82	5.17	2.61	79.53	155.39	162.26	174.23
变化量/%	15.71	29.55	5.62	7.04	11.06	−17.48	2.00	29.23	19.21

随着酵母泥使用代数的增加，一方面，酵母的总体活力在降低，虽然总体有机酸、脂肪酸含量变化不大，但是个别有机酸、脂肪酸随着酵母活力变化的变化幅度比较大，这就会给啤酒带

来不协调的酸味。另一方面，随着酵母使用代数的增加，染菌几率大大增加，由于酵母活力的降低，抵御外来杂菌污染的能力在降低；最后，随着酵母使用代数的增加，酵母中自发突变菌株所占比例也可能会有所增加，造成对啤酒质量、风味的影响。

啤酒发酵度高影响啤酒的口感，生产中要严格控制啤酒的发酵度。总之，酵母发酵副产物与啤酒质量特别是啤酒风味息息相关，而副产物的生成量主要受酵母菌、麦汁成分、发酵温度等因素的影响。因此，加强工艺管理，完善工艺条件，就能把发酵副产物控制在合理范围值内，酿制出质量好的啤酒。

三、自动化系统在啤酒发酵过程中的使用

国内啤酒生产自动控制技术已有近20年的历史，针对啤酒行业生产的特殊性，结合国内外啤酒行业的实际情况与行业经验，我国在不断地有针对性地开发啤酒发酵行业自动控制技术。

啤酒发酵的自动化控制，适应了现代生产的要求，提高产品质量，提高劳动生产率，使企业的生产管理水平和竞争能力更上一个台阶，这种技术在啤酒发酵中起着重要的作用。

目前国内的啤酒发酵自动控制系统主要形式是PC机＋数据采集插卡方式、分布式控制方式，其中分布式控制方式目前有DCS(分布式控制系统)控制系统与FCS(现场总线控制系统)控制系统两种。在啤酒发酵自动控制系统中结合先进的控制算法，可以更加精确地控制物理参数，并且对啤酒发酵过程中所具有的大时滞、强耦合、时变、大时间常数的特点，有针对性地解决。

(一)传统的DCS控制系统

传统的监控及信息集成系统(包括基于PC、PLC、DCS产品的分布式控制系统)，其主要特点之一是，现场层设备与控制器之间的连接是一对一(一个I/O点对设备的一个测控点)所谓I/O接线方式，信号传递4～20 mA(传送模拟量信息)或24 VDC(传送开关量信息)信号。如图8.1所示。

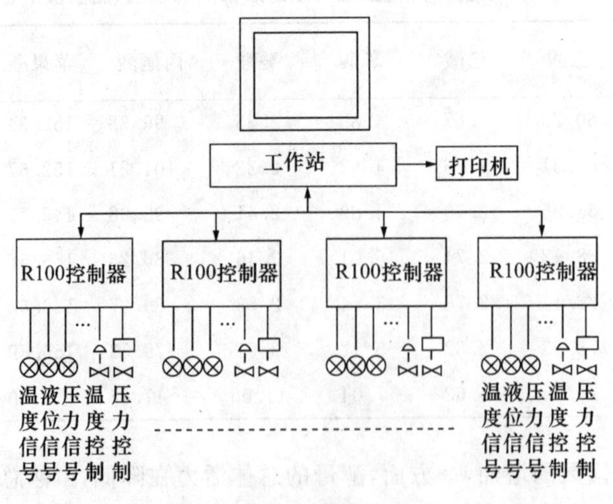

图8.1 DCS控制系统

DCS系统的管理软件采用Windows编程,界面丰富、操作直观、易学实用。上位机能够实现以下功能:①工作状态概览、动态测量显示、实时阀门状态反馈;②手动自动控制方式无扰动切换;③所用工艺曲线、PID参数和报警限等能够进行在线修改;④主要运行参数可以实时或随时打印;⑤所有命令、提示均为汉字显示;⑥数据库采用MicroAccess数据库标准,技术人员可利用数据记录对历史数据进行统计、分析;⑦可对两年内的历史记录查询、打印;⑧测量值、设定值与历史工艺曲线进行对比显示;⑨具有断点保护功能。在发生意外断电时能将断点的各项参数存储保护,来电后根据具体情况确定新的运行参数。

(二)CAN总线控制系统

控制器局域网CAN,具有以下优点:①采用8字节的短帧传送,故传输时间短,抗干扰性强。②具有多种错误校验方式,形成强大的差错控制能力,而且在严重错误的情况下,节点会自动离线,避免影响总线上其他节点。③采用无损坏的仲裁技术。④CAN芯片不但价格低而且供应商多,CAN总线控制系统是一种全数字化、全分散、全开放、可互操作和开放式互连的新一代控制系统。与传统的DCS(集散控制系统)相比,CAN总线控制系统具有可靠性高、可维护性好、成本低、实时性好、实现了控制管理一体化的结构体系。基于CAN总线控制系统对啤酒发酵过程控制进行设计,其结构如图8.2所示,系统由监控计算机(上位机)、CAN总线和现场控制器(下位机)3部分构成。

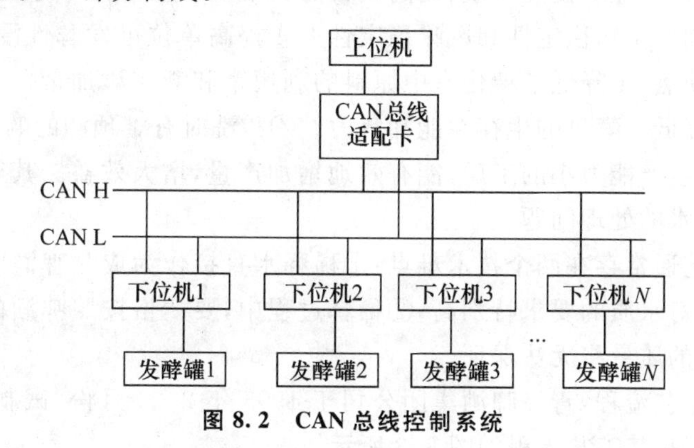

图8.2 CAN总线控制系统

(三)PLC作为下位机在啤酒发酵过程控制中的应用

下位机控制系统可分为检测部分和控制部分。通过检测部分检测到的温度、pH、溶解氧均为模拟信号,将其引至模拟扩展模块的对应输入端从而完成现场数据采集任务。

PLC工作原理:当PLC投入运行后,其工作过程一般分为3个阶段,即输入采样、用户程序执行和输出刷新3个阶段:

(1)输入采样。即检查各输入的开关状态,将这些状态数据存储起来为下一阶段使用。

(2)用户程序执行。PLC按用户程序中的指令逐条执行,但是把执行结果暂时存储起来。

(3)输出刷新。按第1阶段的输入状态在第2阶段执行程序中确定的结果,在本阶段中对输出予以刷新;完成上述3个阶段称作一个扫描周期,在整个运行期间,PLC的CUP以一定的扫描速度重复执行上述3个阶段。PLC对信号的输入、数据的处理和控制信号的输出分别在一个扫描周期的不同时间进行的方式有助于排除系统中受到的干扰。

以CAN总线技术构成全分布式数据采集与控制系统应用于啤酒发酵过程控制中,能大大地提高系统的实时性和可靠性,具有通信速率高、成本低、结构简单、安装维护方便及性价比高等优点。用 PLC 作为系统下位机,其控制精度较高,效果较好。

第五节 啤酒酿造新方法

一、浓醪发酵

浓醪发酵,简单地说,就是发酵过程中的高浓度发酵,具体表现在生产上有以下特点:高酒分、高渗透压、高酵母数。20 世纪 60 年代中期,高浓度发酵在啤酒生产中受到重视,特别在美国,得到广泛的应用。70 年代美国、加拿大等国啤酒厂推出了“高浓度发酵,后稀释工艺”,即制备高浓度麦汁进行发酵,啤酒成熟后,在过滤前用经过处理的饱和 CO_2 的脱氧无菌水稀释成正常浓度的成品啤酒。在随后的二十多年里,在世界范围内高浓度啤酒发酵已经逐渐被引进啤酒厂。今天,在北美,更多的啤酒厂是采用高浓度发酵方法而非传统发酵法。高浓度酿造一般是指 15°P 以上的麦汁,经发酵后再稀释成 10～12°P 的啤酒。

虽然这种方法得到广泛的应用,但也存在利弊。其优点是:①在不需要增加现有的糖化、发酵、贮存等设备条件下能够提高产量、提高设备的利用率。②热能、冷量显著降低、生产成本降低。③可提高啤酒非生物稳定性和风味稳定性。④提高单位可发酵性浸出物的酒精产率,并使啤酒爽口。其缺点:①降低了糖化室中原料的利用率和酒花添加量。②降低了泡持性和风味调配性能。③降低了酵母的生存性能和活力。④酸洗时有难预测的畸变反应发生。此方法适用于糖化、发酵生产能力小的工厂,能有效地增加产量,增大效益。其工艺关键是高浓度糖化和发酵,及稀释水的处理问题。

高浓度酿造工艺通常存在两个技术难点:①稀释水直接作为成品啤酒的一部分而加入到高浓度啤酒中,故而对水质的要求特别高;②稀释过程中,要严格按照啤酒的浓度变化而作相应的调节,否则产品的质量将无法保证。

高浓度发酵的工艺流程:青岛啤酒集团公司于 1995 年 2—3 月份,试制了 15°P 麦汁发酵后稀释为 11°P 的啤酒,其工艺流程如图 8.3 所示。

在制备高浓度麦芽汁的时候,大麦糖浆的组成为:浓度是 70°Bx,DH 值 75%,极限发酵度 70%,总可溶性氮≥600 mg/100 g 浸出物,α-氨基氮≥110 mg/100 g 浸出物,色度稀释成 12°Bx,8EBC。

高浓度麦芽汁的生产方法有以下几种:增加了醪液中物料的比例,进行所谓“浓醪糖化”;减少稀释麦汁进入煮沸锅的数量,维持较高浓度麦汁煮沸;添加可溶性可发酵性浸出物,如糖、糖浆等。目前也有一些关于提高发酵醪浓度的最新研究:

①提高在麦汁中淀粉水解酶的活性。通过加入特定的胞外酶制品,从而来增加发酵醪的糖度,工艺中常使用的酶有啤酒酿造复合酶、耐高温 α-淀粉酶、β-淀粉酶、无锡酶制剂厂生产的中性蛋白酶。这些酶制剂可用在发酵麦汁中,在料水比为 1∶2 时,可获得较高的萃取率,但这些酶制剂的萃取率又各不相同,这方面可能是由于这些制剂中淀粉浓度各不相同,但也可能是由于它们对糖终产物的抑制作用的敏感性不同。但只要通过仔细选取,便可制得浓度有显著提高的发酵液。

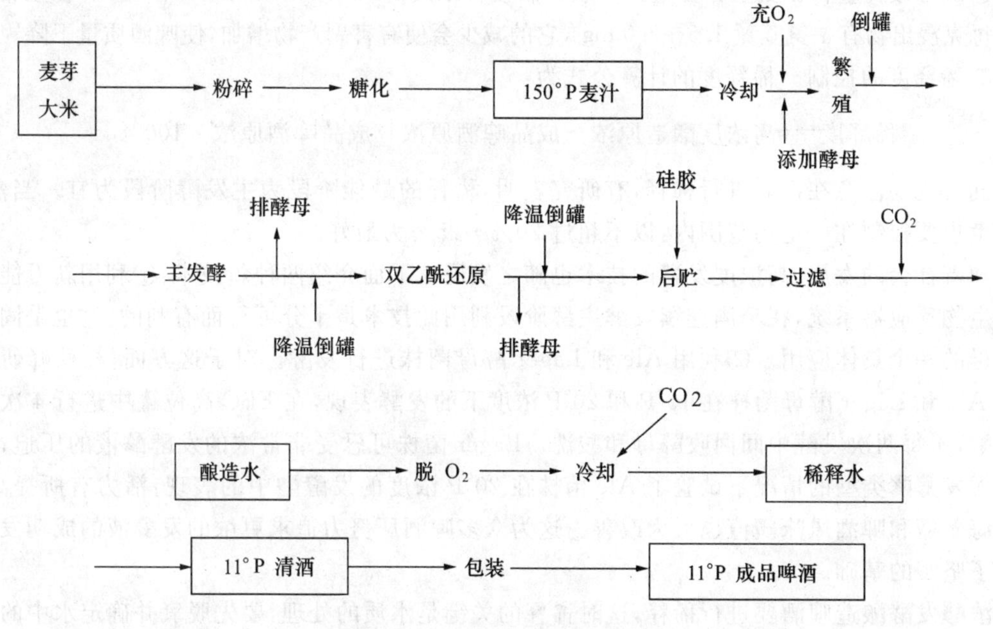

图 8.3 高浓度发酵的工艺流程

②高浓度麦芽汁的特殊生产。此法包含麦芽被粉碎成特定尺寸和从最初的发酵温度连续不断地升温方式来制得热麦浆。作为用于啤酒生产的麦汁要依次通过谷物碾磨粉碎、麦汁过滤、添加啤酒花后再进行麦汁煮沸等工艺过程来制备。这种制麦汁过程会大大提高速度并可得到更多的浸出物。过程如下:在粉碎机中麦芽颗粒被粉至13～300 μm 的尺寸,其碰撞速率在100～300 m/s;制得的麦汁从发酵温度开始要连续不断地进行加热升温直至糖化结束为止。轻度干燥麦芽与焙焦麦芽(比率 1∶1)再被焙至40℃后送入粉碎机,控制麦粒碰撞速率100 m/s,这样其碾磨粒径均处于13.13～13.50 μm之间,这种混合麦芽后的制麦麦汁以1℃/min连续从47℃升温到72℃,30 min后,其浸出物可达74.4%,麦芽浓度达63.3%,α-氨基氮也将达206 mg/100 g麦汁。优点:和普通流程相比,这种首创的生产过程被使用后,其浸出物将增加4%;制浆时间缩减1.8倍。

③生产啤酒用浓缩麦芽糖浆的制造方法。与传统啤酒工艺中的糖化相比,用该发明生产的浓缩麦芽糖浆,可大大提高设备的利用率,大量减少能耗,可以常温贮存运输,因而为饭店小量生产和家庭自制啤酒创造了条件。

高浓度麦汁发酵时有几个关键性的问题需要注意:

①因麦汁浓度提高,麦汁溶氧水平降低,若通入纯氧可提高其含氧量,见表8.6。故在高浓度酿造中两次用纯氧通风,可提高发酵度,增加细胞密度。

表 8.6 不同麦汁通入空气和纯氧后饱和含氧水平

项目	麦汁浓度/°P							
	12	14	16	18	20	22	24	26
通入空气	9.3	8.6	8.1	7.8	7.5	7.1	6.9	6.4
通入纯氧	33.2	32.4	31.8	30.5	29.3	27.8	26.0	24.7

②酵母接种量和α-氨基氮含量。一般控制接种浓度为(1.5～3.0)×10^7个/mL。在正常麦汁中每克浸出物有α-氨基氮1.5～2.0 mg，它的减少会使有害副产物增加，使啤酒质量下降。

③稀释度的控制。稀释度的计算公式为：

稀释度=(高浓度酿造原浓－成品啤酒原浓)/成品啤酒原浓×100%

同时也要注意在何时进行稀释，有研究表明，稀释的最佳阶段为主发酵阶段为宜。当然，稀释度也要控制在一定的范围内，以不超过20%～25%为最好。

随着社会的发展，高浓度发酵的技术也随之发展。下面介绍两种新技术：①利用新万能固定化生物反应器系统，在啤酒连续发酵主酵阶段利用此技术是十分可行而有利的，这也是固定化酵母的一个具体应用。②利用Ale和Lager酵母菌株进行发酵。对于这方面，杜秋峰研究做了Ale和Lager酵母菌株在15°P和20°P浓度下的发酵表现，在EBC高位罐中进行4次连续发酵，于每两次发酵中间回收酵母和酸洗。Lager菌株可忍受非常浓的发酵醪液的压迫；在未考虑发酵醪类型的情况下试验了Ale菌株在20°P浓度的发酵醪中的表现：活力有所提高，胞内海藻糖和啤酒风味阈值也大为改善。这为众多啤酒厂努力追求更浓的发酵液的成功发酵奠定了坚实的基础。

浓醪发酵酿造啤酒要进行稀释，这时稀释的关键是水质的处理，要先脱氧并确定水中的含氧量，蒸去轻馏分中的Aldox气体，然后将水用巴氏消毒灭菌。为保证成品啤酒的质量，稀释后必须有一定的恢复平衡时间，以免出现勾兑不均的现象。稀释用水的处理要求如下：①在稀释时应用软水，水质清亮透明并无杂气味；②要求无菌；③溶氧含量要低，国际上要求小于0.05 μL/L或更低，但至少应小于0.1 μL/L；④较低的残余碱度，否则在稀释时会发生pH变化的问题；⑤应有与被稀释酒一致或十分接近的温度；⑥应有与被稀释酒一致或十分接近的CO_2含量；⑦不应该有游离氯或氯酚。除了对稀释用水有要求外，对于啤酒与水的比例也有要求，在稀释时啤酒与水的计算要以确定的比例混合，其瞬间流量与累计总量是固定不变的。现在较先进的啤酒厂采用由两台高精度流量计，过程控制微机和自控阀组成的系统自动操作。

高浓度发酵酿制的啤酒在品质上不亚于传统啤酒，在色泽、浊度及双乙酰含量方面甚至优于传统发酵啤酒，但一般讲其风味不如传统啤酒醇厚。近年来，高浓度发酵已成为啤酒酿造的一个发展趋势，因为高浓发酵能在利用原有设备的基础之上，无须增加太大的投资即可增加可观的产量，且质量也能更好地控制一致，生产也能向大型化或小型化两极发展。酿造师还从饮料中得到启示，即同一种酒基可生产出一系列浓度各异风味不同的产品。目前国外已有各种修饰剂商品，而我国目前尚处在研究开发阶段。

二、快速发酵法

快速发酵法就是通过控制发酵条件，在保持原有风味的基础上，缩短发酵周期，提高设备利用率，增加产量。随着啤酒工业的迅猛发展，啤酒技术的研究正不断深入，啤酒的发酵工艺由于发酵机理被逐步阐明而得到很大的进展。低温长时间的传统发酵正逐步被新的发酵工艺所代替。而快速发酵法以其生产周期短，成本低，啤酒质量好而受到啤酒酿造者的青睐。

快速发酵是啤酒厂提高生产率的关键，在不增加设备投资的情况下，提高产量，降低能源，有明显的经济效益。因此一些中小型啤酒厂采用快速发酵工艺缩短锥形罐啤酒发酵周期以满足旺季啤酒供应。但快速发酵将明显改变啤酒中重要的风味和芳香组成，特别是酯、联二酮、高级醇和含硫化合物等，使啤酒口味和香味与正常啤酒有明显的不同。如何在保证啤酒质量的前提下，加快发酵速度，提高产量，是啤酒厂面临的技术重点。现就啤酒快速发酵工艺控制要点逐一简述：

(1)提高啤酒发酵温度。适当提高发酵温度，能促进酵母保持旺盛发酵能力，加快发酵进程。因此，对于锥形罐生产发酵周期短的啤酒，适当控制温度十分重要。但发酵温度的提高导致高级醇、酯类等副产物的产生，影响啤酒的风味，所以不宜使用太高温度。生产实践表明，将主发酵温度由9～10℃提高到14℃不致产生影响啤酒质量的副作用，总发酵周期可缩短到12～14 d。如在提高发酵温度的同时适当提高压力(用CO_2加压至0.10～0.12 MPa)可使啤酒中的硫化氢、高级醇、酯的含量减少，酿制出香味合适的啤酒。

(2)增加发酵酵母的细胞浓度。提高接种酵母的细胞浓度，缩短发酵前期至高泡期的时间，尽快进入主发酵过程。传统工艺接种酵母细胞为$(8\sim10)\times10^6$个/mL(接种量为0.5%～0.6%，体积分数)，酵母在8℃以下达到5×10^7个/mL(即高泡期)约需2～3 d，如果接种量提高到1.0%(体积分数)就可缩短1.0～1.5 d，但回收酵母的使用代数低。根据生产实践，添加量为$(12\sim15)\times10^6$个/mL最适宜，但要保证添加酵母量的准确性，即在添加前应对酵母泥进行浓度测定和死细胞数测定，在添加量中扣除死细胞的百分数，并加以补偿。

虽然目前国内啤酒厂使用的酵母较传统啤酒酵母有一定的耐温、高发酵力等特性。但选育高发酵速率的酵母菌株仍不应忽视。适宜快速发酵的酵母应具有发酵力强、耐高温、双乙酰还原快、凝聚性好等特点，如珠江啤酒厂使用的比利时酵母。

(3)控制麦汁成分和提高麦汁溶解氧。麦汁是快速发酵酿制啤酒的基本条件，控制麦汁成分更有利于发酵。实验早已表明，辅料用得较多的麦汁因缺乏可同化的氮及其他营养成分而使酵母同化活力降低，同时发酵时的双乙酰含量也明显增加。所以，辅料比控制在30%，麦汁中的α-氨基氮在180～200 mg/L。

由于发酵温度的提高带来氧溶解度的降低，以及发酵速度的加快带来的耗氧速率的加快，使得增加麦汁中溶解氧的含量尤为重要。如果麦汁充氧不足，发酵中酵母生长缓慢，发酵液降糖慢，啤酒中的硫化氢含量也较高。对于采用密闭的薄板热交换器冷却，冷却的麦汁必须通氧或无菌空气，使冷麦汁含氧达到6～8 mg/L。如果所用充氧装置较差，每次进罐的冷麦汁都充氧为好。

(4)加快啤酒的成熟。啤酒的成熟是指在主发酵结束后，啤酒中含有的双乙酸、乙醛及含硫化合物的消除。加快双乙酰的还原也是啤酒快速发酵工艺的一个环节。主发酵阶段是双乙酰大量形成而又被大量还原的过程，利用较高温度和旺盛期酵母还原双乙酰早已得到证实。为促进双乙酰还原，主发酵结束后不马上降温，而是恒温2～3 d，待发酵液中的双乙酰含量降至0.15 μg/L以下才开始降温。在双乙酰还原阶段，利用CO_2洗涤的方法来保证悬浮酵母细胞数以利双乙酰的还原，驱除挥发性生青味、双乙酰等物质。

(5)强化过滤手段。由于啤酒发酵速度和成熟过程的加快，使啤酒中的沉淀不够充分。所以双乙酰降至0.15 μg/L以后，以0.1℃/h降至8℃排酵母，随后降温至−1～0℃贮酒待过滤。过滤前最好经过离心机分离去一部分悬浮的固形物，再用硅藻土过滤机过滤，以保证啤酒质量。

在锥形罐中所进行的快速发酵是利用特定的菌种在一定的压力下，使用较高的发酵温度，并利用发酵过程中二氧化碳逸出所产生的搅动作用，增加麦汁与酵母的接触，加快发酵速度，促进双乙酸的还原，同时也控制了发酵副产物的生成，从而在较短的时间内，生产出风味正常的啤酒。但是，此工艺也不可避免地出现一些问题，主要有：

(1)由于整个发酵时间较短，而且锥形罐有一定的高度，使得发酵后期酵母的沉降不完全。在发酵结束时，发酵液中还残留有(5～10)×10^6 酵母细胞/mL。含有如此大量悬浮酵母的啤酒，根本不可能使用传统的棉饼过滤机进行过滤，而单独使用硅藻土过滤机过滤，虽然能达到滤清的目的。但往往也会导致单机过滤量少，人力、物耗增加，酒损增加，甚至会影响到啤酒的清亮度。

(2)由于低温贮酒时间较短，尤其是对于直径较大的发酵罐，利用发酵罐夹套冷却整罐啤酒，使其温度达到－1～0℃，需要一定的时间，而且冷混浊物的析出不是瞬间完成的，它需要在低温下维持一定的时间。因此快速发酵法不利于最大量地形成冷凝固物，往往影响到啤酒的胶体稳定性。

(3)发酵结束时，由于沉降时间短，所以锥底的酵母中含有较多数量的酒液，如废弃的酵母所含的啤酒得不到回收，则造成酒损增大。

针对上述问题，可以通过投入一定的设备和采取相应的后处理工艺，从而有效地解决了快速发酵工艺带来的问题，并使酒损有明显的下降，啤酒稳定性大为提高。下面介绍快速发酵工艺的后处理方法：①在过滤前，使用酵母离心机分离酵母，可使发酵液中的悬浮酵母数下降到小于 10^5 细胞/mL，从而使硅藻土过滤机的单机过滤量由原来的 150 t 增至 300～500 t，硅藻土耗量由原来的 2 kg/t 啤酒下降到 1 kg/t 啤酒，硅藻土过滤纸板的消耗也由 0.04 张/t 啤酒降至 0.02 张/t 啤酒。同时由于单机过滤量的增加，减少了过滤酒头酒尾造成的酒损，也创造了相当可观的经济效益。②在正常的工艺条件下提高啤酒胶体稳定性的途径有多种方法，例如利用硅胶，PVPP 处理。通过多年的实践，认为啤酒快速发酵新工艺处理方法以硅胶与 PVPP 结合使用为佳，它能大大地提高啤酒的胶体稳定性，单独使用硅胶或 PVPP 处理，也能取得令人满意的效果。处理方式有以下几种：a. 发酵液→酵母离心机分离酵母→硅藻土过滤机过滤→硅胶处理→硅藻土过滤机过滤→PVPP 处理→纸板过滤机过滤。在此法中，硅胶的使用量为 0.5 kg/t 啤酒，将硅胶用水稀释后定量加到经第一次硅藻土过滤机过滤的啤酒中，放置 1～2 d，再经硅藻土过滤机过滤。PVPP 处理时，PVPP 的添加量为 0.4～0.5 kg/t 啤酒，利用 PVPP 处理装置进行。使用后的 PVPP 可以通过再生，重复使用(以下硅胶和 PVPP 的添加量及处理方法均同上)。经此方法过滤后的啤酒清亮透明，胶体稳定性相当好，经灌装杀菌后小片状的蛋白质凝固物大为减少。通过预测保存期的试验方法进行测定，保存期可达 900 多天。b. 发酵液→酵母离心机分离酵母→硅胶处理→硅藻土过滤→PVPP 处理→纸板过滤机过滤。经此法过滤后的啤酒，效果也很理想，预测保存期可达 800 多天。c. 发酵液→酵母离心机分离酵母→硅藻土过滤机过滤→PVPP 处理→纸板过滤机过滤。经此法过滤后的啤酒预测保存期可达 600 多天。d. 发酵液→酵母离心机分离酵母→硅胶处理→硅藻土过滤机过滤。此法较为简单，预测保存期也可达 500 多天。相比之下，仅经硅藻土过滤机过滤及添加蛋白酶处理的啤酒，预测保存期仅达 180 d 左右。③使用酵母压榨机使废弃酵母中的啤酒液得以回收。平均每吨酵母泥，可以回收 0.5 t 的酒液，既降低了酒损，也减少了废水处理的负担。广州市珠江啤酒公司年产啤酒 15 万 t，用此措施，一年可回收酒液 2 000 t。经压榨机压榨的酵母，通过干燥，可作为饲料或制药的原料，从而为工厂增加效益。

三、露天锥形发酵罐

应用露天锥形发酵罐酿制啤酒，是国外20世纪70年代发展起来的新技术。我国轻工业部发酵研究所和北京啤酒厂，于1980年引进研制成功。由于其具有容积大、占地少、设备利用率高、投资省且便于自动控制等优点，所以随着啤酒工业的迅速发展，已被越来越多的啤酒厂家所使用。

1. 露天锥形发酵罐主要技术结构

罐体技术结构：总容积52 m^3；总高114 478 mm，其中球型封头高700 mm，圆柱体高8 450 mm，锥体高2 297.8 mm；锥角60°；直径2 600 mm；有效容积44.2～46.8 m^3；材质是$A_3$8 mm钢板，夹套直径2 720 mm；冷却面积48 m^3；采取夹套升温、五段冷却。

冷却剂：用－6～－4℃的酒精作冷却剂，与麦汁冷却分开使用。

内表面涂料：6101环氧树脂63.5%，乙二胺4%，丁二酯17.5%，立德粉15%，酒精40%做稀释剂，涂五层胶一层玻璃纤维布。

滤酒装置：锥底侧面安装一支滤酒管。

洗涤装置罐体上部装有自动喷射清洗器，使用压力为4～5 kg/cm^2。

罐体外保温层：采用沥青玻璃棉毡做保温材料，罐体表面先用沥青和玻璃纤维布黏附，以防止玻璃棉毡受潮降低保温性能。罐体露天部分保温层为200 mm，室内部分在100 mm，外表面均涂两遍调和漆和一遍银粉。

其他部分和设备：露天锥形发酵罐附有入孔、视镜、安全阀、二氧化碳排出管路、酵母排出管路以及液面、压力、温度显示仪表及自动洗涤杀菌系统和供冷设备等。

2. 露天发酵罐生产工艺(图8.4)

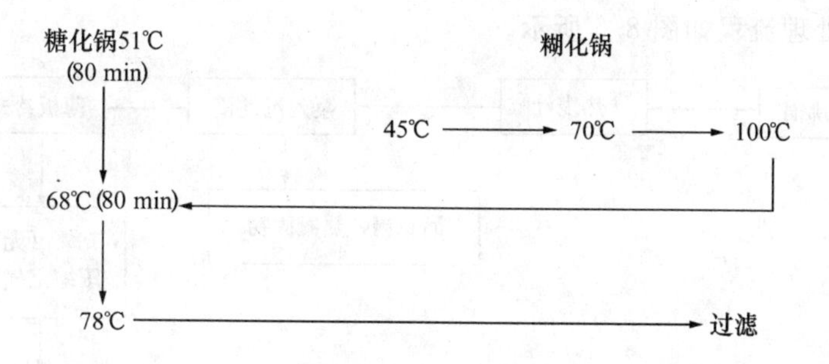

图8.4 露天发酵罐生产工艺

原料：酒花添加量0.16%，原料配比，麦芽：玉米面＝71.6：28.4。

糖化工艺：酒花采用三次添加法。第一次满锅10 min后，加3 kg(13.7%)；第二次煮沸45 min，加6 kg(27.2%)；第三次煮沸终了前10 min，加13 kg(59%)。

发酵工艺：采用一步法发酵工艺。麦汁冷却温度6～7℃，酵母添加量0.8%～1%，酵母增殖时间12 h；满罐时间24 h(分3次，充满系数85%)。温度控制：9℃→12℃→5℃→1℃；压力控制：0.8～1.2 kg/cm^2→0.5～0.8 kg/cm^2→0.5～0.6 kg/cm^2；降温速度是0.2℃/h→0.1℃/h。发酵总时间为18～23 d。

洗涤工艺：清水喷洗(20 min)→4%碱液喷洗(10 min)→清水喷洗(15 min)→75%酒精喷

洗(5 min)→无菌水冲洗(5 min)。

3. 应用露天锥形罐酿制啤酒的效果

①操作简便,工艺控制准确,感染机会少,啤酒质好且稳定。由于较传统工艺使用的容器数量少,既便于调节二氧化碳,又大大减少了对发酵槽的管理工作;同时使用夹套降温,品温便于控制;设有自动洗涤装置,节省人力,操作方便,杀菌彻底;减轻了酒液出入罐、槽的工作量,沉淀下来的酵母在全过程中可以随时排出,酵母分层取用,既简便又卫生;发酵阶段处于封闭状态,减少污染,便于管理;改变了操作人员的作业环境,他们可集中精力行使检查和监督的职能,而不需要在阴冷、潮湿、充满 CO_2 的恶劣环境作业。

②发酵周期短,啤酒成熟快,提高了生产效率。采用露天锥形发酵罐,酒龄在18~23 d,双乙酰就可降到0.2 mg/L以下,而传统工艺酒龄在35~40 d左右的时间,双乙酰的含量才能降到0.2 mg/L左右,效率提高1倍左右。

③经济效益好,符合多快好省的要求:建设周期短,工程造价低投资少,见效快。兴建5 000 t级生产能力的露天锥形发酵罐,与传统工艺比较,土建工程量减少70%,钢材耗用量降低30%,总投资可减少33%,降低了生产费用。由于露天锥形罐的操作是采用阀门控制、仪表显示,操作简便,工艺准确,减少了岗位操作人员,每人每年可处理酒液1 000 t左右,比传统工艺提高一倍以上,夹套降温,冷却费用可比传统工艺降低40%以上;酒液损失少,产品质量稳定。采用露天锥形罐酿制啤酒,酒损可比传统工艺降低3%左右。其原因有以下3条:开放式发酵浸出物损失较封闭式发酵高0.5%~0.8%;传统工艺排出酵母比锥形罐排出酵母稀,水分高2%;锥形罐的容量大,过滤棉含酒和管路沾酒量大大减少。

4. 露天锥形发酵罐应用中几个问题的讨论

①麦汁的处理。糖化煮沸后的定型麦汁,虽然浓度及理化指标已基本形成,但进入发酵罐发酵之前要进行一系列的处理。主要包括酒花糟分离、热凝固物的分离、麦汁冷却及充氧等过程。目前常用的处理流程如图8.5所示。

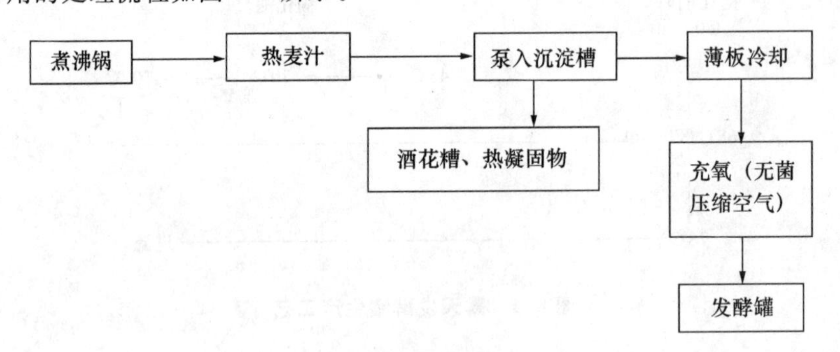

图8.5 处理流程

在生产中,对麦汁的处理要求是尽量除去引起啤酒非生物沉淀的热、冷凝固物,同时在麦汁冷却后进罐之前进行适当充氧,以保证酵母正常发酵对氧的需要。生产实践证明,当麦汁中的溶解氧含量达6~8 mg/L时,即可满足酵母正常繁殖的需要。

②麦汁进罐与酵母添加。由于糖化麦汁是分批生产,所以麦汁进罐一般都采用分批直接进罐。满罐时间一般控制在20 h之内。另外,满罐温度的高低也直接关系到酵母的增殖速度、降糖速度、发酵周期等问题。由于麦汁进入发酵罐后,酵母繁殖代谢产生一定热量,使罐温

升高，所以麦汁的冷却温度应遵循先低后高，最后达到工艺要求的满罐温度。

为减少污染，酵母的添加方式一般采用一次添加法。如果麦汁进罐时间太长，也可分二次或三次添加。酵母的添加量一般控制在0.6%～0.8%，满罐细胞数控制在(10～15)×10^6 个/mL为宜。实际生产中，酵母添加量应根据酵母新鲜度、酵母代数、发酵温度、麦汁浓度及添加方法等作具体调整。

③发酵温度的控制。发酵温度是发酵过程中最重要的工艺参数。根据发酵的不同进程，可将发酵过程分为主发酵期、双乙酸还原期、降温期和贮酒期4个阶段。在这几个阶段中，对温度的控制也有不同的要求。

a. 主发酵及双乙酰还原期：这个阶段由于发酵旺盛而产生大量CO_2，并在罐体内形成浓度梯度，造成发酵液由下向上形成强烈对流，所以这段温控应以控制上部为主，使锥顶温度＞锥底温度，以加快酒液从下向上对流，促进酵母充分悬浮到发酵液中参与发酵。

b. 降温期：在降温阶段，应以控制锥形罐下部为主，使锥顶温度＞锥底温度。即控制温度上高下低，以促进酵母及沉淀物的沉降，有利于酵母的回收及酒液的稳定。在降温期，降温速度一定要缓慢、均匀。同时按工艺要求及时排放酵母以防止在降温期发酵液发生结冰现象。这是由于发酵液温度降至5℃进入酵母排放期后，酵母大量沉积于锥底，如不及时排出，此时底层温度计很可能插在酵母泥中，从而导致温度计上显示的是酵母泥温度而非酒温，由于酵母泥稠厚传热性能差，实际上很难降至工艺上所要求的0℃或－1℃左右，如果此时操作人员仍根据温度计上所显示的数据盲目降温，则很容易导致发酵液发生结冰现象。所以进入降温期后，应常排酵母。

c. 贮酒期：当发酵液温度降至0℃后，即进入贮酒阶段。贮酒的目的是为了澄清酒液，饱和CO_2，从而改善啤酒的胶体稳定性。所以这段温控应以三段平衡为主，以便于保持酒体的稳定。在生产中有的操作人员由于降温时疏忽大意，将进入贮酒期的酒温控制上低下高，从而使已沉降的酵母又重新悬浮、形成与工艺要求相悖的“逆对流”，导致酵母发生自溶现象，不但不利于过滤，而且使啤酒有很重的酵母味，严重影响啤酒质量，在实际操作中应严禁此类事故发生。

④压力的管理。压力的管理也非常重要，如果压力控制过高。会导致降糖缓慢，同时也会导致锥底酵母因压力过高而死亡或自溶。但如果保压过低，又会导致酒液中CO_2含量难以达到饱和，从而使成品酒中CO_2含量偏低且影响啤酒泡沫的挂杯，持久性。目前在工艺控制上，还原双乙酰压力一般控制在1.0～1.2 kgf/cm^2(1 kgf/cm^2＝98.066 5 kPa)，而进入贮酒期后的压力一般控制在0.6～0.8 kgf/cm^2。

⑤酵母的后期管理。

a. 酵母的回收：酵母的回收通常在双乙酰还原结束后，发酵液温度降至5℃时进行。为保证充足的回收时间，在进行工艺控制时一般在5℃保持48 h以利于酵母的沉降与回收。进入降温期后，对能重新利用的废酵母一定要及时回收，这是由于进入降温期后酵母大量沉积于锥底，从而导致温度计不能准确反映酒液温度，给温度控制带来不便。酵母的回收方式也不尽相同。有的厂家将可回收的酵母专门贮存于一个可控制温度的酵母罐中，当需用时，经过计量装置计量后排出使用。也有的厂家采用将待排酵母直接从罐中排入酵母添加器后再压入麦汁中。在回收时，应对回收的酵母定期进行性能测定及生化检验。

b. 废酵母的排放：降温后的废酵母应及时排放。如果废酵母沉入锥底的时间过长，由于贮酒时一般均保持一定压力，会导致锥底酵母因压力过高而发生自溶或死亡，从而影响成品酒风味。

⑥工艺卫生管理。发酵工段是容易导致杂菌污染的关键工段，有人曾形容发酵车间的管理是“三分工艺、七分卫生”，这种说法虽有失偏颇，但从中也可以看出卫生管理在发酵工段中所处的重要位置，所以在生产过程中，应严格遵守工艺卫生要求，以防止杂菌污染。

a. 搞好酵母扩培工作：确保菌种无污染只有确保酵母不被污染，才能充分发挥酵母菌的活力，从而生产出高质量的啤酒，所以在酵母扩培过程中，必须对一切可能染菌的管路、容器等进行彻底杀菌。

b. 搞好冷麦汁的卫生：冷麦汁含有丰富的营养成分，极易被杂菌污染。所以输送麦汁的管道及冷却麦汁的薄板冷却器应消除死角。每批麦汁冷却前应用80℃以上热水冲洗10 min，每天对管道通蒸汽杀菌20 min，每天还应用热碱水刷洗薄板冷却器及麦汁管道。

c. 压缩空气的净化除菌工作：冷麦汁充氧所用的压缩空气应彻底除菌。不仅要对除菌用的滤棉进行定期干燥，而且最好增加二级过滤装置，以确保无菌，决不能让压缩空气成为污染源。

d. 配备CIP原位清洗系统：为了及时对管道及发酵罐进行杀菌，必须配备CIP原位清洗系统。一般来说，刚滤完酒后的空罐，应立即杀菌备用。进麦汁之前，如发酵罐杀菌已超过48 h，应重新杀菌后再进麦汁。同时，应定期对杀菌后的空罐进行生化检验。刷罐用的碱液、甲醛也应定期检验及更换，没有使用的空罐，锥底阀门一定要关死，以防止污染。

另外，生产车间的地面及空间卫生工作也非常重要。应定期对锥底地面及操作平台用漂白粉液杀菌，对锥底空间可用硫黄与高锰酸钾混合熏蒸杀菌，以提高生产环境的卫生程度。

四、纯生啤酒的开发

纯生啤酒起源于20世纪90年代中期，我国最早的纯生啤酒是珠江啤酒厂生产的，1998年投放市场。在我国兴起于20世纪末，纯生啤酒的酿造是啤酒界的一次革命，从原料、工艺、设备，均与传统酿造啤酒有着巨大的区别，突出特点就是无菌酿造、设备价值昂贵、生产成本加大，仅检测费用比普通啤酒高20倍，可以说纯生啤酒是高科技产品，因此它的价格较高。我国生产啤酒近5 000万t，而纯生啤酒产量还不足200万t，在日本纯生啤酒产量占啤酒总产量的95%，德国占50%，而我国还不到5%，但是，纯生啤酒已代表中国啤酒市场的发展方向，是啤酒业的一次革命，它符合消费潮流，前景广阔。目前我国的四平金士百啤酒、北京燕京、陕西汉斯、广东珠江、青岛啤酒、四川雪花等厂商生产的纯生啤酒都很受欢迎。

啤酒的酿造从最初的自然发酵到相对的纯种发酵，一直到现在的纯生啤酒生产，是一个逐步摆脱野生酵母和细菌的污染，只靠纯培养的啤酒酵母发酵的过程。纯生啤酒的生产是建立在整个酿造、过滤、包装全过程对污染微生物严格控制的基础上，其特点体现在纯和生两个字上。纯：啤酒是麦汁接入酵母发酵而来，一般的啤酒生产往往容易污染杂菌，影响啤酒品质。生：发酵完经过过滤的啤酒仍含有部分酵母，普通啤酒为避免灌装后酒液发酵变质，须对灌装后的酒进行巴氏杀菌处理。但啤酒在有氧的条件下进行热处理会损失部分营养物质，并对新鲜口感造成损害，破坏原有的啤酒香味，产生不愉快的老化味。纯生啤酒的生产不经高温杀菌，采用无菌膜过滤技术滤除酵母菌、杂菌，是啤酒避免了热损失，保持了原有的新鲜口味。最后一道工序进行严格的无菌灌装，避免了二次污染。纯生啤酒通过严格的过程控制，实现了无菌酿造，杜绝了杂菌污染，保证了酵母纯种发酵，是啤酒拥有最纯正的口感和风味。

普通啤酒与纯生啤酒的根本区别在于普通啤酒是经过高温灭菌处理的熟啤酒，减少了啤酒原有的香醇、新鲜味，存在口味上的不稳定；纯生啤酒则未经过高温杀菌，其口感新鲜，酒香清醇，口味柔和。但纯生啤酒与一般的生啤酒又有所区别，纯生啤酒是采用无菌膜过滤技术，滤除了酵母和杂菌，保质期可达 180 d；生啤酒虽然也未经高温杀菌，但它采用的是硅藻土过滤机，智能过滤掉酵母菌，杂菌不能被滤掉，因此其保质期一般在 3～7 d。

1994 年 12 月 27 日北京双合盛五星啤酒集团公司生产的五星纯生啤酒通过技术鉴定。该品种有特殊的酒花香味，能保持新鲜口感，风味稳定性好，包装新颖，能满足高档市场的需要，现已投入大生产。以它为例来说纯生啤酒的生产工艺。

(1)糖化配料。麦芽 75%，大米 25%，控制 11°P 麦汁外观最终发酵度 80%以上，α-氨基氮含量为 180 mg/100 mL 以上，苦味质为 11.9BU。

(2)选择酵母接种量 1%，满罐温度 8℃，发酵温度 11℃，13℃双乙酰还原 2 d 降至 0.07 mg/L，降温 7℃保持 2 d，降温 5℃下酒。后发酵罐下酒糖度 3°P 左右，下酒温度 5℃，悬浮酵母数 10×10^6 个/mL，再降温 0℃储存，酒龄 20 d。

(3)先经硅藻土过滤，然后纸板精滤，在经 0.45 μm 以下膜过滤。膜芯冲洗清，放入 2% NaOH 浸 2 h，水冲呈中性，放入 0.6%硝酸中浸 2 h，用水冲洗呈中性，0.1 MPa 蒸汽灭菌 20 min。设备、管路的灭菌用 82℃热水杀菌 30 min。

(4)无菌灌装的关键是灌装设备及环境的无菌。无菌室清洁、无杂物，空气中无菌。甲醛熏蒸过夜，次日用水冲洗。过滤的无菌空气流，用紫外灯灭菌 20 min 以上。灌酒机用 82℃热水杀菌 30 min。灌酒后水洗、碱液浸泡、酸液浸泡、用水冲洗至中性，最后用甲醛水浸泡。

330 mL 啤酒瓶洗净后放入次氯酸钠溶液中浸泡。瓶盖放入酒精液中浸泡。

(5)生产过程中的微生物检验。用 UBA、UBAA 检验啤酒中的有害菌。对啤酒中的细菌总数、大肠杆菌进行检验。

生产出的五星纯生啤酒质量标准：内控标准在 GB 4927—91 优质 11°P 啤酒标准中增加实际发酵度 64%以上，苦味质 11.3～17.8 BU，细菌总数≤50 个/mL(实际 5 个/mL 以下)，大肠菌群<3 个/100 mL(实际为 0)。啤酒浊度在 0.3 EBC 以内，保存 3 个月之后浊度为 0.5 EBC 左右，泡沫性 230 s 以上。风味物质测定：五星啤酒中的异戊醇和活性戊醇含量为 65 mg/L，小于内控标准，异丙醇 11 mg/L，不会使人上头，没有高级醇味，又不是口味太淡。乙酸乙酯含量 12 mg/L，不产生不愉快的苦味；乙酸异戊酯含量 2 mg/L，赋予啤酒特有的酯香味。

纯生啤酒与熟啤相比，喝生啤酒就像吃新鲜水果一样，享受到原汁原味的新鲜口味。它有四大特点：①口感更新鲜。因为纯生啤酒不经过热杀菌，极大地避免了影响啤酒口感的风味物质进一步氧化，减少并降低了醛类、醇类、脂类、双乙酰等羰基化合物和硫化物质的产生，而使纯生啤酒口感更新鲜，避免成品啤酒产生过多的老化味。②口味更纯正。纯生啤酒生产过程中采用的是纯净工艺法，即无菌酿造和无氧酿造法，使整个酿造包装系统中不得有杂菌污染和氧的侵入，从而避免产生一些不利于啤酒口味的不良代谢产物，因而纯生啤酒口感更加纯正、无异味。③稳定性更好。由于整个生产线采用无氧和无菌化生产以及无氧和无菌化管理与操作，避免了由于微生物的繁殖而破坏胶体平衡，而发生早期混浊或沉淀，保质期与熟啤相同，高达 120～240 d。④营养价值更高。啤酒中含有丰富的氨基酸、碳水化合物、无机盐类、多种维生素以及多种活性酶类，而被俗称为液体面包，是世界公认的营养饮品。由于不经过高温热杀菌，而保留了更多的营养成分，特别是多种维生素和多种酶类，纯生啤酒含有可检测的活性蔗糖转化酶，而经巴氏杀菌的熟啤酒不含有活性的转化酶。因此营养价值更高，更有利于人体消化吸收这些营养物质。

目前，我国多数啤酒厂仍然使用隧道式巴氏灭菌机对啤酒进行灭菌处理，这种生产方式在一定程度上破坏了啤酒的原有口味。而纯生啤酒则未经过巴氏灭菌的高温处理，最大程度地保持了啤酒原有的新鲜口味和营养物质。随着人们生活水平的不断提高，消费者越来越青睐口感新鲜、口味纯正、营养丰富的纯生啤酒。生产纯生啤酒，有以下几点最关键：一是优质的原料；二是先进的设备；三是严格的卫生管理；四是高素质的人才队伍。

1. 优质的原料

纯生啤酒酿造的一个关键环节是啤酒的过滤，目前主要采用低温膜过滤技术，借助于过滤膜，将啤酒中的微生物滤除。但由于构成膜的材料极其细微，啤酒中的一些杂质和高分子物质，如高分子蛋白质和糖类，尤其是β-葡聚糖会堵塞过滤膜，影响啤酒过滤，降低过滤膜的使用寿命，增加过滤成本。因此，生产纯生啤酒，首先要严格控制原料质量，精心制订糖化工艺，促进半纤维素和麦胶物质彻底分解。

水：一般用水指糖化投料水、洗糟水、溶解各种洗涤剂所用水，一般不需要严格无菌，只要相对纯净、透明、无污染或达到饮用水标准即可。无菌水指酵母洗涤用水、啤酒管道和各种容器的最后冲洗用水、高浓酿造稀释脱氧水、啤酒过滤预涂用水、洗瓶机最后一次冲瓶水等，必须达到严格的无菌要求，细菌数应小于10个/100 mL。无菌水一般要经过三级过滤，第一级使用砂滤棒过滤（除菌率85%～95%），第二级采用0.3 μm微孔除菌（除菌率99%），第三级一般采用高压汞灯紫外线杀菌。

大米：大米必须新鲜，粒整。

大麦芽：大麦芽质地均匀，溶解性能良好。麦芽中β-葡聚糖的含量要尽可能低，外购麦芽的β-葡聚糖含量要小于80 mg/L。麦芽质量的具体指标要求见表8.7。

表8.7 麦芽质量指标

理化项目		质量指标	理化项目	质量指标
夹杂物/%		<0.25	α-N/(mg/100 g)	>160
水分/%		<5.5	库尔巴哈值/%	42～44
无水浸出物/%		>79	色度/EBC	<3.4
粗细粉差/%		1.2～1.6	β-葡聚糖/(mg/L)	30～60
脆度值	粉状粒	80～86	黏度/mPa·s	<1.55
	全玻璃粒/%	小<2		

制定合理的糖化工艺：一般采用35～40℃的低温投料，以利于β-葡聚糖的分解；蛋白休止时间要长，麦汁黏度低。酿造纯生啤酒，40～50℃的蛋白休止时间一般应保证不少于30 min；内、外β-葡聚糖酶的最适pH为4.5～4.7。在糖化时，醪液的理想pH为5.5～5.6，可以用乳酸、磷酸或酸麦芽来进行调节；浓醪糖化[料水比为1∶(3.0～3.2)]有利于β-葡聚糖酶的作用，综合其他方面的因素，糖化时料水比为[1∶(3.6～3.8)]为佳；整个糖化工艺注意隔氧；可

根据实际情况适当添加β-葡聚糖酶。总之,采取必要的措施,加强β-葡聚糖的分解,保证麦汁、啤酒良好的过滤性能以及啤酒的醇厚性和泡持性,并尽量降低纯生啤酒的生产成本,提高经济效益。

2. 先进的设备

糖化和发酵设备:现代糖化设备一般都具有防氧设计要求,糖化过程在密闭隔氧下操作。原料粉碎尤其麦芽粉碎在封闭除尘能够实现惰性气体保护的空间进行。国内企业配备德国HUPPMANN公司的糖化设备较多,粉碎设备(湿粉碎)以STEINNECKER公司提供的居多。糖化锅、麦汁过滤槽和煮沸锅均采用密闭式,从底部进出料,糖化、过滤或麦汁煮沸时表面用CO_2或N_2掩盖,减少空气与醪液的接触面积,以防止氧化。麦汁在回旋沉淀槽内的静置时间不宜超过20 min。薄板冷却器的冷却面积要求是将麦汁在40 min内冷却至接种温度。纯生啤酒生产用的糖化设备、管道、阀门必须进行抛光处理,发酵罐内表面抛光至0.7 μm光洁度,清酒罐、酵母培养罐、酵母贮罐内表面抛光至0.4 μm的光洁度,以利CIP系统进行清洗和杀菌。

过滤设备:膜过滤是纯生啤酒生产的关键技术,膜过滤后清酒的细菌数关系到最终纯生啤酒的生物稳定性。膜过滤的孔径一般有0.45 μm和0.6 μm两种,如此小的孔径是能够把清酒中的细菌和酵母细胞全部滤除干净,达到纯生啤酒在一定保质期内的生物稳定性要求。

纯生啤酒的粗过滤采用硅藻土过滤,除去啤酒中大部分的悬浮颗粒,使啤酒的浊度降至0.6 EBC以下。膜过滤系统可采用全自动双套过滤系统,每一套又分为两级过滤,一级为预过滤,二级为终端过滤。每套系统工作至一定时间如8～10 h就自动再生。同时另一套系统开始工作,可以实现24 h连续过滤。有的啤酒膜过滤系统为三级过滤,其实,只要实现除菌的目的,又不大幅增加成本,采用何种形式并不重要。

滤芯的寿命主要取决于过滤啤酒的量及再生情况,一般情况下可于使用前对滤芯进行完整性测试,以防止微生物滋生穿透薄膜进入清酒。目前,国内啤酒厂配备的膜过滤系统以德国SARTORIUS公司和SEITZ公司的产品较多。

灌装设备:

①洗瓶机。洗瓶机采用双端式。生产纯生啤酒所用的洗瓶机选用双端式更具有微生物的安全性,因为单端式洗瓶机脏瓶与洗净的空瓶在同侧进出,进出瓶交叉污染,微生物难以得到保证,只有双端式洗瓶机才能在空间上将干瓶与湿瓶分开,且在双端洗瓶机的出口到压盖机出口,将这一部分隔成无菌间,无菌间级别为10 000级,局部达100级。世界著名的包装机械公司以KHS公司和KRONES公司向中国出口的洗瓶机较多,国内厂家是广东一轻、广东二轻和南京轻工机械厂质量为好。

②灌装机压盖机。为保证纯生啤酒的无菌灌装,灌装压盖机应能够实现三次抽真空,二次蒸汽灭菌,一次CO_2背压功能。激沫引泡装置采用膜过滤孔径为0.2 μm,压力达到1.0～1.5 MPa,从而既达到引泡效果又达到无菌的要求。灌装机以KHS公司和KRONES公司产品质量为佳。

③卫生管理严格。纯生啤酒的特色在于啤酒的新鲜的口味和爽口的感觉,要实现这个目的就要求生产设备卫生状况极好,达到"纯净化"生产。这里涉及两个方面,一是通过清洗杀菌达到"纯净化"生产,二是用微生物检测来衡量是否达到"纯净化"生产。

A. 清洗与杀菌。

气体的杀菌:空气是啤酒被污染的第一来源,从麦汁充氧及酵母培养用空气,到灌酒车间的空气等，这些都可造成杂菌的污染。因此，生产纯生啤酒时，对所用空气进行无菌过滤，对无菌操作场所的空气进行紫外杀菌。

管道、阀门及罐体的清洗与杀菌：管道、阀门、发酵罐、清酒罐等在啤酒生产过程中，常会有糖类、蛋白质、酒花树脂等聚结形成污垢，细菌易繁殖，必须有良好的 CIP 系统定期进行清洗。

啤酒过滤：过滤时硅藻土的预涂、用土量、过滤压力、流量必须严格按工艺要求执行，必须认真按工艺对过滤膜进行清洗杀菌。

灌装车间的杀菌：在生产前后除了采用人工清洗无菌间外，还用紫外灯进行照射灭菌使无菌间的空气质量始终控制在理想状态。瓶子被洗净后，在洗瓶机出端至冲瓶机入口端的输送链区间，要设有防护顶罩，输送链所用润滑剂要添加抑菌剂，同时保证输送链定时清洗、消毒。

除 CIP 系统对设备进行清洗杀菌外，还应用杀菌剂对灌装机周围环境杀菌，用紫外线对瓶盖杀菌，并控制好室内的温度和湿度，定期对墙面、顶部、地面等进行清洗杀菌。

B. 微生物检测。在生产过程中，正确、科学地建立取样点是进行微生物检测的前提。对纯生啤酒而言，大致可按如下程序建立取样点，见图 8.3，并进行相关检测。检测啤酒有害菌的选择性培养基很多，目前主要有 UBA、DNB、NBB 等，啤酒厂常用的培养基是 NBB(Nachweismediumfr Bierschdliche Bakterien)，它是德国慕尼黑工业大学研制的一种啤酒有害菌专用培养基。样品的检测方法可按图 8.6 进行。

a. 在 180 mL 卡箍式取样瓶中进行液体富集培养，添加啤酒和 10%～15% NBB-B。每天取样量约 160 mL 啤酒置于卡箍式取样瓶中，进行摇晃，剩余部分进行膜过滤。同时，将经过膜过滤的啤酒加入取样瓶中，并用 NBB-B 充满。

b. 膜过滤，将滤膜的 1/2 置于麦汁琼脂平板上培养，另一部分在 NBB-A 上培养。

c. 冲罐水取样包括总啤酒管路以及其他范围的水样(井水、生产用水、冷却水)。大约 50 mL水样＋5%～20%NBB-B＋啤酒(巴氏灭菌啤酒或者经保质期强化试验的啤酒)，检测啤酒有害菌 1～4。

样品检测方法见表 8.8。

④高素质的人才。对于纯生啤酒而言，有先进的技术和设备是远远不够的，这只能说具备生产纯生啤酒的能力，能否生产出质量过硬的纯生啤酒并能长期保持质量稳定，离不开生产管理，而管理离不开人，更离不开人才，特别是高素质的人才。纯生啤酒检测手段是检测蔗糖(葡萄糖)转化酶的活性，如果不合格，啤酒必须进行热杀菌，按普通啤酒出售。从人员、设备、原材料等各个方面来说，生产纯生啤酒成本较高，如果产品不合格按普通啤酒销售，成本太高。所以，生产纯生啤酒，必须加强员工的卫生意识，定期对生产员工进行岗位培训，不断提高员工素质，让员工从思想上明确微生物的危害，使卫生管理工作落到实处，真正具备无菌操作概念，建立起一支具有丰富微生物知识和无菌生产经验的高素质团队。

五、连续发酵法

1906 年凡雷金(VanRijn)在新加坡第一个申请了啤酒连续发酵的专利，当时未获得推广应用。二次世界大战后，由于啤酒需要量激增，生产满足不了市场的需要，酿造家们相继研制快速的连续发酵生产方法。直至 1957 年后，啤酒连续发酵才开始在少数国家的少数厂中应用于生产。当前在生产上采用的连续发酵方法，主要有两类：

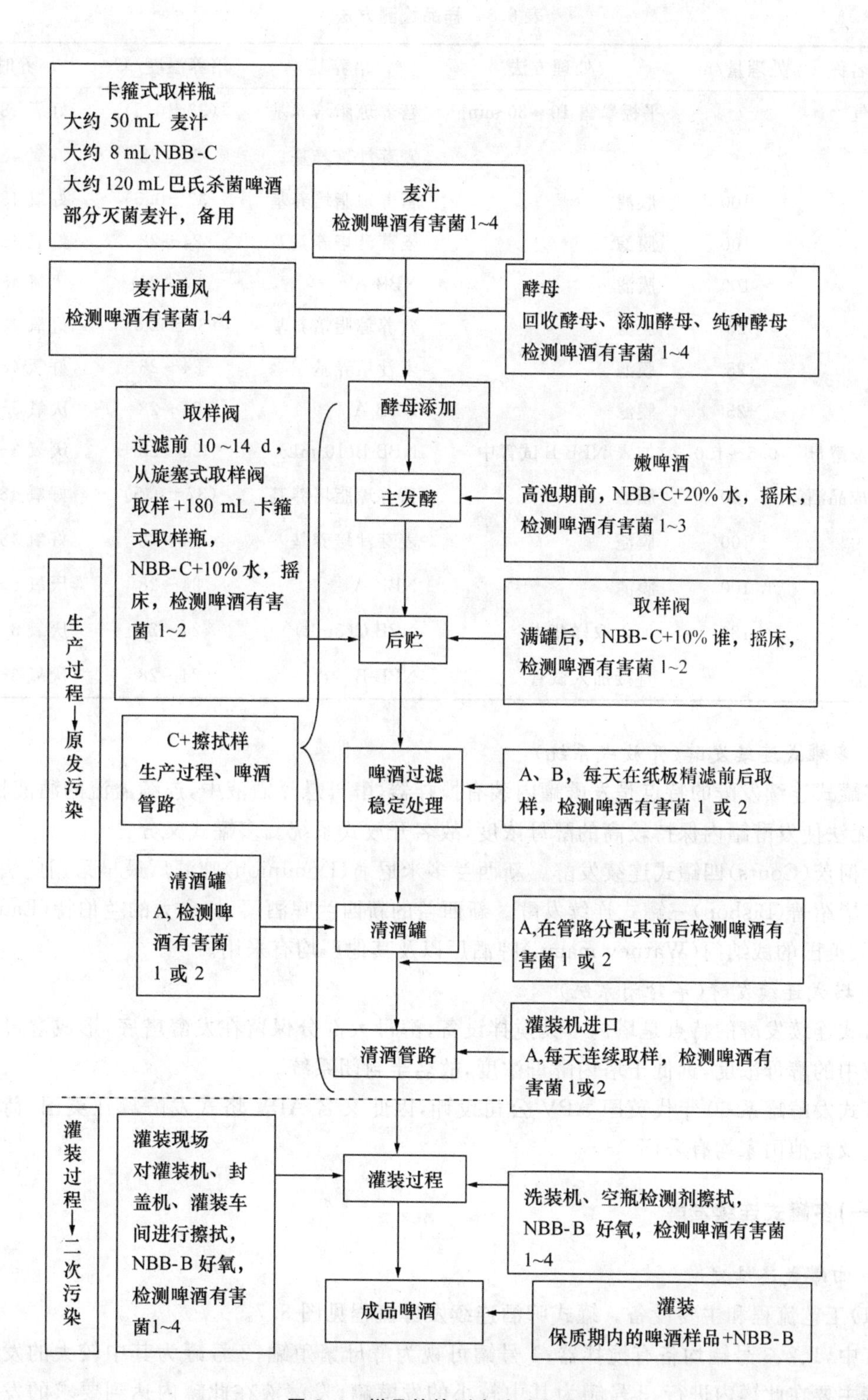

图 8.6　样品的检测方法流程图

表 8.8 样品检测方法

样品名称	处理量/mL	处理方法	培养基	培养温度/℃	培养时间
室内空气		平板暴露 10～30 min	营养琼脂培养基	(37±0.5)	好氧 48 min
			麦芽汁培养基	24～28	好氧 48 min
水	100	膜滤	营养琼脂培养基	(37±0.5)	好氧 48 min
	100	膜滤	麦芽汁培养基	24～28	好氧 48 min
	100	膜滤	NBB-A	24～28	厌氧 48 min
麦汁	25	膜滤	营养琼脂培养基	(37±0.5)	好氧 48 min
	25	膜滤	麦汁培养基	24～28	好氧 48 min
	25	膜滤	NBB-A	24～28	厌氧 5～6 d
发酵液及酵母	0.5～1.0	加入 NBB-B 试管中	NBB-B(10 mL)	24～28	厌氧 3～5 d
清酒及成品酒	100	膜滤	营养琼脂培养基	(37±0.5)	好氧 48 min
	100	膜滤	麦芽汁培养基	24～28	好氧 48 min
	100	膜滤	NBB-A	24～28	厌氧 5～6 d
	180	加入取样瓶中	NBB-C(8mL)	24～28	厌氧 3～5 d
擦拭样品		直接加入试管	NBB-B	24～28	厌氧 3～5 d

1. 多罐式连续发酵(开放式系统)

多罐式连续发酵的特点是发酵罐内装有搅拌器,酵母悬浮酒液中,连续溢流的酒液将酵母带走,无法使发酵罐内保持较高的酵母浓度,故名开放式系统。多罐式又分:

①柯茨(Couts)四罐式连续发酵。新西兰多米尼翁(Dominion)啤酒厂最早采用此法。

②毕绍普(Bishop)三罐式连续发酵。新西兰的新西兰啤酒厂、加拿大的兰伯特(Lambatt)啤酒厂、英国的威纳门(Watney mamn)啤酒厂以及其他厂均有采用。

2. 塔式连续发酵(半封闭系统)

塔式连续发酵的特点是塔内不具搅拌设备,酵母大部分保留在发酵塔底,形成酵母柱;溢流酒液中的酵母浓度,远低于塔内酵母浓度,故名半封闭系统。

塔式发酵罐系 60 年代英国 APV 公司设计,因此又名 APV 塔式发酵罐在英国、荷兰、西班牙以及其他国家均有采用。

(一)多罐式连续发酵

1. 四罐式连续发酵

(1)工艺流程和主要设备。罐式啤酒连续发酵流程见图 8.7。

其中,1、2、3 号罐均备有搅拌器;1 号罐可视为酵母繁殖罐;2 号罐为其中较大的发酵罐,主发酵主要在此罐内进行;3 号罐为其中较小的发酵罐,发酵液在此罐内达到要求的发酵度;4 号罐为一设有冷却设施的锥底罐,酵母在此冷却沉降,酒液由上部溢出,或采用酵母离心机代替此罐。

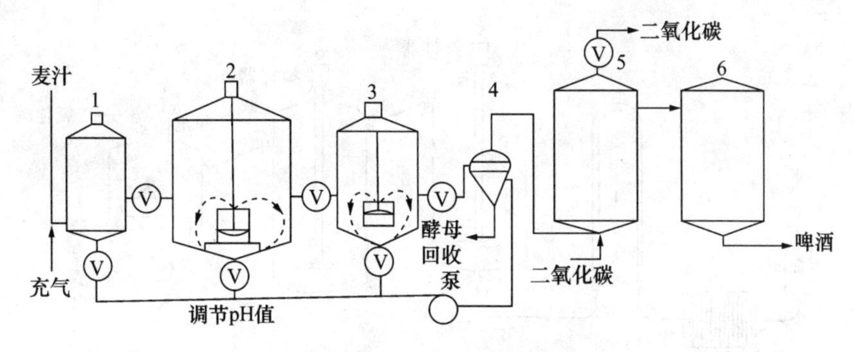

图 8.7　回罐式啤酒连续发酵流程

1. 酵母繁殖罐　2. 发酵罐Ⅰ　3. 发酵罐Ⅱ　4. 酵母分离罐或酵母离心机
5. 二氧化碳洗涤罐　6. 贮酒罐

(2)发酵过程。

①麦汁经冷却后，在 0℃贮藏罐汇总存放 48 h，使冷混浊物充分析出。

②此麦汁经硅藻土过滤，除去冷混浊物，移入 2℃贮藏罐中备用(如果是高浓度麦汁，则在流加至酵母繁殖罐前先进行稀释)。

③麦汁经薄板热交换器，加热至起始发酵温度，然后流加加入酵母繁殖罐，同时通入适量空气。

④发酵液由酵母繁殖罐流入发酵罐Ⅰ，待发酵度达 50%左右，流入发酵罐Ⅱ。

⑤发酵液在发酵罐Ⅱ发酵至要求的发酵度，流入酵母分离罐(4 号罐)分离酵母，酒液溢流至贮酒罐，进行后处理。

⑥在酵母分离罐分离的酵母，部分回收，部分酵母重新送回酵母繁殖罐和发酵罐Ⅰ，以增加酵母浓度。

(3)技术条件。以多米尼翁啤酒厂四罐连续发酵法为例说明，如表 8.9 所示。

表 8.9　四罐连续发酵法

项　　目	技术条件	项　　目	技术条件
麦汁浓度/%	17 左右	发酵罐Ⅱ容量/m^3	41
进入 1 号罐前稀释浓度/%	12.9	发酵罐Ⅰ溢流酒液的发酵度/%	50 左右
冷麦汁处理温度/℃	0	发酵罐Ⅱ溢流酒液的浓度/%	3.1
冷麦汁处理时间/h	48	发酵温度/℃	15
冷麦汁过滤(硅藻土过滤机)	祛除冷混浊物	酵母浓度/(g/L)	12～100
麦汁贮备温度/℃	2	酒液逗留时间/h	30
酵母繁殖罐容量/m^3	23	产量/(t/h)	6.8
发酵罐Ⅰ容量/m^3	164		

2. 三罐式连续发酵

(1)工艺流程和主要设备(图 8.8)。

(2)发酵过程。

①麦芽汁在 0℃贮存，再经热交换器灭菌后，冷却到 20～21℃。

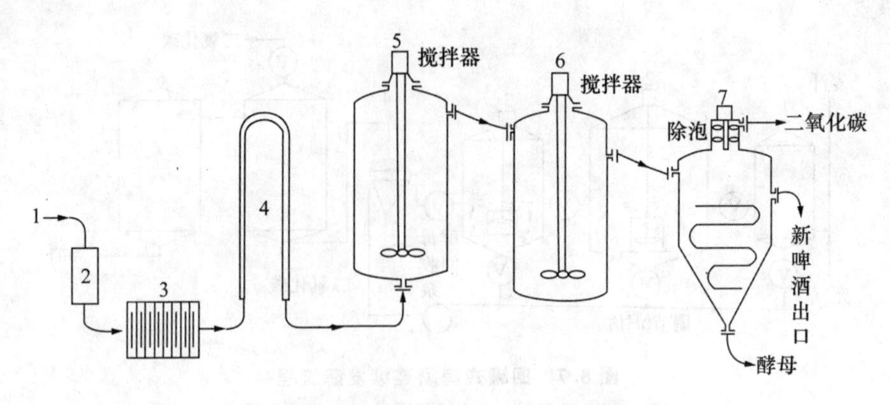

图 8.8　皮旭浦型三罐式啤酒连续发酵流程

1. 麦芽汁进口　2. 泵　3. 薄板热交换器　4. 柱式充氧器　5. 发酵罐Ⅰ　6. 发酵罐Ⅱ　7. 酵母分离罐

②麦汁通过倒置的U形供氧柱摄取氧气。

③麦汁进入发酵罐Ⅰ(需氧)，罐中装有搅拌器，然后加酵母在麦汁中。待发酵罐Ⅰ可发酵糖发酵到50%左右时，酒液开始溢流到发酵罐Ⅱ。

④随后连续地将麦汁供给发酵罐Ⅰ，待发酵罐Ⅱ的发酵液达到要求的发酵度时，则转流到酵母分离罐。

⑤酵母分离罐内设冷却设施，发酵液冷却后，可使酵母沉淀，并由罐的底部排出，酵母浓度可以麦汁流量和温度酌情调整，在正常连续发酵期间，发酵罐Ⅰ和发酵罐Ⅱ的酵母浓度均甚稳定。

⑥在连续操作过程中始终开动搅拌器，使酵母保持悬浮状态。

⑦发酵产生的二氧化碳，最后经酵母分离罐上部排出；由酵母分离罐溢流出的嫩啤酒最后送到贮酒室，进行后处理。

(3)技术条件。以英国威纳门啤酒厂的三罐法连续发酵为例说明，如表8.10所示。

表 8.10　三罐法连续发酵技术条件

项　目	技术条件	项　目	技术条件
工作容量/(hL)：		酵母浓度/(细胞/mL)：	
发酵罐Ⅰ	262	发酵罐Ⅰ	5.4×10^7
发酵罐Ⅱ	262	发酵罐Ⅱ	6.0×10^7
酵母分离罐	142	酵母分离罐	2×10^6
麦芽汁流速/(hL/h)	24.57	发酵温度/℃：	
		发酵罐Ⅰ	21
原麦汁浓度/(g/100 mL)	9.5	发酵罐Ⅱ	24
		酵母分离罐	8～7
嫩啤酒浓度/(g/100 mL)	2.3	逗留时间/h	14～18
麦汁溶解氧含量/(mg/L)	6～10	制罐材料	铝或不锈钢

(4)三罐法连续发酵过程中的物质变化情况。三罐法连续发酵过程中的物质变化情况如表8.11所示。

表 8.11　三罐法连续发酵过程中物质变化

项　目	麦汁	发酵罐Ⅰ	发酵罐Ⅱ	酵母分离罐
工作容量/hL	—	262	262	142
麦汁浓度/(g/100 mL)	9.5	5.58	2.3	2.3
酒精浓度/(g/100 mL)	0	1.6	2.9	2.9
总氮含量/(mg/L)	700	500	400	400
α-氨基氮含量/(mg/L)	150	37	25	25
可发酵糖含量/(g/L)	60.5	30	7.5	7.5
溶解氧含量/(mg/L)	9.5	0	0	0
pH	5.0	4.0	3.9	3.9
酵母浓度/(细胞/mL)	0	5.4×10^7	6×10^7	2×10^6
温度/℃	7	21	24	3～7
压榨酵母质量/(kg/hL)	—	1.25	1.43	—
流速/(L/h)	2 457	2 457	2 457	2 457

(5)产品化学分析(与间歇法比较)。两者的产品分析对比如表 8.12 所示。

表 8.12　三罐法连续发酵与间歇发酵的产品分析对比

项目	麦汁	连续发酵			间歇发酵啤酒
		发酵罐Ⅰ	发酵罐Ⅱ	酵母分离罐	
麦汁浓度/(g/100 mL)	9.95	4.93	4.08	2.89	2.89
总氮含量(mg/L)	877	610	554	532	535
游离氨基氮含量/(mg/L)	205	45	31	36	71
总多酚含量/(mg/L)	351	362	366	362	340
苦味质(异葎草酮)含量/(mg/L)	27.5	25.5	25.5	27.5	24.0
二甲基硫含量/(mg/L)	0	0.03	0.004	0.001	0.001
乙醛含量/(mg/L)	0	<1	1	2	1
双乙酰含量/(mg/L)	0.1	0.3	0.2	0.2	0.2
异丁醇含量/(mg/L)	0	3	4	4	4
戊醇含量/(mg/L)	0	5	5	7	9
异戊醇含量/(mg/L)	0	0.5	1.5	1.5	1
己酸乙酯含量/(mg/L)	0	<0.1	<0.1	<0.1	<0.1

3. 多罐式连续发酵的优缺点

(1)优点。

①缩短发酵周期,提高设备利用率,降低土建和设备费用。

②节省劳动力和减少洗刷费用。

③减少啤酒损失。

④提高酒花利用率,节约酒花用量约 25%。

(2)缺点。

①每个发酵罐都配备搅拌器,耗用动力多。

②耗用冷量大。

③管理比较繁琐,麦汁、啤酒易染菌。

④生产灵活性差,一套设备只能生产单一品种。

(二)塔式连续发酵

塔式连续发酵生产上面啤酒。

(1)工艺流程。塔式啤酒连续发酵流程图见图 8.9。

(2)发酵过程。

①酵母可参照传统方法进行培养,然后移入发酵塔内,稍加通风,分批加入无菌麦汁;麦汁在塔内一边上升,一边发酵,直到放满发酵塔为止;在塔底形成沉积的酵母层,并达到要求的酵母浓度梯度后,用泵连续泵入无菌麦汁;调节麦汁流量,使达塔顶时,恰好达到所要求的发酵度。麦汁开始流速较慢,1 周后,可到全速操作。

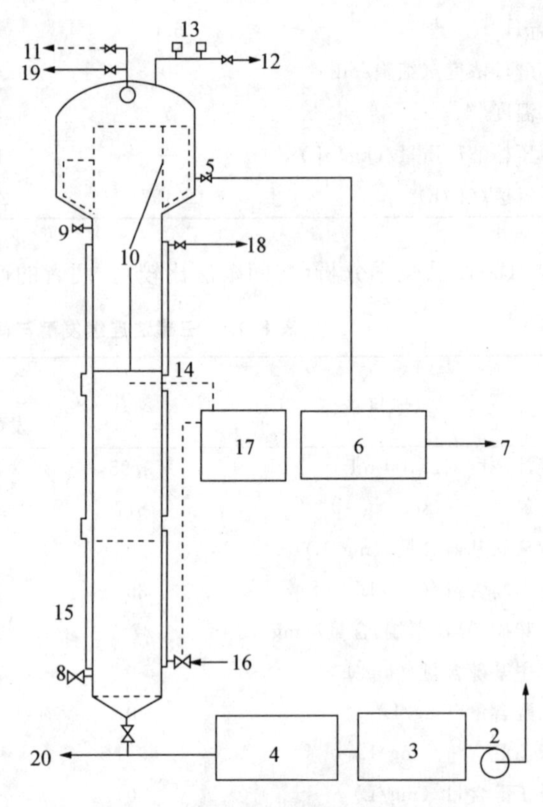

图 8.9 塔式啤酒连续发酵流程图

1. 麦芽汁进口 2. 泵 3. 麦芽汁流量计 4. 麦芽汁灭菌器 5. 新啤酒出口 6. 酵母分离器 7. 除去酵母的新啤酒出口 8、9 采样口 10. 析流器 11. CO_2 出口 12. 蒸汽 13. 真空加压接头 14. 温度计 15. 冷却器夹套 16. 冷冻剂入口 17. 温度计 18. 冷冻剂出口 19. 清洗器(CIP) 20. 洗涤剂出口

②麦汁经过 48 h、0℃贮藏澄清处理,再经硅藻土过滤,泵入热交换器连续灭菌、冷却、充氧后,从塔底进入发酵塔;塔内装有孔板(水平式缓冲折流挡板),使麦汁均匀地分布到塔内各个横断面。麦汁在塔底通过疏松的酵母层进行发酵。

③嫩啤酒的发酵度取决于麦汁流速和酵母浓度。流速低,发酵度高;流速过高,溢流的啤酒发酵度不足,并会将酵母带出,使发酵受阻。因此,必须根据发酵度来控制流量。

④发酵温度是通过塔身周围三段夹套或盘管的冷却来控制恒温,冷冻剂用直接氨或其他间接冷却方法,如采用乙二醇溶液或酒精溶液。塔顶的圆柱体部分沉降酵母的离析装置,用以减少酵母随啤酒溢流而流失,是酵母浓度在塔身形成稳定的梯度,以保持恒定的代谢状态。如麦汁流速过高时,酵母层会上移。

⑤连续发酵到一定时间后,酵母会发生自溶,死亡率增高,啤酒内氨基氮含量上升,此时,可在塔底排出部分老酵母,仍可继续进行发酵。

⑥流出的嫩啤酒,经过酵母分离器后,再经薄板热交换器冷却至-1℃,然后送入贮酒罐

内，经过充二氧化碳后，贮存 4 d，再经过滤，即可包装出厂。

⑦须经常从塔底充入二氧化碳，以保持酵母柱的疏松度。

(3)技术条件。以英国伯顿(Burton)啤酒厂的塔式发酵罐为例，说明如表 8.13 所示。

表 8.13　塔式连续发酵的技术条件

项　　目	技术条件
身直径：高	1.8：15
塔顶酵母离析器直径：高	3.6：1.8
塔底锥角	60°
容量/m^3	45
麦汁流量/(m^3/h)	4～5
新啤酒产量/(m^3/d)	96～120
原麦汁浓度/%	9～10
酵母要求	絮凝沉淀
酵母品种	上面酵母
酵母沉积柱占塔总容量/%	15～20
麦汁流速低时塔底酵母浓度/(g/L)	350～400
麦汁浓度低时塔顶酵母浓度/(g/L)	11～30
麦汁 0℃贮存时间/h	48
麦汁热交换器灭菌温度/℃	60
麦汁含氧量/(mg/L)	6
塔底麦汁发酵温度/℃	16
塔顶新啤酒双乙酰还原温度/℃	22～24
逗留时间/h	7～9
麦汁进塔 4 h 后可发酵糖的发酵度/%	75
制塔材料	不锈钢或钢板加涂料
新啤酒分离酵母	离心机
贮酒罐－1℃贮存时间/d	4

(三)国内啤酒塔式连续发酵

国内啤酒塔式连续发酵，开始于 1975 年 10 月，此项科研项目是由上海啤酒厂主办，上海工业微生物研究所与上海轻工业设计院协作。并于 1977 年 12 月 25 日在上海作了鉴定。

1. 麦芽汁准备

麦芽醪糖化时，升到酶活动所需要的温度。在 40℃时蛋白酶活动占优势。结果产生对酵母营养起重要作用的可溶性氮、α-氨基氮。但是为了啤酒成品的泡持性和口味，在这段温度不宜停留。当然采用乳酸调 pH，能使 12%麦芽汁 α-氨基氮达到 200～250 mg/L。酵母繁殖时就无须形成更多的丙酮酸来合成缬氨酸和异亮氨酸，因为缬氨酸能抑制乙酰乳酸的生成，异亮氨酸同样地抑制羟基丁酸的形成。因此，增加双乙酰还原速度和减少双乙酰生成率的方法是行之有效的。麦芽汁经过 0～1℃贮藏 48 h，能使麦芽汁中冷凝固物(冷似浊物质)沉淀而加以除去，以提高啤酒的冷混浊稳定性。当然亦能采用硅藻土过滤、浮选法以及加硅藻土再经冷冻贮藏等方法代替,以期达到贮藏啤酒的稳定性要求。同时控制−1～0℃贮藏,能防止细菌污染繁殖,因为某些细菌在3℃时就开始繁殖。麦芽汁如用硅藻土过滤法去除冷混浊物质,其口味则较冷冻贮藏麦芽汁出来的啤酒为淡薄。采用浮选法处理麦芽汁所得啤酒,就没有口味淡薄的影响。

2. 酵母的选择

啤酒酵母一般特征是,啤酒酵母是多倍体,这可能是难以进行杂交的原因。上面发酵的酵母,具有一种比底面酵母更强的呼吸系统,这是反映在这两种酵母的细胞色素上面。超发酵度的酵母菌株——糖化酵母(*S. diastaticus*),能发酵葡萄糖、果糖、半乳糖、麦芽糖、蔗糖和1/3棉籽糖,据说还能发酵部分糊精。据吉列兰(Gilliland,1969 A)报道,有一种卡尔酵母属(*S. carlsbergensis*)含发酵麦芽四糖、Panose和异麦芽糖。

3种酵母移植入比重1.014 6的同一批新啤酒时,得到不同的发酵度极限,如表8.14所示。

表8.14　不同的发酵度极限

种类	达到发酵度极限(比重)	种类	达到发酵度极限(比重)
上面酵母	1.010 6	糖化酵母	1.004 2
卡尔酵母	1.010		

酵母对糖类适应性,在葡萄糖中培养酿酒酵母(*S. cerevisiae*)、卡尔酵母、糖化酵母。随后将酵母转移到含有作为主要碳源的棉籽糖、麦芽糖、半乳糖的培养基中去,其开始发酵时间如表8.15所示。

表8.15　主要碳源开始发酵时间

项目	酵母菌株的名称	开始发育时间(h)之后
棉籽糖	酿酒酵母	9
棉籽糖	卡尔酵母	1
棉籽糖	糖化酵母	1
麦芽糖	卡尔酵母	立即开始发酵
麦芽糖	酿酒酵母	2
麦芽糖	糖化酵母	2
半乳糖	卡尔酵母	3
半乳糖	酿酒酵母	较早
半乳糖	糖化酵母	较早

本哥(Bunker,1969)提到了一个英国啤酒厂采用锥底圆柱罐发酵啤酒,在容器中上面酵母不会上升到表面,而沉积在容器的圆锥底部分,并将其从底部顺利压出。

根据哈列斯(1967)观察酵母发酵麦芽三糖的效能,极大地取决于它们的含氮量。絮凝性较强的酵母比絮凝较弱的酵母表现出较低的麦芽三糖发酵率(在同它的葡萄糖发酵率的关系上)。

污染野酵母(如椭圆形酿酒酵母、球拟酵母、毕赤酵母等)使啤酒有酚味、霉味、纸板味等,导致啤酒口味不纯,发酵度较差。空气、水、原料或者昆虫把杂菌带进啤酒厂,对于作为营养物的麦芽汁是很能适应的。野酵母在首次发现后出现,一般地将会是污染性的,有机体比培养酵母长得快。

酵母的凝集作用，其形成的程度极大地受到物理和化学的影响，麦芽汁组分看来并不改变它的絮凝性，糖类看来会阻止或延迟絮凝作用，而在这方面个别糖类有些差别，如表8.16所示。

表8.16 不同条件下酵母的凝集作用

项　目	酵母絮凝作用，在发酵度达(%)时开始
葡萄糖与麦芽糖混合物	38
单纯麦芽糖	48
单纯葡萄糖	56

在整个发酵过程中，酒精浓度、比重、黏度、pH和表面张力，都发生变化。因此，要将絮状的变化归因于任何一个特殊可变性还是不可能的。在盐类离子中，钙镁离子的絮凝作用是确实无疑了。pH和温度起着主要作用，发现对下面酵母合适pH是4.5，上面酵母则是3.0～3.5，在升高温度下絮凝作用减弱，这可能是由于细胞的部分自溶作用，或是细胞壁上的肮酶作用所致。

本斯(Burns test)酵母凝集力测力定法(Jansen，1958)：取1 g冲洗过的和离心分离的酵母(湿重)在1支15 mL离心机管中的10 mL缓冲液中加以摇动就悬浮起来(缓冲液：0.15 g硫酸钙，6.8 g醋酸钠和4.05 g冰醋酸加水成1 L；pH 4.5)。离心机管在20℃水浴中保持20 min，加以连续摇动5 min，酵母再次悬浮，再过10 min之后，沉积酵母在管内，就可以看出来。以数字表现出的毫升数，即凝集性"本斯"测定数。

酵母菌株必须符合下列条件：

①较强发酵力和适当的凝集性；

②能沉降塔底形成絮状多孔的柱塞，而又不过分紧密堆积；

③不希望在塔内繁殖过多的酵母，只维持流出及排出的酵母与繁殖酵母相平衡；

④酵母染色率在5%以下，出芽率应维持8%～10%为宜；

⑤生产的啤酒容易澄清，香味适口，泡沫稳定。

酵母特性试验，根据上海啤酒厂(1975)测定，如表8.17所示。

表8.17 酵母特性试验

菌株*	发酵力失重/(g/5 d)	凝集性"本斯"数	双乙酰/(μg/L)	酵母浓度/10^7	本成品分析(质量分数)			
					酒精	原浓	真浓	发酵度
2597	16.5	1.75	0.635	2.95	3.493	12.53	5.782	53.8
2598	16.3	1.35	0.655	5.5	3.370	12.49	5.982	52.5
2441	17.1	1.55	0.54	2.82	3.551	12.59	5.737	53.4

*酵母菌株：是中国科学院微生物研究所编号，卡尔酵母2597等三株酵母菌株具有较显的优势，都可用于啤酒连续发酵，结果采用了卡尔酵母2597。

3. 酵母培养

连续发酵用酵母，采用传统的增殖培养。酵母经200 L汉生罐扩大到3 000 L培养罐，放去新啤酒，将酵母移到主发酵塔中。并加入12℃的无菌麦汁3 t，稍加通气增殖1 d后，追加麦芽汁

3 t,又如前增殖 1 d。最后一次开始缓慢加入麦芽汁直到满罐。酵母增殖发育达到酵母要求浓度梯度后,由低速开始连续进料,逐步增加麦芽汁流量,直到全速(240～280 L/h)流量操作。

也可以添加成批发酵的泥状酵母,数量是 4%～6%。开始由 3 000 L 培养罐扩大到主发酵塔中时由于酵母细胞少,不适宜立即连续。可以先采用间歇发酵形式,在主发酵塔内酵母进行繁殖。待糖度下降,酵母下沉后,放掉新啤酒,追加通气麦芽汁再使酵母增殖。方法如前,重复进行 3 次,即可低速加入麦芽汁开始连续发酵。

4. 啤酒塔式连续发酵工艺流程

12℃麦芽汁来自麦芽汁澄清槽,65℃麦芽汁经热交换器(先用水冷却后,再用盐水冷却),冷却到－1～0℃→→→进麦芽汁贮罐(保持－1～0℃)贮藏 36～48 h(除去冷凝固沉淀物)→→→泵→→→麦芽汁流量计(200～240 L/h)→→→热交换器(前段 63℃/8 min 进行灭菌,后段冷却到发酵要求温度(2～14℃)→→→"∩"形充气管[间歇充气,麦芽汁比空气(12～15):1](开始接种)→→→主发酵塔发酵(12～14℃ 48 h)→→→热处理槽(14～18℃ 24 h)【使 α-乙酰乳酸转化为双乙酰,经存在的酵母细胞还原成 2,3-丁二醇。又使 α-乙酰羟基丁酸转化为挥发性 2,3-戊二酮,能被发酵气体或通入 CO_2(CO_2 经除氧后纯度达到 99.98%)洗涤方法加以排除】→→→酵母分离器

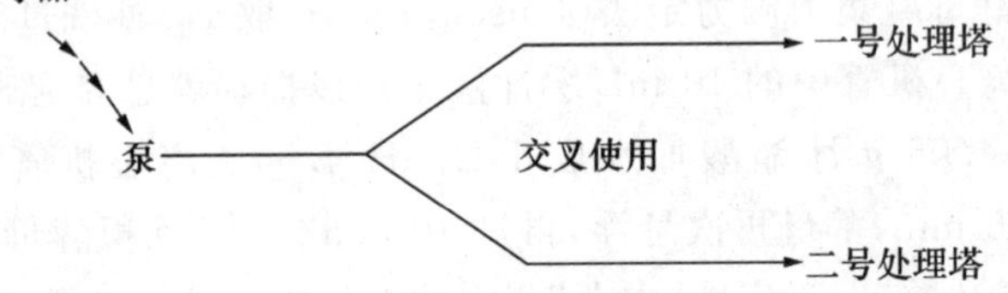

(保持 14～18℃还原双乙酰,3 d 满罐,同时逐步冷却到 0℃,从底部放掉沉淀酵母)→→→采用来自主发酵塔经过纯化和除氧处理的纯 CO_2(纯度 99.98%)洗涤(1 d)→→→保持 1.5 kg/m^2 CO_2 压力 1.5 d→→→过滤→→→装罐→→→灭菌→→→成品。

塔式发酵流程图如图 8.10 所示。

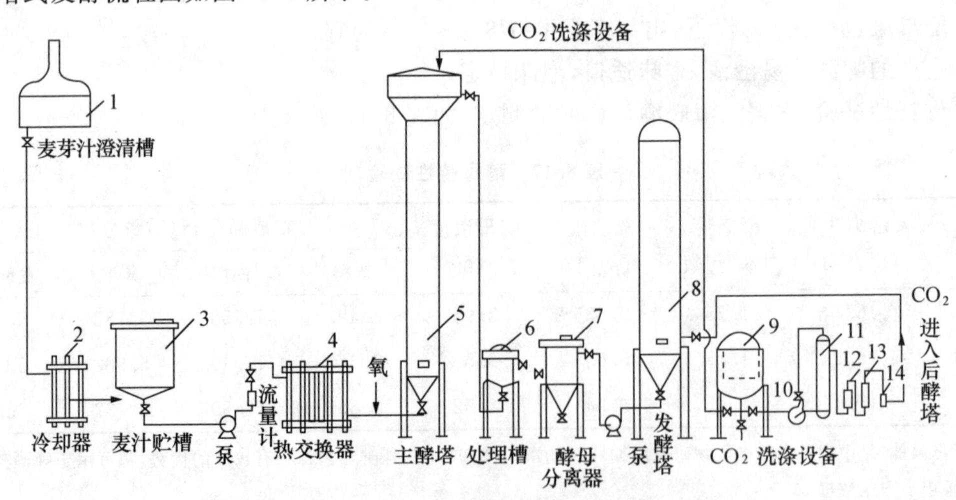

图 8.10 啤酒塔式连续发酵流程图

1. 麦芽汁澄清罐 2. 冷却器 3. 麦汁贮槽 4. 热交换器 5. 塔式发酵罐 6. 热处理槽 7. 酵母分离器 8. 锥形后酵罐 9. CO_2 贮罐 10. CO_2 压缩机 11. 洗涤器 12. 气液分离器 13. 活性炭过滤器 14. 无菌过滤器

塔式啤酒连续发酵技术条件如表8.18所示。

表8.18 塔式啤酒连续发酵技术条件

项　目	技术条件
直径×高/m×m	1.2×11.12
塔顶酵母离析器直径×高/m×m	2.4×2.0
塔底锥度	60°
有效容积/m^3	10
后处理塔有效容积/m^3	15×2
12°麦汁供应量/(L/h)	200
10.5°麦芽汁供应量(L/h)	240
12°啤酒产量/(m^3/d)	4.8～5
10.5°啤酒产量/(m^3/d)	5～6
酵母要求	絮凝成簇和沉淀
酵母品种	2597卡尔酵母
流出12°啤酒浓度/(g/100 g)	3左右
流出10.5°啤酒浓度/(g/100 g)	2左右
逗留时间12°啤酒/h	＞48
逗留时间10.5°啤酒/h	＜48
塔底麦芽汁发酵温度/℃	12～14
麦芽汁－1～0℃贮藏时间/h	36～48
麦芽汁热交换灭菌温度/(℃/min)	60/8
充气量(＝进塔麦芽汁体积的)	1/12～1/15
热处理双乙酰还原温度/℃	18/24
后处理罐三天满罐*，保持温度/℃	14～18
后处理灌满罐降温和CO_2洗涤/(℃/d)	0℃/1～2
CO_2来自主发酵塔经纯化处理纯度/%	99.98
后处理罐保持压力/[kg/(d·cm^2)]	1.5/1～2
连续时间最短在	2个月以上
主发酵塔材料(不锈钢成分)	$^1Cr^{18}Ni^9Ti$
后处理罐材料	钢板内涂不饱和聚酯树脂

* 采用15 cm^3 CO_2置换。

主发酵塔和后处理塔都用固定装置(CIP)洗涤和灭菌。后处理罐亦可用不锈钢制成。

上海啤酒厂在设计1万t/年啤酒连续发酵时，在热处理罐与后处理罐之间添加了螺旋式酵母沉淀器，分离掉部分酵母。

5. 产品质量

根据上海啤酒厂的啤酒连续发酵，要求啤酒成品理化指标符合轻工业部部颁标准外，其成熟度达到的指标如表8.19所示。

表 8.19 啤酒成品理化指标

	10.5°啤酒发酵		12°啤酒发酵	
	连续	传统	连续	传统
酒精(重量百分数)	3.376	3.247	4.435	4.043
真正浓度(重量百分数)	3.836	3.850	3.740	4.130
原麦汁浓度(重量百分数)	10.44	10.55	12.32	11.97
发酵度/%	63.8	63.1	69.60	65.4
色度/EBC	0.37	0.41	—	0.44
酸度/°T	0.99	0.99	1.33	1.39
CO_2 含量(重量百分数)	0.33	0.39	—	—
泡沫	3 min 47 s	3 min 55 s	—	—
泡沫高度/cm	4.0	4.5	—	—
双乙酰/(μg/L)	0.14	0.132	0.16	0.085
乙醛/(μg/L)	16.5	15.3	12.3	11.25
高级醇/(μg/L)	64	65	88	7.4
α-氨基氮/(μg/L)	60.5	63.7	77	84

根据上海啤酒厂啤酒塔式连续发酵(1977),成品质量与分批发酵对照如表 8.20 所示。

表 8.20 成品质量与分批发酵对照

双乙酰/(μg/L)	硫化氢/(ng/L)	乙醛/(μg/L)	高级醇/(μg/L)
<0.2	<5	<30	<72

塔式啤酒连续发酵生产的啤酒质量,理化指标和口味与分批发酵的啤酒没有显著不同,经过品尝觉得不易与分批发酵的啤酒加以区别。

6. 技术控制要点

塔式啤酒连续发酵需要加强控制的是,流量要根据新啤酒发酵度,随时调整流速,以防止酵母逃逸;新啤酒应严格控制不接触氧,防止双乙酰含量超过水平;1 周排放 1～2 次老酵母,防止酵母自溶而使啤酒氨基酸含量增高;严格控制无菌条件也是非常重要的。

(1)流速与酵母逃逸的关系。在分批发酵麦芽汁时,糖的消耗顺序是:蔗糖、单糖、麦芽糖和麦芽三糖。但在连续发酵时,不同糖必须同时发酵。当乙醇产生及糖的消耗时,使麦芽汁比重下降。酵母比重约 1.07。这样当啤酒比重从 1.04(9.993%)降低到 1.01(2.56%),其沉降速度就加快了一倍,啤酒黏度也降低了。但是,酵母细胞的直径为 6～8 μm,只有当酵母细胞凝集在一起使粒子增大时,才可能使细胞的沉降速度,足够克服 CO_2 气泡的搅动和对流。为此,塔式啤酒连续发酵,必须选择能够絮凝的酵母菌株,其沉积能力高,麦芽汁流速低,生产的啤酒比重也低。当然最好控制与啤酒适当的低比重相一致的最高流速,当流速较高时,则进入塔底的麦芽汁中的可发酵糖的浓度也提高了。这可以导致酵母的絮凝度降低,并不容易沉淀;流出的新啤酒中酵母细胞数字增加,酵母逐渐逃逸流失;塔底部分稳定区变得不怎么稳定,沉积在塔底的酵母柱塞也逐渐变小;塔的中下部游动区细胞数逐增,中上部悬浮区酵母不怎么絮凝,顶部静止区不静止多而从塔顶溢出的新啤酒比重逐步提高,酵母亦渐渐失去絮凝现象,发酵变慢。发酵时应及时采取措施,必须立即降低进塔麦芽汁流速,在数日后才能恢复全量。正常地控制流量,使溢出的新啤酒达到要求的比重(如10.5°啤酒达到1.008,12°啤酒达到1.012左右)。如塔中酵母流失过多时,可以停止泵入麦芽汁,或重新添加酵母,再降低流速,要在数日内才能恢复全量。事实上不定量加入进塔麦芽汁,应根据流出的新啤酒达到要求比重,正确控制流速。其可变流速也就是新啤酒比重高了,进塔麦芽汁的流量应减少;比重低了,流速应增高。

此外,进塔麦芽汁温度对发酵时间有影响,根据孙漠(Sommer,1969)发现,可将发酵时间12℃的66 h,分别缩短到16℃时的42 h,和20℃时的24 h。上海啤酒厂因为要达到与分批下面发酵贮藏啤酒的口味,采用12℃发酵,流速是比较低的。如果采用16～20℃麦芽汁进塔温度的话,其流速能加大3倍。另外CO_2压力也会对发酵时间产生影响,如果在1.5大气压力下,酵母发酵速率会明显降低。

即使少量的O_2,也有很强的刺激作用,如果酵母在缺乏氧的情况下生长,就不会出现增殖。因此,麦克海姆(Markham,1969)得出结论说:O_2在呼吸链中是作为末端电子的接受体的。

(2)双乙酰和2,3-戊二酮的排除。连续发酵生产的啤酒,由于发酵速度比较快,双乙酰和2,3-戊二酮含量稍高,对啤酒口味有一定影响。采用18℃较高温度处理,加速新啤酒中含有的乙酰乳酸转变为双乙酰(当然温度可再高些,时间可以再短些),继而由酵母还原为2,3-丁二醇。双乙酰和戊二酮亦能被逸出的CO_2或CO_2洗涤加以排除。

新啤酒经18℃热处理24 h,又经在后处理罐18℃贮存到满罐(3 d)。然后骤冷至0℃使酵母菌体和胶体物质沉淀,再通入CO_2洗涤,使双乙酰含量达到要求水平。

采用主发酵塔产生的CO_2,经过纯化后充入二氧化碳洗涤新啤酒,以加速成熟和饱和CO_2。充入的CO_2纯度要求达到99.98%,其他不凝性气体少于0.1%,通常在0.05%～0.02%,其中O_2占50%,其余是N_2和Ar_2所组成;因此,采用CO_2洗涤时,主发酵产生的CO_2事先必须除氧。如果采用未除氧的CO_2处理啤酒,其物理稳定性不好,风味和口味稳定性亦差,而且泡沫粗糙;而用除氧的CO_2处理的啤酒风味稳定。泡沫也有改进。

来自主发酵塔的二氧化碳,先用一般(3 kg/cm^2)压缩机进行压缩,再经过水、高锰酸钾、氯化亚铬($CrCl_2$)洗涤。然后除水,用活性炭处理和无菌棉过滤,冷却后直接经过微孔管扩散器通入后处理塔,洗涤新啤酒。

(3)酵母的自溶与变异。据报道,卡尔酵母经过9个月连续发酵,约有一半酵母细胞发生突变,其变异细胞都不同程度地降低絮凝力和絮凝率,并且改变生长速度。

酿酒酵母出现的变异株比卡尔酵母少,在塔式发酵罐进行6个月的生产试验,也没发现明显的变异株,在搅拌式发酵时,也没有发现有突变存在。

据上海啤酒厂塔式连续发酵实验,卡尔酵母连续60 d后,并未发现变异株,但在一定时间后发现新啤酒中老酵母自溶后氨基酸含量增高,品尝时稍有鲜味。后来经过在塔底1周排放一次老酵母后,这种现象就没有被发现。

酵母自溶主要是由于酵母菌龄的关系,如酵母细胞平均菌龄不变,则表明任何时候50%的酵母细胞却没有芽痕(Budscar)显出。有25%的细胞显出一个芽痕,12.5%的细胞显出两个芽痕等。保存在25℃啤酒中的培养酵母,其平均年龄均在9 d之后就减少了,因为老些的细胞,即那些带有大量芽痕的细胞就自溶了。因此,塔式连续发酵,老的酵母在底部,可以用排放的方法加以排除。

另一种塔式,如酵母用泵从上部吸入再注入底部的那种塔式发酵,这样新酵母在下面,就不能采用排除的方法在底部加以排除。连续期就不能过长,因过长时新啤酒中氨基酸含量增加,并给啤酒带来酵母自溶味和不应有的鲜味。

(4)染菌。严格的清洁灭菌过程和冷却麦芽汁的消毒,已使得工艺上的发酵容器可以在连续不断的基础上进行长时间作业。不过偶尔在容易染菌部分如麦芽汁贮存、流量计、测量仪表、热交换器以及输送麦芽汁的导管和泵等,能将污染物带入这一体系。如野酵母尤其是糖化酵母、足球菌(pediococcus)以及乳酸菌是最普通的使啤酒变坏的有机体。检查时有时会发现一些格兰氏阴性、无孢子的细菌,这类细菌是在连续发酵前在贮存麦芽汁中生长的好气或嫌气的细菌,并产生像荷兰鸭儿芹(celery-like)的气味;这类细菌在37℃下当胆盐存在时,在乳糖中产生酸和气体。经鉴定这些细菌主要是产气杆菌、阴沟气杆菌和一些中间型的菌株。没有检出大肠菌。

在塔式连续发酵罐中,乳酸菌可以繁殖得很快,而醋酸菌就不容易繁殖。野酵母属或圆形酵母属,情况亦是如此。

连续发酵中的细菌污染,在生产中是可加以控制的。但是,偶然在发酵液中发生这种情况时,必须停止加入麦芽汁,待发酵完毕,放出新啤酒后,采取严格的清洁灭菌措施。

麦芽汁(经过冷处理贮藏或硅藻土过滤)瞬时灭菌时间可以在:

67℃……………………………………………………72 s做到

70℃……………………………………………………20 s做到

73℃……………………………………………………14 s做到

根据薄盖尔(Bogaertetal,1967)提议,以70℃作用20 s为宜。因为过高的温度对麦芽汁或啤酒质量起破坏作用。

(5)清洁灭菌。发酵容器在施工时,必须注意内部光洁,焊缝要磨平或全部器壁抛光,罐壁不能有死角,在采用清洗固定装置(CIP)时,要求用洗涤剂淋洗彻底,达到没有漏洗的地方。

(6)啤酒稳定性。麦芽汁不加酵母的预冷处理,能在去除大部分冷凝固物后,可以提高啤酒稳定性。预冷处理方法和效果见表8.21。

表8.21 预冷处理方法和效果

项　目	能去除冷凝固物/%
麦芽汁经过0～1℃冷处理12～16 h	50
冷处理时加硅藻土200 g/m^3	60～65
冷处理麦芽汁经过滤机滤清	75～80
冷麦芽汁经过珍珠岩粉过滤滤清	60～80
冷麦芽汁经过12 000 r/min分离机分离	60～65
采用浮选法去除冷凝固物	60

注:麦芽汁处理温度超过3℃时,在不加酵母的情况下,能引起某些细菌繁殖。

根据上海啤酒厂麦芽汁经过0～1℃/48 h予冷处理后，连续发酵啤酒成品，稳定性达到4个月以上。

(四)影响塔式连续发酵的主要因素

1. 酵母菌种

选择的酵母应具备下列条件：

(1)具有较高的凝集性和发酵力，能沉淀到塔底，形成一定的发酵酵母柱，在整个发酵塔内达到一定的酵母浓度梯度。

(2)酵母繁殖率低，降低酯类、高级醇、双乙酰等成分的含量。

(3)赋予啤酒良好的风味。

2. 麦芽汁的无菌条件

麦汁应严格控制其清洁灭菌操作，避免污染，否则连续发酵将无法进行。一般，麦汁在进塔前需灭菌(80℃/1 min或63℃/8 min)，再冷却至发酵温度使用。

3. 控制麦汁中的含氧量

塔式发酵，麦汁中应保持适宜的含氧量，使酵母生长正常，既能保持塔底稳定的酵母柱和发酵速度，又不过分繁殖，以减低啤酒中的酯含量和不形成过量的双乙酰，同时也可减少酵母形态上的变异。

通气量一般控制在麦汁∶空气＝10∶1(体积计算)，溶解氧可达6 mg/L以上。

4. 控制塔底通入的二氧化碳

合理控制塔底通入的二氧化碳，使酵母柱保持疏松。

5. 控制流速稳定

控制麦汁流速稳定是连续发酵稳定生产，保证质量的重要方面。流速较慢，则流出的新啤酒发酵度高，相对密度低，黏度也低，酵母相对容易凝集沉淀；反之，流速较快，则新啤酒的相对密度高，发酵度低，酵母不易凝集沉降，酵母流失多，不能维持正常发酵。在塔式连续发酵中，要保持塔内的酵母浓度，除应选择凝集性酵母外，按嫩啤酒的发酵度要求，稳定地控制相适应的最高流速，是塔式连续发酵稳定生产的一个重要因素。

(五)塔式连续发酵的优缺点

1. 优点

(1)发酵时较短，产量高，相对地讲，单位产量投资低。

(2)大量节省产房建筑和用地面积。

(3)便于自动控制，减少容器清洗和酵母处理工作，节省人力。

(4)酒花利用率高。

(5)二氧化碳回收利用率高。

(6)啤酒损失少。各种发酵方法的啤酒损失对比如下，传统间歇法：1.5％～2.5％；圆柱锥底罐：1.5％～2.0％；多罐式连续发酵：1.5％；塔式连续发酵：0.6％～1.2％。

(7)麦汁的pH下降快，1 h的下降数相当间歇法3 d，而且没有酵母生长停滞期，因而污染的机会较少。

(8)产品比较均一。

(9)设备满负荷,利用率高,比较合理。

2. 缺点

(1)生产灵活性不如间歇法,一套设备同时只能生产一种产品。

(2)麦汁必须严格灭菌,管理要求高,否则易污染。

(3)设备要求高,造价高,虽产量也高,但对小规模生产来讲是不经济的。

(4)对酵母既要求发酵度高,又要求凝集性强,因此,选择适宜的酵母菌株较间歇法难度大。

(5)贮酒期间,塔式连续发酵啤酒容易产生较强的氧化味,可能因酵母繁殖率低,酵母细胞膜形成多量类脂,引起自氧化所致。

关于连续发酵啤酒质量,说法不一,从分析数据看,与间歇法啤酒是接近的,从风味上品评,两者区别较大。连续发酵啤酒的风味更适宜于制造上面啤酒,制造下面贮藏啤酒则需要严格控制双乙酰含量和解决啤酒的氧化问题。

(六)连续发酵与间歇发酵的比较

20世纪60年代,为了缩短酒龄,加速生产,连续发酵和大型罐间歇式发酵曾进行了一段时间的竞争,尽管连续发酵的发酵时间较大罐发酵大幅度缩短,最后消费者还是接受了大罐间歇发酵而冷淡了连续发酵。两者的比较有以下几点:

(1)连续发酵所需要的麦汁和设备,需要长时间处于高度无菌状态,否则极易染菌而失败;间歇发酵可以每批进行无菌处理,而连续发酵做不到。

(2)连续发酵的生产率,受很多因素的制约,不易改变,同时也只能生产单一品种,生产不灵活;间歇发酵每批生产,发酵容器可任意增减,可同时生产不同数量的不同啤酒品种,生产灵活性强。

(3)连续发酵的酵母易变异,不易沉降和不易发酵麦芽三糖,长期运转,染菌问题不易控制;间歇发酵的染菌问题较易控制。

(4)两者的啤酒风味不同,连续发酵生产的啤酒,酯类和双乙酰含量高,不易为人们所接受。

(5)连续发酵的生产准备时间长,从停产到生产需1～2周准备时间;间歇发酵仅需1～2 d。

(6)连续发酵的设备和操作比较复杂,操作人员须具有一定的工程和科学知识;间歇法操作比较简单,对操作人员素质要求相对较低。

(7)在没有事先连续糖化之前,连续发酵的一些优点被掩盖了,麦汁和嫩啤酒仍需间歇处理,人们对它不感兴趣。

六、缩短发酵周期法

随着销售市场形式的变化、啤酒生产厂家纷纷进行二三期扩建工程,但在市场销售的旺季,扩建能力又往往不能及时提供产品,尤其是特定品牌的产品啤酒旺销而半成品贮备又有局限性,因此,啤酒生产新技术的应用就显得尤为重要,其中,采用缩短发酵周期,使啤酒尽快成熟,加速啤酒贮备容器的周转等工艺技术,将会在原能力的基础上大大增加啤酒的产量。

(一)α-乙酰乳酸脱羧酶的应用

1. 双乙酰含量的意义

啤酒发酵周期(尤其是后酵期酒龄)最主要的工艺控制就是啤酒中的双乙酰尽快还原。啤酒中的双乙酰是酵母正常代谢产物,它是酵母在发酵期间生成α-乙酰乳酸,再经过非酶氧化脱羧作用形成的。国家优级啤酒标准规定双乙酰低于0.13 mg/L,此指标至今还制约着我国啤酒厂家。国外优秀啤酒此指标均低于0.05 mg/L,我国一些著名啤酒生产厂也内部控制在低于0.07 mg/L。在正常情况下,双乙酰在啤酒进行巴氏杀菌后1~3周内,由于其前驱物残留,还会回升0.02~0.05 mg/L,不正常时会更高。当它的含量超过0.13 mg/L,就会使啤酒出现不愉快的馊饭味。所以它的含量是评定啤酒是否成熟的主要依据。

2. 影响双乙酰生成量的工艺条件

a. 酵母菌种:由于酵母遗传基因的差异,不同的酵母菌其双乙酰生成的峰值以及还原双乙酰的能力有很大差异。

b. 麦汁组成:麦汁中α-氨基氮含量高时,可以有效地抑制α-乙酰乳酸的形成,从而减少双乙酰的生成量。如果铺料用量高,或溶解不良的麦芽较多时,麦汁中的α-氨基氮不足,啤酒中的双乙酰含量将升高。

c. 酵母添加量:加大酵母加量可以加速发酵过程,降低啤酒的双乙酰含量。

d. 麦汁中的溶解氧:溶解氧含量不足或过高都会造成双乙酰含量升高。

e. 发酵温度、发酵方法:加压发酵与高温发酵相结合,能较好地解决双乙酰还原与高级醇过量生成这一矛盾。

f. 啤酒中的溶解氧:发酵液成熟后在过滤、转移和灌装等过程中,由于空气侵入造成啤酒与氧的接触,使酒中溶解氧增加。如用压缩空气备压及输送啤酒,酒泵密封不严等都造成氧气侵入,特别是露天罐过滤剩半,清酒罐剩下部分啤酒,半瓶酒起盖后重新灌装等都会使氧大量溶入酒液中。啤酒灌装时没有采取激沫排氧措施,瓶颈留有部分空气。啤酒经巴氏杀菌及货架期保存后也会引起α-乙酰乳酸的氧化脱羧形成较多的双乙酰,给啤酒风味带来负面影响。

g. 巴氏杀菌:如果α-乙酰乳酸在发酵期没有及时分解为双乙酰,又没有得到及时还原,在瓶颈空气及含氧量高时进行巴氏杀菌,α-乙酰乳酸就会加速分解,氧化脱羧形成大量的双乙酰。不少啤酒厂家生产的发酵液检测时双乙酰含量在标准之内甚至更低,而一旦经过过滤、灌装与杀菌后双乙酰含量明显升高,甚至出现超标现象。

h. 杂菌污染:特别在后酵,酒液中的酵母大部分已降解,杂菌会乘机侵入,利用酒液中残留的可发酵浸出物发酵,引起啤酒中双乙酰含量急剧上升,甚至腐败。

3. α-乙酰乳酸脱羧酶的应用

α-乙酰乳酸转化双乙酰是一个非常缓慢的过程,这使得双乙酰的前驱体α-乙酰乳酸要经过较长时间才能消除,再加上双乙酰的还原,啤酒的发酵时间就会较长。而α-乙酰乳酸脱羧酶在发酵期间能尽快越过双乙酰阶段直接生成3-羟基丁酮。

(1)α-乙酰乳酸脱羧酶的作用。避免和减少了双乙酰的生成,因此,大大缩短了双乙酰的还原时间,保证了啤酒中低水平的双乙酰含量,从而保证了啤酒的风味质量;使发酵时间大大缩短,在不增加设备投资的前提下提高啤酒产量;成品啤酒中双乙酰的反弹完全是由于α-乙酰乳酸的存在而造成的。α-乙酰乳酸脱羧酶能较彻底地分解α-乙酰乳酸,使啤酒中的α-乙酰乳酸含量尽可能地低。从而避免双乙酰的反弹或降低双乙酰反弹的幅度，保证啤酒的风味质量在储运及销售过程中的稳定性；可以弥补啤酒旺季生产时设备能力的不足的缺陷，保证市场供应，增加企业效益；当啤酒原料质量波动或提高辅料使用量时，可以保证双乙酰不超标，即保证啤酒质量德尔稳定性；由于缩短或取消了高温还原双乙酰的时间，从而减少了由于酵母高温代谢产生的高级醇和高级脂类物质的含量，解决啤酒上头的问题，有利于啤酒风味的优化；由于发酵周期的缩短，可以降低每吨啤酒的水、电、汽、冷的耗量。大幅度降低能源消耗。

(2)α-乙酰乳酸脱羧酶的应用特点。不会改变啤酒酵母的代谢性质；不会对啤酒的风味产生任何不良影响；不会对啤酒的稳定性产生任何不良影响；不会对啤酒的泡持性产生任何不良影响。

(3)具体的应用方法。锥型罐生产可在麦汁进入发酵罐的同时添加α-乙酰乳酸脱羧酶，可以添加在罐中，也可以添加在冷麦汁输送管路上，添加量为1 kg/100 t麦汁，即10 g/t麦汁(或略高些)，进入发酵后，主发酵第5～6天测定发酵液的双乙酰指标，此时，即可还原到0.08 mg/L，当外观糖度降到工艺要求的标准之内，总计从糖化做到啤酒成熟共需15 d(酒龄14 d)，即可计入包装；传统车间生产可在发酵液下酒时添加α-乙酰乳酸脱羧酶到贮酒卧桶，添加量为1 kg/100 t发酵液。进入后酵后第8天双乙酰指标即可还原到0.08 mg/L，第9天开始降温；在啤酒过滤及装酒过程中，由于氧的存在，导致α-乙酰乳酸德尔氧化，而此时酒中已不存在酵母双乙酰还原酶，因此，就会出现双乙酰回升或反弹的现象。建议当发酵液或清酒的双乙酰含量较高(在标准范围内)应在清酒罐中加入(7～10 g/t啤酒)α-乙酰乳酸脱羧酶。

(二)调整麦汁组成

调整麦汁组成对啤酒酵母的作用：氮是构成啤酒酵母细胞蛋白质和核酸的主要物质，也是细胞质的主要组成成分。麦汁中含氮物质的分子量小，渗透性大，才能通过细胞膜被酵母利用。酵母摄取的是氨态氮，如氮源不足，酵母发酵能力将下降。

正常的啤酒酵母细胞外蛋白分解酶活力很弱，酵母所需要的氮源主要是依靠麦芽汁中氨态氮；因此，麦芽汁中应有足够的氨态氮，才能保证酵母生长繁殖和发酵后顺利进行。

麦汁中各种糖的组成对酵母发酵的影响很大，能被酵母直接利用的是葡萄糖和果糖。由于酵母所含各种酶活性都很弱，需从工艺上多提供葡萄糖和果糖。

传统发酵所用的下面发酵酵母一般多是凝聚性强、发酵度低的菌种，发酵速度慢，故可通过调整麦汁组成，多提供给酵母细胞可直接利用的单分子糖和低分子的氨态氮，以利于直接吸收利用。这样，不但凝聚性强，而且有较高的发酵速度和发酵度，以加快传统发酵的速度，保证质量，提高设备利用率。

调整麦汁组成的优点：加酶调整麦汁成分后，可发酵性糖、α-氨基氮明显提高，酵母营养丰富，发酵旺盛，发酵速度快，缩短了发酵期，提高了设备利用率；每吨麦汁增加成本，但是提高了设备利用率，保证了啤酒质量，为啤酒厂增加了效益；能适应不同质量的原料，保证麦汁组成合理。两种酶制剂也很容易购到；通过调整麦汁成分，不用换酵母菌种，既提高了发酵速度和发酵度，又保持了凝聚性强；同时还保留了原菌种的发酵啤酒风味。

参考文献

[1]王志坚.酵母功能特性对啤酒质量的影响[J].山东食品发酵,2012,3:23-26.
[2]马林靖.酵母扩培的实验室阶段[J].酿酒科技,2008,10:75-76.
[3]孙宝文.生产现场酵母扩培技术[J].啤酒科技,2006,10:58-59.
[4]韩志芳.浅谈啤酒酵母扩培过程的技术问题[J].酿酒,2003,30(5):40-41.
[5]张春兰.酵母扩培要注意的几个问题[J].啤酒科技,2007,3:39.
[6]何东康.酵母扩培工艺对酵母性能的影响[J].啤酒科技,2007,8:37-40.
[7]张志强.啤酒生产的发酵机理与技术[J].酿酒,1985,2:1-7.
[8]单军,李红,郭玉蓉.啤酒有机酸代谢过程的研究[J].安徽农业科学,2008,36(15):6519-6520.
[9]甘水洋.啤酒中高级醇的产生及控制办法[J].福建轻纺,1998,1:1-4.
[10]蔺善喜,赵辉.啤酒酿造中高级醇控制的研究进展[J].酿酒科技,2009,2:90-92.
[11]闫淑芳,闫夫.发酵条件对啤酒中乙醛及高级醇含量的影响[J].酿酒科技,2007,11:68-70.
[12]黄亚东.啤酒发酵过程中酯类形成机理及影响因素分析[J].酿酒,1999,1:37-39.
[13]薛业敏.啤酒发酵中酯类的形成与控制[J].中国酿造,2002,3:7-10.
[14]王文甫.啤酒生产工艺[M].北京:中国轻工业出版社,1997.
[15]董霞,李崎,顾国贤.啤酒发酵过程中酸类物质的变化与酵母活力关系的研究[J].酿酒,2004,31(4):41-44.
[16]丁福强,吴裕昆.啤酒生产中如何降低双乙酰[J].广州食品工业科技,2001,17(2):88-89.
[17]叶利.啤酒发酵过程中双乙酰的形成和降低含量的方法[J].啤酒科技,2008,11:28-29.
[18]韦函忠,马少敏,韦朝英.啤酒发酵中双乙酰的产生和 α-乙酰乳酸脱羧酶的应用[J].广西轻工业,2011,8:17-20.
[19]谭冬梅.啤酒生产中双乙酰的形成及控制措施[J].酿酒,2003,30.
[20]姜淑荣.啤酒中的风味物质及其防止啤酒风味老化的措施[J].酿酒,2008,35(2):61-63.
[21]王德良,樊鲁庆,孙丽萍,等.发酵过程中二甲基硫(DMS)含量的变化及影响因素[J].啤酒科技,2012,1:9-12.
[22]程殿林.啤酒生产技术[M].北京:化学工业出版社,2005.
[23]王文甫.一种新型的饮料玻瓶洗粉[J].酿酒,1985,3:32-33.
[24]黄达明,方维明,钱静亚,等.三种不同酵母对啤酒发酵及风味的影响[J].食品科学,2007,28(8):280-285.
[25]刘燕兰.酵母添加方式对啤酒发酵的影响[J].啤酒科技,2009,7:41-42.
[26]万小环,夏延斌.啤酒发酵中发酵度影响因素的研究[J].食品与机械,2008,24(5):107-111.
[27]周广田,聂聪,崔云前,等.啤酒酿造技术[J].济南:山东大学出版社,2005.
[28]王志坚.影响啤酒发酵度因素及提高发酵度的途径[J].山东食品发酵,2006,1:23-27.

[29]刘跃,杨慧慧.影响啤酒发酵度的因素[J].啤酒科技,2012,4:52-57.
[30]王志坚.糖化工艺条件对啤酒发酵度的影响[J].山东食品发酵,2003,3:16-19.
[31]王洪山,彭波,王海娟.谈啤酒发酵过程中的几个问题[J].酿酒,1998,2:24-25.
[32]杜锋,雷鸣.啤酒发酵过程温度控制策略[J].酿酒,2002,29(6):50-52.
[33]陆志庚.啤酒发酵方法对质量的影响[J].辽宁食品与发酵,1997,2:15-20.
[34]董霞,李崎,顾国贤.啤酒发酵过程中酸类物质的变化与酵母活力关系的研究[J].酿酒,2004,31(4):41-44.
[35]高艳丽,綦星光.国内啤酒发酵自动控制技术的现状与展望[J].山东轻工业学院学报,2009,23(2):30-33.
[36]张子军.啤酒发酵的控制系统设计[J].现代农业装备,2010,6:50-54.

第九章　啤酒澄清与稳定性处理

第一节　啤酒过滤

发酵结束的成熟啤酒，虽然大部分蛋白质和酵母已经沉淀，但仍有少量物质悬浮于酒中，若要啤酒在保质期内不出现酵母细胞和其他混浊物从啤酒中析出现象，必须经过过滤处理才能进行包装。

一、啤酒过滤的目的

啤酒过滤的目的主要有以下几点：

(1)除去酒中的悬浮物，改善啤酒外观，使啤酒澄清透明，富有光泽。

(2)除去或减少使啤酒出现混浊沉淀的物质，如多酚物质和蛋白质等，提高啤酒的胶体稳定性。

(3)除去酵母或细菌等微生物，提高啤酒的生物稳定性。

二、啤酒过滤的原理

啤酒过滤澄清原理主要是通过过滤介质的阻挡作用或截留作用，深度效应和静电吸附作用等使啤酒中存在的微生物、冷凝固物等大颗粒固形物被分离出来，而使啤酒澄清透亮。

1. 阻挡作用(截留作用)

阻挡作用是指啤酒中比过滤介质空隙大的颗粒，不能通过过滤介质空隙而被截留下来，对于硬性颗粒将附着在过滤介质表面形成粗滤层，而软质颗粒会黏附在过滤介质空隙中甚至使空隙堵塞，降低过滤效能，增大过滤压差。

2. 深度效应

深度效应是指过滤介质中长且曲折的微孔通道对细小的混浊物产生一种阻挡作用，对于比过滤介质空隙小的微粒，由于过滤介质微孔结构的作用而被截留在介质微孔中。

3. 静电吸附作用

静电吸附作用是指比过滤介质空隙小的颗粒以及具有较高表面活性的高分子物质如蛋白质、酒花树脂、色素等，因为自身所带电荷与过滤介质不同，则会通过静电吸附作用而截留在过滤介质中。

三、啤酒过滤的方法

目前，啤酒过滤主要采用的方法有硅藻土过滤、PVPP过滤、膜过滤和错流过滤。

(一)硅藻土过滤

啤酒中酵母菌浓度极不稳定,硅藻土过滤所允许的最大浓度为(5～6)×10^6 个酵母/mL,若以质量浓度表示,接近于 1 g/L。如果浓度过高,过滤前应先进行预澄清;否则将增加硅藻土过滤机的工作负荷,降低硅藻土的过滤能力,使硅藻土消耗量加大。目前啤酒厂使用最多的过滤助剂为硅藻土,硅藻土过滤可得到清亮的啤酒,浊度低于 0.6 EBC。过滤设备包括预涂式板框过滤机、预涂烛式过滤机、预涂式叶片过滤机。我国主要使用的是硅藻土预涂式板框过滤机。

1. 板框过滤机

板框式硅藻土过滤机由多组滤板和滤框交替排列而成,板与框用机架支撑,在滤板的两边覆盖以过滤纸板,板和框之间彼此密封,过滤机压紧后在两个滤板和滤框之间形成空腔,用以容纳硅藻土涂层。

板框过滤机本身需要使用过滤支撑纸板,滤纸为纤维和缩合树脂制成,具有一定的强度,可以清洗并能够长时间使用。使用支撑滤纸可以保证硅藻土过滤层稳定,防止出现滤层击穿的现象,还能够保证降酒浊度。过滤结束后的废硅藻土排放用水量明显少于其他类型的过滤机。但是,需要经常更换过滤纸板。

2. 板框过滤机使用过程

主要流程为装机、预涂、流加、过滤与拆洗。

(1)装机。将滤纸板和滤框按照顺序均匀地悬挂于滤板上,用清水全面浸洗,浸泡透彻,要保证一定的时间(15 min 左右),调整纸板后关机压紧。

(2)硅藻土预涂。预涂是将助滤剂以循环的方式预涂在滤纸上,预涂可根据滤机的过滤面积,不可太快或太慢,否则会造成预涂层不平、厚度不均的现象,导致过滤前期浊度偏高。预涂一般分两次或三次预涂。第一预涂层又称为基础预涂层,硅藻土使用量大约为整个预涂量的70%。它已经能够阻止很细的过滤介质,但它不起过滤作用。第二预涂层称为安全层,是控制预涂层是否均匀的重要环节。两次预涂为:①第一层使用粗土预涂,比如用 8%浓度预涂浆,15 min 的时间输入完毕,第一层预涂后对循环水测定浊度。②第二层使用粗细土按照比例混合或中细土预涂。比如第二层用中细土 8%浓度,15 min 内输入完毕,完毕后测定循环水的浊度,合格后可以进行滤酒。

(3)过滤与硅藻土添加。过滤开始,要打开硅藻土流加阀和硅藻土添加泵,保持贮酒液与硅藻土添加浆连续不断地流入过滤机。

(4)拆洗。打开过滤机,将硅藻土卸掉,清洗干净。

3. 硅藻土作为过滤助剂过滤啤酒的优、缺点

(1)硅藻土过滤机过滤的优点。硅藻土过滤机结构简单、性能稳定、维护费用低,使用寿命长;过滤效率高,且过滤能力可通过增加滤板框而提高,迅速方便;过滤精度高,与精滤机连用,可获得令人满意的澄清度。

(2)硅藻土过滤机过滤的缺点。硅藻土是一种非再生的矿物且矿藏量有限,使用过的硅藻土回收利用率低。因此,目前,大多数啤酒厂进行啤酒过滤时选择其他过滤助剂如珍珠岩过滤助剂等替代硅藻土。珍珠岩助滤剂是采用精选的珍珠岩矿石,经粉碎,筛分,烘干,急剧加热膨胀成多孔玻璃质白色颗粒后,进行研磨净化,分级和检测而制成的白色细粉状产品。由于其松

散及密度小，过滤速度快和澄清度好，是一种新型的助滤材料。

此外，经硅藻土过滤后的啤酒能除去绝大部分的酵母和微小物质，从外观上看已达到清亮透明，但还带有微量的酵母和细菌杂质，因此过滤后还需在装瓶之后进行杀菌。在热处理时会导致啤酒成分的变化，产生杀菌味，引起啤酒出现老化味，使啤酒的风味变差。

(二)PVPP 过滤

罐装的澄清透明啤酒在商业性储存中，由于蛋白质与多酚反应可能产生胶体混浊物，使啤酒失去原来的光泽，非生物稳定性下降，逐渐形成沉淀。国内的大中型啤酒厂广泛采用了聚乙烯吡咯烷酮聚合物(PVPP)过滤技术来降低啤酒中的鞣质，以提高啤酒的非生物稳定性。PVPP 可以有选择性地除去所有的鞣质，去除过程基于与啤酒中酚上的羟基和酰胺基形成氢键以吸附多酚物质。一般情况下，过滤啤酒时 PVPP 的使用量为 100～300 mg/L，对花色苷吸附率达 82%～92%，儿茶酸吸附率达 63%～88%。

(三)膜过滤

膜过滤技术已在啤酒过滤中广泛应用。大型啤酒厂在硅藻土过滤后多加了一道膜过滤工序，实现了啤酒的“冷消毒”，膜过滤技术包括渗透过滤和微孔过滤，它们都是以压差为推动力，进行液相分子级分离。目前大多数采用微孔薄膜过滤法进行啤酒过滤，一般使用 1.2 nm 孔径，生产能力为(20～22)$\times10^3$/h，膜寿命为(5～6)$\times10^5$ L 的膜，如果使用 0.8 nm 孔径滤膜可以生产出很好的生物稳定性的啤酒。微孔滤膜过滤机外形似钟形罩，内部是薄膜支撑架和薄膜。市面上销售的纯生啤酒就是经过膜过滤而不经巴氏灭菌的产品，其具有风味纯正、清爽、泡沫持久等特点。

(四)错流过滤

错流过滤是无助剂膜过滤的一种，可以使发酵液只需一次过滤即成产品，不必再从酵母中回收啤酒，而且可以使滤过的啤酒达到无菌状态，不需巴氏灭菌。错流过滤是动态的，滤液以切线方向流经滤膜，未滤液和已滤液的流向是垂直的。由于未滤液高流速形成湍流的摩擦力，可以将附在滤膜上少量沉积物带走，不致堵塞滤孔，防止压差迅速增加。未滤液不断回流，固态物浓度不断增大，最后达到固液分离。

错流膜过滤的优越性是，从废酵母中回收啤酒的质量较压榨法或离心法高，可不经处理，直接掺兑正常啤酒；啤酒损失明显降低，经济效益显著；排污量降低，减少工厂污水处理费用；可取代硅藻土，减少对环境污染；自动化程度高，操作方便可靠。

四、影响啤酒过滤澄清度的因素

影响啤酒过滤的主要因素是酵母菌、细菌、絮凝蛋白质。

(1)啤酒中的酵母菌数与引起啤酒的浊度几乎是成正比的。由于酵母菌的粒径较大，只要助滤剂粒度选择得当，仅靠表面的筛分作用就能将酵母菌几乎全除去。一般根据啤酒中酵母菌含量调整硅藻土添加量较为有效。

(2)经过硅藻土过滤后，再加一级纸板过滤以除去细菌。

(3)要除去蛋白质，则应将啤酒置于低温，即-1℃下冷藏72 h后立即在低温(-1℃)下过滤。

(4)发酵液黏度大，β-葡聚糖含量高。发酵液中的β-葡聚糖含量高是造成啤酒黏度高和过滤困难的主要原因。

(5)凝固物的影响。如果在麦汁煮沸和发酵时分离热、冷凝固物不彻底或排放不及时，它们在过滤时也会堵塞过滤孔道，造成过滤困难。

五、啤酒过滤中应注意的问题

(1)溶解氧的控制。过滤机在使用之前，要用脱氧水排尽过滤机内的空气。

(2)微生物的控制。过滤设备、管路等要定期刷洗，检验符合要求才可使用；过滤车间经过杀菌；稀释和洗涤用的脱氧水也要经过灭菌。

(3)浊度的控制。合理调整硅藻土过滤预涂方式，控制好滤酒的压力。

第二节 稳定性处理

啤酒的稳定性涉及啤酒的非生物稳定性和生物稳定性以及啤酒的风味稳定性。

一、非生物稳定性

啤酒是一种稳定性不强的胶体溶液，在贮存或销售过程中极易受到内在和外在的理化因素影响产生混浊、沉淀及失光现象，即破坏了啤酒的非生物稳定性。

(一)啤酒非生物稳定性种类

1. 高分子蛋白质类混浊

(1)冷混浊(可逆混浊)。该混浊通常是酒体在较低的温度下贮存和运输引起的。其原因是麦汁和啤酒中存在较多的β-球蛋白和醇溶蛋白，此类蛋白质在20℃以上可以与水形成水溶性的氢键，但在20℃以下它又可以和多酚以氢键结合，以0.1～1 μm的颗粒析出(肉眼不可见)，造成酒体失光，浊度上升。如将此啤酒加热到50℃以上，和多酚结合的氢键断裂，又恢复和水结合的氢键，变成水溶性，浊度又恢复正常，所以该混浊又叫"可逆混浊"。

(2)热凝固物混浊(又称消毒混浊或杀菌混浊)。巴氏灭菌的成品啤酒数天后出现絮状沉淀物，该沉淀物的颗粒较大，用滤纸或膜过滤可将其沉淀物滤出，该颗粒通常为浅褐色较疏松的絮状物。此类混浊主要由啤酒中存在较多的大分子蛋白质或高肽，如含量在30 mg/L以上，此高肽和蛋白质，在啤酒加热过程中低pH下(4.5左右)，水膜被破坏失去电荷变性、絮凝，又与多酚结合，聚合而成的。

(3)氧化混浊(又称永久混浊)。啤酒在包装以后保存数周至数月，在器底出现薄薄一层较松散的沉淀物质，而啤酒液恢复澄清、透明。这种混浊和沉淀形成有两方面的原因：一是由于大分子蛋白质中发生了巯基蛋白质的氧化聚合，形成更大的分子；二是总多酚中花色苷、花色素原发生聚合，变成聚多酚。聚多酚又与氧化聚合蛋白质结合，最后变成较紧密的颗粒，沉于器底，此类混浊由氧化促进，而且加热啤酒无法消除，所以称“氧化混浊”或“永久混浊”。

(4)铁蛋白混浊。当啤酒中铁含量在0.5～0.8 mg/L时，啤酒中的二价铁氧化成三价铁和高分子的蛋白质形成铁-蛋白质络合物，会使成品啤酒中出现褐色至黑色的颗粒，酒体有明显的铁腥味。

2. 草酸钙混浊

形成的原因是啤酒中的草酸根离子没有与钙离子在发酵阶段完全结合除去，导致成品酒中草酸根离子与钙离子重新结合析出。可以在糖化阶段，加大石膏和氯化钙的添加量，增加钙离子，使在发酵时形成草酸钙沉淀析出。

3. 酒花树脂混浊

一般认为是从清酒罐、输酒管道或灌酒机带入的氧化酒花树脂，进一步氧化造成成品啤酒杀菌后，在瓶颈泡沫上有褐色和黑色颗粒。可以通过加强对容器和管道的清洗，避免此现象的发生。

4. β-葡聚糖混浊

当啤酒中β-葡聚糖含量在150 mg/L以上时，就容易出现β-葡聚糖混浊。所以在糖化阶段应加强β-葡聚糖的分解。

5. 糊精混浊

糊精是不可发酵性糖，其含量较高也会产生混浊。

(二)提高啤酒非生物稳定性的方法

1. 控制原料

大麦中蛋白质含量的高低、β-葡聚糖、花色苷和草酸的含量均直接影响到啤酒非生物稳定性，因此在选择原料时要选择上述物质含量低的，也适当提高辅料比例，也可以降低含氮物和多酚的含量。此外，还应保证麦芽溶解良好。

2. 控制好糖化工艺

在保证麦芽质量的前提下，控制好糖化各段的温度，糖化醪的pH，麦汁煮沸强度等工艺技术条件，减少影响啤酒非生物稳定性的因素。

3. 发酵过程和清酒过滤控制

后发酵阶段，注意发酵罐控温，避免发酵液对流，减少冷凝固物的沉降；选择优质过滤介质和精良的过滤纸板、膜过滤滤芯和高效的过滤设备，都能提高啤酒的非生物稳定性。

4. 添加非生物稳定剂

非生物稳定剂主要有甲醛、硅胶、聚乙烯吡咯烷酮(PVPP)、酿造单宁、抗氧化剂、啤酒酶制剂等。

(1)甲醛。糖化时添加甲醛，能降低麦汁中的花色素原(即花色苷)，从而提高啤酒非生物稳定性。

(2)硅胶。硅胶可以吸附造成啤酒潜在混浊的高分子蛋白质，有利于啤酒的澄清，缩短发酵周期。

(3)PVPP。PVPP可通过氢键吸附啤酒中与蛋白质交联的多酚物质，如儿茶酸、花色素原和聚多酚等，从而降低啤酒P.I.值，防止冷混浊。

(4)酿造单宁。单宁一般在后发酵时添加，经过一段时间的低温贮藏，形成蛋白质－单宁复合物而沉淀下来。

(5)抗氧化剂。最大限度降低啤酒中的氧是保持啤酒新鲜度和非生物稳定性的先决条件。目前，被啤酒生产企业广泛应用的抗氧化剂主要有抗坏血酸、植酸、SO_2、葡萄糖氧化酶等几种。

(6)啤酒酶制剂。目前研究颇多的是脯氨酸内切蛋白酶，其作用机理是将富含脯氨酸的蛋白多肽水解断裂为水溶性的小分子片段，从而防止产生大聚合物混浊沉淀，提高啤酒的非生物稳定性。该酶在冷麦汁中添加，从源头防止多酚和蛋白质的结合，而且不产生颗粒废物，不增加过滤负担，还可以最大限度地保持啤酒中的营养物质和抗氧化能力等优点。此外，应用较多的酶制剂有 β-葡聚糖酶、木聚糖酶等。

二、生物稳定性

啤酒生物稳定性是指由于微生物原因引起的啤酒稳定性问题。啤酒经过滤澄清后，仍含有少量的微生物，如啤酒酵母、野生酵母和细菌等。由于这些微生物的存在，会使啤酒品质劣变。因此，要除去这些微生物，提高啤酒的生物稳定性，延长啤酒的保质期。

提高啤酒生物稳定性的方法：

(1)强化对原辅料的管理，减少原辅料污染。

(2)对与物料、发酵酒液直接接触的管道、设备、器具、阀门等，要定期进行严格清洗杀菌。

(3)严格控制菌种间、酵母洗涤室、发酵室的室温，特别是发酵后期室温不得超过 5℃。

(4)严格控制酵母菌种的管理，对扩大培养、添加、发酵、回收等各环节严密监视。发现污染少量杂菌时，可用磷酸等酸化处理，调整酵母液 pH 2.1～2.5，处理 40～50 min。酸处理时保持酵母液 2～3℃，以杀死杂菌。

(5)严格控制麦汁冷却、发酵、滤酒、装酒等工序的卫生状况，保证生产使用的压缩空气、水质和管路的无菌条件，减少杂菌污染机会。

(6)加强对啤酒酿造各环节的染菌检测，一旦发现污染，立即采取措施灭菌。

三、啤酒的风味稳定性

(一)影响啤酒风味稳定性的因素

啤酒是一种成分相当复杂的产品，可引起啤酒风味变化的因素有很多，其中对啤酒口味稳定性危害最大的是氧，由于氧化而引起口味的改变。啤酒氧化味主要来自一些挥发性的长链不饱和醛类：类黑精和多酚物质引起的高级醇的氧化；异 α-酸的氧化；氨基酸的降解；不饱和脂肪酸的自氧化作用。

(二)啤酒风味老化的机理

对于啤酒风味稳定性起作用的物质源头是麦芽和酒花等原辅料成分物质和酵母发酵过程

中大量的代谢产物。研究表明，已有800多种物质可以检出，其中360多种是挥发性物质。影响啤酒风味稳定性物质可分为两类：一类是啤酒原辅料成分和酵母发酵过程中大量的代谢产物，这是啤酒老化的前体物质，即影响啤酒新鲜度的先天条件；另一类是啤酒灌装后，因为有氧的参与，进行氧化反应生成啤酒老化物质，而后者往往起着决定性的作用。在啤酒风味老化过程中发生的主要化学反应见表9.1。

表9.1　影响啤酒风味稳定性的各种化学变化

反应类型	反应产物及对啤酒风味的影响
氨基酸的strecker反应	降解啤酒中的氨基酸，生成不饱和脂肪醛类，使啤酒产生生青味
高级醇的氧化反应	高级醇在呈氧化态的类黑素和多酚作为中介发生氧化反应，产生羧基化合物如乙醛等，使啤酒产生生青味
异葎草酮氧化降解	该反应中生成的异戊酸和异丁酸以及3-甲基-2-丁烯-1-硫醇，使啤酒产生粗糙的苦味和后苦以及日光臭味
类脂的降解及脂肪酸的氧化	该类反应中生成的反-2-壬烯醛使啤酒具有纸板味
发酵后期酵母的自溶作用	在发酵后期或酵母自溶时代谢产生的α-乙酰乳酸被带入灌装的啤酒中与其中的氧发生氧化脱羧作用，双乙酰含量升高，活性乙醛亦升高，使啤酒的生青味加剧
美拉德反应	还原糖和氨基酸的美拉德反应生成类黑素和醛类，同样也给啤酒造成粗糙的苦味甚至不愉快的辛辣的青草味

关于啤酒老化的机制目前研究并不明确，但是研究指出，氧在老化啤酒中的分布比例是：60%进入多酚，参与多酚的氧化聚合；5%进入异葎草酮，形成氧化裂解产物；35%进入挥发性的羧基化合物、产生醛类。因此，在啤酒生产中监控“氧气”和建立完善的低氧酿造管理技术体系很重要。

（三）提高啤酒风味稳定性的措施

1. 氧气的控制

在啤酒的整个酿造过程中，尽量减少与氧气的接触。麦汁与氧接触会导致麦汁中的多酚类物质被氧化，使其在煮沸过程中不与蛋白质结合成沉淀。有氧条件下，麦芽中有5%～7%淀粉与脂肪酸反应，产生抑制酶的物质。成品啤酒中的氧会与低聚酚、单体酚、蛋白质氧化聚合成低聚多酚和聚合蛋白质，两者以共价键相连，形成大分子多酚-蛋白质聚合物，在金属离子作用下而析出。

2. 添加抗氧化剂

通过添加抗氧化剂来提高啤酒的抗氧化性，常用的有维生素C、SO_2、葡萄糖氧化酶。近年来，国内外都有人试用超氧化物歧化酶(SOD)来抑制氧自由基的氧化作用，用以改善啤酒的风味稳定。

此外，也可以采用一些新技术来提高啤酒的风味稳定，如采用充氮低氧工艺，即利用设备以声速将氮气注入水中后产生极细泡，氧气从水中扩散到氮气泡内，随解析器内排出的气水混合物从底部入口进入浓缩的啤酒灌，上升的氮气从稀释的啤酒内带走一部分氧气，可将水中含氧量从6.5～7.0 μL/L降到0.2～0.3 μL/L。也可以使用新型酵母，增加啤酒中的硫含量，相应减少氧气等其他物质含量。

(四)啤酒风味稳定性的评价及预测

传统啤酒风味稳定性评价过程中要求受过严格专业培训的专业评酒员，这给酒的评价造成很多麻烦而且只能进行定性描述。目前，关于啤酒风味稳定性的评价已经摆脱了传统的感官品评价法，新型的评价方法是对风味老化指标进行定量测定，其检查指标为：羧基化合物、自由基、还原(抗氧化)物质。通过对这些指标进行多种方法的定量分析风味老化程度，从而预测啤酒的风味稳定性。各种检测指标及其常用相应检测方法如表9.2所示。

表9.2 各种风味老化指标的检测方法

风味老化指标	常用检测方法	检测方法优缺点
羧基化合物	风光光度计(TBA法)、气相色谱(GC法)、高效液相色谱(HPLC法)和毛细管电泳法(CE法)	TBA检测法在国内应用广泛，GC法测定准确，但检测时间长；HPLC对样品处理要求低，测定简单，专一性好，结果重现性好
自由基的检测	电子自旋共振光谱分析法(ESR法)、高效液相色谱法(HPLC法)	检测过程短、高效
还原和抗氧化物质的检测	分光光度计法进行比色测定	该方法操作简便，设备成本低

在啤酒风味老化指标中，自由基与啤酒风味破坏关系密切。在自由基存在的情况下，分子氧逐步转变成过氧化氢，接着过氧化氢在金属离子的催化下，经Fenton和Haber-Weiss反应生成羟基，最后经过两条途径产生醛，从而导致啤酒风味老化。另外，二氧化硫是啤酒中抗氧化物质的代表，是在主发酵过程中酵母代谢的产物。二氧化硫不但能吸收氧和自由基，而且具有与羟基化合物结合的能力，掩盖啤酒的老化味。

第三节 甲醛、单宁酸等的使用

一、甲醛的使用

(一)啤酒中甲醛的来源

甲醛，商品名为福尔马林，是有刺激味的液体。啤酒中的甲醛主要来源于两个方面。一方面，啤酒酿造过程中外界加入甲醛，使用甲醛作为加工助剂，提高啤酒的非生物稳定性。另一方面，在发酵过程中，酵母代谢本身也会产生微量甲醛。因此，即使在啤酒酿造过程中不使用甲醛作为加工助剂，其成品啤酒也会含有一定量的甲醛。啤酒中的甲醛的生成主要来自于甲醇的氧化脱氢，在甲醛脱氢酶的作用下又继续氧化成甲酸，然后在甲酸脱氢酶作用下继续氧化生成二氧化碳，而同时甲醇脱氢酶的作用是双向的，在甲醛产生以后，也会将甲醛还原，这一点类似于双乙酰在醇脱氢酶作用下的还原，因此甲醛只是甲醇氧化的一个中间代谢产物，其经历一个先积累后还原的过程。

甲醛本身是一种毒性物质，并且在人体中有一定的积累作用。我国对啤酒中的残留甲醛进行限量，按照GB 2758—2005(发酵卫生标准)规定，啤酒中甲醛含量不得高于2.0 mg/L。国家食品质量监督检验中心近年来检测的国产品牌啤酒，其甲醛平均含量在0.3 mg/L左右。

(二)影响啤酒中甲醛形成的因素

1. 麦汁溶氧对甲醛形成的影响

麦汁溶氧直接影响着酵母的生长，由于甲醛是酵母代谢的产物，甲醛的产生及积累与酵母生长相关的控制因素肯定有内在的联系。研究表明，甲醛峰值随着麦汁溶氧的增加呈先减小随后增大的趋势，当麦汁溶氧在12～13 mg/L时甲醛峰值最低。

2. 酵母接种量对甲醛形成的影响

甲醛是酵母代谢的产物，因此接种酵母数的多少与增殖倍数的高低会影响甲醛的生成量。从实验研究来看，在大罐发酵时，随着酵母接种数的增加，酵母增殖倍数逐渐减小，而甲醛峰值则符合先降低后升高的趋势，当接种酵母数比较少时，酵母增殖倍数较高，产生的甲醛就多；当继续增大接种酵母数时，酵母增殖倍数减小，产生甲醛的量也相应减少；而当酵母接种数过多时，酵母增殖倍数迅速减小，同时造成发酵开始阶段糖酵解途径超载，NAD^+供应不足，造成甲醛积累。此外甲醛的产生与积累不仅与酵母增殖多少有关，还与酵母增殖过程中甲醛还原的酶系有关，过低的酵母增殖量会造成甲醛降解酶系包括FdDH、FDH、MODH的生成量减少，酶活降低，因此甲醛峰值反而又有所上升。

3. 不同酵母代数对甲醛产生的影响

低代酵母活性高，生长迅速，主酵过后在发酵液中悬浮的酵母多，酵母分泌的还原酶也多，因此一系列依赖酵母分泌酶所催化的氧化还原反应的速度会明显高于高代酵母。而甲醛在后期的还原也有赖于酵母分泌的甲醇脱氢酶催化反应的进行。

4. 麦汁浓度对甲醛形成和还原的影响

低麦汁浓度条件下，甲醛峰值较低；在低麦汁浓度条件下，甲醛还原也比高麦汁浓度下要彻底，甲醛谷值低。麦汁浓度高带来的最大的问题便是酵母对糖利用的速度加快，EMP途径负担过重，消耗了大量的NAD^+，使甲醛降解有关的酶类不能很好地发挥作用，甲醛大量地积累。

甲醛在啤酒中的变化情况是先升高后降低的过程涉及甲醛的产生和还原，在啤酒生产过程中的一些控制因素如麦汁溶氧、接种酵母代数和接种酵母数、还原温度、麦汁浓度等均会影响到最终成品啤酒中的甲醛含量。

(三)甲醛在啤酒中的作用

(1)甲醛能与谷物中的多酚类物质——花色苷结合，以减少加工成品中的花色苷含量。啤酒中高分子蛋白和多酚(主要是花色苷)的氧化结合是形成混浊沉淀的主要原因，用甲醛除去花色苷等多酚物质，可延长啤酒保质期。

(2)甲醛的添加会使麦汁的色度和浊度明显降低。这是因为多酚物质经氧化聚合作用，其色泽会加深，而甲醛去除了大量的多酚物质。

(3)甲醛还具有一定的杀菌作用。

甲醛在啤酒中的含量要控制在合理的范围,否则啤酒中甲醛过高的残留会毒害人类健康。在啤酒生产的糖化阶段,一般甲醛的添加量控制在 300 mg/L 左右。

因为甲醛使用方便,延长保质期的效果明显,至今国外的一些啤酒生产教科书和有关技术资料中,依然将甲醛列为啤酒的生产助剂。但是,甲醛本身是一种毒性物质,在人体内具有一定的积累作用,目前我国的大型啤酒企业都已应用 PVPP、单宁和硅胶等加工助剂替代甲醛,提高啤酒非生物稳定性的生产工艺。

二、单宁酸的使用

单宁酸是一类具有生物活性的多酚物质,与蛋白质有强烈的结合能力,与生物碱、酶、金属离子等反应活泼,还具有较强的表面活性。单宁类化合物因具有结合蛋白质、抗氧化性、除去金属离子以及降低啤酒中醛类物质含量性质,对于成品啤酒抗老化性能、改善啤酒风味及提高其非生物稳定性等方面具有良好的应用前景。在啤酒酿造过程中使用的单宁物质有酿造单宁、柿子单宁等。

(一)单宁在啤酒酿造中作用

(1)酿造单宁作啤酒稳定剂,对啤酒的非生物稳定性和风味稳定性有所改善,延长了啤酒的保质期。酿造单宁还可有选择性地与蛋白质和多肽中的—SH 产生反应而沉淀析出,从而增强了啤酒的胶体稳定性和风味稳定性,延长了啤酒的保质期。

(2)降低啤酒的浊度和色度。酿造单宁在同啤酒中大分子蛋白质作用的同时,还可诱发啤酒中的部分原花色素(花色苷)以及类黑精介入反应,使它们同大分子蛋白质一同形成沉淀析出而被除去,并且还可以使发酵液中的悬浮物随单宁同大分子蛋白质产生的絮状物一同沉淀,因此它的应用可降低啤酒的浊度和色度。

(3)提高啤酒的持泡性。酿造单宁吸附对泡沫性能起消极作用的—SH 蛋白质和啤酒中的脂肪酸,对啤酒的泡沫稳定性有轻微的提高作用。

(4)单宁具有还原作用,可以减轻啤酒中溶解的氧气,降低啤酒的老化味。

(5)啤酒中单宁,还可以保持啤酒的风味稳定性。

除了酿造单宁外,柿子单宁也可以作为啤酒一种澄清剂添加到啤酒中,不仅可以提高啤酒的非生物稳定性和生物稳定性,而且具有抗老化和抗氧化的作用,能明显改善啤酒的感官特征,提高啤酒质量。

(二)酿造单宁在啤酒中使用要点

(1)酿造单宁 pH 3.5~4.5,对蛋白质的选择性最强。

(2)酿造单宁用量必须要慎重,因为用量少没有效果,用量大有余量留在酒内,就会造成啤酒口味上的缺陷,还会增加成本。经过生产实践表明,酿造单宁的用量为 50 μg/L 较合适。

在糖化与麦汁过滤过程中添加棓单宁以提高麦汁的抗氧化能力。棓单宁可以作为金属螯合剂,自由基清除剂和还原剂;它对于键合醛类和絮凝含硫醇蛋白非常有效。可能存在的负面影响是它会螯合少数酵母生长需要的元素、失活蛋白分解酶和淀粉酶、絮凝泡沫活性蛋白、增加由于高没食子酸浓度造成的啤酒收敛味。

参 考 文 献

[1]吴炜亮,吴国杰,胡志云.啤酒过滤技术的研究进展[J].酿酒,2006,33(4):62-64.

[2]戴军,袁惠新.啤酒过滤的现状与发展[J].食品与机械,1999,72:11-14.

[3]冯东方,张尧,王永.硅藻土与板框过滤[J].啤酒科技,2004,9:56-58.

[4]左永全.板框式硅藻土过滤机在啤酒过滤中的应用[J].江苏食品与发酵,1996,2:20-21.

[5]周文龙.错流膜过滤技术在啤酒生产中的应用[J]:[硕士论文].广州:华南理工大学,2010.

[6]宫一峰,陈欣,周燕玲.浅谈影响啤酒过滤的因素[J].酿酒科技,2001,2:87.

[7]肖玉明.影响啤酒过滤速度的因素及改进措施[J].啤酒科技,2003,12:47-48.

[8]李志新.啤酒过滤过程的控制要点[J].啤酒科技,2008,3:29-31.

[9]田红荀,王家林,葛晓萍.啤酒非生物稳定性的研究进展[J].酿酒,2010,37(6):13-17.

[10]杨梅枝.啤酒稳定剂的发展与进步[J].啤酒科技,2009,3:31-32.

[11]郝建国.提高啤酒生物稳定性的措施[J].张家口农专学报,1999,15(1):78-80.

[12]邓超,包菊平.啤酒稳定性的研究进展[J].江苏食品与发酵,2003,1:12-13.

[13]林小荣,任思洁,李未,等.啤酒发酵过程中甲醛代谢影响因素初步研究[J].食品科学,2007,28(1):191-195.

[14]顾国贤,王黎明.甲醛对啤酒风味危害的研究[J].啤酒科技,2001,10:17-21.

[15]李桂贤.浅谈酿造单宁在啤酒生产中的应用[J].酿酒科技,2000,1:56-57.

[16]严德铨,成尚.单宁对啤酒风味稳定性的影响[J].酿酒,1982,4:59-60.

[17]田燕,邹波,李春美,等.柿子单宁在啤酒澄清中的应用[J].现代食品科技,2011,27(3):313-316.

[18]林智平.酿造水添加棓单宁对提高啤酒风味稳定性的评估[J].啤酒科技,2003,2:67-71.

第十章 高浓度稀释啤酒酿造(HGB)及啤酒后修饰技术

第一节 高浓度啤酒稀释技术

高浓酿造稀释技术即采用高浓麦汁糖化和发酵。啤酒成熟后，在过滤时用饱和二氧化碳的无菌水酿造稀释成不同浓度的啤酒。

高浓酿造技术是从始端要求将原麦汁浓度提高到 16～24°P，经过高浓度麦汁的糖化、煮沸、发酵等过程，到末端加水稀释成 8～10°P 甚至 8°P 以下的啤酒上市。因此，高浓酿造实际上就是“高浓酿造和后稀释处理”。在国外 20 年前早已成功推广 16～24°P 的高浓酿造技术，现在在进行 24～32°P 超高浓酿造技术的研用。在高浓酿造中糖化、主酵、后酵都是在浓缩物中进行，灌装前稀释成正常的浓度。高浓度发酵后稀释酿造技术是利用现有设备能力，提高糖化、发酵、储酒甚至啤酒澄清设备的利用率，从而达到迅速有效地扩大啤酒产量。

一、高浓度酿造稀释的主要生产方法

高浓度酿造稀释技术中涉及的方法主要包括麦汁酿造稀释、前酿造稀释、后酿造稀释。

麦汁酿造稀释主要针对糖化能力不足的工厂，为了提高糖化能力，一般在沉淀槽进行酿造稀释。前酿造稀释则主要针对发酵能力不足的工厂，前酵高浓，后酵酿造稀释；后酿造稀释则是典型的高浓酿造技术。糖化加水技术要求最简单，它对于酿造稀释水的要求最低，只要用正常的糖化水即可，而且发酵工艺无须调整，对啤酒的质量影响也小。发酵加水则是在发酵后期酿造稀释。越往后酿造稀释，技术条件要求越高。真正意义上的高浓酿造技术则是指过滤前后的加水酿造稀释。这样可以提高糖化、发酵、贮酒甚至过滤设备的利用率。

二、高浓度麦汁的制备

高浓度麦汁的制备可以通过两种方法来实现，一是通过加大投料量(或者降低料水比)；二是提高发酵醪液浓度。

(一)加大投料量的方法

加大投料量是目前采用较多的高浓度麦汁制备的方法。由于投料量加大，麦糟层增厚，黏度上升导致搅拌、倒醪、过滤困难。应严格控制料水比不超过 1∶3(重量比)。在麦芽粉碎时采取增湿粉碎或湿粉碎技术，以保持麦皮完整性，形成良好的疏松的过滤层。

(二)提高发酵醪液浓度

(1)提高发酵醪的浓度可以通过提高麦汁中淀粉水解酶的活性,如加入啤酒酿造复合酶、中性蛋白酶等特定的胞外酶制品,从而来增加发酵醪的糖度。

(2)通过特殊的生产工艺生产高浓度麦芽汁。此法麦芽被粉碎成特定尺寸,发酵温度从发酵开始连续不断地升温,制得热麦芽糖浆。过程如下:在粉碎机中麦芽颗粒被粉碎至13～300 μm的尺寸,其碰撞速率在100～300 m/s。制得的麦汁从发酵温度开始要连续不断地进行加热升温至糖化结束为止。轻度干燥麦芽与焙焦麦芽(1∶1)再被焙至40℃后送入粉碎机,控制麦粒碰撞速度100 m/s,这样其碾磨粒径均处于13.13～13.50 μm之间,这种混合麦芽后的制麦麦汁以1℃/min连续从47℃升温到72℃,30 min后,其浸出物可达74.4%,麦芽浓度达63.3%,每100 g麦汁中α-氨基氮也将达206 mg。

三、高浓度麦汁的发酵

(1)高浓度麦汁发酵过程中,麦汁浓度不高于16°Bx,发酵后期不超过6%(质量分数)的酒精含量,其理化指标与传统发酵无明显差异,发酵度可达65%～68%,酒精含量可达4.5%～5.0%(质量分数)。因此,在制备冷麦汁时,冷麦汁的浓度不高于16°Bx,从而确保啤酒品质。

(2)高浓度麦汁发酵时应注意的问题。

①麦汁浓度与溶氧的关系。因麦汁浓度提高,麦汁溶氧水平降低,若通入纯氧可提高其含氧量,在高浓度酿造中两次利用纯氧通风,可以提高发酵度,增加细胞密度。

②酵母接种量和α-氨基氮含量。一般控制接种浓度为1.5×10^{7}～3.0×10^{8}个/mL。在正常麦汁浸出物中α-氨基氮含量为1.5～2.0 mg/g。

③稀释度的控制。稀释的最佳阶段:在主发酵阶段为宜。最佳稀释度:一般不超过20%～25%。

四、高浓度发酵液的稀释

高浓发酵后稀释是在高浓度麦汁经发酵后的酒液中,加入一定比例的经除氧、杀菌、冷却,并通入二氧化碳的酿造用水,而制成符合要求浓度的啤酒。

在此过程中要注意以下问题。

(一)稀释用水

应用软水,水质清亮透明,无杂气味。要求无微生物和化学污染,铁离子含量≤0.05 μg/L;铜离子含量0.12 mg/L,其他矿物质含量符合饮用水标准。而且CO_2含量要与被稀释酒一致或十分接近。

稀释水制备操作要点:①酿造水先进入平衡罐,利用水位自动控制,使水以恒压流入脱氧器顶部。②水经分配级板,从喷嘴喷出,形成雾状,利用真空泵抽真空,使水中溶解氧大量逸出,其脱氧度由自动控制进水与回水量的比例来调节。③脱氧水输入冷却器,经酒精冷却冷至接近冰点,向水中通入CO_2,以避免重新吸氧和保证啤酒含较高浓度的CO_2脱氧、饱充CO_2的水输入缓冲罐，保持压力0.15～0.20 MPa。④将上述冷水和高浓啤酒混合，利用电磁流量计与自控装置控制啤酒和水的流量，保证两者能精确地按比率混合。

(二)混合比例

高浓度啤酒原麦汁浓度及稀释比例的控制十分重要。原麦汁浓度过高，稀释比例大，影响啤酒口味及胶体稳定性，使啤酒口味淡薄，甚至有水腥味。原麦汁太高还会影响到酵母发酵与代谢，糖化过程抑制酶反应。原麦汁浓度宜控制在15～16°Bx(此单位是描述麦芽汁糖度)。最高不超过18°Bx，水与酒液稀释比为1∶3。

五、高浓度啤酒稀释技术应注意的几个问题

(1)高浓度酿造后稀释，对生产的各个阶段都有要求，但总体上讲，设备上需要的改造并不多。采用该项技术前，首先对现有粉碎设备的能力应进行评估，因为它将处理更大的糖化投料量。

(2)确定合适的高浓度原麦汁浓度，相应地也就是确定了最终稀释度的多少，这是由于稀释度由下式决定：

稀释度=(高浓度麦汁－成品啤酒麦汁浓度)/成品啤酒麦汁浓度×100%

麦汁浓度过高，不利于糖化麦汁收得率，成本会增加，而且稀释度太高，成品啤酒口味淡薄，影响质量；麦汁浓度过低，稀释比例小，设备利用率达不到要求，浪费大。综合这两方面考虑，一般高浓度原麦汁浓度以高于稀释后成品啤酒3～4度，稀释度在25%～30%左右为佳。

六、高浓度啤酒酿造过程的技术难点及突破方法

关于啤酒高浓度酿造技术，虽然我国起步较晚，但是通过快速引进国外先进的HGB技术，现已突破原麦汁浓度16～22°P的糖化、煮沸、发酵技术关键，尤其是后稀释脱氧水制备技术和酒－水－二氧化碳定比混合系统技术，正在不断地提升与完善。然而，由于高浓稀释技术本身的技术要求，目前HGB技术应用于啤酒酿造过程中还存在着一些技术难关，其解决途径及后续HGB技术发展方向如表10.1所示。

表10.1　高浓度啤酒酿造过程的技术难点及提高方向

技术难点	对啤酒酿造过程造成的影响	技术难点解决方法及HGB提高方向
麦芽与辅料的投入量增加、糖化加水量降低	这使粉碎物料吸水性、醪液流动性变差	提高糖化用水的水处理技术
提高麦汁中糖的浓度、降低麦汁氮含量	麦汁组成的改变影响了酵母增值和发酵速率，从而造成啤酒风味异变	糖化用全酶法糖浆添加技术
高浓麦汁煮沸中，凝固物增加，α-酸和异α-酸明显下降	这造成啤酒中苦味值收率降低25%～30%，因此需要增加酒花添加量	优化麦汁煮沸工艺与相应的酒花添加技术

续表 10.1

技术难点	对啤酒酿造过程造成的影响	技术难点解决方法及 HGB 提高方向
对酵母菌耐酒精的提高	发酵麦汁浓度提高,麦汁溶氧水平降低,直接影响酵母的增殖和发酵速率	采用物理或化学诱变方法、连续培养选择、原生质体融合技术、杂交以及基因工程技术培养新型发酵酵母菌
稀释用水脱氧程度与水中常量离子浓度调配技术要求提高	稀释用水的脱氧程度及水中常量离子对稀释后的啤酒风味有极其敏感性影响,若二者调配不当会使啤酒口味淡薄或者泡沫性能差	研究更加精制的稀释水脱氧技术(溶氧指标<5 μg/L)及精确定比混合稀释技术

第二节　高浓度稀释啤酒的缺陷

酿造稀释酒的质量要求除了满足必需的理化、卫生指标外,对酿造稀释酒的外观、泡沫、香气和口味及保质期必须有特殊的要求。即要求酒体外观清亮透明,无明显沉淀物和悬浮物,泡沫洁白细腻、持久挂杯,口味纯正、酒体协调、无老化味等。但是酿造稀释后的啤酒或多或少地出现诸如泡沫粗糙、泡持力下降、酒体寡淡、水味重、非生物稳定性差等质量问题。其原因是多方面的,从原料的选择、工艺的调整及控制、水的处理、各种添加剂的使用及设备状态等,都可能影响酿造稀释酒的质量。

高浓麦汁发酵生产啤酒存在一系列工艺缺点:高浓麦汁发酵后渗透压增高、乙醇浓度增加、营养的缺乏等导致发酵力、发酵度、酵母活力和凝集性降低;高浓麦汁黏度较大,使可发酵糖与酵母接触少,会影响正常发酵;当麦汁比例超过 1.060(14.8°Bx) 时被发酵后,就产生过量的酯类,以致在稀释到正常浓度时,啤酒的含酯量也过高,从而对啤酒风味产生不利的影响。高浓度稀释啤酒的质量缺陷主要有以下几个方面。

一、持泡性差

高浓酿造啤酒显示出比低浓酿造的啤酒物理稳定性更好。许多研究表明,高浓酿造的啤酒,其风味稳定性和非生物稳定性,较之低浓酿造的啤酒反而提高了。这可能与它的大幅度稀释有关。但是,与其他风味稳定性不同,高浓酿造的啤酒泡沫稳定性却大大降低了。高浓酿造一个明显缺陷是啤酒持泡性较差。啤酒的泡沫性能主要是指起泡性、持泡性和附着力,要求泡沫洁白细腻,持久挂杯,缺一不可。

(一)高浓酿造的啤酒泡沫稳定性降低原因

1. 疏水多肽的减少

COOPER 等研究发现,啤酒的泡持性与麦汁及啤酒中的疏水多肽水平有关。疏水分子具有憎水性,倾向于从亲水体系中脱离并附于体系表面。蛋白质在形成和稳定啤酒泡沫中起着重要作用，最具疏水特性的多肽产生的泡沫最稳定。高浓麦汁糖化时，疏水多肽的浸出实际上非常有限。而在高浓麦汁发酵过程，其疏水多肽的损失更大。因此，在高浓啤酒稀释成正常啤酒时，其疏水多肽水平比低浓酿造的啤酒低大约40%，导致高浓度酿造啤酒的持泡性降低。

2. 高浓度酿造啤酒中总多肽含量低

高浓酿造啤酒的泡沫中疏水多肽低于总多肽的20%左右，而低浓酿造啤酒的泡沫中疏水多肽则高于总多肽的40%左右。因此，高浓酿造的啤酒，不仅总多肽下降，而且泡沫的疏水多肽含量也下降。这些均导致啤酒的泡沫稳定性下降。

高浓酿造过程中疏水多肽的损失，一是发酵罐大量起泡造成泡沫活性物质损失，另外更重要的是高浓酿造造成啤酒酵母的承受压力更大，刺激酵母分泌更多的蛋白酶A，而微量的蛋白酶A能迅速地分解疏水多肽，造成了疏水多肽损失更多。

(二)蛋白质对啤酒泡沫质量的影响

影响啤酒泡沫的因素很多，如麦芽溶解度、类黑素、酒花、含氮物、酒的表面张力和黏度以及生产工艺等，均和泡沫性能有关。特别是中分子量的蛋白质(多肽和起泡蛋白)与啤酒的泡沫度和持泡性密切相关。郑敏通过实验研究表明，提高啤酒泡沫的质量可以从以下几个方面来实现。

(1)原料具有很好的蛋白质含量和麦芽溶解度。

(2)蛋白酶水解阶段的温度控制。泡沫的起泡性和持泡性是两种既相联系又不相同的性质，只要有CO_2气体释放，就能产生气泡，但只有当啤酒中的表面活性物质在气泡表面轻微凝结，才大大加强了泡持性，表面活性物质含量越高，泡沫就越细腻，持久。这个表面活性物质主要就是中分子含氮物和酒花树脂(α-酸及其氧化物)，只有相对分子质量6 000以上的多肽和起泡蛋白才可稳定泡沫，而较低分子量的多肽能破坏泡沫的膜结构。在啤酒生产中，蛋白质水解阶段非常重要，它主要是蛋白酶的水解作用，水解程度的好坏影响到啤酒的风味，泡沫质量和非生物稳定性。

(3)麦汁煮沸阶段各组分含氮物的控制。在此阶段内，除小部分蛋白质热水解外，大部分相对分子质量在12 000以上的高分子含氮物，都因与酒花中多酚物质缩合成复合物或高温凝固而沉淀。另外，酒花中的α-酸脱氢后与蛋白质的氨基端相连，缩合成有利于泡沫的复合物，可以加强泡持性和挂杯能力。

二、口味太浅

高浓度稀释啤酒的口味较差，降低了原料(酒花和麦芽)的利用率；由于高浓稀释工艺需增添一些设备和管道，增加了工艺环节，若控制不严，极易造成啤酒老化。

与常规浓度的酿造啤酒相比，乙醇浓度相当时，高浓稀释啤酒的酒体较淡，主要原因表现在：一方面，其风味物质含量发生了改变；另一方面，在高浓稀释过程中，往往稀释比例过大，会使啤酒口味淡薄，甚至有水腥味，进而影响啤酒口味及胶体稳定性。经验证明，稀释度在20%～40%最好，这样不仅能降低生产成本，啤酒风味稳定性和非生物稳定性均较好。

三、风味不协调

高浓酿造啤酒风味不协调产生原因：

1. 酯的增加

与传统的麦汁（＞12°P）相比，高浓麦汁（＞16°P）发酵产生更多的酯类，其是乙酸乙酯和乙酸异戊酯，而且它们的产生与原麦汁浓度不成比例。由于高浓酿造啤酒的酯类含量相对较高，所以更容易使啤酒产生异常的香气和口味。

高浓酿造中酯增加的原因：高浓麦汁中的可发酵性糖的组成是造成酯含量增高的主要原因。研究表明，可以通过增加高浓麦汁中麦芽糖的比例，控制酯类物质的增加。除此，还可以通过提高麦汁溶解氧量、α-氨基氮和不饱和脂肪酸含量，均能促进啤酒酵母的生长使之消耗更多的乙酰辅酶 A，导致参与酯类合成的乙酰辅酶 A 缺乏，从而达到降低啤酒中酯含量的目的。刘晓璠等人也通过实验证实在麦汁中添加 α-氨基氮和油酸以及发酵时震荡通氧，这 3 种方式均有助于降低啤酒的酯含量。其中 α-氨基氮含量对浓醪啤酒酯含量的影响最显著。

2. 高级醇和双乙酰的产生

高浓发酵容易产生副产物高级醇和双乙酰。即使稀释到与低浓酿造相同的浓度，高浓酿造啤酒的双乙酰、戊二酮、乙偶姻、高级醇等风味物质的含量均略高于低浓酿造啤酒的含量。

高浓酿造啤酒风味物质的变化见表 10.2。

表 10.2　高浓酿造啤酒风味物质的变化

项　目	原浓/°P				
	11.5	14.5		16.5	
		稀释前	稀释后	稀释前	稀释后
双乙酰（＜0.12×10^{-6}所需天数）	11	17	/	25	/
最终双乙酰含量（$\times 10^{-6}$）	0.05	/	0.07	/	9
最终戊二酮含量（$\times 10^{-6}$）	0.02	/	0.04	/	0.06
乙偶姻（$\times 10^{-6}$）	3.3	/	4.5	/	5.0
β-苯乙醇（$\times 10^{-6}$）	17	24	18.2	32	21.3
乙酸酯类（$\times 10^{-6}$）	22	32	24.2	42	28
脂肪酸（$\times 10^{-6}$）	10	13	10	17	11.3
高级醇（$\times 10^{-6}$）	80	103	78	142	95

第三节　后修饰技术

啤酒后修饰即为啤酒后期调配处理技术，通过后期调整或者添加不同类型的添加剂，对啤酒的感官质量、风味特点、营养功能和非生物稳定性等方面进行调整、改善，以期达到产品质量的均一性,或突出某一特征。这是现代啤酒酿造技术的一种新的概念和提法:即啤酒生产是复杂的一系列物理变化和生物化学等反应过程,而在生产每一批啤酒时,由于原料、工艺、酵母质量等因素或多或少有所波动,故在后发酵结束后,啤酒的理化指标和风味虽已基本上达到预定的要求,但也难免存在某些缺陷,这些缺陷可利用现代分析技术及品尝手段加以探测。然后,通过加入各种添加剂的方法,使啤酒的成分和风味得以调整和改善,从而达到各批产品质量相对稳定的目的,有时还可缩短发酵期和提高设备利用率。这种加入添加剂的整个过程中所采用的一整套技术,称为啤酒的后修饰技术,其实这种技术在葡萄酒等酒类生产中,早已是习以为常之举。

对啤酒进行后修饰的时机,可按添加剂的可溶解性、可混合程度、作用效果,以及添加剂的价格和损失率等方面,进行综合考虑而定。但大多选择于啤酒粗滤之前或粗滤之后精滤之前添加。后修饰只是一项补偿措施,因此,首先必须以合格的原辅料和酵母进行正常的糖化和发酵,并使原酒的双乙酰还原较完全,冷凝固物及酵母去除较为充分。在进行后修饰之前,应对啤酒作较全面的化验,并进行品尝,以确定后修饰的目标和基本方案,如添加剂的种类及添加量等。

后修饰的效果检验:要从啤酒的风味、泡沫、CO_2 含量等各项理化指标,以及非生物稳定性等方面,较全面地考察修饰效果,并要使广大消费者所接受。

啤酒后修饰技术不能掩盖原料及生产工艺缺陷而造成的产品质量问题,后修饰所采用的添加剂的种类很多,包括着色剂,风味添加剂,能保证泡沫稳定、口味稳定、非生物稳定性的各种稳定剂,抗氧化剂,异构化酒花浸膏及酶制剂等。方法为将各种添加剂按不同要求调制成溶液,并调整其 pH 和温度后、用标准计量泵在啤酒过滤机前的管路中均匀地加入啤酒内。经修饰并过滤后的啤酒,应有一定的稳定期,其间需进行取样分析和品尝,以考察实际效果。使用这些添加剂对于改善高浓酿造稀释酒的品质,可以起到良好的效果。

一、啤酒的修饰剂

从后修饰技术应用的目的大致可分为以下几类。

(一)调整性修饰剂

由于受诸多因素的限制,有一定程度的质量缺陷很难避免,如生产低度啤酒会出现口感寡淡缺陷、酒花质量不佳会出现啤酒的酒花香气不明显缺陷等等。这些缺陷可利用现代分析技术及品评手段加以确定,然后针对不同的质量缺陷通过添加不同的修饰剂,可使这些缺陷得到一定程度的调整或改善。调整性修饰应用范围很广,针对不同的目的又可分为缺陷弥补性修饰、特性强化性修饰、稳定性修饰。

(二)特色性修饰剂

所谓特色性修饰,就是指在啤酒酿造后期通过加入不同的修饰剂,使啤酒在原有特征的基础上具有一种特殊的风格,从而达到一种全新的效果。特色性修饰技术是一种调整产品结构,开发啤酒新产品有效的技术措施。从其所要达到的效果又可分为以下几种:

1. 色泽修饰剂

啤酒中使用的色泽修饰剂主要是为了满足消费者的需要,将啤酒生产出不同颜色,如红色啤酒、绿色啤酒、黑啤酒等。目前,这些啤酒颜色多用浓缩汁调成。

2. 黑啤酒浓缩液、红啤酒浓缩液

黑啤酒浓缩液(色度 9 500EBC 左右)和红啤酒浓缩液(色度 2 000EBC)是采用高质量的焦香麦芽、黑麦芽,酒花经糖化,发酵后再经过过滤,真空浓缩制得。根据有色物质的添加量不同,可以制成不同色度的浓缩汁。使用时可以在过滤前用计量泵或直接添加到硅藻土罐中。

3. 啤酒色素

目前市场上较为流行 3 种天然色泽的食品:红色食品、绿色食品、黑色食品。为了降低啤酒生产成本,色泽修饰剂也可以使用焦糖色素调整啤酒颜色。在啤酒中,多选用带阳电荷、对啤酒稳定的焦糖。啤酒含有带阳电荷的蛋白质,若加入带阴电荷焦糖,就会聚集成较大粒子,形成沉淀,产生混浊。

根据焦糖生产中使用的催化剂不同,焦糖色素又可以分为 4 级,不同级别的焦糖色素适应不同的食品和饮料。Ⅰ级焦糖,又称清白焦糖,不含氨或亚硫酸盐等成分,胶质体带负电荷,适合用在低于 75%浓度的高酒精度饮料中;Ⅱ级焦糖,是用亚硫酸盐处理的焦糖,只局限在食品和饮料中使用,胶质体带负荷;Ⅲ级焦糖用氨法制得,胶体带负电荷,高色度,在 pH 为 3 时稳定。适合用在各种汤料、沙司、啤酒、大麦酒、面包、饼干、罐藏食品中;Ⅳ级焦糖是用氨和亚硫酸盐法共同加工而成,有极强的色度,胶体带负电荷,一般用于可乐和其他软饮料中。焦糖色素除了赋予产品诱人的颜色,又能提高最终产品的风味和感官品质。

啤酒生产使用焦糖色素的注意事项:①在确定焦糖色的合格供方时,要对提供的小样进行小试,要了解它的电荷性质,应做与产品的亲和性、稳定性实验。②由于焦糖色黏稠度大,添加前必须用温热的软水 1∶10 充分溶解。③添加位置:最好在补土罐里添加,防止在定量添加泵添加堵塞后面的精滤芯。④包装开盖后尽快用完,否则会使微生物滋生。⑤应在阴凉通风的冷库里存放。⑥所盛设备、器具最好用塑料或不锈钢制品,避免用铁质。

(三)营养功能修饰剂

营养功能修饰剂即为了提高啤酒的营养价值或者某些功能而添加的修饰剂。杨继远等人研究的苦瓜螺旋藻复合啤酒,当苦瓜汁添加量为 4%,同时加入 0.1%的螺旋藻脱腥提取液和 20 mg/kg 丹尼克啤酒保鲜剂,经精滤、灌装杀菌等工序生产的苦瓜螺旋藻复合啤酒,呈淡黄绿色,清亮透明;泡沫洁白细腻、持久挂杯;有明显的酒花香气和苦瓜及螺旋藻的风味,口味纯正、协调、柔和。苦瓜螺旋藻复合啤酒稳定性较好,在常温下放置半年,无任何沉淀出现。

除此,还有许多功能性啤酒涌现,如苦瓜汁、芦荟汁、葡萄汁、银杏提取物等多种对人体具有保健功能的物质提取物都可以作为营养修饰剂加入啤酒中,满足不同消费者的需求。

(四)啤酒品质改良剂

啤酒品质改良剂是一种纯植物提取液,由 18 种氨基酸组成,并含有多种维生素、微量元素和矿物质,不仅能增加啤酒中的营养成分,而且能大幅度提升和改善啤酒质量,使啤酒香气协调,口感醇厚,泡沫细腻,而且延缓啤酒老化,提高保鲜期,对于酒基差的产品,其效果更加显著。

(五)啤酒清凉主剂

啤酒清凉主剂是一种没有薄荷味感觉型的清凉香料,给人一种怡人而持久的清新凉爽感觉,并不带苦涩及刺激辛辣感。

(六)稳定修饰剂

有些啤酒的风味稳定性、胶体稳定性较差,因此,需要外加一些添加剂提高和改善啤酒的风味稳定性和一些非生物稳定性等。抗氧化剂的使用可以改善啤酒的风味稳定性,如葡萄糖氧化酶;PVPP、单宁的酚类物质可以提高啤酒的非生物稳定性。

各种修饰添加剂的使用必须适宜,否则会对啤酒质量产生负面影响。

二、后修饰类型

(一)质量缺陷性修饰

常见的啤酒质量缺陷主要集中在浓度、色度、苦味值和风味等方面。如浓度偏低,口感淡薄,色度偏低等。这些可以通过后修饰技术,保证啤酒的理化指标合格。下面是改善啤酒质量缺陷的一些技术。

1. 啤酒泡持性的后修饰技术

泡沫的主要成分是蛋白质的分解产物与葡萄糖的聚合物,泡沫中含氮物质大约占 56%,此外还含有一定量的异 α-酸,异 α-酸除了可以赋予啤酒苦味外,还可以通过降低啤酒的表面张力来增加泡持性,而且由于其本身具有疏水性还可以提高泡沫在玻璃杯中的挂杯性能。另外,异 α-酸结合泡沫多肽物质也有利于保持啤酒泡沫稳定性。也有添加植物性蛋白或者植物性蛋白与 PGA 等化学类物质的复合物来做啤酒增泡剂的研究报道。

2. 金属盐

某些金属盐类,如镍盐和钴盐,有利于增强啤酒表面黏度,从而对啤酒泡沫的持久性和挂杯性能是有利的,但由于这两种盐具有毒性且对啤酒非生物稳定性有一定的影响,因此一般不使用。改用铁盐,但铁盐的用量应严格控制,否则对啤酒的口味及非生物稳定性会有不利的影响。

3. 海藻酸及其衍生物

这类物质为高黏度物质,易形成强度较大的界限薄膜,使形成的泡沫不易消失,有利于泡沫的持久性。但在啤酒中泡沫蛋白缺乏的情况下,海藻酸丙二醇酯的添加不可能取得令人满意的效果。在生产实践中得知,大麦发芽后在干燥前数小时,喷洒阿拉伯胶,然后上炉干燥,用这种麦芽制造啤酒,啤酒泡沫性能较好。

(二)产品特色性修饰

即采用一些修饰剂如色泽修饰剂、营养修饰剂等赋予啤酒特殊的色泽、口感、营养等。

添加啤酒风味修饰剂等改善啤酒口味和风味。在啤酒灌装前加入 VA WUN SION 系列产品(此为主要应用于高浓度啤酒的风味、口感修饰的修饰产品)于啤酒液中,可以控制和改善啤酒质量,使其口感醇厚、水味消失、酒花香突出、风味协调,酒质与原来相比基本保持一致。

实验表明,在6°P、7°P、8°P、11°P的酒基中添加0.015%~0.02%的VA WUN SION系列产品,修饰后的啤酒质量口味和风味明显优于对照。

参考文献

[1] 宫传立.浅谈高浓酿造稀释技术在啤酒生产中的应用[J].山东食品发酵,2011,1:15-18.
[2] 于利成,李洪飞.啤酒生产中如何实现高浓度稀释[J].科技向导,2011,20:122.
[3] 祖卓然,庞力滨,王进.谈高浓度啤酒稀释技术[J].酿酒,1999,1:60-61.
[4] 薛业敏.降低高浓度麦汁发酵的酯类含量[J].酿酒科技,1994,5:56-57.
[5] 武斌,黄盟盟,薄文飞,等.高浓发酵后稀释啤酒质量的改善[J].中国酿造,2009,7:132-134.
[6] 郑敏.啤酒发酵中蛋白质对泡沫质量的影响[J].合肥联合大学学报,2001,11(2):78-83.
[7] 崔云前,梅会良,周静.浅谈高浓稀释啤酒的质量缺陷及后修饰技术[J].啤酒科技,2005,10:51-52.
[8] 樊伟,余俊红.高浓酿造技术在啤酒工业中的应用[J].酿酒,2003,30(2):101-104.
[9] 刘晓璠,杨小兰,许雪莹,等.降低高浓啤酒发酵中酯含量的研究[J].农产品加工·学刊,2012,4:14-18.
[10] 武志远.啤酒后修饰 一个广阔的新天地[J].啤酒科技,2003,8:16-17.
[11] 黄强,罗发兴,扶雄.焦糖色素及其研究进展[J].中国食品添加剂,2004,3:43-46.
[12] 姜宏杰,王海明.焦糖色素的性质及在啤酒中的应用[J].啤酒科技,2010,2:47-48.
[13] 杨继远,袁仲.苦瓜螺旋藻复合啤酒的研制[J].酿酒,2009,4:176-178.
[14] 李凤.提高啤酒泡沫性能产品的研究开发:[硕士论文].济南:山东轻工业学院,2008.

第十一章 啤酒灌装

第一节 商 标

啤酒纸商标的出现大约是在18世纪中叶。那时啤酒产销量日益增加，而且在1756年时葡萄酒已在使用黑白纸标签，啤酒制造商也逐渐认识到要为他们的产品作出区别标记。据史料记载，在1843年英国柏登农特一家啤酒公司就印制过一种圆形的小商标贴在瓶口加以区别，而在克里米亚战争时期贴有商标的啤酒已大量出口，英国爱丁堡的威廉扬格啤酒厂就有那个时期贴有商标的空啤酒瓶。可以讲，圆形商标是比较早的一种，而现在大多采用长方形和椭圆形商标。据目前统计来看，啤酒商标形状有圆形、椭圆形、梨形、矩形、正方形、盾形、桶形、三角形、菱形、八角形、六角形、平行四边形、马鞍形、月牙形和面包形共15种，而这些基本形状又派生出更多的其他变化。

啤酒商标有着丰富的地域文化内涵，这是由于啤酒的特性而定的。如世界上啤酒厂最多的德国啤酒商标很注重传统，而且多数标注有创建年代，设计手法高贵典雅。每个国家的啤酒商标设计都有不同特点，但他们的共同点就是广告，起到介绍、宣传和美化啤酒的作用。因此设计者尽可能地在方寸之间融合了当地的风土人情、历史典故等等，使之成为丰富的知识宝库、酒文化的重要内容。如在啤酒商标中不仅有法国大革命期间的长裤汉、英国的诺曼底登陆等历史的记载，而且还可以欣赏德国哥特式建筑、日本的富士山、澳洲的大草原、中国的长城等名胜古迹，更可以看到虎啸、鸡鸣等活泼可爱的动物图案，美不胜收。正是由于这些丰富的内容使啤酒商标具有极高的收藏价值，引起了收藏者的关注，一跃而成为四大平面收藏品之一。

我国啤酒发展史也可从啤酒商标中体现。1900年俄国人在哈尔滨建立了我国的第一个啤酒厂；1906年英德商人在青岛建立了英德啤酒公司；1915年由中国人创建了北京双合盛啤酒厂等等。这些标签如今都已很难收集了。我国现在啤酒商标大约有3种类型：一是仿青岛啤酒的椭圆形；二是突出地方色彩的啤酒商标，如天津的长城、北京的天坛、桂林山水等，多以名胜古迹、秀水灵川作为题材；三是合资浪潮下一些外国啤酒商标的使用。

商标，作为啤酒包装不可缺少的标识，能够起到宣传自我、提供信息的作用，是啤酒生产厂家和广大消费者直接沟通的纽带和桥梁。好的啤酒商标能够拉近两者之间的距离，提高消费者的购买欲。在目前啤酒市场竞争十分激烈的形势下，生产厂家要想提高自身产品在市场上的竞争力，除了要努力提高产品质量，降低生产成本，加大宣传力度，强化营销操作外，还应该注重啤酒商标的设计、印刷，打造良好的商标质量艺术形象，更大程度地吸引消费者，发挥商标的功效作用。

一、啤酒商标的分类

啤酒商标从贴标位置上可分为头标、颈标、身标和背标4类，厂商可根据产品的品种、档次和其他需要，对这4类标签进行合理的配套组合。头标是用极薄的纯铝箔经凹印、压纹打孔后加工制作完成的，一般仅印刷几种简单的颜色图案，主要突出啤酒生产企业的标识名称，多用于中高档啤酒的包装点缀。颈标一般仅印有简单的文字图案，主要起美化作用。身标是啤酒商标中最重要的部分，具有独特的设计，含有注册的商标图案、产品名称等重要内容，消费者购买啤酒与否，通常就主要依据身标所含信息而定。背标上一般含有一定的文字，主要是对生产厂家或产品特点进行介绍宣传，进一步吸引消费者的注意，增加他们的购买欲望。

二、啤酒商标标志的特性

啤酒商标标志的特性，是指啤酒生产企业为使自己的产品被人们所熟知，创立声誉、塑造形象、展示方位而设计的一个特定的视觉符号。因为商标标志是一种高度概括的形象，具有先于语言、简明易记的特点，能迅速传递信息，超越语言障碍，使人们快速感知、判断、做出是否购买的决定，所以商标标志的设计必须有自身的特殊性。

（一）功效性

啤酒商标标志设计的宗旨，不是单纯的“美化”，也不是一件独立的、自我表现为主的纯艺术品，其主要功能是传递啤酒品牌、质量档次等信息，区分与其他啤酒品牌的不同，显示本身产品固有的特性。

（二）识别性

为了达到易于识别、增强吸引力的目的，啤酒商标标志的设计要突出以下的一系列个性特性：形象构建标新立异，文字组成独具风格，色彩设计鲜明醒目，视觉冲击强烈，从而进一步强化啤酒品牌图形符号等的识别性。

（三）艺术性

啤酒商标要获得良好的传播效果，产生吸引人的力量，就必须有强劲的魅力，即艺术性。在设计中既要突出传递信息的实用功能，又要遵循美学原理，运用恰当的视觉语言，使标志寓含丰富的内涵、拥有完善的形态和最佳的视觉效果。

三、商标材料的特性

包装技术的进步、商标材料的发展为啤酒产品包装的多元化、多层次、多规格奠定了必要的保障。目前，啤酒商标使用纸张材料主要有铜版纸、湿强纸、镀铝纸和镭射纸等。

（一）铜版纸

铜版纸价格便宜，也能满足一般的性能要求，一般用于中低档的大众啤酒包装上。但铜版纸在防水性、抗碱性、卷曲性等方面存在很大的问题：在雨季或潮湿的环境中它会发霉，在经泡水冷藏后容易掉色脱落；洗瓶时易破碎脱落形成碎片堵塞管道；贴标时对胶水的吸引力强，胶量损耗大，所以铜版纸的用量在逐年减少。

(二)湿强纸

采用湿强纸印制的商标有较好的印刷适应性和抗水性,光泽性好,啤酒企业已普遍采用。

(三)镀铝纸

在防水纸表面涂布一层极薄铝层的特种纸即为镀铝纸,这种纸表面光泽度高,反光性好,具有很强的金属光泽,给人以华贵、凝重的视觉感受,因而在中高档的啤酒包装中采用较多,青岛啤酒、燕京啤酒、雪花啤酒等有很大一部分啤酒产品采用镀铝纸印刷的商标。

(四)镭射纸

镭射纸是一种高档的特种印刷用纸,其表面由于经过镭射加工,对光波有一定的散色反光性能,因而表面呈现出五彩缤纷的颜色。镭射纸啤酒商标用于高档啤酒的包装上会有很明显的吸引消费者目光的作用。深圳金威啤酒有限公司、广州珠江啤酒有限公司等都采用镭射纸包装高档啤酒。

随着印刷技术的不断提高,许多新材料、新工艺的不断采用,出现了许多具有特殊功能的商标,如采用荧光油墨印刷的商标,此商标在夜总会、歌厅、酒吧等场所光线较暗时会反射出荧光,不仅有良好的视觉效果,还会有很好的宣传效果,对高消费群体有很强的吸引力,也能大大提高产品的附加值。而温变油墨商标则又是另一种新型材料商标,它是利用温度变化时油墨会随着呈现不同颜色的原理,一般设计成当啤酒冷藏到最适饮用温度时商标某处会变成另一种颜色,因而有指导啤酒消费的作用。

四、啤酒商标的技术要求

鉴于啤酒的市场销售和消费特点,啤酒包装必须要有一套与之相适应的产品质量标准。而作为保证包装质量重要因素之一的商标质量,必须使其满足下列技术要求:

(1)商标的质量要稳定,在存放过程中对周围的环境反应(温度、湿度)达到最低限度,不能因周围环境的改变,商标性能发生大的变化。

(2)出厂商标的包装形式,既要保证在运输过程中不会损坏,又要便于在使用时能方便地装到贴标机上。

(3)贴标的过程基本上是借助所谓湿贴标技术进行。为了能满足在各种恶劣环境下的贴标效果,商标必须具备以下特征:与水之间充足的但不过量的反应;能在各种灌装条件下正常粘贴;在粘贴过程中商标之间不能相互粘在一起,必须能单张从标盒中取出;在潮湿状态下,商标能承受较高的机械拉力;对于回收瓶来说,原贴商标必须能快速除掉,除下的商标不得污染洗瓶机。同时,所用的纸张应具有一定的抗碱性,不得遇碱就成为纸浆,造成洗瓶工作困难。

(4)商标在保证贴标质量的同时,还要考虑它的耐摩擦性能,至少要经过 0.2 MPa 压力下每分钟 40 次的摩擦,而印刷面保持完整、亮丽。

(5)要考虑商标批次间的印刷色差问题,避免同一品种出现不同的颜色差异。国标对印刷品色差的规定,其色差 ΔE 值应$\leqslant 5$,而实际上对于啤酒商标印刷来说,当 ΔE 值$=3$ 时,肉眼就能明显鉴别出来。

(6)有的地区啤酒售卖前须放入冰柜(5～10℃),所以商标必须要有耐水性,镀铝层(纸粉层)、油墨、商标与啤酒瓶不应脱落。

五、啤酒商标质量标准

啤酒商标质量没有专门的国家标准,为方便商标的采购和管理,各生产企业一般都根据贴标机的性能和啤酒质量档次等制订相应的内控标准。在制订标准时,应考虑如下几方面因素:

(一)啤酒商标标签的内容标注

根据ISO 9002质量体系标准要求,供应商标的分承包方必须在生产设备、工艺质量管理、检测手段等方面拥有完善的质量保证体系,满足本企业的质量要求。采购运行时,应在统一的质量标准要求下,至少选择2家以上合格分承包方竞争供货。商标标识具体内容严格执行GB 7718—94《食品标签通用标准》和GB 10344—89《饮料酒标签标准》,并及时根据国家质量技术监督局相关的修改和增补条款公告作相应修改。通过ISO 9002质量体系认证的生产企业,可按要求申请在商标上标注"中国方圆认证委员会质量体系认证"字样;通过产品质量认证的啤酒品种,可在该品种的啤酒商标上申请使用方圆标志。

(二)啤酒商标的纸张质量、规格

普通商标使用60～90 g铜版纸或胶版纸;质量要求较高时,使用镀铝金属化处理的金属标纸。商标的纸张质量与韧性、硬度有关。单位面积质量大的纸张,一般弹性强度大,贴标时因质地坚挺,不易变形而易飞标;过低会使贴标机运行出现问题。商标纸张的厚度在一定程度上也影响贴标质量。颈标采用低质量的纸张可有效克服飞标。

商标的长、宽尺寸偏差一般控制在±0.5 mm内,要求切边整齐、无毛边。如果商标印制过程中,剪切或冲压工艺不合格,造成较大尺寸误差,会使标机,特别是传统的回转式夹指机械取标式标机运行不正常,出现掉漏、重、歪标现象。

(三)啤酒商标的纤维方向与卷曲性

纸张纤维方向即商标自然卷曲方向在贴标时应与啤酒中心轴线垂直。纤维方向不正确或卷曲速度过快,都会出现飞标。商标的卷曲方向(纤维方向)由商标纸张进印刷机时的状态决定,卷曲速度的快慢与商标纸张特性、湿度(含水量)有关,湿度过低,如贮存环境干燥使商标纸发生永久性卷曲变形后,难于回复到平整状态,使贴标困难,出现飞、漏标。有的商标纤维卷曲方向正确,实际贴标过程中,仍出现边缘翘起的飞标问题,这就要求商标必须有良好的卷曲性。此外,商标背面过于光滑,吸水能力差,导致贴标时上胶量少,商标易挪位、歪标和黏附不紧飞标,因此商标背面还必须有一定粗糙度和较好的吸水(标胶)能力。纤维方向和卷曲性、背面粗糙度方面的质量要求,最终是为了贴标顺利进行。测定卷曲性直观有效的方法是亲自手工贴标,观察实际效果来判断。

(四)啤酒商标与碱水作用性能

使用回收瓶的生产企业,除考虑与商标贴标过程相关的质量因素外,还要保证烘瓶工艺正常运行，因此商标尽可能采用湿强纸，要求渗水快同时耐水，碱渗性强同时耐碱。正常的烘瓶工艺条件下，啤酒商标纸在高温高压的碱液浸泡、渗透、喷冲等物理化学作用下，要快速整体脱落而不溶解，这虽与烘瓶机碱液、洗瓶工艺、配套使用的标胶性质等因素综合作用有关，但啤酒商标标纸本身也必须有碱渗快、耐碱的特性，才能保证灌装洗瓶连续顺利进行。商标正面接触 0.5%NaOH 碱液后，碱液自然渗透到反面的时间，可粗略测定碱渗性；0.5%NaOH 碱液中，反复摇动 30 次后再浸泡 1 h，观察商标完整性，碱液处理后的商标印刷面色泽及碱残液色泽变化，可测定耐碱性和印刷油墨的上色质量。

(五)啤酒商标的其他质量要求

从生产技术角度来说，灌装生产线在完成贴标的后续打包装箱、运输过程中，仍难免出现摩擦作用，因此，外观、色泽设计定型的商标除满足易贴、好烘两个主要要求外，还必须有相当的抗拉、耐磨机械强度，并尽可能使用木浆含量低、不发黄褪色、有防霉作用的纸张，保证啤酒商标在消费保质期内保持原有色泽。

六、啤酒商标的发展现状

精美的外包装设计，实际是无声胜有声的产品广告宣传。它是产品技术含量的外延组成部分，必然是产品的开发、生产技术管理体系中不可缺少的要素。尤其是高品位的纯生啤，必须要有时尚瓶型与商标标识予以艺术性包装，方能显露出其独特的纯生品质。令消费者快速识别品牌，赏心悦目，激发饮欲进而品评愉快享用。近几年来，国内纯生啤企业年复增多，尤为突出外包装艺术设计，追求产品内在质量好与外在美的和谐统一，以期精心打造出色的品牌。

塑造纯生酒品牌，引导瓶标图案造型的艺术创意设计；国内纯生啤品牌逐渐增多，特别重视瓶标图案造型艺术性的创意设计。从艺术性上可简单归纳如下两点：一是以直线视觉分为远近距离的两个层面造型，以近距离层面为主图案。商标上方标中英文字以会意纯生啤品质，下方绘出实物图，如纯生啤的酿造原料或历史文物、厂址或厂院等；远距离层为陪衬面，绘出城市缩影、市场形象或人物故事等。两个层面各自的示意为静态设计，将两个层面从直线视觉结合联想图案的寓意为动态设计。二者结合起来，形声会意、感人至深地渲染纯生啤品质的突出，即为创意设计。二是以色彩类别与深浅分为主题色和衬托垫底色两种色彩，两色和谐互补，不失主衬力度。中英文的色彩与图案色彩混合和谐，极显先声夺人的浪漫纯生特质的艺术魅力。将图案层面造型设计与色彩设计结合完美的创意设计，就能在浩如烟海的啤酒商标堆里，塑造纯生啤个性品牌，增加消费群的认知度和品评享用的忠诚度。珠江的红太阳层面图案所标识的“珠江纯生”商标，青啤的海水塔楼层面图案标识的“青岛纯生”商标，可谓外包装艺术创意设计。两家提倡用醒目的红色、绿色、蓝色作主题色，用大号草体字“纯生”突出品牌的个性，宣传企业的形象文化。珠啤的红太阳图案特别象征奋发开拓纯生新品和拼搏推广市场的企业精神；青啤的海水塔楼图案特意象征厂址位于海洋之滨和悠久酿酒历史以及典雅至尊的啤酒技术。为增强本企业纯生啤品牌知名度让品牌家喻户晓，深入人心，珠啤与青啤的外包装技术进步，都起到很好的率先创新设计作用。

图 11.1 是纯生啤酒的商标。

图 11.1 纯生啤酒的商标

第二节 啤酒容器

啤酒是当今最受欢迎的大众饮料之一。中国的啤酒工业起步比较晚，但是其发展速度之迅猛，是其他任何国家任何酒类行业所无法比拟的。我国于 2002 年跃居为世界啤酒生产第一大国，2008 年全国啤酒总产量为4 103.09万 kL，2009 年达到4 236.37万 kL，同比增长 3.2%，人均达到 31 L，已超过世界人均水平。随着啤酒产业突飞猛进的发展，啤酒容器市场也同步发展。目前这个巨大的市场基本上是被玻璃和金属（主要是铝）所占有，分别约占 71%和 29%的份额。目前市场常见的包装形式主要是玻璃瓶装、易拉罐装、啤酒桶装。

一、玻璃瓶

玻璃瓶具有隔气性好、抗热性能强、回收便利和成本低廉的特性，能满足啤酒需要防氧化、防微生物污染、防二氧化碳和水分散失及保持风味稳定性的要求，因而在啤酒包装上一直占据着主导的位置。目前市场上瓶装啤酒约占啤酒总量的 80%～90%。瓶装啤酒主要有绿色、棕色和白色透明 3 种，规格则有 640 mL、570 mL、500 mL 等不同类型。但玻璃瓶也日益暴露出其难以克服的缺点，如容量偏大，一经碰撞易引起炸瓶，无论是在包装运输过程中还是在消费者使用中都有诸多不便。

从市场状况来看，玻璃啤酒瓶目前仍是市场最大最主要的包装形式，但由于其固有缺点，未来必然需要改进。

首先，全国通用的“B”字瓶，具有很好的通用性，然而正是由于极高的统一性，也抑制了企业创造自身特色的机会。考虑到地域性特点，可以从瓶形入手创造出啤酒品牌自身独有的特点，以区别于其他品牌。

其次，随着啤酒瓶造型日益丰富化，必然有些形状是难以用玻璃制造出来的，则完全可以选用塑料为材料来制造。这样不但可以满足制造复杂瓶型的要求，也可以很好地解决啤酒瓶意外爆裂问题。传统的塑料无法满足承装啤酒的需求，但随着珠海中富等公司致力开发的复合 PET 多层制瓶技术研究成功，塑料啤酒瓶已进入实用阶段，使啤酒包装塑料化这一点成为了现实。

最后，国内外啤酒主要选择皇冠盖为瓶盖，较难开启，常常还会因为开启方式不合理造成瓶口破损，出现的玻璃碴和豁口都会造成对消费者的安全隐患。从以人为本的角度出发，应该选用新型的易开启方式，使得能够不必借助专用工具就可以顺利开启啤酒瓶。并且可以在盖上留有卸压小孔，当瓶内压力过大时，啤酒由此溢出，防止啤酒瓶由于压力过大而爆裂。另外还要注意，瓶盖部分是一个可利用的装饰点，选择啤酒品牌标识或特殊徽记印制其上，对品牌能起到推广作用，在外国，经过设计的瓶盖已经发展成为一种文化现象，引起业界的重视。图 11.2 是玻璃瓶啤酒。

图 11.2　玻璃瓶啤酒

二、易拉罐

易拉罐与玻璃瓶相比，安全系数较高，具有非常高的受冲撞系数，即使变形甚至破裂也不会发生爆炸，这将在很大程度上推动商家和消费者的选购兴趣。较之于瓶装啤酒来说，易拉罐啤酒运输方便，便于携带，十分适合旅途饮用，且品位较高，深受城市中青年消费群体的喜爱。同时，易拉罐啤酒密封性能优越，干净卫生，能更大程度地保持啤酒的固有风味。此外，易拉罐啤酒的生产需要具备一定的专业机械设备，一般"手工作坊"难以生产和伪造。在假冒伪劣产品充斥市场的今天，易拉罐啤酒在消费者心中具有非常高的可信度和美誉度。

图 11.3 是易拉罐啤酒。

图 11.3　易拉罐啤酒

但是，从目前啤酒市场来看，易拉罐啤酒的市场消费量并不大，这一方面是受到消费者习惯饮用瓶装啤酒这一因素的制约，另一方面也因为易拉罐啤酒价格定位相对较高，只有那些具有较高消费能力的群体才会购买饮用，一般消费者较少问津。基于这种情况，可以对易拉罐进行再设计，充分挖掘包装新功能。首先，解决缺少冷藏条件下易拉罐啤酒的饮用问题。人们总是喜欢喝经过冷藏后口感冰爽的啤酒，那么完全可以利用液态 CO_2 挥发吸热而制冷的原理，通过改进结构设计出可自冷的新型易拉罐，见图 11.4。其次，解决使用易拉罐喝饮料时常会出现的洒漏等问题。通过对其开启位置的结构进行改进，使得打开后能够自动弹出内置吸管，方便老年人、儿童等特定人群的使用。

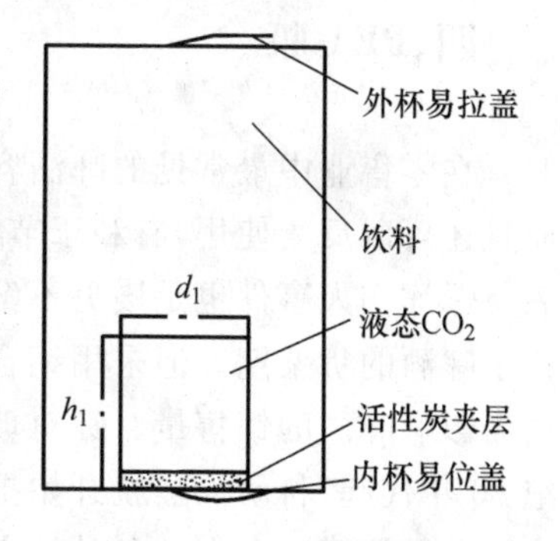

图 11.4　自冷易拉罐结构

诸如此类基于易拉罐的结构小创新还有不少，这些改进将会给易拉罐带来新亮点，增加产品附加值。易拉罐啤酒有着巨大的潜在市场需求，其发展前景十分广阔。相信随着经济的发展，收入水平的提高以及消费习惯的改变，密封性能优越、干净卫生、能更大程度地保持风味的易拉罐装啤酒应该会有一个较大的发展空间。

三、啤酒桶

啤酒桶装在国外已经发展了将近 30 年，是一种相当成熟的啤酒包装方式。桶装啤酒占啤酒总产量的比例，在德国为 30%，在英国为 80%，在西欧其他国家也占有相当的比例。据估计，目前世界桶装啤酒的产量占全部啤酒量的 20%左右，而且这一比例还在继续扩大。啤酒桶一般可分为不锈钢的扎啤桶及普通的啤酒保鲜桶。它依靠保鲜桶自身的保温和保气性能,饮用时能给消费者以清新鲜爽的感觉。桶装啤酒从生产到市面销售通常只需几个小时,因此新鲜度是普通啤酒无法媲美的。桶装鲜啤酒适合在城市啤酒销售旺季销往饭店、宾馆、大排档等场合。鉴于桶装啤酒不使用瓶、盖、标、箱等包装材料,成本较其他包装方式低,其利润率可比瓶装产品高出 30%~50%,生产厂家可获得较好的经济效益。对于这样一种成功的包装形式,我们应继续发扬其保鲜效果好等优点。同时可以将其小型化,容量控制在 5 L,以适应销售旺季的家庭消费需求,开拓出新的广阔的市场,见图 11.5。

图 11.5　5 L 啤酒桶

四、PET 瓶

在零售业中最常见的啤酒容器是玻璃瓶和易拉罐。玻璃瓶的原材料价格低廉,工艺成熟,而且还可以反复使用,有利于节约能源,降低消耗和成本。但是,玻璃瓶易碎、机械强度低,啤酒瓶爆炸伤人事件也是屡见不鲜。随着易拉罐的出现和使用,解决了玻璃瓶易碎的问题,也延长了啤酒的货架期。但采用铝合金罐体在运输、销售等环节中比较容易出现凹坑等变形情况,从而影响啤酒的销售量。针对玻璃瓶的笨重、易碎和易拉罐的低强度、易变形等问题,从 20 世纪 80 年代起,科研人员就开始把注意力转向了塑料,希望能够利用塑料的材料特性,来克服玻璃瓶和易拉罐所存在的各种缺点。

目前新型塑料包装材料——PET(聚酯)瓶在国外已相继用于食品、饮料行业,尤其在啤酒行业使用的市场前景更为广阔。高阻隔型包装材料啤酒 PET 瓶在国外竞相开发生产,PET 啤酒包装技术已经在瑞士、日本、美国等发达国家获得较大程度的应用,并且被各种研发机构和专家看作啤酒包装最大的潜在市场。

PET(polyethylene terephalate)是聚对苯二甲酸乙二醇酯的缩写,是由乙二醇和对苯二甲酸结合生成的,啤酒的 PET 容器就是以 PET 为原料制成的。近年来,PET 瓶因为其时尚、个性化的造型越来越受到消费者的喜爱,在饮用水、软饮料的包装上得到广泛的应用。随着制瓶技术的不断提高,PET 瓶作为容器市场的高端产品,在啤酒包装上的应用也得到了快速的发展,近年来在国际上已经进入商业化阶段。1996 年,澳大利亚 Foster 公司率先推出了塑料瓶装啤酒,初涉饮料市场。到了 2001 年,随着嘉士伯等国际啤酒集团采用 PET 瓶灌装啤酒,

PET啤酒瓶开始在欧美普遍应用，仅美国该年度的塑料啤酒容器便达3亿只。而在英国、德国等啤酒高消费国家，PET瓶装啤酒占市场份额均超过一成。2005年，全世界PET瓶装啤酒产量将近百亿只。几年来，在国际软饮料市场，用PET瓶包装的啤酒增长很快。美国大型啤酒厂Miller公司、日本Kirin啤酒、丹麦Carlsberg公司、荷兰Heineken公司目前保持小量使用PET啤酒瓶的水平；世界啤酒酿造巨头Anheuser-Busch公司也有3%左右的啤酒采用PET啤酒瓶包装；在运动场和音乐厅等对于饮料消费价格不是太敏感的场合，PET包装啤酒都有比较好的销售。在市场消费主体为年轻人的韩国啤酒市场中，目前PET瓶啤酒占啤酒包装市场40%的份额。在俄罗斯，啤酒PET瓶的使用占了60%～70%的比例，玻璃瓶和金属罐的用量逐年下跌。PET啤酒瓶包装之所以发展这么迅速，是因为PET包装材料具有多种优良特性。

（一）PET瓶安全性

由于玻璃瓶不耐冲击，极易破碎，影响人身安全，目前啤酒厂家经常面临啤酒瓶爆炸伤人问题。尽管国家相关部门强令使用带“B”字的啤酒瓶已有5年了，但并没有从根本上解决问题。事实证明，啤酒瓶爆炸伤人并不都是非“B”瓶，好多时候“B”瓶也爆炸。据不完全统计，仅我国每年发生啤酒瓶爆炸伤人事件即达6 000起以上。玻璃和金属啤酒容器往往还成为球迷闹事的“武器”，因而一些国家禁止其在体育赛事和摇滚乐演唱会等公共活动场所销售、使用。因此，啤酒行业和消费者早就盼望啤酒也能像其他许多饮料一样实现包装容器的塑料化。

（二）PET瓶运输成本低

众所周知，玻璃瓶比同等容积的塑料瓶重几倍到十几倍，不便周转和携带，运输成本高。玻璃不耐冲击，极易破碎，容易造成啤酒制造和运输过程中产品的大量损失和生产成本升高。PET瓶自重轻，其重量只相当于玻璃瓶的1/10，便于产品长距离运输，可节约运输费用。特别是瓶装酒，玻璃瓶的重量占啤酒毛重的40%以上，而一个1.6 L的PET三层瓶仅为(72±1) g，运输费用可降低40%以上。

（三）PET瓶生产成本降低

PET瓶成本从目前看略高，但当其在啤酒行业得到广泛推广之后有望降低，制瓶量增大后制瓶单位成本会随之降低。就目前的啤酒包装成本来看，PET瓶要比易拉罐成本低。

（四）PET瓶包装样式易于加工

PET瓶瓶型及容量选择的灵活性较大，很容易根据需求生产出不同瓶型、不同容量、不同颜色的产品。丰富的花色品种，适应年轻人求新、求异的心理状态。“重视产品的差异化和个性化”是当前啤酒企业的共识。因此企业纷纷在新品的开发上加大了投入，尤其是中高档产品，在产品品种和规格上呈现多样化，在外包装水平上也将有显著的提高。PET啤酒瓶可注重造型新颖和印刷精美以吸引消费者。

（五）PET瓶生产的优势

PET瓶最小订单5万只就可以开模定制，变换不同颜色相对非常容易，很适合和啤酒厂进行连线作业。而传统的玻璃由于规模生产的特性，生产刚性较强。窑炉一旦点火，生产就不能停止，需要场地和能耗较大，窑炉每年变化色料的次数原则上不超过4次，不仅对生产计划的协调性要求较高，而且也不具有PET瓶的灵活生产形式。

（六）利于环境保护

使用PET啤酒瓶有利于环保，可减少污水处理量。使用PET瓶后，车间生产环境会更好，噪声减少。

（七）便于携带

传统的马口铁皇冠盖也可以更换为鲜艳美观、方便开启和可重复封口的塑料拧断盖，令新型PET瓶包装啤酒整个商品形象焕然一新。而且螺纹嘴，二次封口，便于携带，从而对消费者更有吸引力。

PET啤酒瓶与最常用的玻璃瓶的性能比较见表11.1。

表11.1　PET啤酒瓶和玻璃瓶的性能比较

性能指标	PET啤酒瓶	玻璃瓶
安全性	不爆瓶、防撞击、防跌落、安全可靠	易爆炸致人伤残、怕撞击、怕跌落、不安全
储存便捷性	重量轻、生产运输方便、易携带	瓶体重、生产运输成本高、不便于携带
色泽和透明度	透明、无色	透明、有色泽
环保性	灌装和运输过程中噪声小，无噪声公害；一次使用，不存在二次污染危害	洗瓶时使用大量碱和洗瓶剂，污染环境；灌装和运输过程中噪声大；多次反复回收使用，会产生脏瓶及异物酒
灵活性	瓶形和容量可随厂家要求随时改变	瓶形和容量难以改变

在我国虽然PET啤酒瓶发展的步伐也在逐渐加快，但PET瓶还没有在啤酒行业得以大批量的推广，啤酒采用PET瓶包装目前存在一些缺点。

1. PET瓶对啤酒灌装设备的适应性较差

PET瓶不能用洗瓶机清洗，只能用高压无菌水冲洗；PET瓶的贴标方式与现行玻璃瓶的贴标方式有较大差异；PET瓶灌装啤酒时需要对洗瓶机和贴标机等设备进行改造。

2. PET瓶强度与玻璃瓶相比稍逊一筹

PET瓶重量轻，但瓶子本身的强度不如玻璃瓶，不能采用二次抽真空的方式排除瓶内的空气，不能直接用打盖机打皇冠盖。

3. PET瓶的价格目前较高

按目前PET瓶的价格将限制其在中档啤酒产品上的应用。但随着国内石油化工行业的发展，PET原料的价格会有所降低，将会进一步打开PET瓶在啤酒行业的应用领域。

4. PET瓶的耐热性受局限

大部分PET瓶不能经巴氏杀菌，只有经特殊处理的PET瓶才能经巴氏杀菌，因其耐热

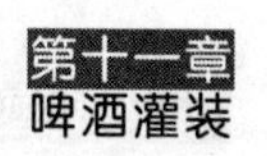

性能的局限，使其在国内大多数啤酒厂特别是在设备较为落后的生产厂家的应用受到限制。目前英国一些啤酒厂的做法是啤酒在装瓶前先进行巴氏杀菌，然后在无菌条件下装入 PET 瓶，最后在瓶口压入无菌空气，制成无菌啤酒，这样就避免了 PET 瓶不耐热的缺点。

5. PET 瓶的气体阻隔性有待提高

PET 瓶的材料特性使其包装的啤酒中的 CO_2 在 6 个月的时间内损失 10%～15%，外界的氧气进入以及紫外线的照射会加剧啤酒的氧化，使啤酒的保质期受到影响。一些发达国家采用各种现代改性技术进行了大量研究开发，重点提高 PET 瓶的气体阻隔性。目前采用多层复合技术研制出的带涂层的 PET 瓶能符合对啤酒瓶的要求，已投入到生产使用中，使 PET 瓶又有了新的发展。这种带涂层的 PET 容器是将 PET 瓶的外部涂上一层 PVDC，即聚偏二氯乙烯，然后其隔绝空气的能力增强，并能减少啤酒中 O_2 的进入与 CO_2 的损失，有效地保持啤酒的风味。如表 11.2 所示，使用 PET 容器包装啤酒，在 23℃的温度下，贮存 30 d 不变质，而用带有 PVDC 涂层的 PET 容器包装啤酒，同样在 23℃的温度下，则可贮存 45 d 以上（表 11.2）。

表 11.2　PET 瓶与 PET/PVDC 瓶贮存温度 23℃下贮存天数比较

项目	天数/d		
	15	30	45
PET	8.1	7.5	7.0
PET/PVDC	8.1	7.8	7.8

注：数值低于 7.5，啤酒质量会变坏。

虽然 PET 瓶在啤酒包装中越来越受到重视，但目前我国真正接受 PET 啤酒瓶并着手改进其生产工艺的企业并不是太多，其原因是多方面的。

1. 技术实力还有待提高

PET 啤酒瓶对紫外线的防护能力有待进一步提高，否则容易使啤酒出现“日光臭”；无论何种有机合成材料都不可避免地存在少量有机单体，当瓶内壁与啤酒长时间接触时，必定会有微量的有机物溶出。我国在 PET 啤酒瓶的技术攻关上仍需加强。

2. 降低成本是关键

目前成品 PET 瓶价格大概为 10 元/只，比普通玻璃瓶成本高很多。因此，PET 啤酒瓶除了要加强技术实力提高其各方面的性能外，还应尽量将成本控制在人们能接受的范围之内。

3. 啤酒生产企业的承受能力不足

在我国啤酒行业如果全部将玻璃瓶换成 PET 瓶，每年的需求量在 300 亿～500 亿只。大面积换包装必然牵涉到生产设备、原材料、技术等的更换，我国啤酒生产企业恐怕一时难以承受。

4. 提高人们对 PET 啤酒瓶的接受程度

玻璃瓶、金属易拉罐仍是国内啤酒市场的两种主导包装形式，特别是玻璃瓶的主导地位仍然无法撼动。资料显示，61.6%的国人倾向于选择玻璃瓶和金属易拉罐装啤酒。PET 啤酒瓶要在中国形成市场，必须提高人们对 PET 啤酒瓶的接受程度。

PET 瓶对我国啤酒工业来说已经不是什么新鲜的事物，其在啤酒行业中虽还未大规模应用，但其发展潜力巨大，在未来几年内，PET 瓶必然会在啤酒包装领域中占有越来越大的比例。

1. PET 瓶将成为一种新的包装形式

首先由于啤酒本身的特点，啤酒包装物始终是以玻璃瓶为主，易拉罐占据的比例也不大，PET 瓶具有质量轻、形式灵活的特点，为啤酒企业提供了一种新的选择；其次包装形式的创新成为酒类企业进行产品创新的重要手段，PET 瓶必然成为啤酒企业新产品开发的重点。因此PET 瓶将成为除玻璃瓶、易拉罐之外的一种新的包装形式。

2. PET 瓶吹瓶、灌装联线生产技术将得以发展

应用吹瓶机、灌酒机连线生产，减少洗瓶、运输的成本。联线后，由吹瓶机生产出来的PET 瓶，经过空气输送线直接送到啤酒灌装线进行灌装，使吹瓶、供瓶到灌装一气呵成。与使用传统的玻璃瓶相比，减少了运输和上瓶等中间环节，生产效率高，卫生更有保障。这项技术将在使用 PET 瓶生产的企业得以发展和应用。

总之，用 PET 容器包装啤酒的数量虽然在不断地增加和普及，但它仍处于发展时期，目前世界上用 PET 容器包装啤酒只是限于某些国家，如日本、英国和美国等，但是由于 PET 容器的一些独特的优点，使用 PET 容器包装啤酒的国家逐渐增多。近年来欧洲一些国家的酿造业对 PET 瓶的需求量就在增长，一些国家纷纷建立 PET 瓶的生产厂，以满足软饮料工业和酿造工业对 PET 容器的需求量，因此可以肯定啤酒的 PET 容器的发展方兴未艾。

图 11.6 是 PET 容器包装。

图 11.6　PET 容器包装

五、散装

近几年我国啤酒工业发展迅速，“啤酒热”在各地方兴未艾。所谓分散灌装即集中酿造啤

酒原汁，啤酒厂只留有一定的包装能力，其余的安排到外地县镇，采取分散灌装的形式，解决消费问题。分装后的啤酒质量消费者比较满意，当前不足之处是泡沫较少，杀口力差些，个别严重的则发生酸败。

图 11.7 是啤酒的分散灌装。

图 11.7　啤酒的分散灌装

(一)对运酒罐的要求

对运酒罐的结构要求是绝热、耐压、无死角、便于刷洗，仅设必要的进汁孔、进气孔、排污孔、排汁孔及入孔、安全阀、气压表等。材质以不锈钢板制造为佳，但造价较高，采用 A3 钢板内刷涂料也可以，双层夹套内装珍珠岩填充绝热。实践证明 200 km 运程也只提高 2～3℃，完全可保证在 6℃以下灌装。诚然，里程愈短，温度提高愈少。且忌使用单层无绝热层的槽车运酒，如原酒汁温度超过 60℃甚至达到 100℃以上，将引起原酒汁继续发酵而酸败。罐内卫生要按照清酒罐的要求，进行严格消毒处理。

(二)车间布局

啤酒分装厂的车间以贮酒库、洗瓶车间、灌装车间、巴氏灭菌车间为主，然而采用塑料包装则可省去刷瓶车间。在设计贮酒库时应有绝热设施，或贮酒罐采用夹套冷却结构，洗瓶和灌瓶两个车间必须分开设置，现在的通病是合二为一。合二为一极不合理，因为洗瓶是较脏的车间，特别是开式洗瓶，而灌装车间是最净的车间。国外一般在密闭条件下作业，我国有条件的分装厂灌酒间亦应采取密闭化作业，无条件的工厂也应采用紫外线灯空气灭菌式或坚持每日硫黄熏蒸灭菌，巴氏灭菌车间因产量较少，当前采用吊笼槽式灭菌较多。

第三节　啤酒灌装线

啤酒的包装形式主要有瓶装、罐装和桶装。瓶装啤酒是目前占领市场份额最大的一种包装形式，生产流程如图 11.8 所示。

灌装生产是整个啤酒生产工艺中最重要的环节之一,也是啤酒产品走出工厂大门的最后一个环节。包装质量的好坏对成品啤酒的质量和产品销售有较大影响,同时包装工艺阶段也是不同的啤酒生产企业体现成本差异的一个重要工艺阶段。过滤好的啤酒从清酒罐分别装入瓶、罐或桶中,经过压盖、生物稳定处理、贴标、装箱成为成品啤酒或直接作为成品啤酒出售。一般把经过巴氏灭菌处理的啤酒称为熟啤酒,把未经巴氏灭菌的啤酒称为鲜啤酒。若不经过巴氏灭菌,但经过无菌过滤、无菌灌装等处理的啤酒则称为纯生啤酒(或生啤酒)。一条高效率的啤酒灌装生产线是确保产品最终质量、品质和产量的重要保证,对于两个具有同样酿制生产能力的啤酒企业,能否有一条高效率的啤酒灌装线将直接影响到二者的市场竞争能力的大小。

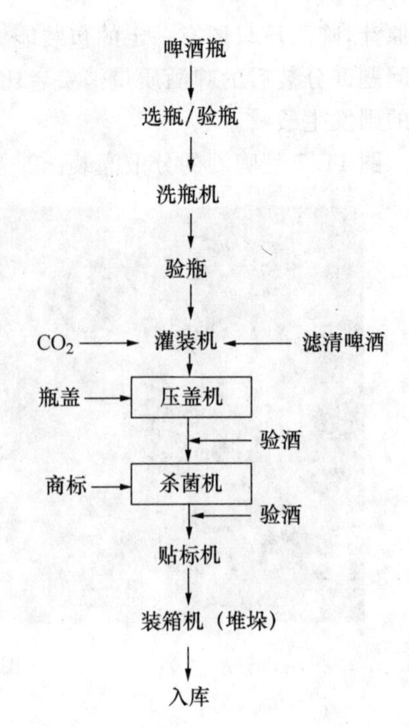

图 11.8　瓶装啤酒灌装生产流程

一、灌装的主要步骤

(一)洗瓶及验瓶

通过卸垛机操作使玻璃瓶上线,并通过输送带进入洗瓶机入口。瓶子进入洗瓶机后先用温水浸泡,再通过热碱液浸泡和热碱液喷洗,最后以清水喷洗完成洗瓶工序。验瓶目的是除去不合格瓶子(油污瓶、缺口瓶、裂纹瓶等),目前啤酒厂一般采用人工验瓶和机械验瓶两部分相结合来保证灌装用瓶质量符合要求。

(二)灌装

啤酒在等压条件下进行灌装。装酒前瓶子抽真空后充二氧化碳,当瓶内气体压力与酒缸内压力相等时,啤酒灌入瓶内。灌装完毕后进行高压激沫,产生细碎泡沫冲出瓶口,使瓶颈空气排除,降低啤酒内的总溶解氧含量。随即马上压盖,以保证啤酒的无菌、新鲜。

(三)杀菌及验酒

啤酒杀菌是为了保证啤酒的生物稳定性,有利于长期保存。半成品啤酒进入杀菌机的隧道内,由输送带运载不断向前移动至出口,过程中由几种不同温度的热水喷淋,全过程约30 min。杀菌后的啤酒要进行检验,将不合格的啤酒挑出来,包括灌装液位不合格酒、杂质酒、漏气酒、菌膜酒等。

(四)贴标、装箱及堆垛

经过检验后的啤酒输送到贴标机进行贴商标,然后通过封箱机装入纸箱内完成包装任务,最后输送到堆垛机堆放入仓库。

二、国产灌装线

灌装是啤酒制造过程的最后一道工序，灌装贴标消耗高、外观质量合格率低，与设备性能、输酒方式、酒液品种、标胶、标纸等均有直接关系，一些国产灌装线存在的问题较为突出。

（一）国产线与进口线的主要区别

1. 技术先进性较差

国产流水线大部分只有中、低速两个挡位，高速线只有个别厂家能制造，灌酒机、贴标机制作也处于较低水平。

2. 布局方面

进口线充分考虑了占地、厂房、环境、操作等各方面因素，尽量使设备排布最佳化。国产线布局的设计参数及输送系统载瓶量精度不够，排布上缺少章法。

3. 备品配件

国产件材质差易磨损，制作精度误差大，但价格低，采购周期短，维修简单方便。

（二）国产灌装线安装使用时应注意的问题

1. 位置与排潮

灌装线的安装位置非常重要，与清酒罐距离过长既浪费原料，又增加消耗，夏季为保持酒液温度不变，还须采取保温措施。合理的位置应当是靠近清酒间，距离越短越好。这样酒液输送阻力小，而且酒温易控制，比较稳定，易于提高灌酒速度。其次，灌装线必须考虑排潮问题，国内许多啤酒厂都受其困扰。设备受潮造成内部许多零件生锈腐蚀，电气元件尤为严重，尽管各主机设备均有保护装置，仍难避免。灌酒、洗瓶等设备在运行中频繁停车，许多电气程序信号经常出现的错乱和失真均与室内潮湿有关。排潮问题不解决，会大大缩短设备的使用寿命。

2. 清酒管道的布局

清酒管道的合理布局至为重要，灌装工艺是借助动力将酒液通过管路注入敞口的啤酒瓶（罐）中，每灌完一瓶酒便完成一个程序。由于酒液在管路中受阻力干扰，其中的 CO_2 气体会不断释放出来，产生较多的泡沫和气体，在灌装时形成瓶口外溢，而这些外溢的酒是无法回收的，造成“酒损”。因此安装输酒管路时，其长短、粗细、拐点的弧度、水平标高、走向必须符合工艺要求。

3. 灌装线输送系统设计力求合理

许多国产灌装线只注意了各主机设备的安装要求，强调单机运行效果，忽视输送带的设计和技术要求。在设备排布上只考虑了主机的位置，致使设备在连接时，输送系统缺少足够长度，载瓶量和输送速度达不到技术要求。安装时，应保持各主机输送带有足够的空间长度，以加大载瓶能力，供瓶能力应为接收设备能力的 115%～120%。另外，输送系统排布要尽量为直线，减少弯道拐点，避免发生卡瓶、倒瓶等现象。

三、主要设备的合理使用

(一)装酒压盖机

装酒压盖机是瓶装生产线的核心,在使用时应注意以下几点:

(1)保证进出瓶平稳流畅:在开机生产前检查传动系统、进瓶螺旋、拨瓶轮、托瓶气缸等运行是否平稳,有无错位现象,确保生产时不卡瓶、不因瓶子晃动而冒酒,不因酒针插入不到位损坏酒阀及瓶口。

(2)加强酒阀的维护与保养:酒阀密封件易磨损、老化,以致出现装酒不满和冒沫多的现象。主要有以下几个原因:

①分酒环形状改变影响酒液稳定地沿着瓶壁灌入瓶中,导致冒酒。

②酒针回气孔堵塞、变形、损坏等,使回气量降低,造成灌装容积不够。

③等压弹簧、瓶口垫、密封环等磨损,灵敏度下降,使液阀、气阀开启不够,出现灌不满现象。

④瓶子灌满酒后,排气阀泄压过快,造成酒液外溢。为此,对酒阀应定期清理、检查,更换损坏的密封件,保证灌装质量。

(3)调整好压盖头高度,随时观察压盖情况,及时更换磨损的压盖模、压盖弹簧、抵盖轴、导轮等件,防止封盖不严或过紧现象,造成泄漏及破瓶损失。

(4)适宜的灌装工艺条件:酒液温度应控制在 0～1℃,最高不超过 4℃;CO_2 含量以 ≤0.5% 为宜,过高会使灌装不稳定;酒液的输送速度控制在 0.5～1 m/s 使呈层流状态,保证灌装的稳定性。

(二)杀菌机

使用时应注意:

(1)阻止灌装过满的瓶子进入杀菌机:瓶颈空腔容积过小,容易造成破瓶,一般瓶颈空间占瓶子容量的 3%左右。

(2)控制好杀菌各区温度,温差太大易引起爆瓶。

(3)保证杀菌区喷淋效果:最好安装一套自控装置,当杀菌机因故停机时,杀菌区自动停止喷淋,喷淋水只在水箱内循环,这样既不影响啤酒老化,又能在重新启动时立即恢复喷淋。

(4)严格执行杀菌工艺:因气压不足等原因喷淋水温达不到工艺要求时,应及时停机,待达到规定温度后,再继续生产。否则会因杀菌不彻底而不合格。

(三)贴标机

标纸、标胶、胶泵等合理使用对贴标质量有重要影响。标纸纹线要与商标水平方向平行,也就是纸的纤维方向与瓶子轴线垂直,防止商标贴到瓶上后自动卷曲成飞标。标胶黏度适中、干燥速度快(一般风干时间 30 s),胶辊应为表面光洁的不锈钢辊,取标板表面贴橡胶板,可以减少胶水耗量,胶水厚度更均匀。在使用时保证胶泵供胶均匀流畅,杜绝人工刮胶、搅拌等不良行为。停机后,取标板、标刷、胶辊等应放置在45℃左右温水中浸泡,清洗干净,避免用锐器刮伤零部件表面。

(四)输瓶带

最好采用无压力输送,控制瓶带速度,使瓶和瓶之间不相互挤压,减少卡瓶、倒瓶或栏杆变形现象。各列瓶带之间过渡应有一个合理的速差,两相邻间速差为0.3~0.5 m/s为宜。为了减轻摩擦阻力和磨损,应对输瓶链进行合理润滑。

四、无菌灌装

目前市场上高品质啤酒纯生啤酒都是采用无菌灌装技术。1997年8月,中国第一瓶纯生啤酒在珠江啤酒集团酿造成功。掀起中国啤酒技术变革和升级换代热潮。接着,燕京、青岛、华润、哈啤等十多家实力啤酒集团,先后引进创建50多条纯生啤酒生产线,相继生产各自品牌的纯生啤酒,演绎出一场从"熟"到"生"到"纯"的三级蜕变。"纯生啤酒"成为中国啤酒业现阶段高品质啤酒形象的代表,并逐渐深入人心。仅十年历程,纯生啤酒年产量达到150万kL,约占全国总产量的4%。纯生啤酒极大地改变中国啤酒品牌在高端市场的弱势地位。明显地拉近了中国啤酒业与国际啤酒业的差距,增强了中国啤酒的国际竞争力。

纯生啤酒的推出,使中国啤酒技术水平全面升级。下面剖析纯生啤酒的核心技术——无菌灌装。

无菌灌装是将冲瓶—灌装—压盖三位一体机器置于密闭的无菌间里进行纯净灌装。实际上要求整条包装生产线必须达到相应的无菌状态。否则,此生产区域内任何随机性的二次污染源未能及时排除,"无菌灌装"将废于一旦,使纯生啤失去高品位形象。无菌间的卫生等级必须是100级(即100粒子/m^3的污染程度,相当于医院烫伤患者处理间的卫生等级,一般可不再染菌)。因而进入无菌间的空气必须经过无菌过滤并且在无菌间里维持正压0.03 MPa状态。冲瓶机采用二次蒸汽杀菌来冲瓶,达到瓶内残留水滴不超过1滴。灌酒机采用二次抽真空,反压定容灌装。电子灌酒阀的升降动作由高级PLC工业电脑控制,并配有同步控制的CIP清洗系统,保证消毒杀菌彻底。压盖机输送系统配有脉冲紫外杀菌装置,确保盖的内外表面,盖的贮斗无杂菌污染。至于啤酒瓶应是一次性专用瓶,必须先行清洗,后消毒杀菌合格。洗瓶机必须是单端进出式的,保证杜绝出端瓶被进端瓶污染。啤酒瓶输送链条应置于防护罩内,并且处于持续的清洗消毒状态。清洗杀菌剂必须保证符合食品安全要求和清洁效果优级。包装车间的四壁天棚及下水道必须保证不易藏污纳垢的建筑设计等。总之,包装生产线区域内二次污染能完全处于可控制的范围内。

啤酒无菌灌装,首要的无疑是无菌。在这里,无菌的确切含义是:无酵母和可能导致啤酒变质的有害菌。根据国外多年的研究,不经过巴氏杀菌的啤酒引起染菌的途径分别在于:30%通过啤酒自身染菌,70%通过包装工序等途径二次染菌。针对染菌途径,使用专用设备和有效手段进行除菌并防止二次染菌,以保证达到无菌状态,是啤酒无菌灌装的重要环节。要保证无菌灌装的顺利完成需要注意以下事项。

(一)控制、消除一次污染

工业化的啤酒生产中,或多或少会有多种杂菌污染存在。在严格控制生产过程中杂菌污染的基础上,啤酒经过正常硅藻土过滤后,再经过过滤精度为 0.5～0.8 μm 及 0.45 μm 的两次膜过滤,就足以消除一次污染,使啤酒达到无酵母和无有害菌的要求。低温膜过滤技术日臻完善,已成为相对独立的系统。

(二)防止二次污染

在过滤除菌之后,可能会发生二次污染。二次污染对纯生啤酒生产的危害比一次污染更大,更难于控制,因而特别有必要认真研究。

1. 二次污染的来源

啤酒的生化敏感性是与很多因素有关的,如 pH、麦汁含量、氧气含量、CO_2 含量、苦味质含量和酒精含量等。啤酒的酒精含量低,其 pH 和麦汁含量常常较高,特别容易被污染,尤其是在灌装区域的二次污染。

经冷灭菌的啤酒在送往灌装机进行灌装时,要经过输送管道、阀门、缸、灌装阀,已灌入啤酒的瓶子在送往压盖机期间,啤酒暴露在空气中,这都存在二次污染的可能。

洁净啤酒瓶子从洗瓶机输往冲瓶机,输送的时间和距离都较长,瓶口敞开,瓶底、瓶身与输送链带、栏杆、进瓶螺旋接触,使瓶子可能再度受到污染。研究表明,由于破瓶酒液溅洒和激泡时啤酒泡沫外溢,使灌装机平台的金属板面中部成为受污染最严重的区域。瓶子通过此区域进出灌装机并进入压盖机,瓶子和啤酒都极易受到二次污染。

此外,灌装机的星轮表面、定中环装置、托瓶气缸、托瓶板、进瓶螺旋、输送链道以及压盖机的压盖头、星轮、瓶盖下盖通道等,都是易受污染部位。

2. 二次污染的形成

近年来,人们对二次污染菌及二次污染的形成过程已作了深入的研究。鉴于各种啤酒有害菌对热、杀菌剂、特别是干燥环境的敏感性,这些有害菌只有在醋酸菌的保护下才能生存和繁殖。醋酸菌能形成一层黏质胶膜,起到抗干燥、抗热和抗杀菌剂的作用。当这类黏质胶膜存在时,其他微生物会纷纷而至,特别是对啤酒有潜在和实际破坏作用的微生物也在这层黏质胶膜的保护下生存。如果这些菌囊不清除,有害菌就会继续繁殖,它们将通过机械设备(如装瓶压盖机的平台、星轮、压盖头、链道等)以及瓶子、瓶盖、工作人员甚至空气的流动蔓延开来,这就造成了潜在的危害。

从醋酸菌形成黏质胶膜到形成含有有害菌的菌囊,需要有一个过程,这时的菌囊还没有达到危害啤酒的程度,而菌囊的扩散分布、适应环境、对啤酒及容器造成二次污染也有一个过程。在有害菌还未造成危害之前,是杀灭、控制有害菌的关键阶段。一旦啤酒有害菌适应了灌装环境并造成了灌装系统的高度污染,其危害就难以估计了。

3. 防止二次污染的技术措施

严格控制灌装区域、灌装设备以至灌装车间的卫生条件,及时把可能导致啤酒变质的有害菌及菌囊杀灭,防止二次污染造成危害,是啤酒无菌灌装的关键。这要把除了啤酒生产企业对纯生啤酒的生产要有一套完善的管理、检测、控制措施外,相关的灌装设备也必须具备灌装纯生啤酒的功能和符合灌装工艺的要求。

针对二次污染形成的条件、过程以及易污染区域和部位，就要对相关设备做专门的设计并采取一系列技术措施，其宗旨就是要把有害菌及菌囊杀灭在产生危害之前，以防止灌装区域的二次污染，确保无菌灌装的微生物安全性。

(1)采用双端洗瓶机。灌装纯生啤酒，瓶子必须干净、无菌。为保证洗瓶机出口端的卫生环境，洗瓶机采用双端结构。出瓶端箱体用不锈钢制造，内壁光洁平整，转角部位圆滑。箱体内装有自清洗喷淋装置，可对箱体本身进行清洗杀菌。洗瓶机喷淋系统采用旋转式喷淋，能够从不同角度对瓶子进行喷冲，清洗效果比往复式喷淋系统的效果更好。瓶子经浸泡清洗后，再用无菌水或消毒水喷冲，已基本达到灌装纯生啤酒的要求。此外，把出瓶端置于卫生隔离区内，更可以大大减少洗干净的瓶子再次受环境污染的可能。

(2)增设回转式自动冲瓶机。为消除瓶子在输瓶、验瓶过程中可能受到的二次污染，在灌装机前增设自动冲瓶机，再次用热水对瓶子进行清洗杀菌。机前链道还设有热水槽，可以对瓶底及链带进行浸泡、清洗和杀菌。

(3)开发新型电控阀装瓶压盖机。装瓶压盖机是纯生啤酒瓶装生产线中的重要设备，其最主要的技术特性是要保证在无菌状态下进行灌装，因而它的结构与以往的灌装机有很大差别，自动化程度更高。装瓶压盖机采用电控灌装阀，在灌装过程中三次抽真空，其间两次喷冲过热蒸汽对瓶子进行最终杀菌，最后一次充入二氧化碳作背压，既保证了无菌灌装的微生物安全性，又达到了啤酒灌装低增氧量的技术要求。

能够有效防止啤酒的二次污染是装瓶压盖机必须具备的重要功能。为此，在装瓶压盖机上采取了多项技术措施。灌装阀内酒液和气体的通道以及酒缸内没有难于清洗杀菌的零部件，内壁面光洁平滑，结构上无卫生死角，啤酒输送管道和输气管道采用卫生管及卫生阀门，防止微生物积存滋长。灌装系统内所有酒液和气体的通道都与 CIP 系统相连，可按设定的程序通入热水、碱液、酸液和无菌水进行清洗灭菌。

在最容易受到微生物污染的装瓶压盖机平台中部区域设置外部喷淋清洗系统，定时用热水以及清洁消毒剂对平台、星轮、输瓶通道、灌装阀外部、定中环装置、托瓶气缸外部及转台等有关部位进行喷淋，及时灭除在机体上滋长的微生物，以确保对无菌灌装影响最大的灌装区域符合卫生要求。

压盖头经专门设计，可进行 CIP 清洗。瓶盖斗和落盖槽也都设有自动的 CIP 清洗装置，以便定时用热水清洗灭菌。

(4)设计无菌瓶盖输送机。用于无菌灌装的瓶盖必须进行灭菌处理。在瓶盖输送机的瓶盖输送通道上，设置紫外线照射装置对瓶盖灭菌，并采取多项防污染措施，确保在无菌状态下把瓶盖输送到压盖机。

(5)改进输瓶系统。从洗瓶机出口至冲瓶机入口的输瓶带，设置有机玻璃顶罩，并设有集中控制的清洗系统，定时对输瓶链道、栏杆、顶罩进行清洗杀菌，尽可能减少输瓶过程中外界因素对洁净瓶子的污染。

(6)研制具有杀菌功能的 CIP 系统。完备的无菌灌装专用设备和技术措施，已为无菌灌装提供了良好的也是必不可少的条件。要使无菌灌装生产线能够长期正常生产，一套完善的具有杀菌功能的 CIP 系统同样是必不可少的。

CIP 系统使用碱液、酸液、热水、无菌水对冲瓶机和装瓶压盖机的相关部位以及管道、阀门定时进行清洗杀菌，可有效防止二次污染，确保灌装系统实现无菌灌装。

图 11.9 是啤酒灌装生产车间。

图 11.9　啤酒灌装生产车间

第四节　成品啤酒外包装

一、纸箱

啤酒外包装采用瓦楞纸箱是目前比较经济、适用、可靠的一种方式，而啤酒纸箱的质量既关系到产品在包装、运输过程中的使用性能，也关系到产品的市场形象。所以要求啤酒纸箱达到具有印刷墨层耐磨、箱体牢固、耐用的基本使用要求。

纸箱的印刷质量关系到啤酒品牌的市场形象，故要求纸箱图文印刷清晰，位置印刷正确、图文完整，印刷颜色符合原稿要求，版面套印误差≤0.4 mm，可采用 15 倍以上的刻度放大镜进行检测。箱面印刷墨层附着牢固，具有较好的耐磨性。生产现场可因陋就简，用白色纸巾沿着瓦楞垂直方向用力来回擦拭 5 次，纸巾应没有明显着色。实践表明，用这样的方法检测合格，纸箱在使用中就不会出现摩擦掉色问题。

为确保纸箱的印刷质量，预印啤酒纸箱的生产可根据啤酒产品的质量档次，酌情采用 B 级或 A 级的单面涂布白纸板进行印刷，材质标准可参照国标相关项目进行检测控制。一般高档的啤酒纸箱采用 A 级的单面涂布白纸板进行印刷，中档的啤酒纸箱采用 B 级的单面涂布白纸板进行印刷是比较合适的。为提高印刷墨层的耐磨性，避免纸箱箱体印刷图文在包装、运输过程中摩擦而出现墨色迁移或掉色等不良情况，面纸印刷后宜采用耐磨型的上光涂料，并且涂料中稀释剂（或溶剂）的比例不要过高，否则容易影响耐磨性。对不同批次或新型的上光涂料一定要进行小样试验，以确认上光油的耐磨性能达到不掉色时的最佳配方。

生产工艺情况表明，瓦楞纸的质量是对瓦楞纸箱强度影响较大的因素。瓦楞纸箱成型后，纸箱的强度主要取决于瓦楞层原纸的质量。啤酒纸箱的质量如何，直接或间接影响到啤酒产品保护效果和啤酒品牌的市场形象。所以，只有科学合理地进行检测，才能取得比较准确的检验数据，为提高啤酒纸箱产品质量提供良好的基础。生产实践情况也表明，只有加强对生产原材料和纸箱产品的检测和质量控制，才能有效地减少或防止生产过程中出现这样或那样的弊病，提高啤酒纸箱的产品质量。

图 11.10 是成品啤酒的纸箱式外包装。

图 11.10　成品啤酒的纸箱式外包装

二、可回收塑料包装箱

目前，世界著名零售业巨头沃尔玛使用的包装材料中有 70%选用了可回收塑料包装箱，而不是瓦楞纸箱。可回收塑料包装箱是最早实现标准化的运输材料，因为其规格一致，便于堆码，底部均有插槽，堆码稳定性也优于纸箱，所以具有标准的优势，还有很强的展示功能。可回收塑料包装没有顶盖，消费者可以直接看到内装的新产品，不必在包装上印刷图案，省去了一笔印刷费用，又不失包装的推销功能。虽然瓦楞纸箱对商品的保护功能很强，其优良的抗压、抗戳穿和防潮性能是可回收塑料包装箱不能与之相比的，外表又非常美观，但瓦楞纸箱利润越来越薄，正受到可回收塑料包装箱的挑战。图 11.11 是成品啤酒的可回收塑料包装箱。

图 11.11　成品啤酒的可回收塑料包装箱

三、塑料膜热收缩包装

随着包装新材料的出现，一些包装过程中的技术也有了新的变化。如自黏拉伸缠绕膜的出现，使得裹包、收缩、捆扎等工序合为一体，操作得以简化且快捷，又能降低包装成本。

(一)塑料膜裹包

可分为半托式透明薄膜裹包、半托彩印薄膜裹包和平板彩印薄膜裹包3种形式。通常规格为12瓶/包、9瓶/包。这种包装方式由全自动机器生产，在销售过程中也更可靠安全，而且这种包装方式的成本也相对较低。塑料膜裹包的优势如下。

(1)成本低。即使采用彩印膜，其包装成本也只有纸箱的一半，大大减少了包装材料仓储费用，因主要包装材料变成占地很小的薄膜卷，节省了纸箱包装所需的热熔胶成本及热熔胶装置的保养及维护。同样速度的塑料膜裹包机的价格比纸箱裹包机的价格低得多。

(2)良好的市场展示性。当今啤酒行业的竞争是品牌的竞争。啤酒的品牌在市场营销中所占的位置越来越重要。采用塑料裹包方式，使客户从商场货架众多啤酒的外包装中迅速辨认出某品牌的啤酒。而且彩印膜与彩印纸箱相比，产品包装更生动，从而具有更好的市场展示性。

(3)不易损坏。既可以防潮，又坚固耐用。

(二)彩膜热收缩包装

深圳金威啤酒有限公司作为啤酒行业的顶级生产制造企业，其礼盒产品大多采用了热收缩包装形式。其使用原因主要有两点：①使包装形式多样化，有利于促销。②热收缩包装具有适合不同规格的灵活性。尤其是小规格的产品集束包装。小规格集束啤酒包装具有更好的灵活性，且更便于携带，因此正日益得到消费者的青睐。随着市场对小规格集束啤酒包装需求的增加，热收缩包装将拥有更大的发展空间。

目前出现的彩色热收缩膜受到了啤酒企业的高度重视，一些啤酒企业纷纷采用了这种收缩膜，提升了产品档次，促进了销售。在这种需求下，带有薄膜定位系统的适用于彩色收缩膜的热收缩包装机将成为啤酒行业中发展前景最好的包装设备之一。

对于新近兴起的热收缩包装形式的使用情况，青啤通过对部分产品的试用，认为这种包装形式的优点是成本降低。以12瓶640 mL的瓶装啤酒为一个单位进行比较，热收缩膜的包装将比纸箱包装便宜0.3元左右。且这一包装形式设备前期投入不大，购进20万～30万价位的设备基本就可以满足企业对机械性能、速度的要求。包装后的啤酒，瓶体紧凑，由6～12瓶个体变为统一整体，防止了瓶体间碰撞、晃动导致的瓶体破裂。

未来几年内，热收缩膜包装将在部分产品上使用，全部替换纸箱的可能性不大，主要是因为一次性替换原有的纸箱包装设备，投入的资金过大。这将是一个逐步替换的过程。可以讲，瓶装啤酒的热收缩膜包装形式非常值得推广，将是今后的一个发展趋势。

图11.12是瓶装啤酒的热收缩膜包装形式。

图 11.12　瓶装啤酒的热收缩膜包装形式

参 考 文 献

[1] 程斌. 啤酒商标溯源[J]. 中国防伪,2002,7:20.
[2] 邱冬梅. 啤酒商标的特性作用[J]. 机电信息,2005,2:15-16.
[3] 陈春松. 啤酒商标的质量要求与检测[J]. 啤酒科技,2000,8:27-28.
[4] 中国啤酒工业发展研究报告(第三册)[M]. 北京:中国轻工业出版社,2008.
[5] 陈景华,张翠. PET 瓶在啤酒包装中的应用[J]. 印刷工程,2009:41-44.
[6] 李森. 易拉罐啤酒:未来啤市"香饽饽"[N]. 厂长经理日报,2000-08-01.
[7] 赵鹏,王家民. 啤酒包装容器设计[J]. 包装工程,2009,30(1):207-209.
[8] 杨玲,郑全成. 浅谈聚酯啤酒瓶的应用及阻气性的研究[J]. 甘肃科技,2006, 22(12):107-108.
[9] 王丽娟. PET 瓶在啤酒包装市场的发展[J]. 发展风向,2009:27-28.
[10] 郭同若. 啤酒的 PET 容器[J]. 食品科学,1988,10:51-53.
[11] 姚健建. 基于多种管理模式协同提高啤酒灌装线效率的研究[D]. 广州:华南理工大学,2010:1-63.
[12] 孟领纲. 国产啤酒灌装线的使用[J]. 管理园地,2001:12-13.
[13] 高燕. 如何使用好啤酒灌装线[J]. 啤酒科技,2003:37.
[14] 中国啤酒工业发展研究报告(第三册)[M]. 北京:中国轻工业出版社,2008.
[15] 欣喜. 瓶装纯生啤酒无菌灌装技术[N]. 中国食品报,2008-01-07(6).
[16] 康启来. 如何做好啤酒纸箱的质量检测和控制[J]. 印刷质量与标准化,2007:67-72.
[17] 郭崴. 国外啤酒包装花样翻新拓展市场[J]中国包装工业,2006,9:39-40.

第十二章　副产物的综合利用

啤酒厂在生产啤酒的同时，会产生大量的副产物，包括废酵母、啤酒糟、酒花糟、活性污泥、碎麦、麦糟、麦根、啤酒废水、硅藻土等，目前对这些啤酒副产物的处理方法通常是低价出售和直接排放，经济效益不明显。随着我国啤酒产量的连年增加，废糟、废酵母也相应增加。这些副产物如果不加以利用，不但浪费了资源，而且造成了环境污染。因而充分而有效地对啤酒副产物加以综合利用，既可以减轻环境污染，又能增加经济效益。

第一节　废啤酒酵母的综合利用

废啤酒酵母是啤酒工业的副产物，是在啤酒生产过程中经主发酵和后发酵酿造工艺后产生的。啤酒酵母的营养成分十分丰富，据测定，含有50%左右的蛋白质，含人体必需的8种氨基酸，6%～8%的RNA。酵母细胞的细胞壁含有25%～35%的酵母多糖，主要为葡聚糖和甘露聚糖。啤酒酵母中的维生素和矿物质含量丰富，富含维生素B_1、维生素B_2、维生素B_6和维生素B_{12}，而且多以磷酸酯形式存在，故易被人体吸收。此外，酵母细胞中还含有丰富的酶系和生理活性物质，如辅酶A、辅酶O、辅酶I、细胞色素C、凝血质、谷胱甘肽等。

2008年我国啤酒产量突破4 000万t，连续7年蝉联世界第一啤酒大国的称号。然而每生产100 t啤酒就可产含水分75%～80%的剩余酵母泥1.5 t。据计算，仅2008年所产的剩余酵母泥就达到60万t以上。目前，国内对废啤酒酵母的研究已达到一定水平，但与国外相比啤酒酵母利用的生产工艺有待提高。大规模的综合应用废啤酒酵母必将为啤酒企业创造良好的经济效益，提高企业竞争力，同时也有利于环境保护，为社会提供更多的就业机会。啤酒酵母在制药、食品、饲料等方面都有广泛的应用。

一、在制药工业方面的应用

啤酒酵母由于含有多种氨基酸、核酸、维生素、酶类和其他生物活性物质，因而在生物制药行业中具有广阔的开发前景。其中，利用废啤酒酵母提取具有生物活性的功能物质已逐渐成为研究的热点，目前主要生产和开发SOD、核酸及其衍生物、1,6-二磷酸果糖、谷胱甘肽、葡聚糖、药用干酵母、甘露聚糖等产品。

(一)制取超氧化物歧化酶(SOD)

SOD是一种重要的氧自由基清除剂，具有延缓衰老、提高人体免疫力、预防和治疗某些疾病的作用。SOD是近年研究较多、发展较快的新型益寿保健品添加剂，主要应用于医药、化妆品和保健食品生产。

目前,我国 SOD 产品主要从牲畜血液中提取,该方法所用原料有限,SOD 质量不稳定。而酵母细胞中含有较多的 SOD,并且酵母菌作为生产 SOD 的材料来源之一,具有繁殖快、代谢时间短、产率高、易培养、易大规模化生产、不受季节与自然条件限制等优点,因此,国内外学者研究利用酵母细胞生产 SOD。提取 SOD 后的酵母残渣及杂蛋白可考虑加工为饲料或饲料蛋白添加剂,可真正做到综合利用废啤酒酵母,达到清洁生产的目的,具有较好的应用前景。

廖湘萍等最新研究了利用异丙醇破壁、丙酮二次纯化提取 SOD 的生产工艺,最佳提取条件为:异丙醇浓度 90%、时间 120 min、pH 7.0,粗酶液收率 73%,所得 SOD 的酶比活性为 3 048.7 U/mg。与胞内提取 SOD 的老工艺相比,具有设备少、操作简单、成本低等特点。

(二)制取谷胱甘肽(GSH)

谷胱甘肽是生物机体内的重要活性物质,具有清除自由基的作用,特别是对于维持生物体内适宜的氧化还原环境起着至关重要的作用。临床试验结果表明,GSH 可以迅速增强机体的免疫力,人体内 GSH 含量增加后对消化系统、呼吸系统和新陈代谢等都有很大的帮助。此外,GSH 还有改善性功能和消除疲劳的作用。近年来,还发现 GSH 具有抑制艾滋病毒的功效。GSH 与治疗肿瘤的药物配合使用,可以减轻这些药物对肝脏和肾脏的毒性作用,与维生素 G 一起服用,可预防由空气污染和紫外照射诱发的肿瘤等。因此,谷胱甘肽在食品、医药等领域的应用日益受到人们的重视。

邱雁临等研究了从啤酒废酵母中提取 GSH 的工艺流程及参数结果表明,壳聚糖对啤酒废酵母抽提物中 GSH 有一定的吸附能力,吸附率为 85.68%,最佳提取条件为:上柱 GSH 抽提液最适 pH 为 7.0,最适洗脱剂为 pH 4.4 的磷酸盐缓冲液。在发酵液中添加 *L*-蛋氨酸可作为产生 GSH 的引物。当啤酒废酵母的浓度达到 30 g/L 时,葡萄糖和 *L*-蛋氨酸的浓度分别为 30 g/L 和 1.0 g/L,GSH 量达到 13.18 mg/g。

(三)生产 1,6-二磷酸果糖(FDP)

大量药理学研究表明,FDP 对休克、急性心肌梗死、心肌缺等病症具有良好疗效,是临床上广泛应用的心管特效药。目前,国产 FDP 药物还不能满足国内市场的需要,仍然依靠进口。

王富科等进行了利用啤酒废酵母为转化介质,以葡萄糖、磷酸盐为底物的 FDP 生产工艺的研究。采用了正交实验方法得到了制备 FDP 的最佳优化条件:温度为 39℃、pH 为 6.7、反应时间为 5 h、葡萄糖浓度为 0.6 mol/L、氯化铵为 12 mg、PO_4^{3-} 浓度为 0.6 mol/L、氯化钾 24 mg,FDP 产量可达到 110.17 mg/g。结果表明,以啤酒废酵母为转化酶制备 FDP,工艺简单、成本低、具有一定的应用价值。

(四)制取 *β*-葡聚糖

β-葡聚糖是构成酵母细胞壁的主要成分。作为一种功能因子,葡聚糖具有增强机体免疫力、抗肿瘤、抗氧化、促进伤口愈合、抗辐射、降低胆固醇和血脂的作用机制。另外,由于其在人的消化器官内难以被消化,可以作为非卡路里食品添加剂,提供脂肪样口感,在冷冻食品的生产中作为脂肪替代物。*β*-葡聚糖因其较好的功能性和生物活性引起了国内外学者的重视,因此对其提取方法研究较多,除了传统的酸法浸提、碱法浸提外,又有一些新型的分离纯化方法。

李骥等人通过单因素和正交实验得出自溶一碱法提取啤酒酵母 *β*-(1,3)-*D*-葡聚糖的最佳工艺条件为：定量酵母粉，以料液比1∶30加入3% NaCl水溶液，40℃水浴24 h，4 000 r/min离心弃上清液；以料液比1∶30加入2% NaOH水溶液，95℃水浴提取3 h，4 000 r/min离心去上清液，蒸馏水洗2次，60℃烘干，得成品。

Naohito Ohno等利用次氯酸钠和二甲基亚砜联合提取β-葡聚糖，避免了葡聚糖的降解，提高了β-葡聚糖的产量。Suphantharika研究最佳抽提β-葡聚糖的工艺条件是在90℃下，用1.0 mol/L的NaOH配成1∶5(*W*/*V*)碱液抽提1 h。

(五)甘露聚糖

酵母甘露聚糖是酵母细胞壁外包着的一层胶状糖蛋白。多糖活性与相对分子质量、溶解度、黏度等物理化学性质有关。修饰多糖分子结构可大大提高其活性，如甲基化、乙酰解、硫酸化等。据报道，酵母主要含葡聚糖、甘露聚糖、半乳甘露聚糖和戊糖基甘露聚糖等多糖成分，不同的酵母含有不同类型和不同结构的多糖。甘露聚糖是较主要的一种酵母多糖，存在于细胞壁外层，具有免疫活性和抑制肿瘤生长等作用。

(六)制备药用干酵母

目前，药用干酵母已成功用于医药领域，其药理作用是助消化，提供蛋白质、维生素等营养物质。生产工艺为：酵母泥→洗涤→过筛→脱苦、脱色→过滤→喷雾干燥→酵母干粉→调制→药用干酵母。

1. 制备富硒酵母

啤酒酵母具有生长繁殖快、发酵周期短、对微量元素吸收率高等特点，是将无机硒转化为有机硒的理想载体。硒是人和动物体内谷胱甘肽过氧化物酶(GSHPX)的辅助因子，具有清除对机体有害的自由基，防止细胞膜氧化受损的作用，其广泛存在于生命机体的肝、肾、心、肺等。而缺硒可能导致癌症、心肌梗死等多种疾病的发生，通过膳食摄取足够的硒可起到预防有关疾病的作用。GSHPX利用谷胱甘肽使有毒性的过氧化物还原为无害的羟基化合物，使过氧化物分解，清除活性自由基部位，保护细胞膜结构和功能，修复分子损伤。酵母具有较高的富硒能力，并能将毒性高的无机硒转化为安全的有机硒。硒酵母作为一种安全有效的食品硒源，受到国内外研究者的重视，并对硒酵母中硒的有机结合形态、生物学作用机制等进行了研究。硒酵母在一些国家已成为一种商业化产品，目前国外报道的富硒酵母硒含量达1 400 μg/g酵母。国内报道的富硒酵母一般是将普通的酿酒酵母或稍作筛选的酵母在添加有适量亚硒酸钠的发酵培养基中，于一定的培养条件下获得，细胞硒含量为300～1 200 μg/g酵母。

2. 制备富含铬酵母

铬(Ⅲ)是葡萄糖耐量因子的中心活性成分，能协助胰岛素维持正常糖耐量并影响糖类、脂类、蛋白质和核酸的代谢。啤酒酵母具有富集多种微量元素的能力，是目前最可能作为微量元素载体的最优菌种。利用啤酒酵母的这一特点制备富含铬酵母，使其作为功能性补铬食品和治疗糖尿病及其他心血管疾病的药品，已成为学者们研究的热点。

(七)制取核酸、核苷酸类药物

作为啤酒工业的副产物之一的啤酒废酵母中RNA含量达6%～8%，是RNA生产的较好原料。RNA是重要的生物遗传物质，主要分布在细胞质中，是指导蛋白质合成的模板物质。

核酸大分子的不完全水解产物中有核苷和核苷酸。其中,鸟苷酸(GMP)和肌苷酸(IMP)是强力助鲜剂,胞苷酸(CMP)和尿苷酸(UMP)可作为癌症、肝炎及冠心病等治疗药物的原料。医学上 RNA 可作为生产治疗癌症、脑震荡、肝炎、带状疱疹、冠心病、病毒性疾病药物的原料。充分利用啤酒废酵母,既可减少环境污染,又可创造可观的经济效益。

从啤酒酵母中提取 RNA 的工艺方法很多,广泛应用于工业化生产的有浓盐法和稀碱法,由于稀碱法提取颜色较深,很难溶解,而且对设备要求较高,设备一次性投资费用较大,再加上其管理和维护原因,因此一般采用浓盐法。该方法简单可靠,对设备要求较低,便于管理和维护。浓盐法提取啤酒废酵母中的 RNA,是基于改变啤酒废酵母的渗透压,使酵母细胞自身破裂,释放出 RNA。其生产过程为:

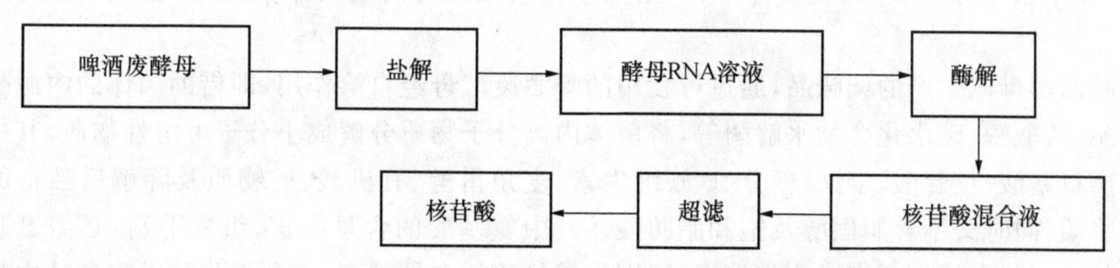

宋旭鹭等对影响浓盐法提取啤酒酵母中核苷酸的条件进行了研究。结果得出,其较优的生产条件为:温度 95℃,加盐量 10%,提取时间 120 min,调等电点 pH 4.2 沉淀蛋白质后,4℃静置 8 h。在此条件下,45 g 湿酵母(相当于 10 g 干酵母)可提取0.530 8 g RNA,纯度可达90%以上。

二、在食品工业方面的应用

啤酒酵母由于自身所含的氨基酸、维生素、矿物质和多糖等营养成分比较丰富,因而在食品行业有广泛的应用前景。目前,主要用于生产食用营养酵母、酵母浸膏、天然调味品等营养食品。

(一)食用营养酵母

食用营养酵母是一种可食用的、营养丰富的单细胞微生物,是一种无酶活力、干燥的死酵母,既不需要提取,也不需要附加物。将废啤酒泥回收,经过清洗、脱苦、干燥工艺即可得到低水分含量的干酵母粉末。

国外的一些营养学家就食用酵母对人体进行了很多营养试验。事实证明,在医疗监督下食用酵母总是有益的,因为食用酵母中蛋白质、维生素以及各种可同化的生物成分含量非常丰富。

普通食用酵母一般不经过特殊培养,完全依靠酵母本身的天然营养成分。目前,日本回收啤酒酵母中 20%用于制造食用酵母,麒麟公司和朝日公司都相继推出这种产品。其中,朝日食品和保健品公司推出的“粉末啤酒酵母”食品,易于消化,可直接饮用,也可用于烹调和加到酸奶中食用。但我国这种资源还没有得到很好的利用。

(二)生产酵母浸膏

酵母浸膏是借酵母菌体的内源酶(蛋白酶、核酸酶、碳水化合物水解酶等)将菌体的大分子物质水解成小分子而溶解所得的物质。酵母浸膏可用于生物培养食品工业调味滋补剂及医药工业高级营养制品等。酵母浸膏的生产工艺流程：啤酒废酵母→预处理→自溶→浓缩调配→成品。

为了提高成品的感官质量，成品中 α-NH_2 含量及收率，去除酵母泥中残余的酒花苦味，须对废弃啤酒酵母进行预处理，使细胞壁组织疏松，便于提取。

(三)生产营养调味品

利用废酵母可以生产富含多种氨基酸、多肽、呈味核苷酸、维生素、多种微量元素的调味品，产品不仅滋味鲜美，而且营养丰富，是当今市场较流行的集调味、营养功能于一体的天然食品。

啤酒酵母泥生产的调味品，通过可食用的啤酒废酵母经自溶作用，即借助菌体的内源酶如蛋白酶、核酸酶、碳水化合物水解酶等，将菌体内高分子物质分解成小分子可溶性物质，其中包括游离氨基酸、核苷酸、多肽、糖分、B族维生素、麦角甾醇、有机酸、矿物质及降解后独特的芳香类物质，同时又不含胆固醇及饱和脂肪酸。其中氨基酸的含量丰富、组分平衡，必需氨基酸之间的比例与人体需要模式非常接近，特别是赖氨酸的含量较高，有利于弥补谷物食品中赖氨酸量的不足。氨基酸中的天门冬氨酸和谷氨酸具有鲜味，丝氨酸、苏氨酸、丙氨酸等具有甜味，使酵母抽提物具有增鲜、增香赋予食品醇厚味的功能，并能掩盖食品中的异味和异臭，从而将独特的营养性与呈味性融为一体，成为一种天然、营养型调味料，在食品行业中将具有广泛的应用前景。

1. 酵母抽提物

酵母抽提物，又称为酵母精、酵母味素，是通过自溶、加酶水解等方法将酵母细胞内的蛋白质降解成氨基酸、核酸降解成核苷酸，并将它们和其他有效成分，如B族维生素、谷胱甘肽(GSH)、微量元素等一起从酵母细胞中抽提出来，所制得的一种兼具调味、营养和保健功能于一体的天然复合调味品。它广泛应用于食品加工的各个领域。它的加入能显著增加食品鲜味，改善风味，使食品的味道更加浓厚、圆润。在国外，酵母抽提物被誉为第三代味精。从世界范围来看，酵母抽提物占整个鲜味剂销量的37%，且以每年2%的速度增长。酵母抽提物富含多种氨基酸，其中以谷氨酸、甘氨酸、丙氨酸为主，故比单一谷氨酸(即普通味精)鲜味浓厚。酵母抽提物由于采用现代生化技术精制而成，所以不含动物蛋白水解液(HAP)、植物蛋白水解液(HVP)中有害的氯丙醇，是目前认为最安全的鲜味剂。

目前，一般采用自溶法生产酵母抽提物。虽然各生产厂家具体的生产工艺流程有所差异，但其主要工艺流程基本一致。

啤酒酵母泥→过筛、洗滤、分离→预处理(脱苦)→分离→酵母悬浮物→自溶→加热灭酶→分离→浓缩→酵母抽提物→喷雾干燥→粉状产品。

莫重文研究了以啤酒酵母为主要原料，通过自溶法和酶解法生产酵母味素。研究了洗涤、均质、自溶时间、酶制剂的选择及搅拌等因素对酵母细胞自溶的影响。得出了啤酒酵母自溶的最佳工艺条件，啤酒酵母经0.5% $NaHCO_3$ 脱苦，加2.5倍体积的水和3%食盐，用胶体磨均质1 min，55℃自溶10 h，加入1.5%蛋白酶和0.2%葡萄糖酶自溶12 h(搅拌20 min停30 min)，然后95℃灭酶10 min，再加入核酸酶55℃自溶3.5 h，经分离、浓缩可获得68.5%的酵母味素。

2. 营养酱油

近年来，酱油生产的主要蛋白质原料豆粕（豆饼）价格持续上升，企业为了降低成本积极寻找新的蛋白质原料。以啤酒酵母为主要原料，辅以豆粕等蛋白质物料，采用现代生物技术方法，使其酵母细胞内容物（包括蛋白质、糖类和核酸等）和豆粕中的物质溶出并分解成相应的水解产物，如氨基酸、肽类、葡萄糖、核苷酸等，再经过一系列的后加工处理，生产出比传统酿造酱油更鲜美、营养更高的新型的酵母酱油，为消费者提供一种新的选择。其关键技术有以下3个方面：

(1)采用物理、化学和生物化学的方法，破坏酵母菌的细胞壁及细胞膜，使酵母菌中的蛋白质、核酸、B族维生素等营养物质释放出来；

(2)采用水解方法将蛋白质转化为多种氨基酸，将核酸转化为呈味核苷酸，从而使水解液具有浓烈的鲜味并富含营养；

(3)采用勾兑技术，开发出适合不同人口味的和各种用途的多品种超鲜酱油。具体做法是：将经过去杂、脱色后的废酵母加入5%食盐水，然后加热保温，再加入木瓜蛋白酶保温分解，之后配以适量食盐、砂糖、苯甲酸钠等，再进行热杀菌。杀菌前加入适量谷氨酸钠等调味剂，最后冷却至常温过滤后即可灌装为酵母营养酱油。每吨酵母泥（含水80%）可制成2.5～3.5 t酱油，年产5万t的啤酒厂，可配套建设年产1 500 t的酱油装置，其生产成本比传统酱油的生产成本降低了一半，可以说具有极为广阔的市场前景。

3. 海藻糖

在食品工业中，利用海藻糖的非还原性、保湿性、耐冻性、耐干燥性以及良好的甜味特性，用来防止因干燥或冷冻引起的变性，或与其他甜味剂混合使用作为食品的甜味剂，还可以作为一些调料、食品的品质改良剂。张雪莲等先对废啤酒酵母进行微波、高温处理促使酵母细胞破壁，再以40%的乙醇溶剂进行浸提，最后经脱色、脱蛋白、脱盐后结晶干燥得到了海藻糖成品。

（四）生产胞壁多糖

酵母细胞壁由85%～90%的碳水化合物及10%～15%的蛋白质组成，约50%的碳水化合物主要为葡聚糖和甘露聚糖，细胞壁中还含有大量甘露糖蛋白。葡聚糖和甘露聚糖在人的消化道中难以被消化，可作为膳食纤维发挥作用，并具有增强细胞免疫力、提高巨噬细胞活性及治癌等功效。

吴小刚等试验研究了从啤酒酵母中提取胞壁多糖的提取工艺。提取工艺为：酵母溶解→冻融→超声波破碎→碱溶→中和→沉淀→洗涤→烘干。通过正交试验对酵母破壁和碱溶条件进行优化，寻求最佳的工艺条件，多糖得率为19.4%，用苯酚－硫酸法测定多糖的含量为51.9%。刘焜新等采用酵母自溶与机械破碎相结合的方法提取胞壁多糖，使得胞壁多糖得率达到10%，纯度达83%。其提取工艺为：酵母沉淀→自溶→机械破碎→碱溶→中和→沉淀→洗涤→分离→烘干。

（五）制作酵母蛋白肽

酵母中的蛋白质在蛋白酶解作用下，可以降解为具有生物活性的短肽类。现代营养学研究发现，蛋白质经消化道酶作用后并不是完全以游离氨基酸的形式被吸收，而是主要以短肽的形式被吸收。因此，功能性短肽不仅具有多种功能活性，更重要的是具有完全独立的吸收机制。

杜冰等利用废啤酒酵母制备的短肽很好地保留了啤酒酵母原有的营养和功能成分，可作为功能性保健品原料，广泛应用在食品、医药及饲料行业。其工艺流程为：收集啤酒酵母→挤压喷爆→调浆→酶解破壁→二次调浆→酶解蛋白→浓缩→干燥→粉碎→酵母蛋白肽。

（六）其他应用

以啤酒酵母为主要原料，经微生物可发酵生产酵母保健食品。最近研究较多的是利用啤酒废酵母泥生产营养果醋、发酵酸奶饮料、生产营养蛋白粉等。

三、在饲料工业方面的应用

（一）蛋白饲料

我国的蛋白饲料严重缺乏，每年都要从国外进口大量鱼粉，啤酒废酵母将是我国蛋白饲料加工的一个宝贵资源。啤酒酵母中富含氨基酸，这些氨基酸大部分是人体和动物所需要的，尤其是人体必需的 8 种氨基酸含量已接近理想蛋白质水平，具有较重要的氨基酸药理作用。而且，谷物中所缺少的赖氨酸，在啤酒酵母蛋白中的含量为 400 mg/1 000 mg。将啤酒厂的废弃酵母泥经过滤后，所得滤液可回收啤酒，滤饼送入自溶罐中加入一定量的水，直接通入蒸汽加热，并开动搅拌器进行酵母自溶。自溶温度关系到回收酵母质量，通过试验选择最佳自溶温度为 50～55℃。将自溶后的酵母浆用泵送入高位槽，酵母浆由高位槽流入干燥机进行干燥，干燥后粉碎即成干酵母粉。

（二）开发营养型发酵饲料

通常作为饲料的啤酒干酵母粉是利用啤酒酿造过程中排出的废酵母泥经脱水干燥而成。然而，酵母泥的脱水干燥工艺设备投资大、耗能大、成本高，酵母作为副产品数量又有限，缺乏规模生产的效益。为了充分发挥啤酒酵母的饲料营养功能，国家海洋局第三海洋研究所开发研究利用啤酒厂废酵母泥作菌种，培养为菌母，以廉价的谷糠为原料，采用固体发酵工艺，开发营养型的发酵饲料。成品发酵饲料的粉状成品呈浅橘黄色，有浓郁的啤酒酵母香味。粗蛋白平均含量 23.2%、水分 10.5%、粗脂肪 6.7%、粗纤维 10.6%、灰分 8.4%，富含氨基酸、B 族维生素和矿物质，且干燥后的发酵饲料成品不反潮、不吸湿、抗霉变能力强、保存期较长。

（三）颗粒混合饲料

国内已有啤酒厂把啤酒生产过程中的固体废弃物，主要是废啤酒酵母，还包括麦粒、麦根、废过滤硅藻土等一起收集。干原料直接进行粉碎，湿原料干燥后进行粉碎，然后根据一定的配比，混合搅拌均匀，再加入一些黏结剂挤压成型，制成颗粒混合饲料。这种方式对啤酒厂废弃固形物进行综合治理和利用，不仅减少环境污染，变废为宝，并且有可观的经济效益。

（四）直接作为鱼虾饵料

啤酒酵母是单细胞微生物，废酵母中除有活体酵母菌外，还包括自溶的酵母和死亡的酵母细胞，在水生生态系统物质循环中，活体酵母成为鱼虾类的适口饵料。自溶及死亡细胞类似于水体中的有机碎屑，滤食性鱼类和甲壳类均能直接摄食。其次，含水分高的酵母泥可以直接作为颗粒饲料配制中的部分原料。亦可将湿酵母泥制成干燥酵母粉，作为配制颗粒饲料中的蛋白源代替常用作提高鱼用饲料蛋白质水平的鱼粉或鱼油。

四、啤酒废酵母滤液中回收酒精

目前，对酵母泥回收利用的主要方法是通过板框压滤获得酵母饼和啤酒液，前者用于生产各种生物制品，已得到充分的利用。而分离出的大量啤酒液却多被废弃，这不仅浪费了大量的酒精资源，而且造成了环境污染。合理利用这一资源已是迫在眉睫。

李鹏等利用从啤酒酵母泥中压滤得到的废啤酒中含有的4.5%(体积分数)的酒精，将其蒸馏可得到用于白酒生产的优质酒精。研究了回流比、起始酒精浓度等对蒸馏效果的影响，正交实验确定了最佳的工艺参数为酒精起始浓度为60%(体积分数)，回流比为3，酒头提取量为3%，酒尾提取量为14%。

五、利用啤酒酵母处理豆制品生产废水

邵伟等介绍了以豆制品生产废水为培养原料，通过对啤酒酵母的培养，使培养基中的营养成分被酵母菌吸收利用，从而降低废水中的污染指标。废水中的SS、CODcr和BOD5可分别降低至390 mg/L、670 mg/L和260 mg/L，去除率分别达到93.9%、94.5%和96.9%。酵母菌菌体获得大量繁殖，所获得的干酵母其粗蛋白含量达到了21.57%、粗纤维为12.84%，从而实现了豆制品生产废水资源化利用的目的。

啤酒工业生产中副产物废啤酒酵母的开发前景十分广阔，废啤酒酵母目前主要用于饲料行业，其次是食品和生物制药行业，随着生化分离技术的发展，啤酒酵母在生物制药行业中的运用将越来越广泛，成为研究的热点。对啤酒酵母的处理采取综合利用途径，互相弥补不足，全面利用啤酒酵母中的各种营养成分，采取一些有效的方法，最终高效处理啤酒酵母。全面综合利用啤酒酵母不仅可获得一定的经济效益，而且还具有明显的环境效益和一定的社会效益，应该值得我们广泛提倡。

第二节　啤酒糟的综合利用

啤酒糟又称麦糟，是啤酒生产过程中最大量的副产物，来源广、价格便宜，每投100 kg原料，约产湿麦糟120～130 kg(含水分75%～80%)。以干物质计为25～33 kg。麦糟的成分见表12.1。

表12.1　麦糟的成分

成分	水分	粗蛋白	可消化蛋白	脂肪	可溶解非氮物	粗纤维	灰分
含量/%	75～80	5	3.5	2	10	5	1

一、在酶制剂方面的应用

以啤酒糟为主要原料，通过微生物的发酵，得到粗酶制品，明显提高了经济效益和环境效益。目前此方面的研究得到了众多研究者的青睐，将会成为高效利用啤酒糟的一个发展趋势。

(一)啤酒糟生产木聚糖酶

啤酒糟中无氮浸出物的主要成分是木聚糖。以啤酒糟作为主要原料进行发酵生产具有高科技含量、高附加值的饲料添加剂木聚糖酶，用于畜牧和养殖业中，为综合开发利用啤酒糟这一再生资源开辟了新途径。

(二)啤酒糟生产纤维素酶

纤维素酶是降解纤维素生成葡萄糖的一组酶的总称，现已广泛用于食品加工、发酵酿造、制浆造纸、废水处理及饲料等领域，尤其是利用纤维素生产燃料乙醇是解决世界能源危机的有效途径之一，其应用前景十分广阔。目前，用于生产纤维素酶的菌种主要是木霉属和曲霉属，但木霉易产生毒素，限制了其在食品等领域的应用。黑曲霉是公认的安全菌种，国外，已实现黑曲霉纤维素酶的工业化生产。啤酒糟的主要成分是麦芽壳和未糖化的麦芽，这些物质含有大量的纤维素，而纤维素是纤维素酶的诱导物，而且啤酒糟中含有一定量的含氮化合物和多种无机元素及维生素，质地疏松，是固态发酵生产纤维素酶的优良基质。以啤酒糟为主要原料，对黑曲霉固态发酵生产纤维素酶的培养基组成和发酵条件进行了研究，以期解决啤酒糟处理问题，并进一步降低纤维素酶的生产成本，为进一步研制纤维素酶制剂提供理论依据。

二、在食品工业方面的应用

啤酒糟可直接制作食品。日本一专利采用新鲜啤酒糟，在100～114℃条件下干燥10 s至10 min后，调制面团→发酵→成型→烘焙→冷却→包装，即可得到香味独特的啤酒糟食品。此外，将啤酒糟与其他原料混合，通过发酵得到所需的调味品，既可缓解所需调味品原料不足，降低成本，又可减少啤酒糟对环境污染的压力，是高效利用啤酒糟的好渠道。

(一)啤酒糟生产γ-氨基丁酸(GABA)

GABA是一种天然的非蛋白氨基酸，存在于哺乳动物中枢神经系统一种重要的抑制性神经递质，有降血压、安神、治疗癫痫、强记忆力、调节激素分泌、抑制哮喘及活化肝肾功能等生理活性。GABA作为一种新型的功能因子在功能性食品领域具有广泛的发展和应用前景。

张徐兰等初步研究了MP1104在啤酒糟中生产GABA的发酵条件并进行了条件参数优化，得出最佳发酵条件：装瓶量35 g、发酵温度26℃、发酵周期8.08 d，预测的GABA最佳条件下的产量为0.174 3 mg/g啤酒糟。

(二)啤酒糟生产复合氨基酸

以啤酒糟为主要原料(添加其他辅料和啤酒废酵母)，采用多菌种混合发酵生物工程技术，利用微生物体内的纤维素酶、淀粉酶将原料中的纤维素和淀粉降解成能被微生物吸收利用的糖，使之生长发育，再分泌多种蛋白酶。

李娜等通过醇一碱法进行蛋白质提取的研究。对影响蛋白质提取的因素如醇碱比的选择、提取温度、提取时间及提取料液比等条件进行了正交试验。确定了获得最大提取量的条件，即以醇、碱比为 1∶2 作为提取剂，提取温度 30℃，提取时间为 70 min，提取料液比为 1∶30。

肖连东等通过酶解法提取啤酒糟中蛋白质，确定了最佳工艺条件为：水解蛋白酶的添加量 2 mL/100 g 干啤酒糟，反应温度 60℃，pH 8.0，反应时间 5 h，固液比为 1∶12。在此条件下，水解蛋白提取率为 63.6%。采用高效液相法对酶解液中的 18 种氨基酸含量进行了分析，18 种游离氨基酸含量占总蛋白含量的 24%，8 种游离状态的必需氨基酸占游离氨基酸的 39%。对其功能特性研究表明，该蛋白具有很高的溶解性和乳化能力，且优于国产分离蛋白，在食品工业中有很高的应用价值。

(三)啤酒糟生产膳食纤维

啤酒糟中含有大量的膳食纤维，是很好的天然膳食纤维源，添加在焙烤制品中可产生良好的褐变效应。

王异静等依据正交设计法，探讨了碱法和酶法提取啤酒糟中的水溶性膳食纤维的最佳工艺。通过实验，得到了碱法和酶法提取啤酒糟中水溶性膳食纤维的最佳工艺条件。

(1)碱法最佳工艺条件为：提取温度 70℃，NaOH 浓度 0.9%，提取时间 80 min，液固比 17∶1。酶最佳工艺条件为酶解温度 60℃，加酶量 10%，酶解时间 5 h，pH 为 5.5，液固比 15∶1。

(2)碱法的水溶性膳食纤维得率要远大于酶法的水溶性膳食纤维得率，碱法在提取水溶性膳食纤维的同时，还提取了一部分碱溶性半纤维素。酶法提取水溶性膳食纤维得率较低，酶添加量大，应该对纤维素酶进行更广泛的选择，以达到较高的得率和经济效益。

(3)碱法提取的水溶性膳食纤维颜色较深，为焦糖色；酶法提取的水溶性膳食纤维颜色较浅，为黄色。

(四)啤酒糟生产食醋

利用啤酒糟为原料，配以一定比例的玉米粉，通过双菌种制曲，一方面使啤酒糟中的麦壳替代了部分填充料稻壳，另一方面使啤酒糟中的蛋白质得到利用，提高食醋的质量。本技术既降低酿醋的粮耗，又充分有效地利用了啤酒糟这一资源，减少了环境污染。

(五)啤酒糟生产酱油

酱油是人们生活中不可缺少的调味品，随着人们生活水平的提高，对酱油的需求越来越大。而随着我国大豆种植面积的减少，使酿造酱油的主要原料豆粕供应紧张。因而寻求替代豆粕的廉价原料来酿造酱油就十分迫切。随着啤酒产量的增加，啤酒糟的数量越来越多。啤酒糟含有较丰富的蛋白质、10 多种氨基酸及多种微量元素，可作为酱油生产的主要原料。

刘军报道了鲜啤酒糟作为辅料用于酱油制曲，不仅可以降低原材料成本而且容易使曲料处于疏松状态，大大提高制曲过程的通风效率，改善发酵过程的传质和传热效果。

（六）啤酒糟生产甘油

啤酒糟是含淀粉质的原料，淀粉经水解或多糖化合物经“糖化降解”为单糖分子（如葡萄糖等己糖），单糖分子在酿酒酵母存在下经空气进行发酵，就可生成甘油。用废啤酒糟作原料制取甘油，具有原料来源丰富、投资少、设备简单、操作方便、生产成本低等特点，可实现工业化的生产。

（七）用作食用菌栽培原料

啤酒糟是一种良好的食用菌栽培原料。它的营养成分适合平菇、鸡腿菇、金针菇等菌丝生长。此方法既可以降低食用菌生产的成本，又可解决环境污染问题。如我国江苏的如东酒厂利用啤酒糟栽培出了菇中珍品——金针菇。用啤酒糟栽培食用菌不仅具有发菌快、出菇早、产量高、品质好、成本低等优点，而且为栽培食用菌开辟了新的原料来源和生态效益。

（八）制取麦芽蛋白

啤酒糟是一种升值潜力极大的再生资源，深加工产品市场广阔，前景看好。日本利用啤酒糟制取麦芽蛋白，其蛋白质含量高达50%～55%。脂质含量12%～15%，为啤酒糟的一倍，还含糖质、纤维素、灰分。制造方法是将酒糟碾碎，加水成浆状，用震动筛分级的悬浊液脱水、浓缩、干燥、粉碎。麦芽蛋白是动物优质饲料，除作家畜饲料外，还可替代进口鱼粉，价格低。啤酒糟又可作为酿制酱油、黄酒的主要原料而被利用。

（九）生产调味品、食品添加剂

啤酒糟含有蛋白质、脂肪、淀粉、粗纤维等微生物生长所必需的成分，所以可用于调味品的生产，酿制酱油。日本一公司发明了将啤酒糟直接酶水解制作调味品的方法。啤酒糟稀释后，加蛋白酶和纤维素酶在40℃下保温水解30 h，有3/4的啤酒糟分解为氨基酸，过滤分离，将清液浓缩，再加酒精与糖，变成与料酒味道相同的调味品。酒糟加酵母和胶凝剂可制备医疗食品、食品添加剂与药剂。

德国专利用65 g卵磷脂、91 g明胶、250 g脱脂牛奶粉、1 480 g番茄与小麦粉混合物，加入65 L湿啤酒糟与酵母混合物，加热，搅拌，趁热灌装，冷却后即成凝胶状食品。胶凝剂还可用琼脂、褐藻酸盐、角叉菜聚糖或果胶等，用来中和酵母与啤酒糟的风味。

另外，还可根据不同需要，添加醋栗、柠檬酸、山梨酸、乳清粉、维生素、葡萄糖、香化剂等，以制备风味不同的食品添加剂和药品。这种产品饮食纤维含量高，可防止便秘，降低血浆胆固醇，能吸附药物、洗涤剂及食品添加剂的有害因素，在防治糖尿病、动脉硬化、结肠炎、肥胖症等方面也有良效，是不可多得的天然药剂。

三、在饲料工业中的应用

啤酒糟可以作直接饲料，从其营养成分来看，作为饲料还是理想的。因此一些啤酒厂家把湿酒糟直接卖给畜牧厂，但其收益甚微。目前，以啤酒糟为原料，进行深加工，成为高效利用啤酒糟的趋势，以下将介绍啤酒糟在饲料工业的高效应用。

(一)制作颗粒饲料

吕建良等报道了以啤酒糟为主要原料，适量添加废酵母、碎麦、麦根等富含营养的啤酒副产品，经脱水干燥制成颗粒饲料，达到一举两得的效果。此做法与直接出售湿糟相比，创造出更大的经济效益，同时还有明显的环境效益。

(二)发酵啤酒糟生产饲料

啤酒糟可以利用微生物或理化方法进行处理。近年来，运用理化方法处理的酒糟废液仍含有大量的有机物，COD值在1 500 mg/L左右，若直接排放，将对环境产生严重影响。利用啤酒糟为基本原材料进行混合菌种发酵，可得到菌体蛋白饲料。在不添加辅料的情况下，混菌发酵后可将啤酒的粗蛋白提高到35%，其中真蛋白提高11%，粗纤维降低2.05%，氨基酸占粗蛋白的94.1%。这样不仅可以变废为宝、减少污染，而且可以将原本作为粗饲料添加的啤酒糟变为精料，即高营养含量添加剂，饲喂效果也比较理想。

郭建华等报道了以糖糟和啤酒糟为原料，按糖糟70%、啤酒糟30%比例配料，接入酵母菌，固态法发酵60 h，发酵温度30℃，生产蛋白饲料。结果表明，每克发酵基质中可得酵母95亿个。发酵基质粗蛋白从25%提高到36%，得到粗蛋白含量很高的优质蛋白饲料。时建青等报道了将啤酒糟和稻草按一定比例袋装发酵贮藏，分别在30 d、60 d、90 d和120 d开袋取样进行pH、乳酸、NDF和ADF含量分析，结果表明，随发酵时间的延长，pH逐渐降低，乳酸逐渐增加，NDF和ADF含量逐渐下降。表明饲料通过发酵处理不但可以较长时间地保存，而且可使纤维成分降解，从而改善其营养价值。

(三)生产单细胞蛋白饲料

以啤酒糟为主要原料，经霉菌、酵母菌等多菌种混合发酵，可转化为营养丰富的单细胞蛋白饲料，发酵后的啤酒糟蛋白饲料其蛋白质质量分数提高到35%以上，粗蛋白提高10%～15%，氨基酸及B族维生素都有不同程度提高，含有多种活性因子，具有较高的生物活性，消化吸收率高，具有较高的营养价值。在饲喂奶牛的实验中，用1 kg的发酵啤酒糟蛋白饲料替代9 kg的未加工处理的新鲜啤酒糟，每头牛每天多产奶315 g，其经济效益相当可观。

啤酒糟菌体蛋白饲料的开发，既缓解了我国蛋白质资源短缺，又降低了生产单细胞蛋白的成本，极大地增加了啤酒糟的利用附加值，是实现高效利用啤酒糟的重要途径，同时是啤酒糟资源开发的必然趋势。

(四)啤酒糟生产沼气

目前，有些啤酒厂利用细菌对啤酒糟进行沼气发酵，产生的沼气用作燃料，大大降低了能源消耗，为啤酒糟的处理找出了一条新通路。利用啤酒糟发酵沼气，1 t啤酒糟可以发酵生产23 m^3的沼气，1 m^3的沼气燃烧相当于0.8 kg煤燃烧的热值。沼气发酵的上清液，尚可提取维生素B，底层糟渣可作肥料。

啤酒工业生产中主要副产物啤酒糟的开发前景十分广阔，啤酒糟应用不仅仅只涉及饲料工业，现已扩展到食品工业、酶制剂、能源等方面。对啤酒糟的处理采取综合利用途径，互相弥补不足，全面利用啤酒糟中的各种营养成分，采取一些有效的方法，最终高效处理啤酒糟。全面综合利用啤酒糟不仅可获得一定的经济效益，而且还具有明显的环境效益和一定的社会效益，应该值得广泛提倡。

(五)酒糟发酵生产燃料乙醇

燃料乙醇作为一种新型的可再生、清洁能源而越来越受到世人的重视。目前燃料乙醇的生产主要以粮食或薯类为原料，产品成本高。宋安东等利用酒糟生物质为原料生产燃料乙醇进行了试验研究，结果表明，酒糟生物质的燃料乙醇产率可达 4.03%以上。

第三节　其他废弃物的综合利用

一、酒花糟的综合利用

废酒花糟内含有部分蛋白质和热凝固物。多数啤酒企业都直接排放。这部分废料的BOD值虽不很高，但能增加废水中的固形物。现在也有的生产厂家将其供给农民作饲料或肥料。对其残余有效树脂成分还可以利用，即将废酒花糟洗涤，以 70℃左右温度干燥后加以粉碎，加酒精(比约为 1∶10)，室温浸泡 48 h，放出酒精，再加同量酒精进行第二次浸泡 48 h，两次酒精抽提液合并，真空浓缩(60℃以下，真空度 200 mm 汞柱以上)，加少量水即得酒花抽提物沉淀。抽提物可作成油剂、片剂。用作抗各类结核病药物，有一定疗效。

利用废酒花糟可提取酒花浸膏，进一步制取酒花素片和酒花油剂。酒花素是一种疗效高、副作用小、疗程短的广谱抗菌类药物。酒花素中的斧草酮、蛇麻酮具有脂溶性能，容易穿透结核杆菌的薄膜产生复合作用，破坏菌体的生长而使之死亡，故酒花素治疗结核病效果好。

酒花浸膏的传统生产已工业化，目前最新工艺是用超临界 CO_2 提取技术。新疆大学研制出 GM32-50X3 超临界 CO_2 提取装置，已被北京双合盛五星啤酒集团引进投入生产。

二、活性污泥的综合利用

干污泥的粗蛋白质量分数达到 20%～30%，钙、磷、铁、钾等元素的含量较多，还含有不少藻类培养所需的微量元素和辅助生产的有机物质，是培养藻类的良好基质，同时因含有丰富粗蛋白，可以作为饲料，关键是将重金属元素如 Pb、Cd 的含量控制在安全的范围内。

啤酒污泥综合利用的方式概括起来有以下几种，见图 12.1。

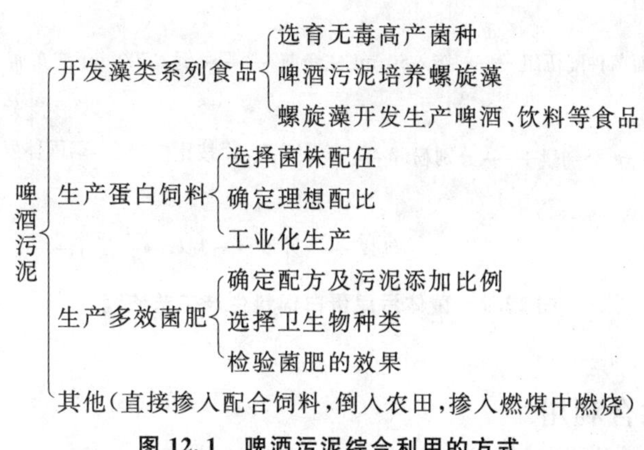

图 12.1 啤酒污泥综合利用的方式

(一)啤酒污泥用于藻类食品开发

螺旋藻被称为21世纪食品,其营养丰富而全面,其中含有的γ-亚麻酸具有抗癌作用,蛋白质质量分数高,60%~70%,并且非常容易消化,消化率可达75%,但目前人工培养藻类成本较高,其中培养基的成本可占到总成本的60%左右,使用污泥替代部分培养基,可以大大降低成本。当啤酒污泥替代40%~50%营养盐培养螺旋藻时收得率基本不变,这为降低螺旋藻的培养成本提供了可能。螺旋藻开发系列食品:

1. 螺旋藻啤酒的开发

该产品开发的技术关键是加入到啤酒中的螺旋藻溶液必须经特殊的过程处理,如均质、酶解,达到和啤酒一致的等电点,才能使螺旋藻啤酒保持特有的外观与风味,并在保质期内不失光,浊度控制在0.8EBC之内。令人欣喜的是,浙江钱啤集团股份有限公司已成功地研制出了该种啤酒。

2. 螺旋藻饮料的开发

其技术要点与螺旋藻啤酒的开发基本相同,该种饮料有独特的风味及淡绿色的外观,浙江仙都啤酒发展公司已成功研制出了螺旋藻矿泉水。

3. 螺旋藻制品

这类产品多用于医药工业,将螺旋藻压成片剂,或将螺旋藻与麦苗冻干粉混合,再辅以少量膨化玉米粉制成食品,在北美特别是美国、加拿大相当流行,且价格昂贵。

(二)啤酒污泥生产蛋白饲料的探索

在研究活跃的MBP(微生物产品,即菌体蛋白)和SCP(单细胞蛋白)领域中,应用多菌发酵能获得较好的效益,特别是对固体发酵法更为有利。菌体污泥蛋白饲料生产工艺流程,见图12.2。

添加菌体污泥后,对蛋白饲料的发酵情况没有明显影响,从饲料喂养的情况来看,即使添加30%的菌体污泥,对家畜禽也无不良生长反应,考虑到菌体污泥中粗灰分较高,达到40%,如果直接干燥,不利于大量直接掺入饲料中,应对啤酒厂污水进行分流,特别是对硅藻土应分开排放,尽可能降低污泥中灰分含量,为菌体污泥大规模的生产应用提供可能。

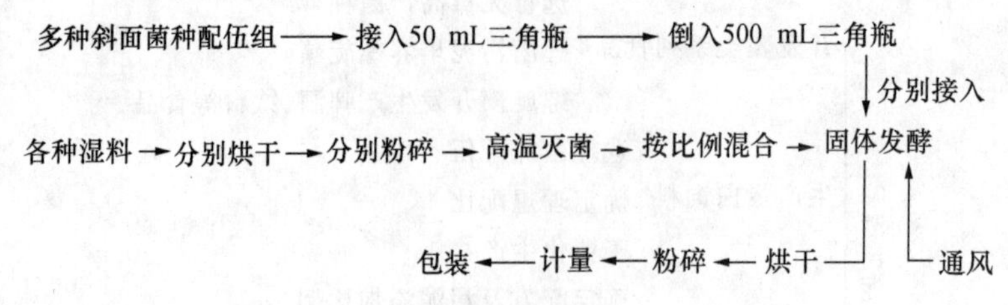

图 12.2　菌体污泥蛋白饲料生产工艺流程

三、麦芽根的综合利用

啤酒大麦芽干燥除根时可得占大麦投料量 3%的麦根，在这些麦芽根中含有 3′-磷酸单(二)酯酶、5′-磷酸单(二)酯酶、核苷酸、脱氧核糖核酸酶等活性物质，因此，可以利用麦芽根制成复合磷酸二酯酶糖浆和复合磷酸酯酶片等产品。

(一)复合磷酸二酯酶糖浆的生产

麦芽根粉碎后用 40～42℃的热水浸泡 2～4 h，加水比为 1∶10，保持浸泡液的 pH 为 5.0 左右，离心或压滤得酶液，65℃以下真空浓缩。在每 0.7 kg 的麦芽根浓缩液中添加 0.3 kg 白糖、0.75 mL 柠檬香精、尼泊金乙酯 0.125 g、酒精 6 mL 和适量的苯甲酸钠，所得产品为棕色糖浆状液体，味甜，pH 4.5～5.0，浓度 22 波美度以上。

(二)复合磷酸酯酶片的生产

麦芽根粉碎后浸泡，加水比 1∶(7.5～9.0)，温度 20～28℃，浸泡 15～18 h，离心或压滤得酶液，加酒精，使浓度为 72%～75%，酶沉淀压滤，40℃以下干燥，用淀粉、糊精、糖等辅料共同制粒，使得片剂酶活力大于1 500 U/mg，崩解合格。所生产的复合磷酸二酯酶糖浆和复合磷酸酯酶片对肝炎、破皮病、再生性障碍贫血、白细胞减少等疾病有一定的疗效。

复合磷酸酯酶的生产工艺见图 12.3。

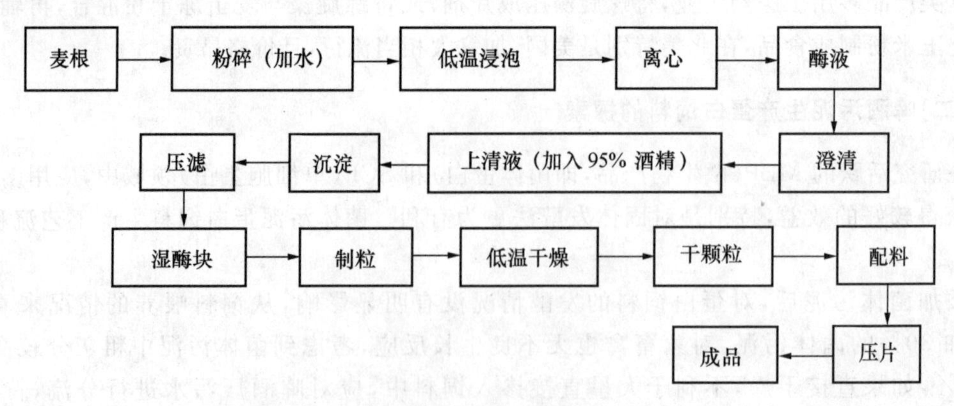

图 12.3　复合磷酸酯酶的生产工艺

四、啤酒废水的综合利用

啤酒废水含有酒糟、酵母、废啤酒液、麦汁等，成分相当复杂，有机物含量非常高，其 BOD 含量为 500～900 mg/L，COD 含量为1 000～1 500 mg/L，SS 含量为 200～400 mg/L。由于生产每吨啤酒可产生 20 t 废水，因此，大量的废水直接排入河中，则水中的有机污染物氧化分解，使水发黑发臭，从而造成环境污染。

现在，我国有的啤酒企业基于啤酒废水不含有毒物质的特点，将废水适当处理后排入水塘，培养水生植物，自然净化后再排入鱼塘，这样不但能得到可作饲料的水生植物，而且经处理后的废水可作鱼食，从而产生一定的经济效益。

此外，国内一些地区将啤酒废水排入农田，补充土壤中有机物和无机物的不足，增加土壤中微生物的数量及改善土壤的物理性能，这种方法首先是将生产工序所用的酒精、甲醛等中性清洗剂改为漂白粉等碱性清洗剂，以中和酸性生产废水，使 pH 控制在 5.5～8.0，然后将废水进行沉淀，使之达到农灌要求。这种处理具有投资少、见效快、管理方便等优点，不但减少了排向河道的废水量，降低了污染负荷，而且给附近农田灌溉提供了水源，实现了废水资源化，具有较高的社会效益、经济效益和环境效益。

参考文献

[1] 高路. 小议啤酒副产物综合利用[J]. 酿酒，2001，28(5)：50-51.
[2] 王煜，王家林. 废啤酒酵母的综合应用[J]. 酿酒科技，2009，10：98-102.
[3] 郭雪霞，张慧媛，来创业，等. 啤酒废弃物在食品工业中的应用[J]. 中国食品添加剂，2007：127-131.
[4] 王家林，王煜. 啤酒糟的综合应用[J]. 酿酒科技，2009，7：99-102.
[5] 华凌. 论啤酒酿造副产物的开发应用[J]. 商业科技开发，1995，4：37-40.
[6] 郭雪霞，张慧媛，来创业，等. 啤酒废弃物在制药工业中的应用[J]. 食品与药品，2007，9(11)：54-58.
[7] 丁正国. 啤酒酿造副产物的综合利用[J]. 江苏食品与发酵，1997，1：5-8.
[8] 杨观中，蒋培森，陈廷登. 啤酒污泥综合利用初探[J]. 浙江工业大学学报，2000，28(2)：155-159.
[9] 高路. 啤酒副产物在饲料工业中的应用[J]. 啤酒科技，2004，12.
[10] 李丽. 啤酒发酵副产物的综合利用[J]. 四川食品与发酵，2008，44(3)：32-36.
[11] 邹连生. 啤酒副产物中的生物活性物质的利用途径[J]. 酿酒科技，1999，6：88-89.
[12] 张燕. 啤酒废水利用技术浅析[J]. 内蒙古石油化工，2008，14：98-99.
[13] 廖湘萍，徐功瑾，付三乔. 利用啤酒酵母生产 SOD 的提取条件研究[J]. 酿酒科技，2007，(5)：89-91.
[14] 邱雁临，殷伟，潘飞，等. 吸附层析法从啤酒废酵母中提取谷胱甘肽[J]. 生物技术，2005，15(1)：49-51.

[15] 王富科,马浩,梁军.利用啤酒酵母制备 1,6-二磷酸果糖[J].石油化工应用,2008,27(4):33-36.

[16] 李骥,孟小林.自溶-碱法提取啤酒酵母 β-(1,3)-D 葡聚糖工艺研究[J].酿酒,2008,35(2):67-70.

[17] Naohito Ohno,Michihare Uchiyame,Aiko Tsutuzi,et al. Solubilization of yeast cell-wall β-(1,3)-D-glucan by sodium hypochlorite oxidation and dimethyl sulfoxide extraction [J]. Carbohydrate Research,1999,316(1-4):161-172.

[18] Suphantharika M,Khunrae P,Thanardldt P,et al. Preparation of spent brewer's yeast β-glucans with a potential application as an immunostimulant for black tiger shrimp, penaeus monodon[J]. Bioresource Technol,2003(88):55-60.

[19] 宋旭鹭,赵国峥,张洪林,等. 浓盐法提取啤酒酵母中核酸的生产条件研究[J]. 酿酒科技,2006(5):89-91.

[20] 莫重文.利用啤酒酵母生产酵母味素的研究[J].中国酿造,2006(9):38-41.

[21] 张雪莲.从酵母中提取纯化海藻糖[D].天津:河北工业大学,2005.

[22] 吴小刚,吴周和,吴传茂.啤酒酵母多糖提取工艺条件的研究[J].饲料工业,2006,27(9):27-29.

[23] 刘烺新,陈宗道,王光慈.啤酒酵母胞壁多糖提取工艺的研究[J].重庆大学学报,1994,17(6):43-48.

[24] 杜冰,杨公明.利用啤酒酵母制作蛋白肽 [P].中国专利:200610104749.6,2007-03-28.

[25] 李鹏,周广田.从啤酒废酵母滤液中回收酒精的研究[J].酿酒科技,2008(7):90-92.

[26] 邵伟,唐明,仇敏. 利用啤酒酵母处理豆制品生产废水的研究[J].中国酿造,2008(11):71-73.

[27] 张徐兰,郑岩,吴天祥,等. MP1104 固态发酵啤酒糟生产 GABA 的初步优化培养[J].酿酒科技,2008(5):105-107.

[28] 李娜 ,李志东,李国德,等. 醇-碱法提取啤酒糟中蛋白质的研究[J]. 中国酿造,2008(5):60-61.

[29] 肖连冬,李彗星,臧晋. 啤酒糟中蛋白质的酶法提取及功能特性研究[J]. 中国酿造,2008(19):36-39.

[30] 王异静,吴会丽.从啤酒糟中提取水溶性膳食纤维的研究[J].酿酒,2007,34(3):96-98.

[31] 刘军.酱油酿造中鲜啤酒糟利用的研究[J]. 中国酿造,2005(9):31-33.

[32] 吕建良,吕安东,马桂亮.啤酒糟的深加工[J]. 酿酒科技,2001(5):74-75.

[33] 郭建华,窦少华,邱然,等. 利用糖糟和啤酒糟生产蛋白饲料的研究[J]. 饲料工业,2005,26(21):48-50.

[34] 时建青,徐红蕊,曹恒春,等. 啤酒糟和稻草混合发酵研究[J].牧草与饲料,2006(2):27.

[35] 宋安东,张建威,吴云汉,等.利用酒糟生物质发酵生产燃料乙醇的试验研究[J].农业工程学报,2003,19(4): 278.

第十三章　质量检测

啤酒是以大麦芽为主要原料，大米或谷物、酒花为辅料，经糖化、发酵、酿制而成的富含多种营养成分及二氧化碳气的低酒精度饮料。啤酒因营养成分丰富，素有“液体面包”的称号。目前，评价啤酒的质量指标包括感官指标、理化指标和卫生指标。人们利用 GC、HPLC、质谱仪、荧光计等精密仪器来测定啤酒的理化指标，如某些风味物质。但仅靠仪器分析很难确定风味物质和啤酒风味的完全一致性，在评价啤酒品质时，感官评价仍然占有很重要的位置。

感官评价包含一系列精确测定人对食品反应的技术，把对品牌中存在的潜在偏见效应和一些其他信息对消费者感觉的影响降低到最小限度。啤酒质量的感官评定主要是从色泽、透明度、泡沫、香气和口味等方面来进行，并且要靠人的感觉器官（鼻、口、眼等）来评定。在政府服务部门（如食品检验机构）感官评价起着关键作用。判定啤酒品质的好坏，感官评定仍是一项不能被其他方法所代替的技术工作，是控制啤酒质量的重要手段之一。感官检验是以人的感觉器官作为测量工具的，而人的感觉器官又易受外界因素的干扰，所以为了减少干扰，确保试验数据的结果真实、可靠，感官评定要控制在一定的条件下进行，包括控制评定室的环境、样品的制备和评定员。

感官评价也是一门测量的科学，像其他的分析检验过程一样，感官评价应考虑精度、准确度、敏感性。感官评价提出了应在一定的控制条件下制备和处理样品以使偏见因素减少这一原则。本文着重探讨影响啤酒感官评定的因素，把评定员的主观因素和环境因素及样品制备和处理过程中存在的客观因素对结果的不良影响降至最低，从而提高评定结果的准确度和精密度。

第一节　感官指标

啤酒的感官指标有：

(1)外观。要求啤酒清亮透明，无明显的悬浮物和沉淀物，不失光、不混浊。

(2)泡沫。起泡性能，啤酒倒入洁净的杯中，立即有泡沫升起；泡持时间瓶装者不小于 210 s，听装者不小于 180 s。

颜色和形态：洁白细腻，似奶油。

持久性：泡沫持久，缓慢落下。

挂杯性能：泡沫边缘挂杯，液体落下应有泡沫附着在杯壁上。

(3)香气和口味。优质的啤酒要求有协调的香气，酒花香明显，并有一定的麦芽香；口味纯正、爽口、酒体柔和，无异香异味。

啤酒的风味物质：风味分为气味和口味，习惯把嗅的气味分为香气和臭气，味分为酸、甜、苦、咸 4 种。啤酒中已检出 800 多种化合物，与啤酒风味密切有关的有 100 多种，其中醇占21%,酯占26%,羧基化合物20%,酸18%,硫化物7%。主要风味物质如表13.1所示。

表13.1 啤酒品评主要物质及味感 mg/L

风味物质		味感	辨别阈值	啤酒中正常含量
酯类	乙酸乙酯	略甜、刺激香味	35	8~50
	乙酸乙戊酯	香蕉味、烯料味	3	1.5~3.0
	己酸乙酯	白酒味、烫的苹果味、苹果放久了发酵的味道	1.3	0.2
	癸酸乙酯	酵母臭味	1.5	0.07~1.1
醇类	正丙醇	刺激的酒精味、干橘皮味	50	5~15
	异丁醇	干、辣的醇味、苦杏仁味	10~12	4
	异戊醇	刺激的酒精味、苦杏仁味	55	30~70
	β-苯乙醇	郁闷的玫瑰花香、桂花香	110	
	3-甲基-2-丁烯硫醇	日光臭	30 μg/L	0.1~32 μg/L
酸类	乙酸	醋味	175	40~145
	丁酸	干酪、奶油味、污染味	3	
	异戊酸	臭墨水味、汗臭味(臭脚味)	8	0.03~0.3
	己酸	羊膻(说不出来的一种特别的味道,橡胶+肥皂)	8	1~6
	辛酸	羊膻	15	3~9
	柠檬酸(非挥发性)	香的酸味(酸性饮料的酸味)	180	150
醛类	乙醛	青草味(生豆粉味)	25	3~15
	反-2-壬烯醛	纸板味(臭大姐味)	0.1 μg/L	0.02~0.15
酮类	双乙酰	小米稀饭第一天没喝完、第二天再热时的气味、奶油味、馊饭味	0.1	0.03~0.15

续表 13.1

风味物质		味感	辨别阈值	啤酒中正常含量
	丙酮	特殊刺激味、溶剂味	200	0.5～5
硫化物	硫化氢	臭鸡蛋味	0.01	0.5～4 μg/L
	二甲基硫	洋葱味(煮玉米的味道)	0.15	0.01～0.25
酚类	苯酚	药水味(刺激)	1	0.01
	麦芽酚	糖香味、麦芽香	40	
	氯酚	药水味(刺激)		

一、淡色啤酒

淡色啤酒应符合表 13.2 规定。

表 13.2　淡色啤酒感官要求

项目			优级	一级
外观[a]	透明度		清亮,允许有肉眼可见的微细悬浮物和沉淀物(非外来异物)	
	浊度/EBC ≤		0.9	1.2
泡沫	形态		泡沫洁白细腻,持久挂杯	泡沫较洁白细腻,较持久挂杯
	泡持性[b]/s ≥	瓶装	180	130
		听装	150	110
香气和口味			有明显的酒花香气,口味纯正,爽口,酒体协调,柔和,无异香、异味	有较明显的酒花香气,口味纯正,较爽口,协调,无异香、异味

a. 对非瓶装的“鲜啤酒”无要求;

b. 对桶装(鲜、生、熟)啤酒无要求。

二、浓色啤酒、黑色啤酒

浓色啤酒、黑色啤酒应符合表 13.3 的规定。

表 13.3 浓色啤酒、黑色啤酒感官要求

项目			优级	一级
外观[a]			酒体有光泽，允许有肉眼可见的微细悬浮物和沉淀物（非外来异物）	
泡沫	形态		泡沫细腻挂杯	泡沫较细腻挂杯
	泡持性/s ≥	瓶装	180	130
		听装	150	110
香气和口味			具有明显的麦芽香气，口味纯正，爽口，酒体醇厚，杀口，柔和，无异味	有较明显的麦芽香气，口味纯正，较爽口，杀口，无异味

a. 对非瓶装的"鲜啤酒"无要求；

b. 对桶装（鲜、生、熟）啤酒无要求。

第二节 理化指标

一、淡色啤酒

淡色啤酒应符合表 13.4 规定。

表 13.4 淡色啤酒理化要求

项目		优级	一级
酒精度[a]/(% vol)	≥14.1°P	5.2	
	12.1～14.0°P	4.5	
	11.1～12.0°P	4.1	
	10.1～11.0°P	3.7	
	8.1～10.0°P	3.3	
	≤8.0°P	2.5	
原麦汁浓度[b]/°P		X	
总酸/(mL/100 mL)		≥14.1°P	3.0
		10.1～14.0°P	2.6
		≤10.0°P	2.2
二氧化碳[c]（质量分数）/%		0.35～0.65	
双乙酰/(mg/L) ≤		0.10	0.15
蔗糖转化酶活性[d]		呈阳性	

a. 不包括低醇啤酒、无醇啤酒。

b. "X"为标签上标注的原麦汁浓度，≥10.0°P 允许的负偏差为"－0.3"；<10.0°P 允许的负偏差为"－0.2"。

c. 桶装（鲜、生、熟）啤酒二氧化碳不得小于 0.25%（质量分数）。

d. 仅对"生啤酒"和"鲜啤酒"有要求。

二、浓色啤酒、黑色啤酒

浓色啤酒、黑色啤酒应符合表 13.5 的规定。

表 13.5 浓色啤酒、黑色啤酒理化要求

项目		优级	一级
酒精度[a]/(% vol)	≥14.1°P	5.2	
	12.1～14.0°P	4.5	
	11.1～12.0°P	4.1	
	10.1～11.0°P	3.7	
	8.1～10.0°P	3.3	
	≤8.0°P	2.5	
原麦汁浓度[b]/°P		X	
总酸/(mL/100 mL) ≤		4.0	
二氧化碳[c](质量分数)/%		0.35～0.65	
蔗糖转化酶活性[d]		呈阳性	

a. 不包括低醇啤酒、脱醇啤酒。

b. “X”为标签上标注的原麦汁浓度，≥10.0°P 允许的负偏差为“−0.3”；<10.0°P 允许的负偏差为“−0.2”。

c. 桶装(鲜、生、熟)啤酒二氧化碳不得小于 0.25%(质量分数)。

d. 仅对“生啤酒”和“鲜啤酒”有要求。

第三节 卫生指标

一、原料要求

在啤酒酿造过程中，原料的质量直接影响着成品啤酒的理化指标及风味特征，因此，原料的质量控制至关重要。

(一)啤酒酿造对大麦的要求

可从 3 个方面检查啤酒酿造大麦的质量，即外观检查、物理检验和化学检验。

1. 外观检查

(1)色泽。良好的大麦应该具备有光泽，呈淡黄色，这是成熟的标志；微绿色说明大麦不成熟；灰色、黑色、红色或蓝色是微生物(霉菌)污染的结果；白色或色泽非常浅，多是特别硬的粒和玻璃质粒。

(2)气味和香味。良好的大麦应该具有新鲜的麦秆香味，口咬有淀粉味，并略带甜味；霉味是湿度大、污染霉菌造成的。

(3)一致性。对于啤酒酿造来说，大麦的品种、种植区、收获年份、蛋白质含量和水分含量等尽可能要求一致。

(4)纯度。不应有或少有杂谷如燕麦、黑麦、小麦等。很少含草屑、泥沙等。

(5)颗粒形状。粒大饱满、短而粗的颗粒相对比长而细的颗粒含皮壳少,蛋白质含量较低,浸出物高。

(6)皮壳特征。皮薄的大麦浸出物相对较高,无用物质甚至有害物质进入麦汁中少,适宜酿制浅色啤酒;皮厚的大麦浸出物相对较低,无用物质进入麦汁中多,对深色啤酒的醇厚感、烈性有利。

2. 物理检验

(1)千粒重。千粒重表示1 000粒麦粒的绝对质量。千粒重与麦粒大小和浸出物含量成正比,千粒重越高,浸出率也越高。

正常值:35~48 g/1 000粒

中间值:40~44 g/1 000粒

高值:>45 g/1 000粒

(2)百升值。指 100 L 大麦所具有的质量,与麦粒数量和纯净度有关。百升值高的大麦,浸出物含量也高。范围:66~75 kg/100 L,一般为 68~72 kg/100 L。

(3)均匀度。指腹径大小不同的大麦颗粒所占的比例,用分级筛测定。分级筛的筛孔宽度分别为 2.8 mm、2.5 mm 和 2.2 mm。腹径在 2.5 mm 以上的颗粒占 80%以上为一级大麦,腹径在 2.5 mm 和 2.2 mm 之间的大麦为二级大麦,腹径在 2.2 mm 以下的大麦为等外大麦。一级和二级大麦用于啤酒酿造,等外大麦作为饲料。大麦均匀度对颗粒吸水、发芽和溶解的均匀性非常重要,也影响浸出物的高低。试验表明,大于 2.8 mm 的颗粒提高 3.7%,浸出物提高 1%。

(4)胚乳状态。将麦粒纵向或横向切开,用眼睛观察可分为粉质粒、半玻璃质粒和玻璃质粒 3 种状态,粉质粒呈软质白色,半玻璃质粒和玻璃质粒密致而有透明光泽。玻璃质粒又分为暂时玻璃质粒和永久性玻璃质粒,暂时玻璃质粒通过加工可变成质粒,这种颗粒不影响酿造价值;永久性玻璃质粒含蛋白质高,发芽时内含物溶解困难,制出的麦芽继续处理困难。粉质粒淀粉含量较高,蛋白质含量相对较低,有利于制麦和啤酒酿造。

(5)发芽率和发芽力。发芽率是指 18~20℃发芽 5 d,发芽颗粒所占的百分数,表示大麦发芽的均匀性,应大于 97%。发芽力是指 18~20℃发芽 3 d,发芽颗粒所占的百分数,表示大麦的发芽能力,应大于 95%(越接近发芽率越好)。

(6)水敏性。若大麦长时间浸并不能提高含水量,则称为水敏性。水敏性首先决定于品种,其次是收获季节的气候条件。检验方法:分别取 100 粒大麦放于盛有 4 mL 和 8 mL 水的平皿中,19℃发芽 120 h,计算发芽差值:

$$水敏性(\%)=n_4-n_8$$

式中,n_4—4 mL 水时发芽率,%;

n_8—8 mL 水时发芽率,%。

评价标准:<10%　水敏性很小;　26%~45%　有水敏性

10%~25%　水敏性小;　>45%　水敏性很高

3. 化学检验

(1)水分。大麦含水量的高低对原料价格、原料贮存和生产过程中的物料衡算都有一定的意义，特别是对贮存条件影响更大。大麦含水量一般在13%左右，若高于15%要进行风干处理。

(2)淀粉含量和浸出物。大麦淀粉含量一般为55%～66%。浸出物是指大麦粉碎物经酶分解后溶解的内含物，比淀粉含量高约14.7%。

浸出物的高低也与蛋白质含量有关，蛋白质含量高，浸出物下降，加工困难，达到一定的溶解度制麦损失增加。Bishop 提出如下公式：

$$E = A - 0.85P + 0.15G$$

式中：E—浸出物含量；

A—常数，根据品种不同在84.0～86.5之间；

P—蛋白质含量(绝干)；

G—千粒重(绝干)。

(3)蛋白质含量。大麦中含蛋白质8%～13.5%，酿造大麦含9%～12.0%，有人认为含10.5%最适宜啤酒酿造。不同类型的啤酒要求的蛋白质适宜含量有所不同，浅色啤酒11%～11.5%，皮尔森啤酒11%，深色啤酒11.5%～12%。蛋白质含量丰富，会使浸出率下降；在工艺操作上，发芽过于猛烈，难溶解；酿造中也容易引起混浊，降低了啤酒的非生物稳定性。

(4)其他。生产浅色麦芽时，还需注意大麦的色泽，不宜采用底色过深的大麦。另外，大麦的夹杂粒应小于2.0%，优级小于1.0%。破损率小于1.5%，优级小于0.5%。水敏感性在10%～25%，优级应在10%以下。

(二)对辅助原料的要求

在酿造啤酒中，可根据地区的资源和价格，采用富含淀粉的谷类(大麦、大米、玉米等)、糖类或糖浆作为麦芽的辅助原料，在有利于啤酒质量，不影响酿造的前提下，应尽量多采用辅助原料。谷类辅助原料的使用量在10%～50%，常用比例为20%～30%，糖类辅助原料一般为10%～20%。

我国啤酒酿造一般都是用辅助原料，多数采用大米，有的厂用脱胚玉米，其最低量为10%～15%，最高量为40%～50%，多数为30%左右。

国际上使用辅助原料的情况也极不一致，如美国使用谷类辅助原料，一般为50%左右，多用玉米或大米，少数用高粱；在德国，除制造出口啤酒外，其内销啤酒一般不允许使用辅助原料；在英国，由于其糖化方法采用浸出糖化法，多采用已经糖化预加工的大米片或玉米片；在澳大利亚，多采用蔗糖为辅助原料，添加量达20%以上。主要谷类辅助原料的性状见表13.6。

表13.6 主要谷类辅助原料的性状

品种	水分含量/%	淀粉含量/%	浸出物含量/%	蛋白质含量/%	脂肪含量/%	糖化温度 t/℃	一般使用比例/%
碎大米	11～13	76～85	90～95	6～11	0.2～1.0	68～77	30～45
脱胚玉米	11.2～13	69～73	85～92	7.5～8	0.5～1.5	70～78	25～35
大麦	11～13	58～65	72～81	10～12.5	2～3	60～62	20～35
小麦	11.6～14.8	57～62.4	68～76	11.5～13.8	1.5～2.3	52～56	20～25

(三)对酒花的要求

酒花质量从感官、化学两个方面进行鉴定。按原轻工业部颁布质量标准(Q 6737—1980),啤酒花的质量指标(本标准适用于经过烘烤加工压制而成的酒花)如表13.7所示。

表13.7 酒花的质量标准

	项目	一级花	二级花	三级花
感官指标	色泽	花体呈黄绿色,有新鲜光泽,变色花片不大于2%	花体呈黄绿色,有新鲜光泽,变色花片不大于8%	花体呈黄绿色,褐色花片不大于15%
	香气	富有浓郁的酒花香气,无异杂气味	有明显的酒花香气,无异杂气味	有酒花香气,无异杂气味
	花体均匀度	花体完整,大小均匀,散碎花片不超过20%	花体完整,大小均匀,散碎花片不超过30%	散碎花片不超过40%
	夹杂物	花梗、花叶等无害夹杂物不大于0.5%	花梗、花叶等无害夹杂物不大于0.7%	花梗、花叶等无害夹杂物不大于1.0%
理化指标	α-酸量/%(无水)	不小于6.5	不小于5.0	不小于4.0
	水分量/%	小于12.0	小于12.0	小于12.0
	包装密度/(kg/m^3)	不小于350	不小于350	不小于350

(四)对酿造用水的要求

啤酒生产用水包括酿造用水(直接加入产品中的水如糖化用水、洗糟用水、啤酒稀释用水)和洗涤用水、冷却用水及锅炉用水。成品啤酒中水的含量最大,俗称啤酒的"血液",水质的好坏将直接影响啤酒的质量,因此酿造优质的啤酒必须有优质的水源。酿造用水的水质好坏主要取决于水中溶解盐的种类和含量、水的生物学纯净度及气味,这些因素将对啤酒酿造、啤酒风味和稳定性产生很大的影响,因此必须重视酿造用水的质量。

酿造用水直接进入啤酒,是啤酒中最重要的成分之一。酿造用水除必须符合饮用水标准外,还要满足啤酒生产的特殊要求。酿造用水的质量要求见表13.8。

表13.8 酿造用水的质量要求

项目	单位	理想要求	最高极限	原因
混浊度		透明,无沉淀	透明,无沉淀	影响麦芽汁浊度,啤酒容易混浊
色		无色	无色	有色水是污染的水,不能使用
味		20℃无味 50℃无味	20℃无味 50℃无味	若有异味,污染啤酒,口味恶劣

续表 13.8

项目	单位	理想要求	最高极限	原因
残余碱度(RA)	°d	≤3	≤5	影响糖化醪 pH,使啤酒的风味改变。总硬度 5～20,对深色啤酒 RA>5,黑啤酒 RA>10
pH		6.8～7.2	6.5～7.8	不利于糖化时酶发挥作用,造成糖化困难,增加麦皮色素的溶出,使啤酒色度增加、口味不佳
总溶解盐类	mg/L	150～200	<500	含盐过高,使啤酒口味苦涩、粗糙
硝酸根态氮	mg/L(氮计)	<0.2	0.5	会妨碍发酵,饮用水硝酸盐含量规定为<50
亚硝酸根态氮	mg/L(氮计)	0	0.05	影响糖化进行,妨碍酵母发酵,使酵母变异,口味改变,并有致癌作用
氨态氮	mg/L	0	0.5	表明水源受污染的程度
氯化物	mg/L	20～60	<100	适量,糖化时促进酶的作用,提高酵母活性,啤酒口味柔和;过量,引起酵母早衰,啤酒有咸味
硫酸盐	mg/L	<200	240	过量使啤酒涩味重
铁	mg/L	<0.05	<0.1	过量水呈红或褐色,有铁腥味,麦芽汁色泽暗
锰	mg/L	<0.03	<0.1	过量使啤酒缺乏光泽,口味粗糙
硅酸盐	mg/L	<20	<50	麦芽汁不清,发酵时形成胶团,影响发酵和过滤,引起啤酒混浊,口味粗糙
高锰酸钾消耗量	mg/L	<3	<10	超过 10 mg/L 时,有机污染严重,不能使用
微生物			细菌总数<100 个/mL,不得有大肠杆菌和八叠球菌	超标对人体健康有害

二、理化指标

理化指标应符合表 13.9 的规定。

表 13.9　理化指标

项目		指标		
		啤酒	葡萄酒、果酒	黄酒
总二氧化硫(SO_2)/(mg/L)	≤	—	250	—
甲醛/(mg/L)	≤	2.0	—	—
铅(Pb)/(mg/L)	≤	0.5	0.2	0.5
展青霉素[a]/(μg/L)	≤	—	50	—

a. 仅限于果酒中的苹果酒、山楂酒。

三、微生物指标

啤酒是国际性的低酒精度饮料酒，它含有糖分和多种氨基酸、维生素及微量元素等，营养丰富。随着我国人民生活水平的不断提高，现已成为人们生活中必不可少的饮料佳品。因为啤酒包括麦芽汁对大多数微生物来说，是营养完全的培养基。所以，在啤酒生产过程中常常受到有害微生物的侵害。啤酒生产过程中微生物的污染与防治问题，已引起啤酒酿造者的高度重视。

啤酒生产过程中的污染微生物主要是野生酵母、细菌和霉菌三大类。由于啤酒工厂所采用的发酵方式不同，以及所处环境的差异，在生产的不同阶段可能受到不同微生物的侵害。

在传统发酵工艺中，易造成啤酒污染的微生物一般属于好氧性质的菌株；在锥形罐发酵工艺中易造成啤酒污染的微生物一般属于厌氧性质的菌株；在糖化过程中的污染微生物，主要是耐热性细菌（如乳酸菌）；在麦汁沉淀、冷却过程和接种酵母初期，污染微生物主要是所谓"麦汁细菌"，如变形肥大杆菌、大肠菌群、醋酸菌等好氧和微好氧菌；在啤酒发酵、贮酒、过滤过程中，污染微生物主要是微好氧、兼性厌氧、专性厌氧菌，如各种乳酸菌、啤酒球菌和发酵单胞菌等；野生酵母可以污染于发酵—贮酒—灌装各阶段；霉菌和放线菌一般只污染制麦、发芽阶段。在发酵间、贮酒间、过滤室湿润的墙壁、地面、天花板，以及容器、冰水管道的表面，也可见到有霉菌生长。由于麦汁和啤酒呈酸性（pH 4.0～5.4）及发酵时的厌氧条件，霉菌和放线菌很难在啤酒中生存。

啤酒厂的微生物污染有两方面的来源。一方面是使用的培养酵母被污染；另一方面是由于酿造过程中的清洁卫生工作没有做好而污染了设备、容器、管道和工具等。种酵母特别是回收使用的酵母泥历来是污染微生物进入啤酒酿造的主要途径。而空气和水则是酿造污染微生物的最初污染源。

由于发酵方式不同，污染微生物的来源也不相同。在传统式敞口发酵方法中，发酵室和酵母室环境及空气经常是污染微生物存在和传播的主要途径；在锥形罐密闭发酵方法中，发酵罐日趋大型化，物料输送管道越来越长，而且趋向于固定管道，这些都给清洗、消毒带来困难。污垢的存在形成了污染微生物生存和繁殖的良好环境，成为现代啤酒厂积累性污染源。

啤酒中场染微生物达到一定数量后，对发酵过程及啤酒质量和口味均会产生不良影响。啤酒中污染微生物将使啤酒产生各种病害，或使啤酒的口味和气味发生改变，或产生沉淀、酸度提高等，直接造成啤酒质量的恶化，有时甚至达到完全不能饮用的地步。因此啤酒中微生物指标应符合表13.10的规定。

表13.10　微生物指标

项目		指标			
		鲜啤酒	生啤酒、熟啤酒	黄酒	葡萄酒、果酒
菌落总数/(cfu/mL)	≤	—	50	50	50
大肠菌群/(MPN/100 mL)	≤	3	3	3	3
肠道致病菌(沙门氏菌、志贺氏菌、金黄色葡萄球菌)		不得检出			

第四节　啤酒品评(专业)管理及品酒员培训

啤酒作为一种饮料食品,尽管有许多理化检验评价指标,且啤酒中很多成分可以通过仪器测定,但这些成分的作用往往是互为影响的,因此,要真正评价啤酒风味,只满足指标是不能够全面评价其外观特征、口感及风味特性。对日益挑剔的消费者来说,感官评价的意义已大大超过了理化检测。

啤酒的质量指标包括感官指标、理化指标、卫生指标和保质期。其中感官指标包括清亮度、色泽、泡沫、香气和滋味,除了清亮度可用浊度计测量、色度可用色度仪、泡沫持久性可用秒表测定外,所谓香气和滋味、泡沫形态、都要靠人的感觉器官眼、鼻、口来评定。虽然判定一个啤酒感官质量的好坏,带有很大的主观因素,但是在啤酒生产中,感官品评仍是一项不能被其他方法所代替的技术工作,是控制啤酒质量的重要手段之一。

一、啤酒感官评价的基础知识

(一)感官评价分类

(1)分析型感官评价。把人的感觉器官作为一种仪器来测定物品之间的质量特征和差距;

(2)偏爱型感官评价。与分析型感官评价相反,是以物品作为工具来测定人的感官特性(嗜好型、对消费者而言)。

(二)感觉基础

(1)人的感觉按刺激性质可分为物理感觉和化学感觉;按感觉器官分为视觉、嗅觉、味觉、听觉、触觉等。

(2)人的感觉有以下特性:

①都必须有物质和能量的刺激、接触,通过不同的途径在大脑中反应。

②感觉深度与刺激强度成正比。

③适应性和疲劳。“人入兰室,久而不闻其香”—嗅觉的适应性;“从光亮处到暗处,最初什

么也看不见,经过一段时间会慢慢看到”—视觉的适应性;“ 吃第二块糖总觉没有第一块糖甜”—味觉的适应性。长时间刺激三种感觉都会产生疲劳,且嗅觉最易产生疲劳。

④对比性:当两个刺激同时或连续对同一感觉进行刺激将会出现一个刺激的存在比另一个强或弱。

⑤协调性:又称协同性、综合性。是两种或多种刺激的综合反映,导致感觉水平超过预期的每种刺激各自反应的叠加。

⑥拮抗性(掩蔽性):与协调性相反,即某种刺激降低了另一种或另几种刺激的强度或使该刺激的感觉发生的改变导致其他气味不可能明显地显示出来,如啤酒较重的老化味会掩盖其他的缺陷,在五杯选优中常出现这种现象。

⑦敏感性与差别:感受器对刺激的感受识别和分辨能力称为敏感性。分辨能力因人、因时、因环境等因素不同而出现不同的敏感性,不同敏感性产生的感觉差异称感觉差。

⑧感觉阈值:刚能引起感觉刺激的最低浓度。

(三)感觉器官

在啤酒品评中主要是凭口、鼻、眼即所谓的味觉、嗅觉和视觉器官。味觉、嗅觉和视觉除了有感觉的共性外,还有各自的特性。下面分别简单地说一下:

(1)味觉器官。人的味觉感受器主要在舌和邻近的腭上面。舌面上有许多突起物称为乳头,这些乳头上分布着约 9 000 个味蕾,每个味蕾由 40~60 个味细胞组成。整个舌面上约有 50 万个味细胞。对于味觉来说。

①刺激必须是水溶性的;

②感受味蕾在舌面上分布不同,对各刺激的敏感不同。舌根对苦最敏感;舌尖对甜最敏感;对咸味起反应的味蕾主要位于舌头两侧;而对酸味最敏感的地方是舌头中间到两侧的中间部位,并随着舌尖舌根的方向移动逐渐减弱。

③味觉的刺激与温度有关。最能刺激味觉的温度是 10~40℃ ,最敏感的温度是 21~30℃(接近舌温)。随着温度的增加,甜味、双乙酰的感觉增强(37℃是甜味的最高点,超过此温度又逐渐减弱);苦味、涩味稍减弱;咸味在 21℃最敏感,温度升高则减弱;酸味的刺激在 0~40℃基本不变,辣、涩属于物理刺激。

④从刺激到反应的快慢不同,一般来说咸最快,苦最慢。

⑤味刺激存在相互影响。吃蔗糖后感到水有酸味,吃盐后感到水有酸苦味。

⑥同物异味,异物同味。

(2)嗅觉器官。位于鼻腔前庭中一个相当小的区域,约 2.5 cm^2。

(3)视觉器官。受光线强弱影响。

(四)啤酒感官品评的作用

(1)及时了解、发现质量问题,以便尽快采取措施;

(2)针对缺陷查找原因,改进工艺;

(3)改变原料、工艺时判定质量是否稳定;

(4)判定新产品是否符合要求;

(5)市场调查——了解类似产品质量,新产品的市场信息;

(6)组织评酒活动——不同范围的质量检查和评比。

二、啤酒品评的目的

(1)掌握和评价啤酒成品、半成品、储存品(车间内部储存酒样)、主要生产原辅料、包装物的质量状况和适用性;

(2)确定本企业各品牌啤酒和新产品的基本特征;

(3)诊断产品存在的口感缺陷,进行对策性技术质量管理,评价和优化工艺及设备管理;

(4)了解其他企业产品的口味特征,对本厂工作有参考意义;

(5)了解不同消费者对啤酒的口感嗜好,生产相应的产品。

三、啤酒品评系统的建立

(一)对品评人员的要求和考核

1. 对品酒员的要求

(1)身体健康、无传染病、无视盲、嗅盲,有较为灵敏的味觉和嗅觉,熟悉啤酒生产工艺,熟悉啤酒风味特点及某些成分不同比例组合气味的特点;

(2)掌握品评基本知识;有一定的啤酒生产技术和实践经验;

(3)熟悉啤酒在不同存放条件下的风味变化,能判断出啤酒的风味口感及品质状况;

(4)掌握典型品种啤酒的风格及口感特点,了解部分地区消费者的口感嗜好;

(5)能较准确地找出啤酒在风味品质上的缺陷及产生缺陷的可能原因;

(6)要求实事求是,独立思考,具有高度责任感、为人公正、无偏见、不以个人好恶进行判断;

(7)保持良好的情绪,不抽烟、不疲劳过度,不用刺激性化妆品。

2. 对品评人员的考核

对每次品评结果进行统计,分别计算每位品酒员的月度准确率,连续 3 个月品评状况较差者,要重新参加培训和考试。

3. 啤酒感官品评培训

作为一名专业的啤酒品评员,应该经常从灵敏度、察觉能力、记忆能力、辨别能力以及描述能力几方面进行自我培训,使各方面的能力不断得以提高,培训的具体内容主要包括以下几方面:

(1)清水阈值练习(考察灵敏度)。将酸、甜、苦、咸 4 种基本口味物质配制成很低的浓度,进行品尝,加以辨别。

(2)典型风味物质的认识(考察记忆能力、辨别能力)。将啤酒中主要的醇、醛、酸、酯、硫化物等以及一些缺陷风味如双乙酰、老化味等典型风味物质配制成适当的浓度,加以认识、辨别。

(3)五杯法练习(考察察觉能力)。五杯法练习包括以下几种形式:

A. 给出五杯酒样,其中有四杯完全相同,一杯稍有不同,要求指出不同的酒样(1 、4 法)。

B. 给出五杯酒样,其中有两杯完全相同,另外的三杯完全相同,要求指出相同的两杯酒样

(2、3 法)。

C. 给出五杯酒样，其中有两杯完全相同，另外的三杯各不相同，要求指出相同的两杯酒样。

通常练习所使用的是 A 、B 两种形式。

(4)重现性练习(五杯对号练习)(考察记忆能力)。五杯酒样有不同的风味特点，第一轮随机排列进行品尝，记住各杯酒样的特性，第二轮打乱杯号再进行品尝，看能否确定同一酒样的前后对应杯号。

(5)浓度梯度排列练习(考察辨别能力)。梯度练习是将典型风味物质用酒基配成不同的浓度梯度，要求通过品尝、嗅闻，按浓度梯度的变化从高到低排出顺序。

(6)复配练习(五杯选优练习)(考察辨别能力)。五杯酒样依次为基酒、基酒＋A、基酒＋A＋B、基酒＋A＋B＋C、基酒＋A＋B＋C＋D，A、B、C、D 分别为四种缺陷风味物质，要求将五杯酒样从优到劣排出顺序(原则上从优到劣顺序为基酒、基酒＋A、基酒＋A＋B、基酒＋A＋B＋C、基酒＋A＋B＋C＋D)。

(二)品评时的要求

1. 对品评室的要求

品评室应舒适安静，不受外界干扰，室内光线柔和，不允许有任何异味，室温 20℃，相对湿度 60%为佳。

(1)远离噪声及震动大的地方，噪声在 40 dB 以下最理想；

(2)无异味干扰，远离食堂餐厅、花园等；

(3)室内照明一致，最好为分布均匀的白色光，无阳光直射，墙壁、地板、天花板的颜色柔和协调，不刺激，最好为单一的中灰色或白色；桌布以白色为好；

(4)室内空气清新，有换气设备，但品评时不能有风；

(5)品酒室最好是恒温恒湿，温度 20℃左右，湿度 50%～60%。

2. 对酒样的要求

酒样应密码品尝，以 1、2、3……号码示之，最后统计结果，倒酒应注意高度和速度一致。

3. 其他方面

(1)评酒用的杯子最好是无色或棕色的玻璃杯；

(2)评酒时间最好是每年的春秋季，这时的气候较温暖，天气晴朗一天中以上午 9 点至 11 点，下午 3 点至 5 点为好，饭后不宜评酒；

(3)样品酒温度 12～15℃ ，提前 24 h 放置在温度适宜的环境中；

(4)每天评酒量 4～6 轮，每轮 4～5 个样品，评酒时尽量少喝到肚里。

4. 品评方法

(1)品评时，先观察酒的外观性能(透明度、起泡性、泡持性和色度等)，然后嗅味；

(2)开始饮用时宜轻呷，然后大口饮用品评；注意第一口的风味印象及后味感觉；

(3)品尝一个酒样，即与其他酒样进行比较，对淡色啤酒重点在酒花苦味和香味；对浓色啤酒，重点是麦芽香味及其醇香味。

5. 品评时的注意事项

(1)品评员不使用香水，女子擦去口红；

(2)品评前30 min和品评中禁止吸烟；

(3)品评前用无香料的洗涤剂洗手；

(4)品评前要洗漱口；

(5)品评前不饮食，不吃口香糖等；

(6)品评中不交头接耳，保持肃静；

(7)保持身体状况良好，当身体不适、头疼、疲倦、感冒等应提出不参加品评；

(8)当同时判断多数样品时，一起嗅闻所有样品的气味，判断再现性。

6. 感官评价方法

(1)差别比较法。

①两杯法：已知一杯样品，将另一个样品与其比较；

②三杯法：三杯酒样，其中两杯是一样的，找出不同的一杯；

③多杯法：已知一杯样品，将其他酒样与其比较。

(2)顺位品评法。多个样品按优劣排序。

(3)评分法。通过比较全面的感官性质，逐一对单项特性打分，然后综合判断给以相应的总分，多采用百分制。

(4)质量描述法。对啤酒感官的单项性质用语言来评价，这种方法要求品评员有一定的专业知识，经过充分的练习，品评时间较长。

(5)综合评价法。将评分法与质量描述法结合起来，既从分数上得出啤酒的差别并进行顺序排列，又从具体的质量描述上反映出酒的优缺点。

评分的大体标准见表13.11。

表13.11 评分的大体标准

啤酒风味、口味描述	分值
极佳的可饮性，柔和协调、爽口、干净、无异味杂味	90分以上
酒体柔和协调、爽口、干净、轻微异杂味	85～90分
有明显异杂味，需要关注	80～85分
有严重异杂味，需要立即采取整改措施	80分以下

(三)啤酒风味质量的表达

1. 爽快

系指有清凉感，利落的良好味道。反义语有腻厚、黏口、混浊、腻人、不利落、后味不好、不爽快等。

2. 纯正

指无杂味，表现为轻松、愉快、无杂臭味、干净等。反义语为有杂味、不纯正、怪味、异味等。

3. 柔和

指口感柔和，表现为温和、润滑、口味好等。反义语为粗糙、干枯生硬、不润滑等。

4. 醇厚

指香味丰满、有浓度、给口中以满足感，表现为丰满、浓醇等。反义词是味不浓、水似的、淡、轻、单调等。

5. 澄清有光泽，色度适中

色泽光亮，无混浊、沉淀。色度是确定酒型的重要指标。

6. 泡沫性能良好

淡色啤酒倒入杯中时应升起洁白细腻的泡沫，并保持一定的时间。

(四)啤酒风味缺陷产生的原因及纠正预防办法

1. 氧化(老化)味

(1)造成物质。羰基化合物。

(2)产生原因。

①麦芽和麦汁中的一些羰基化合物发酵时未得到充分还原。

②呈氧化态的类黑精及多酚对高级醇的氧化作用产生典型的老化物质反-2-壬烯醛。

③成品啤酒储存过程中，溶解氧催化产生羰基化合物。

(3)纠正预防方法。

①糖化过程要尽量减少氧的吸入；

②提高酵母的活性；

③类黑精的氧化还原状态与热麦汁在冷却前的通风有关，要注意减少搅拌和麦汁传送时的湍流状态，使类黑精呈还原态；

④控制过滤后清酒中总多酚含量在100 mg/L以下(12°P)；

⑤过滤采用99.98%纯度的CO_2背压。控制清酒溶解氧≤50 μg/L；

⑥采用两次抽真空灌装，降低灌装过程溶解氧，控制瓶颈空气≤2.5 mL；

⑦严格控制杀菌温度和时间；

⑧选用合适的抗氧剂。

2. 上头感、刺鼻味杂醇臭

(1)造成的物质是高级醇。

(2)产生的原因。

①啤酒酵母对麦汁中α-氨基酸同化率较强；

②糖化麦汁浓度较高、pH过高、α-氨基酸含量过高会造成氨基酸脱羧或脱氨生成高级醇；α-氨基酸过低，酵母会走酮酸路线合成氨基酸，生成高级醇；

③麦汁含氧量高、接种量小、酵母增殖倍数大，发酵温度高、主酵不带压均可造成高级醇增高。

(3)纠正预防方法。

①选用高级醇生成量低的啤酒酵母菌。

②麦汁浓度≤13°P；麦汁pH 5.2～5.4；麦汁α-氨基酸170～200 mg/L；麦汁含氧量：6～8 mg/L。

③酵母使用控制在≤4代；满罐酵母数：(1.5～2.0)×10^7个/mL；酵母接种温度：5～10℃；主酵温度：10～12℃；采用带压发酵：0.08～0.1 MPa；发酵度：65%～72%；及时排放酵母，到酒龄及时下酒。

④清酒溶解氧≤50 μg/L。

3. 双乙酰味

(1)造成物质。双乙酰、丙酮醛。

(2)产生的原因。

①发酵液中 α-乙酰乳酸含量过高;

②酵母活性差,还原力低;

③酵母增殖不一致;

④后酵温度偏低;

⑤发酵污染啤酒有害菌,如乳酸杆菌等;

⑥丙酮醛含量高。

(3)纠正预防方法。

①注意麦汁组分;

②尽量减少酵母追加的时间间隔;

③提高双乙酰还原温度;

④加双乙酰脱羧酶;

⑤发酵液避免污染。

4. 酸味

(1)产生的原因。

①感染乳酸菌、醋酸菌及其他杂菌;

②糖化 pH 控制不当。

(2)纠正预防方法。

①注意卫生管理;

②合理控制糖化 pH。

5. 不适的苦味

(1)产生的原因。

①酿造用水碳酸盐硬度过高;

②酒花被氧化;

③多酚含量过高;

④色醇、酪醇含量过高;

⑤酵母自溶;

⑥啤酒中蛋白质含量偏高;

⑦啤酒被氧化。

(2)纠正预防方法。

①禁止使用陈旧酒花;

②发酵液总多酚含量在 100 mg/L 以下;

③后酵结束后尽快分离酵母;

④生产过程尽量减少与氧的接触,降低啤酒溶解氧。

6. 苯酚味

(1)产生的原因。

①污染了短杆菌或野生酵母;

②酿造用水中苯酚或硝酸盐含量高；

③发酵罐涂料脱落。

(2)纠正预防方法。

①注意生产过程中的微生物检测和卫生管理；

②加强酿造用水的检验和处理；

③维修发酵罐。

7. 日光臭

(1)造成物质。3-甲基-2-丁烯-硫醇。

(2)产生的原因。啤酒中的异葎草酮受光分解生成3-甲基-2-丁烯基，与啤酒中含硫氨基酸的硫基结合，生成3-甲基-2-丁烯-硫醇。啤酒中的核黄素对此反应有催化作用。

(3)纠正预防方法。

①促使此反应的光波长是400～500 μm，因此尽量用棕色啤酒瓶；

②在啤酒中添加四氢异葎草酮，可有效防止日光臭；

③啤酒低温避光保存。

8. 硫味、酵母味

(1)造成物质。硫化氢、二甲基硫、癸酸乙脂。

(2)产生的原因。

①发芽时生成的S-甲基蛋氨酸在烘烤时生成二甲基硫及其前体；

②麦汁煮沸时，含硫氨基酸分解产生二甲基硫(DMS)；

③酵母代谢产生硫化物，发酵温度越高，产生硫化物越多；

④酵母自溶分泌出高含量的癸酸乙脂；

⑤发酵液污染。

(3)纠正预防方法。

①控制制麦是焙焦温度82～85℃；

②提高麦汁蒸发强度可大量除去DMS，且煮沸后在沉淀槽时间不宜太长；

③合理控制麦汁通风量，使用强壮酵母，稳定控制发酵温度；

④注意发酵液的卫生状况；

⑤在双乙酰还原结束后尽快排除酵母，防止酵母自溶；

⑥保证酒龄。

四、影响啤酒感官评定的因素

(一)身体健康状况影响评酒

评酒人员的身体健康状况和思想情绪的好坏，都会影响评酒结果，在生病或情绪不好时感觉器官失调，品酒准确性和灵敏度下降而影响评定结果。

如果评定人员有下列情况，应该不参加评定工作：

(1)感冒、高烧或者患有皮肤系统的疾病，前者不宜从事品尝工作，后者不宜参加与样品有接触的质地方面的评价工作；

(2)口腔疾病或牙齿疾病；

(3)精神沮丧或工作压力过大。吸烟者可能具有很好的评定能力，但如果要参加评定试验的话，一定要在试验开始 30～60 min 之前不要吸烟。习惯饮用咖啡的人也要做到在试验前 1 h 不饮咖啡。另外，色盲、嗅盲、味盲的人不能评酒，品酒人员必须有一个健康的身体，感觉有问题或者年龄在 60 周岁以上者不适宜做评定员。

(二)个人评定能力影响评酒

评酒人员可以分为 5 个等级：消费者型、无经验型、有经验型、训练型和专家型。参加鉴评人员的等级越高，最终结果有效性越强。能否掌握正确的品酒方法是一位评酒人员的水平所在，正确的品酒方法将能达到正确的评定目的。评酒的水平又是实践的积累，只有不断总结经验才能正常发挥其水平。由于各种因素的限制，通常建立在感官试验室基础上的感官鉴评组织都不包括专家型和消费者型，只考虑其他三类人员。

(三)评酒环境影响评酒

评酒环境的好坏，对品酒结果有一定影响。在防音、恒温、恒湿的评酒环境中用两杯法评定啤酒，其正确率高；而在嘈杂声和震动条件下，评定正确率低，在空气有异味的条件下正确率就更低了。这是因为环境条件差影响了嗅觉和味觉的正确发挥，有嘈杂声影响会使心情产生反感，这些都影响评定效果。正常的情况下，要求评酒室应无较大的震动和噪音，室内清洁整齐，无异杂味和香气，空气新鲜，光线充足，恒温 21～ 24℃左右为宜，湿度 65％为宜。不适宜的温度与湿度易于使人感到身体和精神不舒适，并对味觉有明显影响。亮度适中，阳光不宜直射室内。环境应安静、舒适(噪音量应小于 40 dB)，评定室应远离噪声源，如道路、噪声较大的机械等，在建筑物内，则应避开噪声较大的门厅、楼梯口、主要通道等。

(四)评酒容器对品酒的影响

评酒酒杯的大小、色泽、形状、质量和盛酒量等对品酒结果有一定的影响。为有利观察所评定酒的色泽，嗅闻酒的香气以及品尝酒的味道，要求酒杯无色透明，无花纹，杯体光洁，厚薄均匀，肚大，口稍缩小的高脚郁金香型玻璃杯。评定时注入酒杯中的酒量，要求为酒杯总容量的 2/3 或少一些。每轮中每杯酒量要求一致，这样即保持有一定的杯空间便于闻香，每组也是在同一空间中找出闻香的区别，满足品酒的需要。如果每组杯的大小不一样，或装量不一样都影响评酒效果，这一点是评定酒的最基本常识。

(五)酒样的温度影响评酒

由于酒样的温度不同，嗅觉器官对酒的香、味觉器官对酒的味感觉差异较大。同样一种酒样，温度较高时，分子运动快，刺激感强，会使嗅觉过早疲劳，而且放香大的气味会掩盖放香小的气味。温度低时，分子运动慢，会使人感到香气小或香气不足，舌的味觉神经会随温度降低而麻痹。人的味觉最灵敏的温度为 21 ～30℃。为了确保评定结果的正确，使各轮次酒样温度一致，要求评定前 24 h 每轮酒样放置同一地点并在常温下存放。防止因酒样的温度不同而影响评定结果。

(六)评酒时间影响评酒

我国的评酒时间根据生活习惯和较长时间的评定实践,认为每天上午 9 点至 11 点,午后 3 点至 5 点较好。每天评定四轮酒样,上午两轮,下午两轮。每轮最好不超过五个酒样。每轮次下来要有充分的休息时间,待嗅觉、味觉器官从疲劳中恢复后再进行下一轮次评定。一般休息时间最少不少于 30 min。切记,饭后不能立即品酒,饭前挤时间,下班前挤时间等匆忙中品酒对评定结果都有一定的影响。

(七)酒样的编组影响评酒

酒样在评定之前需要按酒精度的高低、香型来分编轮次。一般应从酒精度低的到酒精度高程序评定,香型应从清香、酱香、其他香、兼香到浓香的顺序评定。质量由普通到中档再到高档顺序安排评定。这样每一轮的酒样,香型相同,质量接近,酒质量差别较小,便于鉴别。

(八)品酒杯的要求

同一实验内所用器皿最好外形、颜色和大小相同。器皿本身应无气味或异味。可选用 250 mL 郁金香形透明的玻璃杯。品酒杯应专用于评酒,以免染上异杂味。评酒前应清洗干净。

(九)啤酒品酒室的要求

(1)评酒室应附有专用的准备室,用于样品准备、容器洗刷、样品保存,冰箱、微波炉、恒温箱等,室内的陈设尽可能简单些,无关的用具不应放入。

(2)集体评酒室通常有多个小隔间,每人一间,暗评时互不影响。

(3)评酒员的座椅应高低适合,坐着舒适,可以减少疲劳。

(4)评酒桌上放一杯清水,桌旁应有一水盂,供吐酒、漱口用,有条件的可以装一个水龙头和水槽。

由于现有啤酒理化分析技术远远不能完美地表达啤酒的整体风味品质,而感官评定却能迅速得出啤酒质量优劣较为全面的结论,感官评定在生产的各个环节都可以随时随地进行。通过感官评定能够及时了解、发现啤酒生产过程中出现的质量问题,以便尽快采取措施;针对啤酒质量缺陷查找原因,进而改进啤酒生产工艺,是稳定和提高啤酒质量的重要手段之一,所以,感官评定的地位日益提升。但是在感官检验的过程中,存在着一些影响评定结果的因素,诸如评定员、评定室的环境、样品的控制等因素。希望将那些潜在的偏见性的因素都除去。首先,减少评定员个体之间的差异;其次,使评定员的判断尽量建立在感官特性的基础之上,从而为啤酒质量的评定得出一个正确的结果提供保障。

参考文献

[1] 啤酒. GB 4927—2008.

[2] 食品安全国家标准　发酵酒及其配制酒. GB 2758—2012.

[3] 韩国涛.浅谈啤酒品评管理[J].啤酒科技,2007,1:50-54.
[4] 左永泉.啤酒生产过程中微生物的污染与防治[J].中国酿造,1997(3):8-9.
[5] 杨卫刚.浅谈啤酒感官品评[J].啤酒科技,2006(9):25-27.
[6] 要永杰,张五九.啤酒的感官品评[J].啤酒科技,2005(12):7-10.
[7] 程殿林.啤酒生产技术[M].北京:化学工业出版社,2005.
[8] 逯家福,赵金海.啤酒生产技术[M].北京:科学出版社,2004.

第十四章　啤酒质量控制

第一节　啤酒的常见质量问题

一、啤酒的混浊

(一)混浊类型

啤酒质量的稳定是必要的,但有的啤酒在保质期内很短时间就发生了混浊,这是我们啤酒技术人员会遇到的问题。啤酒的外观发生变化,给啤酒的经销带来诸多不利。啤酒的混浊一般有两种情况:一种是经巴氏杀菌后产生失光混浊或絮状沉淀,另一种是经一段时间贮存后才产生混浊沉淀。引起沉淀的原因很多,种类也不同,一般可分为非生物混浊及生物混浊两大类。非生物混浊主要包括蛋白质-多酚、多聚糖、无机物、酒花树脂以及其他情况引起的混浊。生物混浊主要是酵母混浊和细菌产生的混浊。巴氏杀菌后立即产生混浊的物质常见的有蛋白质-多酚混浊、糊精混浊、重金属混浊、酒花树脂混浊,硅藻土、酵母等,贮存一段时间后产生沉淀物质常见的有蛋白质-多酚混浊、次序混浊、草酸钙混浊、β-葡聚糖混浊、酵母、细菌混浊等。啤酒混浊类型总的可归纳如下:

啤酒混浊类型:非生物混浊、生物混浊。

非生物混浊包括:蛋白质-多酚混浊、多聚糖、无机盐、酒花树脂混浊、其他混浊。

蛋白质-多酚混浊:

A. 可逆性混浊(冷混浊):遇冷(0℃)变混,温度提高(20℃)复溶。

B. 不可逆混浊(氧化或永久混浊)混浊后加热不复溶。

多聚糖混浊:

A. 糊精混浊(假混浊):啤酒加热混浊,自然冷却至常温复溶,贮存一段时间又沉淀,成分α-葡聚糖 80%～90%,部分多缩戊糖等。

B. 冷冻混浊:啤酒冷冻保存变片状、雾状混浊,升温后开始溶解,成分:β-葡聚糖 80%～90%。

无机盐混浊:

A. 重金属:钛、锡、铅、锌、铜、铁。

B. 草酸钙结晶沉淀。

C. 硅氧化物或其他硅酸盐引起的硅性混浊。

酒花树脂混浊:采用劣质酒花泡盖破碎后带入酒中。

其他混浊:

A. 硅藻土。

B. 焦糖、类黑精、酯类等。

C. 某些泡沫稳定剂、洗涤剂、灭菌剂等。

生物混浊包括:酵母混浊、细菌混浊。

酵母混浊:

A. 啤酒酵母:杀菌后啤酒失光。

B. 野生酵母:本身沉淀或代谢产物沉淀。

细菌混浊:本身沉淀,死细胞沉淀,代谢产物或黏性物混浊。

(二)啤酒混浊原因

1. 蛋白质-多酚混浊

啤酒中蛋白质主要来源于大麦芽中。大麦中蛋白质有卵蛋白、球蛋白、醇溶蛋白及谷蛋白。导致啤酒产生混浊的蛋白质主要是溶醇蛋白和β-球蛋白。醇溶蛋白含有丰富的谷氨酸(占总蛋白氨基酸的46%左右)、脯氨酸(占总蛋白氨基酸的17%)。谷氨酸提供多量的氧原子,能与多酚中羧基形成氢键结合,脯氢酸疏水环状结构可同多酚形成疏水键。因此,一般认为醇溶蛋白的分解产物"多胜肽"是形成蛋白质-多酚混浊的主要成分。β-球蛋白还具有较大的热稳定性,95℃以上才开始凝结析出,麦汁煮沸时不易变性凝固,可继续保留在冷麦汁中,因此,它也是引起蛋白-多酚混浊的蛋白质之一。

啤酒中的多酚物质来源于麦芽和酒花中。多酚物质在大麦干物质中约占0.11%～0.13%,在酒花中约占2%～14%,而多酚中的80%左右为花色苷。多酚物质包括简单和复杂的多酚,它可分为黄烷的多羧基衍生物类,黄酮的多羧基衍生物类及酚酸衍生物类。花色苷主要由花色素原聚合而成的多聚体,单宁是花色素原和儿茶酸类等综合而成的复杂多聚体。影响啤酒混浊的多酚物质是黄烷的多羧基衍生物类,其他酚类只有聚合成聚合物才对啤酒混浊起作用。

蛋白质-多酚混浊一般在麦汁冷却、发酵过程中及啤酒杀菌后和贮存中产生。蛋白质-多酚形成混浊物主要在酸和重金属催化作用下氧化聚合而形成的。引起啤酒蛋白质-多酚混浊,原因之一由于过滤不清,经巴氏杀菌后立即失光或产生絮状混浊沉淀。另外,由于发酵时间短等原因,使多胜肽和花色苷未能形成较高聚合度的混浊物质,进入啤酒中,或发酵贮酒温度控制不好,忽上忽下超过零度,引起冷混浊复溶,过滤难以除去而带入啤酒中,使啤酒存在着引起混浊的前期物质,当啤酒在0℃左右贮存时就会重新形成颗粒状冷混浊。作为潜在因子,在常温下啤酒中的冷混浊一般不表现出来,而当啤酒贮存一段时间后,进一步催化氧化缩合成聚合度高的蛋白质-多酚物质,才能发生不可逆性氧化混浊。

要解决啤酒蛋白质-多酚物质引起的沉淀,必须在糖化中使蛋白质分解彻底,在煮沸过程中尽可能使蛋白质和多酚物质形成热凝固物除之,在麦汁冷却后较好地分离冷凝固物,其次在发酵液滤酒前尽可能使多酚、蛋白质形成较大聚合的物质,让酵母吸附排掉或在啤酒过滤中除去。

2. 糊精混浊和冷冻混浊

啤酒中的糊精混浊和冷冻混浊分别是由多聚糖中的α-葡聚糖和β-葡聚糖构成的。这两种混浊分别是由于麦芽中的淀粉和β-葡聚糖糖化和发酵过程中处理不当带入啤酒中产生的。

糊精混浊一般认为是胶体混浊中的一类,这种混浊在啤酒杀菌后产生,而当啤酒冷却到常温又会复溶变为清亮透明,所以也称为假混浊,啤酒贮存一段时间后这种混浊又会出现,形成早期混浊。

引起啤酒糊精混浊的原因是啤酒中存在着糊精或α-葡聚糖的晶化物质。糖化不完全，麦汁过滤不清会使剩余的糊精带入啤酒中，一般含量超过 1 g/L，啤酒贮存中可能引起糊精混浊。洗糟水温度过高也会引起残留淀粉"再糊化"使糊精进入啤酒中。另一种情况是α-葡聚糖晶化后引起糊精混浊。小分子的α-葡聚糖由于它们保留了氢键聚合点，在发酵温度下降，分子动能减弱情况下，相邻分子间发生氢键结合，逐渐恢复形成微晶状结构而发生淀粉"老化"现象。"老化"后的晶状物质与生淀粉结构相比晶化程度低，但粒径却比原α-葡聚糖大，过滤不好将带入啤酒中产生糊精混浊。淀粉老化作用较适温度 2～4℃。因此啤酒后酵温度控制不当，发生回升现象，这种老化情况容易产生，特别在后酵时间长的情况下，温度回升，啤酒糊精混浊更不可避免。

大麦、麦芽中的淀粉主要集中于胚乳细胞内，而β-葡聚糖则是大麦胚乳细胞壁的主要成分，约占大麦干物质含量的 5%～8%，是由β-1，3-和β-1，4-糖苷键连接而成的，β-葡聚糖是啤酒产生冷冻混浊的来源，其次是多缩戊糖类。它的存在将使啤酒在冷处保存时形成片状、雾状混浊和凝胶沉淀-葡聚糖黏度很高，糖化时降解不佳，将给麦汁和啤酒的过滤带来困难。再者，若进入啤酒中，一方面可与蛋白质-多酚物质络合引起混浊，另一方面在低温下黏度高于本身凝聚析出发生沉淀混浊。

3. *无机物沉淀混浊*

重金属、草酸钙、硅氧化物等一些无机离子或无机物也是引起非生物混浊的因子。重金属在啤酒中含量甚微，一般有锡、铅、锌、钛、铜、铁等。啤酒中重金属主要来源于水及管道容器中。啤酒内锡含量在 0.12 mg/L 以上，铅含量在 0.11 mg/L 以上，铜和铁含量分别在 0.15 mg/L 以上，都将引起各自的金属混浊。其重金属总浓度一般不能超过 1 mg/L 以上。重金属引起的非生物混浊一般有 3 种情况：本身产生沉淀；与蛋白质及多酚的活性基团螯合形成复杂沉淀混浊；作为催化剂促进蛋白质-多酚氧化混浊。钛、锡、铅催化蛋白质-多酚氧化混浊效果较为明显，其次为铜和铁，铜在离子状态下才起氧化作用，铁以复合物存在时作用效果优于离子状态。

引起草酸钙结晶沉淀的钙主要来源于酿造用水、麦芽及糖化时添加石膏或 $CaCl_2$。

在发酵过程中我们希望草酸充分地转化为草酸钙结晶沉淀，才能在过滤中有效地除去。若在过滤前嫩啤酒中存在一定量草酸或草酸钙胶体粒子，将会混入瓶装啤酒中，在贮存放置期间与钙离子结晶发生草酸钙沉淀。要使发酵过程中草酸钙完全转化为草酸钙结晶体，麦汁必须要有足够的钙离子含量，若酿造用水钙离子含量低，应该外加石膏或氯化钙调整，最好控制在 60～90 mg/L。发酵时间长有利于析出的草酸充分转化为颗粒大的草酸钙晶体，因此长时间发酵比快速发酵更有利于将析出的草酸钙沉淀过滤出去。再者，要特别注意控制嫩啤酒过滤前引入过多的钙离子，因为这时的钙离子将与过滤未能除去过剩草酸及可溶性草酸钙胶体同时进入瓶装啤酒内，导致啤酒发生草酸钙沉淀。因此啤酒过滤应避免接触含钙多的水，高浓稀释啤酒用水更须控制钙离子含量，硅藻土过滤时也应选用酸溶性 CaO 少的，才能有效地控制啤酒草酸钙沉淀。

啤酒硅氧化物或其他硅酸盐来源于麦芽中的麦皮、水及添加含硅澄清、稳定剂或助滤剂。麦芽中 SiO_2 约占其灰分的 24%～28%，水中的硅含量因各地下水质而异。假如啤酒中过多地混入硅氧化物或硅酸盐类，将在瓶装啤酒贮存中形成胶团，破坏啤酒胶体稳定性引起硅性混浊。

4. 生物混浊

啤酒生物混浊主要由酵母和细菌产生的混浊。引起啤酒酵母混浊的酵母，一种是发酵啤酒用的酵母，另一种是污染的野生酵母。嫩啤酒过滤处理不当，常将啤酒酵母带入酒中，其菌体中的蛋白质、多肽因高温凝固变性引起啤酒失光；或在杀菌时温度控制过低，酵母没完全杀死，保留在啤酒中大量繁殖沉积瓶底而混浊。酵母凝聚性差、沉降过慢、过滤不清，酵母使用代数过多、衰老自溶都会引起酵母混浊；锥形罐底部积酵母过多未能及时排掉，后酵贮酒温度控制偏高或突上突下酵母上浮，同样会导致过滤困难，过多酵母进入瓶啤酒中引起酵母混浊。

啤酒污染的野生酵母主要有强壮酵母、魏氏酵母、巴氏酵母、啤酒酵母混浊变种等。这些酵母到发酵后期一般呈瘦长型、有时呈链状，过滤难以除去；灭活温度比培养酵母高，较易形成孢子，正常的巴氏菌一般较难杀死；它们的凝聚性也差，因此，容易混入啤酒中，在啤酒继续生产过程中产生沉淀或代谢产物引起混浊。

啤酒生产过程中如果污染了细菌、会产生发黏、变酸、败坏风味引起细菌混浊。啤酒常见的污染细菌有乳酸杆菌、醋酸杆菌、大肠杆菌、多变黄杆菌、四联球菌、发酵单胞菌等。这些细菌菌体小、易产生芽孢，过滤、巴氏杀菌都难以除尽。一旦污染进入啤酒中，一些厌氧、兼氧菌大量繁殖产生悬浮混浊，它们的代谢产物及产生的黏性物质，也都会引起啤酒的生物不稳定性。一些好氧性菌在啤酒溶解氧少的情况下逐渐死亡，死细胞聚积瓶底沉积形成和非生物沉淀类似的现象。因此，应特别防止细菌对啤酒的污染。

（三）提高啤酒非生物稳定性的措施

(1)重视和强化蛋白质分解工艺。如糖化过程尽量选用蛋白质溶解好的麦芽，适当增加辅料比例，工艺上严格控制蛋白质休止温度、pH，使蛋白质分解完全。对于低产麦芽，可采取低温长时间蛋白质分解工艺(50℃ 60 min 或更长一点时间，但最长不超过 80 min)。

(2)减少多酚物质溶出，并有效沉淀麦皮中的多酚物质。多酚物质是造成啤酒非生物混浊的主要物质。因此，通过以下方法减少多酚物质。

a. 在选择大麦时，可以选择皮壳含量低的大麦，因为大麦多酚物质主要集中在大麦谷壳及皮层，不同品种大麦中谷壳含量可以波动于 7%～13%(干物质)。也可以将其在发芽前或后经过擦皮，使谷壳含量降至 7%～8%，有利于减少大麦及麦芽中的多酚。

b. 制麦时，用加 NaOH 的碱性浸麦水(pH 10.5)浸麦，有利于多酚物质在浸麦中溶解，若用大麦重的 0.03%～0.05%甲醛水浸麦，可使大麦中多酚物质下降 50%以上。

c. 不同温度、pH 条件下，麦壳中多酚物质的溶出量也不同，温度越高，pH 越大，多酚物质的溶出量也越多。因此，糖化温度控制在 63～67℃，pH 要求 5.2～5.4，尽量使用 pH 6.5 以下的洗槽水，避免使用碱性水，残糖要求在 1.2～1.5°Bx，最低不低于 1.0°Bx，以减少多酚等有害物质的溶出。

d. 糖化用水中添加甲醛可以提高啤酒非生物稳定性，在糖化锅投入麦芽 10～20 min 后，添加甲醛，使之与麦芽中的酰胺生成类似酰胺树脂的化合物，将多酚吸附而沉淀除去，对啤酒风味无影响，参考用量为每吨麦芽 550～650 mL。现在不鼓励使用。

e. 在啤酒糖化配料中，增加无多酚物质的大米、糖类或多酚含量低的玉米等，可减少麦芽汁中总多酚物质的含量。

f. 煮沸时尽可能添加不受氧化的酒花或无多酚酒花浸膏。

g. 添加蛋白吸附剂，主要是硅胶和 PVPP，PVPP 是一种不溶性高分子交联的聚乙烯吡咯烷酮，商品名为“polyclar”。硅胶在滤酒时使用，容易吸附蛋白质及多酚物质；PVPP 能吸附 40%以上蛋白质-多酚混浊物中的多酚，而且对易引起混浊的聚 2～4 聚多酚吸附能力更大。因此，啤酒经 PVPP 吸附过滤后，能降低啤酒中多酚聚合指数，能预防冷雾浊，推迟永久混浊的出现，使啤酒获得更长的保质期。

PVPP 可吸附啤酒中的多酚，因此也会减少啤酒由于多酚氧化造成的“老化味”。

PVPP 在使用前，先要在脱氧水中吸水膨胀 1 h 以上。PVPP 吸附不仅需要一定时间，而且要充分地和啤酒中多酚物接触，不同型号的 PVPP 和啤酒接触的时间不同。PVPP 过滤对啤酒浓度、总酸度、色度、风味无明显影响，对泡沫也无影响，但苦味质有 3%～5%的下降，经 PVPP 处理的啤酒，一般非稳定性可延长 2～4 个月。目前已有可再生反复使用的 PVPP 产品，可降低使用成本。

h. 添加蛋白分解剂，常用木瓜蛋白酶，可在贮酒时添加。因啤酒的类型不同，最适添加量一般凭经验求得。

多酚是啤酒潜在的混浊物质。啤酒中总多酚的减少，可增加啤酒的非稳定性，但过多减少反而会影响啤酒的风味。

(3)提高煮沸强度，合理添加酒花。煮沸强度是影响蛋白质凝结情况的决定性因素，当煮沸强度在 8%～10%时，蛋白质凝结物呈絮状或大片状，沉淀快，麦芽汁清亮，此时测麦芽汁中可凝固氮含量，一般都在 15 mg/L 以下。酒花的添加方法对啤酒的胶体稳定性也有较大的影响。酒花中单宁比大麦单宁活泼得多，因此，为了充分发挥大麦单宁的作用，更好地去除麦芽汁中的蛋白质，在不影响啤酒质量的前提下，尽量推迟添加酒花的时间。

(4)啤酒发酵结束后低温贮存。清酒中添加异维生素 C-Na 或“酶清”，添加量：异维生素 C-Na 使用量 15～20 g/t 酒，“酶清”(＞6 000 U)使用量为 10 mL/t 酒。可以在过滤前加入，但不要加量过度，否则对泡沫有一定的损害。在滤酒时，添加硅胶，利用它的强吸附力将高分子蛋白质吸附除去，与硅胶土混合使用时，添加顺序为粗土、细土、硅胶。使用量为 200 g/t 酒。

(5)避免氧对啤酒质量的影响。在啤酒生产过程中，除酵母的繁殖外，其他任何工序氧都会影响啤酒的质量。如在糖化的时候，能使多酚物质氧化而使麦芽汁色泽加深，在后酵、滤酒、灌装阶段，氧的溶入会消耗啤酒的还原性物质；在成品中，它则能使蛋白质、多酚聚合而产生啤酒失光现象。因此在生产过程中应尽量避氧。如在糖化时可采用密闭式糖化设备，在生产过程中尽量少打开入孔，减少空气的进入，醪液的泵送，应该从底部导入，避免从上部喷酒导醪，造成大量空气吸入等；滤酒时，要尽量用 CO_2 背压；使用硅藻土过滤机时，预涂用水要经过脱氧处理，以减少氧的溶入；灌装时激泡装置的使用对减少啤酒中氧的含量也起着至关重要的作用。

为了提高啤酒的非生物稳定性，成品贮存库要做到防潮、防阳光，库内温度控制在 5～10℃。在运输的过程中应该尽量避免高暴晒和剧烈振荡等不利因素。

二、啤酒的喷泡

不正常的成品啤酒，开盖瞬间会产生大量的二氧化碳小气泡，使瓶内啤酒连同泡沫一起迅速上升外逸，严重者形成爆发性的啤酒泡沫溢出，甚至造成半瓶啤酒喷出，有时高度到 100～200 mm，这种现象在几秒钟内结束，称为喷涌(喷泡)。

(一)喷涌的类型

(1)按喷涌的涉及面可分为:

①流行性喷涌:同时有许多啤酒厂发生,主要是由于所使用的大麦在阴雨天收割,污染了镰刀霉菌、黑孢霉菌、葡柄霉菌所致。

②偶然性短暂喷涌:仅有某个厂发生,可能是二氧化碳含量过高时受草酸钙和蛋白质颗粒的影响及含铁量过高、细菌污染等。

(2)按喷涌温度可分为:

①夏型喷涌:在25~45℃时发生喷涌,在0~20℃时不见喷涌。

②冬型喷涌:低温贮藏后发生喷涌。

(3)按生产环节分为:

①原始喷涌:与麦芽质量直接相关。

②二次喷涌:啤酒生产中的问题或瓶酒振动及高温的不适当处理。

(二)引起啤酒喷涌的主要因素

(1)原料大麦和麦芽污染霉菌是引起啤酒喷涌的最主要因素。受潮大麦或发芽温度过高制成的麦芽会生长很多霉菌,其中根霉、镰刀霉菌、黑孢霉菌、葡柄霉菌都能产生引起啤酒喷涌的肽类物质。

(2)一定量的草酸钙所形成的微细晶体粒子。

(3)使用异构化酒花浸膏,其中含有促进喷涌的氧化产物(Abeo-异葎草酮)。

(4)二氧化碳含量过多。

(三)预防喷涌的措施

(1)选择好大麦和麦芽。选择大麦和麦芽是解决啤酒喷涌最关键的问题,严禁使用生霉的大麦和麦芽,这是防止喷涌现象的最有效措施。

(2)避免过高的金属离子。避免金属污染,如酒内有过高的金属离子,可采用金属螯合剂,抑制其作用。

(3)使草酸钙沉淀。麦芽汁制备过程中添加过量钙离子,使草酸钙早期沉淀出来,防止其在啤酒中形成晶体粒子。

(4)尽量不使用异构化酒花浸膏。如果使用异构化酒花浸膏,应选用只含少量氧化产物或去葎草酸的浸膏。

(5)避免不适当振动和冷却。

(6)溶解氧不要超标。灌酒后采取窜沫排氧措施,或采用抗氧化剂,以减轻酒内溶解氧的问题。

(7)尼龙过滤。采用尼龙过滤,滤除造成喷涌的前体物质。

(8)瓶酒应直立存放。

三、风味异常

近年来啤酒质量提高,保质期越来越长,但在啤酒保质期延长的同时,啤酒的风味变化很大。啤酒风味稳定性受各种工艺因素影响,因此工艺过程控制极其重要。大麦的种类、发芽和焙焦过程、贮存条件、大米的新鲜度、糖化和煮沸条件,以及发酵和贮存期间的主要条件,对啤酒风味稳定性都有很大影响。

啤酒的风味稳定性有两层含义:一是同一品牌的啤酒应具有同样的风味,不同批次的口感差别小。二是啤酒能保持其特有的新鲜、纯正、柔和的风味,在保质期内风味变化尽可能小。在啤酒的稳定性中,风味稳定性是一项最重要的指标。相对于第一层的意思,可以通过控制原辅材料质量、加强工艺控制和酵母性能稳定等措施加以改进。现就第二层意思进行讨论。

啤酒风味变化的过程基本如下:风味酒花香气逐渐消失,出现轻微氧化味进一步氧化后,酒花香气完全消失,出现纸板味、甜味,再进一步氧化,出现焦糖味,颜色变深。口感杀口力逐渐减弱,苦味变粗糙,最后变得涩味重,酒体不协调,有时还会伴有日光臭味,双乙酰味等。

啤酒的风味物质主要由多酚、联二酮类、硫化物、醛类等产物组成,而影响啤酒风味稳定性的主要物质是含氮基的醛类、硫基化合物、烯、烯醇等。这些物质极易氧化生成糠醛、羟甲基糠醛及部分较高级的醛类。

老化过程主要有以下一些化学反应:

(1)氨基酸的史垂克(strecker)降解:在美拉德反应过程中生成的二羰基化合物与氨基酸反应,产生比氨基酸少一个碳原子的醛类,又通过醛醇缩合反应,形成长链不饱和脂肪醛类,产生氧化味。

(2)类黑精和多酚物质引起高级醇氧化:麦芽干燥和麦汁煮沸时产生类黑精,这类物质既有还原态,又呈氧化态,在有氧的条件下,能促进高级醇氧化生成羧基化合物。多酚具有类黑精相似的特点。

(3)异葎草酮的氧化降解:异 α-酸可进一步氧化为具有明显奶酪味的异戊酸和异丁酸。另外,异 α-酸受紫外线光学作用,其底部侧链裂解,并很快与痕量的硫化物生成具有日光臭味的3-甲基-2-丁烯-1-硫醇。

(4)类脂的降解和不饱和脂肪酸的自氧化:这是被认为生成纸板味反-2-壬烯醛的主要途径。不饱和脂肪酸主要来自大米、麦芽胚、冷热凝固物、酵母合成等。其降解有两种途径,如图14-1所示。

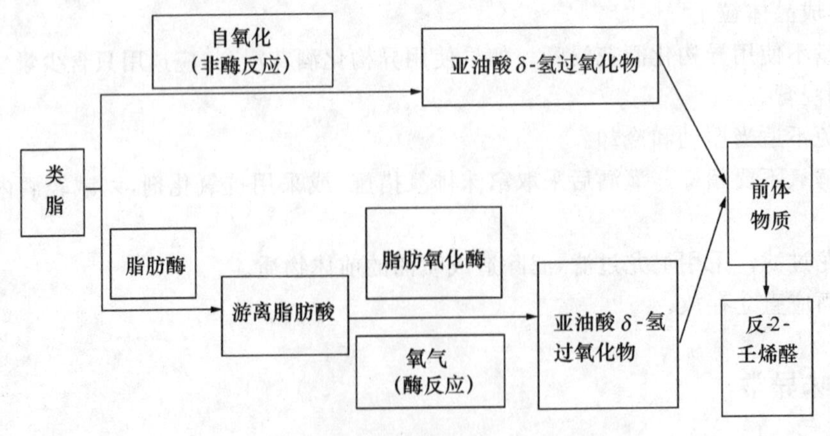

图 14.1　类脂的降解途径

保持啤酒风味稳定性的措施：

在整个啤酒生产过程中的每一个步骤都有老化物质的前驱体形成，基本上都与氧有关。我们可以通过减少前驱体及相关物质、减少生产过程中氧的摄入和抑制氧化反应等几个方面来加以改进，从而保持啤酒风味稳定。

1. 减少前驱体及相关物质

(1)原料。

①麦芽：选择粒大饱满、皮薄的麦芽，减少多酚含量；选择库值39%～42%的麦芽，保证适宜的氨基酸含量；选择粗细粉差<2%，脆度>80%，溶解良好的麦芽多酚聚合度低。

②大米：尽量不使用碎米，碎米中含有较多的脂肪酸，要求脂肪含量少，随碾随用，夏天存放最好1周，冬天不超过7 d。

③酒花：使用新鲜无氧化的酒花。

(2)工艺。

①粉碎：控制麦芽的粉碎度，保持麦皮与胚芽的完整(胚芽中含较多脂肪酸)。

②麦汁过滤：过滤麦汁应尽可能清亮，冷麦汁中含脂肪酸较少。

③煮沸强度控制在9%～11%，以利于风味稳定性物质的挥发。

④采用低温发酵，适当提高接种量，降低高级醇含量。

⑤发酵过程中及时排放冷凝固物和酵母，防止脂肪酸再次溶入啤酒中。

2. 减少生产中氧的摄入

啤酒生产过程除麦汁充氧有利于酵母生长外，其余阶段氧的摄入均对啤酒有害。

(1)糖化过程。

①粉碎：大米和麦芽粉碎时产生热，原料易与氧发生反应，有条件可用N_2或CO_2充满粉碎机。

②糖化系统应为密闭生产，有条件可用N_2或CO_2隔绝氧。

③糖化醪液需要搅拌时采取低速搅拌，尽量使液面平稳，避免产生旋涡吸入氧。

④采用底部进醪方式。

⑤各工序的泵应保证无泄露，泵的能力应足够大，保证麦汁快速平稳输送。

(2)发酵及滤酒过程。现代啤酒厂大多为一罐法发酵，比较而言，过滤过程吸氧机会最多。可采取以下措施将溶氧增加量控制在较低水平。

①整个过滤管路采用脱氧水引酒或整个管路充满氮气或二氧化碳。

②过滤机及精滤机必须排净空气。

③硅藻土添加使用清酒或脱氧水调和。

④硅藻土添加罐采用二氧化碳保护，二氧化碳比重大，可以起到隔绝空气的作用。

⑤清酒罐必须采用二氧化碳或氮气备压(备压前应先置换空气)。

⑥酒头酒尾必须处理后才能使用(重新发酵或二氧化碳洗涤)。

⑦保证所使用二氧化碳的纯度≥99.99%，尤其在用二氧化碳洗涤酒液或充二氧化碳时。

⑧加强设备管理，避免因管径缩小及泵送泄露而出现吸氧现象。

⑨控制滤酒速度，防止出现因滤酒过快而出现抽空现象。

(3)灌装过程。

①清酒输入灌酒机贮酒槽时，应平稳无涡流，管路应尽量减少弯头，尽可能短，并以二氧化碳备压。

②灌酒时采用二次抽真空，二氧化碳备压。

③采用80～85℃热高压水、超声波喷射二氧化碳或滴酒引沫等方式，在封盖前击泡，尽可能降低瓶颈空气。

3. 抑制氧化反应

空气中的分子氧并不活泼，但它在其还原过程中能转变为活泼而有害的氧自由基形式。

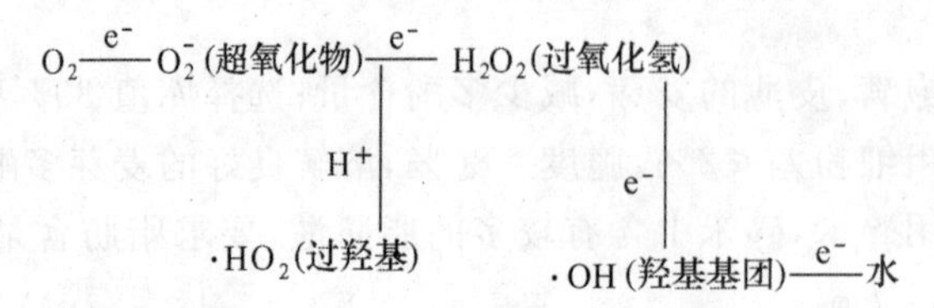

以上的还原过程都是在变价金属(Cu^+、Fe^{2+})的参与下发生的，产生的氧自由基参与氧化过程，其氧化的危害能力随氧分子的还原作用加深而增强，即$\cdot OH > H_2O_2 > O_2^-$。另外高温可以加快氧化反应速度，氧化酶也可以加快氧化反应速度。抑制氧化反应主要从减少或延缓氧自由基生成、减少高温时间、降低温度和去除氧化酶等三方面出发，控制点贯穿整个酿造过程。

(1)原料。

①麦芽：a. 麦芽在生产过程中应控制焙焦温度在82～85℃，促使部分氧化酶失活，减少其在糖化时促进氧化的作用。b. 麦芽的水分应<5%，若水分太高(>7%～8%)，随着贮存时间的延长，氧能使麦芽中的氧化酶体系激活。c. 麦芽贮存时应保持低温干燥。

②酒花：贮存环境应在4℃以下，使用真空或氮气保护包装，干燥避光保存。

(2)糖化阶段。

①使用溶解良好的麦芽，调高投料温度至62℃，抑制脂肪氧化酶活性。

②控制糖化醪液pH在5.2左右，这样既有利于β-淀粉酶、β-葡聚糖酶的作用，又能限制脂肪氧化酶的活性。

③麦汁过滤时，边过滤边加热，温度保持在85～95℃，以破坏麦汁中存在的氧化酶活性。

④在满足质量要求的前提下，缩短整个糖化过程，减少氧化。

(3)发酵过程。

①使用活力高的酵母和适当的添加量，保证强有力的发酵，从而能较多地还原羧基化合物。

②保持低温发酵，提高啤酒中亚硫酸盐的含量，同时也提高啤酒自身的抗氧化性。

(4)包装过程。

①将杀菌值控制在20 PU以下。

②将杀菌机出口酒温控制在35℃以下。

(5)贮存及销售过程。

①避光：光是各种氧化反应的强催化剂，经过光照射的啤酒几个小时后就产生了明显的日光臭味。

②低温贮存：无论啤酒生产条件多恶劣，成品酒溶氧含量多高，如在杀菌后立即放入冰箱中(8℃)，存放1个月以上，口味基本没有太大的变化。

③将啤酒在最短的时间售出。

(6)减少酿造过程中 Cu^{2+}、Fe^{2+} 等变价金属离子量。

①变价金属主要来自水、麦芽、酒花、过滤助剂和添加剂等原辅料,应该规定其金属离子含量界限,特别是加强对硅藻土中铁离子的检测。

②酿造过程中最好不使用铜、碳钢设备。

③啤酒在过滤时,不可长时间在助剂中打循环。

④使用抗氧化剂:抗氧化剂一般在发酵末期或清酒中使用,也有在糖化中使用的报道。在糖化中添加主要是降低糖化高温阶段产生的老化前驱物质,在发酵末期和清酒中使用,主要是减少清酒中的含氧量。啤酒中常用的抗氧化剂有维生素 C、SO_2 和葡萄糖氧化酶,添加量不能太大,否则影响啤酒口味。

第二节 食品安全控制体系概述

从企业层面来说,国际上公认的食品安全控制体系一般包括 GMP、HACCP、SSOP 等。食品安全控制体系的发展经历了 3 个阶段;即产品卫生和质量检验阶段,生产企业卫生注册和认证阶段,从农田到餐桌的全程质量控制阶段。

产品卫生和质量检验阶段是通过对最终产品的检验,来判定产品是否符合要求,包括微生物标准、农药残留、兽药残留、重金属、真菌毒素和放射性等指标。生产企业卫生注册和认证阶段要求食品生产企业在厂房设施、人员卫生、工艺流程和产品的储存等各个方面必须达到一定的卫生标准要求。从农田到餐桌的全程质量控制阶段,要求食品生产企业从原料、生产领域直到储运销售整个体系实行安全卫生质量控制。目前食品安全控制体系主要由以下几个部分组成:

法律法规体系

官方监督管理体系

企业自控体系

官方认可的认证体系

技术支持(大专院校、科研机构)

目前国际上对 HACCP、GMP 等食品安全控制体系十分重视,因为通过建立和实施这些体系,不仅可以保障产品的质量安全,促进生产操作的规范化、标准化,提高产品的信誉度,维护和提升品牌形象,而且还能有利于企业管理水平的提高,保证产品质量的稳定性和均一性,提高企业产品的市场竞争力。

第三节 GMP、SSOP、HACCP 安全控制体系概念及相互关系

一、良好操作规范

良好操作规范(good manufacturing practices,GMP)最早出现于美国 21CFR part 110 法

规，是美国 FDA 为加强和改善对食品生产的监管，保证食品生产、包装、储存在适于食品加工的卫生条件下进行。

GMP 是有关食品生产、包装、储存卫生的法规或标准，各国的 GMP 内容不尽相同，但一般都具有与美国 21CFR part 110 法规相近的内容，通常涉及人员卫生、厂房卫生及维护、卫生设施及设备、生产设备和工器具卫生、生产加工控制、存储卫生、产品标识和可追溯性以及培训等。

GMP 是国家食品安全控制体系（计划）的主要部分；同时，GMP 是由食品加工卫生控制的实践经验总结上升为法规的，通常可作为食品企业工厂设计、人员管理、清洁和卫生程序的一般指南。企业一方面必须满足 GMP 法规要求，另一方面可依据 GMP 完善食品加工卫生条件和卫生管理，以良好地执行 GMP。

二、标准卫生操作程序

标准卫生操作程序（sanitation standard operating procedure，SSOP）的概念最早来源于美国水产品 HACCP 法规。FDA 在检查水产品加工企业实施 GMP（part 110）情况时发现：美国水产品行业在 GMP 应用方面显然还没有达到足够的水平来保证水产品的安全性，需要加强日常的监测和记录，以便促进改善卫生状况和操作。由此，FDA 在随后颁布的水产品 HACCP 法规中要求食品加工企业实施 SSOP。一般来说，SSOP 的内容在 GMP 中都有要求，因此，SSOP 是特殊的卫生 GMP，实施 SSOP 可更好的执行 GMP；SSOP 有利于保证食品卫生和质量，但不能直接保证食品卫生和质量。

三、危害分析和关键控制点

危害分析和关键控制点（critical analysis and critical control point，HACCP）起源于 20 世纪 60 年代美国航天食品安全控制，并在全球范围内得到迅速发展和广泛应用。1993 年，国际食品法典委员会（CAC）推荐 HACCP 系统为目前保障食品安全最经济有效的途径。

从 HACCP 的发展历程看，HACCP 的内涵有 3 个层次：①最初 HACCP 是一种食品安全控制工具，包括识别危害、确定关键控制点、建立监控体系等 3 方面。②现在已成为一项食品安全控制的国际准则。1997 年 CAC 以《食品卫生通则》附件的形式发布《HACCP 体系及应用准则》，内容包括危害分析、确定 CCP、建立 CL 以及监控、纠偏、记录、验证等 7 个原理。③以 HACCP 为核心的食品安全管理体系。包括 5 个预备步骤、7 个原理和 GMP、SSOP、人员培训等前提计划，并形成了一个完整的螺旋上升的动态控制系统。

四、GMP、SSOP、HACCP 的相互关系

从现代意义看，GMP 是政府强制性的食品生产、储存卫生法规，在国家食品安全控制体系中处于主导地位。SSOP 和 HACCP 是食品加工卫生安全控制的工具和方法。企业必须执行 GMP，SSOP 是执行 GMP 的关键，HACCP 是执行 GMP 的核心。现在，许多 GMP 法规更是通过引用 SSOP 和 HACCP，使得 GMP、SSOP、HACCP 逐渐发展成为一个整体，共同控制

食品卫生、安全。

第三节　食品安全控制体系与我国啤酒工业的可持续发展

随着我国啤酒市场化和国际化程度的不断提高，啤酒行业对 HACCP、GMP 等食品安全控制体系日益重视。目前我国啤酒行业中，多数企业通过了 ISO 9000 系列质量管理体系的认证，部分企业通过了 HACCP 体系的认证。这些企业在建立和实施食品安全控制体系后，质量管理水平、食品安全管理水平大大提高，增强了职工的质量安全意识，提高了产品质量的稳定性，品牌价值大幅提升。

一、食品安全控制体系有助于提高啤酒企业管理水平

目前我国消费者对食品安全十分重视，已经达到前所未有的地步。我国水产、肉制品、保健食品等行业对 GMP 十分重视，这些都是大众消费食品，随着我国啤酒消费市场的壮大，啤酒已逐渐成为大众化食品。通过在啤酒企业实施良好操作规范，有助于提高啤酒企业管理水平，提高产品在消费者心中的信誉度，保护国内啤酒市场，促进啤酒行业稳定健康发展。

二、食品安全控制体系有助于加强产品质量控制

提高原料质量的稳定性、加强生产过程控制是解决啤酒风味均一稳定的有效途径。啤酒良好操作规范以 HACCP 为核心，以标准化理论为指导，对原料、车间、设备、生产操作、微生物控制、分析检测等方面进行深入分析，既提出卫生要求，同时又对技术操作建立模块。有助于企业加强对产品质量的控制，提高技术管理和操作水平，并按照模块化的操作生产，可以提高产品质量的稳定性。尤其是集团企业对下属生产厂的控制将更为有利。

三、食品安全控制体系有助于啤酒产品的出口，保护和促进啤酒国际贸易

随着我国啤酒工业的发展，啤酒国际贸易将会进一步增强，我国啤酒企业参与国际对话的机会将明显增多。目前有些国家对进口食品是否通过 GMP 认证有明确的要求，因此实施建立食品安全控制体系将有助于我国啤酒品牌参与国际市场，提高我国民族啤酒品牌在国际市场的竞争力。

第四节　啤酒质量关键控制点

一、HACCP 系统的主要内容

HACCP 体系是保证食品安全生产的预防管理系统，主要内容包括：

(一)构建工艺流程图,并对每个生产程序进行危害分析和评价

食品中的危害是指从原辅材料到成品的每个生产环节所发生的物理、化学和生物作用,产生对消费者身体健康有危害的物质,如天然毒素、农药残留、微生物污染等。因此,首先构建生产过程的工艺流程图,列出工艺过程所有可能产生危害的步骤及危害物,并描述控制这些危害的预防措施。

(二)关键控制点(CCP)的确定

关键控制点(critical control point,CCP)是这样一个环节或步骤,当控制措施在此环节或步骤应用,食品安全危害能被防止、消除,将危害降低到可以接受的水平。可以理解为有可能发生危害的位置及解决办法。CCP 分为两级,即可以消除或预防的 CCPI 和将危害降低或推迟的 CCPZ,CCP 的确定要结合危害分析放在重要之处,以体现关键的含义,并由此确定控制操作的使用强度和频率。

(三)建立关键控制点的临界范围

临界范围是指一个与关键控制点相匹配的预防措施所必须遵循的尺度和标准,如温度、湿度、pH 等。工艺过程不仅要有明确工艺参数,同时还应注明操作环境的有关参数。

(四)建立关键控制点的监测体系

监测是利用一系列有计划的观察和测定来评价一个关键控制点是否在可控制的范围内,同时得到精确的记录,建立程序用监测的结果来调节整个过程和维持有效的控制,并用于以后的核实和鉴定中。

(五)建立校正措施

当监测系统指示某一关键控制点偏离临界范围,校正系统采取相应的纠正措施。HACCP 是一种程序设计,识别潜在的食品危害物质并建立战略性的方法来防止它们的发生。

(六)建立有效记录 HACCP 的档案系统

对 CCP 的操作和实施结果应及时建立档案保存,旨在建立一个科学合理地数据管理系统,以证明 HACCP 系统是在控制条件下的动作,保证产品质量的稳定性。

(七)建立验证程序

建立验证程序目的在于经常核查 HACCP 系统是否正确动作,包括通过监控证明 CCP 的合理与正确、是否有效实施 HACCP。

二、确立啤酒生产工艺过程中的 HACCP 体系的 CCP

根据实施预防和控制措施,能消除、预防或最大限度降低一个或几个危害,或在一个特定

的生产过程中，某环节失去控制后，将导致不可接受的健康危害，就是关键控制点（CCP），其确定方法见图 14.2CCP 决定树。

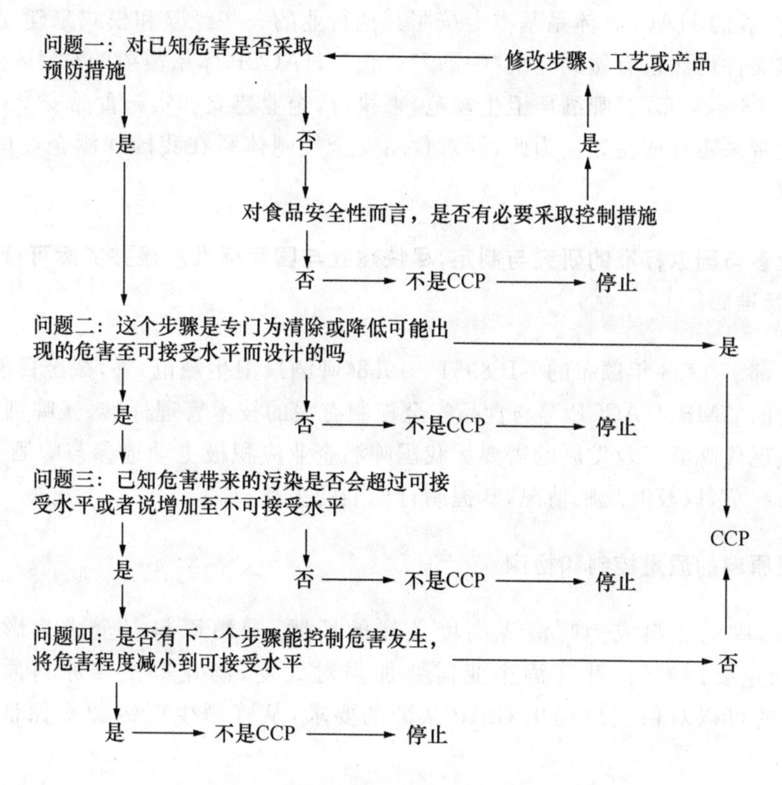

图 14.2　CCP 决定树

根据以上所述 HACCP 系统的 7 个原理，根据啤酒生产工艺进行危害分析，确定关键控制点。基于对啤酒生产中 HACCP 质量控制体系的 CCP 的确定的结果：在啤酒生产线上，共确定有 7 个关键控制点，分别是原料大麦辅料大米酒花验收及分级、冷却、发酵、选瓶验瓶（洗桶和桶盖）、鲜啤灌装及盖桶盖、熟啤酒巴氏灭菌、纯生啤酒罐装及无菌包装。确定关键控制点后，进一步建立关键限值，建立关键控制点的监控程序，建立纠偏措施，建立验证程序和建立记录保持程序，制定出 HACCP 计划表。

HACCP 体系是目前国际上通用的、能保证食品生产安全的防御体系和常规管理方法，啤酒安全与我们生活息息相关，为保证啤酒的安全性，全面实施 HACCP 体系，生产质量高，无危害的安全啤酒十分必要；HACCP 系统在整个啤酒工艺过程中的应用，进行危害分析、建立 HACCP 计划表，看似繁琐，实则全面、完善，是保证啤酒从原料收获到餐桌上最安全、最有效而合理的方法，希望能对当今啤酒企业的质量管理控制起到一定指导作用。

第五节　食品安全控制体系在我国啤酒工业的应用和发展

我国已经有部分啤酒企业基本建立了食品安全控制体系，尤其是最近几年，有些企业开始实施和建立 HACCP 体系,企业逐渐意识到食品安全控制体系对于提升企业管理水平,保障产品质量的稳定,维护品牌信誉的重要意义。但由于啤酒企业接触食品安全控制体系时间比较短,因此多数企业的 HACCP 体系基本上按照其他行业的一些经验和模式来建立,HACCP 体系的一些具体文件仍然没有做到完全“啤酒专业化”,HACCP 体系需要的 GMP 文件仍然按照我国卫生部 1988 年颁布的《啤酒厂卫生规范》来执行,企业建立和实施食品安全控制体系还没有真正为企业带来实际的益处。为此,针对食品安全控制体系在我国啤酒企业中应用提出如下思考和建议:

(一)企业参与国家标准的研究与制定,尽快建立与国际标准对接并实际可行的 GMP、HACCP 标准

除了卫生部于 1988 年颁布的 GB 8951—1988《啤酒厂卫生规范》外,截至目前我国还没有啤酒行业专用的 GMP、HACCP 等与食品安全控制有关的技术管理标准。《啤酒厂卫生规范》已经不能适应现代啤酒工业发展的需要。我国啤酒企业应积极主动地参与啤酒 GMP 等国家标准的研究与起草,以及时反映情况,掌握制订标准的主动权。

(二)加强原料的质量控制和检测

近几年来,啤酒原料成为啤酒界高度关注的话题,啤酒原料安全成为影响啤酒企业可持续发展的重要因素,因此啤酒企业需要加强对大麦、酒花等主要原料质量的检测和控制,有条件的可以对供应商提出 GMP 认证的要求,从啤酒生产链源头保证产品质量的安全。

(三)加快啤酒酿造相关知识、技术、设备的更新

随着啤酒工业的发展,新技术不断应用到啤酒生产中,这些新技术的应用也为啤酒的饮用安全性带来了不确定因素。如转基因大麦、转基因大米、基因工程酵母、新型食品添加剂和加工助剂的使用。另外随着消费者健康意识的不断提高,啤酒企业需要积极跟踪啤酒功能性评价的研究,对啤酒功能性评价、啤酒有害成分的分析检测等技术给予重视。

(四)做好食品安全控制体系的科学策划和整合

应用 GMP、SSOP、HACCP 构筑食品卫生管理和安全控制体系,必须在全面把握三者关系的基础上,做好体系的策划和整合。把握整体性、互补性、层次性,策划食品卫生管理和安全控制体系。在这三部分的整合中,应按照以下步骤进行:

(1)按照 GMP 法规要求,策划企业的 GMP,重点是全面分析企业现状,在确认符合法规的同时,更要找出不符合的方面,并予以改进和完善。策划企业 GMP 时,首先要保证与法规的符合性,其次要以有效控制加工过程中可能存在的各种危害和风险为目标。

(2)通过风险分析,建立 SSOP。关键是在企业 GMP 策划的基础上,全面分析加工过程中涉及加工环境和人员等方面,找出因人为因素可能存在的影响食品安全卫生的潜在风险,并制定科学、合理,操作性强的卫生操作程序。

(3)依据 HACCP 原理,制定 HACCP 计划。关键是做好危害分析,运用食品链的思想,全

面分析加工过程中可能存在的危害和风险，找出显著危害和关键控制点(CCP)，并制定科学的HACCP计划。整个策划要以满足国家GMP法规要求为目的，充分运用三者的互补性，达到全面控制；充分运用三者的层次性，各司其责，避免重复；紧紧把握三者的整体性，共同保证食品卫生和安全。

另外，ISO 9000国际标准是帮助各种类型和规模的组织实施并运行有效的质量管理体系，以增强其顾客满意和改进其业绩而制定的通用质量管理体系标准。许多啤酒生产企业已经通过了ISO 9000国际标准的认证或正在着手按照ISO 9000国际标准的要求建立质量管理体系。有必要研究ISO 9000与HACCP之间的联系和异同，了解其差异。在建立质量管理体系过程中使两者相互弥补、相互融合，使企业在建立其质量管理体系时进行系统的融合是非常必要的。

我国啤酒企业应充分结合本企业实际，分析研究整个啤酒生产链影响啤酒饮用安全的因素，建立与实施科学有效的食品安全控制体系，并针对不同的产品、不同的生产工艺进行适时的调整。积极参与国家标准、行业标准的研究与制定，加大对新技术研究、新设备的投入，提升技术和管理水平，提高我国民族啤酒品牌的国际竞争力。

中国食品正面临"安全、环保"巨大挑战的特定时代，我国啤酒企业应高度重视食品安全控制体系的实施与认证，为消费者提供绿色、健康、新鲜、环保的产品，提升我国啤酒工业的整体技术水平，促进我国啤酒工业的可持续发展。

参考文献

[1] 陈之贵，熊正河，郝建秦．食品安全控制体系在我国啤酒工业中的应用和发展[J]. 啤酒科技，2005:13-15.

[2] 肖诗明，任燕，叶舸．啤酒生产中HACCP应用探索——CCP的确定[J]. 西昌学院学报·自然科学版，2005，19:49-55.

[3] 肖诗明，刘玲. 啤酒生产中HACCP应用探索——HACCP计划的制定和实施[J]. 西昌学院学报·自然科学版，2005，19.

[4] 国产啤酒产品质量主要问题[J]. 江苏食品与发酵，2003，2.

[5] 质检总局:国产啤酒存在五大质量问题[J]. 山东食品发酵，2005，4.

[6] 杜秋峰. 啤酒高浓度发酵工艺综述[J]，山东轻工业学院学报，1999，13:42-46.

[7] 薛业敏，啤酒快速发酵工艺的控制要点[J]. 酿酒科技. 1995，70:45.

[8] 廖加宁，区永宁．浅谈啤酒快速发酵新工艺的后处理技术[J]. 广州食品工业科技，1993，4:11-12.

[9] 唐仁和，露天发酵罐酿制啤酒在北方的应用[J]. 酿酒，1984，4:31-33.

[10] 刘秀强，露天发酵罐生产啤酒的工艺探讨[J]. 广州食品工业科技，1988，14(4):12-14.

[11] 王文甫. 啤酒生产工艺[M]. 北京:中国轻工业出版社，1997.

[12] 董小雷，张文杰，迟永卿. 生产纯生啤酒的关键要素[J]. 酿酒，2005，32:90-93.

[13] 管敦仪. 啤酒工业手册[M]. 北京:中国轻工业出版社，1999.

[14] 王世彦，许浩程．啤酒连续发酵[J]. 黑龙江发酵，1979，4:47-62.

[15] 侯庆升，王晓杰．缩短发酵时间增加啤酒产量的探讨[J]，辽宁食品与发酵，1999，109：29-31.
[16] 宋来新，调整麦汁组成缩短发酵周期的探讨[J]．酿酒科技，1994，61：52.
[17] 王树庆，张咏梅．啤酒的混浊稳定性及其防治[J]．潍坊高等职业教育，2005，12：37-40.
[18] 张东来，啤酒风味稳定性的探讨[J]，啤酒科技，2004，03：25-28.
[19] 逯家福，赵金海．啤酒生产技术[M]．北京：科学出版社，2004.

第十五章 新品种啤酒

第一节 淡爽型啤酒

一、淡爽型啤酒简介

因啤酒是传统产品，就有浓醇型和淡爽型之分，而自20世纪60年代以来不断出现的含糖量等更低的新产品，其口味更显爽适，故统称为淡爽型啤酒新产品，包括酶法糖化酿制的淡爽型啤酒和干啤酒。进入七八十年代后，新推出了原麦汁浓度8%、以爽口的香味、低热量为特色的淡爽型啤酒。1973年美国米勒公司推出并获得成功的Millerlite啤酒，比传统啤酒更乐于饮用、口味好，是第一次在消费者心目中确立形象的淡爽型啤酒。米勒公司买下lite商标，一方面洞察美国消费者热衷于防止肥胖、爱好低热量的潜在市场；另一方面继续改良啤酒爽口感，其质量重点是即使浓度低口味也要好，并且进行了巧妙的宣传。所以lite啤酒的销售量在6年后的1979年已经突破100万kL，1986年已达223万kL，占全美产量的10%。使当时生产销售50万kL的米勒公司一跃成为销售454万kL的世界第2位啤酒公司。

由于受lite啤酒成功的影响，美国的啤酒公司相继涌入LightBeer市场，迄止1979年已出现30种商标的淡爽型啤酒，占啤酒总产量的10%，1986年已达到22%。当然米勒公司大部分生产量是lite啤酒，就连居美国啤酒生产第5位的考茨公司，淡爽型啤酒品种也有超过比尔森型啤酒品种的势头，可以说比尔森型啤酒自诞生以来的130年中，取得的最大成功是开创了新型的风味啤酒。继美国之后不久，淡爽型啤酒也遍及加拿大、英国及欧洲各国。日本1980年也销售一种与美国不同风味的麒麟淡爽型啤酒。

淡爽型啤酒(LightBeer)是对应于醇厚型啤酒(LagerBeer)的一个品种，是20世纪六七十年代为了适应青年一代的消费需求及大众化消费需求而开发的改良型啤酒品种。淡爽型啤酒的特点与醇厚型啤酒的特点存在相对应性的差别，包括以下几点：

(1)口感淡爽、爽口，但不淡薄，与醇厚型啤酒口感厚重、浓烈相比会显得更加爽口，同时有突出的平滑、柔和的口感；香气方面主要以酒花的清香为主。

(2)苦味度略低，其苦味特点是上口有微苦的感觉，不是太苦，苦味清爽、舒适，几乎无后苦味，苦味值测定单位大多控制在12～16 EBU。

(3)并不是单纯降低啤酒原麦汁浓度的方式达到口味淡爽的要求，而是通过使用原料的选择和酿造工艺的改进来满足要求。

(4)有比较高的CO_2含量，有良好的较强烈的杀口感，如在夏季饮用，如同饮用饮料一般，有爽口的刺激及清凉消暑的感觉；同时淡爽型啤酒不能等同于低度啤酒，虽然两者在口感上有一定的相似之处，但相对来说低度啤酒要比淡爽型啤酒更淡一些，杀口力也会较差。

干啤酒至今尚无很确切的定义。根据干啤酒的含义、产品标准，以及国内外干啤酒生产的现状，是否可给干啤酒下这样的定义：即以麦芽为主料、其他淀粉质原料或糖类及酒花为辅料，制成的原麦汁浓度为10%左右、真正发酵度在72%以上,成品为色泽浅、苦味轻、口味爽净、低糖低热量的新型啤酒。

外加酶糖化法淡爽啤酒的定义

外加酶糖化法淡爽啤酒并非是完全用酶制剂来取代麦芽的所谓“全酶法啤酒”,而是用酶制剂代替25%甚至更多的麦芽,所以比较确切地说,应称其为“减麦芽补酶糖化法啤酒”。另外,在酿造干啤酒等啤酒时,有时也在糖化、发酵阶段,甚至在成品啤酒中,添加某些酶制剂,但这些产品均不在“外加酶糖化法淡爽啤酒”之列,其根本原因是辅料用量有限。

外加酶糖化法淡爽啤酒与传统淡爽啤酒及干啤酒的区别:

(1)外加酶糖化法淡爽啤酒的辅料用量,可高达70%~80%,远大于辅料用量为40%左右的干啤酒,更大于辅料用量为30%的传统淡爽型啤酒。这样,实际上是把啤酒原料的“主辅关系”颠倒了过来,因为传统的生产方法是以大麦芽为啤酒的主要原料,称其为主原料、主料或“原料”,将不发芽的居次要地位的谷物称为辅料。但在目前的全世界啤酒产品结构和技术背景下,即使就外加酶糖化法淡爽啤酒而言,也不能在书中明确究竟哪种原料是主或辅的真实“身份”,只能避而不提而已,但对于啤酒酿造工作者来说,应该是不言而喻的。可是,回想起在刚开始研制“酶法啤酒”时,作为参与这个研究项目的某些科研人员,是不敢“大减”麦芽的,甚至有点“诚惶诚恐”的。“酶法啤酒”在以不发芽的谷物代替一大部分麦芽时,又通常以大麦为主;并以较大用量的外加酶制剂来弥补麦芽用量的大幅度减少;但原麦汁浓度、使用的酵母及发酵条件等,均基本上类同传统的淡爽型啤酒;故成品酒的口味清爽程度,要比原麦汁浓度相同,但不外加酶制剂的传统淡爽型啤酒大得多。但是,因其原麦汁浓度、真正浓度,特别是残糖的含量,又比干啤酒高,故其淡爽度亚于干啤酒。凡是多次品尝过上述3种酒的人士,均会有如上的深刻印象。

(2)干啤酒的辅料通常占总原料的40%左右,比外加酶糖化法淡爽啤酒低。它虽然在糖化甚至发酵过程中也往往添加某些酶制剂,但所使用的酶制剂种类略有不同,例如通常不添加蛋白酶及β-葡聚糖酶,因干啤酒的麦芽用量相对较多,故如前所述,通常仅使用能大幅度地提高麦汁中可发酵性糖含量的糖化酶和真菌淀粉酶等酶制剂就能满足需要了,而且添加量也较低。干啤酒的原麦汁浓度也较低,通常为8%~10%;加之采取使用具有高发酵力的酵母,以及适当延长发酵期等综合性措施,使真正发酵度较高,通常在72%以上。因此,干啤酒中的可溶性固形物含量更低于外加酶糖化法淡爽啤酒,简言之,虽然外加酶糖化法淡爽啤酒的不发芽谷类占总原料的比例最大,但就其口味的淡爽程度而言,仍处于干啤酒之后、传统淡爽啤酒之前的中间位置。因此,决不要将上述3种啤酒混为一谈。

二、工艺流程及操作方法

酿制啤酒整体流程如下:

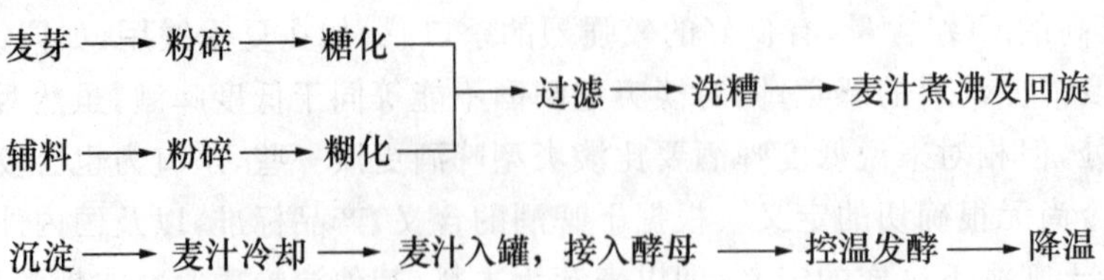

麦芽 ⟶ 粉碎 ⟶ 糖化 ┐
辅料 ⟶ 粉碎 ⟶ 糊化 ┘⟶ 过滤 ⟶ 洗糟 ⟶ 麦汁煮沸及回旋

沉淀 ⟶ 麦汁冷却 ⟶ 麦汁入罐,接入酵母 ⟶ 控温发酵 ⟶ 降温

1. 实验室酵母扩培工艺

根据发酵罐的容量来确立酵母液量，要求接种量约为总麦汁量的 4%，细胞数达到 1.5×10^7 个/mL，并以此计算所需要的麦汁培养基的总量。根据计算结果制取各级麦汁培养基包括试管麦汁培养基、三角瓶麦汁培养基(包括 250 mL 三角瓶、1 000 mL 三角瓶、5 000 mL 三角瓶)，并在灭菌锅内 121℃下严格灭菌 20 min。

将冰箱内保藏的菌种与培养基平衡至 8～12℃后，在超净工作台上进行酵母转接，并在该温度下平行培养 12～18 h，期间每 2～3 h 摇晃培养基一次。在各级酵母转接时注意必须在无菌条件下进行，防止杂菌污染。过程如下：

斜面保藏酵母⟶10 mL 试管培养⟶250 mL 三角瓶培养⟶5 000 mL 三角瓶培养
↓
发酵罐发酵

2. 麦芽及辅料的粉碎

麦芽及辅料的粉碎均使用对辊粉碎机进行粉碎。麦芽处理为增湿粉碎法，即先将麦芽中加入少量的水，经搅拌后达到麦芽表皮潮湿效果，在粉碎机内粉碎时达到“麦皮较完整而内部完全破碎”的效果。辅料的粉碎为直接干粉碎，要求粉碎得愈细愈好，不得含有整粒状大米。

注 1：粉碎后的麦芽及辅料，在室温下放置不得超过 24 h，以防止染菌霉变。

3. 糖化工艺

以大米为辅料的糖化工艺是采用特别适合酿制浅色淡爽型啤酒及干啤酒的双醪浸出糖化法，糖化锅料水比为 1∶3.5，糊化锅料水比为 1∶5.0。如图 15.1 所示糖化醪液与糊化醪液合兑后，醪液不再煮沸，而是直接在糖化锅内升温，达到糖化各阶段所要求的温度后进行过滤。由于只有部分醪液进行了煮沸，因此麦芽中的麦胶物质及其他杂质溶出较少，所制的麦汁色泽较浅，黏度较低，口味柔和，发酵度高。

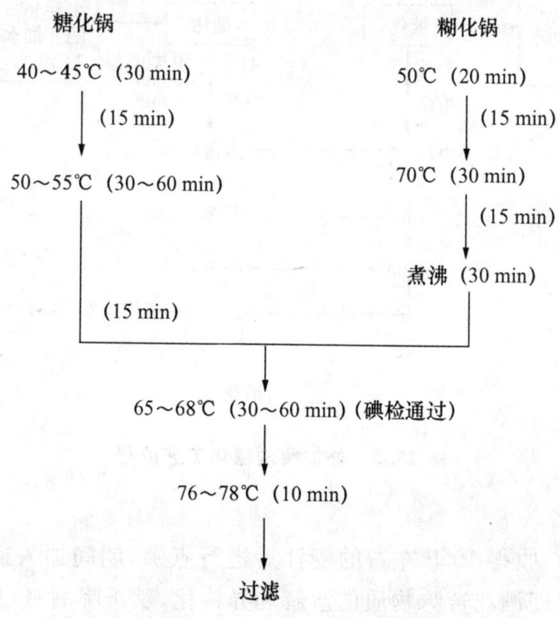

图 15.1 双醪浸出糖化法

在实验中，无辅料对照试验及以糖浆为辅料实验的糖化工艺是采用单醪升温浸出糖化法进行的，主要是对粉碎后的麦芽及糖浆进行糖化，料水比为1∶3.5，并用乳酸调节醪液pH在5.5～5.6之间。工艺为：啤酒的酿制，传统工艺采用麦芽、大米和酒花经发酵而成。酿制啤酒实质上是靠酶的作用，是麦芽中的多种内源酶将酿制用的原辅料分解成可发酵糖、糊精、氨基酸和肽等。不难看出，如将麦芽内源酶换成外源酶，而加入酶制剂来取代麦芽中部分内源酶，便可以用大麦等谷物代替部分麦芽，同样可将原辅料淀粉和蛋白质分解，以便达到节省麦芽提高辅料用量和降低成本的目的，并将有助于啤酒质量的稳定。

根据我国国情和试验的可能性与技术条件，我们选用大麦代替部分麦芽的技术方案，其主要原因是：

①麦芽是由大麦制成的，用大麦代替部分麦芽，大麦汁与麦芽汁的成分能够更接近；

②大麦本身含有相当高的β-淀粉酶，通过激活大麦中部分没有活化的β-淀粉酶，达到β-淀粉酶在糖化过程中自给或补充添加天然植物β-淀粉酶，即可达到糖化的要求；

③大麦可以像麦芽那样形成麦汁过滤层，有利于麦汁过滤；

④大麦淀粉中直链淀粉与支链淀粉的转化率与麦芽中的淀粉的转化率大致相同，并能在正常温度下被酶转化，因此不需要煮沸；

⑤大麦中的蛋白质与麦芽中的蛋白质非常相似，但大麦中较其他谷类含有较多的β-葡聚糖，它会增加麦汁的黏度，在国内尚无食品级商品β-葡聚糖酶时，大麦用量应有所限制。

用大麦代替部分麦芽，糖化时必须添加相应的酶制剂，以补充麦芽量减少内源酶的不足，除保证糖化的前提下，还应以国产食品级商品酶制剂来源方便为主。大麦未经发芽，其所含蛋白质淀粉、β-葡聚糖等高分子物质未经分解，因此糖化时应加强分解，一般采用二次煮出或三次煮出糖化法。其中二次煮出糖化法的糖化工艺流程如图15.2所示。

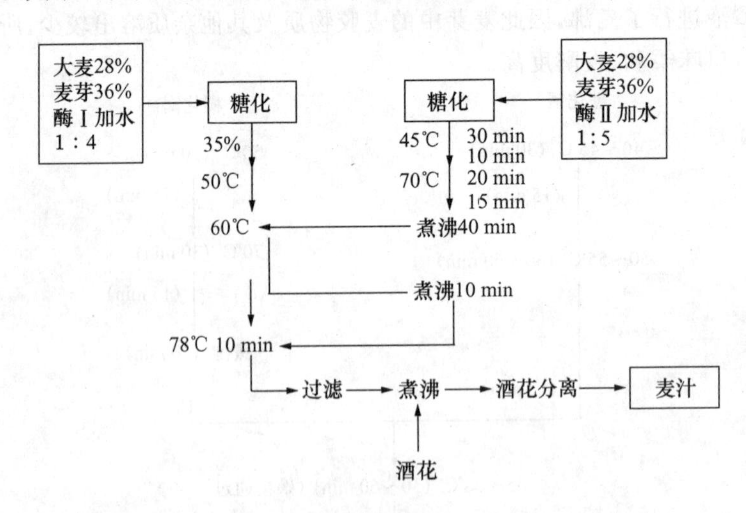

图15.2 外加酶法糖化工艺流程

4. 麦汁的煮沸工艺

在麦汁过滤结束后，收得10°P左右的麦汁后进行煮沸，期间加入适量酒花。在麦汁煮沸过程中添加酒花可以促使酒花苦味物质的溶解和异构化，赋予啤酒爽口的苦味，并且酒花中多酚物质的溶出可以促进麦汁中蛋白质的凝聚，并赋予啤酒愉快的香味。为达到20 BU的苦味值,实验酒花的添加量为:每 1 kL 麦汁添加酒花 450 g。添加时间为:麦汁煮沸 10 min 时添加 150 g/kL;煮沸 30 min 时添加 250 g/kL;煮沸 60 min 后添加 50 g/kL;煮沸 70 min 后停止煮沸。

5. 麦汁的溶氧及接种

当麦汁经过板式交换器冷却至 8℃后,在进罐过程中,利用全无油空气压缩机或氧气罐通过文丘里管给冷却麦汁通氧,使氧气的含量达到 8.5 mg/L 左右。在麦汁进罐的同时,通过酵母添加器向发酵罐内添加已扩配好的酵母使酵母数达到 1.5×10^{7} 个/mL。

6. 发酵工艺

发酵是啤酒生产中最重要的环节之一,是一个有酵母参与的极为复杂的生化反应过程,本实验所采用的是我国啤酒生产厂商所通用的带压高温发酵——高温后熟工艺,如图 15.3 所示。

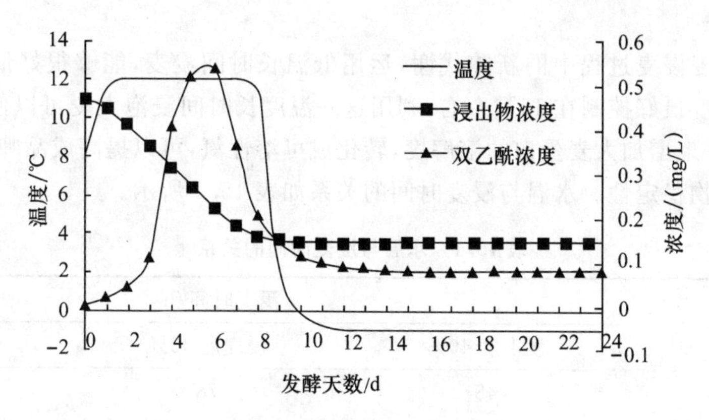

图 15.3 啤酒发酵工艺

注:此图的工艺为工厂大罐控温工艺,本次试验所用的微型发酵罐如控温−1℃后容易导致酒液出现结冰现象,影响啤酒质量,因此将后熟贮藏温度调整为−0.5℃。

三、酿造原料的要求

(1)水:酿造啤酒所用的水在整个酿造过程中占重要地位,尤其对啤酒的风味有着举足轻重的影响。酿造过程中,除了用于酿造外,水还用于浸麦,酵母洗涤容器和设备的清洗,冷却和制冷。

(2)麦芽:酿造啤酒所用的最主要的原料就是麦芽,其质量和成分对啤酒的色、香、味、泡沫和生物稳定性及收得率都起到了决定性的作用。

(3)酒花:酒花的存在使啤酒具有了独特的香气,是啤酒生产中最重要的添加物质之一,它能使啤酒具有爽口的苦味和愉快的香气,增加麦汁和成品啤酒的防腐能力,使啤酒泡持性增加,加强蛋白质凝固,澄清麦汁,增强了成品啤酒的非生物稳定性。酒花中的异 α-酸增强了液体表面张力,使泡沫更加持久。

(4)辅料:常用辅料有大米、玉米、小麦、糖浆等。使用辅料最主要目的是在经济方面降低成本。使用谷类辅料不但可以降低成本,而且可以提高麦芽汁的收得率。糖浆作辅料,可以降低成品啤酒的色度,提高发酵度,提高设备利用率。辅料所含蛋白和多酚物质含量低,这就有利于改善啤酒风味,降低啤酒色度,提高了啤酒的非生物稳定性。

四、麦汁制造工艺要点

(一)制麦工艺

1. 大麦的挑选

首先对大麦原料进行认真粗选。选择麦粒大小均一的大麦,否则会影响大麦在浸渍过程中的均匀性,使得发芽过程有部分大麦吸水不均匀,有的麦粒吸水过度,有的麦粒吸水不足,或者在烘焙过程中麦芽溶解度不均一,影响糖化过程浸出率,给啤酒生产带来阻碍。然后浸麦前对麦粒进行细选,除掉与麦粒大小一致的野豌豆、半麦粒等杂质。

2. 温度控制

为了加速大麦浸麦过程中的新陈代谢,运用低温长时间浸麦,能够很好地加强麦粒溶解度。浸麦水的温度最好控制在15℃左右,利用这一温度长时间浸泡大麦可以使水分在大麦中分布均匀,能更好地增加大麦蛋白的溶解度,转化成可溶性氮,可以提高成品啤酒的质量,增加成品啤酒的非生物稳定性。水温与浸麦时间的关系如表15.1所示。

表15.1 水温与浸麦时间的关系

水温/℃	浸麦时间/h		
	浸麦度40%	浸麦度43%	浸麦度46%
10	48	78	100
16	34	53	78.5
19	31	47	75
22	22	31	45

浸麦24 h后水分增长率慢慢减少,小粒麦粒比大粒麦粒吸水效果好,在经过长时间的浸泡,溶解性能增加。含氮量低并且麦皮薄的麦粒吸水速度快,成品麦芽蛋白酶活力高。

过去的啤酒企业往往为了追求产量和营业额,就会相应地提高浸麦温度,缩短浸麦时间而增加收益。这种做法往往导致浸麦温度高,导致吸水速度过快,浸渍麦芽时间短,浸麦不均匀,容易形成霉烂的麦粒,营养物质分解过多,影响啤酒发酵过程中的营养成分和香味物质。

(二)发芽工艺控制

1. 发芽水分控制

合理的水分是良好麦芽形成的关键,水分过低抑制了蛋白质分解,阻止麦芽溶解,水分过高,物质消耗过快,发芽旺盛,叶芽过长,还容易有霉烂的危险。为了缩短生产周期,刚刚浸麦结束时麦粒含水量应控制在39%~42%,并且不断通风搅拌均匀,最终麦芽含水量控制在43%~45%。

2. 发芽温度控制

对于蛋白质含量较高的大麦来说,为了更好地分解蛋白质,应该采用低高温结合的方法进行发芽，开始温度控制在12～16℃，后期控制在19～21℃，这样的工艺使得酶活高更容易良好地溶解麦芽。传统的制麦工艺往往为了追求产品的产量而忽视了质量，在发芽过程中温度控制偏高缩短发芽时间来追求更高的经济效益，这样就导致了麦芽溶解不均匀，蛋白质溶解不适当，造成成品啤酒质量下降，泡沫不持久，挂杯能力差等现象。

五、发酵工艺

（一）酵母的添加

1. 酵母的添加量

正确添加酵母的方法应该以酵母数量作为控制指标，将添加酵母的麦汁搅拌均匀后取样品进行检测，测出每毫升样品中酵母的近似个数，然后再根据添加的酵母数与麦汁的容量算出所添加的酵母量。对于11°P啤酒来说，酵母添加量应该控制在$(8\sim15)\times10^6$个/mL的范围内。但是实际添加的酵母量还要根据麦汁浓度，酵母活性，温度，pH等多种因素来具体添加。

2. 酵母添加的方法

酵母的添加方法有很多种，如一次添加法，递加法，活化法，返回法。其中常用一次添加法，该方法又称干式添加法，就是将添加酵母的量按规定与麦汁混匀后，一次压入酵母接种罐，然后放入主发酵槽。此方法操作简单，节省时间，不容易染菌。

（二）啤酒发酵

啤酒生产中发酵是极为关键的一个阶段，在酵母参与下发生的各种生化反应。但是现代淡爽啤酒生产是在最大限度地保证啤酒质量的前提下，采用降低生产成本，提高劳动率等各种措施进行的啤酒生产。利用现代化手段从原料质量，选择正确的酵母菌种，采用先进的生产技术和设备，所采取的缩短发酵时间，降低劳动率，节约能耗等各种措施。啤酒发酵分为两个环节——主发酵和后发酵。现代淡爽啤酒的发酵形式大致分为3种：①低温发酵-低温后熟；②低温发酵-高温后熟；③高温发酵-高温后熟。

与传统的发酵相比，我们采取现代的锥形发酵罐工艺，锥形发酵罐工艺发展迅速。采用一罐法高温发酵工艺。所谓一罐法就是整个发酵过程在一个发酵罐中进行的，这种方法减少了部分生产工序，主发酵和后发酵没有严格的界限，减少了生产时间，降低生产成本，减少了因倒罐而引起的资源浪费。在保证酒液质量的前提下，减少与空气接触不经过倒罐，所以要预留出足够的发酵空间，设备利用率因此而下降。

企业中普遍采用的提高效率的一种方法就是高温发酵工艺，此工艺是在基本不改变啤酒质量的前提下，使啤酒在短时间内发酵并且成熟，使设备利用率得到了大大提高。在浓度为10°P的麦汁中接入0.7%～0.8%的酵母泥，温度在11～12℃使麦汁在罐内发酵40 h，酵母在此过程中利用麦汁中的营养物质进行发酵，浓度将至大约6°P时逐步自然升温至17℃，此过程主要还原双乙酰。约满罐后的第5天糖度降至2.5°P左右，这时双乙酰含量应该在0.1 mg/L以下。待双乙酰达到要求后开始缓慢降温到达0℃，整个发酵过程需12～15 d(图15.4)。

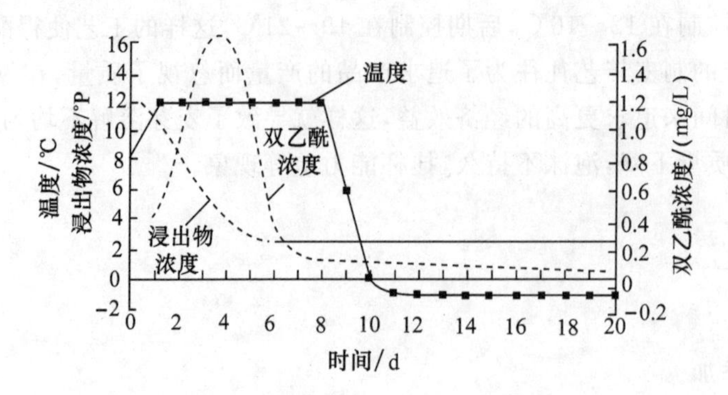

图 15.4 传统发酵工艺各理化指标变化

第二节 低醇啤酒

一、起源发展

最早的无醇啤酒型饮料，是将不发酵的麦芽汁经过滤与充二氧化碳而制成，但它常常比普通啤酒甜得多。

国外从 20 世纪 80 年代就开始开发和研制低醇啤酒。这类产品由瑞士率先推出，尔后，德国、英国、美国、日本等发达国家随之迅速开发同类产品。例如澳大利亚 1984 年底低醇啤酒占有量是整个市场的 8.4%，到 1992 年占到 22.7%，到 1993 年占到 24%。目前来说占到澳洲啤酒市场的 30%以上；在西欧、美国、日本低醇啤酒所占比重也一直在攀升。

国内低醇啤酒起步比较晚，从 20 世纪 90 年代我国才开始出现，总体来看，发展较慢，大多数厂家对低醇啤酒的研究仍处于试验阶段。可从 3 方面分析原因：

(1)消费水平、消费意识尚未达到；

(2)与传统啤酒口感、风味差距较大，具有麦汁味等；

(3)设备投资大，生产成本高，企业效益不明显。

啤酒的生产历史非常悠久，作为一种大众性饮料，已越来越被人们所接受。我国是从 19 世纪末开始引入啤酒和啤酒制造业，但其发展十分迅速，2002 年我国的啤酒产量为 2 447 万 t，超过美国跃居世界第一。然而我们也不能不看到，目前市场上销售的 90%左右是 10～12°P 浅色普通啤酒，产品结构单一，已不能满足市场多样化的需求。

在国外，低醇啤酒在 20 世纪 80 年代末就被广泛开发和研究，随着人们饮食生活的变化，保健意识的增强，品评啤酒能力的提高，希望有更多的新型啤酒产品不断出现。现代人崇尚健康、自然、个性化的生活方式，人口老龄化的趋势，再加上驾驶员等特殊职业的要求，以及税收、宗教、社会舆论等方面的因素，使得发展低醇啤酒成为可能。低醇啤酒属于保健酒之类，研究表明，它能促进食物的消化吸收，减少对肝的刺激，其有效成分被人体吸收，能增强人体的免疫功能。因而，功能性的低醇啤酒将成为 21 世纪的流行饮料。

在国内，1985 年广东省江门市饮料厂从德国引进一套无醇啤酒生产设备，生产出“百事达”无醇啤酒，此后其他一些啤酒厂也相继开发低醇类产品，但直至现在大多数厂家对低醇啤酒的研究仍处于试验阶段，即使有上市的也存在着口感、稳定性等方面的问题。再加上我国的啤酒人均消费仍处于较低的水平，人们对低醇或无醇啤酒尚缺乏认识，因而在市场上没有明显的占有率。

二、生产工艺原理

低醇啤酒生产方法一般分为两类：一类是控制发酵过程中的酒精产生量，另一类是正常工艺生产啤酒后通过各种手段除去啤酒中的酒精，以达到要求范围。

1. 酒精去除法生产工艺探讨

优点：①去除的酒精量可以随意控制，甚至可以生产无醇啤酒。

②糖化发酵工艺无需变化，只需进行发酵后处理。

缺点：①需要投入大量资金购置酒精去除设备。

②需要额外的处理费用和时间。

③处理过程中啤酒风味物质会被损失。

④处理不当易造成二次污染。

酒精去除法可分为膜分离法和热处理法。

(1)膜分离方法：又分为反渗透法和渗析法两种，其中反渗透法除醇的主要介质是膜，通过除醇、浓缩、二次过滤、补充调整阶段。反渗透法二氧化碳损失较多，所以要补充大量的二氧化碳。渗析法通过膜两边的溶解物质平衡原理处理，渗析过程中不仅降低了酒精含量，很大一部分其他挥发性物质也被除掉，如有些酯类损失可达到65%。渗析法比反渗透法繁琐，但分离温度低，处理过程温度仅由1℃上升至6℃左右，所以对啤酒具有保护性。

(2)热处理方法：分为落流蒸发器除醇、真空蒸馏、真空蒸发、高效蒸发除醇几种。除醇啤酒喝起来和原来啤酒不一样，有两个原因：一是酒精本身对口味有影响，二是除醇过程中不仅仅是酒精，而且有许多挥发性香味物质同时被去除。为了改善无醇啤酒的口味，在除醇后的啤酒中可加入少量其他啤酒以改善风味。

2. 限制发酵法生产工艺探讨

优点：①无须额外的设备投资。

②生产工艺简单，成本低。

③风味物质损失少。

缺点：①糖化或发酵工艺要求高。

②控制不当会影响啤酒口味和稳定性。

限制发酵法有以下几种：

(1)用特种酵母发酵：发酵时不使用普通啤酒酵母而使用 *Saccharomyeodes luswigii* 酵母菌种，它可发酵葡萄糖和果糖，但不能发酵麦芽糖，这样产生酒精少，但是啤酒的糖含量较高，喝起来较甜，而且生物稳定性较差。

(2)酵母—冷—接触方法：麦汁和酵母在2℃时被均匀混合。在这种条件下酵母几乎不产生酒精，但还是增加啤酒香味，并除去麦汁味，有机酸和各种酯类会增加，重要的是乙醛含量必须降低。使用酵母—冷—接触方法生产的啤酒，从分析和品尝口味角度来看具有优势。

(3)终止发酵法：当酵母发酵一段时间后，快速降低温度以终止酵母发酵，使酒精含量满足低醇啤酒要求。

(4)稀释法:将正常发酵的啤酒稀释到所要求的浓度以生产低醇啤酒,这种方法对成品啤酒的风味有一定负面影响。

(5)高温糖化法:通过采用较高的糖化温度,跳过β-淀粉酶分解淀粉的过程以避免产生大量的麦芽糖,但又使液化彻底以防过多的糊精残留而影响啤酒稳定性。此工艺的关键在糖化控制上,既要保证合适的发酵度,又要有较好的啤酒风味稳定性。

(6)废麦糟法:将糖化废麦糟再进行浸泡,加酸分解和蒸煮等处理,生产较低浓度麦汁。为保证麦汁应有的香味,可以添加40%~60%低温浸出法生产的麦汁。这种麦汁发酵产生较低的酒精含量,其缺点是操作繁琐。

(7)利用专用糖浆法:在酿造低醇啤酒时,采用跳跃式糖化法生产麦汁后在煮沸或煮沸结束后添加专用糖浆(可发酵性糖小于5%),进行正常发酵。

综上所述,目前国内外有多种低醇啤酒工艺,各有优缺点,目前低醇啤酒生产中困扰较多的问题是风味和质量问题,随着技术不断发展进步,不久低醇啤酒会更加完美地出现在广大消费者面前。

(一)真空蒸馏法

所谓真空蒸馏是相对常压蒸馏而言,这种方法的优点是蒸馏温度低,对啤酒的风味影响相对较少,真空蒸馏的改良法是将啤酒去酯后再返添加(de/re-esterrification of the beer)。即啤酒中的风味化合物在去酯蒸馏锅(de-esterifi-cationstill)中分离,分离后的风味化合物在啤酒真空蒸馏后再混合。具体方法是先将啤酒在50℃左右密闭预热,再泵入高真空度的去酯设备,使风味化合物瞬间蒸发。这一过程是可以控制的,因此啤酒中各种风味物质的分离也可以控制。分离后的啤酒进入脱酒精管柱,仍在真空下进行操作,使酒精从啤酒中脱除,管柱底部流出的无醇啤酒经冷却后与去酯设备分离出的风味物质混合。最终产品的酒精含量受去酯设备中风味物质的分离程度影响,根据需要一般可以控制在0~1%(体积分数)之间。这种脱醇方法虽然有热处理,但是对风味的影响已经非常小。

降低压力,可以降低蒸发温度,通常控制在35~45℃。经蒸发后的啤酒,再用脱氧水稀释,并进行后修饰。这样可以避免较高温度下蒸发,啤酒产生“蒸煮味”。

该方法由于过热会导致啤酒中的蛋白质变性,并且不易分离乙醇和其他挥发组分,许多芳香物质也随乙醇一起减少。但生产灵活性强,可以生产不同酒精含量的无醇啤酒或低醇啤酒,甚至可将酒精含量降至0.05%。

(二)透析法

透析法是利用透析膜将大分子量和小分子量物质加以分离的方法。透析过程中的物质交换,主要是靠扩散作用进行的,被透析物质沿透析膜的一侧导入,所含低分子物质如水和酒精等则通过透析膜扩散到膜另一侧的透析液内,为了提高透析速度,透析液应不断流动,以将透析过来的酒精带走,使透析膜两侧保持较大的浓度差。由于透析过程是靠物质扩散进行的,所以膜两侧的压力差很小,一般低于5×10^5 Pa。所谓压力差是指膜一侧导入的透析原液的压力和膜另一侧透析液压力的差。工作原理如图15.5所示。

透析薄膜是一种纯纤维薄膜,工作时,啤酒与透析液呈逆方向流动。由于浓度的差别,低分子的酒精扩散通过薄膜，扩散为双向扩散，由薄膜两边浓度差控制，除酒精从啤酒中扩散到透析液中外，由于透析液主要成分是水，浓度高于啤酒中水的浓度，透析液中的水也同时向啤酒中扩散。正常情况下，透析液通常还含有一些啤酒中的其他成分，比如二氧化碳等，用以防止啤酒中二氧化碳等其他物质的损失，有些厂家在透析液中添加部分啤酒用来平衡啤酒中的风味物质。透析液可以循环操作，用真空蒸馏的方法去除透析液中的酒精。透析的过程一般在常温或低温下进行，操作压力为常压或低压，透析膜两边的压力差大约为 10^4 Pa，在正常操作的情况下，啤酒的风味保持良好。

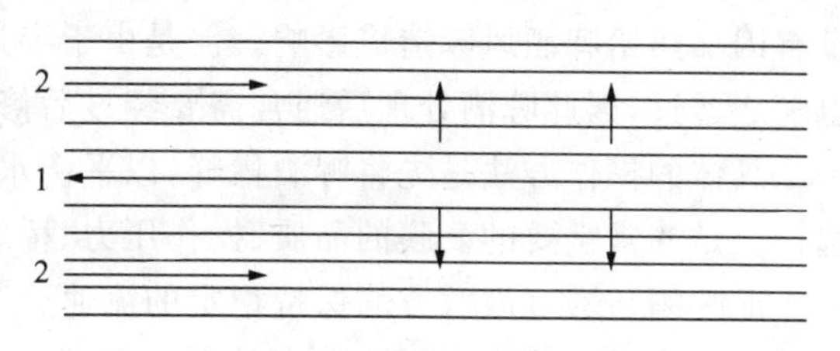

图 15.5　透析法工作原理

1. 空心纤维内待除醇啤酒的流动方向

2. 外壳内渗析液的流动方向

在韩国汉城的一家啤酒厂曾经利用透析工艺将酒精含量 4.2%的啤酒降低到 1.5%，然后再与传统啤酒调制成酒精含量为 3.5%的啤酒。

(三)反渗透法

反渗透是一种膜处理技术，因其同正常渗透相反，故称反渗透。如果将半透膜置于水和溶液之间，水即向溶液方向移动，当两者的渗透压达到平衡时，水即停止移动。反之，如果对溶液施加压力，当其超过渗透压时，溶液中的水便向水的方向移动。反渗透原理如图 15.6 所示。

利用反渗透膜特性，在高压下使啤酒中的酒精和水渗出脱掉，浓缩得到的浸出物用脱氧碳酸水稀释至要求的含醇量。反渗透工艺流程如图 15.7 所示。

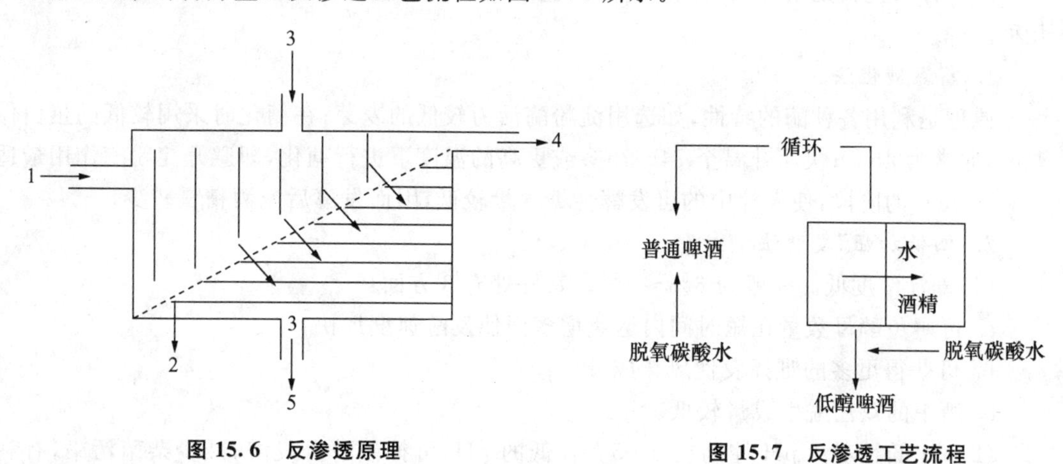

图 15.6　反渗透原理

1. 啤酒进口　2. 膜　3. 加水口　4. 除醇后啤酒　5. 稀酒精溶液

图 15.7　反渗透工艺流程

在反渗透的处理中，待处理的啤酒以切线方式流经膜的表面，一部分进料(渗透部分)选择性地跨过反渗透膜；另一部分(截留部分)则留在进料的那一侧。如果采用一种对酒精有半渗透性的膜，啤酒中的酒精和水就会克服自然渗透压而透过半渗透膜并在膜的渗透一侧得到收集；诸如啤酒芳香成分和风味物质的大分子化合物，将主要滞留并且被浓缩在滞留的一侧。

反渗透是利用酒精本身分子小的特点，以分子的大小来分离。将啤酒在高压下经过半透膜过滤，使分子小于酒精的物质通过薄膜。反渗透技术可以在低温或常温下进行操作，基本上没有因加热给啤酒风味造成影响。但是由于半透膜的选择性较差，一些分子小于酒精的物质也随之透过，因此啤酒处理后通常需要经过后修饰才能得到最终产品。

具体的操作方法是先将啤酒稀释，以平衡水的透过损失，同时减少膜的堵塞。操作压力的选择也是非常重要的。膜的品质、操作压力、稀释倍数是反渗透技术的3个技术要点，其目的是保证啤酒与透过液双方均保持稳定的流速。

用反渗透工艺可以制造出高品质的啤酒，一般酒精含量控制在0.5%(*V/V*)左右。从理论上讲还可以进一步降低酒精含量，但由于时间、成本与风味等因素的影响，会造成很大的经济负担。

(四)低温接触法

所谓低温接触法，是在低温(酵母不能进行发酵的温度)条件下，让酵母同麦芽汁接触，当温度降低到一定程度时，酵母不能使麦芽汁发酵，因此不会产生酒精，而酵母会释放出香味成分，故称之为低温接触法。

冷麦汁6℃左右接种酵母，进行短时有限的酵母生长和发酵，有助于生成酯类及其他风味物质；然后降温至0℃以下，使发酵停止，保持低温，使酵母香味继续扩散到麦汁中，低温能使酵母自动从发酵液中分离出来。也可直接将过滤后的糖化麦汁冷却至0℃以下，酵母低温接触浸取其香味。

(五)限制发酵法

这类方法主要是通过控制生产啤酒工艺来尽量减少酒精的生成量，具体途径主要有以下几种。

1. 高温糖化法

原理是利用各种酶的特性，如选用淀粉酶活力较低的麦芽；在糖化时采用较低的蛋白休止温度，通常为45℃；快速升温至74～75℃或更高的温度下进行糖化，即避开淀粉酶作用最适温度60～65℃的阶段，使麦汁中的可发酵性糖含量较低，因而发酵后产酒精量较少。

2.“四低加压”发酵法

(1)麦汁浓度低。一般为6%～9%。其好处有3方面：

a. 可避免酵母数量在短时间内迅速增多而使发酵速度加快；

b. 可获得更多的难挥发性风味成分；

c. 酒中的双乙酰生成量较低。

(2)pH低。麦汁pH控制在3～5。较低的pH，可抑制酵母发酵，减少杂菌污染，有利于无醇啤酒香气成分的生成。

(3)发酵温度低。在较低的温度下接种酵母进行低温发酵，限制酵母的代谢过程，从而减少酒精的生成量。

(4)酵母添加量低。满罐酵母数控制在$(1\sim8)\times10^6$个/mL左右，发酵1～2 d后，立即分离酵母，防止酵母繁殖快，并且避免了酵母的自溶。

(5)加压发酵。利用CO_2对无醇啤酒和低醇啤酒加压发酵，可抑制酵母发酵作用。

3. 特种酵母发酵法

一般的啤酒酵母，都能将葡萄糖、果糖、蔗糖、麦芽糖及部分麦芽三糖，在无氧条件下发酵成酒精。可以通过诱变、纯种培养出产酒精量少或者不产酒精的特殊酵母，将酒液中的酒精含量降低至很低的程度。

(六)稀释法

类似于高浓酿造。这种浓缩啤酒是用特殊制备的优质麦芽、辅料、酒花及酵母在一定控制条件下制成的，再用脱氧碳酸水稀释，经风味修饰后即成普通啤酒或低醇啤酒。据报道，这种啤酒浓缩液同高浓酿造中的酵母食品一样，在美国等国家已实现商品化。

目前在国内很多厂家均在使用这种方法。最早使用此方法的厂家的初衷并非生产低醇啤酒，主要是为了提高设备利用率。但是近年来，在国内很多啤酒企业，特别是南方的啤酒企业采用此方法酿造8°P啤酒，从而使啤酒的酒精度降到2.5%(体积分数)以下。

第三节　黑啤酒

一、黑啤简介

现代啤酒酿造技术不断发展，为满足消费者各种各样的口味和感官要求提供了极大的可能性。目前，随着改革开放的不断深入和发展，具有独特魅力的黑啤酒迅速进入了我国市场，并且日益成为人们现代生活追求的时尚。

同普通淡色啤酒相比，生产黑啤酒的关键在于：一是要有高质量的焦香麦芽，二是工艺上的合理配料。而生产焦香麦芽时要把握住两项要点，第一要保证麦芽的充分溶解；第二要保证足够的焙焦温度和时间。工艺配料时不盲目随意，必须事先根据原料情况设定工艺方案，根据试验结果科学合理地搭配使用焦香麦芽和浅色麦芽。

黑啤酒既要有其色，又要有其味，应努力从生产工艺上保证二者的协调完美。为保持产品的典型性和均一性对啤酒进行后修饰是必要的、可行的。由于目前制造的麦芽色素和黑啤酒浓汁成分与啤酒基本组成相近，而且溶解性很好。把它作为生产黑啤酒调整色度、增加香气的重要手段，在啤酒过滤过程中，可按一定比例直接添加，其效果是好的。应该注意的是，添加黑啤酒浓汁后，啤酒的原麦汁浓度会略有提高。

总之，黑啤酒的研制和开发，既增加了啤酒的花色品种，满足人们对时尚的追求，又为企业开拓了新的市场，创造了可观的经济效益，必然会有广阔的发展前景。

二、生产工艺

生产黑啤酒的传统工艺，一般是采用一定比例的焦香麦芽、黑麦芽，与浅色麦芽一起，采用二次或三次煮出糖化法进行糖化，制得工艺标准要求的深色麦汁，直接进行发酵酿制而成。由于高温糖化，长时间发酵以及酵母的吸附作用，使焦香麦芽、黑麦芽的香味、色素等有效成分损失太多，又由于深色麦汁的特定组成，给双乙酰的还原带来一定困难，酵母的发酵性能也受到一定的影响；同时，由于黑麦芽的使用，还会给啤酒带来烟味、焦苦味等不良口味。

(一)14°P全麦黑啤酒的酿制工艺

1. 焦香麦芽和黑麦芽的制作

(1)焦香麦芽的制作方法。将回潮成品淡色麦芽水浸8～10 h,捞出沥干,然后装入转筒式炒炉,缓慢升温至50～55℃保持60 min,使蛋白质分解,再升温至65～70℃保持60 min,然后在30 min内升温到170～200℃维持15～20 min,使之产生类黑精物质,再用文火炒20～30 min,直至麦芽外观完全符合规定的标准。

(2)黑麦芽的制作方法。将干麦芽加水浸渍6～8 h,沥干后,装入炒炉,缓慢升温至48～52℃维持30～40 min,进行蛋白质分解。然后升温至65～68℃,进行20～30 min的糖化,再在30 min内加热至160～180℃。随后加热至200～210℃保持30 min。当闻到浓郁的焦香气味时,再加热麦芽至220～230℃保持10～20 min,即可出炉摊冷。

2. 麦汁制备

原料配比淡色麦芽60%,焦香麦芽10%,黑麦芽30%。料水比为1:(3.0～3.5)。原料粉碎淡色麦芽采用湿法粉碎,要求谷皮破而不碎;焦香麦芽和黑麦芽粉碎时,需适度喷水,要求粉碎得粗细均匀。

糖化采用二次煮出糖化法,具体操作过程为:原料粉碎后投入糖化锅中,用食用级磷酸调pH为5.3,投料品温为35℃,保持20 min。将60%～65%的醪液泵至糊化锅,加热至50℃保持15～20 min,进行蛋白质休止。随后加热至64℃保持15～25 min,再升温至70℃保持20 min。迅速加热醪液至微沸,保持25 min后泵回糖化锅,与糖化锅中的原醪合并,使醪液温度为62～64℃保持10～25 min。再次将33%的醪液泵至糊化锅,加热至68℃保持15～25 min。迅速加热至沸,保持20 min,随后泵回糖化锅,与原醪混合后要求品温达到76℃,保持10 min灭酶,检测碘反应是否完全。

麦汁过滤将糖化醪泵入过滤槽后,静置15～20 min。第一麦汁浓度为17.5%左右,洗糟水温度控制为76～78℃,洗糟残液含糖为0.8%～1.5%,混合麦汁浓度为12.5%。

麦汁煮沸强度为10%～12%,煮沸时间控制在120 min以内,酒花分3次添加,总量为0.5%。第一次在煮沸40 min后,添加全量酒花的20%;70 min后添加全量酒花的30%;第三次在煮沸终了前添加余下的50%酒花。同时可加入0.2%的糖色,以抑制啤酒氧化味的形成,并赋予成品酒良好的光泽和特有的焦香味。煮沸后定型麦汁浓度为(14±0.3)%。

麦汁冷却、充氧煮沸后的麦汁除去酒花糟后,用薄板换热器,采用一段冷却法冷却至7℃,充入无菌空气,使麦汁中溶解氧含量为8～10 mg/L。原麦汁浓度为14%的麦汁成分分析数据见表15.2。

3. 发酵

酵母选择与添加量选用选育的优良下面酵母,其用量为0.8%～1%,酵母增殖时间为16～20 h。经发酵后的酵母,不再回收用于下批次发酵。

发酵麦汁分3次满罐,温度分别为6.5℃、7℃和7.5℃,溶解氧含量9 mg/L,以满足酵母繁殖需要。满罐后麦汁自然升温进行主发酵,控制最高发酵温度(品温)为9.5℃,并保持2～3 d。当外观糖度降至4.5%时封罐,升温至12℃,罐压为0.12 MPa,在此条件下继续发酵并还原双乙酰。待外观糖度降为3.0%时,将罐压升至0.14 MPa。待发酵液中双乙酰含量降为0.08 mg/L时,按0.3℃/h的速率将发酵液温度降至5℃左右,保持24 h后排放酵母,主发酵期为12～15 d。再以

0.1℃/h 的速率降至−1～0℃，保持罐压 0.08～0.12 MPa，贮酒 30～40 d。

表 15.2 原麦汁浓度为 14%的麦汁成分分析数据

批次	色度/EBC 单位	酸度	麦芽糖含量/%	苦味值/Bu	α-AN/(mg/L)	定型麦汁浓度/%
1	125	1.78	12.10	31	248	14.02
2	125	1.72	12.70	36	226	14.11
3	112	1.82	11.94	33	244	14.13
4	128	1.88	11.90	32	212	14.13
5	120	1.77	12.14	30	178	14.36
6	118	1.94	12.05	34	194	14.06
7	120	1.74	11.10	29	228	14.08
平均值	121	1.81	11.99	32	218	14.13

4. 滤酒

采用硅藻土过滤机进行粗滤，因黑啤酒黏度较高，故过滤时硅藻土的用量可适当增加。精滤则采用纸板过滤机，在清酒中加入微量维生素 C(约 0.02‰)，可提高成品酒的非生物稳定性及风味稳定性。

(二)高浓度 18°P 黑啤酒的酿制工艺

高浓度 18°P 黑啤酒采用优质大麦芽、黑麦芽、焦香麦芽，特质大米，啤酒花，优质泉水为原料，经糖化，加酵母发酵精酿而成。具有外观清亮透明，富于光泽，泡沫细腻，持久挂杯，口味纯正，醇厚柔和，苦香，具有浓郁的麦芽香味，且含有人体必需的多种氨基酸、维生素，营养丰富。

1. 焦香麦芽和黑麦芽的制作

(1)焦香麦芽的制作方法。将回潮麦芽适度喷水后，装入转筒式炒制炉内。开始用大火在 10～15 min 升温到有大量白烟冒出(170～200℃)维持 10～15 min，再用文火烘炒 20～30 min 后开始检查烘炒情况，直到麦芽外观符合标准要求为止，出炉摊平冷却。焦香麦芽的色度为 70～120 EBC 单位。

(2)黑麦芽的制作方法。将回潮的麦芽进行适度喷水后，装入转筒式的炒麦机，用大火在 15～20 min 之内加热至冒大量白烟，并保持 15～20 min，其间，注意大火不能用得太急、太久，以免麦芽发生炭化。再以文火烘炒 30～40 min，并开始观察烘炒程度。若麦芽已符合要求，则立即出炉摊晾；若尚未合格，则继续施文火烘炒，直至合格，并出炉摊晾。黑麦芽的色度为 1 300～1 600 EBC 单位。

2. 麦汁制备

在全面检测麦芽质量的基础上，设计小试验的麦汁制备工艺方案，并经生产试验验证、修正后，正式应用于生产。现在，生产中执行的工艺规程如下。

(1)麦芽粉碎。

①浅色麦芽的粉碎：采用增湿粉碎法。要求达到谷皮破而不碎；过 20 目筛孔者为 38%～41%，过 40 目筛孔者为 38%～43%，过 50 目筛孔者为 18%～20%。

②焦香麦芽及黑麦芽粉碎：粉碎时，需适度喷水，并将辊间距适当调大些，使粉碎得粗细均

匀，以免麦汁难以过滤。

(2)投料浅色麦芽用量为60%～70%，焦香麦芽5%～10%，黑麦芽5%～15%，大米10%～20%。糊化锅投料的料水比为1∶(6.0～7.5)，使用适量耐高温α-淀粉酶；糖化锅投料的料水比为1∶(2.4～3.6)。

(3)糖化采用二次煮出法或三次煮出法。在品温控制上，最好采取二段蛋白质分解和二段糖化的工艺过程。用食用级磷酸调整糖化醪的pH。

具体糖化温度控制过程，举例如下：糊化锅投料品温加50℃，煮沸后保持40 min；糖化锅投料后品温为37℃，保持25 min→在20 min内，升温至50℃，保持40 min→与来自糊化锅的醪合并后在64℃下保持35 min→在15 min内升温至70℃，保持20 min→将部分醪泵至糊化锅，经煮沸后，泵回糖化锅，使品温为77～78℃，保持10 min即可。

(4)麦汁过滤头号麦汁浓度为16%左右，混合麦汁浓度为14%左右。最后洗糟残液含糖为2.0%～3.5%。

(5)麦汁煮沸过滤时，一定要待回流至清亮后才可进入暂贮槽或煮沸锅。麦汁在煮沸时添加1%～2%的白砂糖，以免麦汁发酵度太低或成品酒过于醇厚。

(6)麦汁冷却及通无菌空气麦汁冷却至7～9℃后，充入无菌空气，使其溶解氧含量为7～9 mg/L。

原麦汁的成分分析结果如表15.3所示。

表15.3 原麦汁的成分分析结果

项目	锅1	锅2	锅3	锅4	锅5
原麦汁浓度/%	18.11	18.20	18.22	18.22	18.43
麦芽糖含量/%	13.7	14.2	13.9	13.5	13.7
糊精含量/%	3.7	2.9	2.8	1.9	2.5
pH	4.7	5.0	4.7	4.7	4.5
α-氨基氮含量/(mg/L)	190.0	200.6	216.7	189.6	195.3
苦味值/Bu	35	40	37	36	34
酸度	3.7	3.6	3.7	3.6	3.4
色度	12.5	12.0	12.4	12.3	11.8

3. 发酵、贮存

(1)酵母使用原生产淡色啤酒时所用的下面酵母菌株，但发酵力相对较高。接种温度略低于淡色啤酒发酵，为7～9℃。接种量为0.8%～1.0%。发酵结束后，酵母不回收再使用。

(2)前发酵发酵温度略高于淡色啤酒发酵。控制为11～12℃，双乙酰还原温度为13～14℃。发酵期较长于淡色啤酒发酵，为12～15 d。

(3)贮存温度控制为－1～0℃。贮存期为15～20 d。

4. 滤酒

因黑啤酒黏度较高，故过滤时硅藻土的用量相对较高。过滤后的酒液，浊度控制为1 EBC单位。

5. 成品酒成分分析结果

成品酒成分分析结果见表15.4。

表15.4 成品酒成分分析结果

项目	数据	项目	数据
原麦汁浓度/%	17.74	二氧化碳含量/%	0.5
酒精含量/%(体积分数)	6.3	苦味值/Bu	24
真正发酵度/%	67.0	pH	4.4
真正浓度/%	5.9	色度/EBC	11.7
双乙酰含量/(mg/L)	0.11	泡持时间/s	280
酸度	3.3	泡沫高度/min	80

成品酒外观清亮透明,有光泽;泡沫细腻,挂杯持久,具有浓郁的麦芽香;口味纯正、柔和、醇厚。因各厂的设备、原料、水质、酵母等因素不尽相同,故酿制的产品风味也必然各异,上述数据仅供参考。

(三)黑啤作用

1. 美容作用

黑啤不仅味道浓郁,口感甘醇,而且还是一份护肤佳品。在德国,很多女性都用黑啤来滋养肌肤。

黑啤主要能给皮肤保湿、提供养分和收缩毛孔。这是因为,黑啤虽然也是经谷物发酵酿制而成的,含有一些活性酶以及氨基酸、维生素等营养成分,但与其他啤酒相比,其酒花含量更多,更具滋补效用。一方面,能够分解皮肤的油脂和角质,从而起到收缩毛孔的作用;另一方面,啤酒中富含的营养素可以滋养皮肤,并在皮肤表层形成一层黏黏的“保护膜”,减少水分的流失。

2. 保健作用

黑啤可有效预防老年性白内障。在加拿大,一项动物和实验室的综合研究显示,适量饮用啤酒,特别是烈性黑啤酒,可以预防白内障的发生。伦敦西安大略大学生物化学的一位教授说,浓的、黑色淡啤酒或烈性黑啤酒,含有大量的抗氧化剂,而抗氧化剂看来可以防止白内障的发生。科学家还说,在动物模型中,抗氧化剂可以减少大约50%的白内障发生机会。在老鼠的晶状体试验中,发现抗氧化剂和啤酒中保护晶状体细胞的抗氧化剂作用相似。晶状体细胞中线粒体的损伤会导致白内障发生几率增加。这种抗氧化剂主要存在于啤酒花中,其实各种啤酒都有类似作用。

第四节 冰啤酒

一、冰啤酒的定义

冰啤酒是一种将原啤酒进行有限度的冰晶化处理,并进一步强化冷混浊物去除而得的、质量更为优良的新型啤酒。

1. 冰啤酒酿制原理

制取冰啤酒的前期，即在后发酵完成之前的技术，基本上同传统的设备和工艺；与普通啤酒生产技术最主要的区别，就在于后处理措施：即将嫩啤酒处于啤酒冰点的温度下，使之产生部分冰晶体，并形成在一般的低温条件下所不可能出现的冷混浊状态；再通过精滤设备，将那些含氮高分子成分，以及使啤酒呈粗糙的不良苦涩味的某些酚类等冷混浊物滤除，冰晶则可不除去或部分除去。因而，成品酒的风格与原啤酒有明显的区别。但目前世界各国生产冰啤酒的设备及工艺，尚不尽相同，而各具特点；产品标准也各不相同。通常是将嫩啤酒经有限度的冰晶化处理后，在－2.2℃下贮存数天，再趁冷进行精滤，不去除啤酒中的小冰晶。

2. 冰啤酒的特点

①外观更清亮，非生物稳定性更好。

②泡沫更洁白、细腻、持久。

③风味更柔和、爽净。

原啤酒的浓度和酒精含量越高、则冰点越低，析出的冷混浊物也越多，故对提高成品酒的非生物稳定性及改善啤酒口味的作用也就越明显。

④理化指标与原啤酒基本相同。由于酒精的冰点为－114.5℃，故经部分冰晶化和精滤而成的冰啤酒，其酒精含量会略有增高。但因最终被筛除的大冰晶，仅占原啤酒总容积的0.5%左右，故经处理的啤酒，基本上不会提高浓度和酒精含量。如果采用的冰晶化处理设备和工艺得当，则也不存在啤酒的有效成分被包埋的问题。

有的厂将高浓度原啤酒经冰晶化处理和精滤后，再用脱氧、无菌、低温碳酸水进行适当稀释，则成品酒也具有香气和诸味协调的良好风格。

二、冰啤酒生产工艺及流程

(一)冰啤酒生产工艺

冰啤酒生产工艺与传统生产工艺前期基本一致，其关键技术在于啤酒的后期处理。目前国际上流行的冰啤生产工艺大致可分为3类：加拿大兰伯特啤酒厂是世界上首先获得冰啤专利的厂家。该厂酿造工艺是把传统工艺生产的嫩啤酒（温度－1～2℃）均匀送入刮板式薄板冷却器（采用机械方法刮去薄板热交换器表面结晶的冰块），使啤酒冷却至－4℃。此时，热交换器内壁出现结晶。然后将此酒液在－3.5～4℃下送去重结晶罐（重结晶罐是冷冻浓缩设备，带有搅拌器，以使啤酒与冰晶均匀混合，并使罐内保持一定比例的冰晶量，一般控制比例15%～20%）使冰晶增加，最后啤酒除去冰晶送入后贮存罐中，同时用二氧化碳将重结晶罐中残留酒液顶出。

另一类型冰啤生产工艺代表是加拿大莫尔逊啤酒厂。其酿制工艺与兰伯特不尽相同，可分为3步：第一步将啤酒缓慢发酵至高酒精度；第二步嫩啤酒存放于冷冻室内使之逐步形成冰晶；第三步经过滤除去冷混浊物，最后经冷精滤机得以完成。美国继加拿大之后也开发出冰啤——生啤酒。其酿制工艺与上述两种又有所区别。要点是：将嫩啤酒流经特制的冷冻室形成冰晶，然后在低温下贮存，最后经冷精滤、包装。其特点是不除去啤酒中的冰晶。

我国一些啤酒厂家也在积极研制、开发冰啤酒。目前国内多采用露天锥形罐一罐法生产工艺。在贮存过程中，由于调温不当，降温速度快或温度降得过低，造成大罐内结冰，啤酒原浓酒精度升高，结果获得酒液更清亮、口味更醇厚、柔和，泡沫更细腻的啤酒。这实际上是冰啤原始型。国内厂家在不断探索改进工艺的过程中，摸索出一条新路子，即将原浓较低的啤酒（嫩啤酒原浓根据冰啤浓度而定）送入重结晶罐（自制、带搅拌器、外冷带），送入冷媒使其缓慢结晶，待其结晶达到一定比例时（也可以通过控制浓度达此目的），精过滤、灌装。总之，不论采用何种工艺途径生产冰啤，其共同特点是，对嫩啤酒进行深度冷处理，使其产生混浊并形成冰晶。由于冷混浊物进一步析出，加之结晶。使一部分影响啤酒口味的物质被除去从而使啤酒口味更柔和，更清爽，泡沫更细腻、持久。

（二）冰啤酒生产工艺流程

冰啤酒生产工艺流程见图 15.8。

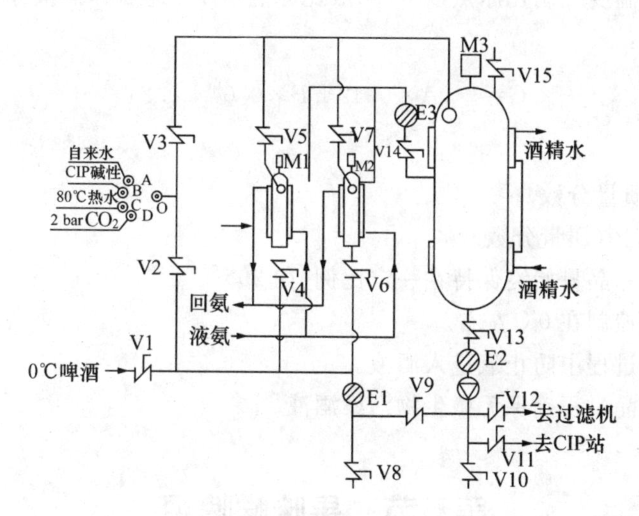

图 15.8　冰啤酒生产工艺流程

工艺流程为：原啤酒—粗滤设备—刮板式热交换器—处理罐—贮酒罐—精滤机—清酒罐。

主要设备有冰晶发生器（附有刮冰系统）、重结晶器、输酒泵和管理系统、电控系统和温度显示。

（1）原啤酒粗滤。将发酵罐内低温贮藏的成熟嫩啤酒经硅藻土过滤机粗滤。

（2）冷却至冰点。将经过粗滤的酒液通过刮板式热交换器或其他形式的热交换器冷却至冰点，使啤酒出现粒径 10 μm 左右的小冰晶。该道工序关键之处就是要控制好啤酒的冰点，只有出现小冰晶，才能确定酒温已达冰点温度。啤酒冰点通常采用下列公式计算。

$$t = (W \times 0.42 + P \times 0.04 + 0.2)$$

式中，t—啤酒冰点；

W—啤酒中酒精质量分数，%；

P—啤酒原麦汁浓度。

(3)入处理罐处理。将已冷却至冰点的啤酒输入处理罐,经处理罐夹套冷媒致冷 1～2 h 处理后,将原粒径 10 μm 左右的小冰晶变成粒径为 100～300 μm 的大冰晶。不断输入酒液并通过搅拌器搅拌,使罐内酒液全部达到冰点,充分析出冷混浊物。该工艺过程控制要点是,通过处理罐温度反馈控制系统,按罐内冰传感器信号,通过热交换器进行增冷或减冷,以保持大冰晶平衡温度和含量。

(4)再将进入处理罐内已重结晶的酒液,通过底部筛筒,输送到贮酒罐。在此过程中,如果罐内压力上升至工艺设定压力,筛筒旁边自动刮板会启动除冰,压力下降至工艺设定压力后停下,直至全部酒液处理完毕,最后用 CO_2 或 N_2 将罐内残留酒液压至贮酒罐。

(5)最后将贮酒罐的酒液,经纸板或膜过滤等精滤,进入清酒罐,以备灌装。

(6)包装工艺基本上按一般啤酒生产工艺进行操作。

(三)冰啤酒生产技术要点

(1)采用优质原料和先进酿造工艺,以保证制作"冰啤"的酒基各项指标优良。

(2)结晶时酒液温度控制在冰点以下(一般比冰点低 1℃左右),酒液冰点与原浓和酒精度有关,可用下式计算:

$$G=-(A\times 0.42+P\times 0.04+0.2)$$

式中,G—冰点,℃;

P—原浓,%(质量分数);

A—酒精含量,%(质量分数)。

(3)再结晶罐内冰晶量始终保持在一定比例,如 20%。

(4)后熟罐温度控制在 0℃左右。

(5)冰晶化处理过程中防止氧进入酒液。

(6)整个冷冻结晶过程确保无微生物污染酒液。

第五节　果味鲜啤酒

一、果味鲜啤酒简介

大多数啤酒中的还原性物质存在于新鲜的啤酒中,它们也是协助啤酒保鲜的有效物质。鲜啤酒色泽更浅,清透明度更好,外观更亮,更美;保留了酶的活性,有利于大分子物质分解;含有更丰富的氨基酸和可溶蛋白,营养更好。同时,经国内外医学界大量临床实践证实,鲜啤酒对神经衰弱症、胃肠功能紊乱、习惯性便秘、缺铁性贫血症、心血管疾病、老年痴呆症、冠心病、心脏病等病症具有明显的改善症状的疗效。

根据 GB 4927—2001 啤酒国家标准的规定,鲜啤酒是指不经巴氏灭菌或瞬时高温灭菌,而采用物理方法除菌,达到一定生物稳定性的啤酒,其保质期不少于 5 d。鲜啤酒除了具有啤酒品质要求外,由于其不经巴氏灭菌或瞬时高温灭菌,所以口味具有纯生啤酒的新鲜特点。它采用物理过滤方法除菌,使啤酒中的营养组分得到了更多的保留,抗氧化能力得到了大幅度提高，因此，鲜啤酒的口感比热法杀菌啤酒更新鲜。鲜啤酒最大限度地保留了啤酒的生命活力——新鲜，口味鲜美，消费者的接受度更高。随着市场竞争的日益加剧，越来越多的啤酒企业把竞争的焦点直接聚集到消费者，紧跟不断变化的消费趋势，最大限度地满足消费者求新求变的消费需求。在现阶段啤酒同质化的情况下，谁能提供消费者喜爱的新产品，谁就能在市场竞争中脱颖而出。

鲜啤酒占啤酒总产量的比例在德国、英国分别为30%和80%，全球的平均比例也有20%，同时还在继续扩大。而我国鲜啤酒的产量占啤酒总量的比例还非常低，仅仅占总量的1%还不到，所以其发展潜力十分巨大。

相对于熟啤酒，鲜啤酒的生产更加节能和环保。由于不需要进行巴氏灭菌或瞬时高温灭菌，鲜啤酒节约了大量的能源消耗。同时，鲜啤酒主要采用塑料桶包装，相对熟啤酒的玻璃瓶装，节约了大量的资源和场地。瓶装啤酒的生产和储运需要消耗和占用大量的资源：制造1万kL啤酒，就需要提供4 kL啤酒需要的瓶箱资财和能够储存4万t瓶箱资财的生产场所。根据统计生产每千升瓶装熟啤酒在罐装的过程就需要消耗3 kL的水，同时需要消耗大量的蒸汽和碱水，综合能耗相当高，而生产同样数量的桶装鲜啤酒，其综合能耗仅为瓶装熟啤酒的70%。

鲜啤酒在我国现阶段的生产方式基本上是以清酒直接灌装，不经过巴氏杀菌或高温瞬时灭菌，从鲜啤酒标准角度来说，是应该达到了鲜啤酒的标准；在生产工艺来说，这样的生产方式也能达到鲜啤酒的品质控制要求。但因为生产设备落后、微生物观念淡薄，卫生控制往往达不到控制标准，清酒液在灌装前或灌装过程中都可能受到微生物的污染，导致危害消费者的身体健康，市场投诉较多，企业花费大量的售后资源，反倒限制了鲜啤酒的发展和危害了企业自身的盈利。随着我国啤酒行业的快速发展，啤酒行业越来越集中化、规模化，企业有更强的能力提升自身的生产能力和水平。设备、技术能力和生产工艺都得到了非常大的改进和提高，特别是全过程纯生啤酒生产技术的引进，使得我国的部分啤酒生产企业已经具备了生产鲜啤酒的能力。

随着人们消费理念的转变、健康意识的加强以及啤酒工业自身的发展，许多个性化口味和风格的啤酒也开始陆续出现，如各种果味啤酒、芦荟啤酒、仙人掌啤酒以及各种保健型啤酒等。其中尤以果味啤酒的开发最为流行，果味啤酒是以果汁为原料，啤酒为酒基制得的，以追求新颖口味的年轻人、妇女为主要消费者，颇受某些消费群体的青睐，是开拓新市场的理想产品。但果味啤酒为了保证啤酒的非生物稳定性和保质期，往往会加入一些山梨酸钾或苯甲酸钠之类的防腐剂和一些稳定剂。在食品安全风声鹤唳的今天，对消费者的消费积极性打击无疑是十分巨大的。由于鲜啤酒的消费模式决定了鲜啤酒不需要长时间的保质期和稳定性，开发一种无添加的果味鲜啤酒能很好地占据这一市场。

以上可以看出，果味鲜啤酒同时具有了鲜啤酒和果啤的优点，在生产鲜啤酒的基础上开发生产果味鲜啤酒对为消费者提供更新鲜、更新颖的啤酒产品，节能环保，提升企业盈利水平等都具有十分重要的意义。

二、果味鲜啤酒生产技术

要生产口味稳定、口感良好和质量有保证的果味鲜啤酒，首先就要能生产出合格的鲜啤酒作为酒基，生产技术上必须从生产原料、酿造过程、风味稳定、风味协调、生产卫生等各方面进行控制。

（一）原料水

要求酿造用水无色透明，无悬浮物，无沉淀物。将水加热到20～50℃时，用口尝应有清爽的感觉，气味、口味都是中性的，无异味、无异臭，无碱味、苦味、涩味。水中总溶解盐类应在150～200 mg/L之间。水的pH应该在6.8～7.2之间。水中有机物含量以高锰酸钾耗氧量来计算，有机物含量应该在3 mg/L以下。水中铁含量应在0.3 mg/L以下。水中氯化物含量以20～60 mg/L为适宜。水中硅酸盐含量要求在30 mg/L以下。水中细菌总数和大肠杆菌数应该符合生活饮用水标准。采用深层地下的天然石英冷泉水作为原料水。天然石英冷泉水是地质专家经过严格的水位勘探，在100 m以下石英岩钻孔取出的，与著名的虎跑泉水属于同一石英岩层。因为长期深藏地下，其在岩层循环的质量、净化程度、有益元素的含量均优于虎跑泉水，具有清爽、纯净的特点。并且其酿造性能及口感都符合啤酒酿造要求。

（二）原料

啤酒生产的原料有麦芽、淀粉、啤酒花、酵母等。采用多种不同的麦芽品种，在分析麦芽指标的基础上合理搭配。为了减少由于单一麦芽原因造成的指标变化，使用单一品种的麦芽比例不能过高，由多种麦芽混合而成，保证得到各项指标都一直保持稳定的混合原料；在辅料淀粉的使用上，应选择合格的、负责任的供应商，保证辅料淀粉的新鲜度以及供货的及时性。合理配置原辅料比例，保证制得的麦汁富含酵母发酵需要的各种营养成分；啤酒花在啤酒的风味上、特征上往往起到画龙点睛的功能。长期以来，人们着眼于对啤酒中与酒花香味相关的风味物质进行研究，对啤酒花化学成分的分析已达200种以上，但在实际啤酒酿造过程中啤酒花的应用却受到许多外界因素影响。在啤酒花的化学成分中，对啤酒酿造具有重大意义的三大主要成分是酒花树脂、酒花油和多酚物质。这些物质对啤酒既有有利的方面，也有不利的影响，需要在啤酒酿造过程中合理控制添加量以及添加时间。不同品种的酒花上述物质的含量也不尽相同，选用合适的啤酒花品种能赋予啤酒需要的酒花香气和苦味物质等风味物质；酵母是啤酒的灵魂，各个啤酒公司都有其使用的已经适应了其生产需要的酵母品种，这也是各种啤酒风味有所不同的原因之一。在酵母使用中，主要还是控制酵母的接种量：酵母接种量对啤酒发酵主要表现在缩短发酵时间，获得高的细胞数峰值，使发酵罐的周转加快，完成啤酒产量，但由于麦汁营养源有限，高接种量会导致产生高乙醇含量，以及一些杂醇的含量也会提高，导致啤酒风味降低。感官分析表明低接种量具有较好的香味。明显地，控制好酵母接种量也是生产优质啤酒的关键。

（三）酿造过程

控制好糖化、发酵、过滤过程的各个参数，包括温度、时间、浓度等。控制酶制剂的添加量及添加时间，控制酒花制品添加量及添加时间，控制麦汁充氧时间与充氧量，控制满罐时间，控制排渣、回收酵母、排放废酵母时间与次数，控制过滤酒龄等。

(四)风味稳定性

近年来,啤酒生产领域对啤酒风味稳定性的研究比较多,延缓啤酒风味老化以延长啤酒货架期是啤酒工业最具挑战的问题之一,可能的措施包括以下3个层次的内容。

1. 麦芽质量指标对啤酒风味稳定性的影响

大麦麦芽对啤酒稳定性的影响主要是由于其内促氧化剂和抗氧化活性物质的存在。麦芽中含有多种来自大麦和制麦过程中形成的具有抗氧化活性的化合物,它们在制麦和酿造过程中发挥着重要作用。这种抗氧化活性是由麦芽和大麦中的酚类化合物、植酸、抗坏血酸、类黑素和几种酶类共同产生的,其中类黑素和多酚是其天然抗氧化活性的最主要来源,它们源于制麦过程和大麦本身。麦芽多酚的抗氧化性和清除自由基能力对啤酒的风味稳定具有重要作用。选择合适的麦芽对啤酒风味的稳定性至关重要。

2. 抑制麦汁制备过程中的氧化反应对啤酒风味稳定性的影响

在整个糖化过程中有30～200 mg/L氧摄入,减少糖化过程中氧的摄入是十分重要的。在麦芽粉碎机内的空气以氮气取代。K. Macda对实际酿造糖化设备进行了改造:从底部进醪液,锅的上部空间用氮气保护;调节搅拌转速,减少搅拌次数和速度;沿锅内壁温和进料;减少醪液输送次数和距离;开始进醪液时,通过泵及逆向器降低物料的喷射强度,减少氧的摄入;煮沸时密封;在麦汁冷却过程中,沉淀槽隔氧,缩短麦汁冷却时间减少麦汁的高温氧化。麦汁充氧进行控制,以满足酵母生长需要为主,杜绝过量充氧减少麦汁氧化。采用无甲醛酿造工艺,提高还原多酚含量。以上措施的实施能有效地降低麦汁制备过程中的氧化反应。

3. 控制啤酒过滤、灌装过程溶解氧增量对啤酒风味稳定性的影响

鲜啤酒取消了热法杀菌工艺,使啤酒的还原力得到了最大程度的保持,因此,冷过滤除菌技术的应用,实际上已经使桶装啤酒的风味稳定性得到了较大提高。发酵液的溶解氧是相当低的,一般在0.05 mg/L以下。减少啤酒过滤、灌装过程溶解氧摄入,严格控制成品酒总溶解氧含量,是提高啤酒风味稳定性最有效的措施,主要包括采用高浓稀释技术,利用低氧含量稀释水稀释清酒溶解氧;啤酒过滤时采用脱氧水引酒,排除过滤管道、过滤系统中残存的空气;过滤时发酵罐采用CO_2背压;啤酒过滤时添加剂添加过程用CO_2保护;清酒罐用CO_2背压保证清酒罐进清酒罐前罐内的CO_2纯度;清酒罐至酒机管道用脱氧水处理;啤酒灌装采用CO_2背压,排除容器中的空气。以上措施的实施能有效地降低啤酒过滤、灌装过程溶解氧增量。

(五)风味协调性

啤酒的风味构成并不是孤立的某一种风味物质所能代替的,而是各种物质相互加成、影响的结果。风味物质对感官协调柔和性的影响及其作用机理是食品风味研究中的一个崭新领域。所谓协调,是对风味特性的整体综合评价,风味协调与风味物质的含量与比例直接相关,鲜美的风味来自呈味成分的协调作用,适当合理的风味组成,会使消费者感到“舒服”,但当某些成分含量过多或过少,破坏了呈味成分的协调关系,就不会产生鲜美风味。啤酒中的挥发性风味物质,除酒精和CO_2外,还包括醇类、酯类、酸类、醛类、酮类、硫化物、酚类化合物等。酒精和CO_2对风味的影响,远没有比它们少得多的发酵副产物大,各种副产物的数量和配比关

系是造成啤酒风味差异的主要来源。高级醇的含量不仅影响啤酒的口味，而且是工艺中必须严格控制的指标。所谓的啤酒"上头"，主要就是杂油醇过高引起的。我国目前对啤酒的风味特征主要是通过感官品评。随着生产规模的扩大，质量要求的提高，仅靠专业的评酒人员进行感官品尝，已难以达到控制产品品质的目的。利用现代仪器分析技术对啤酒进行监控，保持啤酒风味一致性，是啤酒行业发展的趋势。

柔和型啤酒，口感物质协调，风味物质不突出，苦味小，酸感低，香味淡，啤酒中水分子和风味物质（乙醇高级醇等）以氢键缔合较好，各风味物质的风味强度均小于0.5，这样才能达到风味口感柔和。风味柔和的鲜啤酒才是果味鲜啤酒的合格酒基。有人在高浓酿造过程中，对过滤前生酒、清酒、成品酒进行反复对比，发现高浓酿造稀释酒较非稀释酒口味更柔和，口感更干净，无异杂味。果味鲜啤酒的以新鲜为主要的特色、突出果汁口味。采用较高浓度酿造，在过滤阶段进行稀释并进行果汁调配的生产工艺能酿造出更受消费者喜爱的果味鲜啤酒。

（六）生产卫生

在果味鲜啤酒的生产中，卫生生产主要考虑的是微生物的污染。啤酒有害菌的危害主要表现在以下几个方面：野生酵母能够污染麦汁、发酵液、贮酒等各工序，被污染的啤酒风味会发生变化；乳酸菌是啤酒中较为常见的污染菌，除产酸外，还会产生杂味（奶油味、双乙酰味、酯香味），甚至出现丝状混浊；肠杆菌科细菌污染麦汁后在发酵过程产酸、H_2S、DMS和其他代谢物，对啤酒风味造成伤害；四联球菌是对啤酒危害较大的细菌，主要污染麦汁发酵到清酒灌装工序，产生双乙酰和其他代谢产物，引起啤酒混浊并产生酸味及双乙酰味；醋酸杆菌主要在啤酒后期污染，在啤酒中生长可产生酸、异味、混浊和丝状物沉淀。

在啤酒的发酵过程中受到微生物的污染，除了会造成无法进行啤酒生产外，还会由于微生物污染而造成双乙酰还原困难，影响正常的生产供应。该批回收酵母也将无法继续使用而造成生产安排陷入麻烦。污染微生物造成的发酵异常更会使啤酒出现口味不协调、醇类、脂类、硫味物质等风味物质组分不合理，造成成品酒的质量波动。以无菌酿造为主要目标的技术改进是提高鲜啤酒质量的重要任务之一。建立完善的微生物检测计划及判定标准，是开展微生物控制工作的前提。实践证明，严格的环境及装备卫生管理制度的实施是开展微生物控制工作的保证。

在无菌酿造的同时，啤酒过滤通过几层的物理过滤方式除去酒液中的所有可能存在的微生物，包括酵母菌。另外，在灌装机之前设置无菌过滤系统，国内配置的啤酒无菌过滤系统一般使用0.45 μm绝对孔径的有机膜滤芯，保证进入灌酒机的清酒卫生指标。美国颇尔公司的膜材质采用尼龙66，每个集束由7根滤芯组成，最终过滤能力由集束的多少决定。可以单独对每个集束进行滤芯完整性测试，发现不合格集束后，将该集束在生产前关闭，不影响正常生产。这个过程只在普通鲜啤酒生产及小规模果味鲜啤酒生产时使用，在大规模生产果味鲜啤酒由于果汁容易造成堵塞并不使用。

最终灌装容器的无菌也是鲜啤酒及果味鲜啤酒无菌化生产的关键所在。回收鲜啤酒桶采用德尔丰啤酒自动清洗机进行清洗，使用具备抑菌功能的润滑剂在输桶链条上防止微生物滋生。保证果味鲜啤酒液的无菌，以延长保存期。

三、果味鲜啤酒生产工艺

(一)果味型啤酒的生产方法

生产方法主要有以下几种:

(1)以果酒和啤酒为酒基制果味啤酒:即果酒与嫩啤酒按照预定的比例进行调配后然后按照普通啤酒的生产方式进行过滤、包装,其工艺较简单,但生产周期短,一次性生产量大。

(2)以果汁为原料制果味啤酒:将果汁与原麦汁混合,然后按普通啤酒的生产方式进行发酵、过滤、包装,果汁与啤酒融合一体,酒质稳定但工艺较复杂需要考虑果汁在发酵过程中的风味变化,生产周期长,生产量大。

(3)以果汁和啤酒液调配制果味啤酒:将果汁与啤酒混合,按口味进行比例调配,生产工艺简单,以食用香精、生产周期短,生产量可控。

(4)以食用香精、色素、酒精等与啤酒调配成果味啤酒:将香精等与啤酒混合,按口味调配,生产工艺简单,但是产品所添加的香精、色素等非自然成分对身体健康也是无益的,与我们开发果味型鲜啤酒的初衷也是相悖的。

(二)果味型啤酒的生产工艺要点

糖化的目的就是创造有利于各种酶作用的条件,将原辅料中可溶性物质尽可能地浸渍出来,从而得到较高的浸出率,使麦汁清亮透明,组成科学,为酵母发酵提供良好的条件,并要求较短的糖化时间。糖化工艺如下。

(1)投料工艺。为了保证鲜啤酒的新鲜口感,尽量对糖化进行隔氧操作,有条件的可以在糊化锅和糖化锅用 CO_2 隔离空气,进料的方式为底部进料,减少醪液的吸氧。经研究发现,添加浓度为 25 mg/L 的五倍子单宁在糖化投料水中,添加浓度为 10 mg/L 五倍子单宁在洗糟水中,糖化浸出率显著改变和麦汁的过滤性能也有提高,而五倍子单宁的作用是提高醪液的抗氧化性能,这就意味着糖化过程隔氧对糖化效果好。为了更适合果味鲜啤酒的生产,在成型产品工艺基础上经过多次投料试验,将糖化温度提到了 68 ℃,进行了酒精和发酵度的跟踪。

现在市面上有的鲜啤酒产品则引入干啤酒的生产工艺,其主要工艺特点是降低糖化过程的糖化温度以提高发酵度(真正发酵度在 72%以上),需要较多的酶制剂,需要高发酵度高糖化力的麦芽品种。其生产的产品口味浓、柔和性好、苦味轻、低糖、低热量,这也是鲜啤酒发展的一个很好的方向。

(2)麦汁过滤工艺。糖化结束后,必须将糖化醪液尽快进行固液分离,即过滤。过滤方法主要有压滤机法和过滤槽法。压滤机法的特点是过滤压力差大,过滤速度快,但存在麦汁清亮度较差和使用费用高的缺点。过滤槽法是传统的麦汁过滤方法,操作简便,麦汁质量容易控制,目前国内大多采用此法,公司也是采用此法。公司现阶段使用过滤槽来过滤麦汁,是德国霍夫曼糖化系统的一部分,其特点是能够根据糟层两侧的压力差变化来自动控制耕刀升降及运转速度,合理的控制过滤时间及麦汁质量。麦糟中含有的多酚物质经长时间浸泡会给麦汁带来苦涩味、麦皮味，并增加麦汁色度；麦汁过滤时间过长，也会增加麦汁氧化的风险，为了鲜啤酒的新鲜口感及麦汁的质量，麦汁过滤过程要求快。麦汁过滤也是提高糖化收得率最关键的步骤。麦汁过滤应该控制以下方面：流量、浊度、洗糟水温和洗糟方式等。起始过滤流量不能太大，太大容易引起过滤糟层提前板结，流量的大小应该视糟层两侧的压力差变化再确定，根据多次试验，将起始流量控制在 40 m^3/h；麦汁过滤当然是越清越好，即浊度越低越好，但麦汁浊度控制越低就要求麦汁回流时间增加和回流次数的增加，同时糟层的板结的几率也会升高，一旦板结则会严重增加过滤时间，与过滤要求不符，所以需要在浊度和时间两方面找到平衡，在试验跟踪后将回流时间确定在 15 min。从啤酒工艺控制的要求和对麦汁质量影响的程度看，麦汁的过滤温度低，氧化速率会降低，减少“二次糊化”现象，降低麦汁热负荷，对啤酒的新鲜度有好处。但过低的过滤温度会使麦汁黏度升高影响过滤时间，将过滤温度控制在 75℃。同时，洗糟也要掌握好一定的限度，控制好残液浓度，洗的越多固然麦汁收得率会有所提高，但是过度的洗糟会将麦壳中的多酚、色素、苦味物质等洗到麦汁里，同时影响过滤麦汁的浓度，将残糖控制在 2.0～2.5 度，洗糟方式定为 9 次洗糟，每次 4 kL 洗糟水。

(3)麦汁煮沸工艺。麦汁过滤后，澄清的麦汁需要通过煮沸得到符合工艺要求的麦汁。目的和作用主要有蒸发多余水分，使麦汁浓缩，得到符合要求的原麦汁浓度。破坏酶的活性，稳定麦汁的组成。将麦汁灭菌，为无菌酿造奠定最初的基础。萃取酒花中的有效成分，赋予啤酒苦味和香味，促进蛋白质变性凝固，增加啤酒的非生物稳定性，挥发不良气味。

煮沸的方式有常压煮沸、低压煮沸等。研究表明，麦汁煮沸温度每提高 4℃，煮沸时间缩短一半就可以达到同样的蛋白质凝聚效果，同时麦汁色泽较浅，营养成分损失较少。德国霍夫曼公司糖化设备具有低压煮沸工艺设备，麦汁煮沸温度达到了 105℃，压力达到 1.2 MPa。有效地降低了煮沸时间，降低麦汁色泽，保证了酿造新鲜、纯正鲜啤酒的前提条件。为了体现鲜啤酒的新鲜，在低压煮沸的基础上，通过试验添加卡拉胶的方式降低了 10 min 的煮沸时间。

(4)麦汁冷却工艺。麦汁冷却温度低，酵母起发速度慢，发酵时间长，但发酵过程易控制，发酵比较稳定，酵母沉淀好，酿出的啤酒口味清爽、柔和，泡持性能也更好。一个 500 m^3 大发酵罐由 6 批次的麦汁组成，满罐需要较长的时间。为了合理地控制起发温度，鲜啤酒生产的麦汁冷却也要较低，将冷却温度控制在 6.5℃。同时，每批次冷却时间也应控制在 60 min 之内。糖化阶段结束后，得到了酿造鲜啤酒的麦汁，其理化指标如表 15.5 所示。

表 15.5　麦汁理化指标

麦汁主要指标	数值	麦汁主要指标	数值
碘反应	完全	苦味值/Bu	20.4
浓度/°P	12.48	pH	5.4
浊度/EBC	0.30	总酸/(mL/100 mL)	1.11
色度/EBC	8.33	多酚/(mg/L)	174.7
β-葡聚糖/(mg/L)	30.3	清亮度	清亮

(5)发酵工艺。

①麦汁充氧及添加酵母。在整个啤酒的生产过程中,氧的摄入会破坏啤酒的新鲜口感、正常的酒花香气,产生涩味、口味粗糙还会使啤酒产生氧化混浊等。不可能将一罐麦汁发酵所需要的酵母全部添加进去,其中必须有个酵母的增殖过程,而在大罐中的麦汁糖分和氮源已经固定,酵母的增殖主要控制因素就成了氧气的供给。酵母增殖时,细胞需要依赖于氧原子与类脂的结合经过一系列过程后才能产生新的酵母细胞。因此,生产工艺要求控制适合的麦汁充氧量。麦汁含氧量过低,不利于酵母的增殖;氧含量过高,酵母增殖过于旺盛,会提高发酵速率、增加双乙酰前体——α-乙酰乳酸的生成量和加快麦汁氧化速度,以及增加高级醇、挥发物等代谢产物的生成量。

在实际的生产中,由于是6批次的麦汁组成一个大罐,通过实践生产的跟踪试验,确定最佳的充氧时间和充氧量。对前两个批次的麦汁的充氧控制在16 mg/L,后4批次的麦汁充氧控制在6 mg/L。

啤酒酵母的接种量也是初始发酵速度的控制因素,过多的接种量可以加快发酵,但由于麦汁中的营养成分已经限定,新生细胞数量会减少,增殖倍数显著降低。结合整罐麦汁的产量酵母接种量控制在2.5 kL,在第二批次麦汁进罐时全部添加完毕,满罐酵母数控制在18×10^6个/mL。

②发酵温度控制。啤酒发酵温度较低,酵母起发及增殖慢,酒花香气损失少,得到的啤酒口感细腻、高级醇等代谢副产物产生量就会柔和。

③发酵压力控制。发酵罐内压力有抑制酵母各种代谢活动的作用,造成酵母菌生长增殖迟缓;同时造成细胞膜合成受损,使细胞个体发生变形,严重的造成酵母死亡,影响发酵的顺利进行。所以鲜啤酒生产主发酵过程是不带压的,不带压同时还有利于CO_2的析出,带走啤酒发酵过程中产生的不良气味。当糖度降至2.8～3.1°P时,升压至0.03 MPa。

④发酵操作事项。

a. 满罐24 h后排一次冷凝固物,以后在酵母回收前,每3 d排放一次。

b. 酵母回收后24 h排一次废酵母,以后每3 d一次直到过滤开始。

(6)过滤工艺。啤酒在发酵结束后,大部分酵母和蛋白质已经沉淀并排出,但仍有少量酵母等物质悬浮在酒液中,这就需要过滤后才能得到鲜啤酒。啤酒过滤能起到的作用是:

①通过除去酒液中悬浮物,使啤酒澄清透明,富有光泽。

②通过将啤酒出现混浊沉淀的物质除去,提高啤酒非生物稳定性。

③通过除去酵母等微生物,提高啤酒的生物稳定性。

啤酒过滤原理主要是通过过滤介质的截留作用、介质空隙网罗作用和静电吸附作用等将啤酒中存在的酵母、悬浮物等大颗粒分离出来,而使啤酒澄清透亮。

由硅藻土过滤机和精滤机(板式过滤机)组成,是啤酒生产中最常用的过滤组合方式。公司现有的设备是由一台烛式硅藻土过滤机、一台捕集器以及一台纸板过滤机组成的。这套系统的过滤性能良好,基本能将所有的酵母甚至细菌全部阻隔掉。同时在发酵液进入过滤缓冲罐前加入硅胶,然后在缓冲罐内反应一段时间后能有效地降低发酵液中的蛋白质含量,在进入硅藻土过滤机前添加PVPP,有效地降低发酵液中的多酚含量,提高酒体的非生物稳定性。在过滤中,所有的添加罐都必须开启二氧化碳的背压保护,以降低酒液氧的摄入。工艺流程如图15.9所示。

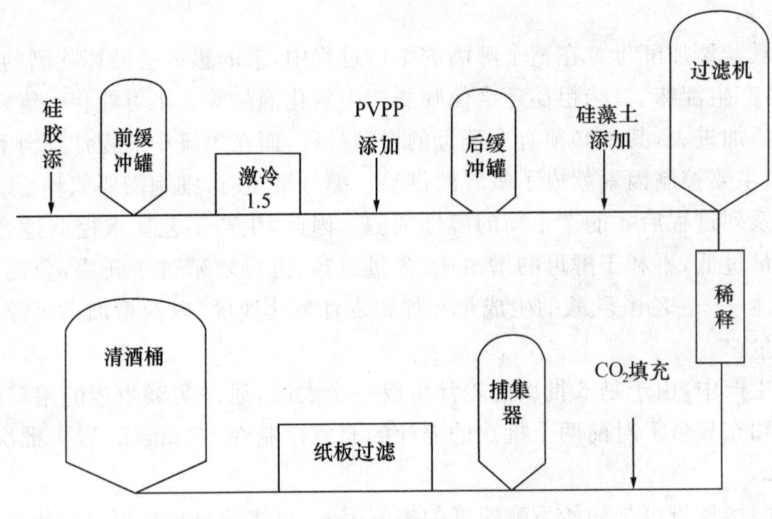

图 15.9 果味鲜啤酒过滤工艺流程

第六节 固体和粉末啤酒

一、固体和粉末啤酒简介

早在 20 世纪五六十年代,已经有酒心巧克力糖问市,这可以认为是固体酒的雏形。它是将液体的酒包装在巧克力皮之内,待巧克力表皮在嘴里融化后,酒液在口腔中扩散开来,从而品味到酒的香醇。它的不足之处是酒液在口腔中立即扩散开来,在短时间内形成较强烈的刺激,巧克力外皮太甜,一些人不喜欢,另外,一旦不慎将巧克力皮弄破,酒液会流漏出来,带来一些麻烦。为了克服这些缺点,采用了将酒液凝固的方法。这个方法是,在酒液中加入一定量的凝胶剂:二甲基山梨醇和丙基纤维素,加热,使其溶解,充分混匀,冷却后做成适当大小的块,即可得到凝胶形块状固体酒,这种固体酒吃到嘴里,酒液逐渐地溶在口中,酒香柔和、长久。在振动和挤压下,酒也不会从凝胶中渗出,不必担心酒液渗漏问题。用这种固体酒做成的酒馅糖果克服了原来酒心巧克力漏液的不足,食用、携带方便了许多。这对于喜好酒的人来说,外出游玩、旅行是非常理想的。

固体啤酒具有携带方便,易于保存的特点,是外出旅行、郊游的佳品。最开始生产固体啤酒的方法是用二甲基山梨糖醇作为凝胶剂,与啤酒按一定比例混合凝固,但这样得到的固体啤酒不透明,受震动时啤酒容易渗出来。后来日本藤井升氏发明了一种生产固体啤酒的新方法,制成的固体啤酒风味不变,澄清透明。其具体制造工艺是,在盛有 100 份啤酒的烧杯中,加入 0.6 份的二甲基山梨醇,再加入 1.8 份的经丙基纤维糖,边搅拌边加热到 50～60℃。使其溶解均匀,冷却静止 3 h,就得到粒状凝胶固体啤酒。这样得到的固体酒保持透明状态,振动时酒也不会从颗粒中渗出来。用锡纸或蜡纸包装,食用极为方便。

粉末啤酒是丹麦的 Carlsberg Labora-tories 公司研究成功的,以销售到禁止或限制酒精饮料的中东和非洲等各国市场为目的。

这种粉末啤酒只要兑水就可制成啤酒，而且在外观和口味上与普通啤酒非常相似。与啤酒的不同之点在于不含酒精和发热量低两点。例如一瓶容量为 0.33 L 的啤酒，通常的发热量为 564.3 J，而本品只有 167.2 J。粉末啤酒在卖给酿酒商和清凉饮料商以后，可利用啤酒和清凉饮料的生产设备加工制作。制作时，先把啤酒粉溶于冷水，经过过滤后添加碳酸盐，最后灌瓶或装罐，并进行杀菌处理即为成品。15 kg 啤酒粉可以制成 1 000 瓶啤酒。

啤酒粉由于无需冷藏就可以远销到世界广大地区，而且也可以小量生产，因此生产成本低。啤酒粉不供家用，而专供工厂加工制作啤酒时使用，因而在公司与工厂签订的供货合同上包含有各种把固体啤酒粉配制成啤酒饮料的工艺方法。目前，这种啤酒粉已销售到英国、土耳其、马来西亚、丹麦和香港等 15 个国家和地区的酿酒厂，年产量达 12 亿 L。

这种粉末啤酒化验分析的结果证明完全不含酒精，而丹麦产的啤酒一般含 3.7%的酒精，在供出口用的啤酒中含 4%～7%的酒精。而且已在欧洲供应的非酒精啤酒饮料类中也约含 0.9%的酒精。

如前所述，粉末啤酒是以禁止或限制酒精饮料的中东、远东和非洲地区的市场为目标的新产品。加上这种新型饮料有消除嗓子干渴和令人愉快的芳香，因此，不仅用来作为啤酒的替代品，而且在质量上也可同可口可乐之类的清凉饮料相媲美。

粉末啤酒在通常情况下呈粉末状。饮用时，用水一冲，即可成为液体状态的啤酒。它除了具有块状固体啤酒的优点外，还易于在水中溶解，它能够在公众场合下，如同液体啤酒一样，活跃气氛。粉末啤酒生产主要采用的方法是把水溶性的多糖物质加在啤酒中，混合均匀后，在低温下(70～80℃)喷雾干燥，制成粉末酒。这种多糖物质常常是糊精。

生产粉末啤酒所用的糊精首先要水溶性好。即使在冷水中也能溶解，这样才能够顺利地使粉末成为一杯啤酒，其次，要对酒中所含的成分如酒精、有机酸、糖类、香味物质、色素等有较强的包接性。当啤酒经历了从液体→粉末→液体这一过程后，原啤酒中的成分损失要小，即复原后的啤酒能够保持原来的风味，可以与液体啤酒相媲美。另外，制作粉末酒的糊精要求甜味小，黏度低。只有这样，生产出的粉末啤酒在风味上、口感上才能与原酒一致。这种糊精通常是将淀粉经过酸或酶制剂处理，共聚合度在 4～17，最为理想的是 5～9 之间。聚合度大，黏度增加，给喷雾干燥带来困难，对冷水的溶解性差，饮用时口感黏性大。聚合度太小，甜味突出，存放时容易吸潮或氧化，产生凝结现象，也不适宜。在一些反感甜味的粉末啤酒生产中，可以采取一些方法去除糊精所带来的甜味。利用麦芽糖分解酶将麦芽糖和麦芽多糖分解为葡萄糖，再用葡萄糖氧化酶使葡萄糖成为葡萄糖酸，最后用离子交换法去除葡萄糖酸。也可以利用面包酵母、乳酸菌能够同化麦芽糖、麦芽多糖的特性，去除甜味。

糊精为添加量应在原酒含水量的 70%以上。低于这个数值，糊精不能充分地吸附酒精，在喷雾干燥过程中酒精损失大，致使酒度降低。如果添加量过高(高于 150%)，也会造成喷粉困难，制得的粉末酒口感黏稠。

由于各种酒中所含的成分、含量不同，因此，喷雾干燥之前需要做适当的调配。例如，粉末鸡尾酒。鸡尾酒是以葡萄酒、白兰地、威士忌等做基酒，与果汁、果酒、牛奶、有机酸等调配而成的。在生产粉末鸡尾酒时，如果将完全调配好的鸡尾酒拿去喷粉，所得到的粉末酒中含有糖类、有机酸、色素、其他浸出物等多种成分，它很容易吸水固化，板结，降低了其在水中的溶解性，直接影响了冲水后的效果。如果我们先将有机酸与酒类混合，进行喷雾干燥成为粉末酒后，再与糖类、其他粉末状的添加物混合，那么，制成的粉末鸡尾酒就克服了上述的缺点。原酒中酒精含量的高低也决定着其喷雾干燥前后所采用的处理、调配方法。高酒度的酒可以直接加入糊精，干燥。对于低酒度的啤酒来讲，由于含水量高，就得加入大量的糊精，这势必影响粉末啤酒的品质。因此，低酒度的啤酒先浓缩然后再加入配料进行喷雾干燥为好。这样，才能保证制得的粉末啤酒与原酒相一致。据报道，几乎所有的酒，如高酒度的威士忌、白兰地、鸡尾酒，低酒度的啤酒、葡萄酒、清酒、黄酒等，都可以成功地制成粉末酒。并且与其原酒的风味一致，冲水后再现了原酒的芳香和醇厚。

粉末啤酒不仅仅局限于作为一种携带方便、易于保存的饮品，它在食品行业的应用更为广泛。作为调味剂，可以添加在肉、鱼类食品中，如饺子、肉丸、汉堡、鱼排中，可以去除腥味，保持食品的新鲜。作为一种食品添加剂，加在布丁、蛋糕、面包中，可以改善食品的口味，使产品外观有光泽。特别是它可以作为食品稳定剂，不仅改善了产品质量，使其保持食品风味不变，也提高了食品的保存期。

固体型啤酒的问世，可以说是一次重大的突破。目前，日本对于粉末啤酒的研究较多，并且形成了规模化生产，其水平处于世界领先的地位。

二、啤酒的粉末化技术

我国对于固体酒的研究还很少，仅见到黄酒粉末酒的专利报道。随着人民生活水平的提高，旅游业的发展和食品工业的需求，固体啤酒、粉末啤酒的研究和发展具有广阔的前景。目前啤酒粉末固体化的制备主要采用微胶囊化方法。

微胶囊化方法制备粉末啤酒包括喷雾干燥法、喷雾冷却固化法、水相相分离法、油相相分离法、挤压法、分子微胶囊法、气体悬浮涂裹法、多重乳状液法、吸附法、胶体冷却凝固粉碎法。这些方法中喷雾干燥法以其操作简单、生产成本较低、生产全过程密闭、产品溶解性好、适用于工业化生产等显著优点，已成为最普遍应用的啤酒粉末化方法。

喷雾干燥是流化技术用于液态物料干燥的一种较好的方法。基本原理是利用雾化器将啤酒与造囊材料混合的液态物料喷射成雾状液滴，落于一定流速的热气流中，使之迅速干燥，获得粉状啤酒制品。微胶囊法制备粉末啤酒工艺主要包括以下工艺流程：

(一)液体啤酒中主要风味物质

常规液体啤酒中的风味物质见表15.6。

(二)粉末啤酒和液体啤酒主要风味物质的比较

对液体啤酒、冷冻干燥啤酒粉末、未添加β-环糊精的喷雾干燥啤酒粉末、添加β-环糊精的喷雾干燥啤酒粉末等样品进行比较，结果见表15.7。从表15.7中可明显看出，经低温冷冻干燥制得的啤酒粉末中啤酒风味物质损失最少，口感上也最接近液体原料啤酒。没有加入β-环糊精作为保护剂经喷雾干燥制得的啤酒粉末中啤酒风味物质损失最大，随着β-环糊精加入量的增大，啤酒风味物质的损失有所降低，1.5%的β-环糊精加入量时粉末啤酒的口感可以接受。同时，如果在加入β-环糊精过程当中进行超声振荡则可以促进β-环糊精对啤酒成分的包裹，有利于对啤酒成分的保护。

表 15.6　啤酒中主要风味物质　mg/kg

组分	阈值	常见浓度	组分	阈值	常见浓度
乙醛	15	3～20	己酸乙酯	0.2	0.1～0.4
双乙酰	0.1	0.03～0.3	辛酸乙酯	1	0.4～1.5
异戊醇	70	25～85	二甲基硫	0.05	0.007～0.2
异丁醇	200	6～56	乙酸	175	40～205
β-苯乙醇	100	5～50	丁酸	2.5	0.5～3
乙酸乙酯	30	7～47	异戊酸	1	0.5～1.5
乙酸异戊酯	1.5	0.3～6	辛酸	8	3～9

表 15.7　不同工艺所得啤酒粉末中风味物质检测结果

样品	原料啤酒	冷冻干燥	未加糊精	添加 0.5%糊精	添加 1.5%糊精	
					未超声振荡	超声振荡
乙醛	14.74	13.04	1.24	7.56	11.96	12.65
双乙酰	0.05	未检出	未检出	未检出	未检出	未检出
异戊醇	55.23	50.02	10.06	20.56	43.22	45.35
异丁醇	8.07	6.09	2.05	3.56	5.23	5.76
β-苯乙醇	6.01	4.05	1.06	2.01	3.65	3.98
乙酸乙酯	15.91	12.08	7.03	9.53	10.03	10.96
乙酸异戊酯	0.9	0.6	0.1	0.2	0.4	0.45
己酸乙酯	0.2	未检出	未检出	未检出	未检出	未检出
辛酸乙酯	0.4	0.2	未检出	未检出	未检出	未检出
二甲基硫	未检出	未检出	未检出	未检出	未检出	未检出
乙酸	50.02	40.03	10.44	20.65	34.6	35.02
丁酸	0.7	未检出	未检出	未检出	未检出	未检出
异戊酸	0.6	未检出	未检出	未检出	未检出	未检出
辛酸	3.1	1.5	未检出	未检出	未检出	未检出

(三)粉末啤酒和液体啤酒氨基酸含量对比

啤酒中氨基酸含量的高低是衡量啤酒质量的一个重要指标。对粉末啤酒复水溶解制得的溶液和原料液体啤酒酒进行氨基酸含量测定，测定结果见表 15.8。

表 15.8　原料啤酒和粉末啤酒溶液氨基酸含量对照

吸光度	啤酒粉末复水溶液氨基酸浓度	吸光度	原料酒中氨基酸浓度
0.266	0.79	0.275	0.811
0.268	0.795	0.279	0.821
0.264	0.786	0.27	0.8

第七节　低热量啤酒

一、低热量啤酒简介

“低热量啤酒”又称“低糖啤酒”、“干啤酒”，源于 Atkins 博士提出的“低热量”减肥食谱，建议饮食中尽量减少碳水化合物的摄入，提高蛋白质的摄入。

根据干啤酒的含义、产品标准，以及国内外干啤酒生产的现状，是否可给干啤酒下这样的定义：即以麦芽为主料、其他淀粉质原料或糖类及酒花为辅料，制成的原麦汁浓度为 10%左右、真正发酵度在 72%以上，成品为色泽浅、苦味轻、口味爽净、低糖低热量的新型啤酒。但是，至今尚无很确切的定义。

生产“低热量啤酒”主要有 3 种工艺：一是在糖化麦汁中加糖或高麦芽糖浆，以提高麦汁发酵度；二是选用高发酵度的酵母菌株；三是在糖化或发酵时添加酶制剂，强化淀粉酶解，生成更多能被酵母利用的糖类。

二、低热量啤酒的特点

实际上，目前生产的低热量啤酒，大多类似于下面发酵的比尔森浅色啤酒，但在原麦汁浓度、真正发酵度、含氮量、苦味度、淡爽度等方面又有所区别。

(1)大多数低热量啤酒的原麦汁浓度为 8%～10%；极少数产品的原麦汁浓度为 11%～12%或 6%～7%。

(2)真正发酵度高于普通淡色啤酒。低热量啤酒的真正发酵度为 72%～80%，相应的啤酒中的糖类含量为 1.0%～1.5%，但酒精含量略高于原麦汁浓度相当的普通淡色啤酒；所谓“超低热型”啤酒的真正发酵度，通常为 80%～87%。而传统的浓醇型淡色啤酒，真正发酵度在 65%以下，一般为 60%左右；传统的淡爽型淡色啤酒，真正发酵度度在 65%以上，但通常为 65%～66%，比低热量啤酒低 5%～14%，按原麦浓度 10%计，则成品酒残糖低 0.5%～1.4%。

(3)低热量啤酒的总氮含量低于普通淡色啤酒。

(4)低热量啤酒的色度低于普通淡色啤酒。通常低热量啤酒的色度为 5～8 EBC 单位，普通淡色啤酒的色度为 5～14 EBC 单位。

(5)低热量啤酒的苦味度较低。通常低热量啤酒的苦味值为 12～20 BU,平均值为 12～16 BU。

(6)总的感官印象。干啤酒的色泽淡、苦味轻、口味爽、后苦味净;而传统的浓醇型淡色啤酒,因其残糖量较高,故给人以味甜和黏稠感;即使是传统的淡爽型淡色啤酒,也因其残留浓度和热值均高于低热量啤酒,故总的感官印象也与低热量啤酒有明显的区别。

三、低热量啤酒的生产原材料及综合技术

生产"低热量啤酒"主要有 3 种工艺:一是在糖化麦汁中加糖或高麦芽糖浆,以提高麦汁发酵度;二是选用高发酵度的酵母菌株;三是在糖化或发酵时添加酶制剂,强化淀粉酶解,生成更多能被酵母利用的糖类。本节从原辅料、酵母到生产工艺,较系统而全面地介绍了国内外关于生产低热量啤酒的各项要求及具体措施。

(一)对低热量啤酒主原料的要求及其用量

1. 对大麦芽的要求

根据低热量啤酒"两低一高",即色度低、碳水化合物含量低、发酵度高的特点,要求使用"一浅三高",即色泽浅、溶解度高、酶活力高、浸出率高的优质大麦芽。其协定法糖化麦汁的最终发酵度需在 80%以。具体质量要求如表 15.9 所示。

表 15.9　低热量啤酒麦芽质量具体要求

项目	指标	项目	指标
水分/%	<5	α-氨基氮含量/(mg/100 g 无水麦芽)	>160
无水浸出物含量/%	>76	糖化时间/min	15 以下
粗细粉差/%	<2	α-淀粉酶活力/ASBC 单位	40～45
蛋白质含量/(g/100 g 无水麦芽)	10～11	糖化力/WK	>250
蛋白质溶解度/%	40～42	色度/EBC	<0.22
可溶性氮含量/(mg/100 g 无水麦芽)	650～730	pH	5.85～5.95
甲醛氮含量/(mg/100 g 无水麦芽)	220～230	最终发酵度/%	>80

2. 对制麦工艺的要求

应从严掌握发芽条件,在麦芽干燥的前期,脱水速度宜快,焙干温度应低于 85℃。

3. 对麦芽用量的要求

大麦芽用量通常以 70%左右为宜,以改善啤酒的泡持性;但当使用部分酶制剂时,麦芽用量可相应减少。在糖化投料时,可添加总投料量 5%的小麦麦芽。有人认为,也可使用部分非焙干麦芽或绿麦芽,以增强麦芽的酶活力。在生产原麦汁浓度为 8%的低热量啤酒时,若采用"后修饰"技术,向啤酒中添加从麦芽中提取的香味制品,可明显地增强成品酒的麦芽香味。此外,还应注意主辅料的合理比例,辅料一般为 40%以下,并最好使麦汁的 α-氨基氮含量在 180 mg/L 以上。

(二)对低热量啤酒辅料和酒花的要求及其用量

1. 对低热量啤酒辅料的要求及其用量

国外大多以大米和蔗糖为低热量啤酒的辅料。

2. 低热量啤酒的酒花用量及添加方式

酒花用量降至冷麦汁量的0.06%～0.08%,以控制成品酒的苦味值为15 Bu左右。大多采用3次添加法。

3. 低热量啤酒的酿造用水

低热量啤酒的糖化用水应为软水或最软水,其硬度在0.71 mmol/L(2°d)以下。必要时可添加适量$CaCl_2$,以利于淀粉酶的溶出和作用。

4. 糖化阶段的综合措施

(1)合理控制料水比。在大米用量为35%时,效果较为理想的料水比通常为1∶(4～5)。一般在浓度较高的糖化醪中,含量较高的含氮物等成分,对淀粉酶有保护作用,可增强其耐热性;但糖化醪浓度较高,所产的麦芽糖的含量也较高,会使酶解反应起到反馈抑制作用,因而会延长糖化时间,如表15.10所示。

但若糖化醪的浓度过低,则必然会降低酶的浓度,并削弱酶的抗温能力,也需相应地延长糖化时间。

表15.10 料水比与糖化效果及时间的关系

料水比	1∶2	1∶2.7	1∶4	1∶5.3
细粉浸出率/%	71.7	77	80	79.9
可发酵浸出物含量/%	52.3	56.3	58.5	57.8
麦汁发酵度/%	88.6	89.6	90.7	90.3
糖化时间/min	30	22	12	10

(2)合理控制糖化醪的pH。麦芽中的β-淀粉酶的最适作用pH为5.4～5.6,α-淀粉酶的最适作用pH略高,为5.6～5.8。实践证明,若采用这2种酶作用的共同pH,则糖化时间可相应减少;麦汁的发酵度可达87.2%～87.5%。

(3)合理控制糖化温度和时间。投料后,当品温升至50℃以上时,来自麦芽的淀粉酶类的活力迅速增强,淀粉得以迅速酶解。但品温达65℃时,β-淀粉酶便开始钝化;品温达72℃以上时,α-淀粉酶的活力也逐渐降低。有人做过在不同温度下将麦芽醪糖化1 h的试验,结果表明,生成可发酵性糖含量最高的品温为60～65℃,同时也可获得麦芽的最高浸出率。

(4)外加酶制剂。

①外加酶制剂的必要性。通常,麦芽中的淀粉含量在63%左右,其中支链淀粉约占70%;一般大米的淀粉含量约为85%,其中支链淀粉占80%左右。而麦芽中所含的淀粉酶,主要为α-淀粉酶、β-淀粉酶及少量的界限糊精酶。

②外加酶制剂的种类。主要采用耐高温细菌α-淀粉酶、糖化酶、真菌淀粉酶、普鲁兰酶4种酶制剂。

5. 选育和使用优良酵母菌株

(1)选育优良酵母菌株。对优良酵母菌株的基本要求有二:一是发酵度(力)高,在相同的麦汁和条件下,不同酵母的发酵度之所以各不相同,主要在于它们对麦芽三糖发酵能力的差异,故酿制低热量啤酒时,应选育使用对麦芽三糖等发酵力强的酵母菌株。二是要求优良酵母能赋予低热量啤酒良好的风味。

(2)优良低热量啤酒酵母的选育方法。

①分离、分选:从原有的单一优良酵母进行分离:因为同一斜面试管中的原菌,实际上每个细胞也是不尽相同的,放可将试管原菌直接采用各种平板分离法,如稀释法、划线法等进行分离并做发酵试验,比较其性能;也可将原菌接种于麦汁中进行发酵,在后发酵阶段进行取样分离,比较性能。当然,也可在生产中,在发酵的各个阶段,取样分离,测定性能,从中得到较优良的菌株。

收集国内外优良菌株进行分选:低热量啤酒酵母所表现的高发酵度,主要是指其发酵麦芽三糖、蜜二糖及棉籽糖的能力,尤其是发酵麦芽三糖的能力。通常,麦汁中麦芽三糖的含量为总糖量的10%~15%,而具有高发酵度的酵母,能将50%~75%的麦芽三糖进行发酵,因此,将此项内容作为筛选低热量啤酒酵母的重要指标。

啤酒酵母在最适宜的发酵温度,即25℃以下,对麦汁中可发酵性糖的最大发酵极限度,为该酵母对麦汁的极限发酵度。若测定并比较不同啤酒酵母对同一麦汁的极限发酵度,或称发酵度极限,则也即反映了它们对麦芽三糖的不同发酵能力。国内一些原有的啤酒酵母,其发酵度和对麦芽三糖的发酵率大多偏低于从国外引进的某些优良啤酒酵母,如表15.11所示。这也从一个侧面反映了我国长期以来对啤酒酵母选育工作的薄弱状况。

表15.11 不同啤酒酵母对麦芽三糖的发酵率比较

不同酵母	青岛酵母	五星酵母	沈阳酵母	德国酵母	荷兰酵母	比利时酵母
对麦芽三糖的发酵率/%	68.2	66.9	69.8	72.7	94.8	95.3

②育种:按酵母对糖类的发酵能力,可分为3类:凡真正发酵度(简称发酵度)为45%~56%者,为低发酵度酵母;发酵度为59%~63%者,为中发酵度酵母;发酵度在65%以上者,称之为高发酵度酵母。用于生产低热量啤酒的酵母,当然是高发酵度酵母。目前,国内外已有人利用现代基因工程的原理,选育出发酵度可达80%以上甚至很高的糖化酵母,这种酵母因其不但能发酵麦芽三糖,而且兼具发酵力和较强的糖化能力,故得此名。但它不能赋予啤酒良好的风味,故不能应用于低热量啤酒生产。据说,这种酵母是将具有较高糖化能力的霉菌与具有较高发酵能力的酵母杂交而得的。期望有人能采用现有的优良啤酒酵母乃至葡萄酒酵母等,进行相互间的细胞融合,或将有效的基因进行转移,选育出适用于低热量啤酒或其他新产品生产的优良啤酒酵母菌株。

6. 发酵阶段采取的主要措施

(1)添加酶制剂。发酵阶段虽然时间较长,但发酵温度较低,故与糖化阶段相比,通常不使用作用适温高或较高的细菌α-淀粉酶和糖化酶;一般也不使用灭酶温度较高的酶类,因不像糖化操作那样,麦汁需经高温煮沸过程。各种酶制剂单独或组合使用的情况,如表15.12所示。

(2)添加麦芽浸出液。

①目的:利用麦芽浸出液中富含的α-淀粉酶、β-淀粉酶及一定量的蛋白酶等酶类,使醪中的淀粉、糊精等得以充分地分解。有时,麦芽浸出液也在辅料用量较多、麦芽溶解较差、酶活力较低的情况下,添加于并醪时的糖化醪中,以弥补因煮醪灭酶而并醪后酶的总活力大为下降的损失。

表 15.12 各种酶制剂在发酵阶段单独或组合使用的情况

酶名	添加时间	能达到的外观发酵度/%	啤酒经巴氏灭菌后,酶活力是否还存在
糖化酶	发酵开始时	>100	存在一定的酶活力
真菌淀粉酶	发酵开始时	85～90	无
普鲁兰酶	发酵开始时	发酵度提高不明显	残存酶活力
普鲁兰酶	糖化开始时	95～100	无
真菌淀粉酶	发酵开始时		
普鲁兰酶	发酵开始时	≥100	残存酶活力
真菌淀粉酶			无

②麦芽浸出液的制取:将麦芽按常法粉碎后加水,在50～60℃下糖化45～60 min,取用其上清液。再往剩余的醪中添加适量温水,继续按常法进行糖化制取正常麦汁即可。

③加法:可在发酵过程中分2次加入,总加量为麦汁的6%。在接种酵母后先加一半;待发酵至外观浓度为1%左右时,再加另一半。待发酵结束时,再进行降温。采用此法,可在不外加酶制剂的条件下,使糊精得以较充分地分解,从而提高发酵度,以达到低热量啤酒的要求,也可降低成本。在德国,由于受啤酒纯度规则的制约,在啤酒酿造过程中,是不得外加酶制剂的。故在生产低热量啤酒时,通常采用上述添加麦芽浸出液的方法。但其操作较为复杂,且制取后待用的麦汁浸出液需予以冷藏,以免污染杂菌而变质。

(3)其他添加剂的应用。在发酵醪液中蛋白质或花色素较高的情况下,可在后发酵阶段添加一定量的硅胶、酸性蛋白酶或PVPP。低热量啤酒在发酵过程中添加的酶制剂,其本身即具有蛋白质的特性,如果另加麦芽浸出液,因其未经煮沸,故含有多量的热凝固性蛋白质,为保证产品的生物稳定性,应在后发酵结束时适量添加上述添加剂。

(4)合理使用酵母。应使用不污染杂菌、整齐而活力强的酵母。其代数不超过4代;用量约为0.8%的酵母泥,接种温度为9℃。

(5)采取合理的发酵条件。在11～12℃进行主发酵;8℃或13℃还原双乙酰,使其含量在0.1 mg/L以下。采用一罐法发酵16～21 d。也有人主张采用较高的发酵品温,但保持该温的时间不宜超过5 h。

7. 后修饰及后处理技术

啤酒经硅藻土粗滤后,再进行纸板过滤或超滤膜过滤而除菌。若酒液内因在发酵阶段添加某些酶制剂而残留一定的酶活力,则应在灌装后进行较为严格的巴氏灭菌。

8. 低热量啤酒酒精含量的确定

由于低热量啤酒的发酵度高于普通淡色啤酒,故其酒精含量也相应为高。以原麦汁浓度为11%～12%的麦汁酿制的低热量啤酒，其酒精含量高达5 g/100 mL左右，被认为是个缺陷，因而采用低温真空薄膜蒸发及膜反渗透等方法，去除过多的酒精。但经如此处理的低热量啤酒，折合原麦汁浓度仅为9%左右。故多改用原麦汁浓度为10%左右的麦汁发酵，这样，可在保证低热量啤酒高发酵度要求的同时，也能使其酒精含量保持为3.7 g/100 mL，而其他指标也达到低热量啤酒的标准，既简化了酿制工艺，又能降低成本。

参考文献

[1] 周生民. 增强淡爽啤酒泡沫性能的生产工艺的研究[D]. 山东轻工业学院，2012.
[2] 焦健. 提高淡爽啤酒杀口力的研究[D]. 山东轻工业学院，2012.
[3] 朱晨昱. 果味鲜啤酒的开发研究[D]. 浙江工业大学，2012.
[4] 白海明，王志坚. 冰啤酒生产工艺初探[J]. 广州食品工业科技，1999，(S1)：50-51.
[5] 李艳，牟德华，畅天狮，陈运卜，等. 全麦鲜酿营养型黑啤酒的研究[J]. 酿酒，2002(04)：94-96.
[6] 左永泉. 黑啤酒酿制方法的改进[J]. 食品科学，2002(03)：89-91.
[7] 王志坚. 浅谈冰啤酒生产技术[J]. 食品工业，2000(04)：8-9.
[8] 王志坚. 冰啤酒生产工艺初探[J]. 江苏食品与发酵，2000(02)：26-28.
[9] 肖亚新. 浅谈"冰啤酒"生产工艺技术[J]. 中小企业科技，2000(07)：6.
[10] 郭健，金福全. 14°P全麦芽黑啤酒生产工艺[J]. 酿酒，2001(04)：108-109.
[11] 刘秉和，王燕春. 淡爽型啤酒生产技术的研究[J]. 酿酒科技，2001(01)：56-58.
[12] 查建成. 冰啤酒的生产工艺[J]. 啤酒科技，2001(09)：28.
[13] 王志坚. 浅谈冰啤酒生产技术[J]. 山东食品发酵，2001(01)：38-40.
[14] 严加伟. 论淡爽型啤酒[J]. 食品与发酵工业，1989(04)：78-86.
[15] 余龙翔. 低醇或无醇啤酒的生产技术[J]. 湖南大学邵阳分校学报，1991(02)：130.
[16] 刘振阳，金立忠. 啤酒外加酶法糖化的应用研究[J]. 酿酒，2003(04)：87-88.
[17] 徐朝晖. 低醇啤酒与无醇啤酒工艺概述[J]. 酿酒，2003(06)：59-61.
[18] 刘峰浩，牟刚，常滨伟. 低醇啤酒的生产工艺概况[J]. 啤酒科技，2003(08)：15-5.
[19] 赵文娟. 无醇啤酒新型生产方法的研究[D]. 山东轻工业学院，2007.
[20] 张强，姜绍通. 全麦芽黑啤酒的研制[J]. 安徽农业科学，2006(19)：5024-5026.
[21] 王子栋. 无醇啤酒生产工艺的探讨[J]. 啤酒科技，2007(06)：37-40.
[22] 韩国涛，孔祥才，张玉广. 谈谈无醇及低醇啤酒[J]. 啤酒科技，2008(11)：39-40.
[23] 王志坚. 冰啤生产工艺简介[J]. 酿酒科技，1996(02)：48.
[24] 姚汝华，魏琪. 无醇、低醇啤酒现状及展望[J]. 广州食品工业科技，1997(04)：8-11.
[25] 周建华. 浅谈高浓度18°P黑啤酒的酿造[J]. 酿酒科技，1997(03)：50-53.
[26] 张晨，梁世中，庞松. 啤酒生产技术的发展趋势[J]. 广州食品工业科技，1998(01)：46-47.
[27] 肖亚新. 浅谈"冰啤酒"生产工艺技术[J]. 酿酒科技 1998(06)：33.
[28] 刘杰璞. 啤酒新产品的开发及风味研究[D]. 北京化工大学，2006.
[29] 周伟. 黑麦芽制麦工艺及酿造特性研究[D]. 江南大学，2005.

[30] 李峰.低醇啤酒的研究[D].江南大学,2004.
[31] 邱保方.低醇啤酒的研制[D].江南大学,2004.
[32] 纳新.新型清爽、纯正的啤酒-冰啤酒[J].中国食品,1999(22):32.
[33] 缑亚君,宋立鑫.冰啤酒的研制与开发[J].辽宁食品与发酵,1998(02):21-22.
[34] 康明宫.特种啤酒酿造技术[M].北京:中国轻工业出版社,1999.

附录　啤酒设备明细

一、制麦工序设备

制麦工序的主要生产设备为：筛选机、分级机、永磁筒、去石机等除杂、分级设备；浸麦槽、发芽箱/翻麦机、空调机、干燥塔（炉）、除根机、粉碎机等制麦设备；斗式提升机、螺旋/刮板/皮带输送机、除尘器/风机、立仓等输送、储存设备。

附图 1　筛选机

附图 2　分级机

附图 3　永磁筒(此设备主要用于除去原料中的磁性矿质)

附图 4　去石机

附图 5　浸麦槽

(外部)

(内部)

附图 6　萨拉丁发芽箱

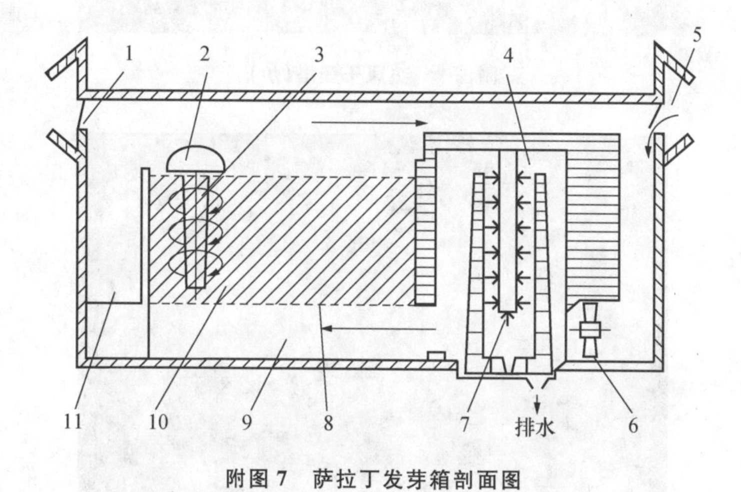

附图 7　萨拉丁发芽箱剖面图

1. 排风　2. 翻麦机　3. 螺旋翼　4. 喷雾室　5. 进风　6. 风机
7. 喷嘴　8. 筛板　9. 风道　10. 麦层　11. 走道

附图 8　翻麦机

附图 9　热风干燥塔(炉)

附图 10　除根机

附图 11　斗氏提升机

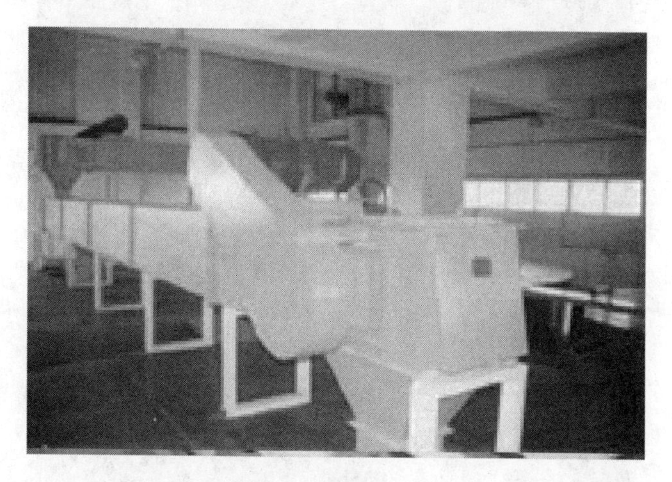

附图 12 刮板输送机

附图 13 皮带输送机

二、麦芽汁制备工序设备

麦芽汁制备工序的主要生产设备:粉碎机、糊化锅、糖化锅、麦汁过滤器、煮沸锅。

附图 14　粉碎机

附图 15　糊化锅

附图 16　糖化锅

（外部）

（内部）

附图 17　麦汁过滤槽

附图 18　煮沸锅

三、发酵工序设备

发酵工序生产的主要设备为:发酵罐、啤酒过滤机、酵母自添加系统等。

(外部)

(底部)

附图 19　发酵罐

附图 20　啤酒过滤机

附图 21　酵母自添加系统

四、包装工序设备

包装工序的主要生产设备：装瓶、装罐机、洗瓶机、空瓶检验机、贴标机。

附图 22　装瓶、装罐机

附图 23　洗瓶机

附图 24　空瓶检验机

附图 25　贴标机